Elsbeth Bösl
Doing Ancient DNA

Histoire | Band 111

Elsbeth Bösl (Dr. phil.), geb. 1978, ist wissenschaftliche Mitarbeiterin an der Universität der Bundeswehr München. Sie hat Geschichte und Archäologie studiert. Ihre Forschungsschwerpunkte liegen in der Wissenschafts- und Technikgeschichte und der Disability History.

ELSBETH BÖSL

Doing Ancient DNA

Zur Wissenschaftsgeschichte der aDNA-Forschung

[transcript]

Bibliografische Information der Deutschen Nationalbibliothek
Die Deutsche Nationalbibliothek verzeichnet diese Publikation in der Deutschen Nationalbibliografie; detaillierte bibliografische Daten sind im Internet über http://dnb.d-nb.de abrufbar.

Umschlaggestaltung: Marie Arndt, Bielefeld
Umschlagabbildung: DNA-Cluster auf dem Ausgabebildschirm des Roche/454 Genomanalysegeräts. © Frank Finken.
Quelle: MPG, Max Planck Institut für Evolutionäre Anthropologie Leipzig, Abteilung für Evolutionäre Genetik, Neandertal Genome Project, http://www.eva.mpg.de/neandertal/press/press_kit.html
Lektorat & Satz: Jan Wenke
Druck: Majuskel Medienproduktion GmbH, Wetzlar
Print-ISBN 978-3-8376-3900-1
PDF-ISBN 978-3-8394-3900-5

Gedruckt auf alterungsbeständigem Papier mit chlorfrei gebleichtem Zellstoff.
Besuchen Sie uns im Internet: *http://www.transcript-verlag.de*
Bitte fordern Sie unser Gesamtverzeichnis und andere Broschüren an unter: *info@transcript-verlag.de*

Inhalt

Forschungsanlass und Leitfrage

»Wir schreiben Geschichte der Vorgeschichte, im Prinzip mit der neuen Quelle der DNA«.[1]

Im Oktober 2014 rief die Max-Planck-Gesellschaft (MPG) in Jena das Max-Planck-Institut (MPI) für Menschheitsgeschichte, auf Englisch: Institute for the Science of Human History, ins Leben. Dort widmen sich unter der Leitung des Genetikers Johannes Krause, des Linguistikers Russell Gray und der Molekularbiologin und Archäologin Nicole Boivin Forscherinnen und Forscher aus unterschiedlichen Herkunftsfächern der »Geschichte der Menschheit unter Verwendung modernster analytischer und genetischer Methoden.« Es geht »um grundlegende Fragen zur biologischen und kulturellen Entwicklung des Menschen von der Steinzeit bis heute«. Zeitlich schließt das MPI in Jena an den Aufgabenbereich des MPI für Evolutionäre Anthropologie in Leipzig an.[2]

Die Gründung des MPI wurde von Historikerinnen und Historikern mit Interesse, nicht selten aber offenbar auch mit Irritation aufgenommen.[3] Sie machte die historische Zunft aufmerksam auf ein Forschungsfeld, in dem seit der Mitte der 1980er Jahre auf der Basis von DNA an im weitesten Sinne historischen, mindestens aber natur- und evolutionsgeschichtlichen Fragen gearbeitet wurde. DNA wurde dort, auch wenn dies nicht immer mit dem entsprechenden Volkabular geschah, zur historischen Quelle erhoben.

Zutage traten Interesse und produktive Irritation zum Beispiel auf der Seminarveranstaltung und Podiumsdiskussion *Geschichte als Naturwissenschaft? Perspektiven biologischer Forschung in der Geschichtswissenschaft*, zu der im Ja-

---

1 | Johannes Krause in Experteninterview Krause/Haak 2016.

2 | MPI (Max-Planck-Institut) für Menschheitsgeschichte 2016b; vgl. Pietschmann 2015; Experteninterview Krause/Haak 2016. Ursprünglich hatten auch Historikerinnen und Historiker beteiligt werden sollen. Passende Forschende fanden sich jedoch zunächst nicht.

3 | Vgl. z. B. Feuchter 2014; Keupp 2014 sowie die Leserkommentare zum Blogeintrag; Wortmeldungen des Plenums zu: TU Darmstadt 2016; Berichte und Mitschnitte finden sich auf Fittkau 2016.

nuar 2016 die Historiker Jens Ivo Engels und Gerrit Schenk an die TU Darmstadt eingeladen hatten. Es zeigte sich, dass die teilnehmenden Historikerinnen und Historiker noch relativ wenig über das Forschungsfeld wussten und kaum konkrete Kontakte dazu hatten. Geringe institutionelle akademische Berührungspunkte mit Paläogenetik, Prähistorischer Anthropologie, Archäologien[4] und anderen beteiligten Fächern dürften die Hauptursache dafür sein, dass die Geschichtswissenschaft erst kürzlich begann, das Feld wahrzunehmen.[5]

Für die Geschichtswissenschaft geht es um sehr grundsätzliche Fragen: Wie betreiben Forscherinnen und Forscher aus der Genetik oder Biochemie Geschichtsforschung? Was meinen sie, wenn sie von DNA-Molekülen als Quellen, Dokumente oder auch als Archiv, Bibliothek oder Wissensspeicher sprechen?[6]

Wächst da eine Geschichtskonkurrenz heran, die mit alter DNA und stabilen Isotopen die Quellen und vermeintlich unsicheren, subjektiven Deutungen der Geschichtswissenschaft überbieten will?[7] Bezweifelt wurde auch, dass sich biologische Daten überhaupt kulturgeschichtlich interpretieren lassen.[8] Darf man genetische Daten wie beispielsweise Haplotypenverteilungen mit Populationen,[9] geografischen Räumen oder sogar archäologischen Kulturen, d. h. Verbreitungen bestimmter Sachguttypen, in Verbindung bringen?

Verspricht das neue MPI etwa »Geschichtsmechaniken«, weil die Abteilungen nach Gesetzmäßigkeiten in genetischen, linguistischen und archäologischen Prozessen suchen und Makromodelle propagieren?[10] Verfängt sich

---

4 | Wissenschaftsintern ist i.d.R. die Rede von den Archäologien, zu denen rund 30 Einzelbereiche gezählt werden. So z. B. bei Siegmund 2001: 8; Eggert 2006: 1 f.; Experteninterview Veit 2013; Samida/Eggert 2013: 15; Kristiansen 2009: 7; Thomas 1993: 1 f.; Hoika 1998: 61; zu diesen Bereichen z. B. Lang 2002; Borbein/Hölscher/Zanker 2000: 8 f.; Holtorf/Piccini 2009; Harrison/Schofield 2010: 46 f.; Schreg 2010: 306, 325; Fehring 2000: 36-54; Hoika 1998: 51 f.

5 | Zum Time Lag und den nun geschaffenen Kontakten Samida/Feuchter 2016: 7 f.

6 | Zu den verschiedenen Begriffen, mit denen die aDNA-Forschung aDNA zur Quelle erklärte, vgl. z. B. Greenwood et al. 2000; bereits im Titel bei Lalueza-Fox 2003; Herrmann et al. 2007: 21-26; Fehren-Schmitz/Hummel/Herrmann 2009: 159 f.; Expertinneninterview Grupe 2013. Zur Geschichtlichkeit der Deutung des Gens als Archiv vgl. Sommer 2008b: 110. Das Bild verbreiteten aber auch Archäologen, so z. B. Burmeister 2016: 53.

7 | Das war als Befürchtung enthalten in den Wortmeldungen von Jan Keupp und Johannes Paulmann im Rahmen des Kolloquiums und der Podiumsdiskussion sowie des Plenums in: TU Darmstadt 2016. Vgl. auch Pohl 2016: 2; Samida/Feuchter 2016: 6.

8 | Vgl. z. B. Summer 2016; Pohl 2016: 3.

9 | Population bezeichnet als Begriff die Gesamtheit aller in einem bestimmten Raum vorkommenden Individuen einer Art, vgl. Potthast 2010b: 44 f.

10 | So meldete sich Jan Keupp im Rahmen der Podiumsdiskussion zu Wort in: TU Darmstadt 2016.

eine mit naturwissenschaftlichen Methoden betriebene Geschichtsforschung auf der Basis biologischer Quellen nicht im Gewissheitsversprechen und technizistischen Fortschrittsglauben der ersten Moderne?[11] Der Diskurs dreht sich auch um die Befürchtung, dass hier Biologismus droht und der mühsam erkämpfte Konstruktivismus der Geschichtswissenschaften in Gefahr gerät. Betont wurde die – aus eigener Sicht – größere Reflexivität der Geschichtswissenschaft in dieser Hinsicht.[12]

Solche Fragen und Befürchtungen sind keine Erscheinungen des deutschsprachigen Raumes und auch nicht auf die auf der Quelle DNA aufbauenden Geschichtserzählungen beschränkt, wie ein Roundtable zeigt, den die American Historical Association 2014 organisierte. Unter dem Titel *History Meets Biology* diskutierten dort Vertreterinnen und Vertreter der Naturwissenschaften, Geschichtswissenschaft und Wissenschaftsgeschichte über die Bedeutung diverser biologischer – ökologischer, virologischer, genetischer, toxikologischer, neurowissenschaftlicher, mikrobiologischer und evolutionsbiologischer – Quellen und Expertisen und die biologische Geschichtsschreibung. Deutlich gehen aus der Dokumentation der Diskussionsrunde Interesse und Offenheit für die möglichen Erkenntnischancen der Naturwissenschaften, aber vor allem auch Sorgen und Widerstände hervor.[13] Man habe zwar viel gemeinsam und sich viel zu geben, ist in der Einleitung zu dieser Dokumentation zu lesen, doch: »To claim that history and biology share common ground, however, runs up against a history of disciplinary misunderstanding and mistrust.«[14]

Man müsse – dieses Argument ist häufiger auf solchen Veranstaltungen anzutreffen – das neue genetische Wissen über Geschichte zur Kenntnis nehmen und komme nicht umhin, sich mit den Naturwissenschaften auseinanderzusetzen, die solches Wissen produzieren. Es sei schon deshalb Aufgabe der Geschichtswissenschaft, sich mit den neuen Quellen und Geschichtserzählungen zu befassen, weil es die breitere Öffentlichkeit tue.[15]

Aus der Sicht der Science and Technology Studies (STS) argumentiert der Londoner Wissenschaftsforscher Nikolas Rose, es habe gute historische Gründe dafür gegeben, dass die Geistes- und Sozialwissenschaften den Life Scien-

---

11 | Vgl. Wortmeldungen des Plenums: ebd.; Keupp 2014 sowie die Leserkommentare dazu; Gordin 2014: 1621, 1625, 1629.

12 | Vgl. Wortmeldungen von Jan Keupp und Johannes Paulmann im Rahmen des Kolloquiums und der Podiumsdiskussion sowie des Plenums in: TU Darmstadt 2016. Vgl. auch Keupp 2014 einschließlich der Leserkommentare. Vgl. auch Gordin 2014: 1621, 1625, 1629.

13 | Vgl. o. V.: 2014a: 1492.

14 | Ebd.: 1494.

15 | Vgl. z. B. Wortmeldungen von Jörg Feuchter im Rahmen des Kolloquiums und der Podiumsdiskussion sowie des Plenums in: TU Darmstadt 2016; vgl. auch Brather 2016: 37.

ces in der Vergangenheit reserviert begegneten, aber jetzt sei ein »new double relationship with biology«[16] gefragt. Dies beinhalte einerseits kritische Evaluationen und eine nüchterne Einschätzung der Erkenntnisgrenzen der Naturwissenschaften, andererseits eine bejahende Haltung zu den neuen Denkangeboten, die die Life Sciences machten:

»This relationship cannot be one of wide-eyed embracing of every latest pronouncement, let alone the displacement of our own hard-won knowledge of the social shaping of human lives. [...] It is hard to know how such a relationship of critical friendship will turn out. But the project of creating that relationship is one of the most important to confront our disciplines today.«[17]

Im oben genannten Roundtable der American Historical Association *History Meets Biology* forderte die US-amerikanische Historikerin Julia Adeney Thomas, nicht nur im Hinblick auf die Mediävistik, dass die Geschichtswissenschaft in eine Art »critical friendship« mit den Life Sciences insgesamt eintreten solle, statt im »science envy« zu verbleiben: »Historians need not suffer from science envy. Instead, we can use the engagement with scientists to articulate the scales and values underpinning historical inquiry as a distinct yet complementary enterprise.«[18]

Stefanie Samida und Jörg Feuchter haben 2016 den Begriff »active engagement« benutzt, um zu fordern, dass Geschichtswissenschaft und Archäologie sich stärker in Kooperationsprojekten einbringen sollten, statt es wie bisher weitgehend der Genetik und Anthropologie allein zu überlassen, das neue Forschungsfeld zu formen.[19] Der Prähistoriker Manfred K. H. Eggert drang im Experteninterview auf eine ebensolche Begegnung. Der frühere Kampf eines Teils der Ur- und Frühgeschichte gegen naturwissenschaftliche Verfahren, namentlich die ^{14}C-Datierung,[20] sei »ein totaler Unsinn« gewesen. Die Naturwissenschaften seien aus den Archäologien nicht mehr wegzudenken, ihr Beitrag

16 | Rose 2013: 24.

17 | Ebd.

18 | Thomas 2014: 1603. In dieser Ausgabe der *American Historical Review* (AHR) argumentiert ähnlich aus biologischer Sicht MacLeod 2014: 1609.

19 | Vgl. Samida/Feuchter 2016: 8.

20 | Die C14-Datierung oder Radiocarbondatierung ist ein 1946 von dem amerikanischen Chemiker Willard Frank Libby (1908-1980) entwickeltes Verfahren zur Datierung kohlenstoffhaltiger organischer Materialien, die zwischen etwa 300 bis 500 Jahren und etwa 60.000 Jahren alt sein können. Gebundene radioaktive ^{14}C-Atome in toten Organismen nehmen nach bestimmten Gesetzmäßigkeiten im Lauf der Zeit ab. Damit lässt sich das Alter der Probe errechnen. Da es zu erheblichen Messungenauigkeiten kommen kann, werden die Daten seit den 1960er Jahren kalibriert, d. h. anhand von präzisen

sei wesentlich und müsse selbstverständlich einbezogen werden, »aber man muss kritisch hingucken und nicht alles glauben und sich auch fragen, ja und, ›sind unsere Grundfragen beantwortet?‹«.[21]

Über konkrete Erfahrungen aus der Zusammenarbeit mit Anthropologie, Molekulargenetik und anderen biologischen Fächern verfügen bislang neben den Archäologien nur einzelne Angehörige der Medizingeschichte und Mediävistik.[22] So sind in Kooperationsprojekten Forscherinnen und Forscher der Medizingeschichte, Paläogenetik, Prähistorischen Archäologie und Epidemiologie zum Beispiel gemeinsam dem Auftreten, der Verbreitung und der Evolution von Pathogenen wie *Mycobacterium tuberculosis* und *Yersinia pestis* nachgegangen. Dabei ging es unter anderem um die Frage, ob die verschiedenen als Pestepidemien angesprochenen Vorfälle zwischen europäischer Antike und 20. Jahrhundert auf denselben Erreger – *Yersinia pestis* – zurückzuführen sind oder nicht. Damit verknüpft war, wie meist in diesem Spezialbereich der aDNA-Forschung, ein aktuelles epidemiologisches Anliegen: Es ging nicht nur darum, Wissen über historische Situationen zu generieren, sondern dieses auch zu nutzen, um die Dynamiken der Evolution von Krankheitserregern besser zu verstehen.[23] Zuletzt kooperierten beispielsweise bei der Sequenzierung des *Yersinia-pestis*-Genoms[24] aus einer Bestattung des 6. Jahrhunderts n. Chr. im bayerischen Altenerding mehrere Paläo- und Evolutionsgenetiker des MPI Jena, eine Anthropologin, ein Paläozoologe der Bayerischen Staatssammlung für Anthropologie und Anatomie und ein Epidemiologe des mikrobiologischen Instituts der Bundeswehr, zugleich Leiter des nationalen Konsiliarlabors für *Yersinia pestis*. Beteiligt waren auch Mitglieder der Archäo- und Paläogenetik der Universität Tübingen sowie der Lehrstuhlinhaber für Ur- und Frühgeschichte und Provinzialrömische Archäologie der Ludwig-Maximilians-Universität (LMU) München. Auf historischer Seite kam ein Mediävist, der Leiter der Initiative for the Science of the Human Past der Harvard University, hinzu.

Ein mediävistisches Modellprojekt hat Patrick Geary 2013 am Institute for Advanced Studies in Princeton initiiert. Es handle sich um den Versuch, nicht nur zu beobachten, was sich in der Genetik tue, sondern gemeinsam mit ihr

---

Kurven überprüft, die mithilfe von Dendrochronologien entwickelt wurden. Dabei wiederum handelt es sich um Jahresringkalender langlebiger Bäume.

21 | Experteninterview Eggert 2013.

22 | Vgl. m.w.N. Sallares/Bouwman/Anderung 2004; McCormick 2008: 94 f.

23 | Vgl. zur Zielsetzung und zu den Anfängen des Feldes den Sammelband Greenblatt 1998; einführend Hummel 2003: 5; Brown/Brown 2011: 243-246, 250-259, 262 f.; Bos et al. 2011: 506; vgl. dazu den in Kapitel 4 folgenden Abschnitt zur Paläoepidemiologie. Aus historischer Sicht zu diesem Gebiet vgl. McCormick 2003.

24 | Vgl. Feldman et al. 2016.

Geschichtsforschung zu betreiben und sich »a new kind of source«[25] anzueignen. Nicht nach Essenzen sollten die Historiker in den Genen suchen, sondern nach sozialen Konstruktionen, kulturellen Bewegungen und Wandel. »The problem, of course, is how to do this.«[26] Um dies zu lernen, stellte Geary ein Kooperationsprojekt mit Forscherinnen und Forschern aus der Genetik, den Archäologien, der Anthropologie und der Geschichtswissenschaft auf, das sich mit dem Kulturwandel und möglichen Bevölkerungsverschiebungen in Pannonien und Italien im 6. Jahrhundert n. Chr. auseinandersetzt, die in Geschichtswissenschaft und Archäologie bisher ethnisch interpretiert und mit den sogenannten Langobarden in Verbindung gebracht werden:

> »What we will not do is try to identify which among our samples are ›real‹ Longobards or whether the Longobards are the ›real‹ ancestors of the modern inhabitants of Lombardy. We want to get beyond ethnic and political labels and understand the movements of people and their cultural and demographic impact on the population of Europe in the past.«[27]

Die Wahl war auf die Langobarden gefallen, weil es hier Artefakt- und Schriftquellen in größerer Zahl gibt, die sich mit den Daten der Populationsgenetik in Verbindung setzen ließen. In *Nature* ließ Geary sich zu seiner Intention zitieren: »If historians do not get involved and engage with this technology seriously, we're going to see more and more studies that are done by geneticists with very little input from historians, or from frankly second-rate historians.«[28]

Geary und andere Befürworter solcher Kooperationen verstehen diese als ein im Age of Genetics nötiges Aufeinanderzugehen.

Man komme, erklärte der Mediävist Jörg Feuchter, an der aDNA-Forschung nicht mehr vorbei und müsse sich mit ihr – kritisch – auseinandersetzen und sie als Herausforderung annehmen.[29] Kritikerinnen und Kritiker befürchten hingegen einen Einbruch der Genetik in die Mediävistik. Dort bilden sich sowohl im englisch- als auch im deutschsprachigen Raum sehr gegensätzliche Lager von Gatekeepern, Kooperationsbefürwortern und Übersetzern.[30]

---

25 | Geary 2013.

26 | Ebd.

27 | Ebd. Inzwischen auch ders./Veeramah 2016: 72 ff.

28 | Patrick Geary in o. V. 2016a: 438; vgl. auch ders./Veeramah 2016: 73.

29 | Vgl. z. B. Feuchter 2014.

30 | Vgl. ebd. vs. Keupp 2014. Jan Keupp verstand sich als Gatekeeper und begründete dies mit einem »bereits habitualisierte[n] Impuls«, sich gegen die »Wunderversprechen der Naturwissenschaften aufzulehnen, endlich ›harte Fakten‹ in die Welt der ›weichen‹ Geisteswissenschaftler zu bringen«, vgl. Kommentar von Keupp selbst zu Keupp 2014.

Eine Vielzahl von Workshops und Diskussionsveranstaltungen der Jahre 2015 und 2016 mit Titeln wie *Urkunde – DNA – Fingerabdruck. Wer kann wie Geschichte erforschen?*[31] machte das aktuelle Interesse der deutschen Geschichtswissenschaft und ihre Sorgen, aber vor allem auch ihre Wissensdefizite deutlich. Protagonisten und Protagonistinnen des Forschungsfeldes stellten sich deshalb dort den Fragen der Historiker und Historikerinnen und erklärten ihre Intentionen, Methoden und Ergebnisse.[32] Umgekehrt lud das MPI für Menschheitsgeschichte im Mai 2016 den wissenschaftlichen Nachwuchs aus Geschichtswissenschaft und Archäologien zu einem Workshop unter dem Titel *Neue Methoden in Archäologie und Geschichtswissenschaften*, um ihm die am Institut eingesetzten Verfahren näherzubringen:

> »Dabei sollen die Voraussetzungen für einen Dialog geschaffen werden, in dem Geistes- und Naturwissenschaftler gemeinsam über die Möglichkeiten und Grenzen einer solchen transdisziplinären Kooperation nachdenken. Wie kann eine solche Zusammenarbeit die jeweiligen Forschungen vertiefen?«[33]

Ein Anliegen der folgenden Untersuchung ist es, Wissen über die historische Gewordenheit des epistemischen Objekts alte DNA und des überfachlichen Forschungsfeldes, das sich mit ihr befasst, in diese aktuelle Diskussion über den Stellenwert molekulargenetischer Quellen und Verfahren zur Bearbeitung historischer Fragestellungen einzubringen. Die Leitfrage ist traditionell wissenschaftshistorisch und auf das epistemische Objekt[34] und die Entwicklung des Feldes gerichtet, in dem dieses seit den 1980er Jahren konstituiert wurde.

Es geht aber weder darum, einen Genetic Turn in der Geschichtswissenschaft auszurufen noch im Sinne eines Engaged Program[35] Argumente gegen

---

Jörg Feuchter sah sich als Übersetzer zwischen den Fächern. Ähnlich auch McCormick 2008: 86-89, 95 ff.

31 | Vgl. Universität zu Köln 2016; TU Darmstadt 2016; Summer 2016; ZZF (Zentrum für Zeithistorische Forschung) / Humboldt Universität Berlin 2015.

32 | Vgl. z. B. Johannes Krause in Universität zu Köln 2016, ZZF / Humboldt Universität Berlin 2015 und Summer 2016; Wolfgang Haak in TU Darmstadt 2016; Kurt W. Alt, Mark Jobling und Brigitte Pakendorf in ZZF / Humboldt Universität Berlin 2015.

33 | MPI für Menschheitsgeschichte 2016c.

34 | Damit ist im Sinne Hans-Jörg Rheinbergers ein organisches Phänomen gemeint, das im wissenschaftlichen Umfeld unter bestimmten ideellen, theoretischen, materiellen und praktischen Bedingungen zu einem Mischwesen zwischen Konzept und Ding gemacht wird.

35 | Sismondo (2008: 23-26) stellte vor, wie im Sinn eines Engaged Program nicht mehr nur Technoscience in politischer Hinsicht analysiert, sondern Technoscientific Politics analysiert werden sollten.

ihn zu sammeln. Vielmehr soll deutlich werden, wie Geschichtswissen entstand und Geschichtswissenschaft betrieben wurde. Dies steckt bereits im Titel. *Doing Ancient DNA* drückt aus, dass Wissenschaft und Technik soziale Phänomene sind, die aktiv verhandelt und betrieben werden und erst in diesem Doing ihre ganze Bedeutung erhalten. Untersucht wird dabei, wie DNA zur Quelle für im weitesten Sinn historische Fragestellungen gemacht wurde und wie die Chancen und Grenzen dieser Quelle abgesteckt wurden. Dieses Vorgehen entspricht einem Kerngedanken der Science and Technology Studies: »STS looks to how the things it studies are constructed.«[36]

Hier ist vorauszuschicken, dass der Begriff der Quelle in dieser Untersuchung keineswegs allein ein Interpretationsbegriff aus der Perspektive der Wissenschaftsforschung ist. Vielmehr zeige ich, dass die Beteiligten in dem untersuchten Feld selbst DNA zur Quelle erklärt haben und als solche behandelten, auch wenn sie das nicht immer mit den in der Geschichtswissenschaft üblichen Begrifflichkeiten taten.

Die Forschung an aDNA wird im Folgenden als kognitive und soziale Einheit von Wissenschaftlerinnen und Wissenschaftlern verstanden, die aus unterschiedlichen Fächern und Wissenschaftskulturen stammten und *über* der alten DNA zueinander kamen. Wie dieses Miteinander in epistemologischer und fachpolitischer Hinsicht wahrgenommen und ausgestaltet wurde, ist ebenfalls eine Untersuchungsfrage.

Angesichts der neuen und alten Begriffe im Feld – Molecular Anthropology, aDNA-Forschung, Archäogenetik, Bioarchaeology, Pal(a)eo-(population-)genetics und vielen mehr[37] – hilft ein konstruktivistischer Zugang weiter: aDNA-Forschung ist, was als aDNA-Forschung bezeichnet wird. Am besten lässt sich das Phänomen als kollektiver Produktionsprozess von Wissen über und durch (alte) DNA ansprechen. Doing aDNA heißt: Aus einem anfänglichen Interesse an alten Molekülen, das Beteiligte aus diversen Forschungsfeldern und Fächern teilten, entstand um die als Quelle definierte alte DNA herum ein Ensemble von Verfahren, Methoden, Fragen und Forschungswegen, das wiederum Beteiligte aus einer Vielzahl von Bereichen nun betreiben.

Es gebe, so Johannes Krause im Experteninterview, »wenige Forschungsfelder in der gesamten Naturwissenschaft, die so offen aufgestellt« seien, »also, dass wir vom Virus, Bakterien, Tiere, Pflanzen, über Menschen aus allen Zeit-

---

36 | Ebd.: 13.

37 | Z. B. bei Alt 2005: 229; zur Molecular Anthropology vgl. allgemein Deslisle 2007: 319; Cavalli-Sforza/Feldman 2003: 266; Sommer 2008b: 112; zur Bioarchaeology vgl. Buikstra 2009: xvii; Wright/Yoder 2003: 43; Larsen 1997: 2-5; zur (Paläo-)(populations-)Genetik vgl. Burger 2007: 279.

epochen arbeiten, das ist, glaub' ich, eigentlich einmalig mit seiner Breite und Vielfalt.«[38]

Ist im Folgenden von *der* aDNA-Forschung und *den* aDNA-Forschern und -Forscherinnen die Rede, ist dies als sprachliche Vereinfachung zugunsten der Lesbarkeit zu verstehen. Genetic History bzw. Genetische Geschichte oder Biohistories sind hingegen Wortschöpfungen, die das Phänomen ›von außen‹ beschreiben sollen[39] und darauf abheben, dass Körpersubstanzen auf neue Weise zu Geschichtsträgern werden,[40] und nur selten im Feld selbst benutzt werden.[41] Andere Bezeichnungen, wie Molekulare Archäologie oder Paläogenetik, sind im Feld selbst entstanden.

Nomenklaturen wie aDNA-Forschung, Genetic Archaeology, Molecular Anthropology oder Paläopopulationsgenetik sind weder identisch, noch gehen sie ineinander auf – weder in Deutschland noch international. Eine Schnittmenge haben diese Forschungsfelder und -perspektiven darin, dass sie erstens – neben anderen naturwissenschaftlichen Verfahren – molekulargenetische Verfahren einsetzen, um – neben einigen anderen – im weitesten Sinne historische Fragen zu klären. Das gemeinsame Besondere und das Neue daran ist, dass sie zweitens nicht mehr nur ganze Organismen oder Zellen, mit denen sich zum Beispiel Anthropologie und Archäologien schon länger unter historischer Fragestellung befasst haben, sondern Moleküle zur historischen Quelle erklärt haben.

Hier ist ein sprachliches Problem anzusprechen: Begriffe für Fächer, Disziplinen und Wissenschaftskulturen stehen für kognitive Einheiten innerhalb des sozialen Subsystems Wissenschaft.[42] Vor allem die deutschsprachige Wissenschaftsforschung hat dazu eine komplexe Begriffstaxonomie des kooperativen Forschens entwickelt, die von Multi- über Inter- und Cross- bis hin zur Transdisziplinarität reicht.[43] In der folgenden Untersuchung geht es oft um die Frage, wie die Beteiligten das überfachliche Miteinander, die Charakteristika, Aufgaben und Abgrenzungen von Fächern, Disziplinen und Wissenschafts-

38 | Experteninterview Krause/Haak 2016.

39 | Vgl. z. B. Egorova 2010: 349; Samida 2015; dies./Feuchter 2016: 6.

40 | Sozialität und Geschichtlichkeit würden in den Biohistories nicht kulturell, sondern biologisch begründet, so Sommer (vgl. 2012a: 378).

41 | Vgl. Reich et al. 2010 im Titel: *Genetic History of an Archaic Hominin Group from Denisova Cave in Siberia.*

42 | Vgl. Defila/Giulio 1998: 112. Zur Wissenschaft als gesellschaftliches Teilsystem und zu seiner Binnendifferenzierung vgl. Schimank 2012: 114-117, 122.

43 | Vgl. Heckhausen 1987: 129-141; Mittelstraß 1987a: 155 ff.; Kaufmann 1987: 66-69; Defila/Giulio 1998: 114-118; Sedmak 2003; Balsiger 2005: 135-188; Jungert 2010: 2-7; Potthast 2010a: 177-181; Potthast 2011: 12-14.

kulturen diskutierten.[44] Die Herausforderung bestand darin, solche Aussagen auf Begriffe und Konzeptionen hin zu untersuchen, ohne diese selbst sprachlich vorweg zu verwenden. Aber wie schreibt man über Fächer, ohne über Fächer zu schreiben? Die Darstellung müsste auf Bezeichnungen wie Geisteswissenschaft, naturwissenschaftliche Methoden, Brückenfach etc. verzichten, um sie nicht a priori festzulegen oder eine Dualität von Geistes- und Naturwissenschaften zu fixieren, sondern unvoreingenommen zu prüfen, ob und wie die Beteiligten solche Begriffe einsetzten und was sie damit meinten. Dies lässt sich sprachlich aber nicht immer zufriedenstellend darstellen.

Mit der Nennung der männlichen Bezeichnung ist im Folgenden stets die weibliche Form mitgedacht, sofern dies nicht anders gekennzeichnet ist. Dies gilt insbesondere dann, wenn von Fächerzugehörigkeiten die Rede ist (beispielsweise Archäologen, Biochemiker, Sozialwissenschaftler). Um aber der Leistung von Frauen in der Wissenschaft besser gerecht zu werden, erscheinen beide Formen, wenn es um Funktionen und Handlungen geht (zum Beispiel Wissenschaftlerinnen und Wissenschaftler, Autoren und Autorinnen).

Die wissenschafts- und technikhistorische Darstellung alter DNA und aDNA-Forschung enthält zudem eine ethische Problematik. Untersuchungsgegenstand ist ein Forschungsbereich, der laufend transzendentale Werte berührt: Der Feldarchäologe gräbt tote Menschen aus, die mit bestimmten Jenseitsvorstellungen bestattet wurden, und hantiert mit Objekten der Sachkultur, die kultischen oder religiösen Charakter hatten. Die Kuratorin präsentiert der Öffentlichkeit sterbliche Überreste von Menschen und Tieren. Der Prähistorische Anthropologe experimentiert mit menschlichen und tierischen Organismen. Die Paläogenetikerin analysiert die DNA von Lebewesen. Organismen sind in der aDNA-Forschung überwiegend Quelle und Untersuchungsgegenstand, zum Teil, wie etwa beim bakteriellen Klonieren, auch Instrument.

Aus der Perspektive der Forschenden sind diese Organismen primär wertvolle Quellen: »The traditional perspective of scientists who study ancient remains has been to consider human remains as valuable objects full of research potential«, erklärten die US-amerikanischen Bioarchäologen Clark Spencer Larsen und Phillip L. Walker.[45] Als Quellen haben die Lebewesen in dem Feld, das hier untersucht wird, sehr hohen wissenschaftlichen Wert. Schon aus diesem Wert lässt sich ableiten, dass sie eine wertschätzende und respektvolle Behandlung verdienen. aDNA-Forschung und damit auch die wissenschaftshistorische Beschäftigung mit diesem Forschungsfeld setzen Leben und Tod eines Lebewesens voraus. Darin liegt die zu beachtende ethische Dimension.

---

44 | Als Beispiel vgl. Gramsch 2010: 200; Henke 2010a: 173 f.; Eggert 2005a: 221; Meier/Tillessen 2011b: 27; Experteninterview Meier 2013; Experteninterview Krause/Haak 2016; Expertinneninterview Grupe 2013.

45 | Larsen/Walker 2005: 111.

Es gilt, eine universale, zeitunabhängige Würde zu bewahren. Die historische Forschung, deren Interesse ja nicht zuletzt auch Konzeptionen wie der Würde gilt, hat dies ernst zu nehmen. Das lässt sich aber leicht vergessen, wenn nur von organischem Material, wenigen Gramm schweren Proben, Genomen, Sequenzen oder Allelverteilungen die Rede ist.

Im Folgenden sollen solche Begriffe als von Forschenden getroffene Vereinbarungen zur Bezeichnung von Gegenständen der wissenschaftlichen Arbeit verstanden werden.[46] Dabei soll aber nicht vergessen werden, dass es sich um Lebewesen handelt, deren Würde zu achten ist.

46 | Hier nach Herrmann et al. 1990: 3 f.

1. aDNA-Research als Forschungsgegenstand der Wissenschaftsgeschichte

Was ist aDNA? Was ist aDNA-Forschung?

»Ancient DNA: How Do You Know When You Have It and What Can You Do With It?«[1]

Stirbt ein Organismus, führen autolytische und diagenetische Prozesse[2] zum raschen qualitativen und quantitativen Verfall seiner DNA. Wie und vor allem wie schnell dies passiert, hängt von einer Reihe von Faktoren ab. Dazu zählen die Temperatur, der pH-Wert und die Feuchtigkeit des Liegemilieus sowie der Mikrobenbefall. In den meisten Fällen enthalten Organismen, die seit längerer Zeit tot sind, überhaupt keine endogene DNA mehr.[3] Nur in einem sehr geringen Teil der Fälle lässt sie sich analysieren.[4] Die meisten Organismen der Vergangenheit haben also keine Vergangenheitsspuren hinterlassen.[5] Somit

1 | Stoneking 1995: 1259.

2 | Die Autolyse ist ein Verwesungsvorgang. Tote Zellen werden von Enzymen aufgelöst, die sich bereits im Organismus befanden. Bakterien oder Tiere sind daran nicht beteiligt. DNA wird dabei in winzige Fragmente zerlegt. Dies dauert an, bis die Enzyme keine Aktivität mehr aufweisen. Anschließen kann sich Hydrolyse, bei der die DNA-Fragmente weiter verkleinert werden. Zudem kommt es zum Stoffaustausch mit dem Liegemilieu. Diagenese ist ein Begriff aus der Geologie, der die Vorgänge zusammenfasst, in denen lockere Sedimente in Gestein umgebaut werden. Auswirkungen auf den DNA-Erhalt haben u. a. Mikroorganismen, Temperatur, Feuchtigkeit und pH-Wert.

3 | Vgl. zu diesen Einschränkungen Willerslev/Cooper 2005: 5; auch Alt et al. 2003: 1532 f.; Wahl/Stork 2009: 554; Brown/Brown 2011: 5 ff.; Matisoo-Smith/Horsburgh 2012: 60; Lee et al. 2014: 176, 178.

4 | Vgl. zu den Einschränkungen Larsen 2002a: 140; Krause 2010: 11; Pickrell/Reich 2014: 384; Hummel 2003: 66.

5 | Das Beispiel einer 2003 durchgeführten paläogenetischen Studie zur Herkunft und Domestikation der Rinder im Neolithikum verdeutlichte dies. Knochen von 101 Indivi-

sind die epistemischen Ressourcen der aDNA-Forschung stark eingeschränkt. DNA ist mithin eine selektive und perspektivische Quelle. Es gibt nicht für jeden potentiell interessanten Aspekt der genetischen Vergangenheit oder jede interessante bioarchäologische oder populationsgenetische Fragestellung entsprechende Quellen.

Unter optimalen Bedingungen kann sich aber DNA in fossilen Knochen – nach aktuellem Wissensstand – über 700.000 Jahre lang erhalten.[6] Sie liegt grundsätzlich in degradiertem Zustand[7] vor und weist typische Schadensmuster auf. Im Vergleich zu ›frischer‹ DNA, mit der die Humangenetik, medizinische Genetik und teils auch die Forensik arbeiten können, ist sie deutlich anfälliger für Kontaminationen (Verunreinigungen) mit exogener DNA. Erhaltungsbedingungen und Kontamination hängen eng zusammen, sie sind »twin problems«[8].

Das immer wieder als »Pitfall«[9] bezeichnete Problem der Kontaminationen besteht darin, dass Artefakte produziert werden, wenn Proben oder Labor kontaminiert sind. Den technischen Ablauf stören Verunreinigungen mit exogener DNA nicht, eher im Gegenteil. Amplifikation und Sequenzierung funktionieren dann möglicherweise sogar besonders gut, da sich moderne, weniger beschädigte DNA besser vervielfältigen und sequenzieren lässt. Am Ende liegen Sequenzdaten vor, die sogar sehr ›schön‹ aussehen. In technischer Hinsicht funktionieren die Experimente und liefern ›richtige‹ Ergebnisse. Dennoch handelt es sich bei ihnen um Artefakte und mithin um Daten, die zugleich technisch richtig und falsch sind, weil sie eben nicht authentisch sind. Wird dies nicht erkannt, baut die Hypothese auf solchen richtig-falschen Daten auf.

Da nicht das Alter der Moleküle, sondern ihr physischer Zustand entscheidend ist, trifft der in der Forensik üblichere Begriff der degradierten DNA das Material am besten. Dennoch haben sich für den Bereich, der im Folgenden von

---

duen wurden beprobt, aber nur bei zwölf gelang es, DNA zu finden, zu amplifizieren und zu sequenzieren sowie das Experiment zu reproduzieren, sodass es den Authentizitätskriterien des Teams entsprach. Vgl. Edwards et al. 2004: 703.

6 | Vgl. Orlando et al. 2013. 400.000 Jahre alt ist die DNA eines *Homo Heidelbergensis* aus Sima de los Huesos, so Meyer et al. 2014. Das sind Einzelfälle. Aus technischen Gründen gelangte man in der Regel bisher eher bis 200.000 Jahre BP (Before Present) und auch das nur selten. Vgl. Experteninterview Krause/Haak 2016.

7 | Im Durchschnitt sind dies 200 Basenpaare im Vergleich zu 3,2 Milliarden Basenpaaren des menschlichen Genoms. Vgl. zur Degradiertheit als Hauptkriterium für alte DNA aus der frühen aDNA-Forschung Herrmann/Hummel 1994b: 2; Willerslev/Cooper 2005: 5; Brown/Brown 2011: 115-134; Matisoo-Smith/Horsburgh 2012: 60.

8 | Waldron 1991: 155.

9 | Parsons/Weedn 1997: 115; vgl. auch Hagelberg 1994: 196; Handt/Höss et al. 1994: 528; ähnlich Höss et al. 1996: 1307.

Interesse ist, die Bezeichnungen ancient DNA bzw. aDNA und alte DNA durchgesetzt. Gemeint sind damit Moleküle von Organismen, die bereits seit längerer Zeit tot sind und meist aus archäologischen und anthropologischen Grabungen, Sammlungen und Museen stammen.

Allerdings wird bei bestimmten, vor allem paläogenetischen und evolutionsgeschichtlichen Anwendungen auch mit rezenter DNA[10] gearbeitet bzw. auf DNA-Sequenzen aus Datenbanken zugegriffen, die von heute lebenden Organismen stammen.[11] Solche Daten dienen einerseits dem Vergleich mit ›alten‹ Daten, andererseits kann aus ihnen auf genetische Prozesse in der Vergangenheit ›zurückgerechnet‹ werden. Die Evolutionsforschung hat argumentiert, dass auch in der DNA heute lebender Organismen die genetische Vergangenheit ihrer Vorfahren dokumentiert und erhalten ist und somit neben der sogenannten alten DNA eine weitere Option vorliegt, um die Entwicklung von Organismen zu erforschen, die sonst keine Spuren hinterlassen haben:[12] »Studying the material remains of the human past is the realm of archaeological research, but molecular anthropology can study human history through DNA – what we inherit from our parents and other ancestors.«[13]

Der britische Genetiker Mark Jobling benutzte in einem Tagungsabstract 2015 den Begriff des Palimpsestes, um dem überfachlich besetzten Publikum zu verdeutlichen, wo die Schwierigkeit liegt: In rezenten DNA-Daten überlagerten sich diverse genetische Ereignisse der Vergangenheit.[14]

Der Zugang über alte DNA bietet im Vergleich dazu den Vorteil, den Parameter Zeit besser integrieren zu können. Die größere Nähe alter DNA zum Untersuchungszeitraum erhöht die Plausibilität der entwickelbaren genetischen Szenarien. Mit einer Kombination von Tür- und Fenstermetaphern beschrieben an der Universität Kopenhagen Erik Axelsson und Kollegen, wie die Quelle aDNA sie in die Vergangenheit geführt habe:

»DNA retrieved from old remains [...] can literally open doors to lost worlds. By including ancient samples in population genetic studies, we can widen the time window through which we can sample population genetic inferences. This allows us to trace events from

---

10 | Rezente DNA ist die DNA von gegenwärtig lebenden Organismen. Dies bedeutet nicht, dass das Individuum, von dem die DNA-Daten stammen, jeweils noch am Leben sein muss. Gemeint ist meist ein Zeitraum ab dem letzten Drittel des 20. Jahrhunderts, in dem diese Daten gesammelt werden konnten.

11 | Vgl. zur Notwendigkeit der Vergleichsdaten und Datenbanken mit modernen Sequenzen sowie zum ›Zurückrechnen‹ Richards et al. 1993: 22 f.; Hummel 2003: 23.

12 | Populär dargestellt bei Callaway 2014: 416.

13 | Matisoo-Smith/Horsburgh 2012: 13.

14 | Vgl. Jobling 2015. Zuvor, aber eher an die naturwissenschaftlichen Fächer gerichtet vgl. auch ders. 2012: 794.

which signals are no longer present in modern day populations. We may for instance be able to see past a recent bottleneck or understand when current patterns of diversity were established.«[15]

Es gelten aber zahlreiche Einschränkungen: Viele genetische Merkmale sind über die Zeit verloren gegangen, zum Beispiel durch statistische Ereignisse wie Founder Effect und Bottleneck,[16] aber auch, bei codierenden Abschnitten der DNA, durch Selektion. Das macht Untersuchungen zur Entwicklung genetischer Variationen und zu phylogenetischen[17] Beziehungen innerhalb von und zwischen genetischen Einheiten kompliziert.[18]

Molekulare Quellen werden von Menschen zum Sprechen gebracht. Sie erzeugen aus sich selbst keine historische Erkenntnis. Der amerikanische Zeit- und Wissenschaftshistoriker Michael D. Gordin brachte dies 2014 in einem Kommentar zum eingangs genannten Roundtable der American Historical Association zum Thema *History Meets Biology* auf den Punkt:

»Historians do not, cannot, have direct access to the past; neither can biologists, or anyone else for that matter. What we all have are collections of traces [...] that we interpret today to create a narrative about what happened before. In this, biologists and historians have a good deal in common: both groups [...] want to answer current questions about the past, using what the past has left us to work with.«[19]

Anders als bei vielen naturwissenschaftlichen Methoden, mit denen unter historischer Fragestellung organische oder anorganische Quellen bearbeitet werden, geht es nicht darum, eine Substanz, ein Isotop oder Element quantitativ

15 | Axelsson et al. 2008: 2181.

16 | Der Begriff Founder Effect oder Gründereffekt bezieht sich auf eine Teilpopulation, die aus unterschiedlichen Gründen, wie z. B. räumliche Trennung der ganzen Teilpopulation oder einzelner Individuen wie im Fall einer Migration, entstanden sein kann, und in der nur ein kleiner Teil des ursprünglichen Genpools vertreten ist. Im Extremfall kann es sich um ein einziges schwangeres Individuum handeln. Bottleneck oder Flaschenhalseffekt bezeichnet eine Situation, in der eine Population bis auf wenige Individuen reduziert wird, dann aber wieder signifikant wächst. Vgl. Walter 2010a: 24.

17 | Die Phylogenese ist die stammesgeschichtliche Entwicklung der Lebewesen und ihrer Verwandtschaftsbeziehungen auf allen Ebenen der biologischen Systematik. Der Begriff wird aber auch für die evolutionäre Entwicklung bestimmter Merkmale verwendet.

18 | Vgl. Shapiro/Gilbert/Barnes 2008: 210 f.; Experteninterview Krause/Haak 2016.

19 | Gordin 2014: 1621.

nachzuweisen.[20] Bei der aDNA-Analyse wird DNA qualitativ analysiert, d.h. auf ihren Informationsgehalt hin befragt. In der Struktur von DNA-Molekülen sind Informationen über deren eigene Geschichte codiert. Nicht *die* DNA, *das* Genom oder *die* Gene an sich sind die eigentliche Quelle, sondern die Basenabfolgen an bestimmten Orten der DNA (Loci). Diese sind nicht sinnlich wahrnehmbar, sie müssen auf technischem Weg erst erzeugt und sichtbar gemacht werden. DNA-Quellen sind das mit technischen Mitteln geschaffene Werk von Menschen und daher in hohem Maße standortgebunden.

Ein DNA-Locus, eine Basenabfolge oder ein Gen sind per se eben nicht einfach lesbar, wie es die Metapher suggeriert. Um Daten zu gewinnen, die hinsichtlich einer Fragestellung interpretiert werden können, müssen diese erst einmal im Labor und am Rechner mit ihren jeweiligen Produktionsbedingungen von Wissen hergestellt werden. Dabei entstehen Proxydaten. Geschaffen werden dabei aber auch Effekte, die mit der spezifischen Struktur degradierter DNA zu tun haben und sich später auf die Interpretation der Daten problematisch auswirken können wie etwa der sogenannte Allelausfall oder Nucleotide Misincorporations[21]. So werden bei der Herstellung der Quelle Phänomene geschaffen, die später zum Problem der Quellenkritik werden.[22]

Das Aussagepotential der Quelle hängt davon ab, ob es sich um nukleare oder mitochondriale DNA handelt. Nukleare DNA (nDNA) aus dem Zellkern ist wegen der Kombination der jeweils einfachen elterlichen Chromosomensätze und rekombinanten Prozessen während der ersten Zellteilungen hoch spezifisch und geeignet, Individuen genetisch zu identifizieren, ihr chromosomales Geschlecht zu bestimmen und genetische Verwandtschaftsgrade zwischen Individuen und Gruppen zu untersuchen. Ihre Erhaltungschancen sind jedoch gering. Mitochondriale DNA (mtDNA) stammt aus den Mitochondrien, den Zellkomponenten, die den Energiestoffwechsel der Zelle organisieren. Sie liegt in vielfacher Kopienzahl vor und ihre Erhaltungswahrscheinlichkeit in archäologischen Funden ist höher. Sie wird in der Regel matrilinear, d.h. in der mütterlichen Linie, vererbt und über Generationen hinweg mit Mutationsraten weitergegeben, die sich errechnen lassen.[23] Beispielsweise eignet sich mtDNA, um Spezies zu unterscheiden oder um zu untersuchen, ob einzelne Individuen in

---

20 | In der chemischen Spurenanalyse, Isotopenanalyse und Radiocarbondatierung wird aus der nachgewiesenen Quantität eine Interpretation entwickelt.

21 | Der Begriff Nucelotide Misincorporations bezeichnet den Einbau falscher Basen bei der Amplifikation der DNA-Fragmente.

22 | Vgl. dazu Kapitel 3. Vgl. zu dieser Koproduktion von Wissen und Nichtwissen im Labor generell Wehling 2015: 25, 27 ff.

23 | Brown/Brown 2011: 23 f., 173-178; Hummel 2003: 20-26; Shapiro/Gilbert/Barnes 2008: 209. Männer erben zwar die mtDNA ihrer Mütter, geben sie aber in der Regel selbst nicht weiter.

mütterlicher Linie genetisch verwandt waren. Damit lassen sich durchaus lange genetische Prozesse innerhalb von und zwischen Gruppen verfolgen. Da mtDNA in technischer Hinsicht das ›einfachere‹ bzw. häufiger erhaltene Material darstellte, war sie das wissenschaftliche Objekt, das die aDNA-Forscher zuerst anvisierten.[24] Sollen aber auch die paternalen Linien und komplexere horizontale Fragestellungen untersucht werden, ist nDNA nötig.[25] Dabei macht man sich zunutze, dass jedes Individuum auf den homologen Chromosomen von Mutter und Vater je ein Allel, d. h. eine der möglichen Varianten einer Sequenz an einem bestimmten Ort der DNA, besitzt. Für die Untersuchung von Verwandtschafts- und Abstammungsbeziehungen eignen sich zum Beispiel die Short Tandem Repeats (STRs) auf der mtDNA und dem Y-Chromosom, weil sie eine hohe Variabilität aufweisen. STRs sind längenvariable Abschnitte auf der DNA, bei denen sich tandemartig eine Basensequenz von zwei bis sechs Basenpaaren Länge wiederholt. Die Basenzusammensetzung und die Anzahl der Wiederholungen können sich von Individuum zu Individuum unterscheiden. Bestimmt man die Allele, d. h. die möglichen Varianten einer DNA-Sequenz, an mehreren STR-Loci, lässt sich ein individualcharakteristisches Allelprofil erstellen.[26] Vergleicht man die Allelmuster verschiedener Individuen, können Aussagen über deren genetisches Verhältnis zueinander getroffen werden. Untersucht man dann die Veränderung und Verbreitung bestimmter Allelfrequenzen bei einer größeren Anzahl von Individuen, ist es möglich, Fragen zu Biodistanz und Biodiversität auf molekularer Ebene bearbeiten. Dies lässt sich für evolutionshistorische und -genetische Fragestellungen in der Longue Durée nutzen. Bei Untersuchungen zu genetischem Geschlecht oder zur Speziesbestimmung verhält es sich ähnlich: Marker an bestimmten Genorten sind die Quelle.

Gearbeitet wird bislang also überwiegend mit den nicht codierenden Abschnitten der DNA, d. h. mit den Abschnitten, die nicht an der Proteinsynthese beteiligt sind.[27] Nur in wenigen Fällen wird unter historischer Fragestellung auf

---

24 | Vgl. einführend Shapiro/Gilbert/Barnes 2008: 209; Matisoo-Smith/Horsburgh 2012: 15 f., 35. Beispiele für solche frühen Studien waren Pääbo/Higuchi/Wilson 1989; Hänni et al. 1990; Hummel/Herrmann 1991; Brown/Brown 1992; Stone/Stoneking 1993; Hänni et al. 1995: 656. Seit 1981 liegt das erste komplette mtDNA-Genom vor, die sogenannte Cambridge Reference Sequence.

25 | Vgl. zur Methodenforschung und den entsprechenden Vorlagen aus der Forensik Sullivan/Hopgood/Gill 1992; Holland et al. 1993; Wilson et al. 1995; als deutsche Anwendungsbeispiele Bender/Schneider/Rittner 2000; mit historischer Relevanz Anslinger et al. 2001.

26 | Dafür kommen auch die Hypervariable-Region-(HVR-)1- und HVR2-Bereiche der Kontrollregion der mtDNA in Frage, vgl. Hummel 2003: 23 f.

27 | Das Human Genome Project kam zu dem Ergebnis, dass nichtcodierende Sequenzen 95 Prozent des menschlichen nuklearen Genoms ausmachen, vgl. ebd.: 26. Pro-

die codierenden Abschnitte der DNA zurückgegriffen, auf die Gene.[28] Es kann zum Beispiel darum gehen, das Vorliegen eines Genes nachzuweisen oder zu prüfen, wie es zu einem bestimmten Zeitpunkt aussah.

Welches im weitesten Sinn geschichtliche Aussagepotential DNA hat, hängt – wie immer bei geschichtswissenschaftlichen Quellen – von der Fragestellung ab.

Wie alle anderen Quellen sind DNA-Moleküle überlieferte Spuren aus der Vergangenheit. DNA weist die wesentlichen Charakteristika anderer historischer Quellen – Authentizitätsproblem, Selektivität, Perspektivität, ein gewisser Grad interpretativer Flexibilität[29] – auf und verlangt nach quellenkritischen Prüfungen, die sich mehr in technischer als in grundsätzlicher Hinsicht von der historisch-kritischen Methode unterscheiden. Ähnlich verhält es sich mit der Quelleninterpretation. Molekulare Analyseverfahren liefern Rohdaten, nicht Geschichte. Wenn sie interpretiert, d. h., wenn intersubjektiv überprüfbar die quellenkritisch ermittelten Daten zu Informationen über die Vergangenheit zu Zeitverläufen zusammenfügt und als ›Geschichte‹ dargestellt werden, fließen nicht nur und oft nicht einmal primär die geschichtswissenschaftlichen oder archäologischen Qualitätsstandards wissenschaftlicher Arbeit ein, sondern Kriterien aus den Naturwissenschaften. Unter dem Einfluss diverser Fachrichtungen und ihrer Methoden werden dann Ausschnitte von Vergangenheit konstruiert und zu Geschichten zusammengebaut. Zudem repräsentieren DNA-Quellen, Artefakte, Schriftquellen und andere mehr ganz unterschiedliche Dimensionen des Vergangenen.

---

teine sind die Bausteine des Organismus. Sie bestehen aus Ketten von Aminosäuren. Die DNA-Sequenz in den Genen, d. h. den codierenden Bestandteilen der DNA, gibt die Abfolge der Aminosäuren im Protein vor, die wiederum die Funktion des Proteins bestimmt.

28 | Es gab z. B. Studien zu der Frage, ob das FOXP2-Gen, das für die Plastizität der neuronalen Schaltkreise im Gehirn zuständig ist und bei Anatomisch Modernen Menschen mit Sprechfähigkeit bzw. seine Mutation mit spezifischen Sprechstörungen in Verbindung gebracht wird, bei Neandertalern vorhanden war. Für die Evolutionsbiologie war von Interesse, wann und unter welchem Evolutionsdruck die Sprechfähigkeit entstand. Mit dem Fund von FOXP2-Varianten, die Neandertaler und Anatomisch Moderne Menschen teilten, war nicht bewiesen, dass Erstere sprechen konnten, sondern nur, dass sie bereits ein Gen aufwiesen, das heute mit Sprache assoziiert wird. Es war nicht mehr möglich, davon auszugehen, dass sie es auf keinen Fall konnten. Die entdeckten relevanten genetischen Varianten sind möglicherweise älter als der MRCA von Neandertalern und Anatomisch Modernen Menschen. Vgl. Krause/Lalueza-Fox et al. 2007: 1908, im Vergleich zu Enard et al. 2002; Green et al. 2010: 710; zur Kontroverse zuvor Cameron/Groves 2004: 214: Shapiro/Gilbert/Barnes 2008: 232.

29 | Vgl. einführend Jordan 2009: 18 f., 49 f.

In der aDNA-Forschung handelten und handeln Wissenschaftlerinnen und Wissenschaftler aus einer Vielzahl von verschiedenen Fächern und Wissenschaftskulturen[30] aus, wie aus einer DNA-Sequenz Geschichte werden kann und wer die historischen Narrative entwickeln soll. Das Novum bestand also darin, dass es sich bei ihnen nicht nur um Forscher und Forscherinnen mit einer traditionellen geschichtswissenschaftlichen oder archäologischen Ausbildung handelte.

Über den Bezug zum gemeinsamen Wissensgegenstand (alte) DNA kamen seit den späten 1980er Jahren Wissenschaftlerinnen und Wissenschaftler aus verschiedenen Fächern und Disziplinen[31] der Natur-, Kultur- und Geisteswissenschaften miteinander in Kontakt. Sie verbanden Kompetenz oder Interesse für das Material und seine Aussagemöglichkeiten und für die zugehörigen Methoden und Techniken sowie die Grundüberlegung, dass sich daraus im weitesten Sinn historische Informationen gewinnen lassen. Im Lauf der 1990er Jahre formierten sie eine heterogene internationale Community von ähnlich Interessierten. DNA haben sie als historische Quelle konstituiert.

Einige Fragestellungen wurden über die Grenzziehungen von Spezialbereichen und Fächern hinweg für gültig erklärt. Die Erkenntnisinteressen waren oft verwandt und teilweise existierten verbindende theoretische Zusammenhänge. Historiker und Evolutionsbiologen verbanden zum Beispiel einige grundsätzliche Denkweisen, zuvorderst das Interesse an der Vergangenheit, und die historisch-kritische Quellenarbeit als Weg zum Wissen anstelle des laborwissenschaftlichen Experiments:

»Both believe that the past holds the key to understanding the present, and both recognize that the past must be studied through critical analysis of fragmentary records

30 | Wissenschaftskulturen sind im Folgenden zu verstehen als Ensembles von Normen und Werten, Sinn- und Bedeutungssysteme, die wissenschaftliche Diskurse, Praktiken und Gemeinschaften prägen. Vgl. zum Begriff der Kultur in der Wissenschaftssoziologie Hess 2012: 177-185.

31 | Das Identitätsstiftende in einer Disziplin wird darin gesehen, dass gemeinsam anerkannte Methoden und Theorien bestehen, gemeinsam relevante Forschungsprobleme abgesteckt und ein gemeinsamer theoretischer Integrationsweg entwickelt werden. Disziplinen haben homogene Scientific Communities und spezifische Reputations- und Karrieresysteme. Zum Begriff vgl. u. a. Kaufmann 1987: 68 f.; Defila/Giulio 1998: 111 ff. Fächer sind innerhalb einer Disziplin jene Bereiche, in denen methodisch ähnlich vorgegangen und ein gemeinsamer Gegenstand mit einem je spezifischen, aber verwandten Erkenntnisinteresse bearbeitet wird und verbindende theoretische Zusammenhänge bestehen. Fächer gelten als in akademischen Organisationsstrukturen festgeschriebene Gebilde, die von Disziplinen quasi geleitet werden. Vgl. Heckhausen 1987: 132 f.

rather than through repeatable, controlled experiments. Both believe in the importance of contingency.«[32]

Die Populationsgenetik sei, so ein Zitat Svante Pääbos, »a historical discipline in the sense that it analyzes the distribution of genetic variants in populations to make inferences about evolutionary processes and events in the past«.[33]

Die Kompetenzen für die Analyse alter DNA und die zugehörigen Methoden und Techniken waren und sind jedoch sehr unterschiedlich verteilt. Zudem haben die Labore sehr unterschiedliche Spezialinteressen entwickelt.

Von Erkenntnisinteresse und Fragestellung hing ab, welche Fächer sich über der alten DNA trafen und was jeweils die Rolle der Beteiligten – und der Quelle DNA – war. Die Mehrzahl der Fragestellungen, an denen mit alter DNA gearbeitet wurde, war populationsgenetisch, bioarchäologisch oder (evolutions-)historisch, doch auch Naturschutzbiologie, Biodiversitätsschutz und Rechtsmedizin setzten auf aDNA-Daten.

In der Bioarch(a)eology beispielsweise wurden aDNA-Analysen nur eine, wenn auch sehr wichtige, der neuen Labormethoden neben Isotopengeochemie,[34] Spurenelement- und Proteinanalyse und den traditionellen morphologischen oder archäometrischen Verfahren, denn die Bioarchaeology befasst sich breit mit der biologischen, kulturellen und sozialen Entwicklung und Diversität vergangener Populationen, beispielsweise mit Ernährung, Lebensqualität, Lebensstil und schließlich auch Populationsgeschichte und Biodiversität.[35] In

32 | O. V. 2014a: 1492, vgl. auch 1496.

33 | Pääbo 2000: 1320.

34 | Die Verfahren entstanden seit den 1970er Jahren. An den Verhältnissen der stabilen Isotope von Kohlenstoff und Stickstoff im Knochenkollagen lässt sich untersuchen, ob eher terrestrische oder marine Nahrung konsumiert wurde. Unterschiede bei den Strontiumisotopen in Knochen und Zahnschmelz erlauben Hinweise darauf, ob eine Person zu der Zeit, als der Zahnschmelz in der Kindheit gebildet wurde, in einer geologisch anderen Region gelebt hat als am Fundort.

35 | Der Begriff stammte aus Großbritannien und bezog sich ursprünglich auf biologische Daten, die aus archäologischen Funden erhoben wurden und mit deren Hilfe Erkenntnisse über vergangene Umwelten, und hier insbesondere die Fauna, gewonnen werden sollten. Vgl. Buikstra 2009: xvii; Wright/Yoder 2003: 43-47. Daraus entstand unter dem Einfluss der amerikanischen Anthropologin Jane E. Buikstra ein integratives Konzept für Archaeology und Physical Anthropology. Vgl. Larsen 1997: 2-5; Larsen 2002b; Knudson/Stojanowski 2008; die Beiträge in Buikstra/Beck 2009, insbesondere Larsen 2009; als Beispiel die Bioarchaeology der Neolithisierung bei Stock/Pinhasi 2011: 6-10; populäre Darstellung bei Larsen 2002b: 4 f.; als Einführung für Studierende Martin/Harrod/Pérez 2013: 1-5.

der Prähistorischen Anthropologie und Paläoanthropologie,[36] Paläobotanik und Paläozoologie haben aDNA-basierte Verfahren einen bedeutenden Platz neben den morphologischen Verfahren eingenommen, diese aber nicht abgelöst.[37] Als molekularer Ersatz dienten sie zum Beispiel, um in den Fällen, in denen das morphologisch nicht möglich wäre, das Geschlecht oder die Spezies eines Individuums festzustellen. Ging es darum, die genetische Verwandtschaft zwischen Individuen zu untersuchen, haben sie morphologische und epigenetische[38] Verfahren teils ersetzt, teils ergänzt. Bei der Arbeit an solchen ›kleineren‹ Fragestellungen, wie etwa die molekulare Bestimmung von Geschlecht oder Verwandtschaft einzelner Individuen, kooperierten oft auf regionaler Basis Archäologen und in molekularen Verfahren ausgebildete Anthropologen oder Zoologen.[39] Solche eher als multi- denn interdisziplinär zu bezeichnenden kleineren Kooperationen haben eine lange Tradition. Für Populationsgenetiker oder Evolutionsforscher waren solche ›kleinen‹ Projekte oft weitgehend irrelevant.[40]

An evolutionshistorischen Fragestellungen arbeiteten einzeln oder gemeinsam zum Beispiel Archäologen, Paläoanthropologen, Prähistorische Anthropologen, Genetiker, Biochemiker und Zoologen.[41] Eine in der Öffentlichkeit weitbekannte und sehr häufig in den Medien vertretene[42] populationsgenetische Anwendung stellten rasch die Forschungen zur Neandertalerfrage dar: In welchem evolutionären Verhältnis stehen Neandertaler und Anatomisch Moder-

36 | Die Paläoanthropologie wird als Wissenschaft von fossilen Homininen verstanden. Sie untersucht die Rekonstruktion phylogenetischer Prozesse der Menschwerdung. Die Prähistorische Anthropologie befasst sich mit der jüngeren Menschheitsgeschichte etwa ab dem Auftreten der Anatomisch Modernen Menschen, mit biologischer Variabilität, menschlichen Lebensbedingungen und Verhalten in Populationen sowie Fragen der Humanevolution. Vgl. z. B. Knußmann 1988: 4 ff., 11; Henke 2010a: 174.

37 | Dies zeigen bibliometrische Untersuchungen. Vgl. Mays 2010: 195 f., 202; Pusch/Borghammer/Czarnetzki 2001: 121.

38 | Die Epigenetik befasst sich mit Veränderungen der Genfunktion, die sich nicht mit Veränderungen der DNA erklären lassen, d. h. u. a. mit vererbbaren Phänotypen, die nicht im Genotyp angelegt sind. Vgl. Walter 2010b: 26.

39 | Beispielsweise Haak et al. 2010; Wahl et al. 2014; Gärtner et al. 2014; ältere Beispiele aus dem angelsächsischen Raum sind Katzenberg et al. 2005; Crist 2005; Dixon et al. 2006; Owlsey et al. 2006.

40 | Vgl. Experteninterview Krause/Haak 2016.

41 | Vgl. Haak et al. 2005; Krause/Orlando et al. 2007; Reich et al. 2010; Green et al. 2010; Fu et al. 2012; Mathieson et al. 2015; Harbeck et al. 2013; Bos et al. 2016.

42 | Vgl. z. B. Schmitt 2006; Ewe 2006; Briseno 2010; o. V. 2010c; Grolle; Gehrmann 2011; Callaway 2012; Bahnsen 2014; Grolle 2012; ders. 2015.

ne Menschen zueinander und wie waren die Neandertalerpopulationen genetisch strukturiert?[43]

Stand eine genetische Frage im Vordergrund, war die Funktion der Archäologie wie auch der Denkmalpflege und der Museen mitunter auf die Materiallieferung beschränkt. Archäologen erschienen dann beispielsweise auch nicht als Coautorinnen und -autoren einer Studie.[44] Sie interessierten sich oft wenig für Populationsgenetik, wie sie zum Beispiel am MPI in Jena betrieben wird. Es gab aber auch sehr groß angelegte gemeinsame Projekte mit archäologischen und paläogenetischen Fragestellungen und Erträgen, die den Begriff der Multidisziplinarität verdienen.[45]

Ob eine aDNA-Forschung per se existiert, ja, ob es überhaupt sinnvoll ist, von alter DNA zu sprechen, ist umstritten. Einzelne Forscher und Forscherinnen argumentierten, dass es nur Populationsgenetik, Molekulare Anthropologie, Evolutionsgenetik, Bioarchaeology etc. gebe, die allesamt unter anderem mit degradierter DNA aus archäologischen Beständen arbeiteten.[46] Populationsgenetiker beispielsweise forschten mit DNA – ob sie alt oder rezent war, ob sie aus archäologischen Funden[47] stammte oder von lebenden Personen, spiel-

43 | Siehe dazu S. 306. Als Anatomisch Moderne Menschen werden umfassend Individuen von *Homo sapiens* bezeichnet, die sich vor etwa 200.000 Jahren aus archaischen Menschen entwickelten und phänotypisch heute lebenden Menschen ähnlich sind.

44 | M. w. N. Pickrell/Reich 2014; Lazaridis et al. 2014; Krause/Fu et al. 2010.

45 | Vgl. Rinne/Krause-Kyora 2014 zur Analyse des Gräberfeldes von Wittmar; für ein ähnliches Projekt vgl. Lee et al. 2014. Vgl. zum Projekt Blätterhöhle in Hagen Orschiedt et al. 2014; vgl. z. B. auch das Kuk-Projekt der University of Canberra: Denham/Haberle/Pierret 2009; oder das Projekt mit dem Titel *Nasca-Palpa: Entwicklung und Adaption archäometrischer Techniken zur Erforschung der Kulturgeschichte*, dessen Ziel es war, ein möglichst breites Spektrum von Methoden aus unterschiedlichen Fächern und Forschungsrichtungen für die archäometrische Bearbeitung der Vorgeschichte Perus nutzbar zu machen. Demografische und Migrationsprozesse sollten zusammen mit Klimawandel, Veränderungen in der Topografie, Subsistenzstrategien, Morbidität und Mortalität und weiteren bioarchäologischen und paläopathologischen Fragen untersucht werden, um nur Elemente der Mensch-Umwelt-Beziehungen zu nennen, um die es in diesem komplexen multidisziplinären und international besetzten Projekt ging. Vgl. Reindel/Wagner 2009c: v; Cagigao 2009. Zu den aDNA-basierten Untersuchungen vgl. Fehren-Schmitz 2012; ders./Hummel/Herrmann 2009; Fehren-Schmitz et al. 2010.

46 | Referiert in Experteninterview Krause/Haak 2016.

47 | Ein Fund ist all das, was mithilfe einer an den erwarteten Fund und die naturräumlichen Bedingungen angepassten Bergungs- oder Grabungstechnik freigelegt und dokumentiert wird. Dazu gehören »sowohl konkrete Objekte der materiellen Kultur, das sogenannte ›Sachgut‹, als auch sonstige kulturelle und natürliche Materialien […], aus

te nur in methodischer und technischer Hinsicht eine Rolle. Andere wiederum bezeichneten die seit den späten 1980er Jahren gebildete lockere Community jedoch als aDNA-Forschung oder aDNA Research und meinten damit eine Forschungsperspektive, die sie als durchaus disparat bzw. in sich vielteilig empfanden.[48]

Mitunter wird die aDNA-Kompetenz bestehenden Forschungsgebieten als Spezialisierung zugeschlagen, so zum Beispiel der Archäometrie, dem überfachlich organisierten Feld, in dem die verschiedensten archäologischen Quellenmaterialien mit naturwissenschaftlichen Verfahren analysiert werden.[49]

Von einem Fach oder einer neuen Disziplin sprachen bisher hingegen nur wenige.[50] Es gab in der zweiten Hälfte der 2010er Jahre weder einen fest umrissenen gemeinsamen Gegenstand und ausgewiesene Professuren noch eigene Zeitschriften oder Reihen mit längerer Erscheinungsdauer, Fachstudiengänge[51] oder spezifische wiederholbare Karrierewege.[52] Es gab und gibt nicht den

denen Erkenntnisse über den ur- und frühgeschichtlichen Menschen und seine biophysische Umwelt gewonnen werden können.« Eggert 2005c: 52.

48 | Vgl. z. B. Brown/Evershed/Tuross 1999b: 2; Expertinneninterview Hummel 2013; Experteninterview Krause/Haak 2016; Mulligan 2006: 366.

49 | Vgl. für die Integration der Biologie in die Archäometrie als Indiz die Tagungsbeiträge internationaler archäometrischer Veranstaltungen wie Turbanti-Memmi 2011: xi-xxi; vgl. auch Renfrew 1992: 289-290; vgl. zudem die Inhaltverzeichnisse von: Mommsen 1986, Pollard 1992, Herrmann 1994a, Liritzis/Tsokas 1995, Jerem/Rudner 2002, Wagner 2007a, Hauptmann/Pingel 2008 und GNAA (Gesellschaft für naturwissenschaftliche Archäologie Archäometrie e. V.) 2014; skeptischer zur Rolle der Biologie Wagner 2007b: v; ebenso Herrmann 1994b: 1; Herrmann 1997: 100; Alt 2009: 273 f. Es gab auch Versuche, das Biologische ganz aus der Archäometrie bzw. Archaeological Science ausschließen. Der englischsprachige Wikipediaartikel *Archaeological Science* beispielsweise nannte Biologie und Anthropologie 2013 nicht: vgl. Wikipedia 2013.

50 | Ein Beispiel ist »viable scientific discipline« bei Willerslev/Cooper 2005: 5.

51 | Multidisziplinäre Studiengänge wurden zwar vorgeschlagen, weil sie den Weg in das kooperative Forschen ebnen könnten, sind aber zumindest in der Bundesrepublik sehr selten. Vgl. zur fachspezifischen Qualifizierung der Studierenden Henke/Rothe 2006: 64; Experteninterview Veit 2013. Zu einem Beispiel, dem ArchäoBiocenter der LMU München, das Promotionen in überfachlichem Umfeld ermöglichen soll: Expertinneninterview Grupe 2013. Über eine überfachliche Graduate School verfügt auch die Universität zu Kiel: *Human Development in Landscapes*, vgl. Universität zu Kiel 2016. An der Universität Mainz gibt es die Masterspezialisierung Paläogenetik, an der Universität Tübingen ein Mastermodul. Vgl. Universität Mainz 2016a; Universität Tübingen 2016b.

52 | Zu diesen Kriterien für Fächer und Disziplinen vgl. Heckhausen 1987: 132 f.; Defila/Giulio 1998: 117.

einen typischen Weg in die aDNA-Forschung. Anfangs hatten Protagonisten und Protagonistinnen der frühen aDNA-Forschung wie der britische Molekularbiologe Terence A. Brown[53] und die Archäologin Keri A. Brown[54] zumindest noch den Bioarchaeologist als »new breed«[55] des Wissenschaftlers antizipiert, der bereits im Studium die Arbeit mit alten Molekülen lerne und in mehreren fachlichen Zugängen gleich qualifiziert sei. Doch dazu kam es nicht. Es ist keine universitäre Qualifikation für ›alte-Moleküle-Forschung‹ entstanden, aber auch kein Studiengang Archäo- oder Paläogenetik. Auch das von Terence A. Brown mitherausgegebene Journal *Ancient Biomolecules*, das in den 1990er Jahren eine konsistente internationale Fachöffentlichkeit hatte schaffen sollen, die den Beteiligten aus unterschiedlichen Herkunftsfächern gleiche Reputationsgewinne und eine echte Kommunikationsgemeinschaft bot, wurde nach wenigen Jahren eingestellt.[56]

Ein Blick auf das Publikations- und Zitierverhalten zeigt, dass es in der Phase des Aufbruchs einen Pool aus Interessierten unterschiedlicher disziplinärer Herkunft gab, die alle mit alter DNA arbeiten wollten und sich dabei aneinander orientierten bzw. miteinander austauschten. Im Lauf der 1990er Jahre spezialisierten sie ihre Arbeit stark aus und bildeten hoch kompetitive Expertennetzwerke. Innerhalb dieser Gruppen wiederum wurde kommuniziert, copubliziert und zitiert.[57]

---

53 | Terence A. Brown ist Biochemiker und seit 2000 Professor of Biomolecular Archaeology an der University of Manchester. Er gehörte in den 1990er Jahren zu den ersten Forschern, die sich der Arbeit mit alter DNA unter archäologischer Fragestellung widmeten, und zählt zu den frühen Protagonisten des Feldes.

54 | Keri A. Brown ist Lecturer an der University of Manchester und spezialisiert auf die Bioarchäologie des Neolithikums.

55 | Brown/Brown 1992: 21.

56 | Vgl. Brown/Evershed/Tuross 1999a: U2; Taylor&Fracis Online 2016. Terence A. Brown gab die Zeitschrift zusammen mit dem Biochemiker Richard P. Evershed und der amerikanischen naturwissenschaftlichen Archäologin Noreen Tuross heraus. Zur Bewertung von *Ancient Biomolecules* als Zeichen der Legitimität der aDNA-Forschung vgl. Stoneking 1995: 1259.

57 | So ein Netzwerk spannt sich zwischen Svante Pääbo, David Reich, David Serre, Johannes Krause, Matthias Meyer, Michael Hofreiter, Hendrik Poinar, Adrian Briggs und Mark Stoneking auf. Ein anderes Netzwerk bilden M. Thomas P. Gilbert, Eske Willerslev, Anders Götherström, Rasmus Nielsen, Andrea Manica, Ian Barnes, Beth Shapiro und Alan Cooper, der allerdings wie Michael Hofreiter auch mit Mitgliedern des anderen Netzwerks publiziert. Hofreiter kooperierte auch mit einem anderen Netz, dem u. a. Joachim Burger und sein Mainzer Team, Mark Thomas, Ron Pinhasi und Mathias Currat angehörten. David Reich wiederum arbeitet auch mit Ron Pinhasi und Dan Bradley,

Bibliometrische Auswertungen zeigten, dass die Frequenz der Publikationen zu alter DNA ab der Mitte der 1990er Jahre deutlich anstieg.[58] Obgleich es den ein oder anderen Sammelband zu einem Spezialthema wie etwa der Neandertalerforschung, der Neolithisierung oder der Tuberkuloseforschung,[59] einige Tagungsbände[60] und einzelne Monografien[61] gab, waren und sind Fachzeitschriften bzw. zuletzt deren Onlineausgaben der primäre Publikationsort für aDNA-Themen. Daneben erschienen Hand- und Lehrbücher, die sich teils an Spezialisten, teils an Kooperationspartner aus anderen Fächern richteten.[62] Es gibt eine spezielle Einführung für Archäologen[63] und diverse Hand- und Rezeptbücher für aDNA.[64] Bevorzugt wurden und werden aufgrund der Orientierung an den Herkunftsfächern neben *Science* und *Nature* und den Zeitschriften der Akademien[65] die jeweiligen A-Journale der Biochemie, Molekularbiologie,[66] Human- und Evolutionsgenetik, Populationsgenetik, Forensik, biologischen

---

Johannes Krause und Svante Pääbo. Diese Netzwerkbildung hat nicht nur inhaltliche Gründe. Siehe zur Entstehung der Netzwerke auch (siehe S. 139).

58 | Kombiniert wurden PublishOrPerish auf der Basis von Google Scholar und ISI WebofScience, Stand: Dezember 2016.

59 | Vgl. für thematisch gebündelte überfachliche Publikationen z. B. Greenblatt 1998; Renfrew/Boyle 2000; Price 2000a; Boyle/Renfrew/Levine 2002; Greenblatt/Spigelman 2003; Roberts/Buikstra 2003; Harvati/Harrison 2006; Cohen/Crane-Kramer 2007; Gronenborn 2010; Pinhasi/Stock 2011; Buikstra/Roberts 2012; Burger/Kaiser/Schier 2012; Crawford/Campbell 2012.

60 | Burger/Kaiser/Schier 2012.

61 | Pääbo 2014a; Cameron/Groves 2004; DeSalle/Tattersall 2008; Larsen 2002b; Waldron 2007.

62 | Als Beispiele vgl. Herrmann 1994a; Hummel 2003; Caramelli/Lari 2004; Brown/Brown 2011; Shapiro/Hofreiter 2012a; Matisoo-Smith/Horsburgh 2012. Auch in die allgemeinen Handbücher der beteiligten Fächer haben die aDNA-Verfahren Eingang gefunden. Als Beispiele vgl. Cox/Mays 2000a; Schutkowski 2008; Birx 2010; Grupe et al. 2012; dies./Harbeck/McGlynn 2015; Henke/Tattersall 2015.

63 | Vgl. Matisoo-Smith/Horsburgh 2012.

64 | Vgl. Hummel 2003; Shapiro/Hofreiter 2012a.

65 | Vgl. *Proceedings of the National Academy of the Sciences of the United States of America* (PNAS), *Proceedings of the Royal Society B Biological Sciences* (Proc. Roy. Soc. Lond. B Biol.).

66 | Vgl. *PLOS* (Public Library of Science) *Biology, Gene, Current Biology* (Curr. Biol.), *Cell, Amplifications, Electrophoresis, Molecular Biology and Evolution* (Mol. Biol. Evol.), *American Journal of Human Genetics* (Am. J. Hum. Genet.), *European Journal of Human Genetics* (Eur. J. Hum. Genet.), *Forensic Science International* (Forensic Sci. Int.), *International Journal of Legal Medicine* (Int. J. Legal Med.), *Molecular Ecology, Nucleic Acids Research* (Nucelic Acids Res.).

Anthropologie,[67] Osteologie, Archäometrie,[68] Bioarchäologie oder der anderen Archäologien. Fachverlage und -zeitschriften sind hoch spezialisiert und auf bestimmte Fachgebiete zugeschnitten.[69]

Diese Journale werden daher kaum überfachlich rezipiert.[70] Das gilt selbst für *Science* und *Nature*, die Naturwissenschaftlern erhebliches Renommee bringen, von Archäologen hingegen selten in Erwägung gezogen oder rezipiert werden.[71] In der Prähistorischen Anthropologie und Paläoanthropologie orientierte man sich zunehmend an den Standards, die in der Molekularbiologie, Biochemie und anderen Life Sciences galten. Wichtige Ergebnisse außerhalb der eigenen A-Zeitschriften zu publizieren, galt als Selbstdemontage und Zeitverschwendung.

Über die gedachte Grenze der Natur- und Geistes- bzw. Kulturwissenschaften hinaus wurde seit den 2000er Jahren gelegentlich gemeinsam publiziert, wenn sich ein thematischer Rahmen bot,[72] doch hatten solche Sammelbände oder Themenhefte oft lange Entstehungszeiten und brachten unterschiedliche Reputationsgewinne für die Beteiligten. Gemeinsame überfachliche Publikationen waren mindestens für einen Teil der Coautorinnen und -autoren unattraktiv, da darin nie alle mit denselben wissenschaftlichen Reputationsaussichten veröffentlichten.[73] Einen Spezialfall stellten Bände dar, die aus Fort-

67 | Vgl. *International Journal of Osteoarchaeology* (Int. J. Osteoarchaeol.), *American Journal of Physical Anthropology* (Am. J. Phys. Anthropol.), *Current Anthropology* (Curr. Anthropol.), *Anthropologischer Anzeiger* (Anthropol. Anz.).

68 | Vgl. *Archaeometry*, *Journal of Archaeological Science* (J. Archaeol. Sci.), *STAR: Science and Technology in Archaeological Research*, *Journal of Archaeological Research* (J. Archaeol. Res.) sowie speziellere Journals wie *Quarternary Research* und *Geoarchaeology*.

69 | Vgl. Expertinneninterview Grupe 2013. Historische und archäologische Fachzeitschriften sind in den MINT-(Zitations-)Datenbanken schlecht vertreten. Würden Naturwissenschaftler in solchen Zeitschriften veröffentlichen, hätte dies keinen feststellbaren Impact.

70 | Vgl. Orschiedt 1998: 34; Knußmann 1988: 15; Schwidetzky 1982: 162, 196 ff.; Yarrow 2010: 14. Dazu Egorova 2010: 349.

71 | Vgl. Expertinneninterview Grupe 2013; Claßen/Schön 2014: 7.

72 | Vgl. Burger/Thomas 2011: 381. Vgl. als Beispiel einen von dem Paläogenetiker Joachim Burger und den Prähistorikern Elke Kaiser und Wolfram Schier herausgegebenen überfachlichen Sammelband zur Neolithisierung aus verschiedenen fachlichen und methodischen Richtungen der Isotopenchemie, Paläopopulationsgenetik, Morphologie, metrischen Verfahren u. a., an dessen Redaktion nicht nur Paläogenetiker, sondern auch Prähistoriker, Archäozoologen und Archäometriker beteiligt waren (Burger/Kaiser et al. 2012).

73 | Vgl. Expertinneninterview Grupe 2013.

bildungs- und Kennenlernveranstaltungen hervorgingen, die von den Fächern gemeinsam bestritten wurden. Es entstand also weder *das* zentrale aDNA-Journal noch *die* aDNA-Reihe.

Während Kataloge, Monografien und Sammelbände für Archäologen eine große Rolle spielten, waren sie für Paläoanthropologen und Prähistorische Anthropologen zum Teil noch akzeptabel, obwohl sie aus der Sicht der Laborwissenschaften keinen messbaren Impact hatten.[74] Für Genetiker und Molekularbiologen waren diese wegen ihrer fehlenden Messbarkeit ertraglos: »The scientist inhabits the world of the journal article, the impact factor and the h-index, while the historian values the book, the monograph and the festschrift.«[75] Wer als Naturwissenschaftler zu den Katalogen beitrug, die in den Archäologien sehr hohen Stellenwert besaßen und sehr viel Zeit in Anspruch nahmen, erbrachte eventuell eine Dienstleistung ohne Wert für das eigene wissenschaftliche Renommee.[76] Mündeten kooperative Projekte in Sammelbände und Projektberichte, weil das die Forschungsförderer verlangten,[77] wurde dies insbesondere in den Naturwissenschaften eher als eine formale Notwendigkeit denn als Reputationschance angesehen. Es gab weitere Fachspezifika: Die in den Archäologien wie auch in der Geschichtswissenschaft üblichen Einzelautorschaften sind erstens zum Beispiel in der Populationsgenetik fast unbekannt bzw. unmöglich. Über der Frage, wer unter den Autoren und Autorinnen eines Papers erschien und an welcher Stelle, konnten Unstimmigkeiten zwischen den Angehörigen unterschiedlicher Fachkulturen entbrennen.[78] Selten fanden sich überhaupt unter den Autoren Geistes- und Kulturwissenschaftler. Zweitens: Während Naturwissenschaftler mit Letters oder Comments in derselben Zeitschrift rechnen, warten Archäologen auf Rezensionen.

Es sind, wie diese Beispiele zeigen, kaum formalisierte Wissenschaftsöffentlichkeiten geschaffen worden, die allen den gleichen Reputationsgewinn böten. Bedauert wird das offenbar nicht. Es gebe ja, so der Genetiker Johannes Krause, für alle ausreichend hochrangige Fachzeitschriften, in denen man originale Daten publizieren könne.[79]

Fachspezifisch war auch, was als adäquater Publikationsoutput, Impact Factor oder Zitationszahl galt – und wie dies überhaupt errechnet wurde. Da Reputationssystem und Publikationslogiken und -weisen fachspezifisch blieben,

---

74 | Ein Beispiel ist die Reihe *Documenta Archaeobiologiae*, die Gisela Grupe an der Staatssammlung für Anthropologie und Paläoanatomie in München herausgibt.

75 | Jobling 2012: 797.

76 | Vgl. Expertinneninterview Grupe 2013.

77 | Als Beispiele vgl. Reindel/Wagner 2009b; Meier/Tillessen 2011a.

78 | Mit einem Beispiel vgl. Experteninterview Burger 2013; Egorova 2010: 353.

79 | Vgl. Experteninterview Krause/Haak 2016.

wurde jeweils dort publiziert, wo es die Kollegen und Kolleginnen aus dem jeweiligen Herkunftsfach am meisten würdigten.

Die aDNA-Forschung wurde nicht zu einem Fach. Sie lässt sich als Forschungsperspektive bezeichnen oder als Gruppe von Personen, die »lediglich das Interesse einer Reihe von Wissenschaften an der genetischen Information aus den Überresten gestorbener Organismen der nicht allzu nahen Vergangenheit« verband.[80] Selten reflektierten die Mitglieder dieser Gruppe darüber, was überhaupt ein Fach, eine Disziplin oder eine Wissenschaftskultur ausmachen würde.[81]

Eine ›aDNA-Fachidentität‹ lässt sich gegenwärtig nicht erkennen. Lediglich Methoden, Techniken und manche Fragestellungen wurden über die Grenzen von Spezialbereichen, Fächern und Disziplinen hinweg für gültig erklärt. Wissenschaftliche Einheiten haben Verknüpfungsmöglichkeiten für sich erkannt. Die Spezialisierungen und Arbeitsgebiete sind teils als Unterbereiche bestehender Fachrichtungen und Forschungsperspektiven zu verstehen. Teils kam es zu neuen Wortschöpfungen (zum Beispiel Archaeogenetics[82] bzw. Genetic Archaeology[83]), teils wurden molekulare Verfahren nicht nur in die Arbeit, sondern auch in den Namen bestehender Gebiete integriert (Molekulare Anthropologie).[84] Einige Nomenklaturen sind seit den 1960er Jahren neu in diskursiven Prozessen in einer Art ›Sich-Ein-und-Ausrichten‹ ›über Molekülen‹ entstanden. Es gibt aber nicht *die* aDNA-Forschung oder *die* Paläogenetik, vor allem nicht im Sinne einer aus sich selbst heraus handelnden Entität.

Die meisten Beteiligten fühlten sich primär ihren Herkunftsfächern verpflichtet und dort erwarben sie ihr wissenschaftliches Kapital. Wissenschaftler und Wissenschaftlerinnen verschafften sich Anerkennung, indem sie Regeln, Methoden und Sprechweisen eines bestimmten Feldes folgten. Reputations- und Belohnungssysteme im Sinne Pierre Bourdieus, auf den gelegentlich Bezug genommen wurde,[85] wurden in der aDNA-Forschung als disziplinär strukturiert erlebt. Unterschiedliche Maßstäbe galten zum Beispiel für Publikationsoutputs, Wissenschaftspreise, Anfragen als Fachgutachter und einge-

80 | Burger 2007: 279.

81 | Häufiger reflektierten Archäologen darüber eher allgemein, vgl. z. B. Haidle 1998; Müller-Scheeßel/Burmeister 2011; Samida/Eggert 2012, unter Bezugnahme auf Mittelstraß 1987a und ders. 1987b.

82 | Zum Begriff vgl. z. B. Renfrew 2002a: 43; Schablitsky 2006: 60.

83 | Vgl. Thuesen/Engberg 1990: 688.

84 | Vgl. Sommer 2008a: 487 f.

85 | Vgl. z. B. m. w. N. Samida/Eggert 2012: 12; Haidle 1998: 17; Meier/Tillessen 2011b: 36; Gutsmiedl-Schümann/Früchtl 2011: 418 f. Was die aDNA-Community hier problematisierte, entsprach einer etablierten Sichtweise der Wissenschaftstheorie. Vgl. z. B. ganz ähnlich Defila/Giulio 1998: 112 f.

worbene Drittmittel.[86] Es gab keine entsprechenden Maßstäbe und Traditionen für kooperatives aDNA-Forschen, die dann auch in den ursprünglichen Fächern und Disziplinen anerkannt würden.

Da sie sich bei der überfachlichen Arbeit aus Sicht ihrer Herkunftsfächer nicht regelkonform, schlimmstenfalls illoyal,[87] verhielten, die Anerkennung durch eine andere Fachrichtung oder die aDNA-Community an sich aber auch nicht genug Ansehen einbrachte, blieben sie ihren disziplinären Logiken und Kanons weitgehend verhaftet.[88]

Man gelangte in der aDNA-Forschung also oft auf angestammte Weise zu wissenschaftlicher Erkenntnis. Die Forscher und Forscherinnen bildeten zwar eine Art ›aDNA-Community‹, der sie sich mal länger, mal kürzer anschlossen, fühlten sich primär aber, soweit sich das anhand der zur Verfügung stehenden Quellen sagen lässt, ihren jeweiligen Herkunftsfächern verpflichtet. Wer in der Community für welches Material, für welche Techniken und Fragestellungen wie zuständig oder kompetent war, wurde immer wieder ausgehandelt.

Jüngere Forscherinnen und Forscher haben allerdings häufig mehrere Qualifikationen erworben, beispielsweise durch Haupt- und Nebenfachstudium oder Fachwechsel nach dem BA- oder MA-Abschluss oder durch die Promotion. Dennoch wurde angezweifelt, dass man in zwei oder mehr wissenschaftlichen Feldern wie Archäologie oder Prähistorische Anthropologie gleich qualifiziert sein könne oder solle, da diese inzwischen hochspezialisiert arbeiteten.[89]

Handbücher, Einführungen und Tagungen zeugten von dem Bemühen,[90] Wissenslücken beim Gegenüber zu füllen, Missverständnisse zu klären und

---

86 | Vgl. u. a. Samida/Eggert 2012: 12; Haidle 1998: 17; Meier/Tillessen 2011b: 36; Gutsmiedl-Schümann/Früchtl 2011: 418 f.; Expertinneninterview Hummel 2013; Klammt 2011: 410 f.; Henke/Rothe 2006: 64.

87 | »Interdisziplinär arbeitende Wissenschaftler werden aber nicht nur als Eindringlinge in fremde Bereiche, für deren Beherrschung ihnen die grundlegende und umfassende Ausbildung fehlt, empfunden. Zudem gelten sie im eigenen Lager als eine Art Verräter [...]. Bei wohlwollender Betrachtung werden sie als interessante Auflockerung eines Überblicksbandes, als bunte Punkte im Programm einer Fachtagung gesehen, als Exoten, die aber mit der eigentlichen Arbeit im Fach allenfalls am Rande zu tun haben.« Haidle 1998: 17.

88 | Vgl. zum Risiko, zwischen zwei Fächern zu enden, Experteninterview Veit 2013 sowie Meier/Tillessen 2011b: 36. Die mehrfach geäußerte Sorge um den wissenschaftlichen Nachwuchs lässt sich noch nicht be- oder entkräften, da empirische Daten fehlen und die Karrierewege in und aus der aDNA-Forschung sehr unterschiedlich sind.

89 | Vgl. Harbeck 2012: 200.

90 | Als Beispiele vgl. Meller/Alt 2010a; Matisoo-Smith/Horsburgh 2012; Campana/Bower/Crabtree 2013: 31 f.; DGUF (Deutsche Gesellschaft für Ur- und Frühgeschichte) 2013.

dem Blackboxing vorzubeugen. Sie setzten die Überlegung voraus, dass die jeweils anderen in der Lage und bereit dazu sind, zu lernen und sich nötiges Wissen anzueignen. Die Angehörigen der anderen Fächer sollten lernen, kompetent zu handeln und zu verstehen. Sie sollten jedoch nicht selbst zu Expertinnen und Experten des je anderen Faches werden. Reservatbereiche wurden abgesteckt. Als geradezu bedenklich empfanden es manche Paläogenetiker, wenn Archäologen versuchten, sich komplexere naturwissenschaftliche Methoden selbst anzutrainieren. Bei der leichter erlernbaren Isotopenanalyse könne das vielleicht noch gut gehen,[91] bei aDNA-Analysen oder paläogenetischen Modellierungen funktioniere das nicht. Die reine Labortechnik könne man einüben, aber das Verständnis und die Denkweise für die Paläogenetik nicht.[92] Um zu lernen, mit Statistiken umzugehen, Wahrscheinlichkeitsaussagen und mathematische Modellierungen zu verstehen und zu akzeptieren sowie probabilistisch zu formulieren, durchlaufe man in den Naturwissenschaften ein langes Studium, lautete ein Argument.[93] Umgekehrt gab es in der Archäologie Plädoyers dafür, die eigentliche historische Interpretation aller Daten, auch der naturwissenschaftlichen, den Archäologen zu überlassen.[94]

Die sprachlichen und institutionellen Grenzziehungen zwischen den Teilbereichen der Wissenschaft – Fächer, Disziplinen, Studies – sind Hilfskonstruktionen, die der Überschaubarkeit, Strukturierung und Organisation der akademischen Welt dienen. Solche Grenzziehungen spiegeln Machtdiskurse, sind aber auch Instrumente der wissenschaftlichen Wissensproduktion als soziales und kulturelles Geschehen.[95] Wissenschaftliche und ›öffentliche‹ Bezeichnungen für diese Arbeitsbereiche können differieren und ebenso die Vorstellung darüber, was Charakteristika, Aufgaben oder Arbeitsfelder der jeweiligen akademischen Einheiten sind.

Manche Genetiker und Anthropologen verstanden und verstehen sich heute eher oder gleichfalls als Geisteswissenschaftler, auch wenn sie mit Highendlabormethoden arbeiteten,[96] einzelne sogar explizit als Historiker.[97] Andere sa-

91 | So erklärte der Archäologe Rouven Turck, der diesen Grenzgang gewagt hat. Vgl. Turck 2013. So auch Experteninterview Burger 2013.

92 | Vgl. Experteninterview Burger 2013 sowie ders. 2013a.

93 | Vgl. Weniger 2013; ähnlich Expertinneninterview Grupe 2013. Der Mainzer Paläogenetiker Joachim Burger fügte dem hinzu, dass noch nicht einmal alle in der aDNA-Community diese verstünden. Vgl. Experteninterview Burger 2013.

94 | Vgl. beispielsweise Pluciennik 1996: 14; Rüdiger Krause in Bienert et al. 2009: 40; Samida/Eggert 2013: 24.

95 | Vgl. zusammenfassend, orientiert an Michael Foucault und Pierre Bourdieu, Lenoir 1997: 62.

96 | Vgl. Experteninterview Burger 2013; Experteninterview Krause/Haak 2016.

97 | Vgl. z. B. Zerjal et al. 2002: 315.

hen sich als Naturwissenschaftler mit historischem Erkenntnisinteresse und der Fähigkeit, zu historischen Fragestellungen etwas beizutragen.[98] Während einige Anthropologen ihre Nähe zu den Naturwissenschaften betonten,[99] betrachteten andere sich eher als Mischwesen zwischen Natur- und Geisteswissenschaften und hoben ihre Brückenfunktion hervor.[100] Dies galt insbesondere für Anthropologen, die hierzu die Metapher der Kluft zwischen Wissenschaftskulturen bemühten, die durch die neuen Kompetenzen für alte Moleküle und Isotope überbrückt werden könne.[101] Verwendung fand immer wieder auch das sprachliche Bild der Nachbarinnen Anthropologie bzw. Paläogenetik und Archäologie, die trotz aller Unterschiede und Macht- bzw. Deutungskonflikte produktiv zusammenarbeiten könnten.[102] Angenommen wurde eine Dichotomie von Natur- und Technikwissenschaften auf der einen und Geistes-, Sozial- und Kulturwissenschaften auf der anderen Seite mit jeweils weit voneinander entfernten Logiken und Fachkulturen. Mitunter wurde dabei explizit das Diktum der Two Cultures nach Percy Ernst Snow (1905-1980) von 1959 aufgerufen, das jedoch nicht ausdrücklich in seinem Zeitkontext betrachtet wurde.[103] Entweder wurde dieses bestätigt, indem es beispielsweise als Ursache von Alltagsschwierigkeiten beim kooperativen Forschen identifiziert wurde,[104] oder aber beklagt, dass Beschwerden über die vermeintliche oder tatsächliche Kluft ebenso wenig weiterführen wie die Behauptung, es gebe keine.[105] Zumindest wurde das Zwei-

98 | Vgl. z. B. Alt/Röder 2009: 112; Expertinneninterview Hummel 2013.

99 | Vgl. Mays 2010: 199, mit Verweis auf Grupe/Herrmann 1988 und Härke 1995.

100 | Vgl. z. B. Herrmann 1997: 100; Henke 2010b: 89 f.

101 | Aus der Sicht der Wissenschaftsforschung hat Hans-Jörg Rheinberger dieses Bild von der Anthropologie propagiert, allerdings eingeschränkt, dass sie auch im Graben zwischen den Fächern liegen könnte. Vgl. Rheinberger 2005: 99. Intern umstritten war, ob es genügte, eine Brücke zu sein, wenn man fachintern Kohärenz und Identität stärken wolle. Skeptisch z. B. Herrmann 2011: 478 f.

102 | Vgl. z. B. zum Verhältnis von Anthropologien und Archäologien bereits Knußmann 1988: 15, 33; Orschiedt 1998: 33; neuer und mit Blick auf die Paläogenetik Müller-Scheeßel/Burmeister 2011: 11; Samida/Eggert 2013: 26; DGUF 2013.

103 | Vgl. ursprünglich bei Snow 1959. In den Quellen vgl. z. B. Eggert 2005a: 221; Henke/Rothe 2006: 64; Henke 2010a: 173 f.; Gramsch 2010: 200; ders. 2011: 209; Meier/Tillessen 2011b: 27. Zur Kritik an Snow aus der Wissenschaftsforschung Frühwald et al. 1990: 18-22, 24-27; Mittelstraß 1987a: 153. Als Beispiel für das Fortleben des Zwei-Kulturen-Modells insgesamt vgl. Sukopp 2010: 15.

104 | Vgl. z. B. bei Rottländer 1998: 214 f.; Eggert 2005a: 221.

105 | Vgl. Meier/Tillessen 2011b: 27; Henke/Rothe 2006: 64, für die Paläoanthropologie und Urgeschichte.

Kulturen-Modell häufig abgerufen und reproduziert. Es strukturiert so die weiteren Produktionsbedingungen von Wissen.[106]

Als 1990 in Cold Spring Harbor Molekularbiologen, Evolutions- und Populationsgenetiker, Linguisten und Kulturwissenschaftler zur Tagung *Evolution: Molecules to Culture* zusammenkamen, um das Zusammenspiel dieser Fächer in der Evolutionsforschung zu diskutieren, berichtete der Zoologe und Genetiker Rory Howlett, damals Assistant Editor von *Nature*, extrem skeptisch, das Ganze sei komplett gescheitert:

»So did the meeting result in a meeting of minds? Sad to say, my impression is that bringing together researchers from such disparate disciplines as molecular biology and linguistics is rather like trying to mix two immiscible liquids. When shaken together, the liquids may for a moment seem to dissolve into one. In time, however, they separate out again.«[107]

Doch sind in den folgenden Jahren Forscher aus sehr unterschiedlichen Bereichen genau diesen Weg gegangen. Sie trauten neuen naturwissenschaftlichen Verfahren und Quellen wie der aDNA und den stabilen Isotopen zu, eine Brücke zwischen den Fächern und Wissenschaftskulturen zu bauen.[108] Dichotome Sichtweisen auf die Fächer und Kulturen und zahlreiche, als sinnvoll und nützlich empfundene Grenzüberschreitungen und Kooperationen schlossen sich aus der Sicht vieler Beobachter und Beteiligter nicht aus. So begründeten 1992 der britische Molekularbiologe Terence A. Brown und die Archäologin Keri A. Brown ein Kooperationsprojekt damit, zeigen zu wollen, dass alte DNA »two disciplines as disparate as archaeology and molecular biology«[109] zusammenführen könne.

Aus der Perspektive der Prähistorischen Archäologie bildeten die naturwissenschaftlichen Fächer »von ihrer gesamten Methodik her einen gewissen Gegenpol«.[110] Aber die Ur- und Frühgeschichte habe dauerhaft die Grenzen zwischen den Natur- und den Geisteswissenschaften aufgeweicht und komme ohne die naturwissenschaftliche Expertise auch gar nicht aus, so Manfred

106 | So bleibt diese dichotome Denkweise in der Wissenschaftspraxis wirkmächtig und weitere Generationen von Forschenden werden in diesen Diskurs hineinsozialisiert. Vgl. zu diesem Effekt Rheinberger 2005: 97.

107 | Howlett 1990: 622.

108 | Vgl. z. B. Foley 2002: 4.

109 | Brown/Brown 1992: 10, vgl. 21. Diese Kooperation begann im Privaten: Der Molekularbiologe und die Archäologin waren verheiratet und interessierten sich beide für Möglichkeiten, biologische Methoden in der Archäologie, insbesondere in der Erforschung der Mensch-Umwelt-Beziehungen, zu implementieren.

110 | Eggert 2005a: 221 f.

K. H. Eggert, wenn sie Ergebnisse liefern wolle, die wissenschaftsintern und in der außerwissenschaftlichen Öffentlichkeit ernst genommen würden.[111] Der Prähistoriker Frank Siegmund sprach in diesem Zusammenhang von der »Brückenfunktion« der Archäologie, »die als historisch orientierte Geisteswissenschaft« sogar andere Geisteswissenschaften mit den Naturwissenschaften in Verbindung bringen könne, da sie über so lange Erfahrungen mit diesen verfüge.[112] Allerdings überlegten Archäologen in den letzten Jahren intensiv, wie viel Naturwissenschaft die Archäologien als historische Kulturwissenschaften aufnehmen könnten, ohne ihre Identität signifikant zu verändern, oder ob nicht gerade das sogar geschehen solle.[113]

Mit den jeweiligen Bezeichnungen gingen vor allem die stärker in den Life Sciences verankerten Forscher selbstbewusst um. Johannes Krause beispielsweise erklärte im Experteninterview, er sei vom Studium her ein Biochemiker, der bei Svante Pääbo[114] am MPI in Leipzig in der Evolutionären Anthropologie gearbeitet habe, sei dabei zum Evolutionären Genetiker geworden, habe zuerst eine Professur für Umweltarchäologie und dann eine für Archäo- und Paläogenetik erhalten und leite nun am MPI in Jena die Abteilung Archäogenetik.[115] Sein Jenaer Arbeitsgruppenleiter Wolfgang Haak[116] verdeutlichte im Interview:

»WH: Das ist ja schon irgendwie der Tatsache geschuldet, dass wir alle irgendwie Nebeneinsteiger sind. Also wir haben Kollegen, die sind Physiker, Mathematiker, Bioinformatiker, dann gibt's Leute, die sind Archäologen oder Anthropologen, und dann natürlich auch die klassischen Biologen und Genetiker. Also das kommt aus allen Ecken zusammen und bildet dann eins. Und wir können diese Entität natürlich field of ancient DNA nennen, aber letztendlich speist sie sich aus anderen Disziplinen. Und die Disziplinenfrage, die lässt mich eigentlich auch kalt irgendwo. Also es macht Spaß so zwischen den Stühlen.«[117]

111 | Vgl. ders. 2006: 20; 2011b: 44; auch Samida/ders. 2013: 24; ähnlich Hoika 1998: 68 f.

112 | Siegmund 2001: 11.

113 | Vgl. z. B. ebd.; Experteninterview Veit 2013; Expertinneninterview Samida 2013; Kristiansen 2014; Samida/Eggert 2013.

114 | Svante Pääbo ist Ägyptologe und Mediziner und leitet am MPI in Leipzig die Abteilung Evolutionäre Genetik. Er gehörte in den 1980er Jahren zu den Begründern der Paläogenetik und aDNA-Forschung.

115 | Vgl. Experteninterview Krause/Haak 2016.

116 | Wolfgang Haak ist Anthropologe, Paläontologe und Ur- und Frühgeschichtler, promovierte bei Kurt W. Alt in Mainz und war von 2007 bis 2015 Postdoc und Gruppenleiter an der University of Adelaide. Er leitet seit 2015 am MPI in Jena die Arbeitsgruppe Molekulare Anthropologie.

117 | Experteninterview Krause/Haak 2016.

Während sich Naturwissenschaftler wie Haak selbstbewusst zuversichtlich gaben, trieb Archäologen die Sorge um, dass insbesondere die Angehörigen der Nachwuchswissenschaften, »die dort irgendwo zwischen den Fächern hängen«,[118] auf der Strecke bleiben könnten und permanent zur Selbstrechtfertigung gezwungen seien, wenn sie überfachlich arbeiteten. Insbesondere in Qualifizierungsphasen oder auf Stellen ohne Verstetigung gerate man in prekäre Situationen, in ein »Hazardspiel«, weil das überfachliche Engagement einerseits die methodischen Fundamente, Fachsprachen und Theorieangebote der jeweiligen Fächer in Frage stellen müsse, dies andererseits aber als Verletzung des jeweiligen eigenen fachlichen Habitus negativ ausgelegt werde.[119] Wenn die Vernetzung im eigenen Fach leide und bürokratische Hürden überhandnähmen, sei das für die weitere, tendenziell ja disziplinär strukturierte Karriere nicht hilfreich.[120]

Aus Molekularbiologie, Biochemie und medizinischer Genetik kamen und kommen im Wesentlichen die Methoden und Techniken. Sie wurden benötigt, um DNA zu isolieren, zu reinigen, zu amplifizieren, zu sequenzieren und zu analysieren. Diese Verfahren und Methoden wurden für die Arbeit mit degradierter DNA im Feld angepasst und weiterentwickelt. Sie erwiesen sich im Lauf der 1990er Jahre als generalisierbar genug, um damit im weitesten Sinn historische Gegenstandsbereiche und wissenschaftliche Gebiete miteinander in Kontakt zu bringen.[121] Während einzelne Fachbereiche und Perspektiven über aDNA miteinander verknüpft wurden, kam es gleichzeitig zu Spezialisierungen, die sich in Wortschöpfungen wie Molekulare Archäologie oder Paläogenetik ausdrückten. Bei der Molekularen Archäologie oder Molecular Archaeology beispielsweise sollte die Spezialisierung darin bestehen, dass sie diverse bioarchäologische Quellen wie menschliche, tierische und pflanzliche Überreste sowie Sachgut aus organischem Material auf der DNA-Ebene untersuchte bzw. untersuchen ließ und neben traditionell archäologischen Fragestellungen auch evolutionshistorische und phylogenetische berücksichtigte.[122] Den Begriff prägten 1989 am Labor für molekulare Evolutionsbiologie in Berkeley Allan C. Wil-

118 | Experteninterview Veit 2013.

119 | Meier/Tillessen 2011b: 36. Ähnlich vgl. Experteninterview Veit 2013.

120 | Vgl. Gutsmiedl-Schümann/Früchtl 2011: 418 f.; Klammt 2011: 410 f.

121 | Spezialisierung und Verknüpfung sind im Sinne von Weingart (2002: 166 f.) gemeint.

122 | Vgl. Hedges/Sykes 1992: 367 f.; Alt 2005: 230; Beck et al. 2008; Brown/Brown 2011; Universität Mainz 2012b.

son (1934-1991), Svante Pääbo und Russell Higuchi.[123] Sie werden auch als Begründer der Molecular Archaeology verstanden.[124]

In den Anfangsjahren war die Forensik[125] eine wichtige Impulsgeberin, was die technische und methodische Entwicklung anbelangte.[126] Vorbildcharakter hatten zu Beginn auch Erfahrungen aus humanitären Identifizierungsprojekten.[127] Explizite Wissenstransfers in die umgekehrte Richtung lassen sich später in Einzelfällen nachweisen, denn Autoren und Autorinnen forensischer Artikel in den 1990er und 2000er Jahren zitierten immer wieder aDNA-Studien, die mit historischem und paläogenetischem Interesse durchgeführt worden waren, wenn es ihnen darum ging, auf die methodischen Spezifika degradierter DNA hinzuweisen.[128] Inzwischen bestehen zumindest in Deutschland kaum noch Verbindungen, und die aDNA-Spezialisten und -Spezialistinnen haben aus ihrer Sicht die Forensik in methodischer Hinsicht gewissermaßen ›überholt‹:

---

123 | Vgl. Pääbo/Higuchi/Wilson 1989: 9709; Pääbo 1991: 107; ders./Wilson 1991: 45.

124 | Vgl. z. B. o. V. 2002; Davies 2003: 237; Stone 2000: 351.

125 | Forensische Untersuchungen dienen der Rechtspflege. In der BRD ist dafür die Rechtsmedizin zuständig, die nur in Einzelfällen die universitäre Anthropologie miteinbezieht. Vgl. Expertinneninterview Grupe 2013. In den USA haben sich hingegen Forensic Anthropology und Forensic Archaeology als eigenständige Professionen etabliert.

126 | Vgl. z. B. Daskalaki et al. 2011: 1329; Parton et al. 2013 auf der Basis von u. a. Horsman et al. 2007. Vorlagen aus der Forensik mussten aber für die aDNA-Arbeit adaptiert werden. Vgl. dazu Stone et al. 1996: 231.

127 | Vgl. zu den forensischen Vorbildern Kanz/Cemper-Kiesslich 2015: 6 f.; Crist 2001: S. 40 ff. auf der Basis von Hunter 1996: 8-21; Martin/Harrod/Pérez 2013: 58 ff.; Groen/Márquez-Grant/Janaway 2015b: lii; als Beispiele für das humanitäre Engagement von Anthropologen und Archäologen Snow et al. 1984; Stover 1985: 56 f.; Dirkmaat/Adomasio 1997: 45-50; Scott/Connor 1997: 34 ff.; Sonderman 2001; Haglund 2001: 26; ders./Connor/Scott 2001: 57, 59-62; Stover/Ryan 2001: 8-23.

128 | Mainzer Rechtsmediziner erklärten 2000 in *Forensic. Sci. Int.*, sich an eine standardisierte Extraktionsanleitung gehalten zu haben, die 1995 am anthropologischen Institut in Göttingen aufgestellt und im *Archäologischen Korrespondenzblatt* veröffentlicht worden war. Vgl. Bender/Schneider/Rittner 2000: 103. Gemeint war Hummel et al. 1995. Vgl. z. B. auch Alonso et al. 2001: 266. Solche Verweise fanden sich z. B. auch in Publikationen von Forensikern, die an der Identifizierung der Opfer des Angrifs auf das World Trade Center beteiligt waren und dort mit einer Kombination von hoch fragmentierten Überresten und degradierter DNA konfrontiert waren, die so und v. a. in dieser Zahl zuvor nicht im forensischen und humanitären Bereich aufgetreten war. Vgl. Holland et al. 2003: 272, der z. B. auf die Titel Höss/Pääbo 1993, Schmerer/Hummel/Herrmann 1999, Hagelberg et al. 1994 und Handt/Höss et al. 1994 verweist.

»Da hätte es mehr Zusammenarbeit geben sollen, müssen geradezu. [...]. Und wir sind spezialisiert auf kleinste Mengen, können genomweite Untersuchungen machen von einem Krümelchen, fünf Milligramm, was 40.000 Jahre alt ist, und man hat häufig mehr DNA an einem Tatort und hält sich da immer noch mit Methoden auf, die vor zehn, fünfzehn Jahren schon verwendet wurden,«[129]

bedauerte Johannes Krause diese Auseinanderentwicklung. Der methodische Rückstand der Forensik hat nicht zuletzt mit den juristischen Anforderungen zu tun, denen sie unterliegt, da sie den Belangen der Rechtspflege dient.[130]

Zunehmende Bedeutung kam in den 2000er Jahren der Bioinformatik, Mathematik und Statistik zu – insbesondere bei populationsgenetischen Fragestellungen. Angehörige dieser Fächer trugen diverse Tools für Analysen und Modellierungen bei und machten die Sequenzdaten erst handhabbar. Ihre Aufgabe wurde es, Big Data bewältigbar zu machen. Die seit der Mitte der 2000er Jahre entwickelten hoch effizienten Verfahren des Next Generation Sequencing ermöglichten nicht nur Studien mit sehr stark beschädigter DNA, sondern sogar Untersuchungen ganzer Genome oder sehr großer Teile davon. Dies führte zu riesigen Sequenzdatenmengen und weltweit wachsenden Sequenzdatenbanken, die die Ansprüche an die Bioinformatik erhöhten.[131]

Das Probenmaterial lieferten die Denkmalpflege aus frischen Grabungen oder Sammlungen, Museen sowie die universitäre Archäologie, Botanik, Zoologie und Anthropologie – entweder mit einer archäologischen Fragestellung, auf die hin es untersucht werden sollte, oder auf Anfrage von Angehörigen anderer Fächer, die ihrerseits eine Problematik formuliert hatten.[132] Es gab auch

129 | Experteninterview Krause/Haak 2016.

130 | Vgl. Hummel 2003: 7. Hummel verwies darauf, dass deshalb Forensiker kaum in *Science* und *Nature* und anderen Zeitschriften mit sehr hohem Impact- und Aufmerksamkeitsfaktor publizierten und in der Forensik die für die frühe aDNA-Forschung typischen Sensationsmeldungen unterlassen wurden.

131 | Vgl. ebd.: 283; Shapiro/Gilbert/Barnes 2008: 233; Knapp/Hofreiter 2010: 229-238; Krause 2010: 18; Linderholm 2011: 391; Bollongino 2013; Experteninterview Burger 2013; Pickrell/Reich 2014: 384; Experteninterview Krause/Haak 2016; als Beispiele Mathieson et al. 2015; Allentoft et al. 2015. Zum »explosionsartigen Wachstum« der Sequenzdatenbanken insgesamt Hagen 2010: 175.

132 | Woher das Material jeweils stammte, wurde meist in den Methods- oder Materials-Abschnitten der Fachartikel dokumentiert. Vgl. z. B. zu den universitären Sammlungen Hummel/Herrmann 1997: 222; Colson et al. 1997: 911, 916; Lassen/Hummel/Herrmann 1996: 32; aus Museen Stone/Stoneking 1998: 1168; Lalueza-Fox 1999: 53; Leonard/Wayne/Cooper 2000: 1651; Chilvers et al. 2008: 2713; Fernández et al. 2013: 668; Abu-Mandil Hassan et al. 2014: 197; Fulton/Wagner/Shapiro 2012: 29 f.; Greenwood et al. 2001: 95; Cooper et al. 1992: 8741; aus frischen Grabungen und

eine Reihe Großprojekte, die von Beginn an überfachlich ausgelegt wurden. Tendenziell gingen in diesen Fällen aber eher Archäologen auf Angehörige der Naturwissenschaften zu, deren Expertise sie gern in das Projekt integrieren wollten.[133] In diesen Projekten wurden die Vertreter und Vertreterinnen naturwissenschaftlicher Fächer häufig dann auch schon in die Projekt- und Grabungsplanung miteinbezogen und konnten begrenzt Einfluss darauf nehmen, welche Funde für mögliche aDNA-Analysen geborgen wurden und wie das geschah. Dies spielte vor allem unter dem Gesichtspunkt der Authentifizierung der späteren Quelle aDNA eine Rolle, aber auch, weil dann von vornherein abgesprochen werden konnte, welche archäologischen und sonstigen Kontextdaten zum Fund Genetiker für ihre Untersuchungen benötigten.

In einigen Fällen konnten Paläogenetiker für ihre eigenen Fragestellungen ihrerseits De-novo-Grabungen[134] organisieren und mussten nicht auf bekanntes Material zurückgreifen:

»J. K.: Wir finanzieren zum Teil Grabungen, wir fahren auf die Ausgrabungen, entnehmen dort Proben frisch vor Ort, wir sagen auch den Kollegen, die auf Ausgrabungen fahren, wir geben ihnen Kits mit und die sammeln Proben ein. Wir gehen natürlich auch weiterhin in die großen Sammlungen aus den letzten 150 Jahren.«[135]

Dies kam der in den Laborwissenschaften typischen hypothesengeleiteten Vorgehensweise näher als der in Archäologie und Geschichtswissenschaft häufige materialgeleitete, induktive Zugang: Dort wurden Hypothesen auf den gefundenen Quellen aufgebaut.[136] Für Laborwissenschaftler war das ungewohnt, da sie bevorzugt zuerst die Hypothese formulierten, dann das Material suchten, mit dessen Hilfe sie be- oder widerlegt werden sollte, und das Forschungsdesign absteckten.[137] In der aDNA-Forschung mussten Laborwissenschaftler lernen, mit einer ihnen nicht optimal erscheinenden Vorgehensweise und sehr

---

Sammlungen Garrelt/Wiechmann 2003: 253; Drancourt et al. 1998: 12460; Grumbkow et al. 2013: 3768; Müller/Roberts/Brown 2016: 10; vgl. zur Geschichte einer anthropologischen Sammlung Grupe/Peters 2003b: 11-14.

133 | Vgl. z. B. Expertinneninterview Samida 2013.

134 | Gemeint sind damit Grabungen, die gezielt geplant und unter einer bestimmten Fragestellung durchgeführt werden. Dies unterscheidet sie von Rettungsgrabungen. Magaziniertes Material hingegen stammt aus zurückliegenden Grabungen, die unter anderer Problemstellung stattfanden. Nicht immer sind in solchen Fällen Grabungsanlass und Zielsetzung bekannt. Auch die Grabungsdokumentation kann zu wünschen übrig lassen.

135 | Experteninterview Krause/Haak 2016.

136 | Vgl. zur induktiven Vorgehensweise kritisch Experteninterview Meier 2013.

137 | Vgl. zur Wahrnehmung dieses Unterschiedes Experteninterview Burger 2013.

beschränkten Ressourcen umzugehen. Ein deshalb aus Sicht der Naturwissenschaften methodisch saubereres Vorgehen stellte zum Beispiel das von der Universität Mainz ausgehende Projekt zur Eisenzeit in Zentralasien dar. Hier waren zuerst eine paläogenetische Fragestellung und Hypothese formuliert worden. Dann folgten Grabungen und diese Funde wurden dann analysiert.[138]

Sehr viel häufiger lagen die Funde und Befunde aber bereits vor – in universitären oder musealen Sammlungen oder in den Lagern der Denkmalpflege. Wer auf paläogenetischer Seite eine aDNA-Studie plante, hörte und sah sich um, was in den Depots vorhanden war, wo gerade gegraben wurde, zu welchem Material es die benötigten Kontextdaten, insbesondere die Datierungen, schon gab. Häufig musste mit Altfunden gearbeitet werden, deren Funddokumentation lückenhaft sein konnte oder einen veralteten archäologischen Methoden- und Forschungsstand abbildete.

Untersuchen und zur Basis einer Forschungshypothese machen ließ sich nur, was entdeckt wurde.[139] Archäologische Funde stellen aber stets nur einen winzigen Bruchteil der theoretisch möglichen Überlieferung dar. Nur wenige davon eigneten sich technisch überhaupt für eine aDNA-Analyse. Grabungen und Sammlungen wiederum sind generell höchst selektiv und kulturell gebunden: Mal wurde gezielt unter einer Fragestellung gegraben, mal kam es zu Zufallsfunden, Not- und Rettungsgrabungen. Die Arbeitsschritte der Feldarchäologie sind nicht neutral, sondern beruhen auf Interpretations-, Auswahl- und Entscheidungsleistungen der Beteiligten und sind insofern standort- und wissensgebunden.[140]

Des Weiteren wurde nur ein Teil der Funde jemals ausgewertet und publiziert oder stand für naturwissenschaftliche Untersuchungen überhaupt zur Verfügung. Davon wiederum gaben Universitäten, Sammlungen oder Museen nicht zuletzt aus konservatorischen Gründen nur einen Teil heraus. Umgekehrt galt für einen Großteil der archäologischen Studien, in die (später) aDNA-Analysen integriert wurden, dass die primäre Fragestellung, nicht aber die optimale Eignung für genetische Untersuchungen das wesentliche Kriterium für Grabung oder Auswahl des Materialsamples war. Das so erstellte Sample wich mitunter stark von dem idealen Sample ab, das sich Forscherinnen und Forscher für ihre Untersuchungen vorstellten. Auch wenn man sich für das Untersuchungsdesign andere Quellen wünsche, müsse man nehmen, was

138 | Vgl. Unterländer 2015.

139 | Vgl. Horsburgh 2015: 144; Experteninterview Krause/Haak 2016; Samida/Feuchter 2016: 11.

140 | Vgl. Lang 2002: 95; Tilley 1989: 279.

vorhanden sei, so 2012 die Mainzer Anthropologen und Paläogenetiker Karola Kirsanow und Joachim Burger.[141]

Insgesamt gilt: Auch ein organischer Fund, der dann für DNA-Untersuchungen herangezogen werden konnte, kam nicht ›objektiv‹ oder ›neutral‹ oder ohne Auswahlentscheidungen in die Welt.[142] An der Forschungspraxis und ihrer überfachlichen Struktur wird also deutlich, dass aDNA-Forschung in vielerlei Hinsicht perspektivisch gebundenes Wissen hervorbringt.

In international organisierten Netzwerken wird aDNA-Forschung von einzelnen, oft hoch spezialisierten und äußerst kompetitiven Forschungseinheiten betrieben, die unter unterschiedlichen Frage- und Zielstellungen und Erkenntnisinteressen mit alter DNA – und oft vielen anderen epistemischen Objekten – arbeiten. Weltweit gehören einige Hundert Personen solchen Netzwerken mittel- oder längerfristig an.

Die Konkurrenz der Netzwerke untereinander wurde als extrem hoch, aber anregend beschrieben. Dazu meinte Johannes Krause im Interview:

»[D]adurch, dass es so ein kleines Feld ist, und dadurch, dass es eine große Familie ist, ist es natürlich eine sehr komplexe Dynamik in dem Feld, weil jeder jeden kennt, im Prinzip. Das ist so wie bei Romeo und Julia manchmal. Es gibt halt so schon gewisse Konkurrenzsituationen zwischen den ..., ja, sagen wir mal so, es gibt so zwei richtig große Gruppen, sagen wir mal so. Das eine ist halt Kopenhagen und das andere ist halt David Reich, Svante, wir [Centre for Geogenetics in Kopenhagen, Department of Genetics in Harvard, MPI Leipzig und MPI Jena, d. Verf.]. Da sind wir schon an sehr unterschiedlichen Stellen und dann gibt's da halt schon viel Konkurrenz. Situationen, die nicht immer einfach sind. [...] Konkurrenz belebt den Handel. Wenn man halt immer das Gefühl hat, die nächsten kommen gleich [mit einer Publikation, d. Verf.] raus, dann stürzt man sich noch tiefer in die Projekte rein.«[143]

Knotenpunkte befinden sich gegenwärtig in Harvard, Hamilton, Oxford, Cambridge, London, Adelaide, Kopenhagen, Uppsala und Madrid sowie an den sehr gut finanzierten MPIs in Jena und Leipzig. Kleinere Knoten im deutschsprachigen Raum existieren bzw. existierten an den Universitäten in Mainz, Göt-

141 | Vgl. Kirsanow/Burger 2012: 127. Joachim Burger studierte Anthropologie sowie Ur- und Frühgeschichte und promovierte an der Universität Göttingen bei Bernd Herrmann. 2005 wurde er an der Universität Mainz Juniorprofessor für Molekulare Archäologie, 2010 Professor für Anthropologie. Er leitet dort die Arbeitsgruppe Palaeogenetics.
142 | Vgl. Eggert 2002b: 27 f.; in einer Einführung für Studierende Eggert 2005c: 102 ff.; auch Härke 1993: 6.
143 | Experteninterview Krause/Haak 2016.

tingen, Kiel, Tübingen und München.[144] Hier zeigte sich die für die Wissenschaften der Gegenwart charakteristische Dualität von Spezialisierung und Globalisierung.[145] Die Gruppen und Labore hatten sehr unterschiedliche Interessen und Schwerpunktsetzungen entwickelt und kooperierten aufgrund der insgesamt kleinen Zahl der Beteiligten nicht national miteinander, sondern mit Laboren in anderen Ländern, wo dieselbe Spezialisierung gewählt worden war. Der Schwerpunkt der Wissensproduktion lag allerdings bisher in den USA, Großbritannien, Australien, Deutschland, Italien und Skandinavien. Dort befanden sich die Forschungszentren, die wichtigsten und größten Labore.

Etwaige nationale Stile ließen sich nicht identifizieren, was Methoden und Techniken anging. Es gab aber nationale Thematisierungsschwerpunkte. So gingen Studien zur Besiedelung der Amerikas tendenziell von Principal Investigators an amerikanischen Hochschulen aus, Arbeiten zur Neolithisierung Europas umgekehrt meist von in Europa angesiedelten Forschungsteams.[146] Auffällig ist bei aller Globalisierung aber die räumliche Konzentration der Knoten auf den west- und nordeuropäischen sowie nordamerikanischen Raum. Von den genannten Laboren und Einrichtungen aus wurde und wird noch immer auch über andere Weltregionen, etwa über den afrikanischen, ozeanischen oder asiatischen Raum, geforscht.[147] Seit der Mitte der 2000er Jahre entstanden auf politische Initiative hin vor allem in Osteuropa und der Türkei zudem neue Labore mit ›nationaler‹ Aufgabenstellung: Sie sollen die genetische Geschichte auf der Ebene des Nationalstaats untersuchen bzw. nationale Geschichtsnarra-

144 | Das sind im Einzelnen: Australian Centre for Ancient DNA, University of Adelaide; McMaster Ancient DNA Centre; Centre for Geogenetics, Natural History Museum, Dänemark; MPI for Evolutionary Anthropology, Leipzig; MPI for the Science of Human History, Jena; Palaeogenetics Group, Eberhard-Karls-Universität Tübingen; AG Palaeogenetik, Johannes-Gutenberg-Universität Mainz; Anthropology and Human Genomics, LMU München; Glyn Daniel Laboratory For Archaeogenetics, University of Cambridge; Palaeogenomics and Bio-Archaeology Research Network University of Oxford; University College London; Department of Genetics, Harvard University; UCSC Paleogenomics Lab Santa Cruz; vgl. dazu Experteninterview Krause/Haak 2016.

145 | Je weiter sich in nationalen Wissenschaftssystemen Einheiten spezialisieren und verästeln, desto mehr entsteht der Bedarf, international nach Einheiten gleicher Spezialisierung zu suchen. Vgl. dazu Schimank 2012: 116, 118.

146 | ISI WebofScience, Stand: Oktober 2016. Als Beispiel vgl. die frühen Arbeiten zur Besiedlung der Amerikas von Stone/Stoneking 1993 und 1998 sowie demgegenüber zur Neolithisierung Haak et al. 2005 und Bramanti et al. 2009.

147 | Vgl. z. B. Campana/Bower/Crabtree 2013; Lalueza-Fox/Caldéron/Bertranpetit 2000; Schurr 2004. Kritisch zum Forschen ›über die Welt‹ aus den reichen westlichen Nationen heraus Killick 2015: 246. Zur Methode: Ausgangspunkt der Untersuchung war eine Suche im ISI WebofScience, Stand: Mai 2016.

tive genetisch begründen. Ob sich hier auch in technischer und methodischer Hinsicht nationale Stile entwickeln, müsste untersucht werden.[148]

Hinzuzufügen ist dem noch, dass die Quelle selbst bestimmte regionale Schwerpunktsetzungen bedingen konnte. Sequenzdaten aus ›frischen‹ Proben konnten weltweit erhoben werden. Ob hingegen DNA auch in Proben ›alter‹ Organismen noch erhalten ist, hängt stark von Temperatur, Bodenbeschaffenheit und Mikroorganismen im Umgebungsmilieu ab. Höhere Temperaturen beeinflussen den DNA-Erhalt negativ, ebenso zum Beispiel die für bestimmte Kulturen und Regionen typische Brandbestattung oder, wegen der eingesetzten chemischen Stoffe oder des oft sehr hohen Mikrobenbefalls, die Mumifizierung. Dies bedeutete einerseits, dass sich in wärmeren Weltregionen weniger aDNA-Daten gewinnen ließen, und andererseits, dass zum Beispiel die Klassische Archäologie aufgrund der in der griechisch-römischen Antike häufigen Brandbestattung wenige Anwendungsmöglichkeiten für aDNA-Verfahren fand.

Die Erforschung von aDNA erwies sich als kosten- und personalintensiv[149] und stellte, wie im Folgenden zu zeigen sein wird, aus Sicherheitsgründen sehr hohe Anforderungen an Laborausstattung und -organisation. Deshalb blieb sie auf einige Dutzend große Labore weltweit beschränkt, die, wie Johannes Krause beobachtete, »sich da die Welt so bisschen aufteilen.«[150]

Ausschlaggebend war, dass die nötige Laborinfrastruktur und Personaldecke vorlag – in Form eines eigenen aDNA-Labors oder durch Mitnutzung anderer Labore und Geräte von universitären und außeruniversitären Forschungs-

148 | »Im Moment sehen wir wieder ganz viele kleine Labore überall. Was ich auch verstehen kann. Jedes Land will seine eigene Geschichte erzählen«, so Johannes Krause in Experteninterview Krause/Haak 2016.

149 | Zur Entwicklung der Kosten vgl. Herrmann/Hummel 2003: 148; Alt/Vach 2004: 14; Alt 2009, z. B.: 284; Alt/Röder 2009: 108, 112; Mulligan 2006: 366; Kolman/Tuross 2000: 19; Brandt et al. 2010: 18; Parton et al. 2013: 705; Mitchell 2003: 177; Cemper-Kiesslich/Neuhuber/Schwarz 2010: 38; Cohen 2007: 7; Grupe et al. 2012: 158; Fulton 2012: 8; Harbeck 2012: 190, 204; Flaherty 2000; Hiller et al. 2000; Experteninterview Burger 2013; Campana/Bower/Crabtree 2013: 31 f.; Experteninterview Burger 2013; Expertinneninterview Hummel 2013; Expertinneninterview Grupe 2013; Pickrell/Reich 2014: 385.

150 | Experteninterview Krause/Haak 2016. Die Größe der Community ist schwer zu quantifizieren, weil mitunter humangenetische und forensische Einrichtungen integriert werden und immer wieder neue Labore ein- oder aussteigen. Doch sind es sicher mehr als die 1991 von dem britischen Anthropologen Tony Waldron prognostizierte »handful of laboratories«. Waldron 1991: 156. Zu den hohen Anforderungen an die Labore in den 2010er Jahren Pickrell/Reich 2014: 385.

einrichtungen wie den MPIs, Kliniken oder forensischen Einrichtungen.[151] An den deutschen Universitäten wurden unterschiedliche Lösungen gefunden, um Laborzugang zu schaffen, die Professuren und Arbeitsgruppen aber auch in die jeweilige Fakultätsstruktur einzugliedern.[152] Häufig konnten Ressourcen aus der Humangenetik und Medizin bezogen werden. Private kommerzielle Labore haben im deutschsprachigen Raum noch wenig Bedeutung erlangt.[153]

Die Gründungen der MPIs für Evolutionäre Anthropologie 1997 in Leipzig und für Menschheitsgeschichte 2014 in Jena lassen sich als Zeichen der Co-produktion von Wissen und Wissenschaftsinstitutionen im Sinne Sheila Jasanoffs Konzept der Co-Production of Knowledge and Society[154] verstehen:[155] Die aus unterschiedlichen Fachrichtungen kommenden Forschenden generierten mit den ihnen je verfügbaren Quellen, Methoden und Techniken neues Wissen und erste überfachlich strukturierte Expertennetzwerke, die wiederum eine Thematisierungskonjunktur auslösten und zur Etablierung weiterer Wissenschaftsorganisationen und -institutionen führten. Dazu gehörten in Deutschland zuvorderst die ebenfalls überfachlich strukturierten Institute der MPG, wo nun wiederum im Miteinander verschiedener Fächer, Verfahren und Techni-

---

151 | Vgl. zur Nutzung der Großgeräte anderer Labore Expertinneninterview Grupe 2013; so auch die Kieler Kooperation von universitären Instituten der Ur- und Frühgeschichte, Rechtsmedizin und klinischer Molekularbiologie bei Lee et al. 2014. Vgl. auch Universität zu Kiel 2015. In Mainz stand z. B. das Illumina-Gerät, das die aDNA-Arbeitsgruppen benutzen, nicht im aDNA-Spurenlabor, sondern bei der Abteilung Humangenetik. Vorbereitete Extrakte wurden dorthin geschickt.

152 | Vgl. Experteninterview Krause/Haak 2016.

153 | Mitunter wurden freiberuflich arbeitende Anthropologen zu feldarchäologischen Projekten hinzugezogen, die dann Laboranalysen oft an kommerzielle Labore, aber auch an Universitäten abgaben. Die Interpretation der Daten verantworteten die Freiberufler. Vgl. z. B. Anthropologie und Osteoarchäologie – Praxis für Bioarchäologie 2013.

154 | Jasanoff 2004b: 2 f.: »Knowledge and its material embodiments are at once products of social work and constitutive of forms of social life; society cannot function without knowledge any more than knowledge can exist without appropriate social supports. Scientific knowledge, in particular, is not a transcendent mirror of reality. It both embeds and is embedded in social practices, identities, norms, conventions, discourses, instruments and institutions – in short, in all the building blocks of what we term the *social*. The same can be said even more forcefully of technology.«, Hervorhebung im Original.

155 | Vergleichbar, wenn auch quantitativ ungleich, ist die von Miller (2004) dargestellte Entwicklung im Bereich der Klimaforschung, wo die überfachlich strukturierte Klimaforschung Wissen und Wissenschaftsnetzwerke generierte, die wiederum zur Etablierung neuer Wissenschaftseinrichtungen führten, wo neues Klimawissen hergestellt wird.

ken neues Wissen produziert und die Quelle DNA mit archäologischen, linguistischen und historischen Quellen kombiniert wurde und wird. Wissenschaftliches Wissen und Technik wurden so in Institutionen und ihre Instrumente sowie sozialen Praktiken eingebettet.

aDNA-Forschung war von Beginn an kooperatives Forschungshandeln und ließ sich nicht als Ein-Personen-Projekt betreiben. Grabungen, Funddokumentationen und Laborarbeit waren von Beginn an Community Efforts. An den Wissenschaftseinrichtungen existieren teils umfangreiche Arbeitsgruppen, denen Professoren und Professorinnen, wissenschaftliche Mitarbeiter und Mitarbeiterinnen, Studierende, studentische Hilfskräfte und technisches Personal angehören.[156] An der Personalstruktur der großen Labore zeigt sich das besonders deutlich. Der Gruppe des dänischen Evolutionsgenetikers Eske Willerslev am Centre for Geogenetics am Natural History Museum of Denmark, einem der größten und wichtigsten Labore der 2010er Jahre, gehörten 2016 25 Personen an, der Gruppe des Evolutionsbiologen M. Thomas P. Gilbert[157] 44 Personen, der Arbeitsgruppe des französischen Molekulargenetikers Ludovic Orlando ca. 15 Personen.[158] Aktuelle Publikationen haben häufig 30 bis 40, aber auch bis zu über 100 Coautorinnen und -autoren mit unterschiedlichen Funktionen. Diese reichen vom Projektdesign, der Ausarbeitung der Fragestellung und der Suche nach in Frage kommenden Funden über das Bereitstellen solcher Funde, die Vorbereitung der Proben und die eigentliche Laborarbeit bis hin zur Aufbereitung der Sequenzen am Rechner und zur Dateninterpretation, der Erstellung der Publikation und zur unabhängigen Überprüfung einer Studie in einem anderen Labor.[159] Auskunft über die jeweilige Beteiligung geben zunehmend detailliert die Anhänge der publizierten Papers insbesondere in den A-Journalen der jeweiligen Fächer.

Kooperierende Einheiten bildeten häufig auch Zitiernetzwerke. Diese Netzwerke änderten sich mit den Einheiten und Laboren, denn während immer wieder neue hinzukamen, schrumpften andere oder verloren an Bedeutung.[160]

156 | Vgl. University of Copenhagen/Centre for GeoGenetics Natural History Museum of Denmark 2016; MPI für Menschheitsgeschichte 2016a; Experteninterview Krause/Haak 2016.

157 | Marcus Thomas Pius Gilbert ist Evolutionsbiologe. Er promovierte bei Alan Cooper in Oxford, ging dann als Postdoc an die University of Arizona und wurde 2005 Professor an der Universität Kopenhagen. Derzeit ist er Professor of Palaeogenomics am Natural History Museum in Kopenhagen und Gruppenleiter am Centre for Geogenetics.

158 | University of Copenhagen 2016.

159 | Einige Journale verlangen, dass die Autoren offenlegen, wer welche Funktionen hatte. Vgl. als Beispiel Lazaridis et al. 2014: 413; Fu et al. 2012: 5; Brotherton et al. 2013: 10; Haak et al. 2015: 211.

160 | Vgl. Experteninterview Krause/Haak 2016; Expertinneninterview Hummel 2013.

Vorgehensweise der Untersuchung und Deutungsangebote

»Ancient DNA is an exciting and fascinating subject and offers huge possibilities for scientific research«.[1]

Man kann die aDNA-Forschung als Zeichen der Molekularisierung der Wissenschaften und der Gesellschaft einordnen und argumentieren, dass der molekulare Blick auf das Leben, den Nikolas Rose beschrieben hat, im Century of Biology eben nicht nur Denkweisen über und Interventionen am lebenden Organismus betrifft, sondern auch das Geschichtsbewusstsein[2] und die Kultur.[3] Doch ist dies eine sehr allgemeine Einordnung: Um was sonst, wenn nicht um Molekularisierung, sollte es sich handeln, wenn sich Wissenschaften eine molekulare Erkenntnisebene und molekulare Quellen für historische Fragestellungen schaffen? Der Erklärungswert des Molekularisierungsbegriffs ist hier nicht hoch, zumal er einen Prozess beschreibt, der in den 1960er Jahren eingesetzt hat, lange bevor alte Moleküle technisch zugänglich und aDNA-Forschung möglich waren: Damals begannen, wie Kapitel 2 im Sinne einer Vorgeschichte aufzeigt, die Molekularisierung der Genetik, Evolutionsbiologie und zahlreicher weiterer biologischer Fächer sowie die Suche nach einem Zugang zur Molekülebene für Fragestellungen, die auch heute noch verfolgt werden. Von einer Molecular Anthropology war bereits Anfang dieses Jahrzehnts die Rede. Noch musste diese ersatzweise aber auf die Serumproteinforschung und andere Umwege ausweichen, da sich alte Moleküle technisch nicht erschließen ließen.[4]

Das Konzept der Moleküle als Quelle war bereits im Programm der »Molecules as Documents of Evolutionary History« angelegt, das der österreichisch-französische Biologe Emile Zuckerkandl (1922-2013) und der amerikanische Chemiker Linus Pauling (1901-1994) 1965 formuliert hatten.[5] Eine genetische Geschichte im Sinne des gegenwärtigen Begriffsverständnisses skizzierten der Archäologe Albert J. Ammerman und der italienische Populationsgenetiker Luigi Luca Cavalli-Sforza 1984 in ihrem Buch *The Neolithic Transition and the Genetics of Populations in Europe*.[6]

---

1 | Aus der Perspektive des Jahres 2015 Hagelberg/Hofreiter/Keyser 2015: o. S.

2 | Zum Begriff vgl. Jordan 2009: 22. Gemeint ist damit das Bewusstsein, dass alles, was existiert, zeitlich und geworden ist, d. h. über eine Vergangenheit, Gegenwart und Zukunft verfügt.

3 | Vgl. zur Molekularisierungsthese Rose 2013: 5 f. Dort auch zum Century of Biology.

4 | Vgl. Goodman 2007: 318; Sommer 2008b: 112; Deslisle 2007: 319.

5 | Zuckerkandl/Pauling 1965: im Titel. Vgl. zu Zuckerkandl Sommer 2008b: 116 f.

6 | Vgl. Ammerman/Cavalli-Sforza 1984.

Im Sinne einer klassischen Wissenschaftsgeschichte verfolgt Kapitel 2 die Entstehung und Entwicklung der aDNA-Forschung unter dem Eindruck der Molekularisierung der beteiligten Wissenschaften.

Das Kapitel führt aber auch ein weiteres, spezifischeres Deutungsangebot ein: den Hype Cycle, mit dessen Hilfe sich aus der wissenschaftshistorischen Außensicht die Entwicklung des wissenschaftlichen Feldes beschreiben lässt. Konzipiert hat diesen Zyklus die Computerlinguistin Jackie Fenn in den 1990er Jahren für die IT-Beratung als ein Modell für den Life Cycle von Emerging Technologies.[7] Der Hype Cycle lässt sich als Teil des Kurvenmodells der Diffusion von Innovationen nach Everett M. Rogers (1931-2004) verstehen,[8] der Diffusion als komplexen sozialen Prozess aufgefasst hat, der eine Vielzahl von Entscheidungen und Handlungen integriert. Ob eine Innovation diffundiert und in einem sozialen Feld normalisiert wird, ist nicht technisch determiniert, sondern hängt von der Beteiligung zahlreicher Gruppen, Institutionen und Organisationen ab und von einem Katalog diverser Kriterien. Zu diesen gehören unter anderem Motive und Erwartungen von potentiellen Anwendern, Interessen von Professionen und Institutionen, Finanzierung, Anpassungserfordernisse bzw. Kompatibilität der Innovationen mit bestehenden Techniken und Methoden. Der Hype Cycle hilft, solche Diffusionsprozesse im Bereich der Wissenschaften detaillierter zu betrachten. Grafisch dargestellt wird er in einem Diagramm: auf der X-Achse ist die zeitliche Entwicklung aufgetragen, auf der Y-Achse die mediale Aufmerksamkeit und die Erwartungen an die Technologie.

Im Hype-Zyklus stößt ein technologischer Auslöser (Technology Trigger) auf großes fachliches und mediales Interesse, das im Gipfel der überzogenen Erwartungen (Peak of Inflated Expectation) mündet. Die Kurve steigt also anfangs steil an. Euphorisch wird Großes versprochen und einfache Lösungen werden in Aussicht gestellt. Derart überzogener Enthusiasmus führt ins Tal der Enttäuschungen (Trough of Disillusionment), weil die Technologie die überhöhten Erwartungen nicht erfüllen kann. Nach dem Maximum fällt die Kurve demnach fast ebenso stark, wie sie zuvor anstieg. Während die Berichterstattung zurückgeht und viele Beteiligte aufgeben, loten einige systematisch und selbstkritisch die Grenzen der Technik und ihrer Implementationen aus und begeben sich auf den Slope of Enlightenment. Über diesen Pfad der Erleuchtung erreicht die Technologie ihr Produktivitätsplateau (Plateau of Productivity). Deshalb steigt die Kurve nach einem Zwischenminimum an, bis sie ein im Vergleich zu Ausgangslage und Maximum etwa mittiges Niveau der Beharrung erreicht.

---

7 | Vgl. Fenn/Raskino 2008: 8-15. Ich danke Ulrich Wengenroth für seine Hinweise zum Hype Cycle.

8 | Vgl. Rogers 1962: 81-88, 303-307.

Als Einordnungsangebot für die Methodenentwicklung in den Archäologien wurde der Hype Cycle bereits erfolgreich eingesetzt, und zwar hinsichtlich der Netzwerkanalysen, also eines weiteren Falles, in dem Methoden aus anderen Wissenschaften in die Archäologien eingebracht wurden.[9] Methoden und Theorien der Netzwerkanalyse wurden in den Archäologien seit den 1960ern, verstärkt aber seit den 2000er Jahren etabliert, um archäologische Phänomene zu modellieren, darunter zum Beispiel die Distribution bestimmter Rohstoffe sowie die Verbreitung von Sachguttypen. Der Hype Cycle hat sich als Instrument zur Interpretation dieser Methodenentwicklung bewährt. Das ermutigt dazu, das Modell auch als Deutungsangebot für die aDNA-Forschung vorzuschlagen.

Dafür spricht auch, dass das Narrativ, welches Protagonistinnen und Protagonisten der aDNA-Forschung wie die Biochemikerin Erika Hagelberg,[10] Svante Pääbo und Martin K. Jones[11] in Rückblicken zeichneten, dem Hype Cycle nahekommt.[12] So fasste der Evolutionsbiologe Michael Hofreiter[13] die Geschichte der aDNA-Forschung 2009 zusammen:

»Die Erforschung alter DNA ist gerade mal ein Vierteljahrhundert alt. Dennoch hat sie schon zahlreiche Wandlungen durchgemacht – Anfangsenthusiasmus mit überzogenen Erwartungen, totgesagt nach fehlerhaften Studien beispielsweise zu angeblicher Dinosaurier-DNA, Zeiten relativen Stillstands von der Mitte der 1990er Jahre bis zur Jahrtausendwende und schließlich ein stürmischer Fortschritt aufgrund der Entwicklung neuer DNA-Sequenziermethoden.«[14]

Seit den 1980er Jahren wurden die Moleküle selbst zugänglich gemacht, und zwar nicht nur in Proben lebender oder jüngst verstorbener Organismen, sondern auch in sehr alten Proben aus archäologischen und anthropologischen

9 | Vgl. Collar et al. 2015: 3. Die Autoren sahen den Einsatz der Netzwerkanalysen in der Archäologie auf dem Slope of Enlightenment.

10 | Erika Hagelberg ist eine schwedische Biochemikerin und Molekulargenetikerin an der Universität Oslo, die in den 1990er Jahren die Extraktion von aDNA aus Knochen entwickelte.

11 | Martin K. Jones ist ein auf Archäobotanik und Archäogenetik spezialisierter Archäologe und leitet das Department of Archaeology and Anthropology an der University of Cambridge. Seit 1990 ist er Professor für Archaeological Science.

12 | Vgl. Hagelberg/Hofreiter/Keyser 2015; Jones 2001; Pääbo 2014a.

13 | Michael Hofreiter promovierte bei Svante Pääbo 2002 und war Postdoc und Gruppenleiter am MPI in Leipzig. 2009 wurde er Professor für Evolutionary Biology and Ecology an der University of York, 2013 Professor für Allgemeine Zoologie und Evolutionäre Adaptive Genomik an der Universität Potsdam.

14 | Hofreiter 2009: 183.

Grabungen, Sammlungen und Museen. Weltweit experimentierten Labore mit DNA aus solchen Proben, um herauszufinden, ob und wie sich diese für (evolutions-)historische bzw. evolutionsgenetische Anwendungen nutzen ließen.[15]

Kapitel 2 stellt die Technology Trigger vor, die in Fenns Modell den Beginn des Hype Cycle und die Phase der überzogenen Erwartungen einläuten. Das Kapitel gibt dabei den epistemischen und fachpolitischen Dimensionen den Vorrang vor der Analyse wissenschaftlicher Praktiken und Instrumente, Produktionsstätten und ihrer technischen Details.[16] Im Vordergrund stehen Forschungsagenden, fachliche Selbstverständnisse und Abgrenzungsstrategien. Erste spektakuläre Experimente stießen in den 1980er Jahren auf großes fachliches und mediales Interesse, das in der ersten Hälfte der 1990er Jahre im Peak of Inflated Expectations gipfelte. Die epistemologischen und fachpolitischen Hoffnungen, die in die alte DNA gesetzt wurden, waren enorm. Euphorisch wurde Großes versprochen. Einfache Lösungen für alte Fragen vor allem aus der Evolutionsforschung und der Archäologie wurden in Aussicht gestellt. Der Optimismus der Anfangsjahre war riesig. Laufend stiegen kleine Labore in die entstehende überfachlich strukturierte Community ein. Große Reputationsgewinne winkten. Noch gab es in technischer und methodischer Hinsicht kaum Routinen und Standards. Die Forschung an alter DNA war hoch riskant.

Ob sich eine Technologie in einem Feld durchsetzt und welche Bedeutungen sie dort erhält, hängt, wie die Technikforschung gezeigt hat, stets auch von der sozialen Gruppe ab, die sie aufgenommen hat.[17] Deshalb geht das Kapitel auf die Formierung der aDNA-Community ein und stellt die Diskussionen vor, in denen der Quelle aDNA und den damit verbundenen Techniken ihre ersten epistemischen und legitimierenden Bedeutungen verliehen wurden. Das Kapitel verfolgt, wie international organisierte Netzwerke hochspezialisierter Forschungseinheiten gebildet wurden, die jeweils an unterschiedlichen Fragestellungen und in unterschiedlicher disziplinärer Zusammensetzung arbeiteten. In diesen Netzwerken wurde aDNA als epistemisches Objekt geformt.

Kapitel 3 hingegen untersucht technische und methodische Rückschläge, die die aDNA-Forschung in das Trough of Disillusionment, das Tal der Enttäuschungen im Hype Cycle, stürzen ließen. Im Mittelpunkt steht die Authentifizierungsproblematik. Kontaminationen mit exogener DNA und die daraus resultierende Frage nach der Authentizität der Befunde wurden als zentrale methodische Probleme identifiziert. Der Enthusiasmus der ersten Jahre mündete zu Beginn der 1990er Jahre in Enttäuschungen. Die Technologie konnte die

15 | Vgl. die ersten Studien von Higuchi et al. 1984; Cann/Stoneking/Wilson 1987; Pääbo/Higuchi/Wilson 1989.

16 | Zu dieser konzeptionellen Unterscheidung vgl. Rheinberger 2007: 125-138, 143.

17 | Zu dieser interpretativen Flexibilität von Technik vgl. grundlegend Bijker/Hughes/Pinch 2001: 261-280.

überhöhten Erwartungen nicht erfüllen. Das Ausmaß der medialen Berichterstattung nahm ab, und einige Labore gaben auf. Die Publikationsfrequenzen stagnierten. Als Slope of Enlightenment lässt sich hingegen eine um die Mitte der 1990er Jahre einsetzende Phase deuten, in der einige Arbeitsgruppen systematisch und selbstkritisch die Grenzen der Quelle sowie der Technik und ihrer Implementationen auszuloten begannen. Sie manövrierten die aDNA-Forschung auf ihren Pfad der Erleuchtung im Sinne Fenns. Das Kapitel untersucht den Umgang mit Rückschlägen, die Identifikation von Problemen und Grenzen sowie die Strategien, die die Community entwickelte, mit ihnen umzugehen. Sichtbar wird hier das ›Doing ancient DNA‹, das Herstellen und Betreiben der Quelle – bei der Ausgrabung, im Labor oder am Rechner.

In der aDNA-Forschung ging und geht es sehr häufig um nichtverstandene taphonomische[18] und genetische Prozesse und Zusammenhänge, um Nichtwissen und um das Handeln unter den Bedingungen von Nichtwissen, Ungewissheit und Uneindeutigkeit. Ich zeige auf, wie sich die Beteiligten dessen gewahr wurden und wie sie darüber sprachen. Diskutiert wurde, dass nicht nur prinzipiell lösbare technische Probleme im engeren Sinn vorlagen, sondern dass die Quelle DNA entgegen den Anfangshoffnungen grundsätzliche Aussagegrenzen besaß und besitzt. Untersucht werden die Verhandlungen darüber, welche Forschungsdesigns unter welchen Bedingungen mit alter DNA überhaupt möglich waren und welche nicht.

Ein Weg, mit den schrittweise entdeckten Irrtümern, Schwierigkeiten und Grenzen umzugehen, war es, dem eigenen Forschungshandeln selbst Grenzen aufzuerlegen und bestimmte Fragen und Designs (zeitweise) ganz aufzugeben. Versuche, die Probleme zu lösen oder zu umgehen, reichten von der Aufgabe ganzer Forschungsbereiche über ein kontroll- und sicherheitsorientiertes Labor- und Probenmanagement bis hin zum Versuch, die Fehler, die Ungewissheit und das Nichtwissen theoretisch oder statistisch anzugehen. Die Umgangsweisen, welche die aDNA-Fachgemeinschaft fand oder vorschlug, lassen sich im Sinne des Konzepts der Nichtwissenskulturen nach Stefan Böschen und Peter Wehling interpretieren:[19] Unter den Strategien und Maßnah-

18 | Die Taphonomie oder Fossilisationslehre befasst sich mit den Veränderungen eines Lebewesens zwischen seinem Tod und seiner fossilen Erscheinungsform. Dazu gehören u. a. die auf den organischen Überrest einwirkenden biologischen und geochemischen Einflüsse bis zur Einlagerung des Sediments und die anschließenden Stufen der Fossildiagenese. Untersucht werden z. B. die Bedeutung von Kälte und Hitze, Trockenheit, Wasser, Mikroorganismen und Bodenchemie. Wissen über die Taphonomie ist wesentlich sowohl für die Gestaltung eines Experiments als auch für die Interpretation eines Befundes.

19 | Vgl. dazu Böschen et al. 2008; Wehling 2011. Wehling und Böschen verstehen unter einer Nichtwissenskultur das Ensemble verschiedener epistemischer Praktiken, die

men, die die Beteiligten diskutierten oder implementierten, fanden sich Instrumente sowohl einer kontrollorientierten als auch einer komplexitätsorientierten Nichtwissenskultur, die sich im Alltag vermischten. Das ist, so das Angebot zur Einordnung, auch nicht anders zu erwarten in einem Feld, in dem sich Wissenschafts- und damit Nichtwissenskulturen der Laborwissenschaften Molekularbiologie und Biochemie auf der einen mit denen der (theoretischen) Evolutionsforschung, Anthropologie und Archäologie auf der anderen Seite verbanden.

Über Rückschläge, Methodenexperimente und systematische Suchen nach den Grenzen der Quelle aDNA erreichten Technologie und Forschungsfeld ab der Mitte der 2000er Jahre langsam ihr Produktivitätsplateau, das Plateau of Productivity im Sinne von Jackie Fenn. Die aDNA-Forschung durchlief einen Hype Cycle und gewann dabei an Reflexivität. Langsam am Anfang der 2000er Jahre, rapide ab etwa 2005 stiegen die Publikationsfrequenzen erneut.[20] Der letzte Abschnitt des dritten Kapitels diskutiert die Veränderungen, die mit den um die Mitte der 2000er Jahre aufgekommenen Verfahren des Next Generation Sequencing hinsichtlich der Authentifizierungsproblematik auftraten.

Das folgende vierte Kapitel führt noch einmal zurück zu den Anfängen und widmet sich der Suche nach und dem Besetzen von Anwendungen und Einsatzgebieten für die Quelle aDNA. Überblicke über verschiedene Anwendungsbereiche verdeutlichen die fachpolitischen und epistemologischen Erwartungen der Beteiligten an die Quelle sowie die Verhandlungen über deren epistemologische, methodische und technische Potentiale und Grenzen. Dabei liegt ein Augenmerk auf den Besonderheiten des überfachlichen Mit- und Gegeneinanders. Aufgezeigt werden Charakteristika der Quelle aDNA und ihre Funktion hinsichtlich bestimmter Fragestellungen und Forschungsfelder wie der genetischen Geschlechtsansprache, der Speziesbestimmung, aber auch der Untersuchung genetischer Verwandtschaft und Abstammung sowie umfangreicherer populationsgenetischer Forschungsfelder. Dabei wird deutlich, dass DNA-Moleküle als Quellen im Wesentlichen die gleichen Charakteristika aufweisen wie andere historische Quellen und eine Quellenkritik erfordern, die sich eher in technischer als in grundsätzlicher Hinsicht von der historisch-kritischen Methode unterscheidet. Ebenso vergleichbar sind die Anforderungen an die Quelleninterpretation, bei der aus DNA-Daten Geschichte entwickelt wird.

---

in einem wissenschaftlichen Feld die Erzeugung, die Wahrnehmung, Bearbeitung und Kommunikation von Nichtwissen prägen. Vgl. Wehling 2015: 24.

20 | Erhoben im ISI WebofScience wurde die zahlenmäßige Entwicklung der Publikationen, die sich mit alter DNA und im weitesten Sinn historischen Fragestellungen befassten. Dies schloss bioarchäologische, populationsgenetische, paläoepidemiologische und theoretische Texte sowie eine Vielzahl anderer Sparten mit ein. Der markante Anstieg der Publikationen ab ca. 2005 fiel mit der Implementation des Next Generation Sequencing zusammen. Stand: Oktober 2016.

Die Kapitel 3 und 4 sollen zudem aufzeigen, dass in der aDNA-Forschung das klassisch moderne Versprechen von der Wissenschaft, die gewisses und eindeutiges Wissen hervorbringt, ›unhintergehbare‹ Gewissheiten über die Welt und die Menschen produziert und dabei kontinuierlich alle Wissenslücken schließt, mindestens teilweise zurückgenommen wurde. Die Beteiligten haben, so die anhand verschiedener Beispiele vertretene These, ein Stück weit ihre eigenen Grenzen nicht nur erkannt, sondern auch theoretisch gewendet. Sie haben Nichtwissen und die technische Nichtbeherrschbarkeit der Quelle als weitgehend zwangsläufig akzeptiert. Mit ihren Bekenntnissen zur Probabilistik dekonstruierten sie schrittweise die Vorstellung exakter wissenschaftlicher Gewissheit. Allerdings war dies kein linearer Prozess, sondern ein Wandel mit Ungleichzeitigkeiten und Beharrungen. Doch scheint die aDNA-Forschung, während sie den Hype Cycle durchlief, begonnen zu haben, ihren eigenen Finalitätsmythos – die endgültige Klärung der großen alten Fragen der Archäologie und Evolutionsforschung sowie die technische Beherrschbarkeit der molekularen Welt – selbst zu brechen. Die Ursachen, so die These, lagen in methodischen Rückschlägen, aber auch im fortgesetzten überfachlichen Miteinander einer ganzen Reihe von etablierten Disziplinen, Fächern und Wissenschaftskulturen.

Methode und Quellen einer Geschichte der aDNA-Forschung

»Science is a changeable and mutating collection of contradictory findings about the natural world.«[1]

Die aDNA-Forschung ist zwar ein junger Untersuchungsgegenstand für die historische Wissenschaftsforschung, doch Wissensproduktion und Wissen lassen sich mit den Methoden der Geschichtswissenschaft grundsätzlich historisieren, gleichgültig wie nah oder fern die untersuchte Vergangenheit ist. Doing History ist letztlich nur eine bestimmte Art, die Welt zu sehen. Der Erkenntnisgewinn jeder geschichtswissenschaftlichen Untersuchung kann nur relational sein. Da sich, wer eine wissenschaftshistorische Studie verfasst, im gleichen Subsystem der Gesellschaft befindet, das erforscht wird, haben sich überdies Wissenschaftshistorikerinnen und -historiker in besonderer Weise der eigenen Standortgebundenheit bewusst zu werden.

Eine Wissenschaftsgeschichte der aDNA-Forschung hat diese konsequent als Forschungsprozess zu historisieren und zugleich als Zeichen eines bestimmten historischen Moments zu nehmen. Dabei steht die Untersuchung eines wissenschaftlichen Feldes der Gegenwart vor dem Problem vieler zeithistorischer Studien: Langfristige Folgen und Wirkungen lassen sich nicht verfolgen. Im Fall der aDNA-Forschung sind nur etwa drei Jahrzehnte zu überblicken. Gerade Wissenschafts- und Technikgeschichte haben aber Erfahrung damit, dass viele Theorien, Ansätze oder Ideen der Vergangenheit wieder verschwunden sind, ihre Bedeutung verloren oder geändert haben.[2] Weder Geschichtswissenschaft, noch andere Wissenschaften können voraussagen, welche Erklärungen, Theorien oder Modelle Bestand haben werden und welche nicht.

Insofern steht einer Wissenschaftsgeschichte der Gegenwart, wie sie in dieser Studie unternommen wird, nichts Prinzipielles im Wege. Wie auch sonst besteht eine Herausforderung darin, den historischen Wandel adäquat zu erfassen. Hier droht die Gefahr, Wandel und Veränderungen überzubewerten, insbesondere da in den herangezogenen Quellen Metaphern der Bewegung, des Umbruchs, des Pionierhaften und Revolutionären sehr häufig auftauchten.[3]

---

1 | Gordin 2014: 1625.

2 | Vgl. dazu klassisch zur Wärmestofftheorie Mittelstraß 1997: 294 f.

3 | Martin Sabrow hat auf den Unterschied von zeitgenössischen Wahrnehmungs- bzw. Ordnungszäsuren vs. retrospektiven Deutungszäsuren aufmerksam gemacht. Diese Unterscheidung ist hilfreich zur Einordnung der in den Quellen so häufigen Umbruchdeutungen. Vgl. Sabrow 2013.

Oft äußerten außerdem die untersuchten Akteure und Akteurinnen – meist mit Begeisterung – das Gefühl, dass sich rund um alte DNA alles mit rasanter Geschwindigkeit wandle: Sie könnten zum Beispiel mit der technischen Entwicklung kaum Schritt halten und kämen nicht einmal mit dem Lesen oder Schreiben von Reviews hinterher.[4] Metaphern der Geschwindigkeit sind bis heute typisch, wenn die Beteiligten den Zustand ihres Feldes beschreiben.[5] Die Bewegtheit und die ständigen technischen Veränderungen stellten die Beteiligten als so charakteristisch für die aDNA-Forschung dar, dass sie teils wie Topoi wirkten.[6] Das Feld sei immer noch jung,[7] aber auch unübersichtlich. Es produziere, so die archäologische Sicht darauf, »in relativ kurzen Abständen Moden« und Interpretationen, Methoden und Sichtweisen wandelten sich ständig.[8]

Der Evolutionsgenetiker Greger Larson ließ sich 2010 zitieren: »Everyone is in a rush to find the next methodology. We are all testing things very quickly without knowing how successful any will be.«[9]

Ständig komme neues Wissen hinzu, ergebe sich eine neue Perspektive: »always wait for the next breakthrough«.[10] Man warte laufend auf den nächsten technischen Durchbruch, alles gehe ungeheuer schnell und sei sehr aufregend.[11] Begeistert meinte Johannes Krause im Interview:

---

4 | Vgl. z. B. Hedges/Sykes 1992: 268; O'Rourke 1996: 421, 423; Katzenberg/Harrison 1997: 282; Jones 2001: 21; Larsen 2002a: 146; Hummel 2008: 67; Brdicka 2008: 530; Blin/Pusch 2006: 237; Interview mit Greger Larson in Travis 2010: 28; Pitblado 2011: 328; Grupe et al. 2012: 154; Matisoo-Smith/Horsburgh 2012: 12, 105; Harvati 2013; Burger 2013c; Claßen/Schön 2014: 7; Greger Larson in Callaway 2015b: 140; Experteninterview Krause/Haak 2016. Der Gedanke von der rasanten Entwicklung fand seinen Niederschlag z. B. auch in einer Broschüre eines Forschungsförderers: Bundesministerium für Bildung und Forschung (BMBF)/Forschungszentrum Jülich Projektträger Biologie (FJPB) 2004c: 18.

5 | Vgl. Brown 1998a: 43; Powledge/Rose 1996: 37; Jones 2001: 24; Spigelman/Donoghue 2003: 187; Willerslev/Cooper 2005: 3; Blin/Pusch 2006: 237; Brdicka 2008: 530; Interview mit Greger Larson in Travis 2010: 28; Grupe et al. 2012: 154; Harbeck 2012: 190; Burger 2013c; Harvati 2013; Horsburgh 2015: 144.

6 | Vgl. z. B. Jones 2001: 21; Larsen 2002a: 146; Spigelman/Donoghue 2003: 187; Blin/Pusch 2006: 237; Brdicka 2008: 530; Interview mit Greger Larson in Travis 2010: 28; Grupe et al. 2012: 154; Harvati 2013; Burger 2013c.

7 | Vgl. ebd.

8 | Im Experteninterview Veit 2013 war das kritisch gemeint.

9 | Interview mit Greger Larson in Travis 2010: 28.

10 | Vgl. Harvati 2013; ähnlich Experteninterview Burger 2013; Burger 2013c sowie die Diskussion zu diesem Vortrag.

11 | Vgl. Pollard 1992; Hummel/Lassen/Schultes 1996; Alt 2005; Schultz/Schmidt-Schultz 2006; Knudson/Stojanowski 2008; Reindel/Wagner 2009b; Harvati 2013; Ex-

»Es ist, glaub' ich, schon eines der spannendsten Forschungsfelder, was ich mir überhaupt im Moment vorstellen kann in der Wissenschaft. Es ist innovativ, es ist neu, man findet ständig total spannende neue Sachen, die einen irgendwo überraschen. Und das am laufenden Bande. Wenn ich mir das jetzt anschaue. Ich weiß nicht, wie viele *Nature-* und *Science*-Publikationen in den letzten Jahren aus der aDNA kamen. Aber zwei Dutzend mit Sicherheit, wenn's reicht. Das gibt's kaum in den Naturwissenschaften. Das ist Wahnsinn.«[12]

Tatsächlich entwickelte sich die aDNA-Forschung in technischer und methodischer Hinsicht extrem schnell. Sie hat den Hype Cycle in weniger als drei Jahrzehnten durchlaufen. Für technologischen Wandel im kommerziellen Bereich mag das langsam sein, für technologische Innovationen in einem Produktionsprozess von wissenschaftlichem Wissen ist es schnell.

In technischer Hinsicht haben zum Beispiel die um die Mitte der 2000er Jahre etablierten Verfahren des Next Generation Sequencing (NGS) der aDNA-Forschung gut zwei Jahrzehnte nach ihrer Entstehung bereits ein neues Gesicht verliehen, indem sie ihr die Ebene des ganzen Genoms zugänglich machten und sie nun mit Millionen von Sequenzen konfrontieren, die rechnerisch und kognitiv bewältigt werden müssen.[13]

Während dieses Buch entstand, kamen laufend weitere methodische Innovationen hinzu, und der Forschungsstand zu einigen inzwischen ›klassischen‹ aDNA-Problemstellungen wie der Neolithisierungsfrage und der Neandertalerfrage änderte sich mehrfach.[14] Das aDNA-Feld hat ein Produktivitätsplateau erreicht, doch das bedeutet nicht Stillstand. Im Gegenteil hat die aDNA-Community mit der Erforschung des Ancient Microbiome, d.h. der Gesamtheit der

perteninterview Burger 2013; Experteninterview Krause/Haak 2016; in der populären Darstellung Knaut/Schwab 2010b.

12 | Experteninterview Krause/Haak 2016.

13 | Die wesentliche Innovation bestand darin, dass die NGS-Verfahren es ermöglichten, unter bestimmten Bedingungen nahezu ganze Genome oder sehr große Teile des Genoms zu sequenzieren. Sie haben außerdem dem Authentizitätsproblem eine neue Dimension verliehen und die Arbeit mit degradierter DNA schneller, günstiger und leichter automatisierbar gemacht. Vgl. als Beispiele die Studien zum Wollhaarmammut Miller/Drautz/Ratan et al. 2008; zu Neandertalern Green et al. 2010; und zu einem ca. 4.000 Jahre alten Grönländer Rasmussen et al. 2010; dazu Experteninterview Burger 2013 und Shapiro/Gilbert/Barnes 2008: 213.

14 | Vgl. Lazaridis et al. 2014; Hagelberg/Hofreiter/Keyser 2015; Haak et al. 2015; Experteninterview Krause/Haak 2016.

Genome der im Organismus lebenden Mikroorganismen, ihr Next Big Thing vielleicht schon identifiziert.[15]

Das stellt die wissenschaftshistorische Untersuchung vor ein Interpretationsproblem, das der amerikanische Historiker Michael D. Gordin so beschrieb: »This wonderful instability of science-in-the-making raises concerns about how confident we can be when we draw on contemporary science in formulating historical arguments. How can we historians be confident, when biologists themselves are not?«[16]

Gordin bezog sich auf die Schwierigkeit, die von den Biowissenschaften generierten Daten in sozial-, medizin- oder kulturhistorische Narrative einzubeziehen. Doch gilt das Gesagte analog auch für die Geschichte dieser Wissenschaften selbst. Schon sprachlich ergibt sich ein Problem. Die für historische Darstellungen typische Vergangenheitsform lässt sich nicht immer konsequent einhalten, und Begriffe wie ›heute‹ oder ›im Moment‹, die einen gegenwärtigen Forschungsstand markieren, treffen in Kürze nicht mehr zu.

Der methodische Vorteil einer Wissenschaftsgeschichte der Gegenwart besteht darin, dass ihr reichhaltiges Quellenmaterial zur Verfügung steht. Der Quellenkorpus dieser Arbeit umfasst rund 1.400 Texte aus der täglichen wissenschaftlichen Produktion:[17] Originalartikel, Reviews, Sammelbände, Handbücher, Rezensionen, Tagungsberichte, Calls for Papers, Tagungsprogramme, Websites, Poster, Vorträge, autobiografische Berichte und einiges mehr.

Inhaltsanalysen, Metaphernanalyse und bibliometrische Auszählungen wurden kombiniert, um der Zeitnähe und Fluidität des Untersuchungsgegenstandes zu entsprechen.[18] Die Untersuchung von Metaphern und figurativer Sprache lieferte Erkenntnisse über wissenschaftliche Sprech- und Schreibsti-

15 | Vgl. Warinner/Speller/Collins 2015. Zur Entwicklung der Extraktionstechniken vgl. Preus et al. 2011: 1827, 1829. Am MPI Jena stellt die Mikrobiomforschung einen der beiden aktuellen Schwerpunkte neben der Archäogenetik dar. Vgl. Experteninterview Krause/Haak 2016.

16 | Gordin 2014: 1629.

17 | Bei der Auswahl des Quellensamples wurde darauf geachtet, dass es die wichtigsten Publikationsorgane der jeweiligen Fächer sowie fachübergreifende Zeitschriften wie *Science* und *Nature* enthält. Aus Platzgründen sind im Folgenden i.d.R. nur beispielhafte Belege möglich.

18 | Das Sample bildet den fachinternen Diskurs der aDNA-Community ab, da es Texte aus den A-Journalen der jeweiligen Fächer und übergeordneten Zeitschriften enthält. Bei der Auswahl wurde zudem darauf geachtet, immer mehr als eine Publikation pro Autorin bzw. Autor zu untersuchen. Benutzt wurden ISI WebofScience und Google Scholar sowie die Software PublishOrPerish. Aspekte der bibliometrischen Analyse waren die Zitation einzelner Artikel, die Fremdzitation und das Zitieren in Netzwerken sowie die Entwicklung von Autorenkooperationen.

le und die sprachliche Konstruktion des Objekts aDNA. Die Mehrzahl der angetroffenen Metaphern substituierte begrifflich Sachverhalte, die sich auch anders ausdrücken ließen. Aus interaktionstheoretischer Sicht bilden einige komplexere Verbildlichungen wie die in der Molekulargenetik häufigen Buch- oder Schriftmetaphern[19] aber einen Sachverhalt nicht nur ab. Sie sagen vielmehr etwas über Konzepte und Bilder aus, über die wir bereits verfügen, denn auf diese beziehen sie sich und diese sind nötig, um die Metapher zu verstehen.[20]

Publikationen sind für die Wissenschaftsgeschichte eine wesentliche Quellenart, denn sie geben Auskunft über Erkenntnisinteressen und Forschungsstände, über im Fach vereinbarte Methoden und Standards des wissenschaftlichen Arbeitens. Zudem sind sie Teil des wissenschaftlichen Reputationssystems. Zu bedenken ist allerdings, dass Publizieren und Forschungskommunikation gerade in den hochrangigen Journalen der jeweiligen Fächer selektive Unterfangen sind und nur ein Bruchteil aller Publikationen tatsächlich in den Forschungsstand eingeht, wenn diese mehrfach zitiert, für die Arbeit an neuen eigenen Fragestellungen, als Material und Quellengrundlage oder zur Überprüfung eigener Thesen herangezogen werden. Bibliometrische Tools, die einen guten Einblick in naturwissenschaftliches Zitierverhalten und Netzwerkbildung liefern, eignen sich für den geisteswissenschaftlichen Bereich wegen der weitgehend anderen Publikationspraxis weniger. Sie bilden deshalb die Wissensproduktion der Prähistorischen Archäologie viel schlechter ab als die der Paläogenetik und Anthropologie.

Webbasierte Selbstdarstellungen von Forschungseinrichtungen universitärer und nichtuniversitärer Art ermöglichen taschenlampenartige Einblicke in das Forschungsgeschehen und informieren über Biografien, Projekte, Publikationen und Lehre. Sie sind Teil des akademischen Alltags und stehen konventionellen Quellen um nichts nach, haben aber den Nachteil, laufend aktualisiert zu werden bzw. nicht auf Dauer abrufbar zu sein.

Unpubliziertes Material, etwa Forschungsanträge, Gutachten, Laborbücher oder Grabungsjournale, waren nicht zugänglich. Gutachterprozesse, die zeigen, wie Wissenschaftlerinnen und Wissenschaftler ihre jeweiligen Qualitätskriterien überprüfen und sanktionieren, blieben ebenfalls verschlossen. Offene Interviews mit Expertinnen und Experten auf der Basis von Leitfäden

19 | Vgl. Brandt 2000: 143-146.

20 | Rhetorikfrei ist auch die Sprache der Naturwissenschaften nicht. Rhetorische Praktiken und Strategien sind unvermeidbar. Vgl. Osrecki 2012: 216 f. Die Stilmittel können z. B. der Überzeugung oder Übersetzung dienen, der Abgrenzung zu anderen Fächern und zur nichtwissenschaftlichen Öffentlichkeit, aber auch der fachinternen Heuristik.

schlossen diese Lücke teilweise.[21] Sie ermöglichten Verknüpfungen zwischen den gedruckten Quellen und erlaubten Einblicke in den Forschungsalltag. Einschränkend wirkt hier, dass viele Aussagen aus fachpolitischen oder kollegialen Rücksichten für nicht zitierfähig erklärt wurden. Mehrere Interviews konnten deshalb überhaupt nicht in die Untersuchung einfließen. Ähnliches galt auch für die Transkripte von Tagungsdiskussionen. Eine Hospitation im aDNA-Labor der Universität Mainz 2014 hatte eher heuristische als analytische Ziele, bot aber die einzigartige Chance, die alltäglichen Routinen der aDNA-Forschung kennenzulernen.

(Auto-)Biografische Quellen oder Rückblicke auf Forscherkarrieren sind vereinzelt vertreten. Der Archäometriker Martin K. Jones aus Cambridge beispielsweise hat 2001 einen unterhaltsamen Rückblick auf die ersten 15 Jahre aDNA-Forschung vorgelegt – unter dem sprechenden Titel *The Molecule Hunt. Archaeology and the Search for Ancient DNA.*[22] Svante Pääbo brachte 2014 *Neanderthal Man. In Search of Lost Genomes*[23] heraus.

Prähistorische Archäologen (Ur- und Frühgeschichte)[24] befinden sich seit mehr als zwei Jahrzehnten im Dialog und in konkreten Projektkooperationen mit Genetikern, Biochemikern und Anthropologen. Sie diskutieren jene epistemologischen und fachpolitischen Fragen, die nun die Geschichtswissenschaft zu beschäftigen beginnen. Es gebe, so etwa die Kulturwissenschaftlerin Stefanie Samida und der Prähistoriker Manfred K. H. Eggert in ihrer Streitschrift *Archäologie als Naturwissenschaft?*, reichlich Anlass, über disziplinäre Identitäten und das spezifische Wissen und Können der Archäologien im Vergleich zu und in der Zusammenarbeit mit den Naturwissenschaften, aber auch ihr Verhältnis zur Geschichtswissenschaft zu sprechen.[25] Dieses Nachdenken über Wesen und die Aufgaben der Fächer hat zahlreiche Quellen hinterlassen.

Fachgeschichtliche Vorstöße kommen vereinzelt aus der Anthropologie, Populationsgenetik sowie Archäologie und finden sich oft in knapper Form in Re-

21 | Zur Methode vgl. Meuser/Nagel 2009.

22 | Vgl. Jones 2001.

23 | Vgl. Pääbo 2014a.

24 | Der Untersuchungszeitraum der Ur- und Frühgeschichte setzt vor etwa vier Millionen Jahren mit den Australopithecinen ein und erstreckt sich bis ins Frühmittelalter. Grob definiert wird der Begriff der Prähistorie als der Vergangenheitsabschnitt der Menschheitsgeschichte, über den gar keine oder im Fall der Frühgeschichte wenige schriftliche Quellen zur Verfügung stehen.

25 | Vgl. Samida/Eggert 2013; Experteninterview Eggert 2013; zur Frage auch Gramsch 2010: 200, 206; auch Experteninterview Veit 2013; Eggert 2006: 20; Eggert 2011c: 300. Als Beispiel auch Lidén/Eriksson 2013: 10-13; Killick 2015: 242 f.

viewpublikationen von Personen, die der aDNA-Community schon länger angehören.[26]

Für Anthropologie, Evolutionsforschung und Archäologien liegen breiter angelegte, mitunter eher deskriptiv-bilanzierende Fachgeschichten vor, die sich mit der Fachgenese, der Methodenentwicklung und den Denktraditionen auseinandersetzen.[27] Die Entwicklung der Fächer wird darin weitgehend aus sich selbst heraus erklärt und häufig mit fachpolitischen Überlegungen verbunden.[28] Zumindest die Archäologiegeschichtsschreibung hat aber die Zeit hinter sich gelassen, als sie als »hobby for retired archaeologists«[29] abgetan werden konnte, und entwickelt sich zur kritischen wissenschaftsgeschichtlichen Betrachtung. Sie soll der Historizität und soziokulturellen Gebundenheit von archäologischem Wissen nachgehen und die Wissenschaftsgeschichte und -soziologie auf die Altertumswissenschaften aufmerksam machen,[30] die bislang

26 | Vgl. v. a. Larsen 2002a; Jones 2003; Wright/Yoder 2003; Pääbo et al. 2004; Mulligan 2006; Burger 2007; Shapiro/Gilbert/Barnes 2008; Knudson/Stojanowski 2008; Kirsanow/Burger 2012; Zvelebil/Weber 2012; Hagelberg/Hofreiter/Keyser 2015; Hummel 2015.

27 | Als Beispiele vgl. Tattersall 2000; Deslisle 2007; Henke/Rothe 2006; Goodrum 2009; Corbey/Roebroeks 2001b; auf Handbuchebene bereits Schwidetzky 1988; mit einem Überblick über weitere solche Arbeiten Hoßfeld 2005: 11; für die Archäologien Veit 1998a: 333. Siehe z. B. das Institute of Archaeology History of Archaeology Research Network am University College London (2016) sowie die von Ulrike Sommer koordinierte AG Forschungsgeschichte (University College London/Sommer 2016).

28 | Vgl. als Beispiel Chaoui 2006; mit weiteren Hinweisen Veit 2002: 407; Wiegert 1995: 181 f. Zur Biografietradition in der Archäologiegeschichte vgl. Veit 1998a: 330-333. Für einen Überblick über die archäologiegeschichtliche Forschung vgl. ders. 2011a. Ein Schwerpunkt lag auf der Rolle der Archäologien im Nationalsozialismus und den Kontinuitäten und Diskontinuitäten in Ost- und Westdeutschland nach 1945. Vgl. dazu die Beiträge in den Sammelbänden von Wolfram/Sommer 1993; Härke 2000; Biehl/Gramsch/Marciniak 2002; sowie den Tagungsbericht in Halle/Schmidt 1999: 41-52; zum NS vgl. z. B. Halle 2002; dies./Schmidt 2009; für die Anthropologie Hoßfeld 2005; Kröner 1998; Preuß 2006; vgl. auch den Sammelband Härke 2000. Außerdem Veit 2011a: 36 f.; Veit 1998a: 347 f.; die Beiträge in Steuer 2001 und kritisch dazu Halle 2009: 37; vgl. dazu Vigener 2009.

29 | Kaeser 2008: 11. Zu den neueren Trends, etwa hinsichtlich der Frage, wie die Archäologien an der Konstruktion z. B. geschlechtlicher, nationaler und postkolonialer Identitäten beteiligt sind, vgl. Veit 2011a; Schlanger 2002: 128 ff.; Trigger 2009; Samida 2010; Holtorf 2005. Zur Geschichte der Feldarchäologie und zu den archäologischen Praktiken vgl. Eggert 2002b; Jensen 2012.

30 | Vgl. Wiegert 1995: 181 f.; Corbey/Roebroeks 2001a: 2 f.; Schlanger/Nordbladh 2008b, v. a. 1-4; Reichenbach/Rohrer 2010: 330 f.; Veit 2011a: 36, 49; Vigener 2009.

weniger Beachtung erfuhren als etwa die Molekularbiologie und die Genomforschung.[31] Lücken hat die Archäologiegeschichte als Wissenschaftsgeschichte im Hinblick auf die Methodenentwicklung und die archäologische Praxis zu schließen: Kaum aus wissenschaftshistorischer, sondern vor allem aus fachpolitischer Sicht sind der seit den Anfängen der Prähistorischen Archäologie praktizierte Einsatz natur- und technikwissenschaftlicher Methoden und Analyseverfahren sowie das Verhältnis der Archäologien insgesamt zu anderen geistes- und naturwissenschaftlichen Fächern behandelt worden.[32] In der Wissenschaftsgeschichte bzw. der kritischen Wissenschaftsforschung fand die aDNA-Forschung bislang lediglich unter dem Stichwort der New Genetics und der Genetic History Beachtung.[33]

31 | Vgl. Goodrum 2009: 338; Tamborini 2015a; ders. 2015b; Morange 1998; García-Sancho 2012.

32 | Vgl. z. B. Samida/Eggert 2012; Samida/Eggert 2013.

33 | Zum Ancestry Testing vgl. Egorova 2010; Parfitt/dies. 2006; Sommer 2008a; Sommer 2010b; zum Human Genome Diversity Project Reardon 2011.

Ethisches und Politisches

»How does one obtain consent to take DNA from an ancient or archaeological sample?«[1]

In der innerwissenschaftlichen Kommunikation über alte DNA und ihre Anwendungen nahmen ethische und politische Fragen schrittweise an Bedeutung zu. Das hatte insbesondere mit ihrer öffentlichen Dimension zu tun: Der aDNA-Community wurde zunehmend bewusst – und bewusst gemacht –, dass sie nicht im Vakuum forschte, sondern hohe mediale Aufmerksamkeit genoss. Diese Aufmerksamkeit hat sie gesucht. Nun macht diese sie der Gesellschaft gegenüber in verschiedener Hinsicht verantwortlich. Einige solcher Thematisierungen sollen vorgestellt werden.

Es geht im Folgenden um die Diskussionen über De-extinction, d.h. über Experimente, mit denen ausgestorbene Lebewesen ›wieder erschaffen‹ oder lebende Organismen verändert werden könnten. Als ethische und politische Herausforderung markiert werden auch der Umgang der aDNA-Community mit den Rechten von und an Toten und an genetischem Wissen sowie die Zerstörung von archäologischen Funden durch invasive Verfahren. Des Weiteren kommt zur Sprache, wie aDNA-Forscher und -Forscherinnen in der medialen Öffentlichkeit und im kommerziellen Bereich auftraten und wie die Fachgemeinschaft dies bewertete.

Die De-extinction-Thematik tauchte seit den 1980er Jahren immer wieder in den Medien auf, zumeist im Zusammenhang mit einzelnen Sensationsmeldungen, die aber weitgehend im Bereich der Utopie blieben.[2] Sporadisch äußerten sich Wissenschaftlerinnen und Wissenschaftler nach entsprechenden Medienberichten zum Beispiel über die Möglichkeit, Neandertaler oder Mammuts wieder zu erschaffen. So fragten bereits 1985 die kanadischen Archäologen Ronald J. Nash und Robert G. Whitlam eher amüsiert, was man wohl mit den ganzen Mammuts und Neandertalern anfangen werde: »Resurrecting extinct forms of animal life is no longer science fiction in fact, the Russians have already attempted to recreate a mam[m]oth. But then, just what would we do with living mammoths and Neanderthals? Mc Mammoth burgers?«[3]

George O. Poinar, damals Entomologe in Berkeley, ließ sich 1991 im *Spiegel* zitieren, »gefühlsmäßig« halte er die »künftige Wiedererschaffung eines Sau-

1 | Matisoo-Smith/Horsburgh 2012: 93.

2 | Vgl. als Beispiele Browne 1991; o.V. 1991; Begley 1993; Bethge 1999; o.V. 2008c; o.V. 2012b; Amrein 2016.

3 | Nash/Whitlam 1985: 106.

riers für machbar«,[4] doch die meisten anderen winkten ab. Was ausgestorben sei, sei ausgestorben:

»It's theoretically possible to isolate the gene for a certain character, and introduce it into another species, if you thought that was worthwhile, which I do not. You could find the gene for the typical quagga color pattern, for example, and introduce it to a zebra. You would end up with something that looked like a quagga, but in reality, it would just be a zebra that looked like a quagga,«

meinte Svante Pääbo 1991.[5] Auch dem Publikum von *Scientific American, Focus*, dem *Spiegel* und anderen erklärte er in den 1990er Jahren immer wieder, dass die Wiedererschaffung ausgestorbener Arten Traum oder Albtraum bleiben werde.[6]

1993 kam Steven Spielbergs Blockbuster *Jurassic Park* in die Kinos, beruhend auf Michael Crichtons Thriller und beraten durch den amerikanischen Paläontologen Jack Horner.[7] Crichton, selbst Anthropologe und Arzt, erdachte ein Szenario, in dem Saurier-DNA aus Stechmücken in fossilen Bernsteineinschlüssen isoliert und damit mithilfe von Amphibienzellen Saurier kloniert wurden. In technischer Hinsicht war das utopisch, doch Meldungen über DNA-Extraktionen aus fossilem Bernstein und fossilen Pflanzen hatte es in *Science* und *Nature* bereits gegeben. Crichton soll sich von diesen inspirieren haben lassen.[8] Etwa zeitgleich mit dem Erscheinen des Filmes kamen weitere wissenschaftliche Studien zu Bernsteineinschlüssen heraus.[9] Allerdings erwiesen sie sich als nicht reproduzierbar. 1994 erlebte die aDNA-Forschung sogar ihr »dinosaur DNA debacle«,[10] als sich die in *Science* mit großem Widerhall als Saurier-DNA[11] präsentierte Sequenz als menschlich und Folge einer Kontamination erwies. Dass sich DNA in mehreren Millionen Jahre alten Funden erhalten haben könnte, gilt inzwischen als unwahrscheinlich.

4 | O. V. 1991: 181. So auch in Browne 1991.

5 | Pääbo in ebd.; sowie in o. V. 1991: 181. Skeptisch äußerte sich Woodward in Wilford 1994a; so auch Willerslev/Cooper 2005: 10; besorgter waren Herrmann/Hummel 1994b: 7.

6 | Als Beispiele vgl. Pääbo 1993: 66; Pääbo jeweils in Siefer 1997; o. V. 1993c; Kusma 2005: 53; Klein 2011; Bredow/Dworschak 2014: 96.

7 | Vgl. Horner/Hoffman 2015.

8 | Vgl. Golenberg et al. 1990; DeSalle et al. 1992. Zu Crichtons wissenschaftlichen Inspirationsquellen vgl. Jones 2001: 23.

9 | Vgl. Poinar/Cano/Poinar 1993; Cano/Poinar 1993; Cano et al. 1993; ders. et al. 1994.

10 | Stoneking 1995: 1260.

11 | Vgl. Woodward/Weyand/Bunnell 1994; Wilford 1994a.

Dennoch meinten die Göttinger Anthropologen Bernd Herrmann[12] und Susanne Hummel 1994 im ersten Sammelband der entstehenden aDNA-Forschung, auch wenn die Wirklichkeit noch weit von der »Jurassic Park vision« entfernt sei, sollten sich die Community und die Öffentlichkeit der Probleme bewusst werden, die mit der aDNA-Forschung aufkommen könnten. Sie dachten zum Beispiel über die Rechte von Chimären nach, die entstehen würden, wenn man Sequenzen alter DNA in lebende Eizellen einbaute und diese von Leihmüttern austragen ließe.[13]

Ein ausgestorbenes Tier exakt wieder zu erschaffen, ist auch in den 2010er Jahren nicht praktikabel. Tiere, Pflanzen und Menschen sind sehr komplexe Organismen. Nötig wären prinzipiell ein komplettes Genom ohne DNA-Schäden und eine passende Leihmutter.[14] Technisch machbar ist es, (nahezu) ganze Genome zu sequenzieren, und theoretisch ist es auch möglich, die Millionen dieser Sequenzen mit Mitteln der Informatik richtig anzuordnen. Ganz exakt zusammensetzen lassen sie sich in der Praxis dann jedoch nicht und sie enthalten Schäden. Versuche mit tierischen Leihmüttern wurden unternommen, doch wurden bisher keine lebensfähigen Tiere geboren. Es ist aber denkbar und durchführbar, Genome lebender Tiere so zu verändern, dass sie Überlebensvorteile erhalten, um sie vor dem Aussterben zu bewahren. Insofern ist die ethische Frage weiterhin aktuell. Jack Horner hat das 2015 anlässlich des Filmstarts von *Jurassic World* im *Nature*-Interview erklärt:

»We already have lots of tools for modifying an animal. We have been breeding them for centuries. Now we are getting to the point where we can take genes out of one organism and put them into another, for example taking fluorescent genes out of jellyfish and putting them into the embryos of other animals to make them glow in the dark. The challenge is finding ways of changing a creature without killing it. And I think we will.«[15]

Das diskutierte auch die Evolutionsgenetikerin Beth Shapiro in einem 2015 erschienenen Buch. In *How to Clone a Mammoth*[16] erläuterte sie die sogenannte De-extinction unter dem Gesichtspunkt, nicht aus Sensationslust einzelne Spezies, sondern ganze Ökosysteme zu rekonstruieren und verlorene Biodiversität wiederherzustellen. Dafür genüge es in technischer Hinsicht, widerstandsfähigere Kopien des Originals zu erschaffen oder lebende Tiere resistenter zu

12 | Bernd Herrmann ist Anthropologe und war von 1978 bis 2011 Professor für Anthropologie an der Universität Göttingen. Als einer der ersten deutschen Anthropologen arbeitete er an der Analyse stabiler Isotope und alter DNA.

13 | Herrmann/Hummel 1994b: 7.

14 | Vgl. Willerslev/Cooper 2005: 10.

15 | Horner/Hoffman 2015: 32 f.

16 | Vgl. Shapiro 2015; dazu Hoelzel 2015.

machen. Ihre eigene Frage »Should we ...« bejahte sie weitgehend. Der Artenschutz sei es wert.

Solche Fragen hatten zwar große gesellschaftliche und ökologische Relevanz, direkt damit zu tun hatte jedoch nur eine sehr kleine Gruppe innerhalb der Community. Sehr viel häufiger sah sich diese mit einer anderen ethischen Problematik konfrontiert, den Fundverlusten, die mit invasiven Methoden einhergingen: Wie viele andere naturwissenschaftliche Analyseverfahren erfordern DNA-Analysen die Entnahme einer Probe. Diese wird dabei zerstört. Unter welchen Bedingungen es ethisch vertretbar ist, archäologische Funde oder Präparate aus anatomischen Sammlungen und Ähnliches für eine invasive Untersuchung zu zerstören, wurde in den beteiligten Fächern kontrovers diskutiert.[17] Ungern stellten archäologische Forschungsinstitute, Denkmalpflege und Museen wertvolle Funde für invasive Analysen zur Verfügung, von denen sie sich keinen Erkenntnisgewinn für die eigene Arbeit erwarten. Sie sahen sich nicht ausschließlich in der Rolle der Knochenlieferantinnen, zumal vorweg oft nicht prognostiziert werden kann, ob überhaupt DNA erhalten ist, die isoliert und untersucht werden könnte.[18] Die Vergabe von Material werde selektiv und willkürlich gehandhabt, lautete wiederum die Kritik unter Anthropologen und Genetikern: Die Archäologen spielten sich als Ausgräber auf, weil sie das Material besäßen, das andere gern für ihre Forschungen hätten. Fundstätten würden monopolisiert und der Zugang zu relevanten Funden beliebig verwehrt, selbst wenn über diese bereits hinlänglich publiziert worden sei.[19] Beklagt wurde auch die fehlende Bereitschaft, Untersuchungen der Naturwissenschaftler so zu unterstützen, wie diese sich das wünschten, um auch eigene Fragestellungen verfolgen zu können, ohne dass die Archäologien unmittelbar etwas davon ›hätten‹. Die Diskussion um Fundverluste und konservatorische Bedenken hatte demnach nicht nur eine ethische und konservatorische, sondern auch eine fach- und machtpolitische Dimension.

Als Verständigungsschritt in dieser Frage sind Diskussionen darüber zu sehen, welche Überlegungen und Tests einer Beprobung vorangegangen sein müssen und welches Material grundsätzlich zu selten und zu wertvoll für invasive Verfahren ist.[20] Als Kriterien wurden der zu erwartende Zustand der DNA, die Aussichtschancen für die Analyse, die Größe der benötigten Probe und die

17 | Zur Diskussion vgl. z. B. Andrews et al. 2004: 215; Mulligan 2006: 366 f.; Lalueza-Fox 2003: 170; Donoghue et al. 2009: 2798; Expertinneninterview Grupe 2013.

18 | Vgl. u. a. Campana/Bower/Crabtree 2013: 31 f.; Mitchell 2003: 177; Ingham/Roberts 2008: 601; Wilbur et al. 2009: 1991, 1995; Harbeck 2012: 204; Egorova 2010: 358-361.

19 | Vgl. Henke 2010a: 185; Orschiedt 1998: 34, 36; Riehl 1998: 22.

20 | Vgl. z. B. aus dieser Debatte Mitchell 2003: 177; Lalueza-Fox 2003: 170; Ingham/Roberts 2008: 601; Harbeck 2012: 204.

Möglichkeit diskutiert, die Proben so zu entnehmen, dass keine für morphologische oder andere Verfahren relevanten äußeren Marker zerstört werden. Debattiert wurde aber auch, ob destruktive Verfahren noch zulässig seien, wenn eine geplante Studie nur bestehendes Wissen bestätigen solle, zu Nice-to-Know-Geschichten führen würde oder in dem Sinne unspezifisch sei, dass nur experimentiert werde, um zu bestätigen, was technisch möglich sei, obwohl dies für die jeweilige Anwendung oder Fragestellung bereits geklärt sei. Unterschiedlich beurteilt wurde, ob das Ziel, das Sample zu vergrößern, weitere Fundverluste rechtfertige.[21]

In dieser Frage im überfachlichen Miteinander zu einer für alle befriedigenden oder gar generalisierbaren Antwort zu kommen, erwies sich als schwierig. Der Wert einer Quelle hängt von der Fragestellung ab, und diese kann je nach Fach, das sich für die Quelle interessiert, sehr unterschiedlich ausfallen. Wer über Funde verfügt, hat solche Wünsche und Sorgen gegeneinander und mit konservatorischen Gesichtspunkten abzuwägen. Letztlich handelt es sich immer um Einzelfallentscheidungen. So argumentierte im Experteninneninterview die Anthropologin Gisela Grupe, der die Bayerische Staatssammlung für Anthropologie und Paläoanatomie untersteht, dass sich das invasive Beproben von Funden oft nicht lohne, insbesondere wenn es sich um Einzelfunde handle. Die Ergebnisse ließen sich dann ohnehin nicht generalisieren und hätten geringen Erkenntnisgewinn:

»[W]obei ich dann auch noch mal hingehe und sage: ›Moment, Moment, Moment, wir haben ja auch eine andere Sicht. Ehe ich ein Skelett zerschneide, ist ja invasiv, ich muss ja was rausnehmen. Ich zerstöre Information, kriege ich dadurch so unverzichtbare Information, dass sich das lohnt‹? Es ist en vogue, es ist für bestimmte Fragestellungen auch unverzichtbar, weil man die Information nicht anders kriegt. Aber es ist nicht für alle Fragestellungen unverzichtbar, das muss man ganz ehrlich sagen. Und es gibt ja sehr wertvolle Einzelfunde. […] So, das heißt, das wäre eine Sache, wo man sagt, kann man machen, lohnt den Aufwand aber nicht, kriege ich keinen Erkenntnisgewinn, und ich mache einen seltenen Fund kaputt. Und dann sagen wir Nein.«[22]

Während die Diskussion um die Vertretbarkeit von Fundverlusten weitgehend innerhalb von Wissenschaft, Museen und Denkmalpflege geführt wurde, berührte eine andere ethische Problematik direkt die Öffentlichkeit: Welche Rechte haben Tote und wer hat ein Recht an ihnen? Wem gehören sterbliche Überreste? Die Vorstellungen, wie mit Toten umzugehen ist, variieren je nach Kultur, Region und Epoche. Auch für Artefakte trifft dies zu: Wer darf entschei-

21 | Vgl. Hunnius et al. 2007: 2098; Wilbur et al. 2009: 1991, 1995; Donoghue et al. 2009: 2799 f.; Alt 2009: 284.

22 | Expertinneninterview Grupe 2013.

den, was damit geschehen soll?[23] Wer darf bestimmen, dass sie Untersuchungsgegenstand oder historische Quelle werden sollen? Unter welchen Umständen dürfen zum Beispiel Grabstätten gestört und Proben entnommen werden? Zu überlegen ist auch jeweils, was nach der wissenschaftlichen Untersuchung mit den Toten passiert und wer welche Rechte an dem durch sie produzierten Wissen besitzt?

Genetiker, Anthropologen und Archäologen beiderseits des Atlantiks wurde in verschiedenen politischen und kulturellen Situationen immer wieder vorgeworfen, dass sie würdelos oder unethisch mit Menschen, Tieren und Artefakten verfuhren oder sich deren Überreste zu Unrecht aneigneten.[24] Vielfach waren sie dabei mit den Wünschen und Sorgen von Nachkommen konfrontiert oder mit Personen, die sich als Nachkommen empfanden. Wer soll entscheiden, was mit Menschen geschieht, die vor Hunderttausenden von Jahren gestorben sind?[25] Die Biological Anthropology und die Archaeology in den USA, die besonders stark in der Kritik standen, unethisch und rassistisch mit Menschen und ihren Vorfahren umzugehen,[26] haben deshalb Codes of Conduct entwickelt.[27] In vielen Ländern regeln zudem seit den 2000er Jahren nationale Gesetzgebungen oder bilaterale Abkommen die Vorgehensweise. Diverse Fachverbände haben sich entsprechende Verhaltensregeln auferlegt.[28]

Die Science and Technology Studies warfen damit verknüpfte weitere ethische Fragen auf, wenn sie die Effekte der Genetic History in politischer Hinsicht analysierten. Sie sahen darin einen Ausdruck der New Genetics und damit wiederum die Gefahr einer Neuauflage des Rassekonzepts auf molekularer Ebene.[29] Untersucht wurden zum Beispiel Erfahrungen von Angehörigen der

---

23 | Vgl. z. B. Brown et al. 2000: 119; Martin/Harrod/Pérez 2013: 32-36; Larsen/Walker 2005: 111; Mulligan 2006: 367. Im Interview dazu ausführlich Eske Willerslev: vgl. Zimmer 2016.

24 | Vgl. Killick 2015: 246; früh in den Medien im Hinblick auf aDNA-Forschungen Ross 1992: 81; aus deutscher Perspektive u. a. Kornmeier/Strick 2013; Universalmuseum Johanneum Wien 2012; älter Herrmann et al. 1990: 2; zum Forschungsstand Mays 2010: 193; im Einzelnen Walker 2000; einführend Larsen/Walker 2005: 113-117; Turner 2005b: 2-7; Martin/Harrod/Pérez 2013: 34 ff., 49 f.

25 | Vgl. pointiert Kaestle/Smith 2005: 255 f.

26 | Vgl. Killick 2015: 246; Martin/Harrod/Pérez 2013: 34 ff., 49 f.

27 | Vgl. zu solchen Codes und der Erfahrung damit Turner 2005b: 2-7; Larsen/Walker 2005: 112 f., 116 f.; Kaestle/Smith 2005: 247; Walker 2000; O'Rourke/Hayes/Carlyle 2005; Andrews et al. 2004.

28 | Vgl. zu Großbritannien Mays/Smith 2009: 108. Zur norwegischen Debatte vgl. Fossheim 2012: 7-10.

29 | Vgl. Reardon 2008: 373; Gayon 2008: 368 f.; Pálsson 2007: 258, vgl. auch die Abschnitte *Birthmarks* und *Fingerprints*. Zu berücksichtigen ist auch Müller-Wille/Rhein-

First People Nations mit dem Human Genome Diversity Project, einem Folgeprojekt des Human Genome Projects, dessen Ziel es war, genetische Diversität weltweit zu kartieren.[30] Ein Teil der Befragten empfand dies als in hohem Maße bevormundend und rassistisch. Sie fühlten sich überrannt von der westlichen Wissenschaft, die in ihnen Forschungsobjekte sah, die als genetische Fundstücke irgendwie in der evolutionären Vergangenheit steckten und nun beforscht werden sollten.[31]

Ambivalent schienen die Erfahrungen der Beteiligten mit verschiedenen African-Ancestry-Projekten in den USA zu sein, wie die sozialwissenschaftliche Begleitforschung andeutete.[32] Das African Ancestry Project der Howard University und seine kommerziellen Ableger haben ebenso begeisterte Anhänger wie vehemente Kritiker gefunden. Letztere führten insbesondere die Genetisierung von Identität und Rassismus ins Feld.[33] Solche Angebote und Projekte könnten der Exklusion Vorschub leisten, etwa wenn jemand aus einer genetischen Gruppe ausgeschlossen wird und dies als Diskriminierung erlebt oder aber das erlangte molekulare Wissen negativ belegt ist.[34] Sie schaffen offenbar aber auch eine positiv bewertete soziale Kohärenz, insbesondere dann, wenn die Projekte bottom-up initiiert und individuellen Wünschen nach Ancestry-Wissen gerecht wurden.[35]

Noch ist empirisch weitgehend unklar, ob Ancestry Testing und Genetic History signifikanten Einfluss auf personale Identitäten haben[36] und wie groß ihre politischen Effekte sind.[37] Es ist denkbar, dass wie im Fall der medizinischen Genetik neue Biosozialitäten im Sinne Nikolas Roses entstehen,[38] d. h. Formen der Vergemeinschaftung auf der Basis biologischer Kategorien, die ihrerseits wiederum kulturelle Kategorien sind, aber nicht unbedingt so wahr-

---

berger 2008: 364. Zur Besorgnis der Science and Technology Studies vgl. auch Samida/Feuchter 2016: 12.

30 | Das Projektziel war gewesen, die genetische Diversität menschlicher Populationen zu erforschen, zu kartieren sowie systematisch und weltweit genetischen Variationen nachzugehen. Vgl. Cavalli-Sforza et al. 1991: 490; ders. 2005: 333; dazu Matisoo-Smith/Horsburgh 2012: 84-91.

31 | Vgl. M. Sommer 2010b: 376; dazu auch Reardon 2011: 322; Sommer 2012a: 380 f.

32 | Vgl. Kittles/Winston 2005: 214-217; Parfitt/Egorova 2006: 24 f.

33 | Vgl. Kittles/Winston 2005: 216-219.

34 | Vgl. ebd.: 218.

35 | Vgl. m. w. N. M. Sommer 2010b: 373.

36 | Vgl. Nelson 2008: 773 f.

37 | Am Beispiel der Ancestry Projekte der südafrikanischen Lemba vgl. Parfitt/Egorova 2006: 120 f., 123.

38 | Vgl. Rose 2001; grundlegend Rabinow 1992.

genommen werden. Das könnte neuerlich sowohl Empowerment als auch individuelle Leiderfahrungen und Desorientierung stärken oder hervorrufen.[39] Zumindest scheinen ›die Gene‹ als identitätsrelevant verstanden zu werden, und möglicherweise hat dies nicht nur eine genetische oder medizinische, sondern auch eine kulturelle Dimension.

Kaum regulierbar ist sicherlich, wie historisches und biografisches Wissen aus paläogenetischen Studien kommuniziert und eingesetzt wird.[40] Persönlichkeitsrechte von Nachkommen können zum Beispiel von Aussagen über die genetischen Verwandtschaftsverhältnisse einer historisch identifizierten Person betroffen sein.[41] Dieses Problem wurde bereits 1994 im oben zitierten ersten Sachstandsbericht der aDNA-Forschung aufgeworfen. Die Community möge vorab überlegen, so die Herausgebenden, was sie mit solchen Studien eigentlich gewinne und wozu deren Ergebnisse eingesetzt werden könnten: »They also ought to reflect on the epistemological aspects of their projects: what will be gained by the sought-after knowledge, and what might this knowledge be used for?«[42]

Rechte lebender Personen auf Wissen über genetisch-verwandtschaftliche oder zum Beispiel auch über daraus folgende erbrechtliche Beziehungen, aber genauso auch auf Nichtwissen über solche Beziehungen sind schwer kodifizierbar. Doch müssen beide, wie der Fall Thomas Jefferson nahelegt, zumindest bedacht werden, bevor eine entsprechende Analyse unternommen wird: Nicht alle Nachfahren des ehemaligen US-Präsidenten Thomas Jefferson und seiner Sklavin Sally Hemings nahmen es positiv auf, dass 1998 infolge eines Vergleiches der DNA einiger ihrer Nachkommen öffentlich verkündet wurde, dass Jefferson der genetische Vater aller sechs Kinder von Sally Hemings war.[43] Genetisches Wissen könnte in solchen Fällen Identitäten stärken, aber eben auch stören, so die Befürchtung aus den Science and Technology Studies.[44]

Diese kritisierten vielfach auch, dass in Genetic History und aDNA-Forschung kulturelle Konzepte wie Herkunft, Identität, Zeitlichkeit und Geschichte unter die Hegemonie der Gene und zugleich unter den Einfluss eines neuen

39 | Vgl. Bolnick et al. 2007: 399; Nelson 2008: 776.

40 | Vgl. Bandelt et al. 2008: 1250; Matisoo-Smith/Horsburgh 2012: 94.

41 | Vgl. Andrews et al. 2004: 215.

42 | Herrmann/Hummel 1994b: 8.

43 | Vgl. dazu den auslösenden Artikel Foster et al. 1998; einführend Matisoo-Smith/Horsburgh 2012: 163 f.; zum ethischen Problem Williams 2005.

44 | Dies kann aber auch ein Argument sein, um in Consent-Verfahren für die Zustimmung der Nachfahren zu einer aDNA-Studie zu werben. Vgl. z. B. Kaestle/Smith 2005: 248; O'Rourke/Hayes/Carlyle 2005: 237.

Marktes geraten könnten.[45] Die aDNA-Forschung und Paläogenetik fanden seit ihren Anfängen das Interesse der medialen Öffentlichkeit. Die hohe Frequenz der entsprechenden Formate in den Massenmedien lässt annehmen, dass es in der außerwissenschaftlichen Öffentlichkeit ein marktrelevantes Interesse an Angeboten gibt, die zugleich unterhalten und gesellschaftlich-kulturell relevantes Orientierungswissen und Reflexionsangebote zur Deutung und Verarbeitung der gesellschaftlichen Vergangenheit und Gegenwart versprechen – wie es bisher Geschichtswissenschaft und Archäologie getan haben. Beide Wissenschaftsbereiche verfügen über Themengebiete,[46] die von den populären Medien vielfach nachgefragt werden.[47] Die populären Formate der Paläogenetik und anderer wären demnach Teil der historischen Selbstbeobachtung der Gesellschaft und ihrer Vergangenheitskommunikation.[48]

Archäologie und Geschichte werden aber vor allem konsumiert und sind Teil der Freizeitkultur geworden.[49] Konsum wiederum ist in vielen Gesellschaften der Gegenwart mit Sinngebung und Identität verknüpft. Dies geht nun möglicherweise auf genetische Analysen über. Zu Histo- und Archäotainment scheint eine Art Gene-tainment zu treten. Kommerzielle Ableger der aDNA-Forschung wie das Ancestry Testing, das Firmen wie 23andme, deCODEme, ancestry.com, Oxford Ancestors oder iGENIA anbieten,[50] sind Teil eines florierenden Marktes für genetische Dienstleistungen. Nicht auf medizinisch relevantes Wissen über genetische Krankheitsdispositionen richten sich die Kon-

45 | Den Begriff »hegemony of the gene« vgl. bei Finkler 2000: 3, 5; dies. 2001: 253 f. Vgl. allgemein Schramm/Skinner/Rottenburg 2011: 4; Atkinson/Glasner/Lock 2009a: 1; Prainsack/Hashiloni-Dolev 2009: 405. Aus der Sicht der kritischen Archäologie z. B. Müller 2013: 35.

46 | Dazu gehören z. B. ganze Epochen wie die sogenannte Völkerwanderungszeit oder die NS-Zeit, aber auch Themen wie Migration und Alltagsleben sowie die Biografien historischer Persönlichkeiten.

47 | Vgl. z. B. Eggert 2005b: 115; 2006: 258, 262 f.; Samida/ders. 2013: 9 f.; zum Interesse an der Archäologie allgemeiner vgl. auch die Interviews mit Hans-Dieter Bienert, Harald Meller, Matthias Wemhoff in: Bienert et al. 2009: 42 f., Eggert 2011c: 304, Samida 2013: 338; Friedrich Lüth im Interview in Gramsch 2010: 203.

48 | Vgl. Arnold 2010: 92.

49 | Vgl. dazu v. a. den Sammelband Jensen/Wieczorek 2002 mit Aufsätzen zu Verarbeitungen archäologischer Themen in Kunst, Literatur und Alltagskultur; sowie Holtorf 2005, v. a. 7-15, 104 f.; Eggert 2006: 258 f., 262 f.; Holtorf 2009: 53-56; Gramsch 2010: 203; Eggert 2011c: 304; Samida/ders. 2013: 9 f.; Samida 2013: 338.

50 | Als Beispiel vgl. den Bestseller des Humangenetikers und Unternehmers Brian Sykes (Oxford Ancestors) Sykes 2001; zum Angebot von iGENIA M. Sommer 2010b: 379 f.; kritisch zum Ancestry Testing und zu Sykes' Firma Hagelberg 2002: 77; Bolnick et al. 2007: 399 f.; Bandelt et al. 2008: 1246 f.

sumentenwünsche, sondern auf genetische Unterhaltung und auf genetische Geschichts- und Herkunftserzählungen.[51] In seinem 2002 erschienenen Buch *The Seven Daughters of Eve* fabulierte der britische Humangenetiker Brian C. Sykes Lebensgeschichten von sieben angeblichen Clanmüttern, die die Vorfahrinnen der heutigen Europäer darstellen sollten. Mit großer Vehemenz erhob er einen Evidenzanspruch für seine vermeintlich harten genetischen Daten und Szenarien und wertete demgegenüber archäologische und historische Quellen als subjektiv, unwissenschaftlich bzw. unwahr ab. Die seinen Erzählungen zugrundeliegende Hypothese von sieben maßgeblichen europäischen Haplotypen, d.h. mitochondrialen Vererbungslinien, war jedoch ein Produkt der frühen Paläogenetik der 1990er Jahre. Sie ist in wissenschaftlicher Hinsicht inzwischen überholt und ruft in der aDNA-Community bestenfalls Kopfschütteln hervor.[52] Für den kommerziellen Erfolg des Buches, das als Werbung für Sykes eigenes Ancestry-Testing-Unternehmen zu verstehen ist, spielte das keine Rolle: Es ist Unterhaltungsliteratur und bietet dem Publikum sentimentale fiktive Lebensgeschichten im Romanstil auf genetischer Basis an, die als unbestechliches und wahres Vergangenheitswissen deklariert werden.[53]

Die meisten an der wissenschaftlichen aDNA-Forschung Beteiligten äußerten sich kritisch zum Ancestry Testing und zur Unterhaltungsgenetik.[54] Sie hielten Ancestry Testing für wissenschaftlich nicht validierbar und sinnlos bis gefährlich. Forscherinnen und Forscher, die sich im kommerziellen Bereich engagierten, erfuhren harsche Kritik.[55] Der Konsumentenwunsch nach solchen Angeboten fand in der Regel in der wissenschaftlichen aDNA-Forschung kein Verständnis. Doch war und ist er vorhanden. Der Unterhaltungswert stand im Vordergrund, doch wurde dabei auch am kulturellen Gedächtnis gearbeitet.

Histo-, Archäotainment und Unterhaltungsgenetik fanden auch in Zeitschriften und Zeitungen, Sachbüchern, Film und Fernsehen statt. Solche Formate müssen sich an massenmedialen Marktlogiken und Publikumswünschen

51 | Vgl. aus den Massenmedien z.B. Herden 2010; dazu aus der Wissenschaftsforschung Bolnick et al. 2007: 399; m.w.N. M. Sommer 2010b: 381; 2012a: 383.

52 | Vgl. z.B. Bandelt et al. 2008; Hagelberg 2002: 77; Thomas 2013; Samida/Feuchter 2016: 10.

53 | Vgl. Sykes 2001.

54 | Der britische Genetiker Mark Jobling sprach z.B. von »recreational genomics« (2012: 797). Mark G. Thomas (2013) benutzte den Begriff der »genetic ancestry industry« und berichtete, dass ihm von dieser mit juristischen Schritten gedroht worden sei, als er öffentlich gegen deren Praktiken protestierte.

55 | Vgl. beispielsweise Bandelt et al. 2008: 1246 f.; o.V. 2014c; Pääbo in Herden 2010: »Astrologie der Genetik«; »genetic astrology« bei Thomas 2013; Experteninterview Burger 2013; Expertinneninterview Grupe 2013.

orientieren.[56] Um adäquat zu unterhalten, bedienen sie sich personalisierender, emotionalisierender und vereinfachender Darstellungsweisen.[57] Es geht zum Beispiel nicht darum, wissenschaftliches Wissen vollständig oder nach wissenschaftlichen Kriterien ›richtig‹ an das Publikum zu vermitteln oder dieses so zu erziehen, dass es das wissenschaftliche Wissen so versteht oder einsetzt, wie die Wissenschaftler und Wissenschaftlerinnen sich das wünschen würden.[58] Nicht die Kriterien guter wissenschaftlicher Arbeit gelten in diesem anderen Subsystem der Gesellschaft. Das führt in der Wissenschaft gelegentlich zu Irritationen.[59] Mediale Logiken verlangen nach Themen, die beim Publikum anschlussfähig sind. Ob diese aus akademischer Sicht hoch relevant oder nur randständig sind, ist von geringerer Bedeutung.[60] Wissenschaftskommunikation ist kein simples Weitergeben oder Hinabreichen von Expertenwissen an die Öffentlichkeit.

Über regionale und überregionale Medienkontakte verfügen alle aDNA-Labore und Arbeitsgruppen, da Wissenschaft ohne Wissenschaftskommunikation nicht mehr vorstellbar ist.[61] Visible Scientists sind aber nur einzelne Protagonisten des Feldes wie etwa der »Doyen der Paläogenetik«[62] Svante Pääbo, der Paläogenetiker Eske Willerslev in Kopenhagen oder aber auch, in geringerem Umfang, der ehemalige Mainzer Lehrstuhlinhaber für Anthropologie Kurt W. Alt.[63] Diese Forscher werden sehr gezielt von den regionalen und überregionalen Medien als Experten nachgefragt und treten über ihre Pressestellen auch planmäßig selbst an die Medien heran.[64] Insbesondere der am MPI in Leipzig

56 | Vgl. Jensen 2002: 11-14; Biehl 2005; Kircher 2012: 88, 174 ff.; Arnold 2010: 87 f., 99; Schmidt 2000: 241; dies aufgreifend Eggert 2006: 258; Samida/Eggert 2013: 10 f.; Samida 2013: 338 f.; Meier 2010: 20.

57 | Vgl. Schmidt 2000: 264 ff. mit Zuschauerzahlen; Samida 2010: 222.

58 | Vgl. Kircher 2012: 52; Schimank 2012: 121.

59 | Sie beklagten Reduktionen, Verallgemeinerungen, Trivialisierungen und die Unmöglichkeit, als Wissenschaftler und Wissenschaftlerinnen in die journalistischen Texte einzugreifen. Vgl. Scherzler 2012: 77 ff.; Kircher 2012: 59; übergreifend zu den Bedenken der Wissenschaften Rödder 2012: 162 ff.; Kohring 2006: 130. Vgl. Brittain/Clack 2007: 23 f.; Samida 2013: 345 ff.

60 | Vgl. Kircher 2012: 54 ff.; Benz/Liedmeier 2007: 160.

61 | Zum Begriff der Medialisierung vgl. Franzen/Weingart/Rödder 2012: 4 f.

62 | Bahnsen 2014: 35.

63 | Kurt W. Alt ist Zahnmediziner und Anthropologe und war Professor am Institut für Anthropologie der Universität Mainz.

64 | Vgl. zum Auftreten der Protagonisten und Protagonistinnen in den populären Medien aus der Vielzahl der Beispiele Pääbo 1993; Knauer 1993; Gibbons 1994; o. V. 1996c; Abbott 2003; Nicholls 2005; Schmitt 2006; o. V. 2006a; Bethge 2006; Pennisi 2009; MPG 2010; Filser 2010; o. V. 2013b; Bahnsen 2014; Schöpfer 2014; Bredow/Dwor-

forschende Evolutionsgenetiker Svante Pääbo war in den deutschen Massenmedien überaus präsent.[65] Allein 45 Mal berichtete *Spiegel Online*[66] seit 2000 über den »Neanderthal Man« Pääbo und seine Studien zur genetischen Verwandtschaft von Neandertalern und Anatomisch Modernen Menschen.[67]

Häufig erschienen diese Wissenschaftler und Wissenschaftlerinnen – darunter auch Archäologen und Anthropologen – dann in der unterhaltsamen, spannenden Rolle der Detektive oder Kriminaltechniker.[68] Solche Bilder stammten ursprünglich aus der Wissenschaft selbst,[69] setzten sich aber auch in der Öffentlichkeit fest.[70] In einer Äußerung Kurt W. Alts zum Beispiel wurden Angehörige der Archäologien und Anthropologie zu Kriminalisten, weil sie Spuren der Vergangenheit aufspürten, sicherten und »ähnlich einem Indizienprozess die zugrunde liegenden Ursachen [...] erschließen sowie Hypothesen [...] verifizieren oder falsifizieren«[71]:

»Ähnlich wie ein Detektiv operiert der Archäologe dabei mit konkret beobachteten, oft unbeabsichtigt hinterlassenen Tatbeständen (Befunden) und Beweisstücken (Fundmaterial) verschiedenster Herkunft. Der Vergleich mit berühmten Gestalten der Kriminalgeschichte wie zum Beispiel Hercule Poirot oder Sherlock Holmes kommt daher nicht von ungefähr. [...] Die in den Altertumswissenschaften tätigen Forscher agieren bei der Spurensuche und Spurensicherung wie Detektive, die der Vergangenheit auf der Spur sind.«[72]

schak 2014; Dreifus 2014; Hein 2015; Backhaus 2015; Stark 2016; dazu Experteninterview Burger 2013; Expertinneninterview Grupe 2013; Expertinneninterview Hummel 2013.

65 | Die Erhebung erfolgte mithilfe der Datenbank WISO-net/Presse, die ca. 180 deutschsprachige Zeitungen umfasst, Stand: Dezember 2016.

66 | Vgl. o. V. 2016b, *Spiegel Online*, Suchbegriff Svante Pääbo. *Neanderthal Man* war der Titel seiner Autobiografie: Pääbo 2014a.

67 | Der Begriff Anatomisch Moderner Mensch bzw. Anatomically Modern Humans, AMH, oder Anatomically Modern *Homo sapiens*, AMHS, bezeichnet Individuen von *Homo sapiens*, die sich vor etwa 200.000 Jahren in der mittleren Altsteinzeit aus archaischen Menschen entwickelten. Der Begriff Cro-Magnon-Mensch bezeichnet Menschen, die von etwa 40.000 bis 12.000 Jahren BP in Europa lebten, und damit eine Gruppe von Anatomisch Modernen Menschen, nicht aber eine Art oder Unterart.

68 | Vgl. als Beispiel Fagan 1995: im Titel; Tite 2002: 44; zum populären Bild des Archäologendetektivs Holtorf 2005: 60-63. Dies beobachteten auch Expertinneninterview Samida 2013 und Experteninterview Meier 2013.

69 | Vgl. Experteninterview Meier 2013; Bohne/Heinrich 2000: 28-32.

70 | Vgl. Samida 2010: 226 f.; Samida 2013: 343; Kaeser 2010: 51, 59.

71 | Alt 2010: 12.

72 | Ebd.

Häufige Darstellungsweisen waren der Kriminalfall bzw. die Tatortuntersuchung.[73] Beide rückten das Außergewöhnliche und Außeralltägliche in den Mittelpunkt. Kulturell anschlussfähig und für das Publikum attraktiv waren solche Inszenierungen, weil die Altertumsforschung einerseits in der breiten Öffentlichkeit ohnehin seit Langem mit Rätsel, Geheimnis und Abenteuer assoziiert wurde und weil andererseits forensische Analysen und insbesondere DNA-Spurenuntersuchungen in der Unterhaltungskultur inzwischen stark verankert sind.[74] Das Publikum ist an CSI-Serien und die Verknüpfung von Hightech, forensischer und polizeilicher Ermittlung gewöhnt.[75] Rätsel- und Detektivmetaphern schließen in sprachlicher Hinsicht an diese Erwartung an.[76]

Häufig tritt in solchen Bildern eine eigentümliche Verbindung von Geheimnis, Rätsel und Rationalität, Hochtechnologie und Zauber zutage:[77] Der Archäokriminalist und Wissenschaftlerdetektiv arbeitet streng rational mit seinen Hightech-Gadgets und betreibt trotzdem ein wenig Magie, wenn er mit modernsten technischen Mitteln anhand winziger DNA-Spuren ein historisches Szenario erstellt. Visualisiert wird dies, indem Arbeitsschritte gezeigt werden, die sich gut bildlich wiedergeben lassen und ein interessantes materielles Ensemble aufweisen, wie Grabungen oder Laborarbeiten, selten hingegen die viel sperrigeren Literaturrecherchen oder Modellierungsarbeiten am Rechner.[78] Zudem können in der Darstellung der Wissenschaft ›nach außen‹ Rollen und Funktionen verändert und die Kompetenzen aus mehreren Fächern in einer Rolle vermischt werden. Quellen, Daten und Expertise, die in konkreten aDNA-Projekten oft Dutzende Wissenschaftler und Wissenschaftlerinnen gemeinsam aufbringen, werden dann in einer Person zusammengefasst.

---

73 | Vgl. als Beispiele Cemper-Kiesslich et al. 2012: 23, 27; Danner 1999: 49.

74 | Vgl. Eggert/Samida 2013a: 5; Experteninterview Veit 2013.

75 | Vgl. dazu Harvey/Derksen 2009; Steenberg 2013: 101-115, 174-177. Der Begriff der CSI-Unterhaltung geht auf eine seit 2000 vom amerikanischen Sender CBS ausgestrahlte fiktive Fernsehserie zurück, die kriminalpolizeiliche und rechtsmedizinische Tatortermittlungen behandelt. Die äußerst erfolgreiche Serie begründete ein eigenes Unterhaltungsgenre.

76 | Es gibt sie nicht nur in populären Darstellungen, sondern auch in Texten, die an eine überfachliche, aber wissenschaftliche Leserschaft gerichtet waren. Als Beispiel vgl. Powledge/Rose 1996: 38; Seifert 2013; Drancourt/Raoult 2005: 33; Turck 2013; Bouwman 2013; Reitz 2003: im Titel; Balter 2005: 964.

77 | Als Beispiele vgl. Grolle 2012; Rind 2002; Dalton 2010b: 473; Gitschier 2008.

78 | Vgl. als Beispiel die Fotografie von Michael Scholz und Carsten M. Pusch im Labor für molekulare Genetik der Universität Tübingen in Anschluss an Czarnetzki 1998: 18; aus journalistischer Sicht sind solche Visualisierungen nötig, vgl. Scherzler 2012: 79; Benz/Liedmeier 2007: 170; Expertinneninterview Samida 2013.

In *Science* platzierten die Wissenschaftsjournalistinnen Ann Gibbons und Patricia Kahn 1997 ein Foto, das Svante Pääbo und sein Team zeigte. Es entstand, kurz nachdem diese mit großem Widerhall in Fachwelt und medialer Öffentlichkeit die ersten Sequenzen fossiler Neandertaler-DNA publiziert hatten.[79] Das Team präsentierte sich betont lässig, männlich-locker und selbstzufrieden in einem Labor(-vorraum). Pääbo saß leger auf einem Schreibtisch neben einem Rechner. Das Bild suggerierte, dass aDNA-Forschung mühelos und witzig sei. Darstellerisch hervorgehoben wurde aber auch die von Männern beherrschte Technik. Die Bildunterschrift drückte aus, dass hier nicht nur coole Männer der Wissenschaft am Werk waren, sondern Zauberer: »DNA wizards. A team lead by Svante Pääbo (right) managed to analyze DNA from a Neandertal arm bone.«[80]

Diese Darstellung war kein Einzelfall. Insbesondere Svante Pääbo wurde häufig so abgebildet.[81] Johannes Krause, damals am MPI in Leipzig, wurde für den *Spiegel* 2010 im Spurenlabor in Schutzkleidung beim Bohren oder Sägen an einer Knochenprobe fotografiert, die als »Wunderknochen« bezeichnet wurde.[82]

Auch Archäologen wurden in zunehmendem Maß bildlich als Vertreter einer quasi magischen Hightechwissenschaft inszeniert.[83] Dabei wurde das im 19. Jahrhundert von Heinrich Schliemann geprägte und von Archäologen seither selbst immer wieder reproduzierte Bild des akribischen und wagemutigen ›Wissenschaftlers des Spatens‹ quasi modernisiert.[84] Dieser holte in Form von Artefakten kontinuierlich scheinbar objektives und gewisses Wissen aus der Erde hervor[85] – nun geschieht dies eben mithilfe immer neuer naturwissenschaftlicher Verfahren und zunehmend in silico.

---

79 | Vgl. Krings et al. 1997.

80 | Kahn/Gibbons 1997: 176.

81 | Im *Scientific American* erschien 1993 ein Bild, auf dem Pääbo ein Stück Mumie hält mit der Bildunterschrift »Genetic Treasure Trove«. Vgl. Pääbo 1993: 66. Ein anderer Abbildungstyp zeigte Pääbo mit dem Schädel eines Neandertalers, z. B. MPG 2010.

82 | Grolle 2010: 144. Das Knochenstück, das man auf dem Bild sieht, ist mit Sicherheit nicht der im Text angesprochene »Wunderknochen« aus der Denisova-Höhle.

83 | Vgl. Samida/Eggert 2013: 12. Vgl. auch Gehrke/Sénécheau 2010a: 9.

84 | Selbst- und Fremdbild der Archäologien sind traditionell auf die Ausgrabung verengt. Vgl. Eggert 2005c: 23; Samida/ders. 2013: 14. Dazu im Interview Expertinneninterview Samida 2013. Das Phänomen wurde sowohl für den deutschsprachigen als auch für den angelsächsischen Raum festgestellt. Vgl. Eggert 2006: 259.

85 | Vgl. Veit 2011a: 40; zum Schliemann-Ideal Veit 2006b, v. a. 123, 127 f.; Samida 2013: 342; dies./Eggert 2013: 9 ff.; Kircher 2012: 95; Eggert 2005c: 23; 2006: 30-34; für Großbritannien z. B. ebenfalls sehr knapp Kristiansen 2009: 8. Vgl. zum Topos der Wissenschaft mit dem Spaten und als Versuch, diesen in einer Einführung für Studieren-

Die skizzierten Bilder sowie die Fachvertreter und -vertreterinnen, die persönlich viel mediale Aufmerksamkeit erfahren, erregten in den Fachgemeinschaften mitunter Argwohn und Kritik oder wurden als unseriös oder unangemessen empfunden.[86] Auch diese Reaktionen sind, so die Wissenschaftsforschung, normale, zu erwartende Effekte der Medialisierung von Wissenschaft. Massenmediale Formate wurden dann insbesondere in der Archäologie schon häufiger als Entreißen der Vergangenheit aus der wissenschaftlichen Kompetenz erlebt.[87]

Im Kontext der aDNA-Forschung debattierten vor allem Archäologen darüber, welches Bild der Vergangenheit nach außen verbreitet werden und wer das bestimmen durfte.[88] Eine medientheoretisch fundierte und methodische Auseinandersetzung damit begann.[89] Soll die Archäologie, so die Kulturwissenschaftlerin Stefanie Samida, in der Öffentlichkeit zu einer Wissenschaft werden, die auf den vermeintlich harten Fakten der Naturwissenschaften beruht?[90] Zu schnell verbreiteten aus der Sicht des Prähistorikers Ulrich Veit Anthropologie und naturwissenschaftliche Archäologie öffentlichkeitswirksam Ergebnisse, die dann aber wissenschaftlich nicht lange Bestand hätten. Da fehle die Nachhaltigkeit.[91]

Nicht selten warfen sich auch Beteiligte anderer Fächer gegenseitig vor, in den Medien zu selbstbewusst aufzutreten oder ihr Wissen öffentlich als zu gewiss und eindeutig zu präsentieren. So würden Beschränkungen von Material und Methoden bewusst oder unbewusst verharmlost oder Wahrscheinlichkeitsaussagen zu gewissem, absolutem Wissen gehärtet: »The price, however, is that […] uncertainties, ambiguities and contradictory evidence are forgotten.«[92]

Tatsächlich finden sich in den Medien Beispiele für solche Vereinfachungen. Aus den inzwischen hoch komplexen paläogenetischen Szenarien zum genetischen Verhältnis von Neandertalern und Anatomisch Modernen Menschen wurde dort gelegentlich das weit unterhaltsamere Kollektiv ›Wir Nachfahren bzw. Cousins der Neandertaler‹, das dann häufig vermischt wurde mit

---

de zu durchbrechen, Bergemann 2000: 11; polemisch Eggert 2002b: 21; ders. 2006: 30; als Beispiel für die Reproduktion des Topos Schnurbein 2002: 10, 24.

86 | Vgl. Scherzler 2012: 77; Schmidt 2000: 262; m. w. N. Kircher 2012: 50.

87 | Vgl. Scherzler 2012: 81; Benz/Liedmeier 2007: 160.

88 | Vgl. Scherzler 2012: 77.

89 | Vgl. dazu z. B. den Sammelband Gehrke/Sénécheau 2010b, der von der Absicht zeugt, Wissenschaft, Journalismus und Medienforschung miteinander ins Gespräch zu bringen, um jeweils die anderen Motivationen und Logiken verstehen zu lernen.

90 | Expertinneninterview Samida 2013.

91 | Vgl. Experteninterview Veit 2013.

92 | Pollard 2011: 635.

schlüpfrigen Bildern vom »Techtelmechteln«,[93] Sex unter Verwandten oder sentimentalen Liebesgeschichten.[94] Hinter farbenfrohen Erzählungen von Urschweizern, Kelten, Wikingernachfahren und den *Seven Daughters of Eve*[95] verschwanden die intensiven akademischen Debatten von Historikern, Genetikern und Archäologen über die (Un-)Möglichkeit der ethnischen und kulturellen Interpretation genetischer Daten.[96]

Doch taugten offenbar gerade auch Zauber- und Kriminalinszenierungen dazu, konkurrierende Szenarien zu entwickeln und Kontingenz und eine Aussage wie ›Es könnte so gewesen sein oder auch anders, wir wissen es nicht‹ zuzulassen. Es fanden sich durchaus Beispiele dafür, dass solche Inszenierungen nicht zu unwissenschaftlichen Gewissheitsversprechen oder Verkürzungen führen mussten.[97] An den Presseartikeln, in denen Projekte der Paläogenetik zur Neandertalerfrage vorgestellt wurden, tauchten zwar die oben genannten, sehr bunten oder sentimentalen Bilder auf, doch ließen sich zugleich die interviewten Expertinnen und Experten immer wieder so zitieren, dass die methodischen Einschränkungen und die Grenzen der Paläogenetik sehr deutlich wurden. Richard Green, Johannes Krause oder Svante Pääbo erklärten zum Beispiel in Pressebeiträgen, dass Daten und Szenarien Fehler enthalten könnten, das gegenwärtiges Wissen immer vorläufig sei oder dass manche Sachverhalte einfach ungeklärt seien.[98]

93 | Bahnsen 2014: 36.

94 | Vgl. z. B. Schmitt 2006; Briseno 2010; Grolle 2010: 142; o. V. 2010b; o. V. 2010c; Gehrmann 2011; Kolbert 2011; Patalong 2013; o. V. 2014c; Callaway 2014: 414; o. V. 2015a; o. V. 2015b; Grolle 2015; Patalong 2016.

95 | Sykes 2001. Vgl. dazu die äußerst kritische Rezension Hagelberg 2002.

96 | Vgl. Bolnick et al. 2007: 399 f.; Sommer 2012a: 384 f.

97 | Vgl. etwa die als Kriminalfall inszenierte und mit diversen Archäotainmentformaten kombinierte Ausstellung über eine Sonderbestattung aus der spätbronzezeitlichen Wasserburg Buchau in Baden-Württemberg bei Baumeister 2009; ähnlich differenziert in der populären Darstellung der Technik und ihrer Grenzen Jacob/Strien/Wahl 2010 sowie Burger/Bollongino 2008: 35.

98 | So z. B. Svante Pääbo und Eske Willerslev in Kusma 2005: 53; Richard Green in Briseno 2010; Johannes Krause und Mathias Krings in Schmitt 2006; Svante Pääbo in Filser 2010; Grolle 2010 und 2012.

Eine Dichotomie harter und weicher Quellen? Debatten um Sinnstiftung, Deutungshoheit und Blackboxing

»Datenknecht und Ergebnisherr«[1]?

Gibt es eine Dichotomie harter und weicher Quellen? Was vermag alte DNA im Vergleich zu anderen historischen Quellen? Nicht nur, wenn die Außenwirkung der aDNA-Forschung debattiert wurde, sondern auch in fachinternen Diskussionen ging es immer wieder um die Frage, wer mit welchen Quellen welchen Aspekt der Vergangenheit besser erklären konnte und wer die historischen Narrative entwickeln durfte. Der folgende Abschnitt greift, um dies zu diskutieren, der in den kommenden Kapiteln untersuchten zeitlichen Entwicklung der aDNA-Forschung stellenweise voraus. Diese Darstellungsweise wurde gewählt, um möglichst früh in der Untersuchung an den Forschungsanlass – die von der Geschichtswissenschaft aufgeworfenen Fragen zu Quellenhierarchien, Geschichtsverständnis und Interpretationshoheiten – anzuschließen. Vertreten wird die These, dass überfachliche Debatten und Konflikte ebenso wie konkrete Kooperationserfahrungen insbesondere seit den 2000er Jahren allen beteiligten Fächern Anlass gaben, sich nicht nur mit Ansprüchen und Selbstverständnissen ihres Gegenübers auseinanderzusetzen, sondern auch mit den Methoden, der Fachkultur und den Geschichtskonzepten des eigenen Faches. Anstöße dazu kamen aus den Diskussionen um Wesen und Wert der verschiedenen Quellen, Deutungskompetenzen und Sinnstiftungen.

Archäologen und nichtmolekular arbeitende Anthropologen haben sich zum Beispiel besorgt gezeigt, dass Evidenzpraktiken der Genetik die Quellen und Erkenntniswege der Archäologien diskreditieren und schlimmstenfalls die Archäologien aus ihren traditionellen Kompetenzbereichen verdrängen könnten.[2] Aus möglichen oder plausiblen Szenarien der Archäologien könnten in naturwissenschaftlichen Studien Gewissheiten und Hard Facts werden, und Archäologen würden sich an dieser Selbstaufgabe sogar noch beteiligen, indem sie unbedacht die naturwissenschaftlichen Quellen und Daten höher bewerteten als die eigenen.[3] Andere stellten die ›Härte‹ genetischer Daten nach zwei Jahrzehnten gemeinsamer Forschung zunehmend in Frage.[4]

---

1 | Potthast 2010a: 180.

2 | Vgl. z. B. Pollard 2011: 637; Weniger 2013; Expertinneninterview Samida 2013; Horsburgh 2015: 141.

3 | Vgl. z. B. Eggert 2011b: 47. Die Sorge, das Kulturelle werde in den Hintergrund gedrängt, klang auch an im Expertinneninterview Samida 2013.

4 | Vgl. z. B. Burmeister 2016: 53.

Eben diese »hard science«[5] wünschte sich eine Reihe anderer Archäologen wiederum herbei. Sie erwarteten sich davon wesentliche Erkenntnisvorteile und sahen in einer stärkeren ›Vernaturwissenschaftlichung‹ der Archäologien einen Modernisierungsschritt, ja sogar »a third science revolution«, nachdem sich diese erstens als eigenständige wissenschaftliche Disziplin etabliert und zweitens die Radiocarbondatierung eingeführt habe.[6]

Genetiker haben insbesondere in den euphorischen 1990er Jahren solche Überlegungen durch die Behauptung bestärkt, dass alte DNA mehr Details und mehr Präzision, mehr Bildhaftigkeit, mehr unterschiedliche Facetten, ein »fuller«, ein »clearer« und »much richer picture« in die Forschung über die Vergangenheit einbringe.[7] 1991 sahen die Biochemikerin Erika Hagelberg und der Molekularbiologe und Hämoglobinexperte John B. Clegg (1935-2015) die Erkenntnisvorteile der Quelle aDNA vor allem darin, dass »first-hand genetic data« den »more traditional sources of information on past populations, such as linguistics, culture and morphology« eine neue Dimension verleihen werde.[8] DNA wurde Unmittelbarkeit, mehr Genauigkeit und mehr Objektivität attestiert als anderen Quellen.[9]

Mitunter changierten DNA-Moleküle, Sequenzen und Gene dabei sprachlich zwischen dem Begriff der Quelle und dem des Werkzeugs, der wiederum auch auf die eingesetzten Analyseverfahren bezogen wurde. Moleküle und Techniken erschienen dann als zusätzliches, effektives Tool,[10] als »noch viel mächtigere Werkzeuge«[11] im Vergleich zu anderen Verfahren oder als »poten-

5 | Soren 2003: 203.

6 | Kristiansen 2014: im Titel. Als Beispiel vgl. das Interview mit Andreas Reinecke in Bienert et al. 2009: 42.

7 | Vgl. die Wendungen bei Alt/Röder 2009: 111; von archäologischer Seite Schablitsky 2006: 18; Campana/Bower/Crabtree 2013: 22; Lassen/Hummel/Herrmann 1997: 184; Kirsanow/Burger 2012: 122; ähnlich an ein breites Publikum gerichtet DeSalle/Tattersall 2008: 192; Horsburgh 2015: 142.

8 | Hagelberg/Clegg 1991: 45, 49.

9 | Als Beispiel zum Aussagepotential von DNA- und Isotopenverfahren: They »permit more accurate reconstructions of human movement«, Price et al. 2012: 319. So ist auch der Grundtenor bei Hedges 2011: 80; darüber Egorova 2010: 351.

10 | So z. B. Gerstenberger et al. 1999: 476; Pusch/Scholz 1999: 367; Salazar et al. 2000; Keyser et al. 2000; Larsen 2002b: 32; Newman et al. 2002: 83; Hummel 2003: 160; Dixon 2006: 28; Blin/Pusch 2006: 235; Hummel 2008: 68; Fehren-Schmitz et al. 2010: 267; Krause 2010: 12; Fulton 2012: 1; zur Zusätzlichkeit auch Tütken 2010: 33.

11 | Alt/Vach 1998: 552.

tes Instrument«.[12] Der Tübinger Anthropologe Joachim Wahl[13] bescheinigte der Biochemie und Molekulargenetik 2008 in einer Einführung »Möglichkeiten vorher ungeahnter Präzision und Aussagefähigkeit«.[14] Kurt W. Alt argumentierte 2005, die molekularen Methoden ermöglichten Erkenntnisse, die vorher unzugänglich gewesen seien, und das auch noch auf elegantere Weise als bisher: »Außerdem ist die Klärung der alten Fragen mit den neuen Methoden ungleich eleganter und exakter zu beantworten, als dies bisher der Fall war.«[15] Alte DNA und andere neue Quellen hülfen, wenn auch in mühevoller und langwieriger Kleinarbeit, dem Mosaik oder Puzzle der Geschichte mehr Teilchen hinzuzufügen.[16] Typisch waren auch sprachliche Bilder, die darauf hinweisen sollten, dass eine auf DNA-Quellen beruhende Geschichte weiter zurückreichte, also in zeitlichem Sinn ›mehr‹ Geschichte lieferte, als Artefakt- oder Schriftquellen. Kaum angesprochen wurde, dass molekulare Quellen eigentlich vor allem eine andere *Art* von Geschichtserzählung ermöglichen, da sie überwiegend ganz andere Aspekte der Vergangenheit widerspiegeln als Sachgut, Schrift- oder Bildquellen.

Häufig war in der aDNA-Forschung die Metapher der DNA als Spur oder Weg zurück in die Vergangenheit zu lesen – mit der Besonderheit, dass man sich als Forscher selbst auf diesem genetischen Weg dorthin zurückbegeben könne.[17] Die Evolutionsgenetiker und Bioinformatiker Arndt von Haeseler, Svante Pääbo und der finnische forensische Genetiker Antti Sajantila argumentierten beispielsweise 1996 in *Nature*, dass die Menschen der Vergangenheit

12 | Pusch/Borghammer/Czarnetzki 2001: 131.

13 | Joachim Wahl ist Biologe, Paläontologe und Ur- und Frühgeschichtler und Referent beim Landesamt für Denkmalpflege in Baden-Württemberg. 2002 habilitierte er sich an der Universität Tübingen in Paläoanthropologie.

14 | Wahl 2008: 32; ebenso in der populären Darstellung ders. 2007: 25.

15 | Alt 2005: 230; vgl. auch DeSalle/Tattersall 2008: 22, 133.

16 | Als Beispiel Rinne/Krause-Kyora 2013; Interview mit Andreas Reinecke in Bienert et al. 2009: 40; Maniatis 2002: 81; Knapp/Lalueza-Fox/Hofreiter 2015: o. S.; im anthropologischen Lehrbuch bezogen auf die Stammesgeschichte des Menschen Grupe et al. 2012: 157; dazu Gaudzinski 2002: 67; in der populären Darstellung Freigang et al. 2007: 53; hinsichtlich der paläogenetischen Daten in der Archäologie Berry 2012: 42; Fagan 1995: 39. In erkenntnistheoretischer Sicht ist die Mosaik- oder Puzzlemetapher auffällig, weil sie ausdrückt, dass beim Sortieren und Aneinanderfügen der Teilchen ein bestimmtes, vorab bekanntes Bild entsteht. Wie das Ergebnis aussehen wird, ist von vornherein klar. Übertragen auf einen Forschungsprozess würde das bedeuten, dass dieser nicht grundsätzlich ergebnisoffen ist, sondern ein gedankliches Bild und eine Erwartungshaltung bestehen, was er ergeben soll.

17 | Beispielsweise bei Alt 2010: 12; Hofreiter 2009: im Titel.

nicht nur Artefakte[18] als Spuren ihrer Aktivitäten hinterließen, sondern auch ihr Genom weitergaben und damit eine Spur legten, der man über den Zeitverlauf zurück folgen könne.[19]

Geschichte war für diese Autoren explizit die Geschichte der Humanevolution, und das Genom sollte hier nicht nur als Speicher der Vergangenheit verstanden werden, sondern auch als direkter wissenschaftlich beschreitbarer Weg dorthin zurück.[20] Die Metapher verdeckte, dass diese Spur nicht einfach nur von Menschen gelesen, sondern vielmehr erst mit technischen Mitteln von Menschen hergestellt wurde – bei der Ausgrabung, im Labor, am Rechner beim Sortieren und Zusammenbauen der Sequenzen.

In den Anfangsjahren tauchte das Bild der Zeitreise häufig auf. Es suggerierte, dass die Forschenden selbst in der Zeit unterwegs seien. Über das Potential alter DNA für evolutionsgenetische Fragestellungen meinten 1991 Svante Pääbo und Allan C. Wilson, da alte DNA eine Zeitreise ermögliche, dürfe die Forschung nun davon träumen, die Evolution auf frischer Tat zu ertappen: »Thus, we can now dream about catching molecular evolution red-handed. So far, dreams about this sort of time travel have come true only for short trips into the past.«[21]

Kurt W. Alt sah noch 2009 die Möglichkeit, eine »genetische Zeitreise«[22] zu unternehmen, und präsentierte dies als Alleinstellungsmerkmal der alten DNA im Vergleich zu anderen anthropologischen Verfahren.[23] Svante Pääbo hingegen war in der Zwischenzeit, 2004, in einem zusammen mit Hendrik N. Poinar verfassten Papier auf »time travel« zurückgekommen und hatte die Metapher nun kritischer benutzt, indem er sie mit dem Begriff der Verlockung verband (»allure of time travel«). Pääbo und Poinar betonten zu diesem Zeitpunkt nun die vielfältigen methodischen Probleme, die von dieser Verlockung ausgingen, und die Fallen, in die die Kolleginnen und Kollegen getappt waren.[24]

Mit den vor allem anfänglichen überoptimistischen Aussagen wurde ein Mehrwert der Quelle DNA im Vergleich zu etablierten Quellen – und Verfah-

---

18 | Artefakte sind in der archäologischen Fachsprache materielle Gebilde mit einem Set aus Merkmalen, die an einem bestimmten Ort zu einer bestimmten Zeit von Menschen hergestellt wurden und in einem spezifischen gesellschaftlichen und kulturellen Zusammenhang entwickelt, genutzt, umgenutzt oder wieder verworfen wurden.

19 | Vgl. Haeseler/Sajantila/Pääbo 1996: 135.

20 | Vgl. ähnlich jüngst Pickrell/Reich 2014: 377.

21 | Pääbo/Wilson 1991: 45. Das Bild des auf frischer Tat Ertappens bereits bei Pääbo/Higuchi/Wilson 1989: 9709.

22 | Alt 2009: 285.

23 | Vgl. ebd.: 286.

24 | Vgl. Pääbo et al. 2004: 670.

ren – der beteiligten Fächer behauptet. Zu Beginn einer neuen Forschungsperspektive war das nicht anders zu erwarten, da diese erst legitimiert werden musste. Die Kapitel 3 und 4 verfolgen, wie die an der aDNA-Forschung Beteiligten im Laufe der folgenden zwei Jahrzehnte die realistischen Chancen und Grenzen der Quelle ausloteten und welche Rolle technische und methodische Rückschläge auf der einen und fortgesetzte überfachliche Kontakte und Konflikte auf der anderen dabei spielten.

Solche Konflikte äußerten sich beispielsweise in Vorwürfen, zu Positivismus und Essentialismus zu neigen oder historische Gewissheiten zu behaupten, die es so nicht geben könne.[25] Diese Kritik richteten meist Angehörige der Archäologien und zuletzt auch der Geschichtswissenschaft an die aus ihrer Sicht unkritischen, unreflexiven Naturwissenschaftler.[26] Sie wurden aber in den letzten Jahren auch vermehrt innerhalb der Anthropologie und Populationsgenetik laut. Bereits 2007 kritisierte der Göttinger Prähistorische Anthropologe Bernd Herrmann die Vorstellung der Anthropologie, dass nur Knochen als Archiv »selbst ›direkt auf den Menschen‹« führten, während die materiellen Überreste als kulturelle Hinterlassenschaften den Menschen der Vergangenheit nur indirekt, über seine symbolische Weltaneignung abbildeten. Das sei eine »durchsichtige und polemische Simplifizierung«, denn der Mensch sei ein Individuum und mithin mehr als ein Zustand der Biologie. Auch der prähistorische Knochen und alles, was daraus an Quellen und Daten generiert werde, sei »ein Zeugnis des Kulturwissens, und ein heutiges Kulturwesen interpretiert diese Sachquelle. Denn: Nicht der einzelne Individualbefund sei von Interesse, sondern die Kontextualisierung mit regionalen, zeitlichen sowie kulturellen Daten«.[27] Und dabei werde Wissen produziert, indem erzählt werde – und eben nicht nur objektive Daten ausgelesen würden. Die Biowissenschaften, so das optimistische Argument Herrmanns weiter unter Verweis auf die erkenntnistheoretischen Überlegungen des Evolutionsbiologen Ernst Walter Mayr (1904-2005),[28] seien inzwischen aber im Begriff, die Erzählung (wieder) als wesentliches Instrument ihrer Wissensproduktion anzuerkennen.

Tatsächlich wurde auch die – sowohl von Natur- als auch von Geisteswissenschaftlern immer wieder vertretene – Vorstellung, man könne mithilfe moleku-

25 | Vgl. als Beispiel das Langobardenprojekt Samida/Eggert 2012: 15-19, mit Bezugnahme zu Knipper et al. 2012. Die Kritik bezog sich hier allerdings auf die Isotopengeochemie.

26 | Vgl. die Wortmeldungen von Jan Keupp und Johannes Paulmann im Rahmen des Kolloquiums und der Podiumsdiskussion sowie des Plenums in TU Darmstadt 2016.

27 | Herrmann et al. 2007: 21 f.

28 | Bezug wird genommen auf Mayr 2000: Kapitel 4.

larer Quellen Vergangenheit direkt und gewiss rekonstruieren,[29] zunehmend als veraltete Sichtweise kritisiert. Rekonstruieren, so eine in der Geschichtswissenschaft über Jahrzehnte erarbeitete Sichtweise, lässt sich Vergangenheit nicht, nur selektiv Geschichte erzählen über ›Taschenlampenausschnitte‹ des gesamten Vergangenen. Auch Anthropologen wie Bernd Herrmann und Winfried Henke plädierten mehrfach explizit dafür, die erzählerischen, konstruierenden Anteile auch der Anthropologie ernst zu nehmen. Nur sei das Problem, dass die wenigsten Kolleginnen und Kollegen dafür qualifiziert seien, denn sie beherrschten zwar die Biologie, aber nicht das Erzählen.[30] Eigentlich sollten Öffentlichkeit und Naturwissenschaften, so Henke und der Primatologe Hartmut Rothe, nicht einfach erwarten, dass nur die Archäologie und Urgeschichte sich in epistemologischer Hinsicht ›vernaturwissenschaftlichten‹. Auch die Naturwissenschaften müssten dringend ›vergeisteswissenschaftlicht‹ werden und das schließe das Erzählen mit ein.[31] Henke gestand aber zu, dass die Anthropologie bzw. Evolutionsforschung riskierten, sich in den Augen der Öffentlichkeit und der Laborwissenschaften zur ›weichen‹ Wissenschaft zu machen, wenn sie zum Konstruktivismus und zum Erzählen stünden und sich als Mischwesen, »mithin nicht nur Biologie, sondern auch Geschichtswissenschaft«,[32] zeigten.

Derart offene Anrufungen zum Konstruktivismus waren eher selten, doch bemühten sich in der aDNA-Forschung der 2010er Jahre immer mehr Beteiligte, zu betonen, dass eine molekulare Quelle nicht per se sicherer, objektiver oder wertvoller sei, und DNA sei keine Blackbox oder Truth Machine darstelle, aus der man einfache, haltbare Antworten erhalten könne.[33]

29 | Vgl. z. B. aus der wissenschaftlichen Produktion Foley 2002: 4; Zvelebil/Weber 2012: 3; Larsen 2002: 133; Hummel 1994: 87; ähnlich Alt 2009: 274; Herrmann et al. 2007: 21; Lassen/Hummel/Herrmann 1997: 184; Meyer/Ganslmeier et al. 2012: 13; Campana/Bower/Crabtree 2013: 22; Larsen 2002a: 120; Fehren-Schmitz/Hummel/Herrmann 2009: 160; Alt/Röder 2009: 89; Tütken 2010: 33; populärwissenschaftlich bei DeSalle/Tattersall 2008: 25, 36; Kristiansen 2009: 5; Orschiedt 1998: 37; Interview mit Hermann Parzinger in Bienert et al. 2009: 38; Interview mit Rüdiger Krause ebd.: 42; Ammerman/Cavalli-Sforza 1984: 139; Willerslev/Cooper 2005: 3; Alt/Röder 2009: 89; Hummel et al. 1995: 61; Alt 2009: 275; Haeseler/Sajantila/Pääbo 1996: 135; Price et al. 2002: 38.

30 | Vgl. Herrmann 2011: 476; bei Henke 2010b: 86, 88 ff., 99.

31 | Vgl. Henke/Rothe 2006: 64.

32 | Henke 2010b: 89 f.

33 | Vgl. z. B. Bandelt/Macaulay/Richards 2002: 104; Wilbur et al. 2009: 1995; Pollard 2011: 637; Burger 2013c.

Die Quelle DNA ›siege‹ nicht per se über andere. Diese Denkweise werde der Genetik nur unterstellt.[34] Der Archäometriker A. Mark Pollard warnte in diesem Zusammenhang auch davor, zu glauben, dass naturwissenschaftliches Wissen immer ›gewinne‹. Es komme vielmehr darauf an, allen Quellen zunächst einmal gleich viel Gewicht zu geben: »[S]cientific evidence, simply because it is quantifiable, does not automatically trump other forms of evidence.«[35]

2013 riet der Mainzer Paläogenetiker Joachim Burger dem überwiegend aus der Prähistorischen Archäologie stammenden Publikum einer Tagung davon ab, leichtfertig einfache Erzählungen und ›große Würfe‹ zu akzeptieren, die Genetiker präsentierten, und zwar insbesondere, wenn phylogeografische Deutungen im Spiel seien:

»Also seien Sie vorsichtig, wenn Ihr Lieblings-Kooperations-Genetiker eigentlich mit Ihnen derselben Meinung ist. Das sollte häufig so sein, aber eben nicht immer. Seien Sie auch vorsichtig, wenn mit diesen Ansätzen dann ganz große Würfe gemacht werden. Große Würfe sind nicht möglich, dafür ist das zu komplex, unser Unternehmen. Wir versuchen Demografie, und menschliche Demografien sind immer komplex. Menschen verhalten sich nicht einfach, Menschen sind nicht Bienenschwärme in irgendeiner Weise. Sie sind immer komplex, und das vor zehntausenden Jahren zu rekonstruieren, der Versuch ist ja eigentlich schon wahnsinnig.«[36]

2011 räumte dazu aber Bernd Herrmann ein, die Anthropologie habe fälschlicherweise selbst suggeriert, dass aus ihren rohen Daten quasi von selbst Geschichte entstehe, die man einfach nehmen und weiter verwerten könne:

»Das Quellenmaterial der Anthropologie, etwa ein Skelettfund, liefert in seiner biologischen Auswertung jedoch immer nur lediglich die Voraussetzung, nicht aber bereits die Antwort der eigentlichen Fragestellung. Insofern ist die häufig anzutreffende Rechtfertigungsrhetorik der Anthropologie, wonach sie aus dem Skelett ›die Biologie‹ bzw. ›die Lebensbedingungen‹ der Verstorbenen rekonstruierte, zunächst eine irreführende Wichtigtuerei.«[37]

Von selbst komme gar nichts aus der Quelle, und gewiss sei das Wissen auch nicht, denn natürlich sei, so der US-amerikanische Bioarchäologe Clark Spencer Larsen in seinen Überlegungen zum Quellenbegriff 2002, bei Organismen

34 | Dass es diese Annahmen gibt, zeigten u. a. Wortmeldungen von Jan Keupp im Rahmen des Kolloquiums und der Podiumsdiskussion sowie des Plenums in TU Darmstadt 2016; Kommentar von Jan Keupp zu Keupp 2014.

35 | Pollard 2011: 637.

36 | Burger 2013c.

37 | Herrmann 2011: 474.

wie bei allen archäologischen und historischen Quellen auch ein »interpretative error« möglich.[38]

Einen genetischen Beweis gebe es aus der Sicht der Biowissenschaften ohnehin nicht, so auch, allerdings in übergeordnetem Zusammenhang, der amerikanische Genomforscher Eric Lander, einer der Protagonisten des Human Genome Project. Anfangs hätten aber die Forensiker DNA als »ultimate identifier« propagiert und auch beim Human Genome Project habe man erwartet, dass die Sequenzierung des menschlichen Genoms den Blueprint of Life erbringen würde – bis sich zum Beispiel herausstellte, dass nur fünf Prozent der Sequenzen des menschlichen nuklearen Genoms überhaupt codierend sind. Weil die Vorstellung von genetischer Eindeutigkeit und genetischem Beweis aber kulturell so stark fixiert sei, werde übersehen, dass auch sie eine Konstruktion und nicht ›unhintergehbar‹ sei. Durch die Massenmedien werde die Erwartung in der Öffentlichkeit verankert, dass Moleküle, DNA oder, noch vager, ›die Gene‹[39] Gewissheit über Identität liefern und man diese nur abzulesen brauche.[40] Molekulargenetisches Wissen werde dabei als sicher, nur-natürlich

---

38 | Larsen 2002a: 144, vgl. auch 144 f.

39 | Ein Gen ist eine Art Anleitung dafür, wie Moleküle gebaut werden sollen. Von diesen ca. 20.000 bis 25.000 Genen beim Menschen gibt es immer verschiedene Varianten, die Allele. Gene haben einen bestimmten Platz auf dem DNA-Strang.

40 | Vgl. zum Mythos des genetischen Beweises Lander 1992: 192, 207, 210. Ähnlich Shapiro/Gilbert/Barnes 2008: 229; Lynch et al. 2008: x-xiii, 2, 8; Harvey/Derksen 2009: 3 f.; Englert 2014: 15-26; Steenberg 2013: 101-115, 174-177; m. w. N. Schramm/Skinner/Rottenburg 2011: 8; Prainsack/Hashiloni-Dolev 2009: 407, 409; zu den Einschränkungen, die das Human Genome Project dazu machte, vgl. Rose 2001: 14. Vgl. als Beispiele für die massenmediale Fixierung des ›genetischen Fingerabdrucks‹ o. V. 1986; o. V. 1990: 104, 109; Danner 1999: 48; Nommensen 2006: 42; Sontheimer 2010: 39. Die sozial- und kulturwissenschaftliche Forschung hat dies an den Beispielen der massenmedialen Verankerung des genetischen Fingerabdruckes der Forensik und des möglichen sogenannten CSI-Effekts untersucht. Der Begriff CSI-Effekt bezeichnet eine in den amerikanischen Massenmedien aufgestellte (vgl. Tyler 2006: 1052 f.) und in der Rechtswissenschaft, Kriminologie und Kommunikationswissenschaft diskutierte These, wonach populäre Fernsehserien über Kriminaltechnik und Forensik Auswirkungen auf das Verhalten und die Erwartungen von Geschworenen, Opfern, Angehörigen und Tätern haben, indem z. B. forensische Beweise überbewertet werden oder aufgrund der Unterhaltungsformate völlig falsche Vorstellungen darüber herrschen, was bestimmte Spuren bedeuten und was die Verfahren können bzw. nicht vermögen. Manche der dargestellten Verfahren sind tatsächlich reine Fiktion, manche sind veraltet und andere gehen weit über das hinaus, was tatsächlich technisch möglich oder gerichtszulässig ist. Ob es den Effekt gab oder gibt, ist unklar. In einer ganzen Reihe von Studien wurde – mit widersprüchlichen Ergebnissen – versucht, den Effekt empirisch zu be- oder

oder vor-sozial aufgefasst, obwohl es das wie alle wissenschaftlichen Wissensbestände prinzipiell nicht sein könne.

Auch Genetiker machten demnach deutlich, dass der Wert der Quelle von der jeweiligen Fragestellung abing und alte DNA kein Allheilmittel für alle Forschungsprobleme darstellte. Sie wurden sich insbesondere im Lauf der 2010er Jahre der Charakteristika einer historischen Quelle und der quellenkritischen Erfordernisse bewusst, auch wenn sie das oft nicht mit historischem Methodenvokabular ausdrückten. Selektivität und Perspektivität der Quelle wurden ernster genommen, die Beschränktheit der historischen Quelle betont und immer wieder auch auf die erzählerischen Anteile an der molekularen Geschichtsforschung hingewiesen. DNA wurde als Überlieferungsspur und Vergangenheitsersatz gedacht, der gerade keine vollständige oder endgültige Interpretation zulasse. Wie die Kapitel 3 und 4 zeigen werden, setzte sich in der Community die Überlegung fest, dass DNA als Quelle nicht nur momentane, sondern prinzipielle Aussagegrenzen hat.

Krause und Haak wiederum betonten im Experteninterview, dass sie mit der Quelle DNA nur Aussagen über genetische Verhältnisse machen könnten und zur kulturellen Identität von Personen weder etwas aussagen könnten noch wollten:

»JK: Es ist nur eine Veränderung biologischer Identität. Es hat nichts zu tun mit Kultur. Ich kann nicht sagen, als was sich dieser Mensch vor 5.000 Jahren bezeichnet hat, ob er sich jetzt als Schnurkeramiker bezeichnet hat oder als Yamnaya oder irgendetwas. Mit den Begrifflichkeiten muss man deswegen vielleicht auch bisschen vorsichtig sein, aber wir können einfach Veränderungen in der genetischen Identität sehen.«[41]

Zudem erklärten immer häufiger Genetiker, dass es ihnen nicht darum gehe, die Geschichtswissenschaft und Archäologie mit Hard Facts quasi feindlich zu übernehmen, wie es ihnen mitunter unterstellt werde. Die Archäologien selbst seien zu wenig selbstbewusst gegenüber der Biologie, die schließlich nicht ihr Ende einläuten wolle, so der Mainzer Paläogenetiker Joachim Burger:

»Und so ein bisschen ist dieses Gefühl, wir sind sozusagen die Wissenschaft des 21. Jahrhunderts, die Biologie, und die sind die Wissenschaft des 19. Jahrhunderts. Ich unterschreibe das alles nicht, das ist nicht meine Meinung, aber das ist die Psychologie, die im Hintergrund teilweise läuft. Die machen sich die Füße dreckig auf einer Grabung und wir haben die großen Genomprojekte. Insofern haben wir das häufig, [...] dass wir eigentlich Leute haben, die uns so beäugen zumindest, ganz kritisch, aber dann

zu widerlegen. Vgl. als Beispiel Smith/Patry/Stinson 2007: 192 ff., die dazu tendierten, dass es diverse CSI-Effekte geben könnte. Siehe dazu auch S. 78, FN 75.

41 | Experteninterview Krause/Haak 2016, ähnlich Experteninterview Burger 2013.

doch wieder betteln kommen. Weil sie den Anschluss nicht verlieren wollen, [...] dass wir angeblich mehr wissen. Ist natürlich auch Quatsch. Das Fach Archäologie wird ohne uns weiter existieren und es wird mit uns weiter existieren, und umgekehrt.«[42]

Von außen beobachte er bei den Archäologen eine Art Schockstarre gegenüber den Laborwissenschaften und ihren Quellen und Verfahren, die er aber für unbegründet halte:

»So ist das immer wieder, dass eigentlich viele Archäologen so ein bisschen wie die Maus auf die Schlange starren, was wir jetzt wieder so liefern, weil sie sich im Grunde ja auch so ein bisschen bedroht fühlen durch uns, weil wir ja sozusagen in ein Feld eindringen, muss man ja auch so sehen. Und dann kommen wir dann häufig mit unserer Apparateforschung und großen Modellen oder so, wo die sich in gewisser Weise, zu Unrecht, aber ich beobachte das, minderwertig fühlen.«[43]

Positionen dieser Art machen deutlich, dass es im Miteinander der Fächer, Disziplinen und Wissenschaftskulturen immer auch um die Verhandlung von Machtverhältnissen und Hierarchien geht. Konflikte, die zum Produktionsprozess von Wissen dazugehören, wenn man diesen als sozial konfiguriert versteht, gab es nicht nur in der Frage, wer die Vergangenheit mit welchen Quellen besser erklären konnte, sondern auch, wer in der Praxis wem untergeordnet war, wer wem Daten lieferte und wer diese dann interpretieren durfte.[44]

Erkennbar wird dies in den Auseinandersetzungen darüber, wer die letzte Hoheit über die geschichtliche Erzählung haben sollte: »a question of vital importance seems to be who has the privilege of interpretation.«[45] Der Großteil der beteiligten Naturwissenschaftlerinnen und Naturwissenschaftler nahm für sich in Anspruch, genetische Daten in historischer Hinsicht selbst zu interpretieren.[46] DNA-Daten kulturhistorisch zu interpretieren, sei ein »schwammiger« Bereich, »und dabei passieren die größten Fehler«, gestand Joachim Burger ein.[47] Dennoch wurde dies als Aufgabe derer empfunden, die die Daten generiert haben. Es sei, so Bernd Herrmann, »unsinnig, die biologischen Anthro-

42 | Ebd.

43 | Ebd.

44 | Vgl. Gramsch 2011: 210; Lidén/Eriksson 2013: 18; Expertinneninterview Grupe 2013. Für die Kooperation mit anderen Naturwissenschaften entsprechend Riehl 1998: 22; GNAA 2014; Wagner 2007b: v; dazu aus der Sicht der Science and Technology Studies (STS) und auf der Basis von Experteninterviews Egorova 2010: 351.

45 | Lidén/Eriksson 2013: 18.

46 | Vgl. z.B. Henke 2010a: 176; Herrmann 2011: 474, 476; Grupe 2012: 178, 185; Burger 2013b.

47 | Experteninterview ders. 2013.

pologen als zuständige Quellenkundler von der voraussetzungsvollen Produktion des Wissens, also vom Miterzählen, auszuschließen.«[48]

Herrmann begründete dies einerseits mit dem hybriden Wesen seines Faches, der Anthropologie, die zugleich mit Labormethoden Daten produzieren und Sinn stiften sowie sowohl erklären als auch verstehen könne. Andererseits erklärte er, an die Naturwissenschaften gewandt, dass es auch in den Laborwissenschaften keine selbstevidente, theoriefreie Empirie gebe. Vielmehr seien in den mit naturwissenschaftlichen Methoden erhobenen Daten immer soziale und kulturelle Interpretationen angelegt, denn ohne diese hätte die Empirie gar nicht geschaffen werden können. Wenn Laborwissenschaft also ohnehin nicht neutral sei, könne sie auch Sinn stiften. Es gebe auch keinen grundsätzlichen Unterschied zwischen dem naturwissenschaftlichen und geistes- bzw. kulturwissenschaftlichen Interpretieren von Quellen.[49] Herrmann ließ zudem Positionen von Jürgen Mittelstraß und Wolfgang Frühwald anklingen, wonach die Geisteswissenschaften allein einer gesellschaftlichen Orientierungsaufgabe nicht gewachsen seien und den Natur- und Technikwissenschaften nicht abgesprochen werden dürfe, orientierendes Wissen zu schaffen.[50] Ein gemeinsam generiertes Wissen über die Geschichte der Kulturen der Vergangenheit könne am besten zu Reflexion und Selbstverständigung der Gesellschaft beitragen.

Den Archäologen wurde häufig – auch von Archäologen – attestiert, naturwissenschaftliche Daten nicht interpretieren zu können. Sie könnten Proxydaten nicht lesen und verstünden die grundsätzlichen methodischen und technischen Grenzen der aDNA-Verfahren nicht gut genug, um zu einer belastbaren Deutung zu gelangen.[51] Passten die biologischen Daten zum eigenen oder erwünschten Ergebnis, würden sie unkritisch akzeptiert, schienen sie nicht zu passen, oft einfach ignoriert oder beliebig umgedeutet.[52] Die Anthropologin Gisela Grupe warnte Archäologen immer wieder davor, naturwissenschaftliche Daten für exakt und selbsterklärend zu halten. Es handle sich in der Regel um Proxydaten, die einer theoriebasierten Interpretation unterzogen würden. Dafür seien Vorkenntniss und in jedem Projekt ein enger Dialog zwischen Na-

48 | Herrmann 2011: 476.

49 | Ders. 1997: 100. Zudem lehnte Herrmann einen grundsätzlichen Unterschied zwischen naturwissenschaftlichem Erklären und geisteswissenschaftlichem Verstehen im Sinne Wilhelm Diltheys für die Anthropologie ab. Vgl. auch Henke 2010a: 176; Rottländer 1998: 214.

50 | Vgl. Frühwald et al. 1990: 40, 42 f.; Mittelstraß 1989: 20 f.; dazu Kaube 2003: 19; Teichert 2005: 416; Gräfrath et al. 1991: 209 f.

51 | Vgl. z. B. Killick 2015: 244; Gramsch 2010: 211.

52 | Zu dieser Beobachtung, allerdings hier von Seiten zweier Archäologinnen, vgl. Lidén/Eriksson 2013: 16. Mit divergierenden Daten bei der Geschlechtsansprache wurde oft ebenso verfahren. Siehe hierzu S. 270 ff.

tur- und Geisteswissenschaften erforderlich.[53] Warum viele archäologische Kooperationspartner und -partnerinnen das nicht verstünden, sei ihr nicht klar, denn ihrer Ansicht nach seien diese an das Phänomen der Proxydaten von den ^{14}C-Datierungen doch längst gewöhnt:

»Da gibt es die kalibrierten ^{14}C-Daten, und die sagen nichts anderes aus, als dass das wahre Alter zu 95 Prozent in diesen Plus-minus-Grenzen liegt, und nichts anderes machen wir auch. Aber möglicherweise besteht der Wunsch, exakte Lebensbilder zu entwerfen, sodass eigentlich nicht gesehen wird, dass auch dieses Proxydaten sind.«[54]

Befürchtet wurde auch, dass die Archäologen Statistik, populationsgenetische Modellierungen und probabilistische Aussagen nicht oder falsch verstünden:[55] »Also mein Problem ist, ich weiß nicht, ob ich das richtig sehe, aber das ist für mich der Alltag, dass die Rezeption der naturwissenschaftlichen Daten durch die Kulturwissenschaften sehr vereinfacht ist. Dass Messdaten als harte Fakten genommen werden und nicht als Wahrscheinlichkeiten«,[56] berichtete Gisela Grupe 2013.

Umgekehrt markierten auch Archäologen Informations- und Wissensdefizite, die ihnen den Umgang mit naturwissenschaftlichen Daten erschwerten: Man bekomme Daten vorgelegt, die man als Endergebnis entgegennehmen müsse, wisse aber gar nicht, was es für methodische und andere Probleme dabei gebe oder welche Diskussionen darüber auf naturwissenschaftlicher Seite geführt würden. Es sei schwer einzuschätzen, wie hoch das Aussagepotential oder die Generalisierbarkeit des jeweiligen Ergebnisses tatsächlich sei.[57]

Teils wurde das als in Kauf zu nehmender Wissensnachteil wahrgenommen, teils als bewusster oder unbewusster Täuschungsversuch, der sich diesen Wissensnachteil zunutze machte.[58] Stefanie Samida überlegte im Interview, es könne eben passieren, dass man von den Partnern und Partnerinnen aus anderen Fächern eine Aussage mit einer 95-prozentigen Wahrscheinlichkeit erhalte, das dann für »todsicher« erachte und gar nicht mehr nachfrage, ob es damit Probleme geben könnte. Man müsse deshalb viel mehr miteinander sprechen und sich erklären lassen, wie Daten zustande kamen, wo es Schwierigkeiten gab und wo Daten nicht sicher seien.[59] Ebenso plädierten die Archäologen Thomas Meier und Tobias Gärtner im Experteninterview für mehr Offenheit für

53 | Vgl. Grupe 2012: 178, 185; Expertinneninterview dies. 2013.

54 | Ebd.

55 | Vgl. Expertinneninterview Hummel 2013.

56 | Expertinneninterview Grupe 2013.

57 | Vgl. Expertinneninterview Samida 2013; Experteninterview Gärtner 2016.

58 | Vgl. dazu Experteninterview Gärtner 2016.

59 | Expertinneninterview Samida 2013.

Methodennachfragen bzw. für umfangreichere Aufklärung über die Grenzen der Quelle und der Verfahren.[60]

Auf der Gegenseite hatte Bernd Herrmann 1997 eingeräumt, dass die Anthropologen dabei seien, zu verlernen, wie man biologische Daten soziokulturell interpretierte. Man dürfe doch den Weg nicht mit dem Ziel verwechseln, denn nicht die Moleküle an sich seien relevant, sondern die sozialen und kulturellen Aussagen, die sich auf ihrer Basis treffen ließen:

»Die Übersetzung des biologischen Befundes in den sozialen Kontext wird kaum noch vollzogen. [...] Mittlerweile ist die Furcht vor den kulturwissenschaftlichen Interpretationen und Bewertungen allerdings auch berechtigt, weil wir die hierfür erforderlichen handwerklichen Voraussetzungen preisgegeben haben. Es gilt sie zurückzuerobern, jedenfalls wenigstens in dem Maße, in dem kulturelle Konstrukte beherrscht werden müssen, um den Einzelbefund oder die Biologie einer Population als Ergebnisse der *ersten und der zweiten Natur* des Menschen zu erklären.«[61]

Indessen argumentierten aber einige Archäologen, dass Naturwissenschaftler und -wissenschaftlerinnen ja überhaupt nicht versuchen sollten, biologische Daten soziokulturell zu deuten. Die letzte Sinnstiftung in kooperativen Projekten habe nicht bei Genetik oder Anthropologie, sondern bei der Archäologie als historischer Kulturwissenschaft zu liegen. Als reine Knochenlieferantinnen für Projekte, die zwar vielleicht den Forschungsstand der Populationsgenetik weiterbrachten, nicht aber ihren archäologischen, fanden sich Archäologie und Denkmalpflege ungern wieder, insbesondere, wenn sie sich auch noch von der Dateninterpretation ausgeschlossen fühlten.[62] Sie plädierten für ein mindestens integriertes Vorgehen im Umgang mit den Daten.[63] Der Frankfurter Ur- und Frühgeschichtler Rüdiger Krause erhob 2009 die Archäologie sogar zur einzigen Wissenschaft, die in der Lage sei, »die Archive und Quellen vieler Tausend Jahre Menschheitsgeschichte zu lesen und als historische Quelle zugänglich zu machen«.[64] Dass die letzte Deutungshoheit im historischen Sinn den Archäologien zustehe, wurde damit begründet, dass den Partnerwissenschaften das his-

60 | Vgl. Experteninterview Meier 2013; Experteninterview Gärtner 2016.

61 | Herrmann 1997: 99, Hervorhebung im Original.

62 | Vgl. u. a. Campana/Bower/Crabtree 2013: 31 f.; m. w. N. Burmeister 2016: 57; dies berührte auch die Frage, in welchen Fällen destruktive Untersuchungen ohne archäologischen Erkenntnisgewinn ethisch zu rechtfertigen waren, bei Ingham/Roberts 2008: 601; Mitchell 2003: 177; Lalueza-Fox 2003: 170; Harbeck 2012: 204; Wilbur et al. 2009: 1991, 1995.

63 | Vgl. z. B. Suárez/Vásquez 2008b: vii; Samida/Eggert 2013: 26; Lidén/Eriksson 2013: 18.

64 | Interview mit Rüdiger Krause in Bienert et al. 2009: 40.

torische und archäologische Kontext-, Begriffs- und Methodenwissen fehle.[65] Diese könnten aufgrund ihrer anderen Orientierung kulturwissenschaftliche Fragestellungen weder formulieren, noch beantworten:[66]

»Die Naturwissenschaften, ihre Ergebnisse und auch ihre Methodik ergeben nur dann einen Sinn, wenn sie sich, es ist nun mal so, einer kulturwissenschaftlichen Fragestellung unterwerfen. Das Ergebnis als solches nützt überhaupt nichts und löst keinerlei Probleme, wenn sie keine kulturhistorische Frage haben.«[67]

Verteidigt wurde gewissermaßen die den Geisteswissenschaften im 19. Jahrhundert quasi per Ausschlussverfahren von den Naturwissenschaften zugestandene Kompetenz fürs Verstehen und Sinnstiften.[68] Diese diente den Geisteswissenschaften als Legitimation und zur Begründung ihrer Rolle als Orientierungswissenschaften, die das Verfügungswissen insbesondere der Biowissenschaften sekundieren, erzählend auftreten und damit Defizite ausgleichen sollten, die objektivierende Erkenntniswege mit sich bringen.[69] Fraglich ist aber, ob in der Gegenwart darin wirklich noch die Legitimation und Relevanz der Geisteswissenschaften begründet ist.

Den Kooperationspartnern aus den Naturwissenschaften wurde attestiert, dass sie, während sie einerseits ihre genetischen Daten intensiv prüften und diverse Modelle genauestens testeten, andererseits naiv zu beliebigen historischen Konzepten, Daten und Interpretationen griffen.[70] Sie fielen auf veraltete Forschungsstände herein oder erzählten recht freimütig Geschichten um ihre Daten herum.[71] Zitiert würden alte oder randständige Publikationen, wenn überhaupt der Kenntnisstand der Archäologien berücksichtigt werde. Archäologen zählten ohnehin selten zu den Coautoren und archäologische Expertise werde zu selten eingeholt.[72] Die schwedischen Archäologinnen Kerstin Li-

65 | Beispielsweise Pluciennik 1996: 14; Rüdiger Krause in Bienert et al. 2009: 40; Samida/Eggert 2013: 24.

66 | Vgl. ebd.; Eggert 2012a: 35 ff.; Pluciennik 1996: 14; Siegmund 2013; Yarrow 2010: 14; Orschiedt 1998: 34.

67 | Experteninterview Eggert 2013.

68 | Vgl. Rheinberger 2005: 98; Henke 2010a: 176; Rottländer 1998: 214.

69 | Vgl. Schimank 2012: 119 f.

70 | Aus der Sicht der Archäologie vgl. Experteninterview Veit 2013; Samida/Feuchter 2016: 11 f.

71 | Zu dieser Sorge vgl. o. V. 2016a: 438; Experteninterview Meier 2013; Geary/Veeramah 2016: 73. Den Vorwurf, sich an veralteter Forschung statt an aktuellem Wissen der Geisteswissenschaft zu orientieren, fand auch Yulia Egorova häufig in ihrer Untersuchung der Denkweisen von Historikern über Paläogenetiker. Vgl. Egorova 2010: 355.

72 | Vgl. Samida/Feuchter 2016: 11.

dén und Gunilla Eriksson bezeichneten diese Vorgehensweise im Extremfall als »archaeology as cosmetics«: Es handle sich dann um den Versuch, mit dem Label ›Archäologie‹ mehr Interesse für im Grunde genuin genetische Studien zu erwecken: »It is regrettably easy to find [...] examples of how archaeology has been used to boost interest in an article by scientists without any genuine interest in understanding archaeology«.[73] In einem Kommentar erklärte die schwedische Archäologin Åsa M. Larsson den intendierten Effekt:

> »We see here the innate paradox of combining science with archaeology. It is the *former* that warrants a study being published in prestige science journals and which gives its conclusions gravitas. But it is the *latter* that generates the ›human interest‹ angle which will allow it to be publicized heavily by the editors and to be picked up by journalists in public media.«[74]

An Fachpublikationen, aber auch an Einführungen, Studienbüchern und eher populären Werken ließ sich seit den 1990er Jahren tatsächlich ablesen, dass der archäologische Wissensstand in der Prähistorischen Anthropologie mit einem deutlichen Timelag verarbeitet wurde.[75] In Großbritannien, so referierte der britische Archäologe und Anthropologe Thomas Yarrow 2010, läsen die Archäologen noch ein wenig aus der Anthropologie, zumal es für sie Einführungshandbücher[76] gebe, die Anthropologen aber gar keine Archäologieliteratur.[77]

Anthropologen beklagten, dass sie sich selbst intensiv bemühten, sich in die genetischen Daten einzuarbeiten, aber wiederum nur wenige Genetiker und Molekularbiologen bereit seien, sich mit morphologischen und archäologischen

73 | Lidén/Eriksson 2013: 14; zustimmend mit einem weiteren Beispiel Larsson 2013: 29. Ähnlich Jobling: »[G]eneticists who observe a pattern in their data and seek an explanation for it tend to visit a library, take out a history book and read about a past event that seems to explain the pattern they see« (2012: 794).

74 | Larsson 2013: 29, Hervorhebungen im Original.

75 | Als Beispiel für eine veraltete Darstellung anthropologischer Methoden in einer eher populären Einführung in die Mittelalterarchäologie mit Literaturhinweisen, die offenbar nicht der aktualisierten Auflage angepasst wurden, vgl. Fehring 2000: 60, 78. Vgl. zur Nichtrezeption z. B. Orschiedt 1998: 34; ähnliche Kritik hinsichtlich der fehlenden Bereitschaft, sich über die Botanik zu informieren, bei Riehl 1998: 23; allgemeiner zu den schwachen Beziehungen zu den Nachbarfächern Knußmann 1988: 15. Das ist nicht aDNA-spezifisch, denn bibliometrische Analysen zum anthropologischen Zitierverhalten zeigten in Großbritannien auch in den 1980er Jahren, dass nur ein Drittel der zitierten Literatur aus einem anderen Fach stammte. Vgl. Knußmann 1988: 15 f.; Schwidetzky 1982: Tabelle 4.

76 | Dazu gehören beispielsweise Orme 1981; Gosden 1999; Hodder 2012.

77 | Vgl. Yarrow 2010: 14.

Daten zu befassen: »[I]t now seems clear that paleoanthropologists have worked harder at understanding the genetic data than other scientists have worked at understanding the morphological and archaeological data.«[78]

Gedeutet wurde dies aber auf allen Seiten nicht zwangsläufig als gewolltes Nichtwissen oder bewusstes Ignorieren, sondern als unintendierte Begleiterscheinung des kooperativen Arbeitens im akademischen Alltag. Man solle und wolle sich in den Forschungsstand der anderen Fächer kritisch einlesen, habe dazu aber keine Zeit und zu wenig Vorwissen, meinte die US-amerikanische Anthropologin Bonnie L. Pitblado angesichts einer Recherche in aktuellen Untersuchungen verschiedener Fächer zur Frage der Besiedlung der Amerikas. Sie könne den sich rasend schnell entwickelnden Forschungsstand all dieser Fächer nicht adäquat rezipieren und das Gelesene oder Gehörte auch noch verstehen:

»The root problem is not so much that we lack the data needed to draw well-reasoned conclusions on controversial peopling issues. Instead, it is that few archaeologists have either the time to keep up with the volume of peopling-related work published in journals ranging from ›American Journal of Human Genetics‹ to ›Earth and Planetary Science Letters‹ or the expertise to critically assess data that appear in those wide-ranging outlets. Without advanced training in molecular biology, how does the average Jane evaluate the relative merits of sequencing the D-loop versus the entire mtDNA genome to detect variation within or among human populations?«[79]

Das Argument, es koste inzwischen einfach zu viel Zeit, das fehlende Wissen der anderen durch eine Art Einführungskurs oder laufende Lektüre nachzufüllen, und es gebe keine universitären Routinen, die so ein Nachlernen beschleunigen könnten, brachte 2013 im Experteninterview auch der Mainzer Paläogenetiker Joachim Burger ein. Seinen Doktoranden rate er gar nicht mehr, sich in den archäologischen Forschungsstand einzulesen, denn das verschlinge Jahre:

»Das höre ich jetzt auf, denen zu sagen, sondern da muss man irgendeinen Weg finden und sagen, halt hier, ihr könnt das jetzt nicht mehr verstehen, so schön es wäre, also die Dissertationen sind so dick und die brauchen fünf Jahre, weil sie sich zwei Jahre mit der Archäologie einlassen. Das kann man eigentlich nicht bringen, das geht nicht. Und jetzt brauchen sie [die Doktoranden, d. Verf.] noch länger vor dem Computer, das Labor verkürzt sich ja auch nicht, irgendwann müssen wir die Archäologie vollkommen

78 | Dalén et al. 2012: 1895; ebenso, allerdings hinsichtlich der Isotopendaten und den Begriffen Mobilität und Migration, Turck 2013.

79 | Pitblado 2011: 328.

vertrauensvoll in Archäologenhände zurückgeben und sagen, so, du kannst nicht mehr alles verstehen.«[80]

Naturwissenschaftler beschrieben ihren Forschungsalltag insgesamt häufig als Wettlauf gegen die Zeit, in dem sie darauf angewiesen seien, dass die Partnerfächer schnell bündiges Kontextwissen zum Fund[81] und zum Beispiel rasch belastbare Datierungen[82] und geologische Daten lieferten. Von den Partnerinnen und Partnern wurde erwartet, dass sie Komplexität reduzierten.[83]

Nicht immer war bei der Lektüre der Quellen, in denen gegensätzliche Positionen zur Interpretationshoheit zum Ausdruck kamen und gegenseitig Wissensdefizite attestiert wurden, ganz klar, ob nun archäologische Daten nicht von Naturwissenschaftlern oder auch naturwissenschaftliche Daten im historischen Sinn nur von Geisteswissenschaftlern interpretiert werden sollen oder beides. Anzutreffen war aber zum Beispiel auf beiden Seiten das Argument, dass naturwissenschaftliche Daten als solche gar nichts für historische Fragestellungen nützten, wenn sie nicht aus kulturwissenschaftlicher Perspektive interpretiert würden. Dies begriffen die Naturwissenschaftler nicht, so der Prähistoriker Manfred K. H. Eggert, aber viele Archäologen verstünden es ebenso wenig und verführen weiter unbedarft mit Begrifflichkeiten und historischen Interpretationen.[84]

In der Prähistorischen Archäologie gerieten, wie vor allem bei Eggert erkennbar wurde, angesichts der naturwissenschaftlichen Konkurrenz und der Sorge um deren Umgang mit den archäologischen Daten auch die Zugänge und Interpretationsweisen des eigenen Faches in die Kritik. So warfen verschiedene Prähistorische Archäologen ihrer eigenen Kollegenschaft vor, bei der Interpretation zu (Neo-)Positivismus und naivem Faktenglauben zu tendieren und die historische Gewordenheit ihres Fachverständnisses nicht zu kennen. Dies galt auch nicht nur für die Archäologien im deutschsprachigen Raum.[85] Im Interview beschrieb Stefanie Samida ihre Beobachtung so:

---

80 | Experteninterview Burger 2013.

81 | Kontext bedeutet in den Archäologien Produktions- und Verwendungszusammenhang, schließt aber das gesamte Umfeld der materiellen Kultur, die untersucht wird, mit ein. Vgl. Eggert 2006: Kapitel *Stellenwert von Schrift und Bild*, zum Begriff Fund/Befund ebd.: 58 ff.; Lang 2002: 23 f.

82 | Vgl. z. B. Campana/Bower/Crabtree 2013: 31 f.

83 | Vgl. Expertinneninterview Grupe 2013.

84 | Vgl. Experteninterview Eggert 2013.

85 | Vgl. Eggert 2002a: 121, 127 f.; Veit 2006a: 202; ders. 2010: 14 ff.; Lidén/Eriksson 2013: 15; Experteninterview Veit 2013. Über die Reflexivitätsdefizite der »Hardcore-Archäologie« in diesem Zusammenhang Expertinneninterview Samida 2013. Vgl. auch Leney 2006: 48; Gramsch 2011: 214; Samida/Eggert 2012: 15-19. Archäologi-

»Und da hat man manchmal den Eindruck, dass einfach dieses Nacheinanderabhaken von ›ich sammle hier Daten und Daten und nochmal Daten, und hab dann da irgendwelche Fakten, die naturwissenschaftlich bewiesen sind sozusagen und knallhart sind, mit denen habe ich sozusagen das Ei des Kolumbus gefunden‹, sag ich das jetzt mal ein bisschen provozierend. [...] Ich meine, als Ausgrabungswissenschaft hieß es ja auch immer, wir graben hier aus, und da habe ich jetzt einen Topf oder das Goldfundstück, so das haben wir, das ist wahr, das ist eine Tatsache, hier liegt es ja. So, jetzt habe ich das weiterhin, aber jetzt wird es noch bekräftigt dadurch, dass ich eine naturwissenschaftliche Analyse machen kann.«[86]

Vor lauter Faktizismus gerate die eigentliche Fragestellung in Vergessenheit. Materialfixierung und Sammelwut verbänden sich mit der Vorstellung, man könne die ehemalige Wirklichkeit wiedergewinnen und es sei gar nicht nötig, über die gesellschaftlichen Bedingungen archäologischer Erkenntnisse oder die Rolle des forschenden Subjekts im Erkenntnisprozess nachzudenken.[87] Forschen werde auch von Prähistorikern vielfach vor allem als quantitatives Problem gesehen, was wiederum Positivismus und Technizismus stärke.[88] Die postprozessuale Archäologie[89] habe zwar seit den 1980er Jahren, und primär in den angelsächsischen Ländern, das Denkmoment der Intentionalität eingebracht, aber viele sähen im Materiellen immer noch einen direkten Weg in die Vergangenheit.[90] Der Ur- und Frühgeschichtsforscher Ulrich Veit sprach beispielsweise vom »zähe[n] Fortleben[n] eines allein auf ›Fakten‹ zielenden Positivismus«.[91] Obwohl jede archäologische Geschichtsdarstellung, so Veit, ein sprachliches Konstrukt sei,[92] glaube mancher Archäologe noch, er bringe

sche Plädoyers für mehr Selbstreflexivität (so auch Experteninterview Meier 2013) nehmen häufig auf Vorbilder aus der Geschichtswissenschaft Bezug. Vgl. Veit 2006a: 209, auf der Basis von Eggert 2002a: 127 f.; ebenso Müller-Scheeßel/Burmeister 2011: 16 f. Zitiert wird v. a. Oexle 2003: 18-21, 37-42.

86 | Expertinneninterview Samida 2013.

87 | Vgl. Eggert 1998: 367; Veit 2002: 413; Eggert 2005c: 13, 324 f.; Müller-Scheeßel/Burmeister 2011: 16-17. Zur Debatte dahinter vgl. Veit 2010: 14; ders. 2011a: 43; Eggert 2011b: 33 f.

88 | Man glaube, mehr Material, mehr Daten, mehr Technik führten zu einer besseren Vorgeschichtsforschung, so Gramsch (2011: 210); ebenso Experteninterview Meier 2013.

89 | Die postprozessuale Archäologie war eine Gegenbewegung zur prozessualen oder New Archaeology der 1960er Jahre.

90 | Vgl. Müller-Scheeßel/Burmeister 2011: 16.

91 | Veit 2010: 14; dezidiert auch Experteninterview ders. 2013.

92 | Vgl. unter Bezug auf Hayden White, Michel de Certeau und Reinhard Koselleck Veit 2006a: 203; etwas ausführlicher ders. 2010: 16 ff.; ebenso Rieckhoff 2007: 26 ff., an

seine Funde höchstens zum Sprechen als »Diener einer verborgenen Wahrheit, der er durch seine Arbeit letztlich nur zu ihrem Recht verhilft.«[93] Angesichts dieser ›Vorbelastung‹, so geht das kritische Argument weiter, nähmen Archäologen naturwissenschaftliche Daten gedankenlos entgegen oder interpretierten sie naiv, weil sie dem Irrglauben an den objektiven Erklärungswert naturwissenschaftlicher Daten verfallen seien.[94] Manfred K. H. Eggert beklagte am Beispiel des zwischen 1988 und 2005 groß angelegten, explizit als interdisziplinär definierten Troiaprojektes Manfred Korfmanns und Ernst Pernickas:[95] »Das Troia-Projekt war durch die Allgegenwart von Naturwissenschaften gekennzeichnet. Mit ihnen wurde die Vorstellung verknüpft, sie liefere ›harte Fakten‹, die weitgehend selbsterklärend seien.«[96]

Weil viele fälschlicherweise schon ihre Sachquellen für objektiver hielten als zum Beispiel die schriftlichen Quellen der Geschichtswissenschaft,[97] trauten sie den empirischen Quellen der Naturwissenschaften noch mehr Eindeutigkeit, ›Unhintergehbarkeit‹ und Gewissheit zu und sich selbst, diese adäquat zu interpretieren.

Während die Archäologen früher die Molecular Anthropology zurückgewiesen hätten, so die amerikanische Anthropologin K. Ann Horsburgh 2015, sei es zu einer Art »sea change« gekommen, denn nun nähmen viele Prähistoriker die molekularen Daten nicht nur begeistert auf, sondern sie stellten diese sogar oft unkritisch über alle anderen Quellen und Erkenntnismöglichkeiten: »Genetic data is often placed above all other evidence, which is equally troubling, where a judicious use of molecular datasets would be more appropriate«.[98]

Durch die Konfrontation mit den Naturwissenschaften seien nun Archäologen herausgefordert, ihre Wissenschaftsverständnisse, Fachkulturen, Begriffe und Praktiken zu erklären. Damit das gelinge, müsse das Eigene, vermeint-

---

zwei Beispielen zum Fortschrittsnarrativ in der Hallstattforschung; dezidiert in dieselbe Richtung Meier 2010: 15.

93 | Veit 2010: 15. Im Zuge des Material Turn erlebe der phänomenologische Ansatz, nach dem Dinge einen prädiskursiven, kulturunabhängigen, ontologischen Kern besitzen, d. h. eine Art Essenz oder Eigensinn, eine Renaissance. Zur Kritik daran vgl. auch Müller-Scheeßel/Burmeister 2011: 16.

94 | Samida/Eggert 2012: 15-19, mit Bezugnahme auf Knipper et al. 2012; ähnlich Gramsch 2011: 214; Samida/Eggert 2013: 40 f.; Experteninterview Eggert 2013; Experteninterview Meier 2013; Dieter Quast in Wahl et al. 2014: 388.

95 | Vgl. Universität Tübingen/Pernika 2013.

96 | Eggert 2011b: 47, vgl. auch 46-49. Zum Troia-Projekt und zur Debatte um die Hierarchie verschiedener Quellenarten vgl. auch Cobet 2003: 37.

97 | Vgl. hier explizit Veit 2011b: 304, gegen Meller 2008a und 2008b: 14. Vgl. auch Müller-Scheeßel/Burmeister 2011: 16.

98 | Horsburgh 2015: 141.

lich Bekannte, überprüft und gegebenenfalls relativiert werden. Man müsse die eigene Fachkultur, Werte und Traditionen als solche erkennen und in Bezug setzen zu denen anderer Fächer und Disziplinen, forderten sowohl der Paläoanthropologe Winfried Henke als auch die Archäologen Thomas Meier und Manfred K. H. Eggert.[99] Allerdings ist zu bedenken, dass Positivismus, Materialfixierung und geringe theoretische Reflexion[100] seit Längerem typische Motive der archäologischen Selbstkritik[101] in Deutschland sind und deshalb nicht spezifisch für die Diskussion um das überfachliche Miteinander mit den Naturwissenschaften oder um den Umgang mit molekularen Quellen.

Dennoch deuteten die Intensität der Forderungen nach archäologieinterner Selbstkritik und die Dringlichkeit, mit der diese gestellt wurden, darauf hin, dass die wachsende Kooperation und Konfrontation mit den Naturwissenschaften in den Archäologien Reflexionen über das eigene Fach verstärkten. Erkennbar wurde daran auch, dass sowohl unbestimmte oder überzogene Erwartungen als auch Ängste und Abwehrhaltungen als Hindernis oder Risiko für das Gelingen der überfachlichen aDNA-Forschung wahrgenommen wurden.

In den folgenden Kapiteln wird deutlich werden, dass die anfängliche Erwartung insbesondere der beteiligten Naturwissenschaften, mit der alten DNA einfache und haltbare Lösungen für große Fragen der Menschheitsgeschichte präsentieren zu können, im Lauf vor allem der 2000er Jahre einer realistischen Einschätzung der Chancen und Grenzen der Quelle wich. Bereits 2002 schränkten zum Beispiel der Statistiker Hans-Jürgen Bandelt und Coautoren ein, dass DNA keine Blackbox sei, in die man beliebig Daten hineinschütten könne, um dann fundamentale Gewissheiten zu erhalten.[102] Seit der Mitte der 2000er Jahre haben sich Archäologen und Naturwissenschaftler dann immer wieder gegenseitig davor gewarnt, alte DNA so misszuverstehen. Insbesondere die Archäologen gingen dabei mit ihren eigenen Kollegen hart ins Gericht. Es gebe inzwischen, meinte Manfred K. H. Eggert, »vielleicht zu viele

99 | Vgl. Henke/Rothe 2006: 62; Experteninterview Meier 2013; Experteninterview Eggert 2013.

100 | Diagnostiziert wurde das z. B. von Härke 1995: 47; Porr 1998: 45; Wolfram 2000: 187-192; Veit 2006a: 209; Eggert 2006: 194 f.; Trachsel 2008: 28 f.; Experteninterview Meier 2013.

101 | Die deutschsprachige Archäologie habe in den 1950er und 1960er Jahren das Material nur noch für sich allein sprechen lassen und von allen Deutungen und Theorien befreien wollen, um nicht wieder dem politischen Missbrauch zum Opfer zu fallen. Strikteste Formenkunde sei als Garant neuer, unpolitischer Wissenschaftlichkeit gesehen worden. Vgl. zu dieser wegen der Abgrenzung zum Begründer der völkischen Archäologie als Kossinna-Syndrom bezeichneten Haltung Smolla 1979; Eggert 2006: 194 f.; Veit 2010: 14; Mante 2011: 118; Eggert/Samida 2013a: 25.

102 | Vgl. Bandelt/Macaulay/Richards 2002: 104.

Optimisten«,[103] und der Archäometriker und Technikhistoriker David Killick klagte, »indeed, many archaeologists are arguably too enthusiastic about it«.[104]

2006 warnte beispielsweise der Evolutionsbiologe Mark D. Leney[105] Angehörige aller beteiligten Fächer vor Naivität und zu viel Vertrauen in Technik und Methoden: »Given the current state of the aDNA field, it would be a serious mistake to treat aDNA testing as a black-box technique, best left to molecular biologists in their hi-tech laboratories.«[106] Teils hätten, so der britische Archäometriker A. Mark Pollard 2011, Naturwissenschaftler ja bewusst falsche Erwartungen bei den anderen Beteiligten geschürt: »[T]here is sometimes a lack of communication in archaeology between laboratory scientists on one hand and, on the other, essentially humanistic scholars or professional field archaeologists who have occasionally been persuaded to believe that science provides definitive answers.«[107] Ebenso räumte Gisela Grupe ein, dass die Angehörigen der Naturwissenschaften in ihrer anfänglichen Euphorie viel vereinfacht und falsche Hoffnungen geweckt hätten: »[I]ch glaube, da müssen wir uns auch alle an die eigene Nase fassen, hat man versucht, es zu vereinfachen und einfach zu vermitteln und hat es vielleicht in einer Form vermittelt, wo man denn wieder sagen muss, ganz so einfach ist es dann nämlich wirklich auch wieder nicht.«[108]

Offenbar habe, so die Deutung, die Euphorie der Anfangsjahre trotz der folgenden Rückschläge dazu geführt, dass Archäologen aDNA-Verfahren schon allein deshalb für ihre Projekte einforderten, weil sie verfügbar schienen. Grupe berichtete von Anfragen aus ihrem Alltag, die gestellt würden, »einfach, weil man das machen kann«[109]. Man erhalte Proben zugeschickt, oft ohne oder mit wenig Kontextinformation, dafür aber mit dem Auftrag, einfach mal zu schauen, was möglich sei.[110] Archäologen hegten oftmals überzogene Erwartungen und wollten Analysen häufig ohne ausreichende gedankliche Vorbereitung und Vorinformationen in Auftrag geben, statt sich vorab gemeinsam über Hypothe-

---

103 | Experteninterview Eggert 2013.

104 | Killick 2015: 243. Thomas Meier attestierte ebenfalls »unglaubliche Naivität« und »Naturwissenschaftsgläubigkeit«, Experteninterview Meier 2013; ähnlich Lidén/Eriksson 2013: 15.

105 | Mark D. Leney ist Evolutionsbiologe und war lange am US-amerikanischen Armed Forces DNA Identification Laboratory beschäftigt.

106 | Leney 2006: 48.

107 | Pollard 2011: 632.

108 | Expertinneninterview Grupe 2013. Vgl. ähnlich Ortner 2009: xiii.

109 | Expertinneninterview Grupe 2013.

110 | Vgl. Grupe et al. 2012: 154. Dies bestätigte aus archäologischer Perspektive weitgehend Expertinneninterview Samida 2013.

sen und Ziele zu verständigen.[111] »Und dann frage ich immer, was bitte ist die Hypothese? Ist das überhaupt das geeignete Instrumentarium?«[112]

Es werde, so die Kulturwissenschaftlerin Stefanie Samida im Interview, in Drittmittelanträgen für Grabungen nun »alles abgeklappert«, was es an neueren naturwissenschaftlichen Verfahren gebe, in der Hoffnung, dass schon irgendetwas Verwertbares dabei herauskommen werde, das sich dann irgendwie verwerten lasse, ohne dass überdacht werde, was mit den produzierten Daten eigentlich geschehen solle.[113]

Je spektakulärer oder singulärer der Fund, desto selbstverständlicher werde nach einer aDNA-Untersuchung gefragt, so die Münchener Anthropologin Michaela Harbeck, egal, was diese koste und ob sie Sinn ergebe. Dabei seien die Aussagemöglichkeiten ja gerade bei singulären Funden am geringsten.[114] Auf einer Tagung zum Verhältnis von Archäologie und Paläogenetik berichtete ein Archäologe unterhaltsam von seinen diesbezüglichen Erfahrungen. Er arbeite mit der Isotopengeochemie und erhalte deshalb immer wieder E-Mails mit der Frage »Ich habe einen Zahn, was mache ich damit?«.[115] Man müsse mit echten Fragestellungen oder Hypothesen kommen, auf jeden Fall aber mit soliden Kontextinformationen zum Fund,[116] diese seien schon wegen der nötigen Authentifizierungsprüfung unerlässlich.[117]

Es brauche eine ordentliche Hypothese aus dem Fundkontext heraus, bekräftigte auch Gisela Grupe im Interview, die dann mit diversen naturwissenschaftlichen Verfahren getestet und verworfen oder als wahrscheinlich bezeichnet werden könne.[118] Dazu sei aber eben nicht immer alte DNA nötig. Oft genügten morphologische Verfahren vollends.

Bei unspezifischen Zugängen komme, so war mehrfach zu lesen, hingegen allenfalls schmückendes Beiwerk heraus.[119] »Manchmal hat man so den Ein-

111 | Vgl. Grupe 2012: 176.

112 | Expertinneninterview Grupe 2013.

113 | Expertinneninterview Samida 2013. Vgl. ähnlich Experteninterview Meier 2013.

114 | Vgl. Harbeck 2012: 190; so auch Expertinneninterview Grupe 2013.

115 | Turck 2013. Zurückblickend auf die Debatte dieser Tagung und die Diskussion des Referats von Turck vgl. Claßen/Schön 2014: 7; in ähnlicher Absicht wie Turck Grupe 2012: 185. Dieselbe Erfahrung berichtete im Expertinneninterview Hummel 2013.

116 | Vgl. Turck 2013; Campana/Bower/Crabtree 2013: 31 f.; Beck et al. 2008: 241; Expertinneninterview Grupe 2013; Expertinneninterview Hummel 2013; Experteninterview Krause/Haak 2016.

117 | Vgl. Matisoo-Smith/Horsburgh 2012: 64.

118 | Vgl. Expertinneninterview Grupe 2013.

119 | Vgl. Beck et al. 2008: 241; Expertinneninterview Hummel 2013; Experteninterview Eggert 2013; Experteninterview Burger 2013; Expertinneninterview Grupe 2013; Matisoo-Smith/Horsburgh 2012: 59; Samida/Eggert 2013: 26.

druck«, erklärte Stefanie Samida im Interview, es sollten Fakten über Fakten produziert werden: »Und was mache ich dann damit? Die Aussage, die danach am Ende kommt, ist dann häufig banal oder nicht weiterführend.«[120]

Für schwer verallgemeinerbare Ergebnisse werde, unterstrich auch der Archäologe Ulrich Veit, zu viel Aufwand betrieben. Noch ehe man das eine Problem gelöst habe, komme schon die nächste neue naturwissenschaftliche Methode daher, die dann auch einfach mal ausprobiert werde.[121]

Den Studierenden, die seine Einführung in die Ur- und Frühgeschichte lesen sollten, erklärte deshalb ein Schweizer Archäologe 2008: »DNS-Analytik in der Archäologie ist immer ›Sekt oder Selters‹: man kann höchst interessante Informationen gewinnen, aber ebenso gut kann man viel Geld ausgeben, ohne ein Resultat zu sehen.«[122] Wenn eine entsprechende Untersuchung nicht verhältnismäßig sei, solle sie nicht versucht werden, lautete der Appell.

Das Problem sei aber, dass oft gar nicht bekannt sei oder gefragt werde, welche methodischen Probleme es geben könnte und wo die Reichweiten und Grenzen der Methoden lägen. Zudem brächten manche Archäologen nicht die nötige Selbstreflexion mit, um auch die eigenen Prämissen, Standortgebundenheit und die mitgebrachten Erwartungen an die Partner kritisch zu überprüfen. Oft fehle es den Archäologen an einer angemessenen Einschätzung ihrer eigenen Erkenntnismöglichkeiten.[123]

Manfred K. H. Eggert und Stefanie Samida wandten sich noch grundsätzlicher gegen eine unreflektierte ›Viel-bringt-viel-Vorgehensweise‹, bei der sich die Forschenden von den anderen Fächern naiv allerlei Daten und Informationen liefern lassen, ohne vorab überlegt zu haben, welchen Beitrag diese eigentlich zur genuinen Fragestellung des Projektes leisten sollen:

> »[U]ns [scheint] jedoch vor dem Hintergrund der hier dargelegten Beispiele die augenblicklich festzustellende ausgesprochen positivistische Strömung in der Archäologie kontraproduktiv – man hat bisweilen gar den Eindruck, dass bei manchen Projekten nicht einmal klar ist, was man mit den vielen neu gewonnenen Daten anfangen soll beziehungsweise wie sie sinnvoll in eine kulturhistorisch relevante Fragestellung integriert werden können.«[124]

Wenige träten mit theoretischer Reflektiertheit an die kooperativen Projekte heran oder dächten grundsätzlich über die Formen, Möglichkeiten und Grenzen kooperativen Forschens nach. So entpuppe sich nicht zuletzt die oft prokla-

120 | Expertinneninterview Samida 2013.

121 | Vgl. Experteninterview Veit 2013.

122 | Trachsel 2008: 192.

123 | Vgl. z. B. Müller-Scheeßel/Burmeister 2011: 16.

124 | Samida/Eggert 2013: 105.

mierte Interdisziplinarität bei genauerem Hinsehen als »Luftschloss«.[125] An die Projektpartner und die Aussagepotentiale ihrer Verfahren und Quellen würden überzogene Erwartungen gerichtet, wurde ebenfalls beobachtet.[126]

»Ich glaube eben nicht, dass das so funktioniert, indem man sagt, ich habe da eine Projektidee und setz' mich mal irgendwie drei, vier Stunden oder drei Tage zusammen mit jemandem und sage, ja, wir ziehen das jetzt interdisziplinär auf oder transdisziplinär, sondern da muss ich, würde ich behaupten, erst mal ein Jahr lang intensiven Austausch haben, und dann könnte ich mir vorstellen, okay, ich kenne das andere Fach so gut, dass ich sagen kann, ich verstehe, wie die methodisch vorgehen, was da für Theorien, für interne Diskussionen in dem Fach sind, dass ich dann sagen könnte, okay, wir probieren jetzt eine interdisziplinäre Fragestellung zu erarbeiten und kontinuierlich auch zu arbeiten, aber da brauch ich Vorlauf, und das geht einfach nicht so, ›mach mir das mal jetzt‹«,[127]

so wiederum Stefanie Samida.

Die skizzierte, auf allen beteiligten Seiten angetroffene kritische Selbstschau dieser Art war ein Effekt des überfachlichen Mit- und Gegeneinanders, in diesem Fall der Konkurrenz um die Deutungshoheit und die historische Sinnstiftung. Konflikte und Kooperationserfahrungen gaben Anlass, sich nicht nur mit den jeweils anderen Fächern und ihren Methoden, Qualitätskriterien und Wissenschaftsverständnissen auseinanderzusetzen, sondern auch mit denen des eigenen Faches. Insbesondere ging es dabei um das jeweilige Verständnis von Geschichte, Geschichtsforschung und ihren Quellen.

125 | Dies. 2012: 12, vgl. auch 9; ähnlich auch Herrmann 2011: 473.

126 | Vgl. Müller-Scheeßel/Burmeister 2011: 16; Experteninterview Eggert 2013; so auch Beck et al. 2008: 241, sowie Grupe 2012: 194 f.; Claßen/Schön 2014: 7.

127 | Expertinneninterview Samida 2013.

2. Die Entstehung des Forschungsfeldes

Wieso DNA? Der Weg der Fächer zu den Molekülen

> »[M]any areas of biology have converged at the molecular level.«[1]

Lange bevor die technischen Möglichkeiten dazu bestanden, gab es in der Anthropologie, Evolutionsforschung und Genetik Interesse am Aussagepotential der molekularen Ebene der Organismen für Fragen der (Menschheits-)Geschichte. Es stand im Zusammenhang mit der zumindest teilweisen Hinwendung dieser und anderer biologischer Fächer zu den Labormethoden der neuen Fächer Biochemie, Mikrobiologie und Molekularbiologie in den 1960er Jahren.

Genetik und Geschichte waren ebenfalls seit Langem gedanklich verbunden, wurde doch in der Evolutionstheorie im Sinne Darwins seit dem 19. Jahrhundert das Natürliche als etwas historisch Gewordenes aufgefasst. In der Erweiterung dieses naturgeschichtlichen Denkens auf das Kulturelle fanden Evolutionsmetaphern und -denken wiederum Eingang in die Geschichts- und Sozialwissenschaften.

Aus der Perspektive der Archäologien ist die Integration naturwissenschaftlicher Verfahren keine neue Erscheinung, sondern hat eine mindestens bis an den Anfang des 20. Jahrhunderts zurückreichende Geschichte. Das Miteinander hat freilich im Lauf der Jahrzehnte sehr unterschiedliche Formen und Intensitäten angenommen und in unterschiedlicher Weise das Nachdenken über den Charakter der Archäologien beeinflusst.

Deshalb lassen sich, so die nachfolgend ausgeführte These, unabhängig davon, welche fachliche Perspektive man einnimmt, Wandel und Neues erkennen, aber kein Strukturbruch.

Die ersten technologischen Auslöser oder Technology Trigger im Sinne Jackie Fenns[2] entstanden in den 1970er Jahren. Gemeint sind die mikro- und molekularbiologischen bzw. biochemischen Wissensbestände, Verfahren und

1 | Pääbo 1991: 109.

2 | Vgl. Fenn/Raskino 2008: 8-15.

Techniken, die es möglich machten, im weitesten Sinne historische Fragen auf der Ebene der Moleküle zu untersuchen. Auf die Darstellung solcher Innovationen wie etwa der rekombinanten DNA-Technologien oder der Sequenzierung von DNA-Molekülen, d. h. hier die Identifizierung der Abfolge von Basen auf dem DNA-Strang durch Frederick Sanger 1977, kann verzichtet werden.[3] Es geht vielmehr um die Frage, wie es zur Anwendung dieser Verfahren und Techniken unter geschichtlichen und evolutionsgeschichtlichen Erkenntnisinteressen kam. Zwei Vorgänge waren hier ausschlaggebend, so meine These: erstens die Konstitution von Genetik, Evolutionsforschung sowie Teilen der biologischen Anthropologie, Zoologie und Botanik mindestens partiell als Laborwissenschaften und zweitens ihre Hinwendung zur molekularen Ebene.[4] Lange bevor es technisch möglich war, suchten Angehörige dieser Fächer nach Zugängen zu Molekülen und entwarfen Anwendungsoptionen. So viele biologische Phänomene wie möglich sollten, so der Wissenschaftshistoriker Michel Morange, in den 1960er Jahren auf der Ebene der Moleküle erklärt werden, und die Molekularbiologie infiltrierte die anderen biologischen Fächer.[5] Diese Molekularisierung war und ist, folgt man der Wissenschaftsforschung, zunächst ein Merkmal der Lebenswissenschaften, entwickelte sich aber im Lauf der 1980er und 1990er Jahre zur Signatur der Epoche schlechthin.[6]

Vor dem 19. Jahrhundert hatten Naturforscher die Erforschung der Menschwerdung und Menschheitsgeschichte auf narrativ-deskriptive und antiquarische Weise betrieben.[7] Dann war die Vorstellung aufgekommen, dies müsse in Zukunft nach dem Vorbild der modernen Naturwissenschaften geschehen.[8] Aus diesem von Protagonisten wie Rudolf Virchow (1821-1902) abgesteckten Interessengebiet waren die Fächer entstanden, die wir heute als Prähistorische bzw. Paläoanthropologie, Ethnologie und Prähistorische Archäologie bezeichnen.[9] In der ersten Hälfte des 20. Jahrhunderts entfernten sich diese epistemologisch und institutionell voneinander.[10] Fachidentität, Spezialisierung und

---

3 | Zur Entwicklung des Sanger-Verfahrens vgl. z. B. Sanger 1988: 20-25; aus wissenschaftshistorischer Perspektive García-Sancho 2012: 49-64.

4 | Vgl. Henke 2010b: 86.

5 | Vgl. Morange 1998: 183.

6 | Vgl. Atkinson/Glasner/Lock 2009a: 1; Prainsack/Hashiloni-Dolev 2009: 405; zum Konzept der Ikone DNA Nelkin/Lindee 1995: 2; Anker/Nelkin 2004: 1.

7 | Vgl. U. Sommer 2010: 6 f.; Henke/Rothe 2006: 46 ff.

8 | Vgl. Hoßfeld 2005: 36; U. Sommer 2010: 8.

9 | Vgl. z. B. Tattersall 2000: 2; Henke 2010a: 176; Henke/Rothe 2006: 47. Häufig wird der Fund menschlicher Überreste in der Feldhofer Höhle im namensgebenden Neandertal als Ursprung dieser Forschungsperspektive genannt.

10 | Vgl. Brather 2008: 318, 324-328; Henke 2010a: 179; Goodrum 2009: 340; Trachsel 2008: 22 f., 25 f.; Eggert 2011b: 33 ff.; Hoika 1998: 54 f.; Orschiedt 1998: 33;

Arbeitsteilung beruhten nicht zuletzt auf einer ›Aufteilung‹ der Quellen.[11] Die Sachkultur[12] als Ausdruck kulturellen Wissens wurde den Archäologien überlassen, deren Quellengrundlage Fund und Befund zusammen ausmachten.[13] Für die organischen Überreste des Menschen waren Prähistorische und Paläoanthropologie zuständig, doch weiter verband die Fächer das gemeinsame Erkenntnisinteresse an der Vergangenheit des Menschen und seiner Kollektive.[14] Kooperationen hat es im Lauf des 20. Jahrhunderts weiter gegeben, auch wenn sie oft asymmetrisch waren und die Form hilfswissenschaftlicher Beiträge zueinander annahmen.[15] In methodischer Hinsicht teilten die entstehenden anthropologischen und archäologischen Fächer vieles, etwa das Bergen, Sammeln, Beschreiben, Vermessen, Bestimmen und Ordnen von Funden als Ways of Knowing, die wiederum Bezüge zu den naturgeschichtlichen Taxonomien des 19. Jahrhunderts aufwiesen.[16] Die Welt der Menschen sollte rational durchdrungen, verstanden und mithin beherrscht werden.[17] Stratigrafie,[18] Typologien und diverse Verfahren zur Beobachtung, Systematisierung, Kartierung und Quantifizierung kamen in Anthropologien und Archäologien zum Einsatz. In beiden Bereichen war zudem das Ideal bereits in mancherlei Hinsicht das naturwis-

---

Schwidetzky 1988: 67; U. Sommer 2010: 6, 8 f. Die Entwicklung der Ethnologie wird im Folgenden ausgespart, weil sie als Hintergrund für die spätere aDNA-Forschung zu wenig relevant ist.

11 | Vgl. Henke 2010a: 173, 175.

12 | Als Sachkultur oder materielle Kultur wird seit der New Archaeology die Gesamtheit aller archäologischen Quellen bezeichnet, d. h. sowohl das bewegliche Sachgut als auch die weniger beweglichen Überreste wie Gebäude, Gräber oder Bauwerke. Vgl. Lang 2002: 17 f., 21; Eggert 2005c: 13; Borbein/Hölscher/Zanker 2000: 12.

13 | Als Befund wird der Kontext eines Fundes bezeichnet und damit alles, was in einer bestimmten Fundsituation zu Erkenntnissen über die Vergangenheit führen kann, d. h. sämtliche archäologisch irgendwie relevanten Beobachtungen zu dieser Situation. In einem Befund sind alle historisch aussagefähigen Beobachtungen in archäologischen Fundsituationen repräsentiert. Obwohl archäologisches Forschen häufig auf die Ausgrabung reduziert wird, wird archäologisches Wissen eigentlich generiert, indem Funde der Feldarchäologie und Befunde, d. h. Fundkontexte, analysiert und verglichen werden. Vgl. Eggert 2011b: 33, Eggert 2006: 30, 190 f., 192 f.; Hoika 1998.

14 | Vgl. Henke/Rothe 2006: 56, 59. Prähistorische Anthropologie und Archäologie blieben sich näher als Paläoanthropologie und Urgeschichte.

15 | Vgl. Experteninterview Eggert 2013.

16 | Vgl. am Beispiel der Sammlungen der Berliner Gesellschaft für Anthropologie, Ethnologie und Urgeschichte Lewerentz 2005: v. a. 104-108, 112; insgesamt Heesen 2010: 143.

17 | Vgl. Goschler 2004: 222, 236-239, 246 f.; 2009: 209 f., 242; Eggert 2006: 25.

18 | Vgl. einführend zur Stratigrafie Eggert 2005c: 166-180.

senschaftliche Experiment, wenngleich es sich kaum nachahmen ließ.[19] Aus den vermeintlich exakten Naturwissenschaften adaptierte Verfahren schienen zu gewährleisten, dass Forschung auf das Tatsächliche und Wahre traf, statt im Spekulativen zu verbleiben. Beweismittel sollten gefunden, systematisiert und dann methodenstreng interpretiert werden.[20] Meinung, Theoriebildung, vorab gefasste Hypothesen sollten in der Kultur der Wahrheit[21] beider Forschungsrichtungen keinen Platz haben. Das sollte vielmehr der Geschichtswissenschaft überlassen werden. Zu dieser bestanden kaum Verbindungen.[22] Das könnte erklären, wieso die Bestrebungen des deutschsprachigen Historismus, mithilfe methodischer Innovationen bei Heuristik und textbezogener Quellenkritik zu objektiven, wahren Aussagen über die Verangenheit, zu gelangen, offenbar wenig wahrgenommen wurden.

Die Prähistorische Anthropologie und Paläoanthropologie verstanden sich als (auch) historisch denkender Teil der biologischen bzw. naturwissenschaftlichen Anthropologie und damit als Teil der Biologie. Sie wurden in der Regel in naturwissenschaftliche Fakultäten integriert.[23] Die Verbindungen zwischen biologischer Evolutionsforschung und Anthropologie waren fließend. Schnell wuchs der Quellenbestand durch planmäßige Grabungen und Zufallsfunde an. Für die Fossile, deren metrische und morphologische Analyse und die Rekonstruktion phylogenetischer Prozesse der Menschwerdung erklärte sich der Zweig der Paläoanthropologie zuständig und definierte sich als Wissenschaft vom fossilen Homininen[24] im Vergleich zur Prähistorischen Anthropologie, die engere Beziehungen zur Ur- und Frühgeschichte unterhielt,[25] klarer als Teil der Biologie. Die Lehrbuchdefinitionen bestimmen die biologische Anthropologie heute knapp als den Teil der Biologie, der sich mit dem Menschen als Organismus befasst, und zwar hinsichtlich seiner Phylogenese, Ontogenese[26] und Variabilität

19 | Vgl. Eberhardt 2012: 168.

20 | Vgl. dazu knapp Veit 2006b: 126; Goodrum 2009: 340.

21 | Vgl. zu diesem Begriff Goschler 2004: 247 ff.

22 | Vgl. Veit 2011b: 206; Hoika 1998: 51 f.

23 | Vgl. Henke/Rothe 2006: 46, 49; Henke 2010a: 173; Knußmann 1988: 3, 8 f., 14. Eine Ausnahme bildet die Universität Tübingen, wo Urgeschichte und Naturwissenschaftliche Archäologie, genauer Paläogenetik, Paläoanthropologie und Geoarchäologie, am Fachbereich Geowissenschaften der Mathematisch-naturwissenschaftlichen Fakultät angesiedelt sind. Vgl. Universität Tübingen 2016a.

24 | Vgl. Knußmann 1988: 11. Etwas enger könnte man die Paläoanthropologie auch als die Wissenschaft von fossilen Hominiden als Teil der Primatenevolution bezeichnen, vgl. Henke 2010a: 174; Universität Mainz 2012b; Knußmann/Martin 1988 oder Knußmann 1988: 4 ff.; Alt/Röder 2009: 88.

25 | Vgl. Henke/Rothe 2006: 56, 59.

26 | Die Ontogenese ist die individuelle Entwicklung eines Lebewesens.

in Raum und Zeit.[27] Die interne Spezialisierung schlug sich in den Allgemeinlexika nieder. So definierte beispielsweise der *Brockhaus* Paläoanthropologie 2006 als »Wissenschaft von den fossilen Menschen als Disziplin der biologischen Anthropologie«.[28] Die Vertreter und Vertreterinnen der Prähistorischen Anthropologie interessierten sich für die jüngere Menschheitsgeschichte etwa ab dem Auftreten der Anatomisch Modernen Menschen, für menschliche Variabilität, Lebensbedingungen und Verhalten in Populationen und ebenfalls für Fragen der Humanevolution.[29] Organismen waren in beiden Teilbereichen sowohl Untersuchungsgegenstand als auch Quelle. Anfangs ging es um die Ebene des ganzen Organismus oder seiner Teile wie etwa des Schädels oder des Skeletts.[30] Erschlossen wurde dies mit metrischen und morphologischen Verfahren, d. h., Größen- und Formmerkmale wurden beschrieben oder vermessen und interpretiert. Auf dieser Basis wurden unter anderem Geschlecht, Alter, Körperhöhe, anatomische Varianten und Pathologien angesprochen sowie Klassifikationen und Typologien entwickelt. Das Typologiekonzept verlangte nach festen Typen, nach denen Bevölkerungen gegliedert werden. Variation war aus dieser Sicht eine Abweichung von einem Ideal, also normativ besetzt.[31] Im Lauf der 1940er Jahre kamen serologische Verfahren hinzu. Akademische Kontakte bestanden zur Anatomie, Zoologie und Paläontologie,[32] aber eben auch zu den Archäologien, die wiederum ihrerseits im ersten Drittel des 20. Jahrhunderts zunehmend natur- und technikwissenschaftliche Analyseverfahren der Physik, Chemie, Metallurgie und Geologie in die Bearbeitung des Sachguts einbe-

27 | Vgl. Knußmann 1988: 5; Alt/Röder 2009: 89.

28 | O. V. 2006b.

29 | Es besteht ein Überschneidungsbereich in der Erforschung des Jungpaläolithikums, denn das Paläolithikum umfasst den Zeitraum von der Entwicklung der Homininen vor etwa fünf bis sechs Millionen Jahren bis zum Beginn von Feldbau und Viehhaltung um etwa 10.000 v. Chr.

30 | Ihr Quellenmaterial findet die Prähistorische Anthropologie in Überresten wie Skelettfunden, Leichenbrand, Mumien oder Moorleichen, die Paläoanthropologie in fossilen Überresten.

31 | Nicht nur das prädestinierte die deutsche Anthropologie für rassenideologische Anwendungen im Nationalsozialismus. Dabei lag aber der Schwerpunkt auf der Erforschung der Lebenden im Sinne einer ›Erblehre‹ und ›Rassenhygiene‹. Vgl. Henke/Rothe 2006: 54. Paläoanthropologie und Prähistorische Anthropologie verloren relativ an Bedeutung, wenngleich einzelne Teilgebiete wie etwa die Neandertalerforschung für die rassenideologischen Ziele des Nationalsozialismus gewonnen wurden. Vgl. Henke 2010a: 179 f.

32 | Vgl. ders./Rothe 2006: 54.

zogen.[33] Die Zusammenarbeit von Archäologien und Naturwissenschaften hat also eine weit zurückreichende Tradition und den Charakter der Archäologien seit Langem geprägt.[34]

Während im deutschsprachigen Raum die Ur- und Frühgeschichte als Teil der Archäologien zur »Wissenschaft von den sichtbaren Überresten alter Kulturen«[35] und in den universitären Strukturen überwiegend den Kultur-, Geschichts- oder Altertumswissenschaften zugeordnet wurde,[36] wurde sie in den USA Teil der Four Fields Anthropology. Gemeint ist damit eine breit angelegte Wissenschaft vom Menschen mit sowohl naturwissenschaftlichen als auch geistes- und sozialwissenschaftlichen Kompetenzen.[37] Dabei ist nicht entschieden, ob sie zu den kulturell und wissenschaftspolitisch hoch bewerteten Sciences bzw. ›nur‹ zu den Humanities zugeordnet wird.[38] In Großbritannien ist die Prehistory ebenfalls traditionell akademisch enger als im deutschsprachigen Raum mit der (Social) Anthropology und diversen Naturwissenschaften verbunden, dennoch aber immer noch stärker in der Archaeology verankert als in den Sciences.

In den biologischen Wissenschaften war seit dem Ende des 19. Jahrhunderts ein neues Wissenschaftsideal etabliert worden, das die interventionistischen, kontrollorientierten, praktisch-technischen Arbeiten im Labor zum Kern (natur-)wissenschaftlichen Arbeitens erhoben hatte. Moderne Naturwissenschaft bevorzugte das Labor als Ort der Wissensgenerierung und das Experiment als primären Weg zum Wissen. In dieser als kontrollierbar wahrgenommenen, auf bestimmte Parameter reduzierbaren Forschungsumwelt waren manipulative Eingriffe an Organismen möglich, bei denen es den Forschenden darum

33 | Vgl. Renfrew 1992: 286; Craddock 1991; Haidle 1998: 14; Experteninterview Veit 2013.

34 | Vgl. Lidén/Eriksson 2013: 12 f.; Kristiansen 2014: 14-19.

35 | O. V. 1993b: 249.

36 | Die Integration in eine naturwissenschaftliche Fakultät ist die Ausnahme.

37 | Anthropology integriert als Untereinheiten die Physical oder Biological Anthropology, Cultural Anthropology, Archaeology und Linguistic Anthropology. Der Four Field Approach soll einen vieldimensionalen Zugang zu menschlicher Gesellschaft, Kultur, Biologie und Sprache ermöglichen. Vgl. knapp Gould 2007: 33 f. Zur Rolle der Archaeology Kristiansen 2009: 39; Thomas 2007: 161 f.; Yarrow 2010: 16 f.; Veit 1998b: 21; Goodrum 2009: 342.

38 | Als 2010 die American Anthropological Association (AAA) aus ihren langfristigen Verbandszielen das Projekt, Anthropology als Science zu etablieren, strich, löste dies Proteste aus. Was sei der Mensch, wenn sich die Disziplin, die sich mit ihm ihn seiner Diversität befasse, nicht mehr als Science verstehen wolle, sondern ›nur‹ als Teil der geringer geschätzten Humanities? Vgl. u. a. Wade 2010; AAA 2013a; 2013b. Zur Diskussion auch Killick 2015: 243.

ging, die Komplexität einer ›natürlichen‹ Situation zu reduzieren, indem eben bestimmte Faktoren ein- oder ausgeschaltet oder künstliche Rahmenbedingungen hergestellt wurden.[39] Das diente dazu, Theorien zu überprüfen, bestimmte Faktoren voneinander getrennt zu untersuchen, Abläufe zu reproduzieren oder zu manipulieren. Diese Interventionsmöglichkeiten und die Kontrollpraktiken unterschieden das Experiment und das Labor wesentlich von den älteren beobachtenden und beschreibenden, hier vor allem den morphologischen Methoden der biologischen Fächer. Mit ihren bisherigen Verfahren entsprachen biologische Anthropologie, Evolutionsforschung und Genetik spätestens ab den 1950er Jahren nicht mehr jenem Wissenschaftsideal.

Wissenschaften, die Laborstudien betrieben, rangierten in der akademischen Hierarchie der 1950er und 1960er Jahre weit oben. Doch wie sollten sich die Fragestellungen, um die es den Anthropologen, Genetikern und Evolutionsforschern ging, experimentell im Labor bearbeiten lassen? Evolutionstheorien galten als nicht exakt und sie passten auch nicht ins Labor als wissenschaftlichen Ort.[40] Naturgeschichte und der Prozess der Menschwerdung ließen sich schlecht experimentell testen. Doch wurde der Versuch unternommen, auch Laborstudien und Experimente als Wege zum natur- bzw. evolutionshistorischen Wissen aufzunehmen. Das ging einher mit der Molekularisierung, d. h. dem allgemeinen Trend der biologischen Wissenschaften, sich die Ebene der Moleküle zu erschließen – zumindest gedanklich und theoretisch, denn technisch zugänglich war diese nur in Ausschnitten.

Früher als Anatomie, Zoologie, Paläontologie und Paläoanthropologie hatte sich die Genetik schrittweise der Ebene der Zellen und (perspektivisch) der Moleküle zugewandt.[41] Im Schnittmengenbereich der Evolutionsforschung hatten sich ebenfalls am Anfang des 20. Jahrhunderts einige Forscher und Forscherinnen für Labormethoden wie die Serologie, Biochemie und Geochemie interessiert. Bereits um 1900 war erstmals versucht worden, die Blutgruppenchemie einzusetzen, um Phylogenien der Primaten zu untersuchen. Verschiedene Hypothesen zur Verwandtschaft von Menschen und Menschenaffen beruhten auf frühen Blutserentests.[42]

Die ab 1950 etablierte synthetische Evolutionstheorie von Ernst Mayr, Theodosius Dobzhansky und George Gaylord Simpson war offen genug, um die methodischen und erkenntnistheoretischen Gegensätze zwischen der Genetik und der noch stark morphologisch orientierten Evolutionsforschung zu über-

39 | Vgl. Köchy 2010: 171; ders./Schiemann 2006: 2; Wehling 2015: 36 f.

40 | Vgl. umfassend Mayr 2002: hier v. a. 454, 683 f.; Köchy/Schiemann 2006: 173; Cavalli-Sforza/Feldman 2003: 266.

41 | Vgl. Chaoui 2006: 41.

42 | Vgl. Borgognini Tarli/Paoli/Francalacci 1986: 107; M. Sommer 2010a: 208; Shapiro/Gilbert/Barnes 2008: 207; Marks 1994: 62 ff.

winden. Als zentrale Konferenz dieser Neuorientierung gilt das *Cold Spring Harbor Symposium on Qualitative Biology* von 1950. Dort stellten Genetiker auf der einen Seite und Taxonomen, Paläontologen und Anthropologen auf der anderen, d.h. damals vor allem noch morphometrisch und typologisch arbeitende Wissenschaftler und Wissenschaftlerinnen, ihre jeweiligen Zugänge zur Evolution vor und überlegten, ob sie sich verknüpfen ließen. In der Folge breitete sich die synthetische Evolutionstheorie in der Biologie und dort auch in der Paläoanthropologie aus.[43] Etwa zur selben Zeit löste das Populationsdenken das bisherige Typenkonzept weitgehend ab, in den USA früher und rascher, in Deutschland und anderen europäischen Ländern langsamer.[44] Die Evolutionsforschung nahm immer mehr experimentelle Anteile auf, wenngleich weiterhin die Simulation des Evolutionsgeschehens deutlich über das Labor und die Reichweite von Experimenten hinausging. Laborstudien und kontrollierbare Experimente kamen in den 1960er Jahren zu den etablierten Ways of Knowing hinzu, ohne diese ersetzen zu können.

In diesen Jahren begegnete man auch zum ersten Mal dem Begriff der Molecular Anthropology. Er wird auf den österreichisch-französischen Biologen Emile Zuckerkandl (1922-2013) zurückgeführt, der ihn 1962/1963 etablierte, um den von ihm und dem physikalischen Chemiker Linus Pauling (1901-1994) vertretenen molekularen Zugang zur Primatenphylogenie und Evolution begrifflich zu fassen. Molecular Anthropology bezeichnete die Erforschung des Menschen mit verschiedenen immunologischen und biochemischen Verfahren. Da ihnen DNA-Moleküle technisch noch unzugänglich waren, waren Zuckerkandl und Pauling auf Proteine ausgewichen.[45]

Zuckerkandl und Pauling hatten beobachtet, dass sich die Aminosäuren des Hämoglobins immer mehr voneinander unterschieden, je weiter sich zwei Arten phylogenetisch voneinander entfernt hatten. Sie gingen deshalb davon aus, dass Gene, die ein bestimmtes Protein codieren, auf die neu entstehenden Spezies übergehen und dass sie sich dort jeweils unterschiedlich weiterentwickeln (Mutation).[46]

Interessant waren die als neutral bezeichneten Mutationen, die für die Selektion keine Rolle spielten, denn von ihnen war anzunehmen, dass sie im Genotyp eine konstante Mutationsrate aufwiesen. Diese Annahme basierte auf der sogenannten Neutralen Theorie, die der japanische Genetiker Motoo Kimura

43 | Vgl. Mayr 2002: 456, 459 f.; Chaoui 2006: 41; Sommer 2008b: 113; Goodrum 2009: 348.

44 | Vgl. Chaoui 2006: 43 f.; Schwidetzky 1988: 95, 98 f.; M. Sommer 2010c: 38; Henke/Rothe 2006: 55; Preuß 2006: 104-116, 121 f.

45 | Vgl. Deslisle 2007: 319; Cavalli-Sforza/Feldman 2003: 266; Sommer 2008b: 112; Goodman 2007: 318.

46 | Zu Zuckerkandl vgl. Sommer 2008a: 487 f.

(1924-1994) 1968 in *Nature* publiziert hatte.[47] Von diesen Annahmen ausgehend entstand die Molekulare Uhr (Molecular Clock), mit deren Hilfe Evolutionsereignisse, wie zum Beispiel die Aufspaltung von zwei Arten eines gemeinsamen Vorfahrens, datiert werden konnten.[48]

Den Umweg über das Albumin, ein Protein aus dem Blutplasma, wählten in den 1960er Jahren der Biochemiker Allan C. Wilson in Berkeley und der Anthropologe Vincent Sarich. Sie verglichen dessen Strukturen bei verschiedenen Primaten.[49] 1965 eröffnete die University of California, Berkeley, ein Labor für molekulare Evolutionsbiologie im Sinne Wilsons, der dort ganze Generationen von Biologen ausbildete. Ende 1967 publizierten Allan C. Wilson und Vincent M. Sarich in *Science* erstmals die Ergebnisse einer Untersuchung, in der sie die Molekulare Uhr auf die menschliche Evolution anwandten, indem sie konstante Evolutionsraten des Albumins annahmen und darüber auf die Zeit seit der Spaltung von Menschen und afrikanischen Menschenaffen schlossen.

Im Lauf der 1960er Jahre errechneten sie so das Alter des sogenannten Most Recent Common Ancestor (MRCA) von Menschen und Schimpansen.[50] Zwar haben spätere Studien über Mutationsraten ergeben, dass ein zeitweise höherer Selektionsdruck die Molekulare Uhr beschleunigen kann und auch die geschlechtsbezogene Generationsdauer eine Rolle spielt,[51] jedoch ist in wissenschaftshistorischer Perspektive ausschlaggebend, dass sich die molekulare Berechnung deutlich von den Daten unterschied, die auf der Basis morphologischer Befunde kalkuliert worden waren. Die neuen Daten überzeugten weite Teile der Evolutionsforschung und führten dort zu Neukonzeptionen der phylogenetischen Modelle. Andere lehnten sie zunächst wegen der Quelle, auf der

47 | Vgl. als Ausgangspublikation Kimura 1968: 642, mit der Hauptthese »Calculating the rate of evolution in terms of nucleotide substitutions seems to give a value so high that many of the mutations involved must be neutral ones.«

48 | Vgl. kurz einführend Shapiro/Gilbert/Barnes 2008: 217. Kalibriert wird die Molekulare Uhr, indem man aus dem fossilen Befund bekannte Daten z. B. über die Aufspaltung zweier Arten heranzieht.

49 | Sie hatten sich von den Fossilfunden als Quelle abgewandt, mit denen hinsichtlich der Primaten nichts mehr anzufangen zu sein schien. Vgl. Sommer 2008a: 501 f.

50 | Vgl. Wilson/Sarich 1967: 1200. Wilson und Sarich errechneten ca. fünf Millionen Jahre. Inzwischen hat sich diese Berechnung auf zwischen fünf und sieben Millionen Jahre verschoben. Vgl. Matisoo-Smith/Horsburgh 2012: 97.

51 | Arbeitet man mit mtDNA und matrilinealen Linien, sind etwas kürzere Generationsdauern anzunehmen als bei patrilinealen Linien, da Frauen eine kürzere Reproduktionsphase haben als Männer. Molekulare Uhren sind als Näherungen zu verstehen, sie ›gehen nicht genau‹. Vgl. Shapiro/Gilbert/Barnes 2008: 222, auf der Basis von Jobling/Tyler-Smith 2003: 605.

sie basierten, vehement ab.[52] Innerhalb weniger Jahre stand dann die Methode, die im Grunde ein Zurückrechnen ist, kaum mehr zur Debatte: Sie galt als objektiv, neutral sowie apolitisch und daher allen früheren Verfahren überlegen. Sie schien das Fach zudem vom Vorwurf des Rassismus zu befreien.[53]

In der Folge widmeten sich Forschende beidseits des Atlantiks evolutionsgeschichtlichen und phylogenetischen Fragen mithilfe eines neuen methodischen Neben- und Miteinanders von morphologischen, serologischen, zytogenetischen, verhaltensbiologischen und biochemischen Methoden und Daten.[54] Die Proteinforschung entstand als ein Spezialgebiet mit Aussagepotential für Anthropologie, Evolutionsforschung und Archäologien im Bereich der Speziesbestimmung, der Residue Analysis,[55] Populationsgenetik und Paläopathologie.[56] Aus dem Umweg entwickelte sich ein Forschungsfeld eigenen Zuschnitts.

In der Prähistorischen Anthropologie, insbesondere im deutschsprachigen Raum, und auch in der Paläoanthropologie wurden seit den 1970er Jahren Versuche unternommen, die Anthropologie in epistemologischer Hinsicht neu zu erfinden und fachpolitisch neu aufzustellen.[57] Lehrstühle waren an die Humangenetik verloren gegangen.[58] Aus diskursgeschichtlicher Sicht spielt es eine geringe Rolle, ob die anthropologischen Fächer tatsächlich an gesellschaftlicher Relevanz, Ressourcen oder Aktualität eingebüßt hatten, was auch

52 | Vgl. Horsburgh 2015: 142; Sommer 2008b: 118.

53 | Vgl. Sommer 2012b: 217 f.

54 | Als Beispiel zu den Schwierigkeiten und Enttäuschungen der frühen Proteinforschung vgl. Hedges/Wallace 1978: 378, 385; zurückblickend Jones 2001: 166-169, und Henke 2010a: 180 ff. So wurden z. B. Nachweis- und Analyseverfahren für Lipide und Proteine erprobt. Collagen beispielsweise konnte früh in altem Knochenmaterial nachgewiesen werden, lange bevor das Aussagepotential dieser Quelle klar war. Als wichtig erwiesen sich auch das Plasmaprotein Albumin und die Knochenproteine Osteonectin und Osteokalzin sowie verschiedene Immunglobuline.

55 | Residue Analysis ist die Untersuchung von organischen Spuren am oder im Sachgut mithilfe unterschiedlicher chemischer und biologischer Methoden. Vgl. ausgehend von Loy 1983; auch m. w. N. ders. 1993: 44; Hardy/Raff 1997; Evershed 2008: 898-902, 911-915; Langejans 2010; Shanks et al. 2001; kritisch jedoch zur Problematik der Überinterpretation der Daten Brown/Brown 2011: 145 ff., bzw. zur fehlenden kulturellen Kontextualisierung Lidén/Eriksson 2013: 17.

56 | Vgl. Tuross 1991: 51 ff.; Cattaneo et al. 1991: 879 f., zur Serologie und Proteinanalyse; Tuross 1993: 276 ff.; Grupe/Turban-Just 1996: 306 f.; Brandt/Wiechmann/Grupe 2002: 307 f.

57 | Vgl. Orschiedt 1998: 35; Schwidetzky 1988: 67; und Rösing 1982b: 22 ff.; Expertinneninterview Grupe 2013.

58 | Vgl. Rösing 1982b: 20; Schwidetzky 1988: 67; Herrmann 1986b: 9; Orschiedt 1998: 35; Niemitz 2006b: 7.

nicht so leicht zu quantifizieren wäre. Entscheidend ist, dass dies so wahrgenommen wurde.[59] Eine Krise wurde antizipiert, und dies gab Anlass zur intensiven Selbstbefragung. Ein Teil der deutschen Anthropologen deutete die hoch bewerteten Labormethoden namentlich der Mikro- und Molekularbiologie sowie der Biochemie als Möglichkeit, mit der Konkurrenz aus der Molekularbiologie und Genetik umzugehen und sich innerhalb der Biologie[60] als Teilfach aufzuwerten, indem man einerseits methodisch an diese anschloss. Andererseits sollte, so der fachpolitische Zukunftsentwurf, kooperatives Forschen mit anderen Fächern, insbesondere den Archäologien, neue Verbündete schaffen. Wer sich die Trends, die die Molekularbiologen als Spitzenreiter in der internen Hierarchie der Biologie setzten, zunutze machen konnte, zeigte, so die Erwartung, dass er auf dem neuesten Stand war.[61] Grob lautete die Logik: Wenn alles Molekulare en vogue ist und sich diverse Teilgebiete der Biologie molekularisieren, dann ist ebenfalls en vogue, wer molekularbiologisch arbeiten kann. Die als übermächtig wahrgenommene Konkurrenz regte dazu an, sich zu modernisieren, eine spezialisierte Nische zu bilden und neue Partnerschaften einzugehen. Diese überfachlichen Kooperationen erwiesen sich aus fachpolitischer Hinsicht allerdings durchaus als ambivalent.

Aufzeigen lässt sich die Verknüpfung von epistemologischen und fachpolitischen Erwartungen an der Positionierung des Göttinger Institutsleiters Bernd Herrmann. Er beschrieb sein Fach, hier 1997 auf einem Kongress der Gesellschaft für Anthropologie und Humangenetik[62] unter dem Titel *Perspektiven der Prähistorischen Anthropologie*, als ein von allen Seiten umzingeltes Gebilde, das innerhalb der Biologie und in der Wissenschaftslandschaft an sich um seine Legitimation und um Ressourcen ringen musste und dabei mit dem Hype um die Molekularbiologie[63] konfrontiert wurde: »Die Forschungsfront entwickelt sich an den Schnittstellen zur Geochemie, Biochemie und molekularen Biologie. Mit diesen Disziplinen zu konkurrieren, ist eine erkennbar schwierige Auf-

---

59 | Der Band von Rösing/Schwidetzky (1982) war eine Lageanalyse, mit der die westdeutsche Anthropologie der wahrgenommenen Krise begegnen wollte, indem sie ihrer Geschichte nachging.

60 | Die Biologie beherbergt eine Vielzahl von Fächern und Fachbereichen wie Taxonomie und Systematik, die Genetik, Molekularbiologie, Mikrobiologie, Neurobiologie, Morphologie, Anatomie, Botanik, Zoologie, Anthropologie. Diese wurden seit den 1960er Jahren zunehmend molekularisiert, vgl. Morange 1998: 183.

61 | Vgl. dazu z. B. Hummel et al. 1995: 61.

62 | Es handelt sich um die wichtigste Fachgesellschaft der Anthropologie im deutschsprachigen Raum, in der allerdings der humangenetische Teil überwiegt.

63 | Die Molekularbiologie entstand im 20. Jahrhundert durch eine übergreifende Zusammenarbeit von Genetik, Biochemie und Strahlenphysik und wurde zu einem Fach eigenen Rechts. Vgl. u. a. Lenoir 1997: 60 ff.

gabe. Konkurrenz erwächst auch aus der Archäometrie, die z. B. in großen Wissenschaftszentren wie Smithsonian oder Oxford hochsubventioniert wird.«[64]

Unterdessen hatte die Ur- und Frühgeschichte aufgrund ihrer begrenzten epistemischen Ressourcen begonnen, Organismen als Quelle neben der Sachkultur in Betracht zu ziehen.[65] Erkundet worden waren zum Beispiel die Möglichkeiten der Pollenanalyse, die Botaniker seit Beginn des Jahrhunderts betrieben, um Fragen der Domestikation und der genetischen Entwicklung der Pflanzen nachzugehen.[66] Die seit den 1950er Jahren etablierte Archäometrie,[67] changierend zwischen Hilfswissenschaft der Archäologie und Fach eigenen Rechts,[68] integrierte bereits Geologie, Chemie, Physik, Mineralogie und Mathematik.[69] Doch immer mehr interessierten sich die Archäologien auch für die biologische Expertise. Kontakte zur Zoologie und Botanik wurden zum Beispiel auf der 1956 in Chicago veranstalteten Konferenz *The Identification of Non-artifactual Archaeological Remains* geknüpft, die die Initialzündung für entsprechende Treffen auch in Deutschland gab.[70]

Feldarchäologen[71] entwickelten im Lauf der 1970er und 1980er Jahre ein reges Interesse an organischem Material, das zuvor oft aussortiert oder igno-

---

64 | Herrmann 1997: 100.

65 | Vgl. Veit 2011a: 43; Expertinneninterview Samida 2013.

66 | Vgl. Riehl 1998: 21.

67 | Den Begriff Archaeometry hatten der Physiker Martin J. Aitken und der Archäologe Christopher Hawkes 1958 als Titel für eine neue überfachliche wissenschaftliche Zeitschrift erfunden, die das Research Laboratory for Archaeology in Oxford herausgeben wollte. Wenige Jahre später fand dort die erste Archaeometry Conference statt, und Fortbildungen sowie Studiengänge folgten. Im Englischen wird auch Archaeological Science verwendet, um qualitative und quantitative Zugänge und Methoden besser zusammenzufassen. Vgl. Tite 1991: 140-146; Pollard 1992.

68 | Zur Archäometrie als eigenem Fach vgl. Renfrew 1992: 287; Wagner 2007b: v; 2002: 105 f.; Reindel/Wagner 2009a: 2; Vollmer 2010: 66. Zum Bild der Archäometrie als Hilfswissenschaft, jedoch mit dem Ziel, dies zu ändern, bei Rottländer 1998: 214; GNAA 2014.

69 | Vgl. z. B. Tite 2002: 35; Liritzis/Hackens 1986: Inhaltsverzeichnis. Die international wichtigsten Zeitschriften der Archäometrie sind heute *Archaeometry* und J. Archaeol. Sci.

70 | So wurde z. B. 1967 in München das Kolloquium *Archäologisch-biologische Zusammenarbeit in der Vor- und Frühgeschichtsforschung* veranstaltet. Vgl. Boessneck 1968; Doll 1998: 27.

71 | Der Begriff der Feldarchäologie umfasst die Verfahren, die der Erschließung archäologischer Quellen im Feld dienen: Prospektion, Grabung, Dokumentation. Vgl. einführend, allerdings mit einem Schwerpunkt auf der angelsächsischen Version der Feldarchäologie, Drewett 2011: 3-6, 8-12. Für Deutschland Eggert/Samida 2013a: 9 f. Seit

riert worden war.[72] Skelette oder Skelettelemente, Pollen, Haare, Federn, Fell, Koprolithen sowie biogene Artefakte wie Elfenbein, Leder, Leim, Pergament oder Farben wurden nun als nützliche Quellen empfunden. In den 1970er Jahren ging die Perspektive zudem vom ganzen Organismus auf die Zellen über. Zu dem Zeitpunkt, als die europäischen Archäologien die Fächer der Biologie, und insbesondere die Anthropologie, wieder von Neuem als Referenzwissenschaften entdeckten, befanden sich diese längst in ihrer molekularen Phase, so der Bioarchäologe und Professor für Archaeological Science Martin K. Jones: »By the time archaeologists were becoming proficient at digging up fragments of ancient organisms and recognizing their tissues, biologists had already progressed deep into the heart of cellular dynamics, to decipher the molecular basis of life«.[73]

Er habe sich damals an einer bereits veralteten Form der Biologie orientiert und seine Gesprächspartner und -partnerinnen auf der Seite der biologischen Fächer waren diesem Interesse entgegengekommen, hatten aber deutlich gemacht, dass inzwischen Zellen und sogar Moleküle historische Quellen sein konnten und dass die Zukunft der Zusammenarbeit im Labor liege:

»[W]e were conscious that the biology we were then introducing to archaeology was already lodged in the past. We were attempting comparative, whole-organism studies that had a lot in common with the kind of natural history that grew in the nineteenth century and blossomed in the early twentieth. They were proving extremely valuable in bringing the archaeological past to life, but at the same time what contemporary biologists were doing suggested that we could probe much deeper.«[74]

Mit der Suche der Archäologien nach neuen Quellen und Kooperationen gingen neue Erkenntnisinteressen und Fragestellungen bzw. ein neuer Blick auf das Alte einher und umgekehrt. Eine Reihenfolge oder Kausalität lässt sich hier schwer identifizieren. Der Blick auf die Gesellschaften und Kulturen der Vergangenheit wurde breiter. Diskutiert wurde, ob archäologische Fragestellungen auf die Entwicklung von Sachkulturen beschränkt bleiben oder ob sie Lebensweisen und den Menschen in der Beziehung zu seiner Umwelt miteinschließen sollten. Immer mehr Archäologen begannen sich für menschliches Leben in seiner Breite, nicht nur für kulturelles Schaffen und Symboliken zu interessieren. Als gesamtgesellschaftlicher Impuls lässt sich dahinter die Sensibi-

den 1920er Jahren hat die Feldarchäologie natur- und geowissenschaftliche Methoden insbesondere zur Prospektion integriert. Vgl. Eggert 2006: 28; zur Geschichte der Feldarchäologie Eberhardt 2012: 156-167; dies, 2011; Lang 2002: 122-126.

72 | Vgl. Eggert 2011a: 259; Jones 2001: 6.

73 | Ebd.: 7.

74 | Ebd.

lisierung für Mensch-Umwelt-Verhältnisse und Ökologie seit den 1970er Jahren ausmachen.

Multidisziplinäre Kooperationen nahmen zu. Das überfachliche Miteinander war aber mitunter aus der Sicht aller Beteiligten ein auf unbefriedigende Weise asymmetrisches Unterfangen.[75] Anthropologen, die morphologische oder metrische Bestimmungen für archäologische Projekte unternommen hatten, fühlten sich als Ancillawissenschaft oder Servicewissenschaft,[76] weil Daten, die sie geliefert hatten, in eine Art »›Buchbindersynthese‹«[77] in die Anhänge der archäologischen Kataloge abgeschoben wurden, wo sie wenig Beachtung fanden.[78] Solches mehr oder weniger wohlwollende Nebeneinanderarbeiten, bei dem gelegentlich Querbezüge hergestellt wurden, wenn es dem eigenen Anliegen nützlich erschien, aber selten versucht wurde, eine gemeinsame Lösungsstrategie zu formulieren, und Einzelergebnisse in den jeweiligen Gesamtbefund oft gar nicht eingingen, praktizierten aber nicht nur Anthropologie und Archäologie, sondern auch Archäologie und andere Naturwissenschaften. Im Fall der EDV und Informatik, die von vornherein als Hilfswissenschaften der Archäologie (und auch der Anthropologie) auftraten und auf Abruf ihr methodisches Vermögen zur Verfügung stellten, ohne Ertrag für die eigene Forschung zu erwarten, erwies sich dies nicht als Problem.[79] Auch freiberuflich arbeitende Anthropologen, Archäozoologen und -botaniker, die sich darauf spezialisiert hatten, solche Auftragsarbeiten zu übernehmen, kamen damit zurecht.[80] Problematischer entwickelte sich hingegen das Verhältnis der akademischen Archäologien und Anthropologien.

---

75 | Vgl. Rösing 1982a: 346; Henke/Rothe 2006: 61; Eggert 1995: 35; Haidle 1998: 15.

76 | Als Beispiel vgl. Herrmann 2011: 473. Auch die Begriffe Dienstleistungswissenschaft und Hilfswissenschaft tauchten häufiger auf.

77 | Alt 2010: 10. Vgl. auch Expertinneninterview Grupe 2013.

78 | Vgl. Orschiedt 1998: 34 f.; generell zum Schicksal naturwissenschaftlicher Daten in archäologischen Projekten vgl. Rottländer 1998: 217. Traditionell erschienen naturwissenschaftliche Analysen oft in den Appendizes archäologischer Veröffentlichungen, wo man sie als »ergänzend« (Kimmig 1991: v) bezeichnete oder für »sehr viele verwertbare Informationen und Einsichten« (Boom 1991b) dankte. Diese Praxis wurde aber schon seit Längerem fachintern kritisiert. Vgl. Eggert 1995: 35; Herrmann 1995: 24; Haidle 1998: 15; ähnlich für die Paläobotanik bei Riehl 1998: 22.

79 | Vgl. Haidle 1998: 12 f. Reinhard Koselleck hat dieses Phänomen 1978 als subsidiäre Interdisziplinarität bezeichnet und als ergebnisreich gelobt, aber seinen interdisziplinären Charakter in Frage gestellt. Vgl. Koselleck 2010: 58.

80 | Vgl. z. B. das Projekt Fabrizii-Reuer/Reuer 2001: 7 f.; auch Experteninterview Veit 2013. Als Beispiel vgl. Anthropologie und Osteoarchäologie – Praxis für Bioarchäologie 2013; Menninger 2009; diese Praxis problematisierte Expertinneninterview Grupe 2013.

In Deutschland setzten besonders intensive fachinterne Diskussionen um den Charakter der Prähistorischen Archäologie und ihr Verhältnis zu den Geschichts-, Kultur- und insbesondere zu den Naturwissenschaften ein. Für die deutschen Prähistoriker bedeutete es eine Grenzüberschreitung, Quellen und Expertisen anderer Fächer zu integrieren. Das Fach prägte die Sichtweise des Ur- und Frühgeschichtlers Joachim Werner (1909-1994), der strikte Grenzen zwischen den Fächern, ihren Quellen und Methoden bevorzugt hatte. Da sie grundverschiedene Quellen benutzten, sollten die Fächer lieber – so die mündliche Überlieferung – »getrennt marschieren, vereint schlagen«.[81] Erst wenn in unabhängigen Forschungsprozessen abschließende Ergebnisse erzielt worden seien, dürften diese miteinander verglichen oder zu einem Gesamtbild zusammengefügt werden. Alles andere galt als methodisch unsaubere »gemischte Argumentation«.[82] Werner ging es allerdings vor allem um das Verhältnis zur Geschichtswissenschaft, deren Schriftquellen er, wie zahlreiche andere Archäologen auch, für interpretationsbehaftet, ›weicher‹ und bestechlicher hielt als die ›harten‹, objektiven Artefaktquellen der Archäologien.[83] In neuer Form ist die Frage der gemischten Argumentation in den Archäologien durchgängig aufgetreten: Jüngst ging es eben vermehrt um die Frage, ob Artefakte, Schriftquellen soweit vorhanden, linguistische Quellen, Morphologie und nun eben auch DNA-Daten miteinander unter einer Fragestellung vermischt werden durften, da sie alle unterschiedliche Perspektiven auf die Vergangenheit vertreten.[84]

Nicht nur Werner verstand die archäologischen Quellen als objektive Überreste, aus denen sich Vergangenheit quasi von selbst und ohne Zutun der Forschenden auf neutrale Weise materialisierte.[85] Diese Denktradition machte es schwer, sich am Quellenmaterial anderer Disziplinen zu bedienen, diesen das eigene zugänglich zu machen oder ihnen die Interpretation archäologischer Funde zu gestatten. Von theoriegeleiteten Deutungen war offenbar erst recht Abstand zu nehmen, denn durch sie schienen Subjektivität und Standortgebundenheit in den archäologischen Forschungsprozess hinein zu gelangen. Diese Vorbehalte betrafen einerseits die Geschichtswissenschaft, andererseits die Kooperation mit den Naturwissenschaften.[86] Deren Quellen und Daten gal-

81 | Zur Überlieferung des Zitats von Werner vgl. Meier/Tillessen 2011b: 28 sowie m. w. N.; verhaltener kritisch auch Fehring 2000: 196.

82 | Eggers 1959: 251, und dazu Eggert 2006: 186 f., 220 ff., 224.

83 | Vgl. dazu am Beispiel der Troia-Forschung Cobet 2003: 37. Für den Hinweis auf die Troia-Debatte danke ich Stefanie Samida.

84 | Vgl. zur Problematik Brather 2016: 24.

85 | Vgl. mit Beispielen aus der Archäologiegeschichte Eggert 2005c: 103; Lang 2002: 18 f.; Veit 2011b: 304, als Entgegnung zu Meller 2008a und 2008b: 14.

86 | Vgl. Meier/Tillessen 2011b: 29.

ten gemeinhin aber auch als unbestechlich, neutral und objektiv. Unter neuen Vorzeichen wurde deshalb verhandelt, in welcher Hierarchie archäologische und biologische Quellen zueinander stehen sollten, wer jeweils für ihre Analyse und Interpretation zuständig und kompetent war und wie sich Quellen, in den Fächern erarbeitete Ergebnisse und jeweilige Begriffe kombinieren ließen.

Dabei ging und geht es immer auch um die Frage, was eigentlich die Ur- und Frühgeschichte ausmachte. Während namhafte Prähistoriker wie Manfred K. H. Eggert seit den 1970er Jahren das Fach als historische Kulturwissenschaft aufstellten,[87] fragten andere wie zum Beispiel der Prähistoriker Alexander Gramsch, ob Ur- und Frühgeschichte nicht längst zu Hybriden geworden seien:

»Oder [ist sie, d. Verf.] gar ein Amalgam aus verschiedenen anthropologischen, naturgeschichtlichen und soziologischen Fragen, Ansätzen, Daten und Materialien? Ist sie das *missing link* zwischen den Zwei Kulturen und deshalb in der Lage, beide miteinander zu versöhnen und genetisch-kulturelle ›deep history‹ und ›Sozionaturgeschichte‹ zu schreiben?«[88]

Da Archäologien und neue Naturwissenschaften seit den 1970er Jahren so vernetzt arbeiteten, vermerkte 2001 auch der Prähistoriker Frank Siegmund, weise die Ur- und Frühgeschichte eine Dualität auf. Sie stehe mit beiden Füßen fest sowohl in den Geistes- als auch in den Naturwissenschaften.[89] Selten anzutreffen war und ist hingegen die Konzeption einer Art Gesamtdisziplin der Vorgeschichtsforschung, in der die gedachte Dichotomie der Wissenschaftskulturen a priori übergangen wird.[90]

Wesen und Identität der archäologischen Fächer und ihre Verbindungen zu anderen Arbeitsgebieten wurden seit den 1970er Jahren als etwas Verhandelbares und im Wandel Befindliches aufgefasst.[91] 2013 umschrieb dies der Direktor

87 | Vgl. Eggert 2005a: 227, vgl. auch 221, 229. Vgl. auch ders. 2006: Kapitel XIII; 2010: hier v. a. 61 ff.; Veit 2011b: 299 f.; dezidiert Experteninterview Veit 2013; Expertinneninterview Samida 2013; Haidle 1998: 12; Kristiansen 2009: 5; zum Vergleich der Positionen v. a. hinsichtlich des Verhältnisses zur Geschichtswissenschaft vgl. Müller-Scheeßel/Burmeister 2011: 12, 17.

88 | Gramsch 2011: 210, Hervorhebung im Original.

89 | Vgl. Siegmund 2001: 11.

90 | Vgl. z. B. Meyer/Ganslmeier et al. 2012: 12, 21; aus anthropologischer Sicht Pusch/Scholz 1999: 374. In Großbritannien beispielsweise, wo die Archaeology schon länger und intensiver mit den Geo- und Naturwissenschaften kooperierte und insbesondere die Bioarchaeology inzwischen stärker vertreten ist, war häufiger die Rede von einer Brücke zwischen Sciences und Humanities. Vgl. Kristiansen 2009: 24, 27; Martin/Harrod/Pérez 2013: 9; für die USA Dixon 2006: 28.

91 | Vgl. z. B. Veit 2011b: 306; Expertinneninterview Samida 2013; Killick 2015: 242.

der Römisch-Germanischen Kommission, Friedrich Lüth, zurückblickend, als »the constant rephrasing of archaeology's disciplinary identity«.[92]

Anlass zu diesen Überlegungen gaben und geben zunehmend die Kooperationen mit den biologischen Fächern und die Integration von Verfahren wie der Molekularen Anthropologie und Paläogenetik in die Archäologie.

Wie die Molekulare Anthropologie hatte sich auch die Paläogenetik seit den 1960er Jahren formiert. Etwa zur selben Zeit, als Zuckerkandl und Pauling das Konzept der Molecular Anthropology entwickelten und Wilson und Sarich an der Molekularen Uhr arbeiteten, hatte sich der italienisch-amerikanische Genetiker Luigi Luca Cavalli-Sforza der Frage zugewandt, in welcher Beziehung (prähistorische) Blutgruppenverteilungen und Migrationsbewegungen zueinander standen.[93] Wie Wilson und Sarich vertrat er die Vorstellung, je tiefer man im Organismus nach Informationen suche, desto objektiver, wahrer und sicherer seien diese. Wo Umwelt, Phänotyp und Selektion keine Rolle mehr spielten, befinde sich Wahrheit.[94] Cavalli-Sforza plädierte zudem für eine streng hierarchische Sicht auf die verschiedenen biologischen Methoden, mit den immunologischen und biochemischen an oberster und der Morphologie an unterster Stelle.

Als 1981 und in den folgenden Jahren das menschliche mtDNA-Genom sequenziert und Daten über moderne Haplotypenverteilungen publiziert worden waren, begann er mit dem Archäologen Albert J. Ammerman auszuloten, ob sich diese genetischen Daten mit archäologischen Quellen und genetische Prozesse mit soziokulturellen Entwicklungen wie Mobilität oder Migration in Verbindung bringen ließen. Eines ihrer Ziele war, die Neolithisierungsfrage zu beantworten, die in der Prähistorischen Archäologie und Anthropologie seit Langem diskutiert wurde.[95] Somit markierte eine alte archäologische Problematik gewissermaßen den Anfang der Paläogenetik.

Es ging dabei um die Schwierigkeit, zu klären, ob in Europa der Übergang von der (halb-)nomadischen, aneignenden Lebens- und Wirtschaftsweise der Wildbeuter und Sammler in der Jungsteinzeit zur produzierenden, sesshafteren Lebensweise der Feldbauern und Viehhalter ausgelöst wurde, weil eine substantielle, in ihrem Herkunftsgebiet unter Bevölkerungsdruck geratene Gruppe die neuen Techniken mitbrachte und die ansässige Bevölkerung verdrängte oder ob nicht die Menschen wanderten, sondern das prozedurale Wissen für Sesshaftigkeit, Feldbau und Viehhaltung.[96] Die konkurrierenden Erklärungen waren einander als Demic Diffusion bzw. Cultural Diffusion Model gegenüber-

92 | Friedrich Lüth in Gramsch 2010: 200. Für ein amerikanisches Beispiel vgl. Suárez/Vásquez 2008b: vii.

93 | Vgl. Sommer 2012b: 220.

94 | Vgl. Cavalli-Sforza/Cavalli-Sforza 1995: 118.

95 | Vgl. Gibbons 2000: 1080. Siehe dazu auch S. 183 und S. 320 f.

96 | Vgl. Renfrew 2002b: 3; Price 2000: 1 f.

gestellt worden.[97] Anhand der Sachgutquellen ließ sich kultureller Wandel feststellen und differenziert beschreiben, doch war damit nicht zu entscheiden, ob dieser mit einem Bevölkerungsaustausch einhergegangen war. Die europäischen Archäologien waren aber unter dem Eindruck der New Archaeology in den 1980er und 1990er Jahren bereits weitgehend davon abgekommen, hinter Kulturwandel immer eine Migration substantieller Bevölkerungsgruppen zu vermuten.[98] Die archäologische Forschung tendierte nun zum Modell der kulturellen Diffusion und ging davon aus, dass Ideen und Konzepte und maximal eine kleine kulturelle Elite mobil waren.[99] Um die Quellenbasis zu verbreitern, wurden in den 1980er Jahren Versuche unternommen, linguistische Daten miteinzubeziehen.[100]

Den Genetiker Cavalli-Sforza interessierte hingegen, ob sich die nun bekannt werdenden Sequenzdaten moderner Europäer als Quelle nutzen ließen, genauer gesagt, ob sich die Häufigkeitsverteilung von Allelen in diesen Sequenzen geografisch interpretieren ließ. Seine Hypothese lautete, dass sich Demic bzw. Cultural Diffusion in unterschiedlicher Weise im Genom heute lebender Menschen niedergeschlagen haben müssten. Die Überlegung dahinter war, dass die genetische Variabilität zwischen und innerhalb von Populationen soziokulturelle Prozesse widerspiegeln könnte, weil das reproduktive Verhalten von Individuen und Gruppen von kulturellen, sozialen oder geografischen Umständen beeinflusst sein könnte.[101] Deshalb könnten in solchen Fällen, wenngleich Selektionsvorgänge bestimmter Allele und zufällige genetische Prozesse wie Mutationen zu berücksichtigen seien, divergente Allelfrequenzen entstehen, d.h. es könnte zu einer erkennbaren genetischen Distanz zwischen den Populationen kommen. Diese Möglichkeit ließ Cavalli-Sforza erwarten, dass die konkurrierenden Szenarien – Bevölkerungsaustausch durch Migration und Verdrängung vs. kultureller Wandel ohne Migration – zu unterscheidbaren genetischen Beziehungen zwischen den paläolithischen bzw. neolithischen Menschen und den heutigen Menschen geführt hätten. Im Falle eines reinen

97 | Vgl. einführend und m. w. N. zu den gegensätzlichen Positionen Tillmann 1993: 157, 177 f.; Zvelebil 2002: 379; Cavalli-Sforza 2002: 79 f.; resümierend Thomas 2006.

98 | Vgl. Anthony 1990: 895; Gronenborn 1999: 124; Scarre 2002: 404; Zvelebil 2002: 382; Hofmann 2015: 457.

99 | Vgl. Burmeister 2000: 539.

100 | Der britische Archäologe Colin Renfrew z. B. sah einen engen kausalen Zusammenhang zwischen der Verbreitung der frühneolithischen Wirtschafts- und Lebensweise und der Verbreitung der indogermanischen Sprachen. Vgl. Renfrew 1987: v. a. das Kapitel *Early Language Dispersals in Europe*; dazu kritisch Anthony 1990: 896 f.; und resümierend Thomas 2006.

101 | Naturräumliche Grenzen z. B. können bedeuten, dass nicht alle Mitglieder einer Population statistisch gesehen die gleichen Paarungswahrscheinlichkeiten haben.

Kulturwandels zum Beispiel müsste sich ein hoher Grad an genetischer Kontinuität vom Paläolithikum bis heute feststellen lassen.[102] Cavalli-Sforza und der Archäologe Albert J. Ammerman, die in dieser Frage immer wieder zusammenarbeiteten, schlugen vor, gewissermaßen von den aktuellen populationsgenetischen Daten rezenter europäischer Bevölkerungen zurückzurechnen.[103] Doch es erwies sich trotz des seit den 1970er Jahren immer größer werdenden Corpus von ^{14}C-Datierungen[104] archäologischer Funde als problematisch, aus rezenter DNA abgeleitete genetische Entwicklungen zu datieren und mit der Sachkultur der Vergangenheit in Verbindung zu bringen. Dennoch tendierten Cavalli-Sforza und Ammerman zum Demic Diffusion Modell.[105] Sie beklagten in ihrem 1984 erschienenen Buch *The Neolithic Transition and the Genetics of Populations in Europe* sehr, dass es noch keinen direkten Zugang zu paläolithischer oder neolithischer DNA aus archäologischen Funden gebe, der es ermögliche, den Faktor Zeit sinnvoll einzuberechnen.[106]

Am Beispiel dieser frühen paläogenetischen Versuche zur Neolithisierungsfrage zeichnete sich erstens ab, dass die Molekularisierung der Genetik und Evolutionsforschung nicht nur das Verständnis von Organismen und ihren Funktionsweisen grundlegend veränderte, sondern auch das Denken über das Verhältnis von Organismen zu ihrer Umwelt, da hier die Moleküle Auskunft geben sollten über einen sozialen und kulturellen Prozess.[107] Zweitens wird deutlich, dass alte Moleküle zugänglich gemacht werden sollten, um bereits bestehende und überfachlich diskutierte Fragestellungen und Hypothesen der Archäologie, Anthropologie und Evolutionsforschung zu bearbeiten. Zu diesen gehörten zum Beispiel auch die paläoanthropologische Human-Origins-Frage sowie die Frage nach dem genetischen Verhältnis von archaischen Menschen wie den Neandertalern und den Anatomisch Modernen Menschen.[108] Diese wa-

102 | So legten in einem ersten umfassenden Szenario bereits Cavalli-Sforza/Menozzi/Piazza 1993: v. a. 641-644, dar.

103 | Vgl. Ammerman/Cavalli-Sforza 1984: Kapitel 6; Cavalli-Sforza/Menozzi/Piazza 1993: 642.

104 | Vgl. Ammerman/Cavalli-Sforza 1984: Kapitel 5 und 6 zur Genetik, Kapitel 2 und 3 mit den archäologischen Quellen; Ammerman und Cavalli-Sforza verstanden ihre Zusammenarbeit seit den 1970er Jahren als Brückenschlag zwischen Archäologie und Genetik, vgl. ebd.: 133; Cavalli-Sforza/Menozzi/Piazza 1993; 1994.

105 | Vgl. Ammerman/Cavalli-Sforza 1984; Cavalli-Sforza/Menozzi/Piazza 1993: 642; als Review der eigenen Argumentation ganz knapp in Cavalli-Sforza/Feldman 2003: 273.

106 | Vgl. Ammerman/Cavalli-Sforza 1984: xiv, 138 f.

107 | Dazu Atkinson/Glasner/Lock 2009a: 1; Prainsack/Hashiloni-Dolev 2009: 405.

108 | Vgl. zu dieser Integration der Molekulargenetik in ein bestehendes Forschungsfeld rückblickend Pääbo 2014b: 216 f.

ren bislang von Paläontologen, Paläoanthropologen und Archäologen auf der Basis von Morphologie und Artefakten bearbeitet worden.

Auf die Frage nach den Ursprüngen der Anatomisch Modernen Menschen hatte der Biochemiker Allan C. Wilson in seinem Labor für molekulare Evolutionsbiologie in Berkeley Teams von Doktoranden und Postdocs angesetzt. Sie ließ er seit Anfang der 1980er Jahre nach Möglichkeiten suchen, für solche populations- und evolutionsgenetischen Fragestellungen direkt auf DNA zuzugreifen, um nicht weiter den indirekten Weg über Blutgruppen- und Proteinanalysen gehen zu müssen. Ein Weg war, wie Cavalli-Sforza aus modernen Sequenzen zurückzurechnen, ein anderer, technisch ungleich schwierigerer, in archäologischen Funden nach DNA zu suchen. Auf dem erstgenannten Pfad gelangten zu einem viel beachteten Ergebnis die Genetikerin Rebecca L. Cann und der Biochemiker Mark Stoneking. Sie hatten in den Variationen der mtDNA-Sequenzen lebender Frauen aus verschiedenen Weltregionen nach Rückschlüssen auf die Humanevolution gesucht. Mit enormem Echo publizierten sie 1987 in *Nature*[109] ein mithilfe der Molekularen Uhr erstelltes Szenario für einen afrikanischen Ursprung Anatomisch Moderner Menschen: Die global auffallend homogenen mtDNA-Sequenzen gingen auf Vorfahrinnen zurück, die vor etwa 200.000 Jahren in Afrika gelebt hatten, da dort die größte genetische Diversität angetroffen worden war.[110] Dieses als Mitochondrial Eve oder African Eve[111] bezeichnete Konzept und seine molekulare Datierung stärkten das in der Human-Origins-Forschung lang diskutierte, auf der Basis fossiler Funde erstellte Out-of-Africa-Konzept bzw. die Recent-African-Origins-These.[112] Out of Africa besagte, dass vor ca. 60.000 bis 50.000 Jahren BP[113] eine relativ kleine Gründergeneration von Anatomisch Modernen Menschen aus Afrika in andere Weltregionen vordrang, wo sie ansässige Vertreter der Gattung *Homo* wie etwa die Neandertaler verdrängte.[114]

---

109 | Vgl. Cann/Stoneking/Wilson 1987: 35. Mitochondrial Eve schaffte es auf das Cover des *Time Magazine*.

110 | Alle nichtafrikanischen Sequenzen ließen sich als Unterformen der afrikanischen ansprechen. Vgl. ebd.; kommentiert von Vigilant et al. 1991: 1503, 1506 f.; Ingman et al. 2000: 710 f.

111 | Vgl. Sommer 2008b: 121 f. Mit der Mitochondrial Eve war nie nur eine Mutter gemeint, sondern eher eine mtDNA-Müttergruppe.

112 | Vgl. Ingman et al. 2000: 711 f.; zur Datierung Stoneking et al. 1993: 100. Allerdings wurde die molekulare Datierung inzwischen auf ca. 135.000 Jahre BP heruntergekorrigiert.

113 | BP (Before Present) bezeichnet das Jahr 1950, also den Anfang der Radiokohlenstoffdatierung in der Archäologie, als Gegenwart.

114 | Vgl. auf der Basis morphologischer Befunde Stringer 1993: 190-194; Mellars/ders. 1989a: 1; Mountain et al. 1993: 80, einführend zum Out of Africa und zum

Das Experiment von Cann und Stoneking erschien auch in einem Tagungsband mit dem bezeichnenden Titel *The Human Revolution*. Die Herausgeber, der britische Paläoanthropologe Christopher B. Stringer und der Archäologe Paul Mellars, begründeten in diesem Band den Begriff der Palaeogenetics und meinten damit die Rekonstruktion der Vergangenheit aus genetischem Material der Gegenwart.[115]

Das Interesse der Paläontologie und Paläoanthropologie an der Studie von Cann und Stoneking war groß, denn das Out-of-Africa-Modell konkurrierte mit anderen ebenfalls auf morphologischer Basis entwickelten Erklärungen, allen voran mit dem sogenannten multiregionalen Modell.[116] Eine Lagerbildung hatte seit Längerem beide Fächer gespalten und die konkurrierenden Modelle waren erhitzt debattiert worden.[117] Cann und Stoneking hatten das multiregionale Modell nicht widerlegt, aber Out of Africa mit rezenten DNA-Daten gestützt.

Dem multiregionalen Modell zufolge sind hingegen Anatomisch Moderne Menschen an verschiedenen Orten der Welt parallel aus verschiedenen archaischen Menschen – darunter auch den Neandertalern – hervorgegangen, wobei sie untereinander biologisch und kulturell möglicherweise in Verbindung standen.[118] In genetischer Hinsicht müssten also heute lebende Europäer den früher in Europa ansässigen Neandertalern sehr ähnlich sein. Molekulargenetisch testen ließ sich dies zunächst nicht, da die DNA von Neandertalern und anderen archaischen Homininen noch ein Jahrzehnt lang technisch nicht zugänglich war. Knochen dieser Altersstufe haben einen Fossilisationsprozess durchlaufen. Als die Untersuchung von Cann und Stoneking herauskam, waren zwar gerade die ersten Experimente geglückt, in denen weit jüngere DNA aus Weichgeweben isoliert wurde.[119] Erste Isolierungen aus Knochen wurden

Impact der Studie von Cann und Stoneking vgl. Matisoo-Smith/Horsburgh 2012: 111 f.

115 | Vgl. Mellars/Stringer 1989b; zu dem enormen Widerhall, den die Tagung und ihre Beiträge in der wissenschaftlichen Welt erfuhren, Mann 1992: 130; als Beispiel Ross 1992: 77; zur Bedeutung der Tagung und des Sammelbandes Sommer 2008b: 122.

116 | Diese These vertraten v. a. John D. Hawks und Milford H. Wolpoff auf morphologischer Basis, vgl. Hawks/Wolpoff 2001: 1483 f.; Wolpoff/Hawks/Caspari 2000: 131 f., 134; Wolpoff et al. 2001: 296; später auch unter Heranziehung von mtDNA-Daten Wolpoff et al. 2004: 528, 534 f. Vgl. dazu Cann/Stoneking/Wilson 1987: 35; dazu frühe Reviews von Rowley-Conwy 1991 und Haeseler/Sajantila/Pääbo 1996: 137 f.; zur Kontroverse einführend Cameron/Groves 2004: 14-27.

117 | Vgl. Shapiro/Gilbert/Barnes 2008: 220 ff.

118 | Vgl. Cameron/Groves 2004: 14-24; Sommer 2008b: 123; Tattersall 2000: 13.

119 | Das Mumienexperiment von Svante Pääbo war zuerst in der DDR erschienen und deshalb wenig beachtet worden: vgl. Pääbo 1984; hingegen mit großer Wirkung in *Nature* ders. 1985a; das Quagga-Experiment Higuchi et al. 1984.

dann 1989 gemeldet.[120] Erst 1997 gelang es aber einem Doktorandenteam von Svante Pääbo an der LMU München, DNA aus fossilen Neandertalerfunden zu extrahieren und zu sequenzieren.[121]

Die Frage nach dem biologischen Verhältnis von Neandertalern und Anatomisch Modernen Menschen war »one of the longest-standing questions in paleoanthropology«.[122] Ihre fachpolitische Bedeutung rührte daher, dass die Anfänge der Paläoanthropologie zu einem wesentlichen Teil in der Entdeckung des ersten Fossils im Neandertal 1856 lagen. Fachidentitäten leiteten sich aus diesem Fund ab, dessen emotionaler Gehalt von Anfang an hoch war. Die Neandertalerfrage hatte und hat auch heute hohe mediale Präsenz.[123]

Auf der Seite der urgeschichtlichen Archäologie wurde mit Interesse, aber mit wenig Aufregung wahrgenommen, dass mithilfe moderner mtDNA-Daten etwas Bewegung in die Kontroverse zwischen Out-of-Africa- und multiregionalem Modell und damit auch in die Neandertalerfrage gekommen war. Der Urgeschichte ging es vorrangig um die Frage, ob Anatomisch Moderne Menschen und archaische Menschen kulturelle Beziehungen zueinander unterhielten und ob es zu einem Kulturtransfer kam. Archäologische Quellen legten ein räumliches und zeitliches Überlappen der Populationen von Neandertalern und Anatomisch Modernen Menschen um 40.000 bis 30.000 BP in Europa[124] nahe, wenngleich einige Datierungen immer wieder revidiert wurden.[125] Hinweise für ein Zusammenleben an einem Fundort gab es nicht, jedoch viele Argumente dafür, dass beide Gruppen von Menschen in technologischer Hinsicht sehr ähnlich lebten.[126] Umstritten war, ob und inwieweit es

120 | Vgl. Hagelberg/Sykes/Hedges 1989.

121 | Vgl. Krings et al. 1997.

122 | Weaver/Roseman 2005: 677.

123 | Vgl. aus der Vielzahl der Beiträge o. V. 1997; Gee 1997; Siefer 1997; Seitz 1997; o. V. 2004; Schmitt 2006; Meili 2006; Adler 2006; Wade 2006a; 2006b; o. V. 2010b; o. V. 2010c; Frankenfeld 2010; Gehrmann 2011; Filser 2011; Klein 2011; Schöpfer 2014; o. V. 2014c; Kerneck 2014; Bredow/Dworschak 2014; Hein 2015; Filser 2015; Patalong 2016.

124 | Auf dem Höhepunkt ihrer regionalen Verbreitung lebten Neandertaler in Europa, Asien bis Südsibirien und im Mittleren Osten. Die jüngsten Funde datieren um 28.000 BP und stammen aus Gibraltar, die ältesten um 300.000 bis 400.000 BP. Vgl. Hublin 2009: 16024; Finlayson et al. 2006: 850, 852 f., mit dem Hinweis auf ein Überleben von Neandertalern in Gibraltar um 28.000 BP.

125 | Vgl. zusammengefasst bei Mellars 1993: 205-209.

126 | Dafür sprachen Jagdweisen mit Projektilen, extensive Feuernutzung, Steinwerkzeuge mit regionalen Unterschieden, Körperschmuck sowie die Praxis, Tote zu bestatten. Während umstritten war, inwieweit auch die Neandertaler symbolische oder dekorative Artefakte herstellten, gab es kaum noch Kontroversen darüber, dass sie ihre

zu einem Kulturaustausch oder sogar zu einer Akkulturation der Neandertaler kam oder ob zwei gänzlich voneinander getrennt lebende Kulturen zur selben Zeit dieselben Techniken entwickelten.[127] Die biologischen Beziehungen zwischen den Gruppen waren den Urgeschichtlern hingegen weniger wichtig. Sie verfolgten deshalb die Entwicklungen der Molekularen Anthropologie mit Interesse, aber abwartend.

Während ein Teil der Paläoanthropologie in den 1980er und frühen 1990er Jahren darauf setzte, die morphologischen Verfahren zu verfeinern und so zu neuen Daten über eine mögliche genetische Vermischung zu gelangen, hofften andere Paläoanthropologen, die Entscheidung auf molekularer Ebene anbahnen zu können. Ob man aber je auf so alte DNA aus fossilen Funden würde zugreifen können, war noch völlig unklar.[128]

An den hier eingeführten Beispielen der Neolithisierungsforschung und der Neandertalerfrage zeigt sich, dass Evolutionsforscher, Genetiker und Anthropologen sich auf die Arbeit mit alter DNA zu bewegten, während sie mit rezenten DNA-Proben, Inferenzverfahren und verschiedenen anderen molekularbiologischen Verfahren experimentierten. Die Forschungen zum evolutions- und populationsgenetischen Aussagepotential der rezenten DNA-Proben und den Inferenzverfahren waren außerdem nicht zu trennen von den Experimenten, die der Suche nach DNA in alten Funden dienten. Dies klingt teleologisch, trifft aber zu: Das Wissenschaftsobjekt des Interesses war seit Langem die alte DNA.

Die vorangegangenen Experimente mit Serumproteinen und die Arbeit mit moderner DNA wurden als Ersatz oder Umweg empfunden, zumal auch sie technisch und methodisch keineswegs einfach und in ihrer Validität umstritten waren.[129] Die Inferenzverfahren, die bei der paläogenetischen Arbeit mit moderner DNA nötig waren, galten zwar als großer Erfolg, waren aber auch in mancherlei Hinsicht unbefriedigend, weil moderne DNA immer nur einen Teil der genetischen Diversität der Vergangenheit repräsentiert und sich zu-

---

Toten bewusst bestatteten, wenngleich die Anatomisch Modernen Menschen des Jungpaläolithikums komplexere Bestattungen mit zahlreichen Grabbeigaben vornahmen. Vgl. Cameron/Groves 2004: 218 f., 220 f.; für die Spätphase der Neandertaler vgl. Hublin et al. 1996: 224 ff.

127 | Vgl. als Beispiel für die Debatte m.w.N Schäfer et al. 2004: 4 ff.; Mellars 1993: 208-211; zusammengefasst bei Cameron/Groves 2004: 228.

128 | Vgl. Hedges/Sykes 1992: 279; Powledge/Rose 1996: 38.

129 | Vgl. zu den Einschränkungen des »Zurückrechnens« Merriwether 2000; Shapiro/Gilbert/Barnes 2008: 232 f.; Pickrell/Reich 2014: 382; Hummel 2015: 764; Brandt/Wiechmann/Grupe 2002: 314; als Beispiel Mellars/Stringer 1989a: 1; 1989b. Vgl. zur Rezeption Mann 1992: 130.

dem der Faktor Zeit schlecht berücksichtigen lässt.[130] Der Paläogenetik fehlte eine belastbare diachrone Perspektive.[131] Svante Pääbo bezeichnete dies 2000 als »time trap«.[132]

Deshalb war das Ziel, DNA in alten Geweben nachzuweisen und im besten Fall daraus zu isolieren. Forensik, Biochemie und medizinische Genetik meldeten hier in den 1980er Jahren erste Experimente. Das Motto dieser Anfänge war: ›Schauen, was geht‹[133]: Wie schnell verfiel DNA überhaupt nach dem Tod eines Organismus? Konnte sich DNA in archäologischen Funden oder Museumsexponaten erhalten haben? Und falls ja, wie lange? Einige Jahre, Jahrzehnte oder sogar Jahrhunderte? War es möglich, archäologische Funde zu beproben und DNA zu extrahieren, vielleicht sogar zu klonieren und zu sequenzieren?

Anfangs wurde mit konservierten Weichgeweben experimentiert, die aus Museums- oder Universitätssammlungen stammten und meist in das 19. Jahrhundert datierten.[134] Mehrere Labore und Arbeitsgruppen weltweit hatten die Meldungen aus der Forensik und medizinischen Genetik aufgenommen und waren auf der Suche nach DNA in archäologischen Funden. Ein Beispiel: Am anthropologischen Institut der Universität Göttingen versuchte der Institutsleiter Bernd Herrmann mit seinem Team bereits am Anfang der 1980er Jahre, DNA aus archäologischen Proben zu extrahieren und zu klonieren – allerdings waren die Experimente weder erfolgreich noch wurden sie beachtet: »When we began our attempts to clone DNA from archaeological specimens of bones in 1986 we were not successful, either with DNA or with funding. We assume that other scholars had similar experiences.«[135]

1986 schien es in Zusammenarbeit mit Kolleginnen und Kollegen aus der Humangenetik und Immunbiologie gelungen zu sein, DNA aus einer präkolumbianischen Mumie aus der Sammlung des Göttinger Instituts zu klonieren, doch so ganz sicher war sich das Projektteam nicht.[136] Während sie selbst eher zurückhaltend weiter arbeiteten und sich zunächst auf die ebenfalls neuen Laborverfahren der Isotopengeochemie konzentrierten, die großes Potential für Umweltgeschichte und Bioarchäologie versprachen,[137] beobachteten die

130 | Vgl. Pääbo 1991: 108.

131 | Vgl. Burger 2007: 279; Shapiro/Gilbert/Barnes 2008: 210.

132 | Pääbo 2000: 1320.

133 | Vgl. zurückblickend Experteninterview Krause/Haak 2016.

134 | Vgl. als Beispiel Thuesen/Engberg 1990.

135 | Herrmann/Hummel 1994c.

136 | Vgl. Arnemann et al. 1986. Das Experiment wurde kaum beachtet und später in Frage gestellt.

137 | Vgl. Grupe 1986a: 45-48; dies. 1986b: 38, 49; dies./Herrmann 1988; Expertinneninterview Grupe 2013.

Göttinger Forscherinnen und Forscher weiter, was sich in anderen Forschungseinrichtungen weltweit tat.[138]

Sie wurden auf eine chinesische Arbeitsgruppe aufmerksam, die bereits 1980 bzw. 1981 DNA- und RNA-Entnahmen aus einer ca. 2.000 Jahre alten Frauenmumie publiziert hatte. Da diese Veröffentlichung in der westlichen akademischen Welt kaum Beachtung gefunden hatte,[139] bildete sie nur in den Erzählungen der Göttinger Anthropologen Bernd Herrmann und Susanne Hummel und dem Oxforder Bioarchäologen Martin K. Jones den Anfang des Narrativs von den Ursprüngen der aDNA-Forschung.[140]

Nicht nur Weichgewebe, sondern auch speziell konservierte Organismen wie Bernsteineinschlüsse und Pflanzenfossile, die in der Regel aber sehr viel älter waren, wurden herangezogen.[141] Im archäologischen Fundgut sind Weichgewebe und solche besonderen Konservierungsformen jedoch selten vertreten. Zudem reduzieren, wie sich später herausstellte, viele museale Praktiken wie etwa die Lagerung in Formaldehyd, Paraffin oder Alkohol die Erhaltungschancen von DNA-Molekülen.[142] Das Fundgut der Wahl, dies war rasch klar, waren Knochen.

Erzählungen über diese Suche nach alter DNA und über die Ursprünge der aDNA-Forschung waren typisch für die Reviews, Einführungs-, Hand- und Lehrbuchtexte der aDNA-Community seit den 1990er Jahren. Sie erschienen auch in Publikationen, die an ein eher fachfremdes Publikum gerichtet waren.[143] Häufig fingen auch Originalartikel in den hochrangigen Zeitschriften bei den allerersten Ursprüngen an. So vergewisserte sich das junge Forschungsfeld gewissermaßen seines selbst, indem es (noch) Außenstehenden die eigene Herkunft erklärte oder sich gegenüber den Eingeweihten in

138 | Auch entsprechende Fördermittel konnten nicht eingeworben werden. Vgl. Herrmann/Hummel 1994c: v. 1986 publizierten die Göttinger ihre experimentelle Klonierung von aDNA einer ca. 1.000 Jahre alten peruanischen Mumie in einer wenig beachteten (und später in Frage gestellten) Studie.

139 | Vgl. Hunan Medical College: Study of an ancient cadaver in Mawangtui Tomb No. 1. Of the Han Dynasty in Changsha, Beijing 1980, zitiert nach Herrmann/Hummel 1994b: 1; vgl. auch Hummel 2003: 1.

140 | Vgl. ebd.; Expertinneninterview dies. 2013; Jones 2001: 14.

141 | Vgl. so z. B. Pääbo/Villablanca/Wilson 1990; Golenberg et al. 1990; Hauswirth et al. 1991: 66 ff.; DeSalle et al. 1992; Cano et al. 1994; Scholz/Pusch 1998; Vreeland/Rosenzweig/Powers 2000.

142 | Vgl. Vachot/Monnerot 1996: 3 f., 9; Fulton/Wagner/Shapiro 2012: 30; Campos/Gilbert 2012: 81 f. Dies wurde auch systematisch getestet, vgl. Eklund/Thomas 2010: 2832.

143 | Vgl. z. B. auch Shapiro/Gilbert/Barnes 2008; Hummel 2003: 1-10; Matisoo-Smith/Horsburgh 2012: 14-20.

eine Ahnenreihe einreihte. Derartige Erzählungen stellten die Frühgeschichte der aDNA-Forschung weitgehend als notwendige Erfolgsgeschichte dar. Erst in der jüngsten Zeit gingen mehr Autoren und Autorinnen auf die methodischen Rückschläge, die gescheiterten Experimente und die überzogenen Versprechungen ein und fingen an, ihre Erfolgsnarrative zu brechen.[144] Die meisten der Ursprungserzählungen begannen mit einem kleinen Steppenzebra.[145]

144 | Vgl. als Beispiel Hagelberg/Hofreiter/Keyser 2015.

145 | Vgl. so beispielsweise, auch mit breiterem Adressatenkreis, teils gerichtet an Anthropologen, teils eher an Archäologen, zudem auf Handbuchebene und in den Reviews bei Pääbo/Higuchi/Wilson 1989: 9709; Herrmann/Grupe et al. 1990; Pääbo/Wilson 1991: 45; Herrmann/Hummel 1994b: 1; Hagelberg et al. 1991: 399; dies./Clegg 1991: 45; Cherfas 1991: 1354; Hagelberg 1994: 195; Brown/Brown 1992: 10; Stoneking 1995: 1259; Pusch/Scholz 1999: 367; Pusch/Borghammer/Czarnetzki 2001: 120; Jones 2003: 629; Willerslev/Cooper 2005: 3; Burger 2007: 279; Cano 2003: 39; Pääbo et al. 2004: 646; Green et al. 2009: 2494; Krause 2010: 12; Katzenberg/Harrison 1997: 281; Pääbo 1989: 1939; Nuorala 2004: 15; für die Rezeption durch die Forensik vgl. Gill/Jeffreys/Werret 1985: 577.

Am Anfang war das Quagga: Die euphorischen Anfänge und die Formierung des Forschungsfeldes

»[E]normous leaps forward«.[1]

Ein Doktorandenteam um Russell Higuchi an der University of California, Berkeley, die Extinct oder Ancient DNA Study Group, war von Allan C. Wilson zusammengestellt worden, um zu experimentieren, ob sich DNA ausgestorbener Spezies aus Museumsexponaten extrahieren ließ. Dem Team gelang es 1984, unter anderem aus Mainzer Museumsexemplaren des ausgestorbenen Quaggas mtDNA zu isolieren und mit rezenter Zebra-DNA zu vergleichen.[2] Die aDNA-Community erinnert das als »Meilenstein schlechthin«.[3] Der technische Durchbruch schien geschafft.

1984/1985 folgte der schwedische Doktorand Svante Pääbo[4] mit dem Nachweis von aDNA aus dem Weichgewebe ägyptischer Mumien aus Berliner Museumssammlungen. Pääbo war ursprünglich Ägyptologe, promovierte zu diesem Zeitpunkt aber in Molekularmedizin am Institut für Zellforschung der Universität Uppsala. An Proben einer spätantiken Kindermumie versuchte er, DNA zu isolieren und zu klonieren. Die erste, 1984 in der DDR publizierte Meldung fand kaum Beachtung.[5] Hingegen zählt sein 1985 in *Nature* erschienener Artikel *Molecular cloning of Ancient Egyptian Mummy DNA*[6] zu den meist zitierten bzw. genannten Artikeln dieser Phase und auch der jüngeren Forschungsüber- und -rückblicke der Anthropologie, Paläo- und Populationsgenetik, Forensik und Bioarchaeology. Dies gilt sowohl für den deutsch- als auch für den englischsprachigen Raum.[7] In einigen Ursprungserzählungen

---

1 | Richards et al. 1993: 18.

2 | Vgl. Higuchi et al. 1984; zu Higuchi vgl. auch Ball 2007: 80 ff. Dabei zeigte sich eine enge genetische Verwandtschaft des Quaggas mit dem Zebra, was keinen erheblichen Erkenntnisgewinn darstellte, so Hofreiter (vgl. 2009: 176).

3 | Pusch/Borghammer/Czarnetzki 2001: 121. In Kopenhagen experimentierte die Orlando Group wieder mit dem Quagga, nachdem sie zuvor mit dem ältesten Pferd an die Wissenschaftsöffentlichkeit getreten war. »›I was thinking it would be cool to do the oldest, but also the first – where ancient DNA started‹, says Orlando, ›It shows the progress, the field has made.‹« Callaway 2014: 416.

4 | Vgl. Pääbo 2014a: 25-35.

5 | Vgl. ders. 1984; dazu ders. 2014a: 32.

6 | Vgl. ders. 1985a.

7 | Das zeigte die mithilfe von PublishOrPerish erstellte Bibliometrie, Stand: April 2016. Als Beispiele vgl. u. a. Arnemann et al. 1986: 117; Hagelberg et al. 1991: 399; dies. et al. 1994: 195; Herrmann/Hummel 1994b: 1; Brown/Brown 1992: 1; Cherfas 1991: 1354; Burger/Hummel/Herrmann 1997: 193; Pusch/Scholz 1999: 367; Katzen-

bildet Svante Pääbo wegen des höheren Alters seines Materials sogar den Anfang.[8]

Der britische Bioarchäologe Martin K. Jones hat Pääbo als »front runner in the race for ancient DNA« bezeichnet, der das Rampenlicht genoss, in dem er bereits als Doktorand stand.[9] Pääbo selbst schilderte 2014 in seiner Autobiografie, wie er im Alleingang und völlig unbeobachtet, aus purem Willen zum Wissen, zu experimentieren begann und berichtete von seiner Begeisterung, als Allan C. Wilson ihn als Postdoc nach Berkeley holte.[10]

Für andere Labore ging es jetzt darum, schnell zu sein und ebenfalls Spektakuläres zu zeigen. Wer fand die älteste erhaltene DNA und konnte sie isolieren?[11] Und in welchem Material? In den Museumspräparaten ausgestorbener Tierarten, Mumien, Bernsteineinschlüssen?[12] Oder sogar in mehrere Millionen Jahre alten fossilen Pflanzenresten, wie das Team um Edward M. Golenberg 1990 verkündete?[13] Golenberg und Kollegen glaubten, mit ihrer 17 bis 20 Millionen Jahre alten Probe einen riesigen Schritt getan zu haben: »These samples have substantially pushed back the age of DNA that may be recovered and sequenced.«[14]

Drei Jahre später erklärten Raúl J. Cano und Hendrik N. Poinar die DNA eines 120 bis 135 Millionen Jahre alten in Bernstein eingeschlossenen Käfers sequenziert und damit die Altersgrenze um weitere 80 Millionen Jah-

---

berg/Harrison 1997: 281; Hagelberg/Clegg 1991: 45; Jones 2003: 629; Yang/Watt 2005: 331; Pääbo et al. 2004: 646; Willerslev/Cooper 2005: 3; für die Forensik z. B. Gill/Jeffreys/Werret 1985: 577.

8 | So u. a. in seiner eigenen Ursprungserzählung, vgl. Pääbo 2004: 69. Vgl. auch Larsen 2002a: 140. Auf Handbuchebene, nicht aber in den wissenschaftlichen Artikeln derselben Autoren vgl. Herrmann/Grupe et al. 1990: 248-252. In den Medien wurde und wird er als *der* Pionier der Paläogenetik schlechthin wahrgenommen, vgl. u. a. o. V. 1991: 180; Knauer 1993; Güttel 2003; Livingston 2003: 75; Grosse 2005; Kolbert 2011; Adler 2006; Wade 2006a; Hochadel 2010; o. V. 2009a; Klein 2011; Hein 2015; Dreifus 2014.

9 | Jones 2001: 24.

10 | Vgl. Pääbo 2014a: 26 ff., 38 f.

11 | Vgl. reflektiert z. B. bei Richards/Sykes/Hedges 1995: 291 f., optimistisch bei Waldron 1991: 155.

12 | Vgl. z. B. Cano et al. 1993; ders. et al. 1994: 2164. Dazu Greenblatt/ders. 2000; Pääbo 2004: 69.

13 | Vgl. beispielsweise Golenberg et al. 1990: 656; dazu anfangs positiv Pääbo 1991: 109.

14 | Golenberg et al. 1990: 658.

re zurückgedrängt zu haben.[15] Bernstein sei »a treasure chest for molecular palaeontologists«.[16]

Aber war hier wirklich noch endogene DNA erhalten geblieben? Es gab erste Zweifel an solchen Sensationsmeldungen.[17] Doch war der Enthusiasmus nunmehr, am Anfang der 1990er Jahre, riesig. Diverse Labore nahmen die Arbeit auf. Das Interesse der hochrangigen Wissenschaftsjournale und der populären Medien war sehr groß – und die entstehende aDNA-Community nutzte es für Erfolgsmeldungen.[18] Um das Modell des Hype Cycles heranzuziehen: Die aDNA-Forschung war geprägt von den Inflated Expectations.

Aus der Retrospektive des Jahres 2001 hat Martin K. Jones die Experimente und Meldungen dieser Phase als hastig, unbesonnen und starrsinnig, als »race« und als »molecule hunt« bezeichnet:[19] »By the end of the 1980s the race was on for the oldest DNA, and journals such as Nature and Science were poised at the finishing line«.[20] Und er erinnerte an die großen Versprechungen, die in anfänglicher Euphorie gemacht wurden: »It seemed that life's fundamental code could be recalled from the depths of geological time, and if that code could be recalled, whole living worlds could be contacted and viewed in meticulous detail. But all was not plain sailing – there were clouds on the horizon.«[21]

In ihrem Review, das sie 1996 in *Archaeology* veröffentlichten, der Zeitschrift des Archaeological Institute of America, erinnerten die Genetikerin Tabitha M. Powledge und der Archäologe Mark Rose[22] an den Optimismus der Anfangszeit: »Even the most respected journals published articles sure to garner headlines, though their results had not been verified.«[23] Die DNA-Forschung habe, so Powledge und Rose weiter, nicht nur die Forschenden elektrisiert, sondern von Beginn an die Fantasie der medialen Öffentlichkeit beflügelt

15 | »This represents the oldest fossil DNA ever extracted and sequenced, extending by 80 million years the age of any previously reported DNA.« Cano et al. 1993: 536.

16 | Ebd.: 538.

17 | Vgl. Sidow/Wilson/Pääbo 1991: 429; Pääbo/Wilson 1991: 45; aus der Retrospektive Willerslev/Cooper 2005: 3, 5.

18 | Vgl. rückblickend Stoneking 1995: 1259; kritisch dazu Hummel 2003: 7.

19 | Z. B. Jones 2001: 9.

20 | Ebd.: 21; ähnlich Harbeck 2012: 198.

21 | Jones 2001: 23.

22 | Tabitha M. Powledge ist inzwischen freie Wissenschaftsjournalistin. Sie schreibt für *Nature*, PLOS und das Genetic Literacy Project: Science Trumps Ideology, vgl. dazu Powledge 2016. Mark Rose arbeitet als Wissenschaftsjournalist für den Bereich Archäologie.

23 | Powledge/Rose 1996: 37.

und die Hoffnung geweckt, man könne endlich alte, spannende Rätsel der Menschheit ›per DNA‹ lösen.[24]

Über die Instrumente der Wissenschaftskommunikation gelangte die wissenschaftliche Euphorie an die mediale Öffentlichkeit.[25] Die zeitgleich generell zunehmende Medienorientierung der Wissenschaft ermöglichte es aDNA-Forschern, ihre Arbeit gezielt in den allgemeinen Medien zu platzieren. Die mediale Aufmerksamkeit war sehr groß und die Berichte fielen positiv aus.

So gab sich 1991 der Wissenschaftsjournalist Jeremy Cherfas in *Science* geradezu überwältigt von der ersten Tagung des entstehenden Feldes in Nottingham *Ancient DNA: The Recovery and Analysis of DNA Sequences from Archaeological Material and Museum specimens*: Die Molekularbiologie stehe kurz davor, nunmehr die Archäologie und Paläontologie zu revolutionieren, wie sie es gerade mit der Populationsgenetik und Evolutionsbiologie getan habe. Die Ancient-DNA-Forschung sei über den Status des Kuriosums hinweg und könne trotz der methodischen Probleme, die man soeben zu entdecken beginne, großartige Einsichten liefern, die mit anderen Methoden nicht möglich seien.[26]

Am Anfang, im Zuge von »The Great DNA Hunt«[27], herrschte also Euphorie. Nach alter DNA zu suchen, wurde als aufregend, inspirierend, mitreißend empfunden. Alle Experimente schienen »enormous leaps forward« darzustellen.[28] In der Entstehungs- und Findungsphase eines Forschungszuganges sind solche Inflated Expectations zu erwarten. Der Grundtenor war optimistisch und oft auch überoptimistisch. In den zeitgenössischen und retrospektiven Selbstdeutungen erschienen die 1980er und die erste Hälfte der 1990er Jahre als ungeheuer rasante Phase. Die Community attestierte sich große und rasche Fortschritte, viel Bewegung und enormes Potential.[29] 1994 erklärten zum Beispiel Bernd Herrmann und Susanne Hummel im Vorwort zu ihrem ersten Sachstandsbericht *Ancient DNA*, die aDNA-Forschung habe sich flink entwickelt »into one of the most exciting approaches to studying the past.«[30]

24 | Vgl. ebd.: 38.

25 | Vgl. zur Euphorie z. B. Schmeck 1984; Begley/Katz 1984; Sullivan 1984; Schmeck 1985a; Schmeck 1985b; o. V. 1991; Wilford 1994a; Browne 1991; Angier 1991; Vincent 1992.

26 | Vgl. Cherfas 1991: 1356.

27 | Powledge/Rose 1996: 37.

28 | Richards et al. 1993: 18; vgl. auch Piepenbrink 1986: 119; Thuesen/Engberg 1990: 688; Pääbo 1993: 64; O Rourke 1996: 423; Powledge/Rose 1996: 37; Merriwether 2000.

29 | Vgl. Interview mit Greger Larson in Travis 2010: 28; Piepenbrink 1986: 119; Stoneking 1995: 1259; Brown 1998a: 43; Flaherty 2000.

30 | Herrmann/Hummel 1994c.

Svante Pääbo hatte sich bereits in seinem *Nature*-Artikel von 1985 sehr zuversichtlich gegeben, dass eine systematische Untersuchung archäologischer Funde verschiedener Art möglich und damit das Aussagepotential für die Archäologie groß sei. Er konnte zwar erst vage formulieren, welche wissenschaftlichen Fragestellungen denn eigentlich bearbeitet werden sollten, umriss aber diverse phylogenetische und historische Interessen wie etwa Herrschergenealogien als potentielle Einsatzgebiete von mtDNA-Analysen.[31] In einem gemeinsam mit Allan C. Wilson, in dessen Labor er inzwischen arbeitete, verfassten Artikel gab er sich 1989 äußerst optimistisch, was populations- und evolutionsgenetische Anwendungen anging:

»Molecular evolution is a historic process through which genes accumulate changes due to stochastic events as well as selective processes. Students of molecular evolution suffer from the frustration of trying to reconstruct this historic process from only a knowledge of the present-day structure of genes. Until recently, there has been no hope of escaping this ›time trap‹. However, advances in molecular biological techniques have enabled us to retrieve and study ancient DNA molecules and thus catch evolution red-handed. [...] In addition, it seems likely that we shall be able to monitor fast genetic processes such as recombinational events.«[32]

Euphorisch sprach ein anderer Wissenschaftler aus Wilsons Labor in Berkeley, der Genetiker Mark Stoneking, 1995 davon, die Erforschung von alter DNA sei als Forschungsfeld jetzt schon voll in der Wissenschaftslandschaft angekommen.[33]

Legitim war diese höchst experimentelle aDNA-Forschung in dieser Phase in den Augen ihrer Vertreter und Vertreterinnen schon deshalb, weil sie überhaupt durchführbar war.[34] Diese Machbarkeit genügte als Begründung.

Die Beteiligten empfanden sich als Pioniere und betonten das Revolutionäre ihrer Arbeit.[35] Das Ganze war in der Tat ein äußerst riskantes Unterfangen. Die Forschenden hatten kaum Standards, Praktiken und Protokolle, auf die sie sich verlassen konnten. Anfangs orientierten sich die Labore teils noch an Vorlagen aus der Medizin und Humangenetik, doch zeigte sich, dass diese mit alter DNA nicht oder schlecht funktionierten. Kommerziell erhältliche

31 | Vgl. Pääbo 1985a: 645.

32 | Pääbo/Higuchi/Wilson 1989: 9709.

33 | Vgl. Stoneking 1995: 1259.

34 | Vgl. z. B. Richards et al. 1993: 18 f.; Pusch/Scholz 1999: 367; aus der Retrospektive Expertinneninterview Hummel 2013; Pääbo 2014a: z. B. 42.

35 | Solche Topoi fanden sich auch noch in Texten, die bereits eher aus der Retrospektive verfasst wurden. Vgl. Richards et al. 1993: 18; »Pioniertage« bei Pusch/Scholz 1999: 367.

Kits waren oft ebenfalls nutzlos. Eigene ›Kochbücher‹ und Rezepturen mussten entwickelt werden.[36] Herrmann und Hummel bezeichneten deshalb ihren 1994 erschienenen Sachstandsbericht über die Tagung in Nottingham 1991 ausdrücklich sowohl als Handbuch als auch als »cookbook«,[37] das bei der Entwicklung der Forschungsdesigns anleiten und unterstützen sollte. Bei der Isolation und Amplifizierung alter Moleküle folge man im Moment noch ganz dem »principle of trial and error«.[38]

Es gab anfangs keine Routinen im Umgang mit der degradierten DNA – selbst die wesentlichen Eigenschaften der Quelle wie etwa ihre charakteristischen Schäden und die Erhaltungsbedingungen von DNA waren weitgehend unbekannt. Dieser Zustand hielt bis an den Anfang der 2000er Jahre und teils auch darüber hinaus an.[39] Trotz der hohen Forschungsintensität dauerte es, bis die Kochrezepte, Laboranleitungen und Protokolle speziell für den Umgang mit degradierter DNA entwickelt worden waren.[40] Lagen sie einmal vor, gingen sie aber schnell in die Hand- und Lehrbücher sowie in die Lehre ein bzw. wurden durch entsprechende Publikationen für Studierende erschlossen.[41]

In dieser enthusiastischen und riskanten Aufbruchphase am Anfang der 1990er Jahre war noch nicht bestimmt, wie die Forschungsprobleme aussahen, mit denen man sich zukünftig befassen würde, und welche Fragen mit welchen Verfahren bearbeitet werden würden. Wer sich dem Projekt aDNA mit einem Labor anschloss, konnte mitverhandeln, was zukünftig als wissenschaftliches Problem, als relevante Fragestellung oder als valide Methode gelten sollte. Die interessierten Einheiten und Labore konnten auf der Basis eigener Erkenntnis- und Politikinteressen – und Ressourcen – relativ autonom entscheiden, welche Probleme sie angehen und mit wem sie kooperieren mochten.

Bei der Auswahl spielten nicht nur intrinsische Gründe und Mittelausstattung, sondern auch Karrierestrategien, erhoffte Reputation und das jeweilige wissenschaftliche Belohnungssystem eine Rolle, ebenso die Schwerpunktset-

---

36 | Solche ›Kochbücher‹ wurden dann publiziert in Shapiro/Hofreiter 2012a; Hummel 2003; Seidenberg et al. 2012: 3224; Burger et al. 2002: 19; Bramanti et al. 2003; Pusch/Scholz 1997: 62 f.

37 | Herrmann/Hummel 1994b: 2.

38 | Ebd.: 3.

39 | Vgl. Stone et al. 1996: 232 f.; Götherström/Stenbäck/Storå 2002: 52; Jones 2008: xiii; Willerslev/Cooper 2005: 3 f.

40 | Als Beispiel für ein solches Rezeptbuch vgl. das Kapitel 8 *Protocols* bei Hummel 2003. Zur Herausforderung, Verfahren zu adaptieren und Rezepte selbst zu entwickeln, vgl. Stone et al. 1996: 231.

41 | Vgl. z. B. Herrmann/Grupe et al. 1990: 247-255; Herrmann 1994a: Kapitel *DNA aus alten Geweben*; spätere Handbücher Hummel 2003; Grupe et al. 2005; Brown/Brown 2011; Grupe et al. 2012; dies. et al. 2015; Henke/Tattersall 2015.

zung der Wissenschaftsinstitutionen, aus denen die Interessierten stammten, und deren materielle Ausstattung bzw. die Verfügbarkeit von Drittmitteln.

Mit Förderprogrammen wirkte die Forschungspolitik gestaltend auf die Entstehung dieses Feldes ein – und umgekehrt legten die Wissenschaftler und Wissenschaftlerinnen Projekte auf, die zu nationalen Programmen passten. Ein mit 1,9 Millionen Pfund Fördersumme durchaus groß angelegtes Programm des britischen Natural Environment Research Council (NERC) prägte zum Beispiel die Ancient Biomolecules Initiative.[42] Dies war ein mehrjähriger Forschungsverbund, den der Molekularbiologe Terence A. Brown, die Archäologin Keri A. Brown, der Bioarchäologe Martin K. Jones sowie der organische Geochemiker Geoffrey Eglinton 1992 initiiert hatten, um zu testen, ob und wie sich alte Moleküle als Quellen für genuin archäologische Fragestellungen eigneten. Hatte das Netzwerk zunächst auf bestehenden persönlichen und informellen Kontakten zwischen Forschenden unterschiedlicher fachlicher Herkunft beruht, schlossen sich ihm unter der Drittmittelförderung des NERC zwischen 1993 und 1998 Forscher und Forscherinnen verschiedener Disziplinen in 17 Projekten bzw. 15 Laboren an. Ihnen ging es zunehmend darum, sich von dem vor allem von den amerikanischen Universitäten ausgefochtenen Wettkampf um die älteste DNA und die spektakulärsten Nachweise abzugrenzen und stattdessen die Arbeit mit DNA aus archäologischen Funden mittleren Alters auf festere Füße zu stellen. Die Bedingungen dafür waren in Großbritannien günstig: Der Gesamtbereich der Archaeological Science galt dort von den 1990ern bis um die Mitte der 2000er Jahre als vielversprechender, aber bisher zu kurz gekommener Wissenschaftsbereich, der ausdrücklich gefördert werden sollte und deshalb zeitweise vom NERC bevorzugt wurde.[43]

In den USA stieg seit der Mitte der 1990er Jahre stetig die Frequenz der Anträge, in denen Mittel für aDNA-Forschung beantragt wurden, wenngleich es dort keinen so speziellen Förderimpuls gab.[44] In Deutschland war der Förderschwerpunkt des Bundesministeriums für Bildung und Forschung (BMBF) *Neue naturwissenschaftliche Methoden und Technologien in den Geisteswissenschaften NTG* von zentraler Bedeutung. Seine Idee war es, Wechselbeziehungen zwischen Wissenschaftsbereichen herzustellen, die bisher eher getrennt gearbeitet hatten, und systematisch eine überfachliche Zusammenarbeit zu fördern.[45] Das BMBF sah in den Natur- und Technikwissenschaften Lieferan-

42 | Vgl. Eglinton 1998: 323 f.; Mays 2010: 199; Thomas 1993: 1; Tite 2002: 36.

43 | Vgl. dazu die Untersuchungen bei Killick 2015: 244 f. sowie m. w. N.; ausführlicher in Killick 2008.

44 | Vgl. für die USA Stoneking 1995: 1259; Killick 2015: 245.

45 | Der Schwerpunkt existierte von 1989 bis 2007. Projektträger war das Forschungszentrum Jülich. Projektträger sind Dienstleister des Forschungsmanagements und übernehmen für die Auftrag gebenden Institutionen Aufgaben in den Bereichen Verwaltung,

tinnen von Grundlagenforschung, die Knowhow für Anwendungen der Geisteswissenschaften schaffen und diese in die Lage versetzen sollten, die ihnen zugesprochene gesellschaftliche Aufgabe, »das kulturelle Erbe zu bewahren, weiter zu erschließen und seine Deutung im Lichte neuer Erkenntnisse und Erfahrungen zu überprüfen«, besser wahrzunehmen.[46] Als »anspruchsvolles Langzeitgedächtnis der Gesellschaft« und gestärkt durch aktuelles natur- und technikwissenschaftliches Können sollten die Geisteswissenschaften ihrer Rolle als »unverzichtbares Gegengewicht zu drohendem Kulturverlust durch Überbetonung von Naturwissenschaft und Technik« nachkommen.[47] Naturwissenschaften und die Technik erschienen hier insgesamt negativ konnotiert, gewissermaßen als Bedrohung, der es zu begegnen galt, indem man sich ihre Methoden, Techniken und Arbeitsinstrumente zunutze machte. Den Naturwissenschaften wurde im Gegenzug die Gelegenheit angeboten, »die Nützlichkeit ihrer Methoden in Anwendungsfeldern außerhalb ihrer eigenen Disziplinen zu testen und zu demonstrieren«.[48] Es folgte ab 2007 in der Förderinitiative *Freiraum für die Geisteswissenschaften* die Förderlinie *Wechselwirkungen zwischen Natur- und Geisteswissenschaften/Archäologie und Altertumswissenschaften*, die eher die gleichberechtigte Kooperation und Diskussion verschiedener Fächerkulturen fördern sollte.[49] Die politische Anrufung zur Interdisziplinarität lautete, dass ein »Brückenschlag zwischen naturwissenschaftlicher Grundlagenforschung und geisteswissenschaftlicher Fragestellung« in »fächerübergreifender Zusammenarbeit« erreicht werden sollte.[50]

Demnach ist festzuhalten, dass sowohl in Großbritannien als auch in der Bundesrepublik eine wesentliche Anschubfinanzierung für naturwissenschaftliche Untersuchungen mit dem Ziel vergeben worden war, auf diesem Weg vielmehr die Geisteswissenschaften zu fördern.

Das bereits erwähnte anthropologische Institut in Göttingen beantragte und erhielt auf dieser Basis in der Schwerpunktförderphase von 1996/1997 bis 2001 Mittel für Projekte, in denen diverse Techniken und Verfahren der DNA-

---

Haushalt und Fachaufsicht. Zu den ersten Förderabschnitten bis 1997 vgl. BMBF/FJPB 1997; 2004a und 2004b. 8,1 Millionen Euro standen dem Förderschwerpunkt NTG insgesamt allein von 1996 bis 2003 zur Verfügung, also etwa eine Million Euro pro Jahr.

46 | Dies. 2004c: 2, vgl. auch 2 f.

47 | Dies. 2004d: 6 f.; Wagner 2002: 107.

48 | BMBF/FJPB 2004d: 6.

49 | Archäologie und Altertumswissenschaften bildeten einen von zwei Fächerschwerpunkten und wurden von 2008 bis 2011 gefördert. Die Idee des BMBF war, dass geisteswissenschaftliche Methoden zum Einsatz kommen sollten, um naturwissenschaftliche Daten und Ergebnisse zu deuten. Vgl. BMBF 2007; zu den Ergebnissen Reindel/Wagner 2009b; zur Abschlusstagung BMBF 2012b.

50 | Dass./FJPB 2004d: 7.

Analyse und der Isotopengeochemie entwickelt wurden – und zwar speziell für den Einsatz unter archäologischer, nicht etwa populationsgenetischer oder evolutionsgeschichtlicher Fragestellung. Das spiegelte sich in Antragstiteln wie *Biowissenschaftliche Archäometrie: Die Knochenmatrix als Datenspeicher individueller und kollektiver biographischer Ereignisse und DNA-Analysen von kulturhistorischen Projekten* oder *Paläogenetik als Schlüssel zum Kulturerbe – Entwicklung innovativer Techniken in der aDNA-Analytik* wider.[51] Die Förderung floss primär in Grundlagenforschungen zum DNA-Erhalt sowie zu Extraktions- und Sequenzierungsverfahren.[52] Aus diesem Programm und der BMBF-Einzelförderung, dann aber auch aus Mitteln des niedersächsischen Ministeriums für Wissenschaft und Kunst, der Deutschen Forschungsgemeinschaft (DFG) und der Stiftung Volkswagenwerk[53] gingen zahlreiche Diplomarbeiten und Dissertationen[54] sowie über ein Dutzend einschlägige Zeitschriftenpublikationen hervor.[55] Zwar war im Ausschreibungstext von grenzüberschreitenden Kooperationen und einem Brückenschlag zwischen Wissenschaftskulturen die Rede gewesen, doch waren es letztlich überwiegend Zuarbeiten an die Archäologie gewesen. Susanne Hummel, die die Projekte als Postdoc betreute, hielt später fest, dass der Nutzen dem forschungspolitischen Willen entsprechend weitgehend auf der kulturhistorischen Seite gelegen, aber die naturwissenschaftliche Arbeit dennoch von der Förderung profitiert habe, weil sie sich dadurch im internationalen Vergleich einen methodischen Vorsprung erarbeitet habe, wie sich auf Kongressen und Meetings gezeigt habe.[56]

Solche Tagungen und Kongresse zum Forschungsgegenstand aDNA gab es seit den frühen 1990er Jahren. Die erste, bereits genannte, einschlägige Konferenz des entstehenden Feldes fand im Juli 1991 in Nottingham unter dem Titel *Ancient DNA: The Recovery and Analysis of DNA Sequences from Archaeological Material and Museum Specimens* statt. Finanziert wurde sie mit Fördermitteln

51 | Von 2001 bis 2004 wurden rund 325.000 Euro gezahlt. In diesem Projekt entstand u. a. die Dissertation Schmidt 2004.

52 | Vgl. als Beispiele Hummel et al. 2004: 47-50; dies. o. J. [2001]: o. S.; Burger 2000a; Loreille/Hummel/Herrmann 2000.

53 | Darunter z. B. die Methodenstudien zur molekularen Geschlechts- und Verwandtschaftsbestimmung, zum Nachweis pathogener DNA und zur Zuordnung isolierter Skelettelemente sowie zu einem standardisierten Verfahren zur Extraktion alter DNA aus Skelettmaterial, vgl. Hummel et al. 1997: 33; Schmerer/Hummel/Herrmann 1999: 1715; vgl. zusammenfassend Hummel 2003: viii.

54 | U. a. die Dissertation von Joachim Burger, inzwischen Lehrstuhlinhaber in Mainz, vgl. Burger 2000b.

55 | Vgl. Hummel o. J. [2001]: i.

56 | Vgl. ebd.: o. S.

des British Museum, NERC und von Privatfirmen.[57] Etwa 60 Forscherinnen und Forscher aus einem Dutzend Fächern und Disziplinen beteiligten sich daran. Susanne Hummel war aus Göttingen nach Nottingham geschickt worden, um den internationalen Forschungsstand kennen zu lernen.[58] Auf Anregung des Springer-Verlages versammelte sie danach mit Bernd Herrmann einen Großteil der Referenten und Referentinnen im Sammelband *Ancient DNA. Recovery and Analysis of Genetic Material from Paleontological, Archaeological, Museum, Medical, and Forensic Specimens.*[59] Darin präsentierten diese Biologen, Forensiker, Zoologen und Molekularbiologen die Ergebnisse ihrer ersten Experimente. Insofern stellte das Buch eine Art ersten Sachstandsbericht des entstehenden Feldes dar. Deutlich erkennbar war die unterschiedliche fachliche Herkunft der Beteiligten. Unter ihnen waren die schwedische Biochemikern Erika Hagelberg, die damals an der Molecular Haemotology Unit des John Radcliffe Hospital Oxford angestellt war und gerade die Extraktion von DNA aus Knochen publiziert hatte, sowie Francis X. Villablanca vom Department of Integrative Biology and Museum of Vertrebrate Zoology in Berkeley, der die Bedeutung der alten DNA für phylogenetische und populationsgenetische Fragen auslotete.[60] Dabei waren auch der Entomologe George O. Poinar, damals am Department for Entomological Science in Berkeley tätig, der seine Experimente mit Bernsteineinschlüssen vorstellte, und Alan Cooper,[61] der am Molecular Genetics Laboratory National Zoological Park Washington arbeitete. Er präsentierte ein Experiment mit Weichgewebeproben aus Museumssammlungen.[62] Franco Rollo vom Dipartimento de Biologia Molecolare der Universität Camerino befasste sich mit DNA aus Pflanzenüberresten, ebenso Edward M. Golenberg vom Department of Biological Sciences der Wayne State University Detroit. Susanne Hummel stellte die ersten Göttinger Experimente zur Extraktion von nDNA vor und diskutierte Verfahren zur Vorbereitung der Proben.[63] Diese »›first generation‹ scholars« sollten, so die Erwartung von Herrmann und Hummel, im Tagungsband einen allgemeinen Überblick geben, bevor sich, wie man erwar-

57 | Vgl. Hagelberg/Hofreiter/Keyser 2015.

58 | Vgl. Expertinneninterview Hummel 2013.

59 | Herrmann/Hummel 1994a.

60 | Vgl. Hagelberg 1994; Villablanca 1994.

61 | Alan Cooper ist ein neuseeländischer Evolutions- und Molekularbiologe, der nach der Promotion u. a. am Smithsonian und der University of Oxford arbeitete, bevor er 2005 der Leiter des Australian Centre for Ancient DNA in Adelaide wurde.

62 | Vgl. Poinar/Poinar/Cano 1994; Cooper 1994; Herrmann/Hummel 1994c: Inhaltsverzeichnis.

63 | Vgl. ebd. Svante Pääbo, der bereits ein Star der Szene war und auf der Konferenz vorgetragen hatte, beteiligte sich nicht am Band.

tete, das Feld ausdifferenzierte: »[B]efore the diversity of disciplines and scientific questions separates workers too much from central issues and themes.«[64]

Hummel und Herrmann beobachteten, dass sich eine ziemlich disparate Truppe zusammengefunden hatte, gingen aber davon aus, dass diese irgendwie noch ›zusammen‹ war. Sie sahen Spezialisierung und Verästelung kommen und rechneten nicht damit, dass sich eine enge homogene Gruppe etablieren würde.[65]

Weitere wichtige, breit gefächerte Konferenzen, die zwischenzeitlich als *Ancient-Biomolecules*-Konferenzen bezeichnet wurden, folgten 1993 an der Smithsonian Institution in Washington, 1995 in Oxford, 1997 in Göttingen, 2000 in Manchester, 2002 in Tel Aviv, 2004 in Brisbane, 2006 in Łódź und 2008 in Neapel.[66] Sie waren jedoch vor allem ein Phänomen der experimentellen Anfangsphase und wurden in diesem Stadium von den Medien auch international rezipiert.[67] An den Programmen und Posterpräsentationen ließ sich die schnelle Ausdifferenzierung in Spezialgebiete erkennen bzw. wurde offenkundig, dass sich die jeweiligen Labore und Forscherpersönlichkeiten je auf bestimmte Anwendungen – entweder eher archäologischer, evolutionsgeschichtlicher oder populationsgenetischer Art – konzentrierten. Die Konferenzen schufen anfangs einen Raum, in dem thematische Relevanz und akademische Reputation gemeinsam verhandelt wurden. Nach wenigen Jahren entsprachen sie aber nicht mehr dem inzwischen erreichten hohen Spezialisierungsgrad. Ebenso wie das Journal *Ancient Biomolecules*[68] wurden sie zugunsten spezialisierterer Formate eingestellt. Es entstand keine breite geschlossene Community, die sich auf übergreifenden Veranstaltungen treffen oder in einem gemeinsamen neuen Fachjournal publizieren wollte. Vielmehr fanden sich Spezialisten und Spezialistinnen auf den jeweils für sie relevanten Tagungen und Kongressen zusammen.[69] So banal das aus heutiger Sicht klingt: Eines der wichtigsten Vernetzungs- und Kommunikationsinstrumente entstand und verbreitete sich parallel zur Entstehung der aDNA-Community: Seit den frühen 1990er Jahren gab

64 | Ebd. Vgl. ebenfalls mit dem Hinweis auf diese erste Generation von »leaders« die Rezension zum Band von O'Rourke 1996: 422.

65 | Vgl. Expertinneninterview Hummel 2013.

66 | Vgl. u.a. Schutkowski 2001; Uniwersytet Medyczny Łódź 2006; LMU München 2010.

67 | Vgl. z.B. o.V. 1991: 180; Browne 1991; Ross 1992: 75; Cherfas 1991.

68 | Vgl. Brown/Evershed/Tuross 1999a; Taylor&Fracis Online 2016. Das Ziel war gewesen, eine Wissenschaftsöffentlichkeit zu schaffen, die allen Beteiligten gute Reputationschancen bot.

69 | Die in den 2010er Jahren wichtigste Konferenz für Archäo- und Paläogenetik, die sich aber nicht auf aDNA-Verfahren beschränkt, ist das ISBA International Symposium for Biomolecular Archaeology, das seit 2005 stattfindet.

es im Word Wide Web die erste Discussion List.[70] Es folgten die ersten Newsletter und die einschlägigen Webauftritte von Universitäten, einzelnen Laboren und außerwissenschaftlichen Forschungseinrichtungen.

Unterdessen bildeten sich um 1990 die ersten Netzwerke von Spezialisten und Spezialistinnen:

»Despite the very different labels that we attach to ourselves – biochemist, analytical chemist, organic geochemist, molecular biologist, paleontologist, archaeologist, anthropologist, geologist, biogeologist, evolutionary biologist, conservation biologist, forensic scientist – we are all studying ancient biomolecules«.[71]

Netzwerke ähnlich Interessierter entstanden zum Beispiel, indem einzelne Labore wie das des Biochemikers Allan C. Wilson in Berkeley größere Arbeitsgruppen einrichteten und zahlreiche Nachwuchskräfte qualifizierten. Durch die Rekrutierung von wissenschaftlichem Nachwuchs wuchs die Scientific Community. In Wilsons Einheit arbeiteten seit den 1980er Jahren unter anderem Russell Higuchi, Mark Stoneking, Rebecca L. Cann, Svante Pääbo von 1987 bis 1990, Linda Vigilant und Mary-Claire King.[72]

Aus Svante Pääbos 1997 am MPI in Leipzig eingerichteter Arbeitsgruppe kommen z. B. Johannes Krause, der mittlerweile die Abteilung Archäogenetik am MPI für Menschheitsgeschichte in Jena leitet, sowie Michael Hofreiter, der zwischenzeitlich eine Professur für Evolutionsbiologe und Ökologie an der University of York innehatte und nun die Professur für Evolutionäre adaptive Genomik an der Universität Potsdam besetzt. In Pääbos Münchner Labor an der LMU hatte zum Beispiel auch Anne Stone gearbeitet. Von Kurt W. Alts AG Bioarchäometrie in Mainz kamen seit ca. 2000 Wolfgang Haak, Ruth Bollongino und Guido Brandt, aus dem Tübinger Institut für Urgeschichte und Quartärökologie neben zahlreichen primär nichtmolekular arbeitenden Wissenschaftlerinnen und Wissenschaftlern[73] zum Beispiel Michael Scholz.

Noch immer wird aber Allan C. Wilsons Labor als zentrale Kaderschmiede des Feldes erinnert. Im Experteninterview am MPI in Jena berichteten Johannes Krause und Wolfgang Haak:

»WH: Wir witzeln ja oft, dass man mal so eine Genealogie machen sollte, wer aus welchem Labor wann irgendwo kommt. Wenn man das macht, sieht man dann, wo geschichtlich die Dinger zusammenlaufen. Dann hat auch Alan Cooper mal neben Svante

70 | Erwähnt bei Stoneking 1995: 1259.

71 | Brown/Evershed/Tuross 1999b: 2.

72 | Zu Wilsons Labor vgl. King 1992: 234; Matisoo-Smith/Horsburgh 2012: 14.

73 | Darunter waren Joachim Wahl, Katerina Harvati, Ralf Schmitz, Miriam Noel Haidle, Corinna Knipper, Simone Riehl und Jörg Orschiedt.

pipettiert und der eine dem anderen die Methode gezeigt. Und so verzweigt sich das. Und dann ist Willerslev mal in Oxford Postdoc. Man kriegt alle zusammen. Und hier [am MPI in Jena, d. Verf.] führen sich über Umwege jetzt Adelaide, Mainzer Schule mit Leipzig zusammen, Hendrik Poinar ist noch ein off-shoot. Also es ist unter sich geblieben.

JK: Es geht alles auf Allan Wilson zurück. Es geht alles auf einen Evolutionsbiologen aus den 80er Jahren in Berkeley zurück. Alles. Ausnahmslos. Es gibt dann schon Leute wie Ben [Krause-Kyora, d. Verf.], der sich das alles bisschen selber antrainiert hat, aber ich denke, man kann schon sagen, es ist schon Allan Wilson, auf den 95 Prozent der Leute im Arbeitsfeld irgendwie zurückgehen. Das gilt auch für die gesamte evolutionäre Genetik.«[74]

Ein universitäres Beispiel aus Deutschland ist das Johann-Friedrich-Blumenbach Institut für Zoologie und Anthropologie der Universität Göttingen bzw. dessen heute als Arbeitsgruppe Historische Anthropologie und Humanökologie bezeichnete Abteilung. Dort hatte sich der Anthropologe Bernd Herrmann, der wie kein anderer für die deutschsprachige anthropologische »scientific avant-garde«[75] der 1980er und 1990er Jahre steht, seit den frühen 1980er Jahren den neu aufkommenden Labormethoden zugewandt. Aus der Retrospektive wird als Rettungs- und Fortschrittsgeschichte erzählt, wie er Spurenelementanalyse, Isotopengeochemie und aDNA-Analyse an seinem Institut aufbaute.[76] Von diesen Verfahren hatte er sich Innovationen erwartet für die historische Erforschung der Mensch-Umwelt-Beziehungen, denen sein Hauptinteresse galt, aber auch fachpolitische Erträge für eine methodische Erneuerung der Anthropologie.[77] 1986 organisierte er für die Berliner Gesellschaft für Anthropologie, Ethnologie und Urgeschichte ein Symposium unter den Titel *Innovative Trends in der Prähistorischen Anthropologie* und warb dort für eine Erneuerung der Anthropologie durch Laborverfahren.[78] Gemeinsam mit seinen Mitarbeitern und Mitarbeiterinnen forderte er immer wieder die anthropologische Fachöffentlichkeit dazu auf, sich die aktuellen molekularbiologischen Trends anzueignen,[79] und trug mit systematischer Methodenarbeit in den 1980er und 1990er Jahren dazu viel bei.

74 | Experteninterview Krause/Haak 2016.

75 | So wurde er treffend charakterisiert von seiner Mitarbeiterin Susanne Hummel in Hummel 2003: viii.

76 | Vgl. insbesondere Alt 2009: 273.

77 | Vgl. z. B. Herrmann 1985; ders. 1986a: 165; ders. 1986c; ders./Sprandel 1987b: v f.; über Herrmann vgl. Alt 2009: 273.

78 | Vgl. Herrmann 1986c.

79 | Vgl. z. B. Hummel et al. 1995: 61.

Ein 1989/90 entwickeltes Praxishandbuch *Prähistorische Anthropologie. Leitfaden der Feld- und Labormethoden* dokumentierte seine Suche nach Innovationen, die die Anthropologie weiterbringen konnten.[80] Ziel des Buches war, dem wissenschaftlichen Nachwuchs Handreichungen für die tägliche Arbeit zu geben.[81] Deutlich machten die Göttinger Autoren und Autorinnen, dass für den wissenschaftlichen Nachwuchs kein Weg mehr am Labor vorbeiführte. Insbesondere die jüngst bekannt gewordenen Experimente mit alter DNA präsentierten sie als Herausforderung, mit der man sich würde auseinandersetzen müssen. Noch war außer Sensationsmeldungen und Einzelexperimenten zwar wenig bekannt, und es gab noch gar keine Routinen, die im Arbeitsalltag der Leser und Leserinnen relevant gewesen wären, doch erste Kochrezepte für Extraktion und Klonierung waren enthalten. Sie waren überwiegend den Experimentalstudien von Svante Pääbo entnommen worden.[82] Die Polymerase Chain Reaction (PCR) konnte nur als große kommende Technik präsentiert werden, ohne dass Anweisungen für ihren Einsatz möglich gewesen wären. Als brandneue Information kam kurz vor Drucklegung hinzu, dass die erste Extraktion aus bodengelagerten Knochen gelungen war.[83] Anders als die übrigen Abschnitte des Praxishandbuches konnte das DNA-Kapitel 1989 noch keinerlei Routinen oder Regularien vermitteln. Es war eigentlich noch gar nicht praxisrelevant. Für die Autorinnen und Autoren stand aber fest: Alte DNA würde relevant werden, und der wissenschaftliche Nachwuchs musste sich darauf vorbereiten.[84]

Zwar sei, räumte Bernd Herrmann dann 1997 nach ersten Erfahrungen mit der aDNA-Forschung ein, das individuelle Risiko noch hoch, weil es noch immer wenig Routinen gebe, weil man im eigenen Fach auf Unverständnis stoße, seine Karriere gefährde, Zeit und eventuell auch die begrenzten Ressourcen verschwende, doch würden die ihm vielversprechend erscheinenden Labormethoden wohl vor allem deshalb so schleppend implementiert, weil sie »mit Stereotypen der Selbst- und Fremdwahrnehmung der Anthropologie nicht übereinstimmen«.[85] Das sanierungsbedürftige Fach brauche viel mehr Risikobereitschaft: »Es wäre doch ein Irrtum zu glauben, daß in der Ruhe des fachlichen mainstreams die Kraft läge, wo wir doch seit Heraklit wissen, daß die

---

80 | Vgl. Herrmann/Grupe et al. 1990.

81 | Das besondere Augenmerk lag auf den Neuheiten Isotopenanalyse, Spurenelementanalyse und aDNA-Analyse sowie auf Vorschlägen, wie sich die neuen mit etablierten Verfahren verknüpfen ließen. Vgl. ebd.: v. a. Kapitel 3.3.

82 | Das Buch bezog sich insbesondere auf Pääbo 1985a; ders. 1985b.

83 | Gemeint war Hagelberg/Sykes/Hedges 1989.

84 | Vgl. Herrmann/Grupe et al. 1990: zu den Rezepten 249-252, zur Extraktion aus Knochen 254.

85 | Herrmann 1997: 98.

Bewegung Motor aller Dinge ist und ohne schöpferische Spannung Stillstand und Ende eintreten.«[86]

Zahlreiche Diplomanden und Doktoranden Herrmanns testeten entsprechend im Lauf der 1990er und frühen 2000er Jahre in ihren Qualifikationsarbeiten Isotopengeochemie und aDNA-Verfahren aus und entwickelten sie weiter. Sie adaptierten aus der Molekularbiologie, Forensik und Medizin Bekanntes für die Arbeit speziell zu (umwelt-)historischen Fragestellungen.[87] So brachten sie zentrale methodische Innovationen im Bereich der genetischen Geschlechts-, Spezies- und Verwandtschaftsbestimmung hervor, erarbeiteten systematisches Methodenwissen zu Diagenese, Taphonomie und DNA-Erhalt und publizierten eine Vielzahl von Laborprotokollen und Kochrezepten.[88] Herrmanns ehemalige Schüler und Schülerinnen besetzten einen nennenswerten Teil der Schlüsselpositionen in der universitären Anthropologie in Deutschland und wirkten stark multiplikatorisch: Gisela Grupe, die in Göttingen zur Multielementanalyse promoviert hatte, ist an der LMU München Professorin für Anthropologie und Humangenetik sowie Direktorin der Bayerischen Staatssammlung für Anthropologie und Paläoanatomie.[89] Susanne Hummel, die 1992 nDNA in Skeletten nachgewiesen und Anwendungen für die Geschlechts- und

86 | Ebd.: 98.

87 | Der Ertrag dieser Arbeiten war u. a. Basis des Handbuches Hummel 2003: vgl. dazu ii.

88 | Gisela Grupe promovierte 1986 zum Thema *Multielementanalyse: Ein neuer Weg für die Paläodemografie*, Susanne Hummel 1992 über den *Nachweis spezifischer Y-chromosomaler DNA-Sequenzen aus menschlichem bodengelagerten Skelettmaterial unter Anwendung der Polymerase Chain Reaction*, 1998 Cadja Lassen zu *Molekulare Geschlechtsdetermination der Traufkinder des Gräberfeldes Aegerten*, 2000 Wera Schmerer zur *Optimierung der STR-Genotypenanalyse an Extrakten alter DNA aus bodengelagertem menschlichem Skelettmaterial* sowie Tobias Schultes zur *Typisierung alter DNA zur Rekonstruktion von Verwandtschaft in einem bronzezeitlichen Skelettkollektiv* und Joachim Burger über die *Sequenzierung, RFLP-Analyse und STR-Genotypisierung alter DNA aus archäologischen Funden und historischen Werkstoffen*. Es folgten u. a. 2002 Julia Gerstenberger mit der *Analyse alter DNA zur Ermittlung von Heiratsmustern in einer frühmittelalterlichen Bevölkerung*, 2004 Diane Schmidt mit einer Arbeit zur *Entwicklung neuer Markersysteme für die ancient DNA-Analyse* sowie 2006 Felix Schilz über *Molekulargenetische Verwandtschaftsanalysen am prähistorischen Skelettkollektiv der Lichtensteinhöhle*. Zur aDNA promovierte auch 2008 Lars Fehren-Schmitz über *Molekularanthropologische Untersuchungen zur präkolumbianischen Besiedlungsgeschichte des südlichen Perus am Beispiel der Palpa-Region* und Rebecca Renneberg über *Molekulargenetische Untersuchungen an Überresten präkolumbianischer Neuwelt-Camelidae aus dem Palpa-Tal*. Vgl. Universität Göttingen 2016a.

89 | Vgl. LMU München 2016.

Verwandtschaftsbestimmung entwickelt hatte, vertritt die Professur in Göttingen für Historische Anthropologie und Humanökologie und leitet die Arbeitsgruppe DNA-Analytik.[90] Joachim Burger, der ebenfalls mit einer Methodenarbeit bei Herrmann promoviert hat, ist seit 2005 Professor für Anthropologie an der Universität Mainz und Leiter der Arbeitsgruppe Paläogenetik.[91] Lars Fehren-Schmitz ist Professor am Human Palaeogenomics Lab der University of Santa Cruz.[92] Die Liste ließe sich fortsetzen.

Bernd Herrmann richtete seine Tätigkeit stark auf die methodische Entwicklung und das eigene Fach aus und hatte dabei sehr die Ausbildung des wissenschaftlichen Nachwuchses im Blick. Demgegenüber sprach der Mainzer Lehrstuhlinhaber für Anthropologie, Kurt W. Alt, seit den 1990er Jahren vor allem die Archäologen und die Denkmalpflege an und baute sich Netzwerke der überfachlichen Zusammenarbeit auf, in denen aDNA-Analysen und Isotopengeochemie zum Einsatz kamen.[93]

Solche Kontaktaufnahmen und Netzwerkbildung zwischen den Angehörigen der naturwissenschaftlichen Fächer und der Archäologien verliefen offenbar oft situativ. Die großen Konferenzen der Anfangszeit wurden von Archäologen kaum besucht. Stattdessen kam es eher zu Einzeleinladungen in Kolloquien, Oberseminare und kleinere Workshops, wo Kontakte einfach und niederschwellig zu organisieren sind. Beispielsweise existierte seit 1984 an der Universität Freiburg i.Br. zwischen den dortigen archäologischen und historischen Instituten der Forschungsverbund *Archäologie und Geschichte des ersten Jahrtausends in Südwestdeutschland.* Er begann in der ersten Hälfte der 1990er Jahre, Referenten aus der Archäometrie, Archäobotanik und Archäozoologie einzuladen – ein Zeichen für die wachsende Bedeutung dieser Felder für die Archäologie und deren Öffnung für naturwissenschaftliche Expertise.[94] 1995 sprach dort Bernd Herrmann als einer der Protagonisten der aDNA- und Isotopenforschung über *Möglichkeiten und Perspektiven der DNA-Analysen für die Archäologie.*[95]

---

90 | Vgl. Universität Göttingen 2016b.

91 | Vgl. Universität Mainz 2016b.

92 | Vgl. University of California, Santa Cruz 2016. Wera Schmerer lehrt Forensic Sciences an der University of Wolverhampton, vgl. University of Wolverhampton 2016. Diane Schmidt ging ans Hessische Landeskriminalamt.

93 | Vgl. z. B. Alt/Burger et al. 2003; Haak et al. 2005; ders. et al. 2008; Meyer et al. 2008; ders. et al. 2009; ders. et al. 2012; Meller/Alt 2010a.

94 | Vgl. zu den Aktivitäten des Verbundes insgesamt Brather/Zotz 2010.

95 | Vgl. Brather 2010: 186, 188.

Technische Innovationen und Wissenszuwachs

»[A] true breakthrough for anthropology«.[1]

Die vorangegangenen Ausführungen zur Entstehung des Forschungsfeldes in den 1990er Jahren griffen der technischen Entwicklung leicht voraus, denn bereits am Ende der 1980er Jahre war ein wichtiger Schritt erfolgt: Ein weiterer Technology Trigger hatte die Erwartungen und Zukunftsentwürfe beflügelt: 1989 publizierte die schwedische Biochemikerin Erika Hagelberg mit zwei aus Großbritannien stammenden Forschern, dem medizinischen Genetiker Brian C. Sykes und dem Physiker und Archäologen Robert E. M. Hedges[2], das Rezept für die Extraktion von alter DNA aus Knochen[3] – und die Teammitglieder wurden im deutsch- und englischsprachigen Raum sofort als Pioniere wahrgenommen.[4]

Als die ersten Meldungen über Extraktionen aus Weichteilen eingetroffen waren, hatten Anthropologen umgehend diskutiert, ob es möglich sei, alte DNA aus Knochen zu gewinnen, die nicht nur im archäologischen Fundgut sehr viel häufiger, sondern auch Gegenstand und Material der Osteologie und damit seit Langem Quelle der Anthropologie waren. Damit würden sich neben Individuen auch Gruppen und größere Individuenzahlen untersuchen lassen – sofern entsprechende Proben verfügbar gemacht wurden. Die Teilnehmer und Teilnehmerinnen einer Berliner Tagung über *Innovative Trends in der Prähistorischen Anthropologie* beispielsweise spekulierten 1986, wenn, wie die Spurenelementforschung zeige, schon das Strukturprotein Collagen in Knochen überlebe, doch zumindest theoretisch die gleiche Möglichkeit für DNA bestehe. Noch wussten sie aber von keinen entsprechenden Experimenten.[5] Die Ex-

1 | Hummel 2003: 1.

2 | Robert E. M. Hedges ist Archäometriker an der University of Oxford und dort seit 2012 Professor of Archaeological Science an der School of Archaeology. Er leitete jahrelang das Research Laboratory for Archaeology and the History of Art.

3 | Vgl. Hagelberg/Sykes/Hedges 1989.

4 | Vgl. z. B. Herrmann/Grupe et al. 1990: 254; Pääbo 1991: 108; Brown/Brown 1992: 10, 17; Katzenberg/Harrison 1997: 281; Burger et al. 2002: 19; Hummel 2003: 1; Hummel 2008: 67; Waldron 1991: 155; Tite 1991: 148; Richards et al. 1993: 24; »most significant breakthrough«, Thomas 1993: 4; »breakthrough« auch bei Hänni et al. 1995: 649.

5 | Vgl. Piepenbrink 1986: 119; vgl. auch die Gruppendiskussion derselben Tagung zur Verwandtschaftsanalyse, in der die Hoffnung ausdrückt wurde, vielleicht bald auf DNA aus Knochen zurückgreifen zu können, in Rösing 1986: 97.

traktion aus Knochen und Zähnen galt als in der Zukunft möglich, jedoch eher als »Hoffnung«.[6]

Hagelberg, Sykes und Hedges hatten sich bewusst zusammengefunden, um auszuprobieren, wie man die neuen molekulargenetischen Methoden am besten für bestehende archäologische und historische Fragestellungen nutzen konnte. Dafür war es nötig gewesen, das im archäologischen Fundbestand häufigste organische Material zu erschließen: Knochen. In technischer Hinsicht brachte demnach erst dieser Schritt Archäologie und Molekularbiologie wirklich zusammen. Wichtige Impulsgeberin dafür war die Forensik.[7] Erika Hagelberg hatte seit Längerem mit Alec John Jeffreys zusammengearbeitet, der als Entdecker des sogenannten genetischen Fingerabdruckes bekannt geworden war,[8] und mit ihm unter forensischer Fragestellung an DNA aus Knochen experimentiert.[9] Auch hier waren die DNA-Spuren zu stark degradiert gewesen, um mit den regulären forensischen Methoden untersucht werden zu können.[10] Mit dieser Expertise hatte sich Erika Hagelberg archäologischen Proben höheren Alters zugewandt.[11] Hagelberg, Sykes und Hedges erklärten dazu: »This work has significant implications for the study of past populations as it provides a source of primary evidence to add to the indirect evidence gained from modern population genetics, and from linguistic, cultural and anthropological sources.«[12]

In den Folgejahren verfeinerten verschiedene Arbeitsgruppen das Extraktionsverfahren und testeten, ob DNA auch in verbrannten oder fossilen Knochen überlebt haben konnte bzw. ob sie sich daraus isolieren ließ.[13]

Um fossile Funde bemühten sich seit den frühen 1990er Jahren verschiedene Arbeitsgruppen. Eine Schwierigkeit bestand darin, dieses sehr alte, also

6 | Herrmann 1987: 70; vgl. ganz ähnlich Henke und Rothe hinsichtlich fossiler Knochen Henke/Rothe 1994: 514.

7 | Vgl. Hagelberg/Sykes/Hedges 1989; Hagelberg/Gray/Jeffreys 1991; Richards et al. 1993: 21; dazu aus der Retrospektive auch Alt 2009: 274; Schablitsky 2006: v. a. 11; Dixon 2006: v. a. 28.

8 | Vgl. zu den meistzitierten seiner Publikationen Jeffreys/Wilson/Thein 1985b; mit Hinweis auf die ersten tatsächlichen forensischen Anwendungen Jeffreys/Brookfield/Semeonoff 1985: 818 f.; Gill/Jeffreys/Werret 1985. Vgl. zur Begriffsgeschichte des Genetic Fingerprints Cole 2001: v. a. Kapitel 6 und 12.

9 | Vgl. Hagelberg/Gray/Jeffreys 1991.

10 | Es handelte sich um die Identifizierung eines britischen Mordopfers und der Leiche Josef Mengeles, vgl. Hagelberg/Gray/Jeffreys 1991; Jeffreys et al. 1992.

11 | Die Proben, aus denen die mtDNA isoliert wurde, waren zwischen 300 und 5.000 Jahre alt.

12 | Hagelberg/Sykes/Hedges 1989: 485.

13 | Vgl. Brown/O'Donoghue/Brown 1995: 185; Hedges/Sykes 1992: 279; Powledge/Rose 1996: 38.

meist sehr wertvolle Material überhaupt von den Museen und Sammlungen zu bekommen. Die technischen Erfolgsaussichten waren völlig unklar.[14] Den Nachweis, dass DNA den Fossilisationsprozess von Knochen überstehen kann, brachte der Münchner Doktorand von Svante Pääbo Matthias Krings[15] 1997, als er fossile Neandertaler-mtDNA isolierte und sequenzierte.[16] Pääbo hatte Krings bewusst auf dieses technisch extrem schwierige Projekt angesetzt, da er unbedingt einen Zugang zur Neandertalerfrage schaffen wollte: »Neanderthal DNA seemed like the coolest thing imaginable to me.«[17] Dass es Matthias Krings gelang, einen Abschnitt der mtDNA[18] eines aus heutiger Sicht ca. 42.000 Jahre alten Fossils zu isolieren, war technisch bemerkenswert, weil er die gedachte Erhaltungsgrenze erreicht hatte. Dies wurde in der Community als enormer Durchbruch empfunden.[19]

Die Wirkung seines am 11. Juli 1997 in *Cell* unter dem nüchternen Titel *Neandertal DNA Sequences and the Origin of Modern Humans* erschienenen Aufsatzes war enorm, zumal Krings sogar am namensgebenden ersten Fund aus Feldhofer-1 gearbeitet hatte.[20] Christopher Stringer ließ sich in *Science* zitieren, einer seiner Träume sei wahr geworden: »[I]t's a marvelous achievement. For human evolution, this is as exciting as the Mars landing. It's the biggest breakthrough in Neandertal studies«.[21]

---

14 | Vgl. Hedges/Sykes 1992: 279; Powledge/Rose 1996: 38; Pääbo 2014a: 73. Ein Teil der Community blieb skeptisch, ob eine Beprobung so wertvoller Funde sinnvoll ist, so z. B. Smith et al. 2001.

15 | Matthias Krings verließ die Wissenschaft offenbar bald nach seiner Promotion wieder und arbeitet inzwischen als Managementberater für Unternehmen in den Bereichen Biotechnologie und Pharmazie.

16 | Lange hatte Svante Pääbo, damals am Zoologischen Institut der LMU München, mit dem Rheinischen Landesmuseum in Bonn verhandelt, das über die Reste des 1856 aufgefundenen namensgebenden Individuums verfügte. Vgl. das Interview in Kahn/Gibbons 1997: 176.

17 | Pääbo 2014a: 72.

18 | Am meisten beachtet und zitiert: Krings et al. 1997. Die Dissertation wurde 1998 an der LMU München eingereicht. Vgl. ders. 1998.

19 | Über ISI WebofScience bzw. PublishOrPerish fanden sich über 1.200 Zitationen. Es handelt sich um den meistzitierten Beitrag zum Stichwort aDNA-Research, Stand: Dezember 2015.

20 | Vgl. als Beispiele Pusch/Scholz 1999: 368; Geigl 2002: 337; zur Rezeption Ward/Stringer 1997: 226.

21 | Interview mit Christopher Stringer in Kahn/Gibbons 1997: 176, sowie »Marslandung der Paläontologie« in Siefer 1997; andere: »major highlight« bei Willerslev/Cooper 2005: 11.

Um die Community zu überzeugen, widmete Krings der Authentizitätsdiskussion sehr viel Aufmerksamkeit.[22] Eine unabhängige Reproduktion durch Mark Stoneking und Anne Stone ergab dieselben Sequenzen, allerdings auch mit derselben Probe, was den Wert der Reproduktion herabsetzte.[23]

Die Antwort in der Neandertalerfrage schien damals aber greifbar nahe. Deshalb war das am meisten beachtete Ergebnis der Studie, dass die entdeckte mtDNA-Sequenz bei modernen Menschen nicht vorkam.[24] Dies wurde in der Community stark verallgemeinert als Beleg für die These gesehen, dass es keine genetische Vermischung zwischen Neandertalern und Anatomisch Modernen Menschen gab und es sich möglicherweise sogar um unterschiedliche Spezies handelte,[25] obwohl dies, wie sogleich Kritiker anmerkten,[26] noch lange nicht bewiesen war: Krings hatte, wie übrigens auch die ersten folgenden Neandertalerstudien,[27] nur mit mtDNA gearbeitet und nur eine bestimmte Sequenz analysiert. Das Aussagepotential der DNA-Quelle war mithin begrenzt. Das räumte er auch selbst ein – allerdings mit dem Verweis auf passende morphologische Studien, die sein Ergebnis plausibilisierten.[28] Die Fachöffentlichkeit war von den Möglichkeiten begeistert, die das Projekt eröffnete,[29] was dazu beitrug, dass Svante Pääbo immer wieder als Begründer der Paläogenetik angesprochen wurde.

Da Matthias Krings auch die Out-of-Africa-Hypothese stärkte,[30] fühlten sich auch die Gegner des multiregionalen Modells bestätigt.[31] Er habe auf diesen Durchbruch gehofft, sagte der Paläoanthropologe Dan Lieberman im oben genannten *Science*-Interview: »The fact that they managed to find

22 | Vgl. Krings 1998: 21 f., 40 f., 44 ff.

23 | Vgl. Stoneking 1995: 1261; Krings 1998: 43; dazu kritisch aus der Sicht der morphologisch arbeitenden Paläoanthropologie Henke 2010a: 183.

24 | Vgl. Krings 1998: 54-59.

25 | Vgl. Weniger 2013; »landmark« bei Shapiro/Gilbert/Barnes 2008: 219.

26 | Vgl. Nordborg 1998: 1239; reflektiert z. B. von Caramelli et al. 2003: 6593. Gendrift oder eine geschlechtsbezogen unterschiedliche Fortpflanzung konnten nicht ausgeschlossen werden.

27 | Vgl. Briggs et al. 2009: 320; Ovchinnikov et al. 2000: 490, 492; Orlando et al. 2006; Serre et al. 2004: e57; zur begrenzten Aussagekraft der mtDNA-Daten deshalb Caramelli et al. 2006: 631; Clark 2008: 389; Nordborg 1998: 1237, 1239; Ghirotto et al. 2011: 249.

28 | Vgl. Krings et al. 1997: 27.

29 | Vgl. als Beispiele Pusch/Scholz 1999: 368; Geigl 2002: 337; Ward/Stringer 1997: 226; Kahn/Gibbons 1997: 176.

30 | Vgl. Krings et al. 1997: 25.

31 | Vgl. so bei Kahn/Gibbons 1997: 176; Ward/Stringer 1997: 226.

DNA from a region of prime importance is proof that there is a God who likes paleoanthropology«.[32]

Auch der Widerhall in der breiten medialen Öffentlichkeit war groß.[33] Krings' Studie und die dazugehörige Presseberichterstattung bildeten den Anfang der massenmedialen Thematisierung der aDNA-basierten Neandertalerforschung, die seither nicht mehr abgerissen ist.

Inhaltlich ist Matthias Krings' Arbeit inzwischen überholt. In der Folge wuchs allerdings das Sample der beprobten Individuen.[34] Die von Krings und den ersten folgenden Studien veröffentlichten Sequenzen wurden nur mit modernen Datenbanken,[35] aber nicht mit Sequenzen Anatomisch Moderner Menschen derselben oder einer nahen Zeitstufe verglichen.[36] Auch das beschränkte ihre Aussagekraft von vornherein. Langfristig lag die wissenschaftliche Bedeutung der Studie für die aDNA-Forschung vor allen darin, dass überhaupt fossiles Material erfolgreich erschlossen worden war. Zudem hatte das Projekt viel Zeit darauf verwendet, die Erhaltungsbedingungen fossiler Knochen zu untersuchen und so wesentlich zum Wissen über Knochendiagenese und DNA-Schäden beigetragen, das um die Mitte der 1990er Jahre noch gering gewesen war.

»At present our understanding of survival is more anecdotal than systematic«,[37] hatten Robert E. M. Hedges und Brian C. Sykes 1992 das Forschungsdesiderat umschrieben. Angesichts klinischer und forensischer Erfahrungen war zwar klar, dass DNA, wenn überhaupt, nur in geringen Mengen und in degradiertem Zustand in Proben höheren Alters vorliegen würde, denn es war bekannt, dass Nukleinsäuren nach dem Tod eines Organismus höchst instabil sind und unter anderem durch Oxidation und Hydrolyse sehr schnell zerstört werden. Nicht klar war hingegen, welche Rolle das Alter, die Umweltfaktoren, die Lagerung spielten: Gab es ein Verfallsdatum für DNA? Wie alt

---

32 | Kahn/Gibbons 1997: 177, vgl. auch 176.

33 | Vgl. als Beispiele für die enthusiastische Verbreitung über die aDNA-Community hinaus ebd.: 176; Ward/Stringer 1997: 226.

34 | Zunächst veröffentlichten Krings et al. die Sequenzierung der HVR2 desselben Individuums, vgl. Krings et al. 1999: 5581-5584; weitere folgten, z. B. Ovchinnikov et al. 2000: 491; Serre et al. 2004: e57; Schmitz et al. 2002; Orlando et al. 2006; Caramelli et al. 2006; Lalueza-Fox et al. 2005: 1078 f.; Dalén et al. 2012: 1896. Vgl. auch Cameron/Groves 2004: 208-211.

35 | Vgl. als Beispiel die HVR-Base des MPI für Evolutionäre Anthropologie http://www.hvrbase.de.

36 | So ließ sich z. B. nicht ausschließen, dass der Neandertaleranteil an der mtDNA über die Jahrtausende verloren ging, weil eine genetisch viel heterogenere Population Anatomisch Moderner Menschen irgendwann einen Bottleneck durchlief, aus der eine Population hervorging, die genetisch sehr homogen ist.

37 | Hedges/Sykes 1992: 272; ähnlich auch Thomas 1993: 3.

durfte ein Organismus maximal sein, um noch extrahierbare DNA enthalten zu können? In welchem Material überlebte DNA am besten? In Knochen, Weichteilgewebe, Haaren, Pollen oder biogenen Materialien wie Leder oder Elfenbein? Welches bereits bekannte Extraktionsverfahren funktionierte am besten mit welchem Material und wo bedurfte es neuer Verfahren? Wie lang waren die DNA-Fragmente, die man erwarten durfte?[38]

In ihrem Laboralltag beobachteten die Forscher und Forscherinnen zunehmend, dass sie die Mehrzahl der Proben wieder aus dem Untersuchungsdesign ausschließen mussten, weil sie keine oder zu wenig verwertbare DNA enthielten. Um die Gründe zu finden, waren systematische Studien nötig, da gescheiterte Experimente und negative Erfahrungen selten publiziert wurden und somit die Community nicht schon auf diesem Weg ausreichend informiert war.[39] Keri A. Brown, Kerry O'Donoghue und Terence A. Brown von der aDNA-Arbeitseinheit in Manchester forderten deshalb 1995: »[T]he whole issue of how and why DNA survives in ancient material in virtually unexplored and much more work, [...] is needed before any firm conclusion can be drawn.«[40]

In Göttingen gingen Bernd Herrmann und Susanne Hummel 1994 mehr ins Detail:

»It is a prerequisite for any successful extraction of aDNA that the material studied contains extractable amounts of ancient nucleic acids, but no general criteria exist for estimating DNA content of ancient specimens before attempting extraction. Developing such criteria would certainly require much research in the difficult area of taphonomy and decomposition, whereas so far most researchers have been interested first and foremost in the fact itself that aDNA could be extracted and amplified.«[41]

Wissen zu schaffen über die diagenetischen und die autolytischen Prozesse, die den DNA-Erhalt bestimmen, erklärte die Community zu einem ihrer wich-

38 | Sie wurden als Forschungsdesiderate markiert z. B. von Pääbo 1989: 1939; Hagelberg et al. 1991: 399 f.; Waldron 1991: 155; Hagelberg/Clegg 1991: 49; Brown/Brown 1992: 18; Hedges/Sykes 1992: 272 f.; Richards et al. 1993, 26; Lindahl 1993: 709 f.; Herrmann/Hummel 1994b: 3; Hagelberg 1994: 195 f.; Burger et al. 1999: 1722; Höss et al. 1996: v. a. 1304 f.; Parsons/Weedn 1997: 122-125; Rollo et al. 2000; Poinar 2000; Müller/Hummel/Herrmann 2000; auch 2002 wiederum als offenes Forschungsproblem genannt bei Götherström et al. 2002: 395; dazu Haynes et al. 2002: 585; jüngst wieder Adler et al. 2011: 856; den Forschungsstand von 2008 zusammenfassend und mit eigenen neuen Experimenten Bollongino/Tresset/Vigne 2008.

39 | Vgl. z. B. Poinar et al. 1996; Höss et al. 1996: 1304, 1306 f.; Bollongino/Tresset/Vigne 2008: 92; dazu auch Ingham/Roberts 2008: 609; Bouwman/Brown 2005: 712.

40 | Vgl. Waldron 1991: 155; Brown/O'Donoghue/Brown 1995: 186.

41 | Herrmann/Hummel 1994b: 4.

tigsten Forschungsanliegen für systematische Experimente jenseits der Sensationsmeldungen.[42] Eine Ausgangsvermutung von Erika Hagelberg war gewesen, dass das Alter eine geringere Rolle spielte als andere Faktoren, weil sich die Amplifikationsergebnisse qualitativ bei Proben gleichen Alters stark unterschieden.[43] Bernd Herrmann initiierte ein Projekt, das dem systematisch nachgehen sollte, denn auch die Göttinger und Göttingerinnen hatten die Vermutung, dass die Kombination von Umgebungsfaktoren Temperatur, Feuchtigkeit und pH-Wert sowie der geochemischen Eigenschaften des Liegemilieus, nicht das Alter allein ausschlaggebend sein könnten:

»The most trivial but nonetheless important observation is that there seems to be a general tendency for the quality of preservation to decrease with time after death. However, due to environmental conditions at the locations where materials are found, there are so many exceptions to this rule that one should not take it too seriously.«[44]

In diversen Einzelstudien zeigte sich an archäologischen Proben, was aus forensischen Untersuchungen mit kürzeren Liegezeiten teilweise bereits bekannt war: Niedrige Temperaturen und ein neutraler oder leicht alkalischer pH-Wert des Liegemilieus beeinflussten die DNA-Erhaltung positiv.[45] Warme Umgebungsbedingungen waren schlecht für den DNA-Erhalt, was Studien mit Material zum Beispiel aus dem Nahen und Mittleren Osten, Indien und Südeuropa schwierig machte, und Kooerationen mit der Klassischen und Vorderasiatischen Archäologie erschwerte.[46] Unter Permafrostbedingungen über-

42 | Vgl. Richards et al. 1993: 25; als Experimentierziel bei Tuross 1994; Hänni et al. 1995: 649 f.; Pääbo 2000: 1320. Eine Vorlage aus der Forensik dazu war z. B. Bär et al. 1988.

43 | Vgl. Hagelberg/Sykes/Hedges 1989: 485; Hagelberg et al. 1991: 407; dies. 1994: 197.

44 | Herrmann/Hummel 1994b: 5.

45 | Vgl. einführend den Forschungsstand der 1990er Jahre zusammenfassend Hummel 2003: 69-72.

46 | Vgl. mit einer Erfolgsquote von insgesamt etwas mehr als zehn Prozent die Studie zu Rindern aus verschiedenen Fundorten in Europa und im Nahen Osten Edwards/MacHugh et al. 2004: 703. Verkürzt ausgedrückt: Je wärmer und trockener die Umgebung am Fundort, desto seltener fand sich noch DNA in den Proben. Vgl. Experteninterview Krause/Haak 2016. Vgl. zu diesem Problem auch die Studie zur Domestikation der Oliven Elbaum et al. 2006: 77; zum indischen Kontinent Singh/Joglekar/Koziol 2011: 2200; zur Problematik für die Ägyptologie und Klassische Archäologie Cipollaro/Galderisi/Di Bernardo 2005: 318, 320; zusammengefasst bei Willerslev/Cooper 2005: 6, sowie an Archäologen gerichtet bei Matisoo-Smith/Horsburgh 2012: 63.

lebte DNA hingegen relativ gut sowie in auffällig langen Fragmentlängen.[47] In der Laborpraxis erwies sich für längere Lagerungszeiten zudem ein Gefrierschrank als sinnvoll.

Besonders zerstörerisch zeigte sich der Befall mit Mikroorganismen, d. h. vor allem Bakterien, Pilzen und Algen[48] – an diesem Problem scheiterten zum Beispiel die Göttinger Forscher und Forscherinnen, als sie im Kontext eines High-Profile-Projektes zu einem nepalesischen Mumienkollektiv aDNA-Untersuchungen vornehmen wollten. Trotz des sehr guten Erhaltungszustandes der Mumien ließ sich keine DNA isolieren: Mikroorganismen hatten sie zerstört.[49]

Anders stellte sich dieses Problem dar, wenn ausdrücklich die DNA von Mikroorganismen in den Proben untersucht werden sollte. Die DNA von bakteriellen Krankheitserregern und Viren, die allerdings streng genommen nicht zu den Mikroorganismen zählten, galten als höchst relevant für eine Vielzahl paläoepidemiologischer Fragestellungen. Das Problem war aber, dass zu erwarten war, dass die DNA von Viren und Bakterien im fremden Organismus in deutlich geringerer Konzentration vorlag als dessen endogene DNA und eventuell auch als die anderer Mikroorganismen. Die Chancen, authentifizierbare pathogene DNA zu finden, schienen gering zu sein, die Gefahr einer Kontamination mit der DNA anderer Mikroorganismen hingegen wurde als sehr hoch eingeschätzt. Die Forschung an alten Pathogenen setzte deshalb mit zeitlicher Verzögerung ein. Auch den taphonomischen Prozessen und Erhaltungsbedingungen von pathogener DNA wandte sich die Community etwas später zu.[50]

Das Ergebnis all dieser systematischen Studien war ein längerer Katalog von Faktoren, die den DNA-Erhalt beeinflussten. Dieser ging im Lauf der 2000er Jahre in die Lehr- und Handbücher des Feldes ein. Dennoch gibt es bislang keine gesicherte Aussage dazu, ob und unter welchen Bedingungen diese Faktoren in einem regelhaften Verhältnis oder insbesondere in einer Hierarchie zueinander stehen. Als gesichert gilt gegenwärtig nur, dass es keine direkte kausale Beziehung zwischen DNA-Erhalt und Zeit gibt.[51] Die Forschungen flossen im

47 | Vgl. zusammenfassend bei Willerslev/Cooper 2005: 6 und Hofreiter/Serre et al. 2001. Als Beispiel Höss/Pääbo/Vereshchagin 1994; Leonard/Wayne/Cooper 2000; m. w. N. Shapiro/Gilbert/Barnes 2008: 211.

48 | Vgl. Rollo et al. 2000; m. w. N. Collins et al. 2002: 386; Hummel 2003: 69 f.

49 | Vgl. Alt/Burger et al. 2003: 1532.

50 | Vgl. Barnes/Thomas 2006: 645. Eine Zusammenschau des Forschungsstands lieferten Matheson/Brian 2003: 129-139; vgl. auch Dutour et al. 2003: 152, 154-159. Siehe auch S. 180.

51 | Zusammengefasst für die Lehre vgl. z. B. Grupe et al. 2012: 155; im Handbuch dies./Harbeck 2015: 434 ff.; im Detail Richards et al. 1993: 26; Handt et al. 1996; Burger/Hummel/Herrmann 1997; Burger et al. 1999: 1727; Rollo et al. 2000; ders. et al. 2002; Geigl 2000; 2002; Collins et al. 2002: 388 f.; Pruvost et al. 2007; zur Diagenese

Lauf der Jahre aber in die Suche nach einem Instrumentarium ein, mit dessen Hilfe vorab, einfach und unmittelbar die noch vorhandene Menge an DNA und ihr Erhaltungsgrad abgeschätzt werden sollte. Solche Pretests sollten die Erfolgschancen einer aDNA-Analyse prognostizieren helfen, bevor Material invasiv beprobt würde.[52] An derartigen Tests wurde seit der ersten Hälfte der 1990er Jahre je für unterschiedliches menschliches, tierisches und pflanzliches Material in diversen Konservierungszuständen geforscht.[53] Ein universell einsetzbarer Test wurde nicht gefunden.

Im Zuge der in den 2000er Jahren nochmals intensivierten Methodenarbeiten wurde auf der Basis solcher Studien versucht, herauszufinden, ob sich vom Razemisierungsgrad von Aminosäuren, d.h. grob vom chemischen Zustand des Knochenstrukturproteins Kollagen, auf den Erhaltungsgrad der DNA-Moleküle schließen lässt. Die Aussagekraft von Verfahren wie Amino Acid Racemization und Amino Acid Profiling[54] war jedoch umstritten, da mehrere Arbeitsgruppen in ihren In-vitro-Experimenten zu gegensätzlichen Ergebnissen gelangt waren.[55] Später wurden diese Verfahren aber benutzt, um ein anderes Problem, die Kontamination der Proben mit exogener DNA, anzugehen:[56] Seit

von Knochen insgesamt Nielsen-Marsh/Hedges 2000a: v.a. 1142-1146; hinsichtlich der Neandertalerproben Smith et al. 2001; dies relativierend und mit einer kritischen Einschätzung, was die grundsätzliche Berechenbarkeit von DNA-Erhalt angeht, Ovchinnikov et al. 2001: 772; zur Bedeutung elektromagnetischer Strahlung, z.B. UV-Strahlung, genügte ein Blick in die Literatur der Molekulargenetik, was sich wiederum zur Dekontamination nutzen ließ, vgl. Lindahl 1993, zitiert u.a. in Brandt et al. 2010: 19; Hofreiter/Serre et al. 2001: 353 f.; Binladen et al. 2005; zur Beobachtung, dass man einer Probe nicht ›ansieht‹, ob der DNA-Erhalt hoch sein wird, z.B. Faerman et al. 1995: 323.

52 | Vgl. Hofreiter/Serre et al. 2001: 354; Mulligan 2006: 366.

53 | Vgl. dazu Herrmann/Hummel 1994b: 3; Burger et al. 1999; Savoré/Garagna et al. 2000; Pruvost et al. 2007; Willerslev/Cooper 2005; vgl. Leney 2006: 35-45; m.w.N. Collins et al. 2002: 389; zu einem Pretest für hölzerne Pflanzenbestandteile, hier Olivenkerne, Elbaum et al. 2006: 85 f.

54 | Dies ist ein biochemisches Verfahren, das den Zustand der Aminosäuren, d.h. der Bestandteile der Proteine in der Probe, beurteilen soll.

55 | Zum Unterschied von in vivo und in vitro gealterten Proben für die Experimente vgl. Harbeck et al. 2004: 390-393; zur Diskussion verschiedener Verfahren Willerslev/Cooper 2005: 9.

56 | Vgl. zu den Verfahren und zur Diskussion ihrer Aussagekraft ebd.; Cemper-Kiesslich/Neuhuber/Schwarz 2010: 37; Mulligan 2006: 366. Systematische Studien wie Fernández et al. 2009: 969 ff., sprachen dagegen, dass sich die Amino Acid Racemization standardmäßig einsetzen lässt, um den DNA-Erhalt abzuschätzen. Zu den getesteten Verfahren vgl. Handt et al. 1996: 368; Poinar et al. 1996: 864 f.; Hofreiter/Serre et

den 2010er Jahren lässt sich mithilfe solcher Schäden der Kontaminationsgrad messen, d.h. das Kontaminationsproblem quantifizieren. Zudem können exogene und endogene DNA anhand der Schadensmuster häufig voneinander unterschieden werden.[57] Jüngst wurde die Prüfung der Sequenzen auf solche Schadensmuster als »gold standard« der Authentifizierungsbemühungen bezeichnet.[58]

Während über die Erhaltungsbedingungen und Schäden alter DNA teils kontrovers diskutiert wurde, entwickelten die aDNA-Forscher weitgehend ohne Kontroversen seit den frühen 1990er Jahren eine bemerkenswerte Vielfalt von unterschiedlichen Techniken, mit denen sie DNA aus den Proben extrahierten. Diese Extraktion oder Isolation von DNA ist ein wichtiger Arbeitsschritt – wenn sie nicht glückt oder im schlimmsten Fall sogar die ganze Probe aufgebraucht wird, ist jeder weitere Untersuchungsschritt unmöglich: »DNA extraction is probably the most crucial step in any ancient DNA analysis. At this initial phase of the investigation, a wrong decision can reduce or in fact destroy all the potential information that may have been preserved through time and retained in the sample.«[59]

Nötig wurden ganz unterschiedliche Verfahren, weil sich in den Studien zum aDNA-Erhalt zeigte, dass gewissermaßen jede Probe je nach Material, Zustand der Moleküle, Lagerungsbedingungen und vielem mehr ihre eigene Vorgehensweise brauchte.[60] Doch kam es nicht nur zur Entwicklung probenspezifischer Techniken, sondern auch zu laborspezifischen Vorgehensweisen.[61] Das Ergebnis war eine außerordentliche Vielzahl von vorliegenden Protokollen. Angesichts der vielen Methodenkonflikte, die die Community in anderen Fragen austrug und noch immer austrägt, fallen die Diversität der entsprechenden Rezepte und Anleitungen sowie die Einhelligkeit, mit der sie implementiert

---

al. 2001: 354 f.; Harbeck et al. 2004: 388 f.; kritisch Bernd Herrmann in der Tagungsdiskussion in o. V. 2003: 210; im Einsatz z. B. bei Green et al. 2006: 331. Zum Vergleich verschiedener histologischer Methoden hinsichtlich ihrer Aussagefähigkeit zum DNA-Erhalt vgl. Haynes et al. 2002: v. a. 590 f.

57 | Vgl. Experteninterview Krause/Haak 2016; Weiß et al. 2015.

58 | Callaway 2015a.

59 | Hummel 2003: 57.

60 | Vgl. Hänni et al. 1995: 650-653; Hummel 2003: 57; Cipollaro/Galderisi/Di Bernardo 2005: 318; Schmerer/Hummel/Herrmann 1999: 1715; speziell zur Problematik der Proben aus dem tropischen Raum, wo der DNA-Erhalt aufgrund der hohen Temperaturen in der Regel schlecht ist, Singh/Joglekar/Koziol 2011: 2201.

61 | Vgl. Matheson/Loy 2001: 570; Grumbkow et al. 2013: 3771; Kemp et al. 2014: 380.

wurden, auf.[62] Die sonst beim ›Doing aDNA‹, insbesondere bei der Herstellung technischen und methodischen Wissens, typischen konfliktreichen Episoden fehlen hier.

Der wesentliche nächste technische Schritt nach der Isolation von DNA aus der Probe ist die Vervielfältigung der erhaltenen DNA-Fragmente. Anfangs geschah dies durch Klonieren. Dies war sehr aufwändig und zeitraubend: Die DNA-Fragmente wurden in Bakteriengenome eingebaut, die dann sequenziert werden konnten.[63] Das funktionierte nur mit relativ gut erhaltener DNA und großen Fragmenten.

Die ausschlaggebende technische Innovation, ein weiterer wesentlicher Technology Trigger, kam hier von einem Biochemiker: Kary B. Mullis hatte 1985 die PCR, die Polymerase Chain Reaction oder Polymerasekettenreaktion, erfunden:[64] Mithilfe eines rechnergesteuerten Thermocyclers ließen sich einzelne, zuvor bestimmte Abschnitte der DNA amplifizieren, d.h. vervielfältigen, gleichgültig, ob es sich dabei um codierende Abschnitte (sogenannte Gene) oder um nicht codierende Abschnitte handelte. Sie wurden verfältigt, indem das Reaktionsgemisch – bestehend aus zuvor extrahierter DNA und Primern, d.h. Startermolekülen, die den definierten DNA-Abschnitt erkannten – einer zyklischen Abfolge bestimmter Temperaturstufen ausgesetzt wurde. Beigefügt wurden eine hitzebeständige DNA-Polymerase, d.h. ein Enzym, das von den Primern ausgehend den Neuaufbau der DNA veranlasste, sowie freie Nukleotide, die diesem Enzym als Material für die neu aufgebaute DNA dienten. Zielprodukt der PCR war ein exponentiell vermehrter DNA-Abschnitt. Dies beschleunigte den Prozess enorm. Am Ende der 1980er Jahre gingen die ersten Labore auf die PCR über. Allan C. Wilsons Labor in Berkeley verfügte als eines der ersten über die entsprechenden Geräte.[65]

Die PCR machte in technischer Hinsicht aDNA-Forschung in größerem Umfang und populationshistorische Zugänge technisch denkbar, denn nun

---

62 | Aus der Vielzahl der Protokolle vgl. Pääbo 1989; Hagelberg/Clegg 1991; Stone/Stoneking 1993; Richards et al. 1993: 24 f.; Cano/Poinar 1993; Höss/Pääbo 1993; Lassen/Hummel/Herrmann 1994; Vachot/Monnerot 1996; Baron/Hummel/Herrmann 1996; Pusch/Scholz 1997; Stone/Stoneking 1998; Schmerer/Hummel/Herrmann 1999; Müller/Hummel/Herrmann 2000; Barnett/Larson 2012; Rohland 2012.

63 | Zum Einsatz dieser Technik bei den ersten aDNA-Experimenten vgl. u. a. Higuchi et al. 1984; Pääbo 1985a; ders. 1985b; Arnemann et al. 1986; Willerslev/Cooper 2005: 3; Shapiro/Gilbert/Barnes 2008: 213.

64 | Vgl. Mullis/Faloona 1987; eine Einführung in die Funktionsweise für Archäologen bei Matisoo-Smith/Horsburgh 2012: 46-49.

65 | Vgl. Pääbo in Gitschier 2008: e10000035.

konnte mit kleineren und stark degradierten Proben gearbeitet werden.[66] Ohne die PCR wäre zum Beispiel die oben erwähnte Arbeit von Matthias Krings mit fossiler Neandertaler-DNA unmöglich gewesen. Pääbos Münchener Labor verfügte bereits über ein entsprechendes Gerät. Anders als beim Klonieren erlaubte die PCR zudem, dass Experimente unabhängig reproduziert werden konnten, sofern noch Probenmaterial vorhanden war. Somit ermöglichte die PCR eines der wichtigsten Kriterien guter wissenschaftlicher Arbeit in den Laborwissenschaften: die unabhängige Reproduktion.[67]

Ab ca. 1990 kamen in rascher Folge diverse Thermocycler auf den Markt, die außerdem immer günstiger wurden. In finanzieller Hinsicht stellte die PCR relativ geringe Anforderungen an Labore, die in die aDNA-Forschung einsteigen wollten: »As a result, molecular biology became accessible and could be done just about anywhere – even in an hotel room«,[68] fassten Elisabeth Matisoo-Smith und K. Ann Horsburgh rückblickend die Vorstellung in der Community zu dieser Zeit zusammen.

Erlebt und geschildert wurde die PCR um 1990 als bahnbrechende Technologie. »The rare event of a true scientific breakthrough«[69] stellte die PCR zum Beispiel aus der Sicht von Bernd Herrmann 1994 dar. Svante Pääbo, Allan C. Wilson und Russell G. Higuchi hatten 1989 bereits vom »ideal tool«[70] gesprochen. Die amerikanische Anthropologin Connie J. Mulligan erklärte aus der Rückschau 2006, die PCR habe »the explosive growth of the field of ancient DNA analysis«[71] vorangetrieben.

Zunächst war die PCR überaus positiv angenommen worden, da sie es ermöglichte, innerhalb von wenigen Stunden sequenzierfähiges Material bereitzustellen.[72] Aus der Retrospektive des Jahres 2004 formulierten im *Annual Re-*

---

66 | Beim Klonieren konnte es bis zu einem Monat dauern, bis nach der Extraktion der DNA sequenzierungsfähiges Material vorlag. Vgl. Brown/Brown 1992: 15.

67 | Vgl. Höss/Pääbo/Vereshchagin 1994: 333.

68 | Matisoo-Smith/Horsburgh 2012: 16.

69 | Herrmann/Hummel 1994b: 8; ähnlich Richards et al. 1993: 18; vorsichtiger Hedges/Sykes 1992: 275.

70 | Pääbo/Higuchi/Wilson 1989: 9710.

71 | Mulligan 2006: 367; ähnlich Cavalli-Sforza/Feldman 2003: 266; Pääbo et al. 2004: 646; Knapp/Hofreiter 2010: 228. Bereits 1996 bezeichnete O'Rourke die PCR als »seminar methodological advance« (1996: 421), die die aDNA-Forschung in Gang brachte; ähnlich Stoneking 1995: 1259. Mit dem Wissen um die Probleme der PCR sank nicht die grundsätzliche Begeisterung der aDNA-Forschung, vgl. z. B. Axelsson et al. 2008: 2180; Knapp/Hofreiter 2010: 228.

72 | Vgl. z. B. Hagelberg/Sykes/Hedges 1989: 485; Pääbo/Higuchi/Wilson 1989: 9710 f.; Pääbo/Wilson 1991: 45; Pääbo 1991: 107; Hagelberg/Clegg 1991: 45; Brown/Brown 1992: 10, 16; Hagelberg 1994: 195; Herrmann/Hummel 1994b: 1; Taylor

view of Genetics (A. Rev. Genet.) Svante Pääbo, Hendrik N. Poinar und Kollegen: »To enthusiasts, it once seemed that there was no limit to what could be achieved when the PCR was applied to ancient remains. As a result, spectacular reports about DNA sequences dating back millions of years were published.«[73]

So einfach wie erhofft, ließ sich die PCR jedoch nicht in die aDNA-Forschung integrieren. Sie erwies sich innerhalb weniger Jahre zugleich als Ermöglichungstechnologie und als Problemverstärkerin.

Die PCR war für klinische und forensische Anwendungen bei ›frischem‹ Material bereits rasch nach ihrer Erfindung zu einem Routineverfahren geworden,[74] das weitgehend automatisiert verlaufen konnte. Um sie jedoch an degradierter DNA einsetzen zu können, waren zunächst intensive Experimente erforderlich.[75] So erwies es sich zum Beispiel als nötig, erst einmal spezifische Primer zu entwickeln, die den Charakteristika der alten Moleküle entsprachen. Da Versuche mit handelsüblichen Startermolekülen oft erfolglos oder kommerzielle Kits zu teuer oder unspezifisch waren, mussten eigene passgenaue Primerdesigns geschaffen werden, die zur jeweiligen Untersuchungsfrage passten.[76] Routine stellte sich langsam ein, als immer mehr verschiedene Amplifizierungsprotokolle für die PCR entwickelt, erprobt und zur Verfügung gestellt wurden.[77]

Noch immer schien die PCR die Grenzen des Möglichen aufzuheben. Doch zeigte sich ab der Mitte der 1990er Jahre allmählich, wo ihre methodischen Fallstricke lagen: Da das Verfahren höchst sensitiv war, war das Risiko hoch,

---

et al. 1996: 797; Jones 2001: 17 f.; aus der Perspektive des Wissenschaftsjournalismus über den Impact der PCR auf die aDNA-Forschung Cherfas 1991: 1354; Hummel et al. 1995: 243; Herrmann/Schilz et al. 2007: 23; resümierend Cavalli-Sforza/Feldman 2003: 266; Shapiro/Gilbert/Barnes 2008: 213, sowie Pääbo et al. 2004: 646; etwas abwartender im Blick auf die möglichen Probleme Hedges/Sykes 1992: 275. Vgl. zur Geschichte der PCR Rabinow 1996; Mullis/Ferré/Gibbs 1994.

73 | Pääbo et al. 2004: 661.

74 | Forensik und Kriminaltechnik berichteten aber auch hier von Problemen, wenn es sich um degradiert vorliegendes Material handelte, wie etwa im Fall von Brandopfern oder sehr stark verwesten Leichen, vgl. Lutz et al. 1996: 205 f.

75 | Vgl. Hummel 2008: 72.

76 | Vgl. als Beispiel bei Faerman et al. 1998: 863; Edwards et al. 2000; Newman et al. 2002: 79; als Rezept Fulton/Stiller 2012: 112-115; eine Step-by-step-Anleitung für das Primer Design bei Hummel 2003: 96-101. Vgl. zur Suche nach passenden STR-Kits für degradierte DNA Seidenberg et al. 2012: 3224; zur Suche nach kostengünstigeren Lösungen Burger et al. 2002: 19; zu Adaptionsproblemen auch Pusch/Borghammer/Czarnetzki 2001: 125 ff. Ein Beispiel, wie ein kommerzielles Kit angepasst wurde, gab Bramanti et al. 2003; so auch bei Pusch/Scholz 1997: 62 f.

77 | Zum Stand der Protokolle von 2003 vgl. z. B. Hummel 2003: 233-249, mit einer Auswahl von Protokollen sowie einer Checkliste für »PCR trouble shotting«: 274-277.

Artefakte zu produzieren: Exogene DNA in einem Präparat wurde von der PCR-Reaktion ›bevorzugt‹ amplifiziert, da sie, zumindest wenn es sich um moderne Kontaminationen handelte, in besserem molekularen Zustand vorlag als endogene DNA.[78] Diese wird ja schon kurz nach dem Tod des Organismus durch autolytische Prozesse und in Abhängigkeit von verschiedenen Umgebungsfaktoren stark beschädigt. Mithilfe von früh eingeführten Kontrollproben ließen sich Kontaminationen zwar nicht verhindern, aber falsch positive oder falsch negative Amplifikationsergebnisse leichter erkennen. Kontrollen erwiesen sich auch deshalb als wichtig, weil die PCR in der Regel nicht mit beliebig vielen Proben desselben Individuums wiederholt werden konnte: Proben aus Funden und Exponaten waren in der Regel in geringen Mengen verfügbar – Archäologen, Konservatoren und Denkmalpfleger stellten selten unbegrenzt Samples zur Verfügung.[79]

Kontaminationen waren aber nicht das einzige Problem. Der Einsatz der PCR machte es erforderlich, sich mit typischen Schadensmustern an alter DNA auseinanderzusetzen.[80] Solche Schäden konnten verschiedene negative Folgen für die PCR und auch für den folgenden Arbeitsschritt der Sequenzierung haben.[81] Einige, die sogenannten Inhibitoren, d.h. Substanzen, die meist aus dem Liegemilieu oder Konservierungsprodukten kamen, blockierten das bei der PCR zugesetzte Enzym, die Taq Polymerase.[82] Unter der Vielzahl an Problemen galt dieses jedoch noch als »the easiest to address«.[83] Beim sogenannten

---

78 | Vgl. dazu u.a. bereits Pääbo/Higuchi/Wilson 1989: 9711 f.; Hagelberg/Clegg 1991: 45; Lindahl 1993: 713; Schmidt/Hummel/Herrmann 1995: 423 f.; Faerman et al. 1995: 327; knapp und bewertend Herrmann/Schilz et al. 2007: 24; den Forschungsstand bis 2005 resümierend Willerslev/Cooper 2005: 3; aktueller Kirsanow/Burger 2012: 125.

79 | Vgl. Pääbo et al. 2004: 647, 661.

80 | Vgl. als Beispiele Schmerer/Hummel/Herrmann 1999: 1712; Gilbert et al. 2003: 32 f.; Kemp/Monroe/Smith 2006: 1680 ff.

81 | Vgl. Hagelberg/Sykes/Hedges 1989: 485; Hummel/Nordsiek/Herrmann 1992; Hummel/Herrmann 1994a: 62-65; Handt/Höss et al. 1994: 527 f.; Höss et al. 1996: 1305; Krebs et al. 2000; tabellarisch dargestellt bei Fulton 2012: 2; ausführlich diskutiert und für Nichtnaturwissenschaftler erschlossen, aber inkl. eines Verweises auf die Originalarbeiten bei Pusch/Borghammer/Czarnetzki 2001: 126 ff.

82 | Vgl. aus den Methodenexperimenten dazu Hänni et al. 1995: 650; auch Tuross 1994; einführend Hummel 2003: 104 f.

83 | Shapiro/Gilbert/Barnes 2008: 211. Vgl. zur Feststellung des Problems in den Anfangsjahren Richards et al. 1993: 25, und Hänni et al. 1995: 650; kritischer Kemp et al. 2014: 374, 378. Das Hauptproblem seien zwar Kontaminationen, gleich danach kämen aber die Inhibitoren; ein Experiment, das Inhibitoren ausschalten helfen sollte, bei Krebs et al. 2000.

Allelausfall (Allelic Dropout) wurde nur eines der beiden Allele amplifiziert.[84] Das kam bei der Arbeit mit degradierter DNA sehr häufig vor. Andere, die sogenannten Miscoding Lesions, behinderten zwar nicht die Amplifikation, führten aber dazu, dass bei der PCR falsche Basen eingesetzt wurden (Nucleotide Misincorporation).[85] So war es möglich, dass Artefakte entstanden. Bestimmte DNA-Schäden konnten sogar zu Sequenzartefakten führen, die genauso aussahen wie Muster, die durch bestimmte evolutionäre Prozesse entstehen. Beide wären also nicht voneinander zu unterscheiden.[86] Gegenmaßnahmen[87] und die Beseitigung der DNA-Schäden wurden und werden kontrovers diskutiert. Im Lauf ihrer Beschäftigung mit diesen Schäden fiel in der aDNA-Forschung in den 2010er Jahren aber auf, dass sie sich, wie bereits angesprochen, zur Authentifizierung nutzen ließen, da sie halfen, endogene von exogener DNA zu unterscheiden.[88]

Doch dies greift der methodisch-technischen Entwicklung weit voraus. In der experimentellen Anfangsphase bis zur Mitte der 1990er Jahre, die im Sinne Jackie Fenns als Phase der Inflated Expectations zu verstehen ist, war die Arbeit mit degradierter DNA ein äußerst risikoreiches Unterfangen. Es gab zunächst keine Routinen, wenig Handlungswissen und noch war nicht ausgehandelt, welche Verfahren als wissenschaftlich valide anzusehen waren und welche nicht. Einen Forschungsstand zu Technik und Methoden, auf den sich die ›Frontrunner‹ beziehen konnten oder mussten, war nicht vorhanden, sondern nur eine Reihe von Rezeptvorschlägen – etwa zur Extraktion oder zum Primerdesign –, deren Funktionsfähigkeit und Gültigkeit man selbst testen musste, sowie wenige systematische Methodenstudien.

Allerdings winkte aufgrund des großen massenmedialen Interesses und der Aufgeschlossenheit der wichtigen A-Journals ein hoher Gewinn an Reputation und wissenschaftlichem Kapital, und zwar insbesondere denjenigen, die spektakuläre Einzelmeldungen publizierten. Mit solider Methodenarbeit war,

---

84 | Vgl. Lassen 2000: 5; Hummel 2003: 34 f.; Skoglund et al. 2013: 4477.

85 | Vgl. als Einführung in die Problematik und die entsprechende Forschungsentwicklung Pääbo et al. 2004: 649-653; Willerslev/Cooper 2005: 5; im Einzelnen z. B. Pääbo 1989; Höss et al. 1996: 1305 f.; Banerjee/Brown 2004: 62 f.; Hofreiter/Jaenicke-Després et al. 2001: 4794-4798; Briggs et al. 2007: 14618 f.; Hansen et al. 2001: 262 ff.; Axelsson et al. 2008: 2180 f.; am konkreten Fall, bei dem das Problem auftrat, Green et al. 2009: 2500; ders. et al. 2010: 711 f.; Garrelt/Wiechmann 2003: 250.

86 | Vgl. m. w. N. Willerslev/Cooper 2005: 5.

87 | Diese wurden so vorgeschlagen von Pääbo 1989; detaillierter bei Hofreiter/Jaenicke-Després et al. 2001: 4797 ff.; andere Maßnahmen bei Willerslev/Cooper 2005: 5 f.; Green et al. 2008: 423 f.

88 | Vgl. eingesetzt für Krause/Fu et al. 2010; Krause/Briggs et al. 2010; einführend Krause 2010: 24.

obwohl einige sie bereits forderten, so Svante Pääbo aus der Retrospektive, weitaus weniger Reputation zu gewinnen.[89] Das ist in dieser Phase eines Innovationsprozesses normal und zu erwarten, war zugleich aber ein Grund dafür, dass das Feld in der Folge in den Trough of Disillusionment geriet.

89 | Vgl. u. a. Pääbo 2014a: 61.

3. Technische Rückschläge und Methodenforschungen: die aDNA-Forschung auf ihrem Slope of Enlightenment

Gescheiterte Experimente, Desillusionierung und die Formierung der feldinternen Kritik

»In a field so young, the protocols are not fixed and the problems not all resolved. For these reasons the work remains something of a forensic adventure rather than a routine scientific procedure.«[1]

Das Feld rutschte, um sich des Bildes des Hype Cycle zu bedienen, im Lauf der 1990er Jahre vom überzogenen Enthusiasmus in eine Phase der Enttäuschungen (Trough of Disillusionment). Der deutschsprachige Wikipediaeintrag zur aDNA-Forschung verdeutlicht, dass sich dies im öffentlichen Wissen niedergeschlagen hat. Er basierte auf einem breiten Fundament von Fachpublikationen und informierte im Kapitel *Geschichte* über Kontaminationen, nicht reproduzierbare Sensationsexperimente und die grundsätzliche Vorsicht, mit der die aDNA-Forschenden inzwischen ihren eigenen Ergebnissen begegneten:

»In der Anfangszeit der aDNA kam es zu einer Reihe von Berichten über aDNA, die sich später als falsch herausstellten und Material verwendeten, das aus heutiger Sicht keine Aussicht auf Erhaltung von amplifizierbarer DNA hat. Den Ergebnissen der Untersuchung von aDNA wird daher auch heute noch mit Vorbehalten begegnet.«[2]

Angesichts der völlig überhöhten Erwartungen an Technik und Verfahren sowie des Handelns unter Bedingungen permanenten Nichtwissens in der An-

1 | Jones 2008: xiii.

2 | Wikipedia 2016a.

fangsphase waren Illusionsverluste zu erwarten. Die Technologie enttäuschte die großen Hoffnungen und Zielsetzungen. Die erwünschten Routinen ließen auf sich warten. Vorwissen, Standards oder Vorbilder aus der Forensik oder medizinischen Genetik gab es zwar teilweise, doch war noch nicht klar, wie diese sich auf das degradierte Material anwenden lassen würden. Kollegiale Kritik, neue gescheiterte Experimente, erste systematische Untersuchungen und wiederum widerlegte Sensationsstudien waren deshalb eng miteinander verschränkt, insbesondere da laufend neue Forscher und Labore zum Feld dazustießen und mit immer neuen Materialien experimentiert wurde.

Anwendungen und Verfahren kämpften mit erheblichen Kinderkrankheiten, die aber noch nicht einmal diagnostiziert werden konnten, weil das Wissen dazu fehlte. Svante Pääbo beschrieb aus der Retrospektive die Frustration, zu wissen, dass, aber nicht warum ein Verfahren nicht funktionierte.[3] Die aDNA-Forschung dieser Jahre stellt geradezu ein Musterbeispiel von Science Based Ignorance im Sinne des Wissenschaftstheoretikers Jerome Ravetz[4] dar: Mit jedem neuen Experiment entstand neues, potentiell problematisches Nichtwissen. Die erste Herausforderung bestand darin, solche Nichtwissensprobleme zu erkennen und festzustellen, worin genau sie eigentlich bestanden, d.h. aus dem Nichtgewussten wenigstens Specific Unknowns[5] zu machen.

aDNA-Forschung war in dieser Phase wissenschaftliches Handeln unter den Bedingungen von Nichtwissen, wie es für ein um eine neue Technologie entstehendes Feld durchaus zu erwarten ist. Die Technologie wurde im ›Race for the Oldest‹ an ihre Grenzen getrieben – das endete häufig mit Misserfolgen. Einige der »neat tricks«[6] erwiesen sich in den 1990er Jahren als Irrtümer oder kontaminationsbedingte Artefakte und endeten im Desaster mit karriereschädigender Wirkung.

Solche Rückschläge wurden später als wichtige Lernschritte interpretiert.[7] Dies lässt sich, in den Worten des Wissenschaftsphilosophen Gerhard Vollmer in Anlehnung an Karl Raimund Popper (1902-1994), als Phänomen des ›Empor-Irrens‹ interpretieren.[8] In der die Natur- und Technikwissenschaften stark prägenden Sichtweise Poppers ist jedes wissenschaftliche Wissen vorläufig, und Erkenntnis entsteht, indem Irrtümer identifiziert und beseitigt werden: Es geht nicht darum, zu beweisen, dass ein Wissensbestand wahr ist, sondern vielmehr

---

3 | Vgl. Pääbo 2014a: 53 ff., 61, 71; ders. in Bredow/Dworschak 2014: 99.

4 | Vgl. Ravetz 1990: 1, 216 f. sowie zur Dauerhaftigkeit dieses Nichtwissens 274 f.

5 | Hier als Analysebegriff im Sinne von Robert Merton verwendet: vgl. Merton 1987: 6 f.

6 | Stoneking 1995: 1260.

7 | Vgl. Pääbo 2014a: 51 f., 71; Hagelberg/Hofreiter/Keyser 2015; Experteninterview Burger 2013.

8 | Vgl. Vollmer 1995: 4.

herauszufinden, ob er falsch oder fehlerhaft ist. Falsifizierungen führen in der Lesart Vollmers dann zwar nicht unmittelbar zu Wahrheit, regen aber dazu an, nach einem besseren Weg, einer neuen Theorie, einer belastbareren Methode zu suchen. Es kommt also ganz wesentlich darauf an, ob es zunächst gelingt, Fehler und Irrtümer zu finden.

In der Phase allgemeiner Begeisterung kam es für meisten aDNA-Forscherinnen und -Forscher zunächst überraschend, wie viel in technischer und methodischer Hinsicht nicht funktionierte, wie viele Ausgangsannahmen falsch und wie viele Ergebnisse nicht haltbar waren. So ließ sich 1996 die amerikanische Anthropologin Sloan R. Williams in einem an Archäologen gerichteten Artikel zitieren:

»When it first became clear that you could get DNA from ancient material, I think everyone was really excited. [...] We didn't expect it to be that difficult. I think everyone expected that ›Wow, you can do it, this will be great, we'll start doing it next week, and pretty soon we will have all the genetic data we need.‹ But it turned out that ancient DNA was not in great shape, and you have to worry a lot more about contamination from modern sources than people originally thought.«[9]

Ein Fall, der bis heute unter dem Gesichtspunkt des Sich-empor-Irrens in der Community erinnert wird, ist die 1990 unter anderem in *Science* und *Nature* ausgetragene Kontroverse um die Authentizität der von Edward M. Golenberg et al. extrahierten angeblichen Chloroplasten-aDNA eines 17 bis 20 Millionen Jahre alten Magnolienblattes.[10] Ähnlich häufig genannt wurde die Debatte um die Authentizität der Dinosaurier-DNA, über die Scott R. Woodward et al. 1994 publiziert hatten.[11] Beide Fälle stellen einen Schritt in dem Prozess dar, in dem die Community sich selbst zu ihrer schärfsten und versiertesten Kritikerin machte. Dies ging, als die ersten Kontaminationsfälle bekannt wurden, zeitweise so weit, dass debattiert wurde, ob überhaupt DNA erhalten bleiben könne, ob es also überhaupt alte DNA gebe oder ob bisher ausschließlich Artefakte produziert worden waren.[12]

---

9 | Sloan R. Williams in Powledge/Rose 1996: 38.

10 | Zur Originalpublikation vgl. Golenberg et al. 1990: 656. Vgl. aus der Kontroverse und zu den Einwänden u. a. Lindahl 1993: 712 f., und zuvor Sidow/Wilson/Pääbo 1991: 429, 432 f.; Lalueza-Fox 2003: 168; zusammengefasst bei Jones 2001: 22 f.; als Beispiel der zuerst überaus positiven Reaktion des Wissenschaftsjournalismus vgl. Cherfas 1991: 1354; zur Erinnerung an die Kontroverse Hagelberg/Hofreiter/Keyser 2015; Pääbo 2014a: 56 f.

11 | Vgl. Woodward/Weyand/Bunnell 1994.

12 | Vgl. zurückblickend und warnend im Handbuch Hummel 2003: 67.

Fehler, Irrtümer und technische Probleme wurden, wie im Folgenden ausgeführt wird, zu eigenständigen, prominenten Themen des Feldes. Je mehr Beteiligte sich wiederum mit Methodenfragen und ihren eigenen Qualitätsstandards auseinandersetzten, desto sensibler reagierte die Community auf neue Sensationsmeldungen. Sie entwickelte unter der Führung einzelner Protagonisten (und Konkurrenten) wie Svante Pääbo, M. Thomas P. Gilbert, Alan Cooper und Hendrik N. Poinar eine Kultur der gegenseitigen Kontrolle und der Selbstkontrolle. Zu den vehementen Kritikern und Kritikerinnen gehörten die ganz Großen des jungen Feldes, die selbst solche Meldungen produziert hatten. Gerade Erika Hagelberg wies bei allem Optimismus hinsichtlich der Aussagepotentiale der alten DNA bereits am Anfang der 1990er Jahre immer wieder auf die »pitfalls« und »methodological difficulties« der Experimente hin.[13] Dasselbe galt für Svante Pääbo, der seine eigene Mumienstudie in Frage stellen musste und aus der Rückschau zum Beispiel berichtete, sich damals bei der Probenentnahme noch keinerlei Gedanken über mögliche Kontaminationen gemacht zu haben: »It was the first time this was done, so we had no big qualms about contamination. I had no idea this could be such a big issue.«[14]

Wenige Jahre später ließ ihn die schiere, bei einer so alten Mumie überraschende Länge des isolierten DNA-Fragments – 3.400 Basenpaare statt der zu erwartenden 100 bis 1.000 Basenpaare Länge – auf die Möglichkeit einer Kontamination mit moderner DNA schließen. Allerdings konnte auch das weder sicher belegt noch widerlegt werden: Fragmentlängen über 200 bis 300 Basenpaare galten aber in der Folge zunehmend als verdächtig, wenngleich bis dato keine systematisch erhobenen Daten zu den je nach Probe zu erwartenden Längen vorliegen und sich deshalb auch keine Gesetzmäßigkeiten feststellen lassen.[15] Svante Pääbo aber verstand sich – zu Recht – als einer der Ersten, die auf die Probleme der DNA-Schäden, die Kontamination durch exogene DNA und die Nichtreproduzierbarkeit zahlreicher Studien hingewiesen hatten.[16] Zumindest, so die amerikanischen Anthropologinnen Elizabeth Matisoo-Smith und K. Ann Horsburgh in einem kurzen Rückblick, war er der erste, der ein kontaminationsbedingtes Artefakt schuf: »Pääbo was probably the first person, by

13 | Hagelberg 1994: 196, 202. Vgl. als Beispiel auch dies./Gray/Jeffreys 1991: 427.

14 | Svante Pääbo in Gitschier 2008: e10000035.

15 | Vgl. dazu zurückblickend Jones 2003: 629 f.; Burger 2007: 279; Expertinneninterview Hummel 2013; Expertinneninterview Grupe 2013.

16 | Vgl. Pääbo et al. 2004: 646. Gemeint sind die Publikationen ders. 1989 und ders./Wilson 1988. Bestätigt wurde diese Selbstdeutung u. a. von Brown/Brown 1992: 15 f., und Jones 2001: 24 ff.; ähnlich auch bei Stoneking 1995: 1260. Pääbo machte seine Skepsis auch häufig in Interviews der populären Medien publik. Vgl. z. B. Sanides 1995: 170; o. V. 1996b.

no means the last, aDNA researcher, to sequence contamination, in this case, it was probably his own DNA.«[17]

So wurden die Grenzen des wissenschaftlichen Objekts DNA gesucht und markiert. Insbesondere die Authentizitätsfrage kam ab der Mitte der 1990er Jahre immer häufiger auf. Die Kritik der Kollegen traf besonders jene Studien, die in sehr renommierten Journals erschienen waren, große Wellen geschlagen und einen hohen Reputationsgewinn für die Forscher versprochen hatten. Meldungen über erfolgreiche Extraktionen von DNA von mehrere Millionen Jahre alten in Bernstein eingeschlossenen fossilen Insekten und Pflanzen bzw. von den in ihnen erhaltenen Bakterien[18] hatten noch diese enorme fachliche und mediale Aufmerksamkeit erfahren,[19] riefen aber auch rasch die kritische Community auf den Plan. Versucht wurde, die Experimente zu wiederholen oder auf theoretischer Basis zu überprüfen. Reproduktionen misslangen aber meistens, insbesondere bei den Bernsteineinschlüssen.[20] So kam eine mit der britischen Ancient Biomolecules Initiative verknüpfte Studie am Natural History Museum London 1997 zu dem Schluss, dass die Versuche, DNA aus Bernsteineinschlüssen zu extrahieren, sinnlos waren und in Zukunft Bernstein für morphologische und nicht für molekulare Untersuchungen herangezogen werden sollte:

»The only sequences that we and others […] were able to detect were derived from obvious sources of non-insect contamination. […] Although no negative result can disprove the existence of ancient DNA in amber-preserved fossils, our work shows that isolation of geologically ancient DNA from amber-preserved insects is not reproducible. […] Neither amber nor much younger copal specimens have yielded positive results. Our negative results support the conclusion of others […] that, in the absence of unambiguous and independent verification, research on geologically ancient DNA will remain little more than a ›biological curiosity‹. In addition, the entirely destructive nature of current DNA extraction techniques and the paucity of significant biological questions

17 | Matisoo-Smith/Horsburgh 2012: 15.

18 | Kritisiert wurden u. a. die Publikationen von DeSalle et al. 1992; Cano/Poinar 1993; Cano et al. 1993; Poinar/ders./Poinar 1993: 667; Cano et al. 1994. Vgl. zur Forderung, zu versuchen, diese Studien unabhängig zu reproduzieren, Höss/Pääbo/Vereshchagin 1994: 333; resümierend, auch die eigenen Fehler, Cano 2003: 39 f.; sehr kritisch Lalueza-Fox 2003: 167 f.

19 | Vgl. Browne 1991; o. V. 1991; Ross 1992: 74; zur angeblichen Dinosaurier-DNA Wilford 1994a.

20 | Eine nicht reproduzierbare Bernsteinstudie war z. B. Austin et al. 1997; dazu Powledge/Rose 1996: 38; Gutierrez/Marin 1998; Sidow/Wilson/Pääbo 1991; oft wurden gar keine Versuche unternommen, vgl. Lalueza-Fox 2003: 168. Vgl. Willerslev/Cooper 2005: 3; zu den »spektakulären Fehlern« auch Hofreiter 2009: 177; im Review Hagelberg/Hofreiter/Keyser 2015.

addressed by molecular-based studies of amber-preserved organisms to date, lead us to suggest that the primary value of amber-preserved fossils lies in their excellent morphological preservation and not in the fragmented remains of any DNA whose existence remains speculative at best.«[21]

Die große Skepsis der Briten teilten nicht alle gleichermaßen, doch hielt der britische Archäometriker Martin K. Jones 2001 zurückblickend fest: »A large question mark now hangs over the recovery of highly fragmentary DNA within amber-entombed insects«.[22] Und Svante Pääbo nebst Coautoren urteilten 2004: »In our opinion, it is likely that all million-year-old DNA sequences are artifacts.«[23]

Ähnlich heftige Kritik zogen die ersten Studien zu Erreger-DNA auf sich. Einheiten, die am Nachweis des Tuberkuloseerregers *Mycobacterium tuberculosis* in archäologischen Proben arbeiteten, wurde zum Beispiel attestiert, nicht ausreichend auf im Boden existierende Bakterien, die dem Erreger stark ähneln,[24] geachtet und sich keine Gedanken um die Authentizität gemacht zu haben.[25]

Man könne natürlich einfach weiter vorpreschen, so Terence A. Brown und Charlotte A. Roberts 2000 in einem Book Review zur Paläopathologie, dürfe dann aber nicht mit der Akzeptanz der Fachgemeinschaft rechnen: »[W]ithout having first done the boring groundwork it might be a very long time before the scientific community accepts that biomolecular methods of diagnosis in palaeopathology represent a major advance.«[26]

Die frühen Bernsteinexperimente hatten zudem jeweils die ganze Probe aufgebraucht. Damit waren sehr wertvolle, Millionen Jahre alte Fossilien zerstört worden.[27] Um das von vornherein zu verhindern, wollte der schwedische Biochemiker und Krebsforscher Tomas Lindahl anstelle eines Reproduktionsversuches mit Hochrechnungen über DNA-Schäden beweisen, dass DNA nicht mehrere Millionen, sondern maximal etwa 10.000 Jahre überdauern könne.[28]

21 | Austin et al. 1997: 473.

22 | Jones 2001: 231.

23 | Pääbo et al. 2004: 661.

24 | Vgl. z.B. die Studie Konomi et al. 2002: 4738. Außerdem könnten in der Vergangenheit andere Formen des Erregers existiert haben.

25 | Vgl. zusammenfassend zur Problematik und Kritik Wilbur et al. 2009: 1990 f.; Barnes/Thomas 2006: 645.

26 | Roberts/Brown 2000: 289 f.

27 | Zur Vorgehensweise vgl. Cano et al. 1993: 537.

28 | Vgl. so bei Lindahl 1993 auf der Basis von In-vitro-Experimenten und Berechnungen zur Diagenese und Pääbo/Wilson 1991: 46; dazu populär dargestellt Jones 2001: 24 ff.; die Replik von Golenberg mit dem Argument, dass die Aussagekraft von In-vitro-Aussagen begrenzt sei, in Golenberg 1994.

In der Sache wurde er in der Folgezeit durch andere Studien widerlegt, die zeigten, dass es kein fixes Verfallsdatum für DNA und vor allem keinen linearen Verfallsprozess gibt[29] und DNA unter bestimmten Umweltbedingungen durchaus länger erhalten bleiben kann,[30] obwohl dies rechnerisch nicht zu erwarten ist. In Proben aus Permafrostbedingungen scheint sich mehrere Hunderttausende Jahre alte DNA erhalten zu haben.[31] Doch dies sind sehr seltene Einzelfälle. 2013 galt zum Beispiel das aus einer Probe eines 700.000 Jahre alten frühen Pferdes sequenzierte Genom als authentisch.[32] Entscheidend für die Community war vielmehr, dass Lindahl und andere überhaupt Skepsis schürten – und so wurden diese Warner später auch in den Reviews erinnert.[33]

Das galt ebenfalls für diejenigen, die im Fall der vermeintlichen Dinosaurier-DNA gefordert hatten zu überlegen, ob die Ergebnisse überhaupt phylogenetischen Sinn ergaben: Konnte eine Sequenz, die der eines Säugetiers so ähnlich war, überhaupt von einem Saurier stammen? Müsste sie nicht Sequenzen von Vögeln mehr ähneln? Innerhalb eines halben Jahres nach Woodwards Publikation hatte sich die extrahierte DNA als Artefakt herausgestellt. Es war beim Experiment zur Kontamination mit menschlicher DNA gekommen.[34] Bereits im Folgejahr erinnerte Mark Stoneking im *American Journal of Human Genetics* daran, dass es nur zum »dinosaur DNA debacle« gekommen war, weil die Autoren es unterlassen hatten zu fragen, ob ihre Ergebnisse in phylogenetischer Hinsicht, d. h. in der stammesgeschichtlichen Entwicklung der Lebewesen, plausibel waren.[35]

---

29 | Vgl. eine Würdigung Lindahls bei Jones 2001: 24 f. und Pääbo 2014a: 51 ff.

30 | Das Paläolithikum begann mit dem Altpaläolithikum um 800.000 BP und endete mit dem Endpaläolithikum um 12.000 BP. Vgl. zur Periodisierung Eggert/Samida 2013a: 131.

31 | Vgl. dazu Pääbo et al. 2004; Willerslev et al. 2005.

32 | Vgl. Orlando/Ginolhac et al. 2013: 74-78.

33 | Vgl. Hagelberg/Hofreiter/Keyser 2015: 1.

34 | Die Studie in *Science*: Woodward/Weyand/Bunnell 1994; widerlegt am deutlichsten von Zischler et al. 1995: 1192 f.; mit anderer Beweisführung Hedges/Schweitzer 1995: 1191; Henikoff 1995; Allard/Young/Huyen 1995, sowie weitere in derselben Ausgabe einschließlich einer Antwort des Autors: 1194; dazu zur Kritik Gibbons 1994: 1159; die Kritik aufgreifend Nicholls 2005: e56; resümierend Jones 2001: 34-37, und Willerslev/Cooper 2005: 3; verbunden mit Überlegungen, wann angesichts dieses Falles invasive aDNA-Analysen überhaupt sinnvoll seien, Mulligan 2006: 368.

35 | Stoneking 1995: 1260.

Diese Plausibilitätsforderung setzte sich in der Community in den Folgejahren als Mindeststandard eines kognitiven Zugangs zur aDNA fest,[36] von dem in der Folge noch zu berichten sein wird.[37]

Fehler und Irrtümer unterliefen den meisten Beteiligten in der Anfangsphase. Manche Forscher werden heute eher belächelt,[38] denn als Pioniere angesehen.

Das Potential für »›gee-whiz‹ displays of technical expertise«, so Ian Tattersall vom American Museum of Natural History in New York in einem Review 2000, sei groß, aber ein Allheilmittel für alle paläoanthropologischen Forschungsprobleme sei die aDNA-Technik eben nicht. Es sei – hier sprach Tattersall das Problem der Unknown Unknowns an – noch gar nicht abzuschätzen, welche Probleme in Zukunft auftreten könnten. Deshalb sei entgegen der anfänglichen Zukunftsentwürfe auch nicht klar, zu welchen Fragestellungen und Forschungsproblemen aDNA überhaupt je einen signifikanten Beitrag leisten werde.[39] Ebenfalls zurückblickend meinte Martin K. Jones 2001, die Anfangsbegeisterung sei ja normal gewesen, aber nun müsse man fragen, welche der frühen Hoffnungen und Erwartungen sich technisch wirklich realisieren ließen, da alte Moleküle eben instabil und kontaminationsgefährdet seien: »What follows the excitement of the opening up of a new avenue of science is the realization of its pragmatic limitations, and here the limitations are to how much those ancient biomoleculs can reveal.«[40]

In der Folge der kollegialen Kritik und der als gescheitert betrachteten Experimente ging in den 1990er Jahren das massenmediale Interesse zurück. Einige Labore unterschätzten den Aufwand, der nötig ist, um neue Technologien und Methoden zu etablieren, oder erkannten nicht, dass die aDNA-Forschung neben großen Reputationsgewinnen auch enorme Risiken enthielt. Forschungsansätze wurden für Jahre ausgesetzt oder ganz aufgegeben. Manche Labore zogen sich aus der Arbeit mit alter DNA wieder zurück. Ein Teil der Arbeitsgruppen wandte sich wieder alternativen Fragen und Gegenständen zu.

Andere begannen jedoch, in akribischer Methodenarbeit systematisch die Chancen und Grenzen der Technik und ihrer Implementationen auszuloten. Durchhalten konnten dies Labore mit guten Ressourcen, die auf langwierige, solide Methodenarbeit setzen und zeitweise auf ›große‹ Papers verzichten konnten. Sie intensivierten die Suche nach methodischen und technischen

36 | Vgl. Pusch/Borghammer/Czarnetzki 2001: 130; Burger 2006: 55; Lalueza-Fox 2003: 166; Fulton 2012: 6; an einem Beispiel Dudar/Waye/Saunders 2003: 236.

37 | Siehe hierzu S. 197 ff.

38 | Vgl. z. B. Green et al. 2009: 2494; Nuorala 2004: 15; Killick 2015: 244; Expertinneninterview Hummel 2013.

39 | Tattersall 2000: 14.

40 | Jones 2001: 234.

Grenzen der aDNA und der aDNA-Verfahren, um nicht nur ad hoc aus Fehlern zu lernen, sondern gezielt Fehlerquellen, deren Ursachen und damit mögliche Lösungen zu erforschen. Dabei kam es auch auf die entsprechenden Leitungspersönlichkeiten an. Diese stellten Qualitätskriterien auf und definierten die Grenzen, innerhalb derer sich das Feld bewegen sollte. An diesen Big Shots, die »die Regeln aufgestellt hatten, wie man alte DNA richtig betreibt, aus ihrer Sicht«, scheiterten kleinere Labore und zogen sich zurück, so Johannes Krause.[41]

Svante Pääbo beispielsweise hatte sich bereits unter Allan C. Wilson in Berkeley eine überaus selbstkritische Arbeitsweise angeeignet und verfügte ab 1990 als Professor für Zoologie an der LMU München auch über die Ressourcen, Doktoranden auf Methodenexperimente anzusetzen und damit gleichzeitig auf große Meldungen zu verzichten.[42] Sein Team erarbeitete sich den Ruf der »PCR police«,[43] indem es mehrfach versuchte, Experimente anderer Labore unabhängig zu reproduzieren und auf Fehler und Kontaminationen hin zu überprüfen. Für Pääbo zahlte sich dies aus, es stärkte seinen Ruf und brachte ihm in der Folge sensibles Probenmaterial ein, das anderen Laboren nicht angeboten wurde.[44] Unter den finanziell noch besseren Bedingungen des MPI in Leipzig, das er 1997 mit aufbaute, behielt er diese Stoßrichtung bei und war zum Beispiel Teil eines Methodenexperiments mit dem Ziel, mögliche Kontaminationen von Tier-DNA in Proben menschlicher DNA zu identifizieren. Bis 2007 übernahmen mehrere große Labore – am Smithsonian in Washington, am MPI in Leipzig, an der University of California in Los Angeles, in Uppsala und der Oregon State University – unabhängig voneinander diese Aufgabe. Ihre Studien führten die Ubiquität von Verunreinigungen und verschiedene Kontaminationswege vor Augen.[45]

Um die Authentifizierungsproblematik zu klären, begannen diverse Einheiten in Europa und den USA mit systematischen Experimenten. Wie, wann und warum kam es überhaupt zu Verunreinigungen mit exogener DNA? Welches Material war besonders anfällig? Welche Rolle spielte die PCR? Ließen sich Kontaminationen vermeiden, identifizieren oder beseitigen? Seit der Mitte der 1990er Jahre, insbesondere aber in den frühen 2000er Jahren erschien eine

41 | Experteninterview Krause/Haak 2016.

42 | Vgl. Pääbo 2014a: 49, 52.

43 | Callaway 2014: 416; Pääbo 2014a: 61. Martin K. Jones sprach 2001 von Pääbos »new role as a traffic policeman in a convoy moving with rather too much momentum for its own safety«, Jones 2001: 25.

44 | Vgl. Pääbo 2014a: 73.

45 | Die Einzelstudien wiesen Kontaminationen durch Haustiere wie Rinder, Schweine, Hühner, aber auch Labortiere wie Mäuse, Kaninchen und Meerschweinchen nach. Vgl. Leonard et al. 2007: 1363.

Vielzahl von Publikationen zu diesen Fragen.[46] Zahlreiche Nachwuchsforscherinnen und -forscher trugen dazu mit ihren Qualifikationsarbeiten bei.[47] Offen angesprochen hat das 1993 der Zoologe und Paläoökologe Kenneth D. Thomas als Desiderat des entstehenden Feldes: Es bedürfe einer ganzen Menge an systematischer, akribischer Arbeit und da gebe es »ideal research topics for a whole army of Ph.D. candidates«.[48]

Fördergelder waren dafür in Reichweite. In Großbritannien kamen Mittel zum Beispiel aus dem Science and Engineering Research Council.[49] In der Bundesrepublik bewilligten zunächst das damalige Bundesministerium für Forschung und Technologie, später auch die DFG Finanzierungen für Projekte, die der Arbeit an den methodischen und technischen Grundlagen der aDNA dienen sollten.[50] In Großbritannien zeigten bibliometrische Untersuchungen später, dass ab der zweiten Hälfte der 1990er Jahre die Publikationshäufigkeit solcher Methodenstudien stark anstieg, während zeitweise die Case Studies zu-

46 | Vgl. als Beispiele Pääbo 1989: 1943; Hagelberg/Clegg 1991, 45-49; Waldron 1991: 155; Hedges/Sykes 1992: 277; Brown/Brown 1992: 19 f.; Richards et al. 1993; Hagelberg 1994: 196; Herrmann/Hummel 1994b: 4; Handt/Höss et al. 1994: v. a. 528; Hummel/Herrmann 1994a: 62, 64; Richards/Sykes/Hedges 1995; Schmidt/dies./Herrmann 1995: 423-431; Stoneking 1995; Hummel et al. 1996; Handt et al. 1996: v. a. 374 f.; Pusch/Scholz 1997; Colson et al. 1997: 915 f.; Schmerer/Hummel/Herrmann 1997; Katzenberg/Harrison 1997: 282; Kolman/Tuross 2000: v. a. 17 f.; Hofreiter/Serre et al. 2001; Hofreiter et al. 2004; Pääbo et al. 2004: 654-660; Gilbert/Bandelt et al. 2005; Yang/Watt 2005; Gilbert/Rudbeck et al. 2005; Malmström et al. 2005; Sampietro et al. 2006; Burger 2006; Gilbert et al. 2006; Leney 2006: 32 ff.; Malmström et al. 2007; Cemper-Kiesslich/Neuhuber/Schwarz 2010; als Review Willerslev/Cooper 2005: 6-11; zu Verfahren, wie sich Kontaminationen aufdecken lassen, Bramanti et al. 2003; Kirsanow/Burger 2012: 125 f.

47 | Vgl. als Beispiel Schmidt/Hummel/Herrmann 1995: 424-431; Expertinneninterview Hummel 2013. Dies gilt allerdings insgesamt für die Forschungen zu anderen methodischen Fragen. Ein Großteil von ihnen wurde und wird in Qualifizierungsarbeiten an den aDNA-Laboren geleistet, in Diplom- und Masterarbeiten sowie Dissertationen. Vgl. z. B. Schmerer/Hummel/Herrmann 1997; Schultes/Hummel/Herrmann 1997; Schmidt/Hummel/Herrmann 1995; Eklund/Thomas 2010: 2840; Seidenberg et al. 2012; Ball 2014.

48 | Thomas 1993: 4.

49 | Vgl. Richards et al. 1993: 26.

50 | Vgl. Hummel/Nordsiek/Herrmann 1992: 360; Hummel/Herrmann 1994b: 210; Hummel et al. 1995: 62.

mindest in den hochrangigen Journals zurückgingen.[51] Das Wissen über das Kontaminationsproblem wuchs mit der Vielzahl dieser Experimente.

Entdeckt wurden dabei zum Beispiel zahlreiche Wege, auf denen exogene DNA auf und in Funde, Proben und Präparate gelangen kann. Es kann sich um historische Verunreinigungen etwa durch Grabraub und Umbettung handeln sowie den Übertrag von alter DNA mehrerer Organismen untereinander im Liegemilieu.[52] Proben weisen ohnehin regelhaft einen hohen Anteil von alter Mikroben-DNA auf.[53] Gesucht wurden Verfahren, diese zu identifizieren. Durch die Wahl spezifischer Primer, d.h. Startermoleküle, für die PCR sollte dann verhindert werden, dass solche DNA mitamplifiziert wurde.[54] Analog ließen sich Primer wählen, die jeweils menschliche, tierische oder pflanzliche DNA nicht amplifizierten.[55] Experimentiert wurde auch mit sogenannten

51 | Vgl. Park/Roberts/Jakob 2010: 503. Untersucht wurde das Publikationsverhalten britischer Autoren in den Zeitschriften *International Journal of Osteoarchaeology* (Int. J. Osteoarchaeol.), *Journal of Archaeological Science* (J. Archaeol. Sci.) und Am. J. Phys. Anthropol. zwischen 1997 und 2006. Für deutsche Zeitschriften oder die Publikationstätigkeit deutscher Teams lag keine entsprechende bibliometrische Erhebung vor. Die britische Studie betraf allerdings vorrangig den Bereich der Paläopathologie. In anderen Feldern, in denen mit aDNA gearbeitet wurde, könnte sich die Publikationsfrequenz etwas anders entwickelt haben.

52 | Vgl. Berichte über menschliche DNA in PCR-Experimenten an Schweinen bei Richards/Sykes/Hedges 1995; Bison und Ziegen bei Newman et al. 2002: 80; Höhlenbären bei Hofreiter/Serre et al. 2001; Hunden bei Malmström et al. 2005; vgl. auch Kemp et al. 2014: 378. Zum Nachweis der DNA von Rindern, Schweinen und Hühnern in menschlichen Proben in vier verschiedenen Laboren in voneinander völlig unabhängigen Experimenten vgl. Leonard et al. 2007: 1361, 1363.

53 | Vgl. Willerslev/Cooper 2005: 3, 12; 96 Prozent Mikroben-DNA meldeten z.B. Green et al. 2010. Einige Materialien erwiesen sich im Experiment als wahrscheinlich sicherer als andere. Zur Faustregel wurde erhoben, nach Möglichkeit gut erhaltene intakte kompakte Knochen wie die Diaphysen der Langknochen sowie Zähne mit geschlossenen Wurzeln zu beproben, da sich endogene DNA dort besser erhält als z.B. in den ohnehin seltenen Weichgeweben und weil dort auch weniger Mikroorganismen auftreten. Vgl. dazu Hummel et al. 1995: 42; Burger 2006: 75; Gilbert et al. 2006: 157-162; Hummel 2008: 70 f.; Dissing/Kristinsdottir/Friis 2008: 1446; Adler et al. 2011: 956. Die Arbeit mit Zahnwurzeln hat zudem den Vorteil, dass die Zahnkronen wieder eingesetzt können und ein unbeschädigter Eindruck erweckt werden kann. Vgl. dazu Gilbert/Rudbeck et al. 2005; Hummel 2008: 70; Kirsanow/Burger 2012: 125 f.; Gilbert/Rudbeck et al. 2005.

54 | Vgl. Matisoo-Smith/Horsburgh 2012: 70.

55 | Vgl. Richards/Sykes/Hedges 1995: 297; Hofreiter et al. 2002: 1248; Serre et al. 2004: e57; Donoghue/Spigelman 2006: 641.

Blocking Primers, die grundsätzlich moderne und Mikroorganismen-DNA blockieren.[56] Kompliziert wurde es, wie angesprochen, wenn DNA von Mikroorganismen selbst der Untersuchungsgegenstand war, wie es bei der Pathogenforschung der Fall ist.[57]

Auch Kontaminationen während der Bergung, Reinigung und anderen feldarchäologischen Arbeitsschritten, Materialtransporten und Lagerungen wurden entdeckt. Unter den vielteiligen Arbeitsschritten im Labor erwiesen sich die Probenentnahme sowie das Zerkleinern und Pulverisieren als besonders sensible Stationen. Nicht nur über Laborpersonal, sondern auch über Arbeitsflächen, Gerätschaften wie Bohrer, Fotoapparate und Mobiliar konnte, wie sich zeigte, fremde DNA in die Proben und Präparate gelangen.[58] Experimentell nachgewiesen wurde auch der Übertrag von DNA durch die eingesetzten Chemikalien, Wasser, Einwegmaterial und nicht zuletzt über die Umgebungsluft. Als besonders gravierende Kontaminationsquelle stellten sich andere PCR-Produkte heraus.[59]

Im Lauf der 2000er Jahre manövrierten solche Unternehmungen die aDNA-Forschung auf den Slope of Enlightenment im Sinne von Jackie Fenn. Darüber erreichte die Technologie am Ende der 2000er Jahre ihr Produktivitätsplateau.

Wortmeldungen aus der Community zeigen, dass sich diese in ihrer Eigenwahrnehmung von Fehler zu Fehler, Rückschlag zu Rückschlag, Methodenex-

56 | Vgl. Gigli et al. 2009: 2676 f.

57 | Vgl. z. B. die Diskussion um den Tuberkuloseerreger *Mycobacterium tuberculosis* und die eng mit ihm verwandten Bakterien wie *Mycobacterium bovis* bei Zink et al. 2000; Konomi et al. 2002: 4738 f.; Gilbert et al. 2004: 350, 352; Willerslev/Cooper 2005: 11 f.; Bouwman/Brown 2005: 704; Drancourt/Raoult 2005: 28; Ingham/Roberts 2008: 601 f.; Wilbur et al. 2009: 1993 f.; Müller/Roberts/Brown 2016: 6. Zum erstmaligen Bericht über *Mycobacterium bovis* beim Menschen aus archäologischen Funden Murphy et al. 2009: 2035 f.; sowie grundsätzlich zur Zulässigkeit von Pathogenstudien aufgrund der Authentifizierungsprobleme Donoghue/Spigelman 2006 gegen Willerslev/Cooper 2005 und 2006.

58 | Vgl. Richards et al. 1993: 20; ders./Sykes/Hedges 1995: 291; Hofreiter/Serre et al. 2001: 354; Gigli et al. 2009: 2677; Kirsanow/Burger 2012: 125; Malmström et al. 2007: 998; Matisoo-Smith/Horsburgh 2012: 60 ff.

59 | Zum experimentellen oder fallbezogenen Nachweis verschiedener Kontaminationen und Übertragungswege z. B. Schmidt/Hummel/Herrmann 1995: 424-431; Hummel 2003: 136-144; m. w. N. Burger 2006: 72, und unter Bezug auf Bollongino/Tresset/Vigne 2008: 96; Feek et al. 2006: 573; m. w. N. Brandt et al. 2010: 20; Fulton 2012: 7; Fernández et al. 2013: 668; Kemp et al. 2014: 378. Die DNA von Labortieren kann bei der Produktion von Laborchemikalien und Reagenzen in diese eingehen. Vgl. Leonard et al. 2007: 1365.

periment zu Methodenexperiment ›empor irrte‹.[60] So resümierte 2005 der Evolutionsgenetiker Eske Willerslev in einem Review, dass zwar viele Studien der ersten zwei Jahrzehnte zurückgenommen werden mussten, man daraus aber immer noch laufend lerne:

»Despite this somewhat tarnished history, recent advances in knowledge about the tempo and mode of DNA template damage, sample contamination and biochemical diagenesis have improved standards, and aDNA is now emerging as a viable scientific discipline. A series of largescale studies have begun to reveal the true potential of aDNA to record the methods and processes of evolution, providing a unique way to test models and assumptions commonly used to reconstruct patterns of evolution, population genetics and palaeological change.«[61]

Aus der Außensicht des Wissenschaftsjournalisten beschrieb Henry Nicholls 2005 diesen Reifungsprozess als Emporirren. Das Feld sei jetzt an einem Punkt, wo es nicht mehr nur unter Dodos und Mammuts nach immer noch älterer DNA suche, sondern – »now that the supply of these crowd-pleasing curiosities has run dry«[62] – das Methodenwissen erlange, um ›echte‹ evolutions- und populationsgenetische Fragestellungen zu bearbeiten. Einzelne Forschende hätten die methodischen und erkenntnistheoretischen Probleme der aDNA-Arbeit erkannt und problematisierten inzwischen selbst, dass anfangs zu viele dafür nicht qualifizierte Biologen angefangen hatten, mit großen Erwartungen an die alte DNA mitzuforschen, weil hier Prestige winkte:

»However, in spite of the continual problem of eager but inexperienced biologists trying to extract DNA from specimens in the university museum, there is a sense that aDNA is starting to fill in the gaps in our understanding of key moments in evolutionary history. So at the start of 2005, as aDNA research enters its 21st year, the discipline is, perhaps, coming of age.«[63]

Als Gründe für diesen Reifungsprozess wurden methodische Rückschläge und systematische Methodenstudien genannt, außerdem die Etablierung von Laborroutinen und überfachlichen Kooperationen. Erst in der zweiten Hälfte der 2000er Jahre äußerten sich auch die besonders (selbst-)kritischen Forscherinnen und Forscher wieder häufiger vorsichtig positiv zur Zukunft des Feldes.[64]

60 | Zum Begriff der sich empor irrenden Wissenschaft vgl. wiederum Vollmer 1995: 4.

61 | Willerslev/Cooper 2005: 5.

62 | Nicholls 2005: e56.

63 | Ebd.: 195; Pääbo 2014a: 52, 56.

64 | Kirsanow/Burger 2012: 124; skeptischer Harbeck 2012: 190.

Kontamination und Authentizität: Entdeckung, radikale Auswege und Normalisierung des Problems

»The horror of contamination«[1]

Mehr als alles andere schweißte die aDNA-Community eine Fehlerquelle zusammen: So sehr sich die aDNA-Forschung verzweigt und in ihren Anwendungen spezialisiert habe, meinte Susanne Hummel in einem Einführungsartikel 2015, bleibe doch ihr gemeinsames Thema, das alle angehe und das alle verbinde, immer noch die Authentizitätsfrage.[2] Nicht das Material, die bearbeiteten Fragestellungen oder die Methode insgesamt stellte sie hier als das Verbindende der aDNA-Forschung dar, sondern das Problem der Kontamination der Proben, des Labormaterials oder der Amplifikate mit exogener DNA. Dies war keine Einzelmeinung. Im Gegenteil erklärte seit den 2000er Jahren der Großteil der Community Authentizitätsproblem und Kontaminationen zum Spezifikum der aDNA-Forschung. Das systematisch erweiterte Methodenwissen mündete in die Normalisierung des Authentizitätsproblems. Zwar schwang teils noch die Vorstellung mit, dass fortgesetztes Experimentieren und Forschen das Problem wenigstens einschränken werde, wenn es schon nicht endgültig zu lösen sei,[3] doch fand sich in den Quellen überwiegend die Ansicht, dass Verunreinigungen und Authentifizierungsschwierigkeiten trotz aller Methodenstrenge und Sorgfalt im Grunde etwas ganz Normales seien, mit dem man sich eben abfinden müsse. Der Anthropologe und Paläogenetiker Joachim Burger notierte zum Beispiel 2006, dass im Mainzer DNA-Labor trotz stringenter Kontrollen eine Kontaminationsrate bei mtDNA von 12,5 Prozent nicht unterschritten werden könne.[4] Eine Gruppe um den Genetiker und Evolutionsbiologen M. Thomas P. Gilbert ließ im selben Jahr nach umfangreichen kontrollierten Kontaminationsexperimenten keinen Zweifel daran, dass Verunreinigungen den zu erwartenden Normalfall darstellten, gleichgültig wie engmaschig die Kontrollen ausfielen:

»Nevertheless, even when such decontamination regimes and authenticity protocols are followed, contaminants are frequently observed. […] Obviously, the decontaminati-

---

1 | Brown/Brown 1992: 19.

2 | Vgl. Hummel 2015: 765; ähnlich Pickrell/Reich 2014: 384; Matisoo-Smith/Horsburgh 2012: 17, 60.

3 | Vgl. ähnlich auch bei Hofreiter/Serre et al. 2001; Kolman/Tuross 2000: 18 f.; Savoré/Waye et al. 2000; Yang/Watt 2005: 331 f.; Harbeck 2012: 199; am konkreten Beispiel bei Sofeso et al. 2012: 119, 125; Knapp/Lalueza-Fox/Hofreiter 2015: o. S.

4 | Vgl. Burger 2006: 56.

on methods are not 100 % efficient, and contamination remains a serious threat to the validity of ancient DNA studies.«[5]

Die besondere Bedeutung, die die aDNA-Community Kontamination und Authentizitätsproblematik verlieh, rechtfertigt im Folgenden eine eingehendere Betrachtung. Dabei ist erstens zu bedenken, dass Authentifizierung und Echtheitsprüfung ein ganz normaler Schritt der Quellenkritik sind – egal, ob es um eine molekulare, schriftliche oder Bildquelle geht. Zweitens sind Kontaminationen ein Problem, das alle Laborwissenschaften kennen, das aber immer wieder neu diskutiert und bearbeitet werden muss, weil es sich unter je neuen Experimentalsystemen und Laborregimes unterschiedlich darstellt.[6]

»The horror of contamination«[7] – so lautete die Zwischenüberschrift des bereits zitierten, 1992 in *Antiquity* erschienenen Artikels, in dem der Molekularbiologe Terence A. Brown und die Archäologin Keri A. Brown die Potentiale und Probleme der aDNA-Methoden für die Archäologie ausgelotet haben. Im selben Kontext bezeichneten sie Kontaminationen auch als »bugbear«,[8] als Schreckgespenst der ancient DNA-Forschung. 1991 ließ sich bereits Svante Pääbo vernehmen, das Kontaminationsproblem sei »the spectre that haunts the entire field«. Der Großteil der Daten der ersten Experimente werde sich über kurz oder lang als Artefakt herausstellen.[9] Martin K. Jones hat das Jahr 1991 und insbesondere die *Ancient-DNA*-Konferenz in Nottingham aus der Retrospektive diesbezüglich als ersten »turning point in the quest for ancient DNA«[10] bezeichnet: Es habe fortab nicht mehr nur enthusiastische Meldungen und begeisterte Gutachter gegeben, sondern auch Skeptiker, die diese Meldungen überprüften.

Während in den frühen 1990er Jahren Forscher und Forscherinnen wie Brown und Brown, Svante Pääbo, Erika Hagelberg und Martin B. Richards das Problembewusstsein zu wecken versuchten, war sich der Großteil der sich formierenden Community noch unsicher, wie ernst die Kontaminationen – und die Warner – zu nehmen waren. Unsicher gaben sich zum Beispiel Robert E. M. Hedges und Bryan C. Sykes 1992: »Contamination of the sample [...] be-

5 | Gilbert et al. 2006: 157.

6 | Margit Szöllösi-Janze zeigte dies eindrücklich am Beispiel von Fritz Habers Meergoldprojekt. Hier wurden exogene Stoffe über das Material der Laborinstrumente eingeschleppt. Vgl. dies. 2015: 523 ff., 527.

7 | Brown/Brown 1992: 19.

8 | Ebd.: 19; vgl. ähnlich auch Stoneking 1995: 1259 f.; Richards/Sykes/Hedges 1995: 291.

9 | Pääbo 1991: 107.

10 | Jones 2001: 25.

fore the PCR reaction is carried out, undoubtedly can occur. How serious this is (in the sense of how frequent and how unavoidable) is not yet clear.«[11]

Stellten Kontaminationen die junge aDNA-Forschung grundsätzlich in Frage oder waren sie ein Problem, das sich über kurz oder lang technisch lösen lassen würde? Musste man schwer zu authentifizierende Studien ganz aufgeben, wie es zum Beispiel Hendrik N. Poinar und Svante Pääbo, aber auch David Serre und Alan Cooper forderten? Sie bezeichneten Studien an Sequenzen, die denen heute lebender Menschen ähnelten oder entsprachen, als grundsätzlich nicht authentifizierbar,[12] sofern nicht eine Population untersucht wurde, die aus besonderen Gründen unterscheidbar war. Das konnte zum Beispiel der Fall sein, wenn diese über Jahrtausende hinweg isoliert gelebt hatte.[13] Demgegenüber galten unter anderem die begonnenen oder anvisierten Studien, die die Neolithisierungs- oder Angelsachsenfrage beantworten sollten, als nicht authentifizierbar.[14] Diese Einschätzung traf auch Experimente, die das genetische Verhältnis von Neandertalern und anderen archaischen Homininen auf der einen und Anatomisch Modernen Menschen auf der anderen Seite untersuchen sollten.[15] Studien zur Biodiversität innerhalb von Neandertalerpopulationen und anderen Gruppen, die sich genetisch von Anatomisch Modernen Menschen unterschieden, schienen weniger prekär, waren aber selten.

Ähnliche Einschränkungen wurden für die DNA von Mikroorganismen gemacht, die unter paläoepidemiologischen und -pathologischen Gesichtspunkten untersucht werden sollte. Dieser Zweig der aDNA-Forschung war sogar mit einer gewissen zeitlichen Verzögerung entstanden, weil nicht nur die Isolie-

11 | Hedges/Sykes 1992: 277.

12 | Vgl. Pääbo et al. 2004: 659, 664; zudem Hofreiter/Vigilant 2003: 117; Serre et al. 2004: e57; Willerslev/Cooper 2005: 11; Persson 2003: 276; Lalueza-Fox 2003: 170, Gilbert/Bandelt et al. 2005: 543. Für Burger war der »Nachweis menschlicher aDNA [ein] methodischer Problemfall« (2007: 294). Vgl. auch Krause 2010: 13.

13 | Vgl. beispielsweise die Studien zu den Bewohnern der Andamanen in dieser Hinsicht bei Endicott et al. 2003: 182 f. Die Untersuchung von aDNA bei Native Americans durch Europäer galt z. B. als weniger problematisch. Vgl. Bolnick/Glenn 2007: 633; Stone/Stoneking 1998: 1153; jedoch kritisch gegenüber der Vorstellung, beim Umgang mit präkolumbianischen Individuen habe man es grundsätzlich leichter, Kolman/Tuross 2000: 17 ff.; kritisch auch Krause 2010: 24.

14 | Vgl. Richards et al. 1993: 19; Goldstein/Chikhi 2002: 130 f.; Expertinneninterview Hummel 2013; Pääbo im Interview mit Balter 2005: 965.

15 | Vgl. Green et al. 2009: 2495; Gigli et al. 2009: 2676; Pääbo et al. 2004: 659; Kirsanow/Burger 2012: 127.

rung von Erreger-DNA, sondern von Beginn an vor allem die Authentifizierung solcher Sequenzen als besonders schwierig empfunden worden war.[16]

Einigen der Protagonisten der aDNA-Forschung erschien es nur konsequent, bestimmte Forschungswege und -fragen ganz aufzugeben. So beklagte Svante Pääbo bereits 1991 die »anthropocentricity«, die dazu führe, dass bevorzugt mit der besonders problematischen menschlichen DNA gearbeitet werde, schlug aber einen Umweg vor: Man könne doch die Geschichte der Menschheit gut über die Geschichte ihrer »companion species, particularly domesticated animals and plants«[17] erforschen.

Der radikale Weg, mit dem Authentifizierungsproblem umzugehen, war es, bestimmte Untersuchungsgegenstände aufzugeben bzw. auf vermeintlich[18] sicherere Gegenstände auszuweichen, die einen Authentifizierungsvorteil boten. Wer mit Tieren und Pflanzen arbeitete, befand sich nach damaligem Wissensstand in einer mittleren Risikokategorie. Ausgestorbene Arten wurden als noch weniger riskant eingeordnet.[19] Diesen Pfad schlugen einige Arbeitsgruppen ein. Die zahlreichen Studien zur Phylogenie, d.h. zur Stammbaumgeschichte, (ausgestorbener) Tiere und Pflanzen stellten solche Ausweichforschungen dar:

> »To a large extent, these efforts were driven by the availability of well-preserved remains, for example megafauna preserved in Permafrost, and the desire to broach phylogenetic and evolutionary questions without the formidable obstacles faced by human ancient DNA studies.«[20]

Solche Studien haben aber eigenen Erkenntniswert entwickelt. Untersucht wurden genetische Beziehungen zu heute lebenden Tieren sowie Fragen zur Biodiversität, die wiederum mittelfristig in Wildbiologie und Artenschutz ein-

16 | Skeptisch z.B. Willerslev/Cooper 2005: 11; Gilbert/Bandelt et al. 2005: 543; Müller/Roberts/Brown 2016: 6, m.w.N. 9. Siehe dazu auch S. 156 f.

17 | Pääbo 1991: 108; vgl. einen ähnlichen Vorschlag bei Richards et al. 1993: 24. Erika Hagelberg ließ sich entsprechend zitieren von Powledge/Rose (1996: 41).

18 | Systematische Experimente der 2000er Jahre zeigten, dass menschliche Proben häufig mit der DNA von Haus- oder Labortieren kontaminiert waren, was analog bedeutete, dass auch Tier-DNA mit anderer Tier-DNA kontaminiert sein konnte und insofern kein Authentifizierungsvorteil vorlag. Zumindest musste hier nach Kontaminationen nicht nur durch die DNA von Mikroorganismen und Menschen gesucht werden, sondern auch durch die DNA anderer Tiere. Vgl. dazu eindrucksvoll Leonard et al. 2007: 1363 ff.

19 | Vgl. Gilbert/Bandelt et al. 2005: 543.

20 | Hagelberg/Hofreiter/Keyser 2015.

gingen.[21] Vorteilhaft in technischer Hinsicht war bei denjenigen Tieren, die wie der Dodo oder einige Beuteltiere erst in der Moderne ausgestorben waren, dass Weichteilpräparate aus Museen oder zoologischen Sammlungen beprobt werden konnten.

Im Mittelpunkt einer solchen von Svante Pääbo initiierten Studie zum ausgestorbenen australischen Beutelwolf, die der Zoologe Richard H. Thomas aus Berkeley 1989 publizierte, stand zum Beispiel die Frage, in welchem phylogenetischen Verhältnis das Tier zu rezenten südamerikanischen und australischen Beuteltieren und zu rezenten Säugetierwölfen stand, denen es ähnelte.[22] Es zeigten sich genetische Nähe zu anderen australischen Beuteltieren und eine nur entfernte Verwandtschaft mit amerikanischen Beutlern. Dies legte einen konvergenten evolutionären Prozess in Australien und Südamerika nahe, d.h., dass sich auf beiden Kontinenten morphologisch ähnliche, aber kaum miteinander verwandte Tiere entwickelten.[23] In ähnlich gelagerten Projekten widmete sich Alan Cooper dem ausgestorbenen Moa, einem flugunfähigen Vogel aus Neuseeland, der sich als weniger eng mit dem lebenden neuseeländischen Kiwi verwandt erwies, als auf der Basis morphologischer Untersuchungen angenommen worden war.[24] Molekulare Geschlechtsbestimmungen revidierten zudem Klassifizierungen von Moaunterarten, als sich herausstellte, dass es sich lediglich um männliche und weibliche Tiere derselben Unterart gehandelt hat.[25]

Bei länger ausgestorbenen Tieren wie Moa, Mammut und Mastodon, Höhlenlöwe, Riesenfaultier und Höhlenbär[26] musste DNA aus Knochen isoliert wer-

21 | Vgl. dazu perspektivisch anhand der ersten Studien zum Moa, einem ausgestorbenen Laufvogel, Pääbo 1993: 65 f.; einführend Hummel 2003: 4 f.; als Hoffnung bei Pääbo 2000: 1321.

22 | Vgl. Thomas et al. 1989: 465; zitiert u.a. bei Hagelberg et al. 1991: 399; dies. 1994: 195; Pusch/Scholz 1999: 367; Burger et al. 2002: 19; dazu Pääbo 2014a: 44.

23 | Vgl. Thomas et al. 1989: 467. Die Autoren begründeten mit dieser Studie die aDNA-basierten Forschungen zur Phylogenetik der Raubbeutlerartigen. Vgl. z.B. Miller/Drautz/Janecka et al. 2008: 214 ff., 218.

24 | Vgl. Cooper et al. 1992: 8742 f., sowie zum Umgang mit aDNA aus Museumsexponaten am Beispiel der Moastudie ders. 1994.

25 | Vgl. zu den molekularen Studien zum Reversed Sexual Dimorphism beim Moa Bunce et al. 2003: 172, 174; inzwischen liegen zum Moa genomweite Sequenzierungen vor. Vgl. Cooper et al. 2001: 704 f.

26 | Vgl. zum Beutelwolf Thomas et al. 1989; Krajewski/Buckley/Westerman 1997; zur Biodistanz von Moa und Kiwi vgl. Cooper et al. 1992; ders. 2000; ders. et al. 2001; zum Mammut Hagelberg et al. 1994; Höss/Pääbo/Vereshchagin 1994; Thomas et al. 2000; Greenwood et al. 2000; Poinar et al. 2006; zum Riesenfaultier Greenwood et al. 1999; Greenwood et al. 2001: v.a. 101 f.; zu Bären Leonard/Wayne/Cooper 2000; Barnes et

den. Entsprechende Extraktionsroutinen entstanden im Lauf der 1990er Jahre auf der Basis der Vorarbeiten von Erika Hagelberg.[27] Sie selbst wandte sich der Tierphylogenetik zu und publizierte mtDNA-Sequenzen eines Mammuts.[28] Die Studie ließ sich unabhängig reproduzieren und erfüllte damit ein wesentliches Qualitätskriterium der Laborwissenschaften.[29]

Durch die hohe Forschungsintensität dieses anfänglichen Ausweichbereiches erreichten die aDNA-basierten Verfahren im Lauf der 1990er Jahre für Tierphylogenien bereits das Niveau »einer Standardmethode«.[30] Die Arbeitsgruppen schufen viel neues Methodenwissen, das sich dann generalisieren ließ. Das habe daran gelegen, so die amerikanische Populationsgenetikerin Connie J. Mulligan 2006, dass man nicht bei der erhofften maximalen Sensation begonnen habe, sondern bei dem, was technisch schon möglich war, mit einer »greater willingness to let the technology guide the question«.[31] Man habe durchgeführt, was sinnvoll war, statt sich ein technisch kaum realisierbares, aber prestigeträchtigeres Ziel zu setzen. Darin sei der Grund für den relativ größeren Erfolg der Tier- und Pflanzenstudien zu sehen.[32]

Die inhaltlichen Gewinne des Umweges über die »companion species«,[33] den Pääbo skizziert hatte, zeigten sich später zum Beispiel in der Neolithisierungsforschung. Hier ging es um die Frage, ob der Übergang zur aneignenden Wirtschafts- und Lebensweise der Viehhalter und Feldbauern in der Jungsteinzeit in Europa mit einer Bevölkerungsbewegung einherging oder ob ansässige Gruppen neue Kulturtechniken unabhängig voneinander entwickelten. Die aDNA-basierten neuen Domestikationsforschungen stützten das sogenannte Demic Diffusion Model:[34] Studien der 2000er Jahre zur Domestikation und Herkunft von Rindern, Schafen und Ziegen zeigten, dass diese von Tieren ab-

al. 2002; Hofreiter et al. 2002: 1248 f.; zur Extraktion aus Haaren und Koprolithen des Riesenfaultiers Clack/Macphee/Poinar 2012; zum Dodo Shapiro/Cooper 2000.

27 | Vgl. z. B. Richards et al. 1993: 24 f.; Hagelberg/Clegg 1991; Pusch/Scholz 1997: 61 f.; Hummel et al. 1997: 32 f., auf der Basis von Hagelberg/Sykes/Hedges 1989.

28 | Vgl. Hagelberg et al. 1994: 333 f.

29 | Etwa zur selben Zeit, aber offenbar mit geringerem Bekanntheitsgrad, gelang dies Forschergruppen aus Japan und Frankreich bzw. der Schweiz, zitiert u. a. von Erika Hagelberg selbst in Hagelberg et al. 1991: 399, dies./Clegg 1991: 45, und Hagelberg 1994: 195, sowie Burger 2006: 53; darunter z. B. Hänni et al. 1990.

30 | Burger 2006: 53.

31 | Mulligan 2006: 377.

32 | Vgl. ebd.

33 | Pääbo 1991: 108.

34 | Siehe dazu S. 123, FN 95.

stammen, die aus dem Nahen Osten eingewandert waren.[35] Plausibel ist, dass die domestizierten Tiere mit einer zumindest kleinen Gruppe von mobilen Personen, die auch das Wissen um die produzierende Lebensweise vermittelten, nach Europa gelangten. Über die Größe und Zusammensetzung dieser Personengruppe und ihr Verhältnis zu ansässigen Wildbeutern und Sammlern sagten die Tierstudien freilich nichts.

Dennoch wird deutlich, dass ein Forschungsbereich eigenen Ranges aus Anfängen entstand, die einige zunächst nur als Notlösung verstanden hatten.[36] Tier- und Pflanzenphylogenien gelten mittlerweile nicht mehr als nur als Ausweichforschung. An ihnen wurden zum Beispiel populationsgenetische Modelle getestet, die später auch in Studien zum Menschen eingesetzt werden konnten. Zudem war das grundsätzliche Interesse an den Daten in Archäologie, Paläobotanik und Paläozoologie teilweise bereits angelegt, bevor die Entdeckung des Authentifizierungsproblems ein Ausweichen überhaupt nahegelegt hatte.

Während Ausweichforschungen und zum Menschen führende Umwege über Tier- und Pflanzenphylogenien positiv aufgenommen und ausführlich rezipiert wurden, stießen die strikten Unterlassungsgebote hinsichtlich der menschlichen und der Mikroben-DNA in Teilen der Community im Lauf der Jahre auf Gegenwehr.[37] Forschungszweige ganz aufzugeben war eine radikale und problematische Lösung des Authentifizierungsdilemmas. Zeitweise nahmen die Warnungen von Pääbo, Cooper und anderen Züge an, die dem Versuch, ein Forschungsverbot auszusprechen, nahekamen. Erika Hagelberg betonte rückblickend die polarisierende Wirkung der Gebote und Authentifizierungsanforderungen: Während einzelne Wissenschaftler und Wissenschaftlerinnen in großen, finanziell gut ausgestatteten Laboren die Standards diktierten, hätten andere, insbesondere an den kleineren universitären Einrichtungen unter den dortigen schwierigeren finanziellen Bedigungungen diese hinnehmen und umsetzen müssen, wenn sie weiter mitforschen wollten:

»The insistence on absolute standards stifled many projects, while resources were diverted to a few high-profile studies to the detriment of emerging scientists. The criti-

---

35 | Vgl. z. B. Edwards et al. 2004: 707; Burger et al. 2004: 52 f.; Alt 2005: 217 f.; Bollongino 2006, 170-177, 181 f.; Fernández et al. 2006: 15375, 15377; Edwards et al. 2007: 1383 f.; Scheu et al. 2008: 1259 ff.; Seco-Morais/Matheson 2008; Tresset et al. 2009: 76-84; Bollongino 2013; m. w. N. Campana/McGovern/Disotell 2014: 704; abweichend zu den Schweinen Larson et al. 2007: 15276; angewandt unter kulturhistorischer Fragestellung dann hinsichtlich neolithischer Lederkleidung bei Schlumbaum et al. 2010: 1251.

36 | Vgl. Hagelberg/Hofreiter/Keyser 2015; Willerslev/Cooper 2005: 10.

37 | Vgl. Chilvers et al. 2008: 2712 f.; Hagelberg 2012: 104.

cisms of projects not meeting the standards seemed even unprofessional at times, for example emotive titles such as ›Ancient DNA: do it right ot not at all‹«.[38]

Dem Mainzer Paläogenetiker Joachim Burger ging es dabei um erkenntnistheoretische Verluste: Zwar sei das Authentizitätsproblem bei menschlicher DNA gravierend, aber die größere Gefahr drohe, wenn die aDNA-Community aus Sicherheitsbedenken manche Forschungszweige ganz aufgebe. Aus erkenntnistheoretischer Perspektive überwögen die Nachteile, wenn zum Beispiel nur noch über Populationen geforscht werde, deren Genotypen sich deutlich von denen rezenter Bevölkerungen unterschieden: »Wissenschaftstheoretisch ist dies bedenklich, da dieser Umstand in Zukunft zu einem verzerrten Bild menschlicher Populationsstrukturen in prähistorischen Zeiten führen wird.«[39]

Aus der Rückschau des Jahres 2015 beklagten Erika Hagelberg und Kollegen sogar, dass offene Diskussionen unterdrückt worden seien – durch das Quasiverbot, mit menschlicher DNA zu arbeiten, und die rigiden Authentifizierungskriterien.[40]

Verbote waren ein Weg, mit dem Kontaminationsproblem umzugehen. Doch bestand dieses ja auch bei den vermeintlich ›sichereren‹ Proben. Um sie zu authentifizieren, wurden Instrumente der für die Laborwissenschaften typischen kontrollorientierten Nichtwissenskultur[41] herangezogen bzw. entwickelt.

38 | Ebd.: 105, mit einem Verweis auf eine ähnliche mündlich geäußerte Kritik des Jerusalemer Forschers Charles Greenblatt aus dem Jahr 2010; ähnlich auch Barbujani/Bertorelle 2003.

39 | Burger 2006: 55, mit Verweis auf Haak et al. 2005; auf der Handbuchebene vermittelt bei Burger 2007: 295.

40 | Vgl. Hagelberg/Hofreiter/Keyser 2015.

41 | Vgl. dazu knapp Wehling 2011: 540; ders. 2015: 40, auf der Basis der Laborstudien von Karin Knorr-Cetina; zur Systematik Böschen et al. 2008.

Kontrollregimes und komplexitätsorientierte Zugänge: Authentifizierungsversuche, Modellierungen und das Sprechen über die Grenzen der Quelle

»[L]aboratory rigour that borders on paranoia«[1]
vs.
»Don't Expect Too Much: We are Just Modeling!«[2]

In den 2000er Jahren wurden diverse Kontrollregimes, Kriterienkataloge und Laborprotokolle entwickelt, um Qualitätsstandards für die Arbeit mit degradierter DNA zu schaffen und Routinen zu entwickeln, die Ergebnisse vergleichbarer machten. Forschungsaufgaben sollten schrittweise standardisiert und jeweils ähnliche Laborbedingungen geschaffen werden. Das Ziel war es, Orientierungs- und Rezeptwissen zu verbreiten, zum Beispiel in Form ausgefeilter Sicherheits- und Reinheitsanweisungen sowie von ›Kochbüchern‹, um die Unsicherheit der Projekte zu reduzieren.

Der bislang am häufigsten zitierte Kriterienkatalog erschien 2000. Unter dem Titel *Ancient DNA: Do It Right Or Not At All* protestierten Hendrik N. Poinar und Alan Cooper vehement gegen die aus ihrer Sicht allzu optimistische Selbsteinschätzung der Community und deren zu lockeren Umgang mit dem Kontaminationsproblem. Poinar selbst hatte die Erfahrung gemacht, dass die von ihm publizierte Extraktion von fossiler DNA aus Bernstein als nicht authentifizierbar kritisiert wurde.[3] Das Problem hatte er verstehen und kontrollieren lernen wollen. Authentizität identifizierten Poinar und Cooper nicht nur als methodisches, sondern auch als karriererelevantes und fachpolitisches Problem. Die sorglose Community habe – anlässlich der bereits fünften internationalen Tagung der *Ancient-Biomolecules-Initiative* 2000[4] – den Eindruck erweckt, das Feld sei nun in methodischer Hinsicht gereift, habe Standards und Routinen für eine Vielzahl von Anwendungen und Fragestellungen und dürfe zuversichtlich in die Zukunft blicken. Das sei aufgrund der ungelösten und teils noch nicht einmal verstandenen methodischen und technischen Probleme und der Unbedarftheit vieler Beteiligter überhaupt nicht der Fall:

---

1 | Callaway 2014: 414.

2 | Henke 2015: 65.

3 | Zu den gescheiterten Reproduktionsversuchen Poinars u. a. in Pääbos Labor vgl. Pääbo 2014a: 58. Cooper hingegen geriet 2005 in Konflikt mit der University of Oxford, als ihm wissenschaftliches Fehlverhalten vorgeworfen wurde, allerdings nicht hinsichtlich seiner Forschungen, sondern wegen Ungereimtheiten in einem Förderantragsverfahren. Vgl. o. V. 2005b; Pincock 2005.

4 | Zum Programm vgl. o. V. 2002.

»This optimism is unfounded, as demonstrated by the notable absence of ›criteria of authenticity‹ from many presentations at the conference. Ancient DNA research presents extreme technical difficulties because of the minute amounts and degraded nature of surviving DNA and the exceptional risk of contamination.«[5]

Selbst die hochrangigen Journals seien noch immer bereit, Artikel zu publizieren, die geringe Qualitätsstandards aufwiesen, nur weil sie große Ergebnisse versprächen. Später ließ Cooper gemeinsam mit dem Evolutionsgenetiker Eske Willerslev diese »colourful history of early publications«[6] kritisch Revue passieren. 2000 hingegen sahen sich Poinar und Cooper dringend veranlasst, einen Katalog von Mindeststandards zu veröffentlichen – wohl wissend, dass es die Labore Zeit und Ressourcen kosten würde, diesen umzusetzen:[7]

»We recognize that adherence to these criteria as part of routine good practice is both expensive and time-consuming. However, failure to do so can only lead to an increasing number of dubious claims, which will bring the entire field into further disrepute. If ancient DNA research is to progress and fulfil its potential as a fully-fledged area of evolutionary research, then it is essential that journal editors, reviewers, granting agencies, and researchers alike subscribe to criteria such as these for all ancient DNA research.«[8]

In der Folge avancierte dieser Katalog zu den am meisten beachteten Anweisungen, fand über die engeren Fachgrenzen hinaus Beachtung,[9] wurde mehrfach modernisiert und von anderen vergrößert. Da er nur den Laborbereich im Blick hatte, musste er um Anweisungen für die vorherigen Arbeitsschritte erweitert werden, da die Probe, wie systematische Studien zunehmend zeigten, auch hier schon verunreinigt worden sein konnte.[10] Eske Willerslev hat dies

5 | Cooper/Poinar 2000: 1139.

6 | Willerslev/Cooper 2005: 3.

7 | Cooper/Poinar 2000.

8 | Ebd.: 1140.

9 | PublishOrPerish allein zählt über 600 Zitationen, Stand: Dezember 2016. Fast alle später publizierten Protokolle beruhten auf diesem oder bezogen sich zumindest stark darauf.

10 | Aus der Sicht von Pääbo war das Protokoll von Cooper und Poinar (ebd.) schon eine Weiterentwicklung seines eigenen (Pääbo 1989) und von Handt/Höss et al. (1994: 527 f.). Vgl. für weitere Weiterentwicklungen Pääbo et al. 2004: 655-659; Kirsanow/Burger 2012: 125 f.; mit Forderungen nach einer Weiterentwicklung der Dekontaminierungstechniken Gilbert/Rudbeck et al. 2005: 792; so auch Ingham/Roberts 2008: 605 f. Die Vernachlässigung der Phase vor der Laboruntersuchung rief Kritiker auf den Plan, die an konkreten strittigen Studien aufzeigten, wieso dies ein Manko

als Evolution der Authentizitätskriterien beschrieben.[11] Sie beruhten auf expliziten Forschungen zu DNA-Erhalt, Schäden und Kontaminationsursachen. Anfangs spielten Erfahrungen aus der Forensik und der klinischen Molekularbiologie noch eine Rolle,[12] doch wurde bald deutlich, dass für die alte DNA andere, striktere Regeln angelegt werden mussten, weil sie erheblich kontaminationsgefährdeter war. Die Entwicklung dieser Kriterienkataloge zeigte auch, dass Forscher und Forscherinnen, die sich selbst hohes wissenschaftliches Kapital erarbeitet hatten, in Anspruch nehmen konnten, vorzugeben, welche Methoden und Forschungswege die Community anzuerkennen und als Standard zu betrachten hatte und welche nicht. Das Renommee der Autoren und Autorinnen wiederum stieg mit der Zahl derer, die ihre Kataloge befolgten oder zumindest zitierten.

Erschienen sind diese Kataloge zunächst in den einschlägigen naturwissenschaftlichen Journals, dann in den Hand- und Lehrbüchern der Anthropologie sowie Bioarchäologie und schließlich in den wenigen Sammelbänden, die die aDNA-Forschung hervorgebracht hat.[13] Die Kriterienkataloge unterschieden sich im Wesentlichen darin, ob sie die Grabungs-, Transport- und Lagerungsphase – den überwiegend (feld-)archäologischen und musealen Bereich – mit einschlossen oder sich auf die Laborphase beschränkten. Entsprechend unterschiedlich waren ihre Adressaten.[14] In den 2010er Jahren wurden die Kataloge dann zielgerichtet auch in Publikationen platziert, die einen größeren Kreis an Rezipenten und Rezipientinnen erwarten ließen, die für die Ausgrabung und Lagerung von potentiellem Probenmaterial verantwortlich waren.[15]

war. Zur Vernachlässigung dieser Phase in der Neandertalerstudie von Caramelli et al. (2003) vgl. Gilbert/Bandelt et al. 2005: 542.

11 | Vgl. Willerslev/Cooper 2005: 6.

12 | Vgl. Richards/Sykes/Hedges 1995: 291 f.; Gilbert et al. 2006; Bollongino/Tresset/Vigne 2008: 92-97; Cemper-Kiesslich/Neuhuber/Schwarz 2010: 28, 34; Cemper-Kiesslich 2012: 120.

13 | Vgl. z. B. Hummel et al. 1995; dies. 2003; Burger 2006; ders. 2007: 285-288; Hummel 2008: 70-74; Fulton 2012; Grupe et al. 2012: 154 f.; Cemper-Kiesslich 2012; Hummel 2015: 776-785.

14 | Für solche Protokolle vgl. z. B. Hagelberg/Clegg 1991: 45-48; Hagelberg 1994: 196-202; Brown/Brown 1992: 20; Hummel/Herrmann 1994b: 206-209; Richards/Sykes/Hedges 1995; Scholz/Pusch 1997; Kolman/Tuross 2000; Cooper/Poinar 2000; Yang/Watt 2005; Burger 2006; Bollongino/Tresset/Vigne 2008: 96 f.; Burger/Bollongino 2010; Brandt et al. 2010; Cemper-Kiesslich/Neuhuber/Schwarz 2010; Kirsanow/Burger 2012. Nicht nur als Quelle für Sicherheitsstrategien sind diese Protokolle von Interesse, sondern auch, weil sie den Ablauf eines aDNA-Projektes widerspiegeln.

15 | Vgl. z. B. Cemper-Kiesslich et al. 2005: 148 ff.; Brandt et al. 2010; Burger/Bollongino 2010; Cemper-Kiesslich/Neuhuber/Schwarz 2010; Kirsanow/Burger 2012;

Da nicht oft Experten im Umgang mit aDNA bei Grabungen vor Ort sind und alte Kontaminationen bei magazinierten Funden ohnehin nicht auszuschließen sind, waren die Laborwissenschaftler darauf angewiesen, dass sich die Partner in der Feldarchäologie, in Museen und Denkmalpflege an eine wachsende Zahl von Sicherheits- und Sauberkeitsregeln hielten und die Fundumstände sowie den weiteren Bergungs-, Präparations- und Lagerungskontext möglichst gut dokumentierten.[16] Besondere Fundsituationen machten besondere Formen und Techniken der Bergung notwendig, die teils eigens entwickelt werden mussten.[17] Nach Möglichkeit sollte zum Beispiel eine Probe einer anderen Spezies aus demselben Liegemilieu mitgeschickt werden, um Kontaminationen durch das Liegemilieu leichter zu identifizieren.[18]

Anfangs herrschte Skepsis, ob Feldarchäologen zu den zahlreichen Vorkehrungen und Maßnahmen motiviert werden konnten. Beispielsweise sollten sie bei der Grabung Schutzkleidung tragen, das Material möglichst nicht säubern oder künstlich trocknen, es nicht chemisch härten oder konservieren, sondern rasch verpacken sowie kalt und trocken lagern. Auf archäometrische oder anthropologische Untersuchungen vor der Probenentnahme sollten sie verzichten. So berichtete im *International Journal of Osteoarchaeology* der Anthropologe Tony Waldron 1991 mit sarkastischem Unterton von entsprechenden Forderungen, die Terence A. Brown gerade erarbeitete. Feldarchäologen sollten nun Handschuhe, Masken, Hauben und Schutzanzüge tragen:

»Field archaeologists will quickly determine how practicable this suggestion will be! Some guidelines for archaeologists are apparently in preparation by Brown and his colleagues but before these become too far advanced, they will certainly need considerable input from archaeologists and museum curators to ensure that they remain within the bounds of common sense.«[19]

Cemper-Kiesslich 2012; Matisoo-Smith/Horsburgh 2012: 64-72, 76-79; Campana/Bower/Crabtree 2013: 31 f.

16 | Vgl. zu konkreten Geboten und Verboten Riehl 1998: 22; Brandt et al. 2010: 23-28; Beck et al. 2008: 240; Matisoo-Smith/Horsburgh 2012: 76-79. Röntgen- oder CT-Strahlen beispielsweise schienen die vorhandene DNA weiter zu schädigen und waren deshalb zu unterlassen. Vgl. Grieshaber et al. 2008: 683, 686.

17 | Vgl. Feek et al. 2006: 573. Die handelsüblichen Einwegmaterialien schienen hier den Ansprüchen der aDNA-Forschung nicht zu genügen.

18 | Vgl. Gilbert/Rudbeck et al. 2005: 792; Experteninterview Krause/Haak 2016.

19 | Waldron 1991: 155.

In den im Lauf der Jahre aufgelegten einschlägigen Einführungen und auf Tagungen[20] sollten Kriterien vermittelt, Partner in regelkonformem Verhalten trainiert und vom Nutzen der Kataloge überzeugt werden. Dabei war die Absicht verbunden zu verdeutlichen, dass sich nicht erst im Labor entschied, ob ein Experiment gelang oder scheiterte, sondern vorher: bei der Projektplanung, bei der Fundauswahl, bei der Bergung oder beim Transport.[21] Das dazu erforderliche Wissen sollte den Projektpartnern vermittelt werden und diese fragten es auch nach. So hatte 1995 der Ur- und Frühgeschichtler Manfred K. H. Eggert beobachtet, dass mit organischem Material in der feldarchäologischen Praxis zu unbedarft verfahren werde und man einer Einweisung bedürfe.[22]

Die Anweisungen, Tagungsbeiträge und Handreichungen der Laborwissenschaftler lassen erkennen, dass die Kooperationspartner und -partnerinnen in Archäologie, Anthropologie, Museum und Denkmalpflege nicht als ausführendes Personal oder Knochenlieferanten angesehen wurden, sondern als verantwortlich handelnde Forschende, die wesentlichen Einfluss auf den Erfolg einer aDNA-Untersuchung hatten.[23] Geworben wurde mit dem gemeinsamen Nutzen: Wenn sie qualitativ hochwertige aDNA-Arbeit wollten, müssten sie ordentliches Probenmaterial nach bestimmten Regeln zur Verfügung stellen, argumentierten 2013 drei britisch-amerikanische Autoren in einer Handreichung für die Afrikaarchäologie. »Submit Only Well-Preserved Material for aDNA Analyses« lautete eine Klausel ihres Good-Practice-Katalogs. Es sei zwar verständlich, dass ungern die besterhaltenen Funde für destruktive Untersuchungen zur Verfügung gestellt würden, aber aDNA-Forschung funktioniere nicht mit »poorly preserved archaeological dregs (e.g. bone flakes, crumbling non-identifiable bone)«.[24] Auch an den deutschsprachigen Raum gewandt ap-

---

20 | Als deutsches Beispiel Meller/Alt 2010a; 2010b: 7. Angeregt hatten entsprechende Schulungen im Rahmen der *Mitteldeutschen Archäologentage* der Anthropologe und damalige Mainzer Lehrstuhlinhaber K. W. Alt und der Landesarchäologe Harald Meller.

21 | Vgl. z. B. Brandt et al. 2010: 17; Pickrell/Reich 2014: 384; Matisoo-Smith/Horsburgh 2012: 59, wo dies sogar als Zielsetzung des ganzen Buches, einer Einführung in die aDNA für Archäologen, bezeichnet wurde.

22 | Vgl. Eggert 2011a: 259. Bislang hat der Umgang mit solchem Material selten explizit Eingang in die feldarchäologischen Grabungshandbücher gefunden. Dies gilt sowohl für die deutsch- als auch für die englischsprachigen Manuals. Vgl. so z. B. Collis 2002; Carmichael et al. 2003; Drewett 2011; allerdings mit Literaturhinweisen auf anthropologische und archäometrische Titel, die über den Stand der aDNA-Verfahren (und der Isotopengeochemie u. a. Verfahren) berichteten, Gersbach/Hahn/Schaich 1998: 172, 175 f.; mit dem frühen Hinweis darauf, dass eine neue Methode im Kommen sei, Purdy 1996: 111.

23 | Vgl. als Beispiel Brandt et al. 2010: 16.

24 | Campana/Bower/Crabtree 2013: 31 f.

pellierten aDNA-Forscher an das Selbstbild des selbstständig und reflektiert handelnden Wissenschaftlers, anstatt strikt Regeln aufzustellen, die dann gehorsam befolgt werden sollten. Dabei wurden die praktischen Probleme des (feld-)archäologischen Alltags zunehmend anerkannt:[25] So sind oft keine De-novo-Ausgrabungen möglich. Meist muss auf Sammlungen zurückgegriffen werden, deren Lagerungsbedingungen für den DNA-Erhalt und die Authentifizierung nicht ideal, oder sogar auf Altfunde, die oft nicht gut dokumentiert sind. Selbst neue Grabungen erlaubten in der Praxis nicht immer die »optimale Bergungsstrategie«[26], so Joachim Burger und Ruth Bollongino von der Arbeitsgruppe Paläogenetik der Universität Mainz 2010 in einer an Anthropologen und Archäologen vor Ort gerichteten Information. Der Mainzer Kriterienkatalog sei deshalb nach einem Stufenmodell aufgebaut,[27] das der jeweiligen Situation angepasst werden könne, wobei die meisten Antikontaminationsregeln erst im Labor nötig würden.[28] Die Partnerinnen und Partner sprachen sie als kompetente Forschende an, die ad hoc entscheiden sollten, wie sie mit dem Material am besten verfuhren:

»Abgesehen von den hier vorgestellten Richtlinien, die überschaubar und einfach gehalten sind, ist es wichtig, dass die möglichen Kontaminationsquellen dem Ausgräber, Kurator oder Studenten auch theoretisch bewusst sind, so dass er neue Situationen und Ausnahmen vom beschriebenen Schema kompetent selbst einzuschätzen in der Lage ist und entsprechend darauf reagieren kann.«[29]

Zudem sollten die Partnerwissenschaften Vertrauen in die Laborwissenschaften entwickeln, die immerhin Funde zerstörten. Ohne Fundverluste gehe es bei

25 | Vgl. z.B. Cemper-Kiesslich/Neuhuber/Schwarz 2010: 33, mit einem Leitfaden, der auf Hummel 2003 basierte. Vgl. auch die Einführung für Archäologen bei Matisoo-Smith/Horsburgh 2012: 71.

26 | Burger/Bollongino 2010: 77.

27 | »Zweifellos wird die tatsächliche Situation im Feld oder Archiv/Museum eine optimale Bergung nicht in jedem Fall zulassen. Für den Palaeogenetiker ist es jedoch wichtig die Bergungs- und Archivierungshistorie der Funde so gut wie möglich zu kennen. In diesem Sinne und als Zusammenfassung der obigen Regeln werden hier drei ›Bergungsstufen‹ unterschieden, nach denen Funde entnommen werden können.« Ebd: 77.

28 | Ebd.: 72.

29 | Ebd. Ganz ähnlich Taylor/Mays/Hugget 2010: 750: »We applaud attempts to enhance laboratory protocols in ancient DNA but observe that successful formulations of protocols for such work are likely to arise through collaboration with those actively involved in the practical aspect of such work. Guidelines should be suggestive and not replace thought, as different sub areas of aDNA study may require different approaches or provide additional opportunities for validation.«

den invasiven Verfahren nicht, aber die Funde würden ja nicht mutwillig oder sinnlos zerstört, sondern im Dienst einer wissenschaftlichen Fragestellung, so Rouven Turck auf einer entsprechenden Fachveranstaltung von Archäologen:

»Die Zahnentnahme ist in der Tat der Moment, wo ich dann auch, obwohl ich jetzt irgendwie 150 Zähne entnommen habe, immer noch feuchte Hände kriege, weil dabei kann man, muss man ganz ehrlich sagen, auch mal was kaputt machen. Das kann man mit so und so viel Erfahrung unter Umständen nicht verhindern, aber ich habe Ihnen gerade gesagt, dass ich jetzt 150 Zähne mindestens entnommen habe. Ich glaube, zwei oder drei davon habe ich kaputt gemacht und das ist schon eine ganz gute Quote.«[30]

Sind die Funde im Labor angekommen, soll eine Vielzahl weiterer Sicherheits- und Sauberkeitsmaßnahmen greifen. Heutige aDNA-Labore sind nach den entsprechenden Katalogen eigens ausgestattete Spezialeinrichtungen.[31] Sie unterscheiden sich von einem herkömmlichen humangenetischen oder kriminaltechnischen DNA-Labor unter anderem darin, dass Verunreinigungen durch Carry-Over, d. h. den Übertrag von PCR-Produkten auf andere Proben, strikt vermieden werden. Die Prä-PCR- und Post-PCR-Bereiche wurden physisch streng getrennt, denn keinesfalls dürfen Präparate vor der PCR und PCR-Produkte anderer Experimente, d. h. die amplifizierten Fragemente, miteinander in Kontakt kommen. Der Übertrag von Spuren über die Kleidung von Personal, Instrumente, Möbel, Staub oder Chemikalien muss unbedingt vermieden werden.[32]

Alle Bewegungen des Personals und Arbeitsvorgänge wurden reguliert. Ihre Alltagsroutine im alten Mainzer Spurenlabor beschrieben die Mainzer Forscher 2004 unter anderem so:

30 | Turck 2013. Turck bezog sich hier allerdings auf die Entnahme von Proben für Isotopenanalysen. Das Problem ist aber das Gleiche.

31 | Das neue aDNA-Labor der Universität Mainz wurde 2013 eingerichtet, das aDNA-Labor des ArchaeoBioCenters der LMU München 2012. Vgl. Wagenknecht 2013: 2; Wiechmann et al. 2012: 233.

32 | Vgl. z. B. aus Göttingen Schmidt/Hummel/Herrmann 1995: 430 f.; Hummel 2003: 271-277; eine Anleitung für den Aufbau eines aDNA-Labors bei Fulton 2012: 4-9; zum Labor der LMU München Wiechmann et al. 2012. Auf dieser Erfahrung bauten die Göttinger Hygiene- und Reinigungsprotokolle auf. Vgl. zu deren Anwendung z. B. Fehren-Schmitz et al. 2010: 269. Vgl. dazu den virtuellen Rundgang durch das DNA-Spurenlabor Universität Mainz 2014. Ich danke in diesem Zusammenhang Farnaz Broushaki für die Einführung in die vielfältigen Hygienemaßnahmen und Dekontaminierungsschritte während einer Hospitation im DNA-Spurenlabor der Universität Mainz im März 2014.

»In das Mainzer Spurenlabor für alte DNA [...] darf nur, wer am Morgen geduscht und die Haare gewaschen hat. Zudem muss die Kleidung frisch gewaschen sein. Schuhe, Mantel und Tasche und danach auch noch die frisch gewaschene Kleidung werden vor dem Labor in zwei Schleusen abgelegt. Erst dann wird die Schutzkleidung über den ganzen Körper gestreift und das Gesicht mit Mundschutz und Schild verdeckt. Nun beginnt der mühsame Prozess der Probenbearbeitung, der immer wieder durch langwierige Putzetappen und stundenlanges Bestrahlen von Proben, Reagenzien und Werkzeug unterbrochen wird. Selbst das Putzwasser wird mithilfe einer wasserdichten UV-Röhre dekontaminiert.«[33]

Ein Besuch im Mainzer DNA-Spurenlabor im März 2014, dem damals modernsten deutschen aDNA-Labor, offenbarte die großen Mengen an Zeit, Einwegmaterial und Laborchemikalien, die Kosten der eingesetzten Maschinerie und der Chemikalien sowie die hohe Zahl der Tests und Sicherheitsüberprüfungen, die laufend nötig ware. Im Umgang mit hochgradig degradierter DNA ging nichts ›einfach mal schnell‹. Alle Einzelschritte mussten genau terminiert werden und beinhalteten viele Leer- und Wartezeiten. Minutiöse Laborprotokolle einzuhalten, erforderte Zeit, Geduld und Organisationsfähigkeit.

Die eigentliche Arbeitszeit in den Laboren wurde durch oft ebenso lange Reinigungsarbeiten vor und nach der Arbeit und turnusmäßige Putztage ergänzt. Geräte konnten relativ effektiv gereinigt werden, bei gelieferten Einmalartikeln wie Handschuhen oder Papier war das schwieriger. Chemikalien waren nur ausnahmsweise vollständig dekontaminierbar. Kommerziell erhältliche Produkte mussten deshalb immer wieder auf ihre Sauberkeit hin überprüft werden.[34] »Bleach is the aDNA researcher's best friend – it destroys DNA and can be liberally applied to all lab surfaces, removing a potential source of contamination.«[35]

Aufgrund der Protokolle und Kontrollregimes wurden die Mitarbeiter und Mitarbeiterinnen seriöser aDNA-Labore einem völlig regulierten Ablauf unterworfen.[36] Das Labor zeigt sich in diesem Aspekt, wie sein lateinischer Wortursprung signalisiert, besonders deutlich als Ort von Arbeit. Hier ist die Herstellung der Quelle, das Doing aDNA, besonders augenscheinlich. Das Ergebnis dieses Doing ist eine von Menschen gemachte Überlieferungsspur.

33 | Burger et al. 2004: 51.

34 | Vgl. ders. 2007: 287 f.

35 | Matisoo-Smith/Horsburgh 2012: 64. Vgl. als Beispiele Dissing/Kristinsdottir/Friis 2008: 1446, 1451; Eshleman/Malhi 2000; Willerslev/Cooper 2005: 6. Die nötigen Chemikalien sind kommerziell erhältlich. Die Firma AppliChem GmbH bietet sie z. B. unter dem Namen DNA-ExitusPlus an.

36 | Vgl. z. B. Wiechmann et al. 2012: 234 f.

Auf den ersten Blick wirken die Laborroutinen, als ob Menschen, Technik und Architektur dem Material und seinen Bedürfnissen oder Besonderheiten angepasst würden. Doch lässt sich dies auch umkehren: Das Labor, seine technische Ausstattung und die dort arbeitenden Personen bilden zusammen die Situation, der das Material angepasst und in der es dann aktiv bearbeitet wird, bis es aus diesem Prozess als Quelle hervorgeht. Ausgrabung, Lager, Labor und später der Rechner sind der Kontext, in dem Menschen Quellen schaffen und zum Sprechen bringen.

Was passiert im Labor? Zunächst werden die Oberflächen der Funde kontrolliert abgetragen, mögliche Verunreinigungen physisch oder mit Bleiche entfernt, das Material mit UV-Licht bestrahlt und mit erwerblichen DNA-Killern behandelt. Wie viel exogene DNA dabei entfernt wurde, lässt sich erstens schwer einschätzen, und zweitens greift das Reinigen oft auch die endogene DNA an. Die praktizierten Verfahren beruhten zum Teil auf systematischen Versuchen, zum Teil auf Erfahrungswissen. Seit Längerem wurde aber kontrovers diskutiert, ob eine nachträgliche Dekontamination überhaupt prinzipiell möglich ist.[37] Aus den gereinigten Funden werden dann Proben entnommen. Handelt es sich um Knochen oder Zähne, müssen diese pulverisiert und dann ihre mineralischen Teile aufgelöst werden, um die DNA zu isolieren. Diese wird chemisch von den anderen Bestandteilen der Zelle getrennt. Zentrifugen reinigen und konzentrieren die extrahierte DNA.[38] Das DNA-Extrakt ist dann für die Amplifikation mithilfe der PCR bereit. Die NGS-Verfahren haben andere Arbeitsschritte, doch bei der PCR, die das Feld jahrelang prägte, wurden dann Primer (Startermoleküle) gewählt, die an dem für die Fragestellung relevanten Ort auf dem DNA-Strang hybridisierten.[39] In beiden Fällen sind oft hohe Zyklenzahlen und sehr sensitive Protokolle nötig, da die Ausgangszahl der Mole-

---

37 | Vgl. kritisch z. B. Gilbert/Rudbeck et al. 2005: u. a. 786, 792; Gilbert et al. 2006: 162; im Review Willerslev/Cooper 2005: 11; Fulton 2012: 8 f.; Shapiro/Gilbert/Barnes 2008: 233.

38 | Die gängigsten Methoden sind die Phenol-Chloroform-Extraktion und die silikabasierte Extraktion. Vgl. z. B. Hagelberg/Clegg 1991; Cone/Fairfax 1993; Richards et al. 1993: 24 f.; Pusch/Scholz 1997: 61 ff.; Hummel et al. 1997: 32 f.; Faerman et al. 1998: 862; Lassen 2000: 4; Kemp/Monroe/Smith 2006: 1681, mit einer Zusammenschau verschiedener Verfahren; Barnett/Larson 2012: 14-19; Rohland 2012: 23 ff.; Fernández et al. 2013: 668; Kemp et al. 2014: 374.

39 | Tatsächlich reduzieren aber Inhibitoren, die z. B. aus dem Boden des Liegemilieus kommen können, die Erfolgsraten. Vgl. Kemp/Monroe/Smith 2006: 1680. Beim jüngeren Verfahren der Multiplex-PCR werden gleichzeitig mehrere Primer eingesetzt und damit mehrere Loci zugleich amplifiziert. Vgl. Stiller/Fulton 2012: 133 f.; ein früheres Verfahren stammt aus einer italienischen Kooperation von Humangenetikern und Anthropologen, Palmirotta et al. 1997; ein ähnliches wurde in Göttingen entwickelt: Hum-

küle in der Regel gering und ihr Zustand schlecht ist. Die Vielzahl der Zyklen lässt aber das Risiko wachsen, dass exogene DNA mit amplifiziert wird, die im Ergebnis die authentischen Moleküle überlagert.

Um solche Fälle erkennen zu können, werden unter anderem diverse Positiv- und Negativkontrollen vorgenommen.[40] Ein anderer Weg, um zwischen Kontamination und authentischen Molekülen zu unterscheiden,[41] besteht darin, den Grad der DNA-Schäden und die Art der Degradierung vorab zu bestimmen: Exogene moderne DNA sollte andere Muster aufweisen als endogene ›alte‹ DNA.[42] Bestimmte Schäden an der DNA, die bei der PCR die sogenannten Miscoding Lesions und die Polymerase Misincorporations, also den Einbau falscher Basen bei der Vervielfältigung, auslösen, treten nicht zufällig, sondern in Abhängigkeit von bestimmten Umwelteinflüssen auf. Diese Anfälligkeit für Beschädigungen wurde statistisch modelliert, sodass sich die Schadensmuster zur Unterscheidung zwischen endogener DNA und Kontaminationen nutzen lassen.[43] Die für aDNA typischen Schäden sind somit sowohl eines der großen methodischen Probleme der aDNA-Forschung als auch ein Instrument, das Authentifizierungsproblem anzugehen. Nicht halten ließ sich diese Hoffnung im

mel et al. 1999, Schultes/Hummel/Herrmann 1999 und Schmidt/Hummel/Herrmann 2003.

40 | Vgl. früh Pääbo 1991: 108; dazu Willerslev/Cooper 2005: 7, Hummel 2003: Kapitel 6. Positivkontrollen sind Tests mit Proben bekannten Genotyps und diagenetischen Profils aus demselben Fundzusammenhang, die das Funktionieren des Verfahrens sicherstellen. Negativkontrollen werden mit einer Probe ohne nachweisbare Zielsubstanz ausgeführt, um zu testen, ob das Verfahren kontaminiert ist. Diese Probe darf nach Abschluss der PCR-Zyklen keine DNA enthalten. Zudem werden Vergleichsproben von Personen genommen, die als Verunreiniger in Frage kommen.

41 | Vgl. als Beispiele aus diesem Subfeld der Methodenforschung der 2000er Jahre Gilbert et al. 2003: 38 f.; Sampietro et al. 2006: 1801 f., 1805 f.; Malmström et al. 2007: 998, 1002 f.

42 | Vgl. Briggs et al. 2007: 14620-14621; dazu kritisch Adler et al. 2011: 962, sowie Sampietro et al. 2006: 1806.

43 | Vgl. zum Problem und den statistischen Modellierungen resümierend Axelsson et al. 2008: 2186; Hansen et al. 2001: 262 ff.; zum Nachweis solcher Schäden Höss et al. 1996: 1304 ff.; zur Vermeidung von PCR-Artefakten wegen DNA-Schäden Hofreiter/Jaenicke-Després et al. 2001: 4797 ff.; zur Abhängigkeit der Schäden von bestimmten Umwelteinflüssen vgl. Banerjee/Brown 2004: 63; zum Anfall bestimmter Schäden an bestimmten Stellen der Sequenzen vgl. das Projekt Gilbert/Shapiro et al. 2005: 1057 f.; zur Nutzung der Schadensmuster zur Authentizitätsprüfung z. B. bei Krause/Fu et al. 2010 und Rudbeck/Gilbert/Willerslev 2005: 427; Kirsanow/Burger 2012: 127; Experteninterview Krause/Haak 2016; Weiß et al. 2015: e10005; Knapp/Lalueza-Fox/Hofreiter 2015: o. S.

Fall der Fragmentlängen: Während Längen über 200 bis 300 Basenpaare lange und bis auf wenige Einzelfälle mit außerordentlichen Erhaltungsbedingungen als Indiz für ein PCR-Artefakt angesehen wurden, lassen sich kurze Längen umgekehrt nicht als Authentifizierungskriterium nutzen, wie dies anfangs teils erwartet worden war.[44]

Das auf diesen Wegen kontrollierte PCR-Produkt gelangt dann über verschiedene Vorbereitungsschritte zur Sequenzierung. Wenn das Untersuchungsdesign anschließend zum Beispiel die Sequenzpolymorphismen betrifft, werden Basenabfolgen bestimmt. Verlangt die Fragestellung die Bestimmung von Längenpolymorphismen, werden die Molekülfragmente getrennt und ihre Längen gemessen.[45] Am Rechner werden die Sequenzen zusammengesetzt. Dieser Schritt gehört bereits zur Datenverarbeitung und -interpretation, die außerhalb des Labors stattfinden.

Sobald Sequenzen vorliegen, folgt ein weiterer Authentifizierungsschritt: Geprüft wird, ob diese unter phylogenetischen Aspekten sinnvoll sind: Es sei inzwischen »one of the classic methods of authentification«[46] in der aDNA-Forschung, sich zu fragen, ob sich eine generierte DNA-Sequenz phylogenetisch einordnen lasse, wenn man sie mit bekannten Sequenzen vergleiche, so Elisabeth Matisoo-Smith und K. Ann Horsburgh in ihrer Einführung 2012.

Das entspricht einigen der Forderungen nach einem stärker kognitiven statt kontrollorientierten Zugang, welche die Evolutionsbiologen M. Thomas P. Gilbert und Michael Hofreiter, der Statistiker Hans-Jürgen Bandelt und der Paläobiologe Ian Barnes in einer Grundsatzkritik 2005 erhoben: »a cognitive approach to ancient DNA«[47]:

44 | Vgl. systematisch dazu Handt/Höss et al. 1994; DeSalle 1994; Krings et al. 1997; Knapp/Lalueza-Fox/Hofreiter 2015: o. S.

45 | Hierfür existieren u. a. Tests, die voraussagen sollen, in welchem Erhaltungszustand die alten Moleküle vermutlich sind und u. a. welche Fragmentlängen zu erwarten sind, bevor überhaupt eine Probe entnommen wird. Dadurch sollen falsch positive Ergebnisse verhindert werden. Vgl. zu dieser Methode Willerslev/Cooper 2005; einführend und zusammenfassend Kirsanow/Burger 2012: 126 f.

46 | Vgl. Matisoo-Smith/Horsburgh 2012: 71.

47 | Gilbert/Bandelt et al. 2005: 542 »Suggested criteria should remain important, and should not be lightly discarded, but we advocate that, in place of planning or assessing studies by using criteria such as checklists, consideration should be given on a case by case basis as to whether the evidence presented is strong enough to satisfy authenticity given the problems. This places a responsibility on authors to self-assess their work in light of the problems of the field, potentially through the categorization of their samples into risk categories.« Ebd.: 542 f.

»Nevertheless, these criteria are not foolproof, and we believe that they have, in practice, replaced the use of thought and prudence when designing and executing ancient DNA studies. We argue here that researchers in this field must take a more cognitive and self-critical approach. Specifically, in place of checking criteria on lists, researchers must explain, in sufficient enough detail to dispel doubt, how the data were obtained, and why they should be believed to be authentic.«[48]

Es ging darum, es bei aller Kriterientreue im Labor danach nicht an Selbstkritik mangeln zu lassen und immer nachzuprüfen, ob die Ergebnisse phylogenetisch plausibel waren. So erklärten zum Beispiel 2001 der Tübinger Humangenetiker Carsten M. Pusch und Coautoren:

»Damit ist gemeint, daß man als Experimentator stets nur dann Daten als authentisch akzeptieren darf, wenn sie ›in sich‹ plausibel sind. Für das spezielle Feld der aDNA-Forschung bedeutet das, daß sie im phylogenetischen Sinn nachvollziehbar sein müssen«.[49]

Plausibilität avancierte insbesondere in der Populationsgenetik zum Kernkonzept, so Joachim Burger 2006:

»Da die DNA-Kontaminationen vor allem diffusen und multiplen Ursprungs sind, sind sie nicht völlig auszuschalten. Es bleibt also bei jedem Nachweis alter DNA im Einzelnen zu klären, ob er als authentisch anzusehen ist. Ein Beweis im wissenschaftlichen Sinn kann für Einzelsequenzen nur dann geführt werden, wenn sie – wie etwa die Neandertalersequenzen […] – außerhalb der Variationsbreite heutiger Menschen liegen. Wenn also keine Beweisführung möglich ist, so sollte doch zumindest die Plausibilität einer Sequenz im Einzelnen begründet werden können.«[50]

Die für moderne Populationen zu erwartenden Sequenzverteilungen derart heranzuziehen, um die Plausibilität historischer Verteilungen zu prüfen, barg allerdings ebenfalls erkenntnistheoretische Probleme.[51] Ein unerwartetes Ergebnis könnte fälschlicherweise einer Kontamination zugeschrieben und damit die Analyse für gescheitert erklärt werden,[52] obwohl auch eine historische Ursache oder ein genetisches Ereignis, zum Beispiel Bottleneck oder Found-

48 | Ebd.: 541.

49 | Pusch/Borghammer/Czarnetzki 2001: 130. Vgl. zuvor ähnlich Pusch/Scholz 1999: 370.

50 | Burger 2006: 55. Vgl. ähnlich Lalueza-Fox 2003: 166; Fulton 2012: 6; so auch schon Stoneking 1995: 1260; an einem Beispiel Dudar/Waye/Saunders 2003: 236.

51 | Vgl. Richards/Sykes/Hedges 1995: 298.

52 | Vgl. hinsichtlich der Neandertalerfrage Excoffier 2006: r652.

er Effect, dahinterstecken könnten. Dieser Möglichkeit würde man dann nicht nachgehen und so eine Erklärungschance verpassen. Das Konzept Plausibilität als Ersatz für oder Zusatz zu Authentizität brachte also eigene Herausforderungen mit sich.

Zudem müsse auch umgekehrt gefragt werden, so M. Thomas P. Gilbert und Kollegen, ob problematisch erscheinende Daten das Gesamtergebnis der Studie überhaupt berührten: »Even if I believe that the data might be slightly inaccurate, does this alter the final conclusion for the research?«[53]

Im Fall der frühen Neandertalerstudien wie etwa der Arbeit von Matthias Krings et al.[54] habe es wohl ein paar »damage induced errors«[55] gegeben, also Irrtümer aufgrund von DNA-Schäden, so Gilbert und Kollegen 2005. Hier dürfe man aber tolerant sein, denn diese beeinträchtigten nicht die Schlussfolgerung, dass sich die mtDNA von Neandertalern von der mtDNA Anatomisch Moderner Menschen stellenweise unterscheide. Wer jedoch populationsinterne Entwicklungen bei den Neandertalern untersuchen solle, müsse diese »uncertainty«[56] stärker berücksichtigen. Das bedeutete wiederum, dass es auf die Fragestellung ankam, ob und welcher methodische Fehler oder Irrtum negative Auswirkungen hatte.

Intellektuelle Redlichkeit, Mut zur Selbstkritik und viel Offenheit angesichts der prinzipiellen Grenzen der Authentizitätsregimes forderten 2004 Pääbo, Cooper und Poinar ein: »[E]ven with laborious, painstaking precautions, erroneous results are common. Therefore, the most important prerequisite for successful ancient DNA research is a highly skeptical attitude to one's own work.«[57] Plausibilitätsüberlegungen und einem stärker kognitiven Zugang zum Authentizitätsproblem räumten die aDNA-Forscher in den 2000er Jahren umso mehr Bedeutung ein, je deutlicher wurde, dass alte DNA technisch nicht völlig beherrschbar war. Auf dem von Rückschlägen und Methodenstudien geprägten Slope of Enlightenment setzte sich die Überzeugung fest, dass aDNA-Forschung per se immer etwas ungewiss sein würde: Es brauchte die Kontrollstrategien, die Kriterienkataloge und zugleich aber auch diejenigen, die die Grenzen dieser Strategien aufzeigten und verdeutlichten, was diese Form von Problemzugang vermochte und was nicht.

---

53 | Gilbert/Bandelt et al. 2005: 541.

54 | Gemeint war v. a. die erste Veröffentlichung von Krings et al. 1997 bzw. die auf Deutsch eingereichte Dissertation Krings 1998.

55 | Diese Ansicht teilten auch Banerjee/Brown 2004: 63.

56 | Gilbert/Bandelt et al. 2005: 543. Dies problematisierte bereits Nordborg 1998: 1237 f.

57 | Pääbo et al. 2004: 670.

M. Thomas P. Gilbert führte dazu aus: »[The criteria, d. Verf.] can both hinder the publication of good studies that do not adhere to all the criteria, and also enable the publication of erroneous results that adhere strictly to them«.[58]

Die strikten Kontrollregimes waren zudem vor allem ein Phänomen der frühen 2000er Jahre und wurden im Lauf dieses Jahrzehnts einerseits häufiger befolgt, andererseits aber auch von immer mehr Forschenden mit methodischen und erkenntnistheoretischen Gründen relativiert. Hier lässt sich also ein gewisser Wandel in Denken und Forschungspraxis ausmachen.

Eigentlich, klagte der Tübinger Evolutions- und Paläogenetiker Carsten M. Pusch mit Kollegen 2001, hätten die Kontrollregimes schon am Anfang »jeder neuaufgehenden Forschungsrichtung« stehen müssen. Da alte DNA immer »problematisches Arbeitsmaterial bleiben und in Einzelaspekten immer Fragen offenlassen« werde, sei jetzt aber das oberste Gebot, »gesichert[e], d.h. authentisch[e] Daten« zu generieren.[59] In dieser Aussage klang die für die kontrollorientierten Strategien noch charakteristische Vorstellung an, dass es grundsätzlich so etwas wie sichere Daten in der aDNA-Forschung geben könnte, wenn man nur genug Wissen über die Probleme generierte und sich dann peinlich genau an Sicherheits- und Reinheitsregeln hielt.[60] Die Kataloge waren aufgrund dieser Denkweise mit großen Hoffnungen verbunden gewesen. Oliva Handt, Matthias Höss und Matthias Krings, Doktoranden an der LMU München beispielsweise, die von Svante Pääbo mit umfangreichen, langwierigen und auch frustrierenden Methodenexperimenten betraut worden waren, hatten 1994, also eher am Anfang der Entwicklung, eine Liste ihrer Maßnahmen vorgelegt, mit der sie Kontaminationen zu verhindern, zu reduzieren oder erkennbar zu machen hofften. Sie hatten auch einen Vorschlag unterbreitet, wie ein aDNA-Labor zu organisieren sei, und sich zuversichtlich gegeben, dass sich damit solide aDNA-Forschung betreiben ließ:

»Above, we have focused on the methodological horrors that plague everyone who works in this field. However, provided that we are all aware of the pitfalls and problems that may cause even the most cautious worker to regard a sequence as genuinely antique when it is in fact a novel or especially insidious form of contamination, we believe that it is possible to use ancient DNA to add to our knowledge of the history of our own species as well as of other parts of the biota. This is feasible when we not only adhere meticulously to criteria and controls to detect contamination as outlined above but also attempt to design projects in a way that maximizes the possibility of verifying a result by its reproduction in the same laboratory as well as in other laboratories. [...] By these

58 | Nicholls 2005: e56.

59 | Pusch/Borghammer/Czarnetzki 2001: 132.

60 | Vgl. ähnlich auch Drancourt/Raoult 2005: 28; Ingham/Roberts 2008: 602.

means our results may not end up being irreproducible and anecdotal in character but may contribute to our understanding of the history of life.«[61]

Vorschläge derart akribischer Vorgehensweisen irritierten zwar manche, aber das schwierige Material der aDNA-Forschung verlange nach diesem Aufwand, argumentierte 1995 der Genetiker Mark Stoneking vor allem hinsichtlich der Forderung nach unabhängigen Reproduktionen.

»This may seem like overkill to the uninitiated, but the ancient DNA community tends to be a rather suspicious lot and likes to see some evidence that people are paying attention to the concerns that have been raised about avoiding contamination and authenticating results. [...] Most laboratories engaged in human genetic studies would bristle at the suggestion that such independent verification should be a prerequisite for publication, yet this very idea has been raised in the ancient DNA community.«[62]

Am Umgang mit der unabhängigen Reproduktion lässt sich hier schon ein gewisser Wandel im Denken ausmachen. Die unabhängige Überprüfung zählt zu den wichtigsten Qualitätskriterien der Laborwissenschaften überhaupt. »Reproducibility must remain the essential criterion for ancient DNA sequences«,[63] hatten Richards, Sykes und Hedges 1995 gefordert, und Gisela Grupe bekräftigte 2013 im Expertinneninterview: »[W]enn ein Experiment nicht reproduzierbar ist, dann taugt es auch nichts.«[64]

Im Lauf vor allem der 2000er Jahre etablierte die aDNA-Community die unabhängige Reproduktion als selbstverständliche Kontrolltechnik. Auskunft darüber gaben die Methodenteile vieler Studien.[65] Als Voraussetzung galt aber, dass sie in einem anderen Labor durchgeführt wurde. Dies hatten Protagonis-

61 | Handt/Höss et al. 1994: 528.

62 | Stoneking 1995: 1260.

63 | Richards/Sykes/Hedges 1995: 297.

64 | Expertinneninterview Grupe 2013.

65 | So nachzulesen z. B. bei Krings et al. 1997, nicht aber die Studie zur HVR2 des selben Individuums, weil zu wenig Probenmaterial dieses sehr wertvollen Fundes zur Verfügung stand, vgl. ders. et al. 1999: 5582; weitere Beispiele für das Routinisieren unabhängiger Reproduktionen Leonard/Wayne/Cooper 2000; Greenwood et al. 2000; Burger 2000b; Cooper et al. 2001: 706; Endicott et al. 2003: 180; Bunce et al. 2003: 174; Nuorala 2004: 57; Gilbert et al. 2004: 342 f.; Rudbeck/Gilbert/Willerslev 2005: 426; Fernández et al. 2006: 15378; Larson et al. 2007: 15279; Murphy et al. 2009: 2032; Campana et al. 2012: 194.

ten wie Hendrik N. Poinar, Alan Cooper, Martin B. Richards, Eske Willerslev und Carles Lalueza-Fox zum ausschlaggebenden Kriterium erklärt:[66]

»The independent replication of results by another laboratory is currently the strongest argument against laboratory-based contamination (whether from tools, reagents, researchers or PCR products) because it is highly unlikely that the same erroneous sequence will be independently obtained twice. The routine independent replication of results also maintains the highest standards of experimental practice in participating laboratories, and this psychological factor should not be undervalued in such contamination-prone research.«[67]

Das Argument lautete, dass bei der Reproduktion im eigenen Labor Kontaminationen durch Personal, Utensilien, Chemikalien oder andere PCR-Produkte nicht auffallen würden, sondern im besten Fall lediglich die ›Altkontaminationen‹.[68] In der Praxis jedoch erwies es sich in der Folge immer wieder als schwierig, dieses Authentifizierungskriterium zu erfüllen: Beim Transport der Proben in andere Labore drohten neue Kontaminationen. Zudem waren meist nur kleine Materialmengen verfügbar – oft blieb nach dem Experiment nichts für eine Reproduktion übrig. Die ursprüngliche Forderung sei also realitätsfern, kritisierte deshalb 2008 ein Team aus Manchester um Terence A. und Keri A. Brown in sarkastischem Ton. Wer überwiegend mit dem meist in großer Menge in Grabungen und Sammlungen vorhandenen tierischen Material arbeitete, habe keine Erfahrung damit, wie klein die Proben seien, mit denen zurechtkommen müsse, wer sich für menschliche DNA interessiere. Bei wenigen Gramm schweren, wertvollen Proben seien Reproduktionen in anderen Laboren oder mehrfache Wiederholungen von Experimenten, wie das bei den Tierstudien praktiziert und deshalb für alle gefordert werde,[69] meist unmöglich:

»Validation of aDNA research has been discussed extensively in the literature, with the ›criteria of authenticity‹ proposed by Poinar and Cooper (2000) considered by many to

66 | Vgl. Lalueza-Fox 1999: 46; Cooper/Poinar 2000; Lalueza-Fox 2003: 166 f.; Willerslev/Cooper 2005: 6 f.; zuvor auch Handt/Höss et al. 1994: 528; beschränkt auf die Reproduzierbarkeit im eigenen Labor vgl. Edwards et al. 2004: 697; die Studien am Münchener Labor Harbeck 2012: 199; im Handbuch Hummel 2003: 150, sowie Matisoo-Smith/Horsburgh 2012: 70.

67 | Willerslev/Cooper 2005: 7.

68 | Vgl. Richards/Sykes/Hedges 1995: 298; Savoré/Waye et al. 2000.

69 | Vgl. als Beispiel die Wiederholungen der Experimente im eigenen Labor bei der populationsgenetischen Rinderstudie von Edwards et al. (2004). Die Autoren erhoben die Reproduktion von Ergebnissen im eigenen Labor auch zu ihrem wichtigsten Authentizitätskriterium, vgl. ebd. 697.

be the gold standard against which such work should be judged. These criteria were, however, proposed by researchers more familiar with animal rather than human aDNA, and they fail to take account of the realities of biomolecular archaeology, in particular the problems posed by the limited amount of material that is usually available for study.«[70]

Authentizitätskriterienkataloge seien nur vernünftig, wenn mit »kilograms of animal fossils«[71] gearbeitet werde – in der Tat waren Tierknochen in vielen Siedlungsgrabungen in sehr großer Anzahl vorhanden.[72]

Die Chance, alte Verunreinigungen zu entdecken, die zum Beispiel während der Grabung entstanden waren, stieg ebenfalls nicht durch die Reproduktion des Experiments in einem anderen Labor:[73] »The rigorous demand that these requirements be met when human remains are being studied is counterproductive as it means that even when genuine aDNA has been recovered from a human specimen it is impossible to authenticate‹ the detection.«[74]

Die Kritik lautete hier also im Wesentlichen, dass ein grundsätzlich für die Laborwissenschaften wichtiges und richtiges Authentifizierungskriterium der Quelle aDNA nicht entspreche, weil diese als Material besondere Charakteristika aufweise. In diesem Fall sei dies ihre geringe Verfügbarkeit. In ähnlicher Absicht protestierte 2005 in einem Interview in PLOS *Biology* der amerikanische Mikrobiologe und Bakteriologe Russell Vreeland gegen seinen Hauptkritiker Alan Cooper. Dieser hatte moniert, Vreeland habe seine Authentifizierungskriterien nicht beachtet und behaupte nun, Millionen Jahre alte Bakterien-DNA extrahiert zu haben, die aber sicher eine Kontamination sei.[75] Vreeland hielt dagegen: »I think you can make your criteria so stringent that you miss reality.«[76] In der Sache erwies sich Coopers Vorsicht als richtig, doch in wissenschaftshistorischer Hinsicht ist das Argument Vreelands interessanter: Wenn die Kriterien zur Qualitätssicherung zu eng seien, passten sie nicht zur Realität des Forschungsalltags.

---

70 | Chilvers et al. 2008: 2712 f.

71 | Ebd.

72 | Mit »abundant animal bones« konnte z. B. diese Domestikationsstudie aufwarten: Fernández et al. 2006: 15378.

73 | Vgl. z. B. Malmström et al. 2007: 998; Gerstenberger 2002: 38. Alicia K. Wilbur und Kollegen zeigten 2009, dass der Versuch einer unabhängigen Reproduktion bei Studien zum Tuberkuloseerreger *Mycobacterium tuberculosis* wenig brachte, weil ohnehin alle Labore zu einem gewissen Grad mit Molekülen des Erregers belastet waren, vgl. Wilbur et al. 2009: 1995; kritisch auch Drancourt/Raoult 2005: 28.

74 | Chilvers et al. 2008: 2712 f.

75 | Vgl. Cooper in Nicholls 2005: e56; Willerslev/Cooper 2005: 12.

76 | Vreeland in Nicholls 2005: e56.

Zwar wurde im Laufe der Jahre die unabhängige Reproduktion des Experiments zur Routine vieler Labore, doch ließ sich auch beobachten, dass eben nicht alle Teams sie automatisch ins Experiment integrierten, sondern sie in der Praxis komplett unterließen oder sich darauf beschränkten, das Experiment im eigenen Labor zu wiederholen.[77]

Ob und wie die in den Kontroll- und Reinheitskatalogen aufgeführten Kriterien und Maßnahmen generell umgesetzt wurden, darüber gaben die Methodenteile der Fachartikel Auskunft.[78] Die Autorenteams machten dazu allerdings sehr unterschiedliche Angaben. Häufig nannten sie grob den Authentifizierungskatalog, auf den sie sich gestützt hatten, oder zählten einzelne Kontrollinstrumente auf. Teils wiesen sie auf selbstständig erweiterte oder modifizierte Kontrollmaßnahmen hin. Im zeitlichen Verlauf stieg, auch wenn diese in der Publikation oft nur knapp erwähnt wurden, die Zahl selbstständig eingebauter neuer und zusätzlicher Dekontaminations- und Kontrollschritte an. Allein anhand der Artikel lässt sich aber nicht beurteilen, ob eine unerwähnte Maßnahme tatsächlich unterlassen oder einfach nur nicht aufgeführt wurde – zum Beispiel, weil sie bereits als selbstverständlich galt, sodass dies nicht mehr nötig erschien.

Die Community fand jedoch Wege, um dies zu herauszufinden. Ein Mittel waren seit den 1990er Jahren Metastudien, in denen eine größere Anzahl von Einzelveröffentlichungen unterschiedlicher Labore untersucht wurde, um zu prüfen, wie strikt sich die Kollegenschaft und die Konkurrenzlabore an die Kriterienkataloge gehalten hatten.[79]

77 | Vgl. dazu Ingham/Roberts 2008: 608; mit einer Statistik der durchgeführten und unterlassenen unabhängigen Reproduktionen Willerslev/Cooper 2005: 5.

78 | Vgl. als Beispiele Vachot/Monnerot 1996: 13 f.; Ivanov et al. 1996: 419; Lassen/Hummel/Herrmann 1996: 30 ff.; Stone/Stoneking 1998: 1154; Faerman et al. 1998: 862 f.; Bramanti et al. 2000: 46 f.; Cunha et al. 2000: 951; Matheson/Loy 2001: 571; Greenwood et al. 2001: 95; Garrelt/Wiechmann 2003: 248 ff.; Nuorala 2004: 57 f.; Gilbert et al. 2004: 342; Wiechmann/Grupe 2005: 49; Fernández et al. 2006: 15378; Elbaum et al. 2006: 80; Bollongino et al. 2006: 156 f.; Hershkovitz et al. 2008: e3426 und Support Material: 1; Bouwman et al. 2008: 2581 ff.; Fernández et al. 2009: 967 f.; Murphy et al. 2009: 2032; Schlumbaum et al. 2010: 1249; Cemper-Kiesslich et al. 2012: 26 f.; Grumbkow et al. 2013: 3771; Economou et al. 2013: 467; Fernández et al. 2013: 661 f.; Loe et al. 2014: 23 ff., Ball 2014: 35-58; Campana/McGovern/Disotell 2014: 705; Abu-Mandil Hassan et al. 2014: 194 f.; Lee et al. 2014: 176; Mendum et al. 2014; Kemp et al. 2014: 375 f.; Müller/Roberts/Brown 2014; Tierney/Bird 2015: 28 f.; Bos et al. 2016: e12994.

79 | Vgl. als Beispiele Lalueza-Fox 2003; Ingham/Roberts 2008; Drancourt/Raoult 2005.

Um beispielsweise das Subfeld der pathologischen und epidemiologischen Anwendungen auf seine Qualitätsstandards hin zu evaluieren und empirisches Wissen über das Authentifizierungsverhalten der Kollegen zu sammeln, analysierten 2008 die britischen Anthropologinnen Sarah Ingham und Charlotte A. Roberts 65 Papers. Sie kamen zu dem Ergebnis, dass in keinem Artikel bisher alle von Poinar und Cooper 2000 aufgestellten Forderungen als erfüllt dargestellt worden seien, und die Qualität seit den 1990er Jahren auch nicht signifikant gestiegen sei:

»Contrary to expectations, most of the 65 papers did not reveal improvements in quality over time, with a distinct absence of an increasing awareness for the need of contamination control and authentication, associated with the provision of a detailed methodology.«[80]

Ingham und Roberts beklagten, dass Warnungen, die schon in den 1990er Jahren ausgesprochen worden waren, nicht ernst genommen worden seien, und die Autoren und Autorinnen nicht detailliert genug erklärten, welche Vorkehrungen sie zum Schutz vor Kontaminationen getroffen und ob sie Prä- und Post-PCR-Bereiche im Labor effektiv räumlich getrennt hatten.[81] Obwohl inzwischen so viele Kriterienkataloge verfügbar seien, müsse die Qualität der Studien noch viel besser kontrolliert werden. Das schließe die Gutachterinnen und Gutachter der Fachzeitschriften mit ein.[82] Einen Aufwärtstrend gebe es nur bei der unabhängigen Reproduktion des Experiments.[83] Vor allem dürfe aber die Leserschaft nicht im Unklaren über die jeweiligen Qualitätsstandards gelassen werden:

»One of the main problems overall, however, was that there was generally poor communication of information to the reader of the published papers. In many instances it was simply impossible to deduce whether or not certain validation criteria had been addressed at all, or whether they hat merely not been described.«[84]

Sind die Evaluationen von Ingham, Roberts und anderen so zu verstehen, dass die Kontrollkultur nur auf dem Papier bestand bzw. sich auf die Wünsche einer besonders kritischen Minderheit beschränkte, während der große Rest der

80 | Ingham/Roberts 2008: 603. Vgl. mit einer ähnlichen Erhebung und ähnlichen Ergebnissen Drancourt/Raoult 2005: 25 f.

81 | Ingham und Roberts verwiesen auf Hummel/Herrmann 1994a: 62.

82 | Zum Misstrauen gegenüber den Redaktionen der A-Journalen rief auch Lalueza-Fox (vgl. 2003: 166) auf.

83 | Vgl. Ingham/Roberts 2008: 605, 608.

84 | Ebd.: 609.

Community sich darum kaum kümmerte?[85] Auf empirischer Basis lässt sich diese Frage schwer beantworten, denn veröffentlichte Artikel sind als Quelle von beschränkter Aussagekraft. Erstens erlangte längst nicht jedes Forschungsprojekt die für eine Veröffentlichung nötige Reife. Studien, die auf methodische Probleme stießen und dies offenlegten, ›schafften‹ es oft nicht in die Journale. Auch deshalb sprachen die Autoren und Autorinnen zweitens in den erschienenen Papers selten offen an, was wirklich misslungen und unklar geblieben war oder nicht hatte authentifiziert werden können. Sie betonte hingegen das, was geglückt war und authentisch oder plausibel erschien.

Über Fehler, Irrtümer und Scheitern schrieb die Community nicht oft ausdrücklich. Eine Ausnahme stellten Artikel über Methodenexperimente dar, deren erklärtes Ziel es war, die Gründe für Misserfolge oder Nichtwissen herauszufinden, oder Troubleshooting-Abschnitte in Hand- und Lehrbüchern.[86] Dies galt im Übrigen nicht allein für die beteiligten Laborwissenschaften, sondern auch für die Archäologien, wie Stefanie Samida im Interview erklärte. Man traue sich selten, offen zu sagen, »›okay, das war jetzt ein kompletter Reinfall mit dem Projekt, so kann es nicht gehen‹, sondern dass man immer natürlich noch versucht, irgendwie das Positive rauszuziehen und das so ein bisschen zu überhöhen vielleicht.«[87]

In den Wissenschaften über Nichtwissen, Unsicherheiten und Uneindeutigkeiten zu schreiben ist grundsätzlich nicht einfach. Diese Phänomene mögen konstitutiv für Wissenschaft sein, positiv besetzt sind sie jedoch nur dann, wenn es um den Ausgangspunkt einer Forschungsagenda geht. Andere Formen und Zeitpunkte von Nichtwissen und Unsicherheit beim Forschen gelten als problematisch.[88] Daher ist das Schreiben über unterlaufene Fehler, Ungewissheiten oder Irrtümer riskant. Zudem gilt ein wissenschaftliches Experiment nur dann als gescheitert, wenn es jemand explizit dazu erklärt hat. Erfolg oder Misserfolg, Gelingen oder Scheitern sind keine ontologischen Entitäten, sondern Urteile, die Wissenschaftler und Wissenschaftlerinnen nach ihren jeweils eigenen Vorstellungen bilden. Es ist zudem zu unterscheiden, ob man etwas intern, beispielsweise innerhalb der Projektgruppe, des eigenen Labors oder Grabungsteams, als gelungen oder misslungen, sicher oder unsicher, ge-

85 | Zu einer Erklärung für die geringe Protokolltreue setzten Taylor, Mays und Huggett an, vgl. Taylor/Mays/Hugget 2010: 748.

86 | Vgl. Bouwman/Brown 2005: 712; Ingham/Roberts 2008: 609; als Beispiel zu den PCR-Inhibitoren Hänni et al. 1995: 651; als Beispiel aus dem Bereich der Handbücher Hummel 2003: 6, über die Wahl falscher STR-Marker, an der frühe Experimente zur Untersuchung genetischer Verwandtschaft scheiterten; vgl. hier auch ein Kapitel zum Trouble-Shooting.

87 | Expertinneninterview Samida 2013.

88 | Vgl. Wehling 2012: 92-95.

wusst oder nicht gewusst beurteilt, oder ob man das nach außen kommuniziert – egal, wer oder wie groß dieses ›Außen‹ ist. Die Folgen für Reputation und Karrieren, Aussichten auf Fördergelder oder Zugang zu weiteren Proben können sehr unterschiedlich sein, je nachdem, wer beurteilt, ob etwas erfolgreich war oder nicht.

Sich nicht zu äußern, war aus Reputationsgründen verständlich, diente aber nicht dem sonst in der Community vertretenen Konzept des Sich-empor-Irrens, um zu wissen. Da die Praxis des gegenseitigen Beobachtens und Mitlesens typisch war für dieses hoch kompetitive Feld, erschlossen sich Kollegenschaft und Konkurrenz viel im Subtext und Flurfunk, zumal sie zu erkennen glaubten, wenn offenbar bewusst etwas nicht explizit erwähnt wurde. Insbesondere Konkurrenzprojekte wurden so akribisch unter die Lupe genommen, dass Fehler oder Lücken sehr schnell auffielen. Gelegentlich mündete die kollegiale Kritik in Comments und Responses, die veröffentlicht wurden.

Darauf konnten Forschende auch außerhalb der Fächergrenzen zurückgreifen. So ist zum Beispiel der Aufruf zum Misstrauen zu verstehen, den die amerikanischen Anthropologinnen Elisabeth Matisoo-Smith und K. Ann Horsburgh in ihrer Einführung in die aDNA-Forschung für Archäologen platzierten. Beim Lesen der Papers sollten diese besonders die Angaben zu Methoden und Labortechnik und die technischen Schritte der Authentizitätsprüfung im Auge behalten. Es sei empfehlenswert, sich genau darüber zu informieren, welche Sicherheitsprotokolle befolgt worden seien, was getan worden sei, um die Quelle zu authentifizieren, und aus welchem Labor die Daten gekommen seien: »If there isn't a discussion of protocols, or if the work is done in a lab that is not specifically designated as a aDNA lab, do not trust the results.«[89]

Natürlich gab es auf dem Slope of Enlightenment Gegenbeispiele, in denen Forscher ganz ausdrücklich mit ihren Fehlern und Problemen an die Fachöffentlichkeit herantraten. Die Molekularbiologin und Paläogenetikerin Abigail Bouwman beispielsweise legte mehrfach offen, dass sie bei den PCR-Kontrollen ihre eigene DNA gefunden und deshalb Proben aus dem Sample ausgeschlossen hatte.[90] Aus den bis zum Ende der 2000er Jahre höchst umstrittenen Versuchen, den Syphiliserreger *Treponema pallidum subsp. pallidum* in archäologischen Funden nachzuweisen,[91] hatte Bouwman geschlossen, dass die Com-

89 | Matisoo-Smith/Horsburgh 2012: 65.

90 | Vgl. Bouwman et al. 2008: 2581; Hanna et al. 2012: 2777; ähnlich in einer Methodenstudie Kemp et al. 2014: 378.

91 | In den 1990er Jahren hatte ein Team um die Genetikerin Connie J. Kolman berichtet, es habe in einem ca. 200 Jahre alten Skelett von den Osterinseln, das an den Schienbeinen morphologische Veränderungen zeigte, die auf Syphilis hindeuten können, den Erreger identifiziert. Dies wurde kritisch aufgenommen, und in der Folgezeit scheiterten andere Teams beim Versuch. Vgl. Kolman et al. 1999: 2060, 2062 f.; Wil-

munity aus ihren Misserfolgen nicht lernen könne, indem jeder nur an seinem eigenen Forschungsdesign bastle oder sich neue Kontrolltechnologien schaffe, seine Ergebnisse und damit auch die Fehler und Misserfolge aber nicht detailliert und selbstkritisch offen lege.[92] Sie plädierte deshalb dafür, dass gerade Scheitern, Irrtümer und Fehler bekannt gemacht werden müssten, damit die Chancen und Grenzen der molekularen Zugänge sichtbar würden und beurteilt werden könne, welche Daten authentisch seien und welche nicht: »Negative results are nonetheless important as they may indicate the limits of biomolecular palaeopathology and hence enable the authenticity of papers reporting unsupported detections to be assessed.«[93]

Über dieses Beispiel hinaus legten einige Autoren und Autorinnen von ausdrücklichen Methodenstudien potentielle Irrtümer oder Fehlern offen und erklärten, was dagegen zu unternehmen sei.[94] Das war in allen diesen Fällen aber Teil des Forschungsanlasses und deshalb positiv belegt. Fehler, Misserfolge und gescheiterte Experimente ließen sich dann positiv auslegen sowie als Stufe des systematischen Empor-Irrens und der Suche nach Methodenwissen interpretieren. In solchen Untersuchungen konnte sogar ein mit hoher Wahrscheinlichkeit fehlerfreies Experiment auf paradoxe Weise das nichtgewünschte Ergebnis sein.

Dies zeigte eine Studie der Molekularbiologen Monica Banerjee und Terence A. Brown aus dem Jahr 2004. Sie hatten einen Experimentablauf entwickelt, um zu testen, ob DNA-Schäden zufällig auftraten oder ob sich spezifische Auslöser identifizieren ließen. Kontaminationen und einen fehlerhaften Experimentaufbau mussten sie ausschließen: »As we have been unable to identify a source of experimental error that can explain our results we are forced to accept that they must be correct.«[95] Beiden wäre es lieber gewesen, wenn sie einen Fehler gemacht hätten, als hinnehmen zu müssen, dass ihr Ergebnis korrekt war: Die Schäden traten nicht zufällig auf. Das Experiment war gelungen, die Hypothese bestätigt. Dies war jedoch unerwünscht, denn es zeigte, dass das Problem der Schäden für die aDNA-Forschung gravierender war als erhofft.

Sehr viel häufiger schlugen sich Wissen über mögliche Fehler oder Ungenauigkeiten und die kollegiale Kritik daran aber nicht in schriftlichen Zeugnissen nieder, sondern verblieben im Mündlichen. Dort entstand und zirkulierte Wissen darüber, wessen Ergebnissen man trauen konnte und welchen Laboren

---

bur/Stone 2012: 705; Bouwman/Brown 2005: 711; Barnes/Thomas 2006: 650; Hunnius et al. 2007: 2098.

92 | Vgl. Bouwman/Brown 2005: 712.

93 | Ebd.

94 | Vgl. Schmerer/Hummel/Herrmann 1997: 200; Brown/O'Donoghue/Brown 1995: 184.

95 | Banerjee/Brown 2004: 63.

man besser mit Vorsicht begegnete. Dieses Wissen war eher als Tacit Knowledge vorhanden, es wurde kaum explizit niedergelegt und verließ das Labor, den Lehrstuhl oder die Kaffeerunde kaum. In den Experteninterviews wurde dennoch beschrieben, dass ›man es halt einfach wisse‹:[96] »[N]a ja, man weiß ja auch, wer seriös ist und wer nicht so seriös ist. [...] [D]as regelt sich von alleine. Also da ist die Scientific Community klein und überschaubar genug, dass man es einfach weiß.«[97]

Ebenso als Tacit Knowledge wurden im Experteninterview Strategien beschrieben, die Arbeitsgruppen wählten, um der Kritik der Konkurrenz zu entkommen, etwa indem sie in medizinischen Journals publizierten, deren Gutachter und Gutachterinnen nicht aus der aDNA-Forschung kamen und mit deren strikten Qualitätskriterien weniger vertraut waren.[98]

Solche Äußerungen verdeutlichen das Quellenproblem wissenschaftshistorischer Betrachtungen: Was intern diskutiert und an Kollegenschaft und Studierende weitergegeben wurde, ist in schriftlichen Quellen kaum dokumentiert. Das macht es schwierig zu untersuchen, wie die Forscher und Forscherinnen in der Praxis das Authentifizierungsproblem behandelten. Mithin ist eine Aussage über den Umgang mit Authentifizierungsproblemen, Kontrollen und Kontrollverlust, Ungewissheit, Fehlern oder Nichtwissen nur eine Aussage darüber, ob und wie dies in schriftlicher Form kommuniziert wurde.

Aufgrund des skizzierten Kommunikationsverhaltens ist es generell schwierig nachzuvollziehen, wie die interne gegenseitige Kontrolle der Community funktionierte. Aus den Interviews geht nur hervor, dass sie aus Sicht der Beteiligten zufriedenstellend verlief. Als förderlich wurde betrachtet, dass die Community klein und in sich stark spezialisiert war.[99] Die Konkurrenzen wurden nicht als lähmend, sondern als anregend für diese Selbstkritik empfunden.[100]

Unbestritten blieb in der aDNA-Community trotz der aufgezeigten Umsetzungsfragen bis in die Gegenwart, dass es Kontrollregimes und Kriterien für die gegenseitige Kritik geben musste, doch wuchs im Lauf der 2000er Jahre auch das Wissen um ihre Grenzen. Immer häufiger war in den Äußerungen der Beteiligten zu lesen, dass Authentizitätskriterien, Ausweichforschungen, die Beschränkung auf bestimmte Untersuchungsfelder und Sicherheitsvorkehrungen das Authentizitätsproblem der Quelle nicht völlig lösen könnten, da es

96 | Man habe gewusst, welches Labor kontaminierte Ergebnisse publiziere, so Experteninterview Krause/Haak 2016; ähnlich Experteninterview Burger 2013.

97 | Expertinneninterview Grupe 2013.

98 | Vgl. Experteninterview Krause/Haak 2016.

99 | Expertinneninterview Grupe 2013.

100 | Vgl. Expertinneninterview Hummel 2013.

einfach charakteristisch für alte DNA sei: »It is difficult, if not impossible to establish the authenticity of DNA sequences obtained from ancient remains.«[101]

Im Gegenteil bärgen die Protokolle und Kontrollstrategien mitunter mehr Risiken als Chancen, weil sie eine falsche Sicherheit suggerierten, lautete ein neues Argument um die Mitte der 2000er Jahre, und führten damit zu mehr Unsicherheit: Der »average reader« – hier blieb unklar, welche fachlichen Qualifikationen dieser mitbringen würde – könne, so M. Thomas P. Gilbert und Kollegen 2005, angesichts des hohen Outputs der aDNA-Forschung, der optimistischen Verkündungen vieler Autorenteams[102] und ihrer Kommunikationsstrategien den Eindruck bekommen, dass die aDNA-Forschung das Authentizitätsproblem mithilfe der Kontroll- und Sicherheitsstrategien in den Griff bekommen habe. Das sei aber nicht der Fall: »Strict adoption to full criteria lists does not guarantee authenticity and can bring a false appearance of authenticity to problematic results.«[103]

Es reiche keineswegs, die Kriterienkataloge wie Checklisten zu behandeln, so auch die amerikanische Evolutionsbiologin Tara L. Fulton 2012 in einer Best-Practice-Anleitung für aDNA-Labore:

»Before discussing the guidelines that have been proposed for aDNA research, it is important to note that following these guidelines as a mere checklist will never guarantee that the sequences produced are authentic to the samples from which they were extracted. The burden is placed upon the researcher to critically analyze the project design, to asses which criteria are pertinent and, more importantly, to determine whether the results obtained from the experiment make sense, both in an evolutionary and experimental context.«[104]

Die Kriterien seien nie als die Checklisten gedacht gewesen, als die einige Labore sie inzwischen benutzen würden. Das Grundproblem sei, dass in den Papers nur noch auf Kriterienkataloge verwiesen werde statt auszudiskutieren, was eine Studie eigentlich verlässlich mache:

»[T]he criteria were intended to assist in determining the authenticity of a study, but they cannot replace a crucial consideration of the problem. In particular, although the

101 | Savoré/Waye et al. 2000; ähnlich später Knapp/Lalueza-Fox/Hofreiter 2015: o. S.

102 | In Gilbert/Bandelt et al. 2005 wurde diesbezüglich explizit Hummel 2003 kritisiert.

103 | Gilbert/Bandelt et al. 2005: 542; ähnlich Willerslev/Cooper 2005: 6; Hagelberg 2012: 106.

104 | Fulton 2012: 4.

criteria were not meant to be used as a finite checklist that would guarantee authenticity, their use has, in practice, developed into exactly that.«[105]

Verschwiegen werde, dass es weiterhin ein generelles Wissensdefizit gebe, was DNA-Erhalt und Kontamination betreffe: »The authenticity and reliability of ancient DNA data arise from a complex interplay of several poorly understood areas of knowledge, principally those of DNA damage and contamination, and, as such, no clear-cut answer exists as to what makes a study reliable.«[106]

Die Lösung dürfe aber, hielt Alan Cooper 2005 in einem Interview den Skeptikern entgegen, nicht sein, die Kataloge wieder aufzugeben oder den Forschenden die Freiheit zu lassen, mit den Kriterien zu verfahren, wie sie wollten. Das werfe das Fach zurück in die 1990er Jahre:

»But allowing authors the freedom to use the criteria as they see fit could come at a cost, says Cooper. ›The trouble with a case-by-case basis is that it basically equates to no standards, because then people will do what they feel like doing and we're back to the 1990 s again [...]‹.«[107]

Andere brachten Selbstkritik und theoretische Fundierung als Komplementärstrategie zu den rigiden Protokollen ins Spiel. Das bedeute gerade nicht, es sich einfach zu machen, meinte ein englisches Team 2008, denn damit gehe die Beweislast vom Katalog auf jeden einzelnen Forscher über: »[I]t places the onus for authentication on the researcher rather than on a set of externally-agreed criteria, it does provide a framework within which archaeological research can progress«.[108]

Der Mainzer Paläogenetiker Joachim Burger forderte 2006 zudem, in jeder Interpretation Kontaminationen und Artefakte als typische Phänomene der aDNA-Arbeit einzubeziehen und dies auch offen zu kommunizieren.[109] Argumente dieser Art waren Anzeichen einer Wissenschaftskultur, in der Nichtwissen bzw. Fehler zu einem gewissen Grad akzeptiert, die theoretischen Grundlagen der Methode überdacht und dies auch, zumindest feldintern, weitergegeben wurde.

Die Kontrollregimes gingen zunehmend mit solchen eher komplexitätsorientierten Zugängen einher, weil in das Feld, das mit alter DNA arbeitete, Laborwissenschaften und theoretische Wissenschaften, Molekular- und Mikrobiolo-

105 | Gilbert/Bandelt et al. 2005: 542.

106 | Ebd.

107 | Nicholls 2005: e56.

108 | Chilvers et al. 2008: 2713.

109 | Vgl. Burger 2006: 56.

gie, Biochemie, Anthropologie, Populationsgenetik, Mathematik, Archäologie und viele mehr ihre je eigenen Nichtwissenskulturen einbrachten.

Anfangs war es erschienen, als ob alte DNA versprach, dass sich Geschichte nun (doch) als Laborwissenschaft betreiben ließ – bzw. war dies so verstanden worden. Wilson und Pääbo hatten 1989 und 1991 davon gesprochen, die Evolution im aDNA-Labor nun auf frischer Tat ertappen zu wollen (»catch evolution red-handed«)[110] und sich quasi vom Labor aus in die Vergangenheit zurückzubegeben. Das Unterfangen hatte sich aber, wie gezeigt, als weitaus schwieriger erwiesen als anfangs erhofft worden war, weil sich trotz aller Zeitreise- und Rekonstruktionsrhetorik[111] Prozesse der Vergangenheit – menschliches Handeln ebenso wie genetische Entwicklungen oder Klimaveränderungen – eben nur zum Teil unter Laborbedingungen erforschen ließen. Sie haben DNA-Spuren als Quelle hinterlassen, aber diese wiederum verweigerte sich manchen laborwissenschaftlichen Praktiken. Susanne Hummel fasste dies 2003 schon in einer Einführung so zusammen: »[T]here can be no guarantee that any protocol presented here describes the optimal way to perform a certain task«.[112] Dennoch war der skizzierte kontrollorientierte Zugang zu Fehlern und Problemen weithin als nötig erachtet worden.

In diesen Strategien zeigte sich der Einfluss der Biochemie, Mikro- und Molekularbiologie im überfachlichen Miteinander. Sie sind experimentell agierende, kontrollorientierte Laborwissenschaften, die Probleme und Fehler bearbeiten, indem sie am Experimentaufbau und Untersuchungsdesign feilen oder nach technischen Fehlern suchen.[113] Irrtümer, Unsicherheit oder verstörende Daten wurden daher primär einem falschen Untersuchungsdesign oder -aufbau bzw. Methodenfehlern angelastet. Kontrollen sollten zu mehr Sicherheit führen. Scheiterte ein Experiment oder lieferte es unerwartete Daten, wurde es so lange veränderte, bis es passte. Susanne Hummel vertrat diese Zugangsweise in ihrem aDNA-Handbuch, in dem sie erklärte, dass an der Quelle, der PCR und insgesamt in der aDNA-Forschung gar nichts »magic« sei, wie mache glaubten, die unerwartete oder irritierende Phänomene als magisch abtäten, weil sie dies für typisch für die aDNA hielten: »Whenever ›magic‹ things happen [...], it regularly turns out that somebody made a mistake, ranging from using the wrong volume in pipetting to forgetting to include one of the reagents or the Taq polymerase to using an incorrect program in the cycler.«[114]

Auch die Anthropologin Gisela Grupe legte diese Denkweise im Interview dar:

110 | Pääbo/Higuchi/Wilson 1989: 9709; Pääbo/Wilson 1991: 45.

111 | Ebd.

112 | Hummel 2003: 225.

113 | Vgl. Wehling 2015: 40 ff.

114 | Hummel 2003: 144.

»Naturwissenschaftler, wir machen Empirie, wir machen das Experiment. Wir haben eine Idee, wir machen das Experiment, es klappt nicht, ohne rot zu werden sagen wir dann, okay, hat die Hypothese nicht gestimmt, müssen wir noch dran basteln. Das kann dann durchaus lange dauern [...]. Wenn was nicht stimmt, dann okay, dann überleg dir, wie du den Versuch anders aufbaust, das ist nicht peinlich, das ist so.«[115]

Die skizzierten systematischen Methodenforschungen führten zu den Kontroll- und Sicherheitsroutinen, zeigten aber auch deutlich deren Grenzen auf. Diesen war nicht allein mit den Strategien der experimentellen Wissenschaften beizukommen. In den alternativen Wegen, welche die aDNA-Community vor allem seit der Mitte der 2000er Jahre entwickelt hat, zeigten sich, so das Angebot zur Einordnung, Züge einer komplexitätsorientierten Nichtwissenskultur im Sinne der Typologie, die Peter Wehling und Stefan Böschen erstellt haben. Sie hatten diese auch in der theoretischen Physik, in der Ökologie und Klimaforschung angetroffen.[116] Hier wurden Probleme und Uneindeutigkeiten nicht primär mit falschem Material, fehlerhafter Gerätebedienung, Schlamperei oder unpassend gewählten Techniken erklärt, sondern Komplexität und Kontingenz vielmehr als charakteristisch akzeptiert. Die Forschenden hinterfragten ihre theoretischen und epistemologischen Grundlagen permanent. Dies konnte mit der Akzeptanz einhergehen, dass fehlendes Wissen oder Nichtwissen nicht zwangsläufig irgendwann in sicheres Wissen münden wird. Nicht auf dem Weg der Methoden und Techniken, sondern auf dem Weg der Theorien seien die Probleme in den Griff zu bekommen, lautete dort der Grundtenor.[117]

Es überrascht nicht, solche Zugänge auch in der aDNA-Forschung zu finden, schließlich arbeiten Populationsgenetik, Evolutionsforschung und biologische Anthropologie nur zum Teil und auch erst seit einigen Jahrzehnten laborwissenschaftlich. Gerade in der Evolutionsforschung und Genetik sind viele Fragen grundsätzlich nicht experimentell, sondern nur theoretisch zugänglich. Vergangene evolutionäre Prozesse lassen sich nicht einfach unter Laborbedingungen herstellen oder wiederholen.

Am Sprechen über alte DNA sowie über ihre Chancen und Grenzen, das Gegenstand des folgenden Kapitels sein wird, lässt sich dies ebenso verdeutlichen, wie am zunehmenden Stellenwert, den statistische Verfahren, Modellierungen und probabilistische Denkweisen in der aDNA-Forschung einnahmen. Zunächst zur Modellierung: »Don't Expect Too Much: We are Just Modeling!« überschrieb der Anthropologe Winfried Henke ein Kapitel seiner Einführung

115 | Expertinneninterview Grupe 2013.

116 | Vgl. Böschen et al. 2008; Wehling 2011: 540.

117 | Vgl. zur Systematik der Nichtwissenskulturen Böschen et al. 2008; mit Beispielen für eine solche komplexitätsorientierte Kultur der Hochenergiephysik auf der Basis der Arbeiten von Karin Knorr-Cetina Wehling 2015: 40.

über die Geschichte der Paläoanthropologie.[118] Statistische Herangehensweisen und Modellierungen sind ohnehin seit Langem konstitutiv für die populations- und evolutionsgenetische Forschung gewesen. Viele denkbare Szenarien ließen sich nicht empirisch be- oder widerlegen, sondern nur simulieren oder in Modellen abbilden.[119] Die Datensets der neueren Studien zur Neolithisierung zum Beispiel waren so komplex, dass sie sich nur mithilfe von Modellierungen interpretieren ließen.[120] Auf der Basis von Modellen sollte es möglich werden, historische Kontingenz zu handhaben und die Plausibilität verschiedener Hypothesen über genetische Zusammenhänge zu beurteilen.[121] Dadurch, so die Erwartung, würden die Fehler reduziert, die exakte Aussagen nahezu immer beinhalteten: Wer nicht modellierte, musste absolut entscheiden, welche Ursache ein Laboreffekt oder genetisches Phänomen hatte: Bestimmte angetroffene Allelverteilungen beispielsweise konnten, wenn nicht die zugrundeliegenden Sequenzdaten ohnehin schon kontaminationsbedingte Artefakte waren, unter anderem sowohl stochastische als auch demografische Ursachen haben. Sie konnten rechnerische Artefakte sein oder das Ergebnis einer Bevölkerungsbewegung.[122] Zudem konnten unterschiedliche genetische Entwicklungen und Ereignisse das gleiche genetische Ergebnis haben.[123] Schloss man von solchen Ergebnissen auf nur eine bestimmte der vielen möglichen Entwicklungen oder Ursachen zurück, konnte dies einen Fehler beinhalten.[124]

Die Bandbreite möglicher Erklärungen konnte wiederum oft sehr groß sein, und die Herausforderung bestand für die Forschenden darin, zu entscheiden, welche Erklärung am besten zu den generierten Daten passte. Mithilfe von Modellierungen, in die sowohl genetische als auch andere Daten einfließen könnten, sei eine solche Entscheidung einfacher und verlässlicher, argumentierten der biologische Anthropologe und Archäologe Ron Pinhasi und Kollegen 2012:

»In a model-free or implicit model mode of enquiry it is often difficult to assess which of a set of plausible explanations best fits the observed data. For example, allele frequency clines may result from stochastic processes such as mutation and gene-drift, as well

118 | Vgl. Henke 2015: 65.

119 | Vgl. Ghirotto et al. 2011: 249; Fehren-Schmitz 2012: 69; Pinhasi et al. 2012: 497; Bolnick/Glenn 2007: 634; Gerbault et al. 2012; Ballard/Whitlock 2004; Nichols 2001; Beaumont et al. 2010.

120 | Vgl. als Beispiel Lazaridis et al. 2014: 410 f.

121 | Vgl. z. B. Gerbault et al. 2012; Burger 2013c; Beaumont et al. 2010: 436 f.; Pinhasi et al. 2012: 497; als Beispiel Bolnick/Glenn 2007: 634.

122 | Vgl. Pinhasi et al. 2012: 498.

123 | Dies meint der Begriff der Equifinality.

124 | Vgl. Pinhasi et al. 2012: 498.

as from demographic processes such as isolation-by-distance, admixture of two genetically differentiated populations, range expansion, or variable selective pressures.«[125]

Modellierung und Probabilistik brächten, so die für die Labor- und Technikwissenschaften des späten 20. Jahrhunderts typisch gewordene Überlegung,[126] mehr Gewissheit als vermeintlich sichere, absolute Aussagen.

Im Experteninterview erklärte dazu Gisela Grupe: »[Wir können] mit diesen Wahrscheinlichkeiten, [...] plausible und auch mit Wahrscheinlichkeitsrechnung hochwahrscheinliche Szenarien entwerfen. Wenn wir Pech haben, liegen wir in dem Zweiprozentbereich, wo es nicht stimmt.«[127] Die Herausforderung bestehe darin, den Angehörigen anderer Fächer wie etwa der Archäologie, die darin weniger geübt seien, zu vermitteln, wieso in Genetik und Evolutionsbiologie eine Modellierung inzwischen als sicherer gelte als eine exakte Aussage. Wie konnte diese Denkweise, das »stochastische Weltbild«,[128] über die Fächergrenzen hinaus vermittelt werden?

Mit diesem Problem wurde die Molekularbiologin und Paläogenetikerin Abigail Bouwman 2013 auf einer Tagung der Deutschen Gesellschaft für Ur- und Frühgeschichte (DGUF) konfrontiert, als sie vorstellte, wie mithilfe von DNA aus archäologischen Funden ein evolutionsbiologisches Modell für das Auftreten einer bestimmten, möglicherweise krankheitsrelevanten Mutation erstellt werden könnte. In der Diskussion zeigten sich die Zuhörer und Zuhörerinnen eher verunsichert durch die mathematischen Modellierungen, die Bouwman als große Erkenntnischance präsentiert hatte.[129] Auf derselben Veranstaltung bemühte sich deshalb auch Joachim Burger zu verdeutlichen, was den Reiz von Simulationen in der Paläogenetik ausmache. Wenn eine simulierte Variabilität der beobachteten Variabilität einigermaßen entspreche, könne man prüfen, unter welchen Parametern das Modell funktioniere: »Dann kommt wieder die wesentliche Information hinein, dann kann ich das Ganze mit Zahlen ausstatten, und da wird es eben ganz spannend.«[130] Ruth Bollongino, eine Mainzer Mitarbeiterin von Burger, die Domestikationsszenarien für das Neolithikum simuliert hatte, sekundierte, das Schöne an Simulationen sei, dass man

125 | Ebd.: 499.

126 | Vgl. Wengenroth 2012b: 204-209.

127 | Expertinneninterview Grupe 2013.

128 | Wengenroth 2012b: 210. Diese Vermittlung sprach Wengenroth hier als offenes Problem der Technikwissenschaften an. In den an der aDNA-Forschung beteiligten Naturwissenschaften trat es aber ebenfalls auf.

129 | Vgl. Bouwman 2013. Es ging um die Mutation CCR5-Δ32, die offenbar zu HIV1-Resistenz führen kann. Vgl. dazu einführend, wenn auch älter, Hummel et al. 2005: 373 f.

130 | Burger 2013c.

nicht die komplexe Geschichte des Neolithikums im Kopf haben müsse, sondern zunächst einmal mit Variablen arbeiten könne: »Das ist halt das Charmante dabei, man kann halt immer Unsicherheit mit reinbringen.«[131] Man lasse nie nur eine Simulation laufen, sondern Tausende oder Zehntausende, und prüfe, welche Simulationen mit den beobachteten Werten übereinstimmten. Am Beispiel ihrer Studie zur Domestikation und genetischen Diversität von Rindern im Kontext der Neolithisierung führte sie dem Publikum vor Augen, wie sie verfahren war. Sie habe zurückrechnen wollen, wie groß eine Ursprungspopulation von Rindern gewesen sein müsste, um die in der untersuchten geografischen Region festgestellte heutige genetische Diversität zu erreichen. Sie habe über 10.000 Simulationen mit verschiedenen Variablen gemacht:

»Sie können damit einbringen geografische Informationen. Sie können einbringen, wie hoch jetzt hier die Berge sind, dass da ein Fluss ist, welcher Bodentyp das ist, welches Klima, es ist völlig egal, was auch immer Sie wollen, können Sie hier eingeben. [...] Wir haben, weil wir uns nicht sicher waren, hier zum Beispiel eine sogenannte Spanne angenommen und haben dann geschaut, welche Populationsgröße bei den erfolgreichen Modellen da vertreten war, und das war ein erstaunlich enger Raum.«[132]

Man müsse, so Burger und Bollongino einhellig, um reale Prozesse zu erklären, die so vielschichtig seien wie die Neolithisierung, vereinfachen und abstrahieren. Im Labor experimentell nachstellen könne man sie ja nicht. Die auftretenden genetischen Prozesse seien so kompliziert, dass kein genetisches Datenset, aber auch keine archäologische Information für sich allein jemals genügen könne, um sie vollständig zu erfassen, so wiederum Ron Pinhasi. Weder experimentelle noch deskriptive Zugänge hälfen da weiter.[133] Allein die Modellierungen führten zu einem belastbaren Szenario. Sie bedeuteten zwar Vereinfachung, aber man könne immerhin eine Vielzahl von Simulationen erstellen, die wiederum eine große Bandbreite genetischer Daten, aber auch Informationen aus der Archäologie, Klimadaten und Umweltgeschichtliches integrieren könnten, und dann eine Menge von Varianten durchspielen.

»Although models are necessarily relatively simple compared to reality, the simulation approach aims at understanding underlying processes and offers a theoretical framework to which empirical data can be compared and integrated. One of its main advantages is that potential improvements are almost unlimited because one may add new

131 | Bollongino 2013.

132 | Ebd. Plausibel sei eine Populationsgröße von ca. 80 Tieren.

133 | Vgl. Pinhasi et al. 2012: 498.

features to the model as new information becomes available either in the genetic or in the archaeological domains.«[134]

Die erzeugten populationsgenetischen Szenarien seien insofern näherungsweise ›gewiss‹, argumentierte 2012 der Schweizer Anthropologe Mathias Currat.

»[O]ne has to keep in mind that the goal of simulations is not to reproduce reality exactly, which would of course be impossible, but to obtain expectations for simpler alternative scenarios in order to evaluate which scenario better fits the observed data and, hopefully, be able to discard certain hypotheses.«[135]

Modelle könnten falsch oder zu einfach sein, aber deshalb seien sie nicht weniger nützlich, lautete eine Grundaussage ihrer Befürworter. Problematisch sei vielmehr die Tendenz vieler Evolutionsbiologen, die Statistik als Blackbox zu betrachten oder lieber gleich nur »apparently easy solutions, especially those that fit with common-sense nostrums«[136] in Erwägung zu ziehen, warnten der Biostatistiker Mark A. Beaumont und Coautoren.

Auch mögliche Fehler könnten – und müssten – statistisch in die DNA-Studien miteinbezogen werden,[137] denn, so die Evolutionsbiologin Beth Shapiro und Mitautoren 2008, die aDNA-Methoden und damit auch die eingesetzten statistischen Verfahren seien alle »not entirely foolproof«.[138] Shapiro bezog sich primär auf das Profiling, d. h. auf die genetische Identifikation von Individuen, bei dem ein bestimmbares Risiko besteht, dass zwei Individuen dasselbe genetische Profil aufweisen.[139] Fehlerquellen lagen auch in den Parametern, die die Projektteams jeweils in ihre Modelle einbauten. Shapiro und Coautoren forderten, die Wahl der Paramter deshalb immer einzeln zu begründen, denn diese beruhten stets auf Annahmen. Als Beispiel führten sie den Parameter Generationsdauer an. Häufig werde diese auf 20 Jahre festgesetzt. Da aber Männer im Vergleich zu Frauen später, dafür länger im Leben Kinder haben, sind intergenerationelle Intervalle in männlichen Linien oft länger als in weiblichen Linien.

---

134 | Ebd.: 498; vgl. als Beispiel die Studie Itan et al. 2009 zur Verbreitung der Laktasepersistenz; dazu positiv Beaumont et al. 2010: 444.

135 | Currat 2012: 8; ähnlich Burger/Thomas 2011: 381.

136 | Beaumont et al. 2010: 444; vgl. auch Ballard/Whitlock 2004; Nichols 2001.

137 | Vgl. ein vehementes Plädoyer für einen statistischen Zugang, formuliert für die Forensik, bei Saks/Koehler 2005: 893, 895. Die Autoren argumentierten außerdem, die Forensik müsse, da sie nun mit genetischen Daten arbeite, sich von ihren Eindeutigkeits- und Einzigartigkeitsparadigmen lösen und zum probabilistischen Paradigma übergehen.

138 | Shapiro/Gilbert/Barnes 2008: 229.

139 | Vgl. ebd.

Man könnte deshalb auch 35 Jahre ansetzen. Das würde zum Beispiel einen erheblichen Unterschied machen, wenn das Alter eines MRCA, des jüngsten gemeinsamen Vorfahren, etwa der Neandertaler und der Anatomisch Modernen Menschen berechnet werden sollte.[140]

Wer für Modellierungen und Simulationen argumentierte, erklärte typischerweise, dass es sich dabei also nur um (möglichst gute) Näherungen handeln könne und letztlich alle Modelle falsch seien – aber eben nur ein bisschen.

140 | Vgl. ebd.: 222, auf der Basis von Jobling/Tyler-Smith 2003. Eine Generationsdauer von 35 Jahren würde ein fast doppelt so hohes Alter des MRCA ergeben als ein Generationsansatz von 20 Jahren.

Sprechen über Fehler, Nichtwissen und Ungewissheit

»Ob dieses Szenario sehr wahrscheinlich ist, bleibt dahingestellt«.[1]

Aufmerksamkeit verdienen auch die Weisen und Metaphern, in denen die aDNA-Forscher und -Forscherinnen über alte DNA, ihre Charakteristika, Grenzen und über Fehler und Ungewisses sprachen. Zunächst ein Blick auf den im zeitlichen Verlauf zunehmenden Einsatz probabilistischer Sprache: Die Autoren und Autorinnen verfügten über ein etabliertes entsprechendes Vokabular und operierten gekonnt mit Wahrscheinlichkeiten. Sie nahmen mit wenigen Ausnahmen in sprachlicher Hinsicht in den 2000er Jahren immer seltener für sich in Anspruch, absolute Gewissheit oder Eindeutigkeit zu produzieren. Immer häufiger propagierten sie stattdessen die bestmögliche Näherung. Sie taten das entweder, indem sie Zahlenverhältnisse und Prozentangaben nannten,[2] oder aber mithilfe von vageren, gestuften Begriffen der Wahrscheinlichkeit. Zwar geschah das auch schon in den 1990er Jahren gelegentlich, doch nahm die Intensität zu. Das hatte auch damit zu tun, dass insgesamt die statistischen Vorgehensweisen zunahmen, die ein bestimmtes Vokabular erforderten. Statistik als Methode und Probabilistik als Denkweise und Kommunikationsinstrument sind nicht als identisch zu betrachten, doch gingen sie hier vielfach miteinander einher.

Häufig operierten die Autorenteams mit Stufungen wie »äußerst wahrscheinlich«, »most likely« und »most probable scenario«, »likely« und »likelihood«, »probable« und »probability«, »wahrscheinlich«, »unlikely« und »unwahrscheinlich« bzw. »improbable«.[3] Ausformuliert sah dies in einem paläoepidemiologischen Beispiel aus der *Yersinia-pestis*-Forschung so aus:

---

1 | Bollongino/Burger 2010a: 72.

2 | Als Beispiel aus der Vielzahl der Papers Ivanov et al. 1996: 420.

3 | Das in sprachlicher Hinsicht ausgewertete Sample umfasste 1.400 deutsch- und englischsprachige Texte aus den Jahren 1984 bis 2016. Aus Platzgründen können hier nur beispielhafte Belege aufgeführt werden: Pääbo 1989: 1939, 1942; Thomas et al. 1989: 467; Pääbo/Higuchi/Wilson 1989: 9709; Vigilant et al. 1991: 1505, 1506; Pääbo 1993: 62; Brown/O'Donoghue/Brown 1995: 184; Hänni et al. 1995: 656; Haeseler/Sajantila/Pääbo 1996: 138 f.; Hummel/Herrmann 1997: 221; Nordborg 1998: 1237; Burger et al. 1999: 1727; Gerstenberger et al. 1999: 475; Krings et al. 1999: 5582; Drancourt/Raoult 2002: 107; Gerstenberger 2002: 131 f.; Collins et al. 2002: 390; Cavalli-Sforza/Feldman 2003: 268 f.; Endicott et al. 2003: 181; Pääbo et al. 2004: 657 ff., 661; Serre et al. 2004: e57; Prentice/Gilbert/Cooper 2004: 72; Hummel et al. 2005: 374; Rudbeck/Gilbert/Willerslev 2005: 428; Weaver/Roseman 2005: 678; Gilbert/Shapiro et al. 2005: 1058; Plagnol/Wall 2006: e105; Mulligan 2006:

»None of the above three characteristics alone, however, is sufficient for a diagnosis of plague, and this has caused controversies regarding the etiology and the epidemiology of the disease. In particular, for suspected plague epidemics that occurred before 1894, only degrees of probability can be offered as to whether these were in fact caused by Y. pestis.«[4]

Möglichkeiten wurden in Abstufungen mit »possible«, »possibility« und in deutschsprachigen Publikationen »möglicherweise« sortiert. Ähnliche sprachliche Schattierungen gab es für begründete Vermutungen und Grade von Plausibilität. Hier fanden sich Wendungen wie »plausible/plausibly«, »implausible«, »plausible scenario«[5] oder auch »Models are based on plausibility but there is no chance for statistical validation«.[6] Annahmen erhielten Formulierungen wie »we/they assume«, »it can be assumed«, »it is assumed«, »presumably/presumed« sowie im Deutschen »legt die Vermutung nahe«.[7]

Differenziert ausgedrückt wurde Ungewissheit in Vokabeln wie »there is uncertainty«, »it is not at all certain«, »it is not possible to be certain«, »it is not certain«, »main area of uncertainty« oder »we cannot be certain«.[8] Ausführli-

374, 376; Burger et al. 2006: 1875; Elbaum et al. 2006: 80; Sampietro et al. 2006: 1805; Barnes/Thomas 2006: 645; Bolnick/Glenn 2007: 629; Wall/Kim 2007: 1863 f.; Malmström et al. 2007: 1003; Miller/Drautz/Janecka et al. 2008: 217, 218; Grieshaber et al. 2008: 686; Malmström et al. 2009: 1760; Axelsson et al. 2008: 2182; Seco-Morais/Matheson 2008: 82; Green et al. 2009: 2497, 2501; Gigli et al. 2009: 2678; Reich et al. 2010: 1058; Campana et al. 2010: 1323; Green et al. 2010: 721; Bollongino/Burger 2010a: 72; Haensch et al. 2010: e1001134; Ghirotto et al. 2011: 248; Lalueza-Fox/Rosas et al. 2011: 250; Currat/Excoffier 2011: 15130 f.; Burger/Thomas 2011: 374; Bos et al. 2012: 3; Leonardi et al. 2012: 89, 91; Pinhasi et al. 2012: 496; Grumbkow et al. 2013: 3775; Harbeck et al. 2013: e1003349; Campana/McGovern/Disotell 2014: 706.

4 | Drancourt/Raoult 2002: 107.

5 | Zu den sprachlichen Varianten von Möglichkeit und Plausibilität vgl. z. B. Handt et al. 1996: 375; Höss et al. 1996: 1306; Lalueza-Fox 1999: 51; Ovchinnikov et al. 2000: 492; Pääbo et al. 2004: 665; Lalueza-Fox et al. 2004: 945; Currat/Excoffier 2005: 682; Haak et al. 2005: 1017; Green et al. 2006: 330, 331; Seidenberg et al. 2012: 3224; Abu-Mandil Hassan et al. 2014: 196.

6 | Fehren-Schmitz et al. 2010: 280.

7 | Vgl. z. B. bei Gerstenberger et al. 1999: 475; Endicott et al. 2003: 181; Bollongino/Burger 2010a: 72; Pinhasi et al. 2012: 497; Fehren-Schmitz 2012: 69; Harbeck et al. 2013: e1003349.

8 | Beispielsweise im oben genannten Sample Cavalli-Sforza/Feldman 2003: 270; Weaver/Roseman 2005: 680; Wall/Kim 2007: 1863; Burger et al. 2007: 3739; Ek-

cher formuliert sah das so beispielsweise aus: »[B]ecause of the rather wide range of imponderabilities, such an identification remains a rather dubious task«.[9]

Autorenteams rieten zudem zu vorsichtigen Leseweisen und sicherten sich ab, indem sie möglichst viele Optionen offenhielten. Wendungen dafür waren zum Beispiel »caution must be exercised«, »we cannot rule out«, »we cannot exclude« oder »it cannot be rejected«.[10] Indem ein Team mit sprachlichen Mitteln einräumte, dass es zum Beispiel Kontaminationen nicht ausschließen konnte oder gegensätzliche Daten auftauchen könnten, arbeitete es an seiner Resilienz, was gegenteilige Meinungen und kollegiale Kritik anging. Eine andere Option waren Warnungen an die Community, das Gelesene besser nicht als gewiss anzunehmen, wie »[t]here is no significant evidence«.[11] Es sei »difficult to guarantee the authenticity of aDNA from human samples«.[12] In einem Fall erfolgte der Verweis, dass es keine Garantien gebe: »[T]he use of NGS is no guarantee for reliable data«.[13]

Interpretative Flexibilität hingegen deuteten Wendungen an, die betonten, dass die gewählte Vorgehensweise nicht die einzige denkbare sei oder dass man alles auch ganz anders sehen könne. Hier konnte »we propose« oder »we suggest«, »our best guess is that«, »we feel confident« oder »we believe«, »we believe it is acceptable to conclude« gelesen werden.[14] Noch vager gehalten waren die ebenfalls typischen Formulierungen »we can only speculate«, »we speculate«, »[a]lthough speculative, this ...« oder der – allerdings im Lauf der Jahre seltener werdende – Hinweis, man sei selbst überrascht gewesen.[15] Um auszudrücken, dass man etwas nicht wisse oder sich über etwas unsicher sei, wurden Wen-

lund/Thomas 2010: 2839; Burger/Thomas 2011: 376; Ghirotto et al. 2011: 248; Currat/Excoffier 2011: 15131.

9 | Brandt/Wiechmann/Grupe 2002: 314, hier allerdings über Proteinanalysen und deren mit denen der aDNA-Analyse vergleichbare Widrigkeiten.

10 | Vgl. u.a. Haeseler/Sajantila/Pääbo 1996: 137; Nordborg 1998: 1239; Serre et al. 2004: e57; Pääbo et al. 2004: 666; Binladen et al. 2005: 740; Plagnol/Wall 2006: e105; Kemp/Monroe/Smith 2006: 1686; Meyer/Alt 2010: 493; Sofeso et al. 2012: 127; Economou et al. 2013: 468; Abu-Mandil Hassan et al. 2014: 196; Campana/McGovern/Disotell 2014: 706; Haak et al. 2015: 210.

11 | Binladen et al. 2005: 739.

12 | Gilbert et al. 2004: 350.

13 | Pinhasi et al. 2012: 499.

14 | Vgl. z.B. Cann/Stoneking/Wilson 1987: 35; Brown/O'Donoghue/Brown 1995: 185; Hofreiter et al. 2002: 1249; Endicott et al. 2003: 181; Miller/Drautz/Janecka et al. 2008: 216; Schünemann et al. 2011: e751.

15 | Vgl. beispielsweise Richards et al. 1993: 23; Poinar et al. 1996: 866; Gerstenberger et al. 1999: 475; Dalén et al. 2012: 1895; Lalueza-Fox/Rosas et al. 2011: 252.

dungen herangezogen wie »it is not clear why this is«, »it remains unclear«,[16] »we cannot know«, »it is impossible to know« und »it is impossible to be sure.«[17]

Welche (epistemologischen) Probleme beim Abwägen von Wahrscheinlichkeiten und Nichtwissen auftreten konnten, ließ sich an einem Text ablesen, den die Paläogenetikerin und Molekularbiologin Abigail Bouwman mit Keri A. und Terence A. Brown 2008 im *Journal of Archaeological Science* veröffentlichte. Das Autorenteam präsentierte mögliche Szenarien zur Authentizität seiner Daten und stellte die Frage: Wie hätte es im Labor zu Fehlern kommen können? Die angebotenen Szenarien wirkten alle logisch, unterschieden sich sprachlich aber auffällig. Die theoretisch möglichen, aber vom Team offensichtlich als unwahrscheinlich betrachteten Szenarien wurden komplizierter und schwerfälliger formuliert als die ihm offenbar eher wahrscheinlich erscheinenden Szenarien. Wege, auf denen es zu einer Kontamination gekommen sein konnte, wurden verschlungen dargestellt und als »possible« bezeichnet. »More likely« hingegen sei es, dass das Team keine Fehler gemacht habe, tatsächlich endogene DNA sequenziert habe und die Ergebnisse authentisch seien.[18] Der Artikel erweckt den Eindruck, es sei schwierig, sich theoretisch mögliche Kontaminierungswege vorzustellen. Die offenbar absichtlich komplizierte Darstellungsweise, die positive Assoziationen wie Akribie, aber auch negative wie Pedanterie hervorrufen könnte, suggerierte, dass diese Szenarien letztlich abwegig seien. Hier wurden offenbar schwer durchdringbare Formulierungen für die Szenarien gewählt, die man für eher unwahrscheinlich hielt.

Die Wissenschaftssprache war hier bemerkenswert nichtneutral. Doch lässt sich sprachliche Neutralität ohnehin von keiner Disziplin erwarten. Auch in den sogenannten exakten Wissenschaften geht es stets um mehr als um die Präsentation von (vermeintlich) objektivem Wissen. Wissenschaftssprache ist nie objektiv, gleichgültig, ob dies die Schreibenden anstreben oder nicht, sondern ebenso viel und ebenso wenig neutral, wie es die wissenschaftlichen Gegenstände sind. Sprache und Gegenstände lassen sich noch nicht einmal scharf voneinander trennen. Es geht deshalb nicht darum, wie dies die ältere Wissenschaftsforschung im Zuge des Rhetorical Turn getan hat, eine bestimmte sprachliche Strategie zu demaskieren oder das zuletzt zitierte Beispiel als In-

16 | So z. B. »it is not clear why this is« bei Reich et al. 2010: 1059; Pääbo et al. 2004: 666; »it remains unclear« bei Bolnick/Glenn 2007: 630; Currat/Excoffier 2011: 15129; Collins et al. 2002: 390; »unclear« auch bei Wall/Kim 2007: 1864; Barnes/Thomas 2006: 651.

17 | Vgl. z. B. Pääbo et al. 2004: 666; Collins et al. 2002: 390; Barnes/Thomas 2006: 651; Wall/Kim 2007: 1864; Bolnick/Glenn 2007: 630; Reich et al. 2010: 1059; Lalueza-Fox/Rosas et al. 2011: 250; Currat/Excoffier 2011: 15129; Leonardi et al. 2012: 92.

18 | Vgl. Bouwman et al. 2008: 2583.

diz dafür zu nehmen, dass in der aDNA-Forschung die oben dargestellte Wahrscheinlichkeitssprache, die Bekenntnisse zu Nichtwissen und Unsicherheit, die Warnungen und Einschränkungen nur eine vordergründige rhetorische Strategie darstellten, um der Leserschaft doch einen ganz bestimmten Schluss aufzudrängen oder eigentlich zu sagen: »Wir schreiben das nur so vorsichtig, weil Reflexivität und Selbstkritik von uns erwartet werden, aber in Wirklichkeit sind wir uns völlig sicher«. Das obige Beispiel sollte nur darauf hinweisen, dass Wissenschaftssprache subjektive, nichtneutrale Anteile hat. Sowohl die Wissenschaftsforschung als auch die aDNA-Forschung und ihre Partnerwissenschaften profitieren mehr davon, solche Anteile zu suchen und zu diskutieren, als Neutralität und Objektivität zu erwarten oder andere der Rhetorik zu bezichtigen.

Insgesamt deuten die Sprechweisen ohnehin darauf hin, dass die aDNA-Forschung in sprachlicher Hinsicht seit dem Ende der 2000er Jahre zu einem zunehmend komplexitätsorientierten Umgang mit Uneindeutigkeit und Nichtwissen gelangte und ihr eigenes Tun immer wieder relativierte. Die sprachliche Entwicklung weist darauf hin, dass das Feld sich vom Anspruch der ersten Moderne, sicheres haltbares Wissen zu generieren, ein Stück weit löste und stattdessen begann, Nichtwissen und Unsicherheit für sich zu akzeptieren und theoretisch zu durchdringen. Das unsichere Wissen, das dabei sprachlich entstand, wäre als sicherer anzusehen als das als sicher präsentierte Wissen der experimentellen Anfangsphase und des Peak of Inflated Expectations.[19]

In der Typologie von Böschen und Wehling und insbesondere in den Studien von Peter Wehling zeichnen sich die im vorangegangenen Unterkapitel bereits angesprochenen komplexitätsorientierten Nichtwissenskulturen dadurch aus, dass sie auch über Unknown Unknowns, also das Nichtwissbare, reflektieren und die Coproduktion von Wissen und Nichtwissen akzeptieren, d. h. anerkennen, dass Wissenschaft mit jedem neuen Wissensbestand auch immer neues Nichtwissen produziert. Wehling zog hier den Begriff Science Based Ignorance nach Jerome Ravetz heran.[20]

Sprachliche Wendungen, die solch ein Verständnis ausdrücken, waren aber in den untersuchten Quellen aus der aDNA-Community nicht häufig. Wolfgang Haak jedoch formulierte im Experteninterview: »[E]ine Erkenntnis führt dann zu fünf anderen Folgefragen. Das ist ja immer so eine Hydra mit neun Köpfen. Also schlägt man mal einen ab, dann wachsen wieder zehn nach, und denkt, ach Mist, hätt' ma's nicht gemacht.«[21] Es bleibe spannend, und so entstünden ja neue Fragestellungen. Wenn man eine Sache beantwortet habe,

19 | Vgl. zu solchen Wandlungsprozessen in den Technikwissenschaften nach der ersten Moderne Wengenroth 2012b: 208.

20 | Wehling 2011: 540; ders. 2015: 29, 40.

21 | Experteninterview Krause/Haak 2016.

seien wieder fünf offen, an denen man neu ansetze. So offen reflektierte die Community die permanente Schaffung und Restrukturierung von Nichtwissen aber selten.

Typischer war es für sie, Nichtwissen als Noch-nicht-Wissen zu fassen und in Aussicht zu stellen, dass es prinzipiell in Wissen überführt werden könnte, wenn bestimmte Bedingungen erfüllt würden. Häufige Wendungen waren »noch unbekannt« oder »noch unmöglich«, »currently unknown« oder »currently impossible«, »it is not yet known«, oder »at present, it is not possible to know if«.[22] Bisher sei etwas nicht geglückt oder könne nicht nachgewiesen werden, wie etwa in »unfortunately, we have been so far unable to trace«,[23] oder »currently, however, this remains untestable, because we lack an appropriate proxy«.[24] Es bedürfe weiterer Forschungen: »further work is needed«.[25]

»What next? We need more data«,[26] fassten zum Beispiel 2002 der Paläogenetiker Guido Barbujani und seine Mitautorin ihr Review zur Neolithisierungsfrage zusammen. Typischerweise wurde auf zukünftige Forschungen im Discussion-Abschnitt der naturwissenschaftlichen Artikel verwiesen, teils auch unter den Results. Das Noch-nicht-Wissen schien dem Anspruch der wissenschaftlichen Artikel auf Neuheit und Überlegenheit im Vergleich zu vorherigen Artikeln weniger zu widersprechen als ein schlichtes Nichtwissen. Die hoch formalisierten Zeitschriftenartikel lassen allerdings ohnehin nur ein gewisses Maß an solchen Äußerungen erwarten.

Wichtig ist, dass die Autoren und Autorinnen Wert auf die zeitliche Dimension des Nichtwissens gelegt haben, indem sie auf fehlende, noch nicht erhobene Daten, unerprobte Methoden, wünschenswerte Studien und noch nicht in Angriff genommene Grabungen verwiesen.[27] Auf unterschiedlichen sprach-

22 | Vgl. z. B. Pääbo/Higuchi/Wilson 1989: 9711; Höss et al. 1996: 1306 f.; Hummel/Herrmann 1997: 221; Cano 2003: 48; Serre et al. 2004: e57; Gigli et al. 2009: 2678; Hedges 2011: 89; Pinhasi et al. 2012: 499; Bos et al. 2012: 3.

23 | Richards/Sykes/Hedges 1995: 296.

24 | Malmström et al. 2009: 1759.

25 | Richards et al. 2004: 84; vgl. ähnlich Taylor et al. 1996: 797; Kemp/Monroe/Smith 2006: 1687; Campana et al. 2010: 1323; Experteninterview Burger 2013.

26 | Barbujani/Dupanloup 2002: 429.

27 | Hagelberg/Sykes/Hedges 1989: 485; Hagelberg et al. 1991: 399; Cooper et al. 1992: 8743; Handt/Richards et al. 1994: 1778; Götherström et al. 1997: 80; Parsons/Weedn 1997: 126; Krings 1998: 71 f.; Ovchinnikov et al. 2000: 492; Barnes et al. 2002: 2269; Haynes et al. 2002: 591; Ramenofsky/Wilbur/Stone 2003: 251; Spigelman/Donoghue 2003: 187; Dutour et al. 2003: 165; Matheson/Brian 2003: 142; Edwards et al. 2004: 708; Pääbo et al. 2004: 652, 667; Serre et al. 2004: e57; Grieshaber et al. 2008: 686; Tresset et al. 2009: 82; Fernández et al. 2009: 970; Linderholm 2011: 398; Bos et al. 2012: 3; Fehren-Schmitz 2012: 69.

lichen Wegen wurde ausgedrückt, dass man etwas nur jetzt noch nicht wisse, was bedauerlich, aber letztlich nicht dramatisch sei, weil neue Projekte, verbesserte Methoden und größere Samples irgendwann Aufklärung bringen und dafür sorgen würden, dass der Wissensstand wachse oder das vorhandene Wissen weiter abgesichert werde. Durch ihr »Jetzt noch nicht, aber wohl sehr bald«-Argument belegten die Forschenden Nichtwissen tendenziell positiv: als Herausforderung, als großes Potential für weitere Studien und etwas, an dem sich die aDNA-Forschung in Zukunft beweisen werde. Der nächste Durchbruch sei zu erwarten.[28]

In der Praxis äußerte sich diese Kultur des Umgangs mit Nichtwissen in den 2010er Jahren in der Strategie, Proben aufzuheben, die im Moment nicht adäquat analysiert werden konnten – für später, wenn, wie man hoffte, bessere Verfahren zur Verfügung stünden.[29] Das akute Dilemma und die zukünftige Chance wurden hier sprachlich und praktisch verknüpft. Dafür sensibilisierte der Schweizer Archäologe Martin Trachsel angehende Archäologen, die diese einzulagernden Funde beitragen sollten, in einem Lehrbuch:

»Wenn man nur kleine Proben hat, die durch eine einmalige Analyse aufgebraucht werden, hat man eine schwierige Entscheidung vor sich: Jetzt analysieren lassen und zumindest die heute möglichen Ergebnisse bekommen, denn die Qualität der Probe wird nur noch schlechter? Oder auf neue Methoden warten, die noch bessere Resultate ergeben, aber riskieren, dass die Proben zu schlecht werden?«[30]

Die Community irre sich empor – und das koste sie Zeit, so das Argument bei Gisela Grupe:

»[I]rgendwas ist neu, man hat das Anfängerglück, das erste Mal hat es gleich geklappt, die nächsten drei Mal klappt es nicht, so ein Mist, weil, wenn Techniken, Applikationen neu sind, die müssen sich auch entwickeln dürfen, die müssen auch reifen dürfen, und ich habe kein Problem zu sagen, dass ich bestimmte Interpretationen, die ich vor dreißig Jahren gemacht habe, die würde ich heute nicht mehr machen, weil ich einfach mehr weiß.«[31]

28 | Vgl. als Beispiele Herrmann 1987: 70, hinsichtlich der Hoffnung, bald aDNA aus Knochen extrahieren zu können; Linderholm 2011: 398; in Erwartung eines methodischen Durchbruchs in der Paläoepidemiologie Grupe et al. 2012: 159.

29 | Vgl. Callaway 2014: 415, dort ein entsprechendes Zitat von Eske Willerslev; dazu sehr kritisch Experteninterview Krause/Haak 2016.

30 | Trachsel 2008: 193.

31 | Expertinneninterview Grupe 2013.

Zunehmend gerungen wurde in den letzten Jahren auf sprachlicher Ebene mit den großen Zukunftsentwürfen und Versprechungen, die die aDNA-Forschung in den ersten Jahren gemacht hatte. 2010, also zu einem Zeitpunkt, als sich das Feld bereits auf seinem Slope of Enlightenment befand, um wiederum das Bild des Hype Cycle heranzuziehen, rangen beispielsweise der Mainzer Anthropologe Kurt W. Alt und der Landesarchäologe Sachen-Anhalts Harald Meller um den Begriff der Wahrheit. Es ging um ein Forschungsprojekt, bei dem mithilfe von aDNA-Daten biologische Verwandtschaftsverhältnisse einer spätneolithischen Mehrfachbestattung[32] untersucht werden sollten. Bei aller Probabilistik und einem zunehmend offenen Umgang mit Nichtwissen – ganz verschwunden sind die Äußerungen nicht, die historische Gewissheit in Aussicht stellen.[33] Alt und Meller setzten die Wahrheit in Anführungszeichen, was ausdrücken könnte, dass damit in der Wissenschaft diejenige Aussage gemeint war, die zu einem bestimmten Zeitpunkt den höchsten Geltungsanspruch besaß.

»Wie sich gerade bei den Eulauer Gräbern zeigte, konnten nur dank engster Kooperation mit den naturwissenschaftlichen Disziplinen Ergebnisse erzielt werden, welche die Archäologie bei der Suche nach der ›(prä)historischen Wahrheit‹ einen entscheidenden Schritt nach vorne brachten.«[34]

Meller und Alt, die über eine lange Erfahrung mit anthropologisch-archäologischen Kooperationsprojekten verfügten, nutzten den Wahrheitsbegriff, um zu vermitteln, dass aDNA einen Mehrwert gegenüber anderen Quellen besitze, wenn sie im überfachlichen Miteinander und in der Kombination von verschiedenen Quellen und Methoden zum Einsatz komme.

Nicht nur dieses Beispiel, sondern viele weitere, die sowohl inhaltlich als auch sprachlich analysiert werden konnten, ließen erstens erkennen, dass es in der aDNA-Forschung immer wieder darum ging, wie authentisch, wie zuverlässig, wie gewiss und wie haltbar aDNA-Wissen sein konnte und was aDNA als Quelle im Vergleich zu anderen vermochte. Solche Äußerungen waren ein Teil der Selbstvergewisserung, den die Beteiligten leisteten – gerade auch im überfachlichen Miteinander.

In sprachlicher Hinsicht wurde zweitens gewissermaßen zugleich an der Fortschrittsvorstellung moderner Wissenschaft festgehalten, dass wachsendes wissenschaftliches Wissen Uneindeutigkeiten, Widersprüche und Unvollständigkeiten irgendwann überwinden kann, und akzeptiert, dass es Science

32 | Von einer Mehrfachbestattung ist die Rede, wenn die Toten zum gleichen Zeitpunkt beigesetzt wurden. Vgl. Eggert/Samida 2013a: 36.

33 | »Unravelling the Truth« bereits im Titel bei Sinding et al. 2015.

34 | Meller/Alt 2010b: 7 f.

Based Ignorance, also eine permanente wissenschaftsbasierte Produktion neuer Nichtwissensbereiche, gibt.

Eine besondere Herausforderung bestand für die aDNA-Community darin, Im-Prinzip-Wissen, akzeptierte Ungewissheiten und Wissensgrenzen über die gestuften Öffentlichkeiten[35] nach außen zu kommunizieren. Wenn sich aDNA-Forscherinnen und -Forscher mit Aussagen über die Chancen und Grenzen ihrer Quelle und die damit zusammenhängenden Methoden und Technologien an Angehörige anderer Wissenschaftsbereiche wandten, blieben die festgestellten wesentlichen Charakteristika der internen Sprache weitgehend erhalten.[36] Auch hier fanden sich Abstufungen der Wahrscheinlichkeit, Angebote flexibler Interpretationen, graduierte Plausibilität und Verweise auf das Noch-nicht-genau-Wissen.[37] Der jeweiligen Leserschaft begegneten weitgehend dieselben Warnungen sowie Wendungen für den Umgang mit dem Authentizitätsproblem, Nichtwissen und Unsicherheit.[38] Andere Formulierungen hielten mehrere Möglichkeiten offen[39] wie etwa »if one should be found [...] we might«[40] oder »if this could be done [...] the results might«.[41] Das Nichtwissen wurde, was auch für die fachinterne Sprache typisch war, überwiegend als Noch-nicht-Wissen konfiguriert. Dies veranschaulichte bereits ein Zitat des Tübinger Evolutionsgenetikers Carsten M. Pusch und des Archäobiologen Michael Scholz aus dem Jahr 1999. An Archäologen gerichtet erklärten sie das Authentifizierungsproblem und die grundsätzliche Relativität ihrer Aussagen:

»Wie kann man bei Untersuchungen an prähistorischer DNA dann aber sicher sein, daß die putative aDNA-Sequenz oder das PCR-Produkt per se tatsächlich prähistorischer Herkunft ist und nicht von rezenter Kontamination herrührt? Eine relative Sicherheit ist

---

35 | Diese reichten von anderen Fachöffentlichkeiten über außerwissenschaftliche, aber wissenschaftsnahe und vorinformierte Bereiche wie die Denkmalpflege bis hin zum politischen Bereich sowie in die Öffentlichkeit der Massenmedien. Zum Konzept der gestuften Öffentlichkeiten der Wissenschaften insgesamt Nikolow/Schirrmacher 2007b: 27-31.

36 | Vgl. etwa in den Publikationen von Pääbo 1985b; Richards et al. 1993; Hummel et al. 1995; Pusch/Scholz 1999; Burger et al. 2002; Schablitsky 2006; Bollongino/Burger 2010a; dies. 2010b; Hanna et al. 2012.

37 | Vgl. Richards et al. 1993: 19 f.; Schablitsky 2006: 9, 16; Hanna et al. 2012: 2775 f., 2778 f.; Hummel et al. 1995: 250; Pääbo 1985b: 417; Burger/Thomas 2011: 375; Bollongino/Burger 2010b: 83.

38 | Vgl. z. B. Burger et al. 2002: 21; Schablitsky 2006: 11 f., 16;

39 | Vgl. Pusch/Scholz 1999: 370.

40 | Richards et al. 1993: 22.

41 | Ebd.: 23.

diesbezüglich nur dann gegeben, wenn ein enormer Sicherheitsaufwand im Sinne von Sterilität und Kontaminationsprävention betrieben wird.«[42]

Die Autoren machten an einer anderen Stelle der überfachlichen Kommunikation deutlich, dass selbst mithilfe von Kontroll- und Sicherheitstechnologien, zu denen beide systematisch forschten,[43] keine absolute Gewissheit erzielt werden könne.

Gelegentlich allerdings wichen Formulierungen in Texten, die für die breitere wissenschaftliche Community bestimmt waren, von dieser Kommunikationsweise ab: Komplexität wurde in einigen Fällen doch deutlich reduziert, und die erlangten Ergebnisse wurden als etwas eindeutiger und gewisser präsentiert als in den entsprechenden engeren Fachpublikationen. An verschiedenen Veröffentlichungen über ein Mainzer Projekt zur Phylogenie und Populationsgenetik wilder und domestizierter Rinder im Neolithikum kann das nachvollzogen werden. Sprechweisen und Formulierungen in Texten für die eigene Community der Populationsgenetik wichen kaum von denen für Wissenschaftler und Wissenschaftlerinnen anderer Fächer ab. In inhaltlicher Hinsicht aber waren die Unterschiede merklich. Die für ein fachfremdes Publikum verfassten Texte gingen in den Abschnitten zu Methode und Technik weniger detailliert auf technische Arbeitsschritte ein und verwiesen dazu eher auf andere Publikationen. Dadurch traten in der Darstellung die methodischen Schwierigkeiten argumentativ hinter die erzielten Ergebnisse zurück. Während die Warnungen und die vorsichtige Sprache hier in der fachexternen Kommunikation beibehalten wurden, wurde auf inhaltlicher Ebene Komplexität verringert, um den Text anschlussfähiger zu machen.[44]

Vereinfachung war auch ein Mittel, das Susanne Hummel und Coautoren in einem 1996 erschienenen Ausstellungskatalog verwendet haben, um das Authentizitätsproblem einem nichtwissenschaftlichen, aber in der Regel schon vorab informierten Publikum zu erläutern. Sie stellten es in technischer Hinsicht ausgewogen und dem Wissensstand der 1990er Jahre entsprechend, aber nicht tief greifend dar. Die Leser und Leserinnen erfuhren, dass Kontaminationen ein Problem darstellten, aber nicht, dass die Artefaktbildung das eigentlich Problematische daran war und warum sie die Interpretation in Gefahr brachte. Da dieser zum Verständnis der Kontaminationsproblematik wichtige Baustein nicht ausformuliert wurde, blieb es dem Lesepublikum überlassen, abzuleiten, warum nichtauthentische Sequenzen für die Interpretation gefährlich waren und warum das von den Forschenden als schwerwiegend empfun-

42 | Pusch/Scholz 1999: 369.

43 | Vgl. dies. 1997.

44 | Bollongino 2006; dies. et al. 2006; dies./Burger/Haak 2006; Bollongino/Burger 2010a; dies. 2010b.

den wurde.[45] Dieses Beispiel zeigt, wie außerhalb der aDNA-Community der Eindruck hätte entstehen können, dass Daten sicherer und Ergebnisse gewisser seien, als sie es tatsächlich waren, oder umgekehrt die Annahme hätte aufkommen können, dass methodische und technische Probleme sogar absichtlich verschwiegen würden.[46]

Zumindest aber verweist dieser Fall auf die Übersetzungsbedarfe, von denen im überfachlichen Austausch ohnehin oft die Rede ist. Häufig waren in den Quellen, die die aDNA-Community und ihre Partnerfächer bisher hinterließen, Klagen über Missverständnisse, spezialisierte Fachsprachen und Wissensdefizite sowie Rufe nach Übersetzern anzutreffen.[47] Auf der Seite der Naturwissenschaften herrscht grundsätzlich die Überzeugung vor, dass es möglich sei, sich dem Gegenüber adäquat zu erklären und Fachwissen zu übersetzen, und dass es Personen gebe, die dies vermöchten.[48] Diese Forscherinnen und Forscher waren auch über ihr engeres Fachgebiet hinaus bekannt. So wurde zum Beispiel Joachim Burger von den Moderatoren der Tagung der DGUF 2013, die dem gegenseitigen Kennenlernen der archäologischen, anthropologischen und genetischen Forschungsbereiche diente, ad hoc dazu aufgefordert, um zwischen den Fächern die Potentiale und Fallstricke der in den Vorträgen der Tagung präsentierten aDNA-Verfahren zu übersetzen.[49] Burger als biologischer Anthropologe und Populationsgenetiker wissenschaftstheoretisch interessiert und erfahren in der überfachlichen Zusammenarbeit, versprach sich viel von dieser Art »Nachhilfeunterricht für Archäologen«.[50] Auf der Seite der Mediävistik wies sich 2014 zum Beispiel Jörg Feuchter die Rolle eines Übersetzers zu, indem er sich, eingelesen in den populationsgenetischen und evolutionshistorischen Forschungsstand, an die Geschichtswissenschaft und die mediale Öffentlichkeit wandte, um zu erklären, was es mit der aDNA-Forschung auf sich habe und was die Historiker und Historikerinnen von ihr zu erwarten hätten.[51] Dabei warb er zugleich für Verständnis und In-

45 | Vgl. Hummel/Lassen/Schultes 1996: 238.

46 | Vgl. diesen Eindruck z. B. bei Experteninterview Gärtner 2016; Experteninterview Meier 2013.

47 | Vgl. z. B. Pusch/Scholz 1999: 373; Henke/Rothe 2006: 61; Klammt 2011: 414 f.; Lidén/Eriksson 2013: 12.

48 | Vgl. Expertinneninterview Hummel 2013; Expertinneninterview Grupe 2013; Turck 2013; Wagner 2002: 101.

49 | Vgl. als Beispiel Burger 2013a; ders. 2013b; vgl. auch seinen eigenen Vortrag ders. 2013c.

50 | Experteninterview Burger 2013. Vgl. ähnlich dazu Expertinneninterview Grupe 2013.

51 | Vgl. Feuchter 2014.

teresse und präsentierte sich als informierter Kritiker.[52] Solche Übersetzer und Übersetzerinnen legten in den letzten Jahren die methodischen Probleme, die Authentifizierungsschwierigkeiten und die Aussagegrenzen der Quelle ganz offen. Zudem betonten sie, dass sich die überfachliche Kommunikation genau darauf richten müsse, wenn eine echte und gleichberechtigte Kooperation entstehen soll.

52 | So wurde er im Januar 2016 zum Darmstädter Kolloquium sowie zur anschließenden öffentlichen Podiumsdiskussion gebeten. Vgl. Engels/Schenk 2016.

Next-Generation-Sequencing: das neue Authentifizierungsproblem

»[M]an lernt, man lernt«.[1]

Die Verfahren des Next Generation oder High Throughput Sequencing verliehen ab der Mitte der 2000er Jahre dem Authentizitätsproblem ein neues Gesicht.[2] Es handelte sich dabei um verschiedene Verfahren, die das Sequenzieren günstiger, schneller, effizienter und stärker automatisierbar machten.[3] Sie lieferten zudem deutlich größere Datenmengen.[4] Ab etwa 2010 konnten nahezu ganze Genome sequenziert werden. Während die Sequenzierung des ersten menschlichen Genoms durch das Human Genome Project von 1990 bis 2003 gedauert und mehrere Millionen Dollar gekostet hatte, kann ein Genom inzwischen für weniger als 1.000 Dollar sequenziert werden.[5] Eric Lander hat dies als »tectonic shift in sequencing technology«[6] bezeichnet. Die aDNA-Community hatte sehr schnell auf die Impulse aus der Humangenetik reagiert und deren neue Techniken adaptiert: Wenige Monate nach der ersten Publikation eines solchen Verfahrens[7] erschien Anfang 2006 ein Paper zu einer aDNA-Anwendung – ein von Hendrik N. Poinar verantwortetes Experiment am nuklearen Genom des ausgestorbenen sibirischen Wollhaarmammuts. Die Gruppe sequenzierte mehrere Millionen Basenpaare von dessen Genom und stellte diese Sequenzen moderner afrikanischer Elefanten gegenüber. Zum Vergleich: Das mit herkömmlichen Sequenzierungsmethoden 2005 erreichte Maximum waren knapp 27.000 Basenpaare eines Höhlenbärengenoms gewesen.[8] Die Autoren der Mammutstudie feierten diese neue Größenordnung und die NGS-Verfahren in *Science* als Entfesselung der Paläogenetik: »The high percentage of

---

1 | Expertinneninterview Grupe 2013.

2 | Vgl. Krause 2010: 20; Knapp/Lalueza-Fox/Hofreiter 2015: o. S.

3 | Vgl. ebd.: 28; Experteninterview Krause/Haak 2016.

4 | Vgl. Experteninterview Burger 2013.

5 | Vgl. Service 2006: 1544; zu den Schätzungen Matisoo-Smith/Horsburgh 2012: 19, und Krause 2015b: 91; Experteninterview Krause/Haak 2016. Kommerzielle Genomuntersuchungen sind für weniger als 100 Dollar zu haben.

6 | Lander 2011: 188.

7 | Es handelte sich um Margulies et al. 2005 zum 454-Sequencing.

8 | Vgl. Poinar et al. 2006; zum Höhlenbären vgl. Noonan et al. 2005: 597; zur Einordnung der Experimente und ihrer Datenmengen Knapp/Lalueza-Fox/Hofreiter 2015: o. S. Vgl. zum Wettlauf um die erste Pyrosequencinganwendung bei alter DNA Pääbo 2014a: 115.

endogenous DNA recoverable from this single mammoth would allow for completion of its genome, unleashing the field of paleogenomics.«[9]

Noch 2006 folgten die bereits genannten Experimente am Neandertalergenom.[10] Die Resonanz der Community, aber auch des Wissenschaftsjournalismus auf die NGS-Verfahren war groß.[11]

Sehr rasch verliefen der Transfer und die Adaption der Technik für die Arbeit mit degradierter DNA aus archäologischem Material, wenngleich anfangs die Einstiegskosten für die Geräteausstattung hoch waren.[12] Die einzelnen Verfahren wie Nanopore Sequencing, Pyrosequencing, 454 und andere erwiesen sich jeweils für unterschiedliche Fragestellungen und Designs als geeignet.[13] Einige, wie das als eher einfach geltende Shotgun Sequencing,[14] funktionierten nur mit gut erhaltenen Proben, die die passenden Startermoleküle enthielten, und am besten mit mtDNA. Andere erlaubten auch die Arbeit mit sehr stark degradierter DNA. Mit ihnen konnten Probleme wie Allelic Dropout und Kontaminationen besser beherrscht werden.[15]

---

9 | Poinar et al. 2006: 392.

10 | Vgl. ebd.: 392 f.; zu den Vorteilen des Pyrosequencing im Gegensatz zur Sequenzierung nach Sanger Green et al. 2006; Noonan et al. 2006; zu den anfänglich hohen Fehlerquoten von Pyrosequencing Experteninterview Krause/Haak 2016.

11 | Vgl. als Beispiel Travis 2010: 28; dazu auch Pääbo 2014a: 124.

12 | Vgl. im Sinne eines NGS-Reviews Knapp/Hofreiter 2010: 228, sowie Knapp/Lalueza-Fox/Hofreiter 2015: o. S.; zur Geschwindigkeit, mit der die aDNA-Community die NGS-Verfahren annahm, Shapiro/Hofreiter 2012b: vi.

13 | Für einen Vergleich dieser Verfahren und ihren jeweiligen Nutzen für aDNA-Fragestellungen vgl. Knapp/Hofreiter 2010: 229-238. Vgl. zu den jeweiligen Verfahren die Ausgangspublikationen u. a. zum Nanopore Sequencing bei Deamer/Akeson 2000: 147 ff.; zum 454-Sequencing bei Margulies et al. 2005; Syvanen 2005; speziell hinsichtlich der Anwendung für evolutionsgenetische und paläoanthropologische Fragen Poinar et al. 2006: 394. Als Beispiel der Anwendungsexperimente von NGS-Verfahren bei aDNA vgl. Burbano et al. 2010: v. a. 723; zum Bau der Libraries einführend Briggs/Heyn 2012: 147-151.

14 | Es wurde eingesetzt z. B. von Poinar et al. 2006; Green et al. 2006; Miller/Drautz/Ratan et al. 2008; Miller/Drautz/Janecka et al. 2008; Rasmussen et al. 2010; Green et al. 2010 und Reich et al. 2010: 1054. Ebenso musste ausprobiert werden, wie man bei alter DNA die nötigen sogenannten Sequencing Libraries baut, ein Vorbereitungsschritt, bei dem alle DNA-Fragmente einer Probe ›repariert‹ und dann mit Adaptoren verbunden werden müssen, bevor die Library amplifiziert werden kann.

15 | Vgl. Cemper-Kiesslich et al. 2005: 150 f.; Wragge 2009: 48; Cappellini et al. 2004: 610; Kolman/Tuross 2000: 19; Wahl 2008: 39; Cemper-Kiesslich/Neuhuber/Schwarz 2010: 38; Experteninterview Krause/Haak 2016; Skoglund et al. 2013: 4480 f.; Brown/Brown 2011: 118 ff., 159; Experteninterview Burger 2013.

Anders als bei der PCR mussten nun nicht mehr mit Primern bestimmte Teile der DNA angezielt werden. High Throughput Sequencing ermöglichte es, alle in einer DNA-Probe enthaltenen Sequenzen auf einmal zu amplifizieren. Das bedeutete aber auch, dass im DNA-Extrakt enthaltene exogene DNA – vor allem von Mikroben aus dem Liegemilieu – mitverarbeitet wurde. Nötig wurden deshalb Verfahren, die die relevanten DNA-Stücke aus dem gemischten Extrakt ›herausfischten‹. Hybridization Capture[16] beispielsweise ermöglichte es, solche sehr kurzen Fragmente anzuzielen, indem sie diese Targets ›anreicherte‹.[17] Das war von Vorteil, weil dann nicht wie bei der PCR die längeren, besser erhaltenen exogenen DNA-Fragmente bevorzugt wurden. Hybridization Capture konnte somit den Anteil von endogener DNA in der Probe erhöhen bzw. hervortreten lassen.[18]

Ein Effekt der NGS-Verfahren war es, dass ab dem Ende der 2000er Jahre eine Rückkehr zu Studien an Populationen, die genetisch von Anatomisch Modernen Menschen kaum zu unterscheiden waren, vorstellbar wurde. Das Authentifizierungsproblem war zwar nicht gelöst worden, aber es hatte sich verändert.[19] Verlassene Forschungsfelder wurden wiedereröffnet und insbesondere die Arbeit mit menschlicher DNA von mehr Teams neu aufgenommen: »After bitter debates about the feasibility or even desirability of studies on ancient human populations, researchers have gained renewed confidence, maybe simply as a result of the large interest in human evolutionary history.«[20]

In der Populationsgenetik wurden zudem immer mehr fehlertolerante Modellierungen entwickelt, die, wenn Sample und Datenmenge ausreichend groß waren, einzelne exogene Sequenzen aushalten konnten.[21] Eine gewisse Kontaminationstoleranz war demnach mit statistischen Mitteln zu erreichen. Ein solches Design, das eventuelle Artefakte statistisch irrelevant werden ließ, war

16 | Erste Experimente bei Noonan et al. 2006; Primer Extension Capture bei Briggs et al. 2009 zur Analyse des mtDNA-Genoms von fünf Neandertalern; ebenfalls aus der Neandertalerforschung Burbano et al. 2010; Krause/Fu et al. 2010; mit paläopathologischer Fragestellung zur Geschichte des Pesterregers Schünemann et al. 2011: e751; auch dazu Bos et al. 2011: 508 f.; als Überblick Knapp/Hofreiter 2010: 228; routiniert inzwischen bei Haak et al. 2015: 207.

17 | Vgl. Knapp/Hofreiter 2010: 236; einführend Krause 2010: 21.

18 | Vgl. Horn 2012: 177-182; Krause/Briggs et al. 2010: v. a. 235, dort auch die Neubewertung der früheren Aussagen; diese z. B. in Interviewform in Abbott 2003.

19 | Vgl Krause/Briggs et al. 2010: v. a. 235; in der Fachöffentlichkeit Abbott 2003.

20 | Hagelberg/Hofreiter/Keyser 2015.

21 | Vgl. Expertinneninterview Grupe 2013; Pickrell/Reich 2014: 384; Knapp/Lalueza-Fox/Hofreiter 2015: o. S.

aber bei den Einzelfallstudien kaum möglich.[22] Wer daher, um ein für die Geschichtswissenschaft in Frage kommendes Beispiel zu wählen, genetische Verwandtschafts- oder Geschlechtsbestimmungen einer frühmittelalterlichen Kirchengrablege mit wenigen Individuen vornehmen wollte, konnte das nicht.

Die Etablierung der NGS-Verfahren und der Zuwachs an statistischen Methoden ab 2005 fielen mit einem deutlichen Anstieg der Publikationsfrequenzen insgesamt zusammen. Sie hatten seit den enttäuschenden Erfahrungen und Misserfolgen der 1990er Jahre stagniert und waren erst um etwa 2002 leicht angestiegen. Ab 2005/2006 machten sich rapide Steigerungen bemerkbar. Die quantitative Entwicklung der Veröffentlichungen war Teil des Wachstumsprozesses, den das Feld auf seinem Slope of Enlightenment durchlief. Dafür spricht außerdem, dass der Anteil der Methodenstudien und der Artikel, die systematische Beiträge zur Authentifizierungsfrage leisten wollten, zwischen 2000 und 2010 besonders deutlich stieg. Auffällig war auch die Zunahme von populationsgenetischen Untersuchungen an Menschen, Tieren und Pflanzen seit etwa 2005/2006 und an Pathogenen seit etwa 2008. Andere, kleinere Fragestellungen und Einsatzgebiete der aDNA-Verfahren wie etwa die molekulare Geschlechtsbestimmung oder kleinere Kinshipstudien wiesen deutlich flachere Outputkurven auf und zeigten insbesondere keine signifikante Veränderung ab 2005/2006. NGS-Verfahren waren zwar nur ein möglicher technischer Einflussfaktor für das Gedeihen der Forschungsgebiete und die erhöhten Publikationszahlen, doch deuten die flacheren Kurven in einigen Anwendungsbereichen darauf hin, dass der Impact der neuen Verfahren dort weniger hoch war als vor allem in der Populationsgenetik.[23]

Welche weiteren Veränderungen brachten die NGS-Verfahren? Die Quelle aDNA erreichte in quantitativer Hinsicht eine neue Dimension. Hochdurchsatzsequenzierer produzierten Millionen von DNA-Sequenzen. Generiert wurden allerdings Teilsequenzen, die erst einmal am Rechner sortiert und sinnvoll zusammengesetzt werden mussten.[24]

---

22 | »But under any circumstances, conservative population-wide hypothesis testing is certainly the way to reduce the number of over-interpreted ancient DNA artefacts. As a logical consequence, one should refrain from analysing single individuals; an exception is hominins with a deep divergence time from AMHs that show sufficient evolutionary difference for phylogenetic inference, such as Neanderthals.« Kirsanow/Burger 2012: 127.

23 | Erhoben wurde die Entwicklung von Publikationen, die sich mit alter DNA und (evolutions-)historischen Fragestellungen befassten, und zwar u. a. in den Bereichen und Feldern der Populationsgenetik, Bioarchäologie, Epidemiologie, Anthropologie und weiteren mehr. ISI WebofScience, Stand: Oktober 2016. Siehe dazu S. 61 f.

24 | Vgl. Green et al. 2008: 417 f.; Pickrell/Reich 2014: 378.

Darunter waren Sequenzen des Organismus, auf den sich die Forschungsfrage richtete, Sequenzen von Mikroorganismen aus der Probe sowie exogene Kontaminationen. Diese mussten identifiziert und charakterisiert werden. Dabei halfen die exponentiell wachsenden öffentlich zugänglichen Datenbanken bekannter Sequenzen.[25] Der steigende Datenzustrom zu diesen Verzeichnissen war wiederum selbst ein Effekt der NGS-Verfahren. Sowohl Studien, die unspezifisch genomweit vorgingen, als auch solche, die sich auf bestimmte Targets auf dem DNA-Strang konzentrierten,[26] erhöhten die Datenmenge, die verarbeitet und bewältigt werden musste – kognitiv und technisch.[27] Targetted-Studien waren allerdings effizienter und günstiger als unspezifische Zugänge, weil sie, wie Johannes Krause beschrieb, es ermöglichten, aus dem Genom »gezielt DNA-Fragmente da rauszufischen«: »Wenn 99,9 Prozent der Positionen im Genom identisch sind, dann brauch ich die ja nicht, da brauch ich ja nur die Positionen, die unterschiedlich sind.«[28]

Die Herausforderung bestand immer weniger darin, überhaupt an DNA-Sequenzen zu gelangen, sondern vielmehr zunehmend darin, Big Data handhabbar zu machen. Die enormen Datenmengen wurden von der Community zugleich als Chance und als Problem empfunden.[29] Sie erhöhten laufend die Ansprüche an die Bioinformatik, Statistik und Populationsgenetik. Es bedürfe, so ein amerikanisches Review 2008, nun »corresponding increases in analytical power«.[30] Biologische Daten und EDV wurden zunehmend miteinander verknüpft und aDNA-Forschung fand immer mehr am Rechner statt. Die Auf-

25 | Vgl. Krause 2010: 18; zum Wachstum der Sequenzdatenbanken Hagen 2010: 175; Dalton 2006b; sowie zur GenBank im Einzelnen Pääbo 1991: 109; Benson et al. 2013. Beispiele solcher Datenbanken sind http://ystr.charite.de; http://www.ncbi.nlm.nih.gov/Genbank/; http://www.cstl.nist.gov/biotech/strbase; http://77ncbi.nlm.nih.gov/SNP/; http://www.hvrbase.de; http://77snp.cshl.org. Siehe zur Bedeutung von Big Data auch S. 316.

26 | Vgl. zu den Targetmethoden Brandstätter/Parsons/Parson 2003; Burbano et al. 2010; Briggs et al. 2009: 318, über eine neue Methode (Primer Extension Capture), mit deren Hilfe spezifische DNA-Sequenzen aus den Libraries identifiziert werden konnte, um so eine genomweite Analyse der mtDNA von fünf Neandertalerproben zu erreichen. Vgl. dazu auch Pennisi 2009; Pickrell/Reich 2014: 384; überfachlich einführend Krause 2010: 21.

27 | Vgl. Experteninterview Burger 2013; Experteninterview Krause/Haak 2016.

28 | Ebd.

29 | Vgl. Burger 2013c; Bollongino 2013; Pickrell/Reich 2014: 384.

30 | Shapiro/Gilbert/Barnes 2008: 233; auch Lander 2011: 193.

bereitung und Auswahl der relevanten Daten am Computer dauerte deshalb in der Regel länger als die vorangegangene Laborarbeit.[31]

Welche Auswirkungen hatte Big Data wiederum auf das Authentifizierungsproblem? Waren in der Vielzahl der sequenzierten DNA-Fragmente einer Probe einzelne Kontaminationen dabei, fiel das angesichts der riesigen Datenmengen statistisch nicht mehr so stark ins Gewicht wie früher,[32] es sei denn, gerade diese Artefakte wurden herausgegriffen und als authentisch deklariert, um eine Hypothese zu belegen.

Dies war 2015 wahrscheinlich bei einer Studie der Fall, die in 8.000 Jahre alten Sedimentproben aus Großbritannien Weizen-DNA gefunden zu haben vermeinte.[33] Es handelte sich um einzelne Sequenzen, die aus der riesigen Sequenzdatenmenge der Probe hervorstachen. Dort waren sie nicht zu erwarten gewesen, da Weizen erst im Zuge der Neolithisierung mehrere Tausend Jahre später in dieser Region aufgetaucht sein sollte.[34] In einer Replik auf die Meldung argumentierte ein Tübinger Team, dass es sich um moderne Kontaminationen handeln müsse, zumal die Sequenzen nicht die für alte DNA typischen Schadensmuster aufwiesen.[35] Das neue Aufgabe bestand also darin, das Auftauchen einzelner auffälliger Sequenzen in den riesigen Datenbergen adäquat zu bewerten. Waren diese authentisch und eine Sensation oder irrelevante Ausreißer?

Das Kontaminationsproblem war mithin nicht verschwunden, sondern erstens aus statistischen Gründen relativiert worden. Zweitens hatte es sich in qualitativer Hinsicht verändert. Die Größe und Komplexität der nun produzierten Datenmengen erforderten neue Wege, die einzelnen Daten der für jede Quelle erforderlichen Authentizitätsprüfung zu unterziehen. Gerade wenn eine Studie vermeintlich alle formalen Authentizitätskriterien erfülle, so Karola Kirsanow und Joachim Burger 2012, sei die Gefahr groß, dass ein weniger informierter Leser gar nicht einschätzen könne, ob die einzelnen Sequenzen in dieser Masse plausibel seien oder nicht.[36]

2016 meinten Johannes Krause und Wolfgang Haak deshalb rückblickend, das Kontaminationsproblem habe sich zwar qualitativ gewandelt. Mit Kontrolltechniken könne man Kontaminationen »runterschrauben«, sodass man jetzt

31 | Vgl. Bollongino 2013; Linderholm 2011: 391; mündliche Mitteilung von Amelie Scheu und Farnaz Broushaki, Universität Mainz, März 2014.

32 | Vgl. zu einer solchen Argumentation Green et al. 2008: 418; mit neuen Authentifizierungsleitlinien Knapp/Lalueza-Fox/Hofreiter 2015: o. S.

33 | Smith et al. 2015.

34 | Vgl. über diesen Fall Callaway 2015a; Experteninterview Krause/Haak 2016.

35 | Vgl. Weiß et al. 2015: e10005.

36 | Vgl. Kirsanow/Burger 2012: 126.

damit umzugehen vermöge und Verunreinigungen einigermaßen erkenne.[37] Dennoch sei das Grundproblem immer noch da:

»WH: [W]ir sind tatsächlich noch weit davon entfernt zu sagen, es ist alles gut. Na, also die Vorkehrungen, die gelten nach wie vor. Also wir müssen aufpassen. [D]eswegen sieht das DNA-Labor auch immer noch so aus, wie es vor zehn Jahren ausgesehen hat. Also da haben sich viele Sachen natürlich auch bewährt.«

37 | Experteninterview Krause/Haak 2016.

4. Anwendungen und Fragestellungen: Grenzen und Herausforderungen der Quelle aDNA in der überfachlichen Diskussion

Neue Quellen für alte Fragen? Das Abstecken von Einsatzgebieten: epistemologische und fachpolitische Dimensionen

»Getting answers from ancient DNA«.[1]

Bereits in der Anfangsphase der aDNA-Forschung, in welche der folgende Abschnitt zurückführt, als Euphorie und mediale Aufmerksamkeit für die Sensationsexperimente noch groß waren, merkten die ersten Forscherinnen und Forscher kritisch an, dass zwar viele alte Fragen genannt worden waren, die mithilfe der Quelle aDNA gelöst werden sollten, es aber an konkret formulierten, genuinen Einsatzdesigns für die neuen Techniken fehlte.

In einem Tagungsbericht über eine Veranstaltung, an der 1991 Protagonisten wie Terence A. Brown, Erika Hagelberg, Robert E. M. Hedges und Svante Pääbo teilgenommen hatten, gab sich der britische Anthropologe Tony Waldron skeptisch. Inzwischen könne DNA extrahiert und analysiert werden, aber was wolle man damit denn genau anfangen? »The practical consequences of this biochemical tour de force are not so clear, however, and in some ways it is a technique in search of applications.«[2]

Ähnlich äußerte sich Mark Stoneking 1995, also zu einem Zeitpunkt, als die Kontaminationsproblematik schon deutlicher geworden war, technologische Enttäuschungen erlebt wurden und klar war, dass die Arbeit mit aDNA sehr anforderungsreich sein würde:

»[A]ll the exhaustive and laborious procedures that must be followed to obtain and verify the authenticity of ancient DNA while avoiding the ever-present spectre of conta-

1 | Haynes/Searle/Dobney 2000.

2 | Waldron 1991: 155.

mination, the ancient DNA community understandably gets a little testy whenever the question is raised of what can actually be done with the resulting information. After all, isn't it a neat enough trick to show that DNA can indeed be obtained from ancient specimens? Alas, if ancient DNA is to become a legitimate field of scientific inquiry, then the answer must be no.«[3]

Aus seiner Sicht genügte es nun nicht mehr, im Labor interessante Effekte nachzuweisen.

»Nevertheless, we now have had a decade of papers describing that DNA could be obtained from one or a few remains and then extolling the promise of what could be done with ancient DNA; if ancient DNA is to be more than just a technological curiosity, then we don't need any more such papers. Instead for the real anthropological potential of ancient DNA to be realized, we need to see more studies analyzing the sorts of populations and addressing the sorts of questions that anthropologists are interested in.«[4]

Machbarkeit reichte ihm nicht mehr als Legitimationskriterium. »›Because it is there‹ may be sufficient justification for climbing mountains, but, when it comes to grinding up valuable specimens, one ought to spend a little time beforehand considering just what one can expect to learn from an analysis of ancient DNA.«[5]

War die Technik also auf der Suche nach Anwendungen, wie dies aus anderen Technologiefeldern bekannt ist? Ja und Nein – einerseits, so die These im Folgenden, begab sich die Community auf die Suche nach Fragestellungen und Anwendungsgebieten, in denen sich das neue technische Können einbringen ließ – und zwar zu einem Zeitpunkt, als sich das Feld noch in seiner hochexperimentellen Phase befand und unbestimmt war, was aDNA und die Analyseverfahren vermochten. Genau dies sollte an konkreten Fragestellungen getestet werden.

Andererseits waren die aDNA-Verfahren aber entwickelt worden, um einigen bereits seit Langem verfolgten Fragen der Humanevolution, der Phylo- und Populationsgenetik sowie Anthropologie auf der Ebene der Moleküle nachgehen zu können.[6] Das alte Ziel war es ja gerade gewesen, die genetischen Beziehungen zwischen Individuen und Populationen in diachroner Hinsicht auf der

3 | Stoneking 1995: 1260.

4 | Ebd.: 1261.

5 | Ebd.: 1260.

6 | Vgl. z. B. Hagelberg/Clegg 1991: 45; Thomas et al. 1989; Pääbo/Higuchi/Wilson 1989; Pääbo/Villablanca/Wilson 1990; Cooper et al. 1992; Herrmann et al. 1990: 249-252; zurückblickend auf die Suche nach Quellen für alte Fragen z. B. Shapiro/Gilbert/Barnes 2008: 208.

Basis der DNA-Moleküle zu untersuchen und daraus Informationen für die Modellierung phylogenetischer und evolutionsgenetischer Prozesse zu ziehen – und zwar bei Menschen, Tieren, Pflanzen und Mikroorganismen.[7] Es ging also eher darum zu testen, welche der bekannten Forschungsprobleme sich auf neuer Quellenbasis untersuchen ließen, wie dabei vorzugehen war und wo die Grenzen der Quelle lagen. Die entstehende Community suchte nach der Passung von Quellen, Fragestellungen und Anwendungsgebieten.

Ob es so eine Übereinstimmung gab, war wie in jedem neuen Forschungsfeld zunächst in hohem Maße unsicher. Forschungseinheiten gingen deshalb daran, zu prüfen und zu entscheiden, welche Fragen und Probleme sie angehen wollten, wie dies jeweils geschehen sollte und in Zusammenarbeit mit welchen anderen Einrichtungen. All dies stand unter hohem epistemologischen und fachpolitischen Erwartungsdruck.

Es ging dabei nicht darum, aDNA für ein einziges Fach zu reklamieren. Im Gegenteil war die Suche von vornherein überfachlich gedacht bzw. an einer multidisziplinären Nutzung orientiert. Ein Argument lautete, dass die (abstrakte) Komplexität und Größe diverser bestehender Forschungsprobleme solche Kooperationen erforderlich und den Einsatz der aDNA-Verfahren geradezu unumgänglich mache: Vielschichtige Probleme wie das Verhältnis von Neandertalern und Anatomisch Modernen Menschen, der Neolithisierungsprozess oder auch grundsätzlich der Zusammenhang von Menschen, Ökosystem und Wirtschaftsweisen[8] könnten nicht von einem Fach allein mit seinen begrenzten epistemischen Ressourcen bearbeitet werden. An der Erforschung des Menschwerdungsprozesses, so die biologischen Anthropologen Winfried Henke und Hartmut Rothe 1994 in einer Einführung, seien 36 Fachrichtungen beteiligt oder sollten es sein.[9] Der Tübinger Paläo- bzw. Evolutionsgenetiker Carsten M. Pusch und der damalige Archäobiologe Michael Scholz identifizierten 1999 paläogenetische Fragestellungen insgesamt als Bereich, in dem eine fachübergreifende, mindestens multidisziplinäre Arbeit unumgänglich sei. Deren Vorteil liege »in der breitgefächerten Vor- und Zusatzinformation verfügbarer Daten

7 | Vgl. Pääbo/Higuchi/Wilson 1989: 9712; Hedges/Sykes 1992: 269; Richards et al. 1993: 18; Herrmann/Hummel 1994b: 2; Hummel et al. 1995: 243; Brown et al. 2000: 119; resümierend Mulligan 2006: 366; Kirsanow/Burger 2012: 121 f.; zur (Tier-)Phylogenetik resümierend Burger 2006: 53; typische Studien Larson et al. 2007; Edwards et al. 2007; aus der phylogenetischen Forschung ausgestorbener Arten vgl. Cooper et al. 1992: v. a. 8742 f.; Greenwood et al. 2001: 100 f.; Hofreiter et al. 2002; Barnes 2000; Orlando et al. 2000; Cooper 2000; Shapiro/Cooper 2000; Blatter/Jacomet/Schlumbohm 2000; Allaby/Freitas/Brown 2000.

8 | Vgl. Herrmann 1986a: 166; Sosna/Sládek/Galeta 2010; Herrmann 2011: 481 f.; Meier/Tillessen 2011b: 21 ff., 26; Meyer/Ganslmeier et al. 2012: 11, 21.

9 | Vgl. Henke/Rothe 1994: Tabelle 3.

und interessierender Fragestellungen«. Das Wissen ausschließlich einer Disziplin hingegen lasse selten »eine gesicherte und umfassende Aussage« zu.[10]

Aus der Perspektive des Jahres 2013 meinte die Anthropologin Gisela Grupe, die Fächer allein könnten den an sie gestellten Anforderungen und der Menge an Daten gar nicht mehr gerecht werden:

»Die Wissenschaften sind ja mittlerweile soweit, das weiß jetzt jeder, die Zeit, wo man alleine im Kämmerchen saß, die ist vorbei, sondern wir brauchen eigentlich Forscherverbünde, weil die Wissensflut und der Wissenszuwachs so ist, dass auch nicht eine Disziplin das mehr leisten kann.«[11]

Insgesamt klang an, dass es Gegenstände und Fragestellungen gebe, die grundsätzlich einem rein disziplinären Zugang verschlossen blieben, und überfachliche Wissensbereiche, die wiederum nicht disziplinär existieren könnten.

Eine Adressatin der aDNA-Forschung war von Beginn an die Prähistorische Archäologie.[12] Selbst im Hinblick auf die Fragestellungen zur Evolutionsgeschichte, genetischen Variabilität und Populationsgenetik war vielen Beteiligten klar, dass die Archäologien und die Denkmalpflege nicht auf Dauer nur die Rolle der Materiallieferantinnen ausfüllen wollen würden. So hatte der britische Anthropologe Tony Waldron bereits 1991 dafür plädiert, über Anwendungen, die wirklich auch für die Archäologie relevant sein konnten, zu diskutieren.

»The biochemists are rightly proud of their achievements and enthusiastic to continue their work, but the days of asking archaeologists or bone specialists for samples on an ad hoc basis have gone. Now we no longer need to be convinced that DNA is there, we need some serious consideration to be given to determining how best we can use this knowledge to increase our understanding of human societies in the past. Resources are scarce and must be used to their greatest advantage; certainly grant giving bodies will be impressed only by carefully considered research hypotheses. Perhaps we need a further meeting to establish some research priorities; we certainly need more discussion.«[13]

Der Molekularbiologe Terence A. Brown und die Archäologin Keri A. Brown fragten von Anfang an »What can ancient DNA do for archaeologists?« Bisher sei ja nur nachgewiesen worden, dass sich DNA in diversen Materialien erhalte.

10 | Pusch/Scholz 1999: 373.

11 | Expertinneninterview Grupe 2013.

12 | Vgl. Thuesen/Engberg 1990: 688; Richards et al. 1993: 18; Stoneking 1995: 1261; Hänni et al. 1995: 650; Powledge/Rose 1996: 37 f.

13 | Waldron 1991: 156.

Man kratze an der Oberfläche potentieller Implementationen der neuen Technik. Zugleich sei aber zu beachten, dass DNA kein Wundermittel gegen alle denkbaren Forschungsprobleme der Archäologie darstellen werde.[14]

Der Paläoökologe Kenneth D. Thomas erhielt 1993 eine Förderzusage für die experimentelle Biomolecular Archaeology durch ein Programm des NERC. Ihm war klar, dass es sich um »a developing area with inevitable uncertainties«[15] handelte. Er fragte sich, ob man erwarten konnte, dass die aDNA-Verfahren so automatisiert würden, dass sie langfristig auf Fragen angewandt werden konnten, die für die Archäologie und Humanökologie interessant waren. Würden sie das experimentelle Stadium verlassen?

»One basic question is: will current research developments lead to a ›trickle down‹ in to the slightly less rarified (dare I say ›more mundane‹?) areas of archaeological investigation, or will these sophisticated and ›high-tech‹ approaches only be available to a few high profile, and highly funded, research projects?«[16]

In dieser Frage räumte Erika Hagelberg selbst 1994 ein, dass die molekularbiologischen Labore mit den ersten Experimenten hohe Erwartungen an das Material geschürt, aber zu wenig spezifische Anwendungsdesigns formuliert oder gemeinsam mit Archäologen gesucht hätten. Man habe sich eben bisher auf die Techniken konzentriert.

»Most of the studies to date have concentrated on the techniques themselves rather than in answering particular research questions, but the unforeseen success of bone DNA typing in the forensic identification of skeletal remains [...] as well as the consistent results obtained with many archaeological specimens have increased our expectations for the potential of these techniques«.[17]

Ob die aDNA-Verfahren die Versprechungen und die in sie gesetzten Hoffnungen erfüllen würden, sei noch nicht klar, meinten aus Oxford der Genetiker Martin Richards, die Molekularbiologin Kate Smalley, der Humangenetiker Brian C. Sykes und der Archäologe Robert E. M. Hedges in einem überfachlich ausgerichteten Papier, das die Potentiale der aDNA für im weitesten Sinn archäologische und historische Fragestellungen ausloten sollte:

»The next few years will tell whether the analysis of ancient DNA, and especially bone DNA, lives up to the promises that we and others have made for it. Many of the issues

14 | Brown/Brown 1992: 18, vgl. auch 16 f.

15 | Thomas 1993: 1.

16 | Ebd.: 13.

17 | Hagelberg 1994: 202; auch dies. et al. 1991: 399.

that we have discussed here have been rather esoteric questions concerning the interpretation of genetic results. Nevertheless, perhaps a more pressing question is whether or not the relatively few authenticated sequences found up till now are exceptions, or whether a gradual improvement in expertise will render the extraction and amplification of bone DNA routine.«[18]

Abhängig machten sie das inhaltliche Potential der aDNA davon, ob sich Routineverfahren entwickeln ließen und die »teething pains«,[19] die Kinderkrankheiten, der Technologie bekämpft werden konnten.

Ob umgekehrt auch Genetik, biologische Anthropologie und Evolutionsforschung von den Archäologien profitieren würden, wenn es zur Zusammenarbeit kam, wurde selten diskutiert.[20] Sehr viel häufiger ging es um die Gewinne, die die geistes- und kulturwissenschaftlichen Fächer aus der Kooperation mit den Naturwissenschaften ziehen (sollten). Lediglich im amerikanischen Raum der 2000er Jahre fanden sich später Äußerungen, wonach archäologisches Wissen und Können die Methodenentwicklung der Biologie anregen könne, da diejenigen, die die technischen Verfahren entwickelten, dafür Anregungen von den Wissenschaften erhielten, die sich mit den Funden auskannten.[21] Hier wurde die Archaeology amerikanischer Prägung nicht nur als Materiallieferantin oder Nutznießerin, sondern als Brücke zwischen den Wissenschaftskulturen ins Spiel gebracht. Sie verfüge über die »ability to bridge science and humanism by telling anthropologists and historians something that they did not know about the past and something that they may not have even thought about at all«.[22]

Die überfachliche Kooperation, das war hier die Grundaussage, veranlasse alle Beteiligten, nicht nur die Archäologen, zu einem »revisit«[23] ihrer Quellen, Daten und etablierten Haltungen. Kooperation könne durch positive Irritationen weg vom Liebgewonnenen zu etwas gemeinsamen Neuem führen. Im deutschsprachigen Bereich waren solche Äußerungen seltener, wenngleich zum Beispiel Bernd Herrmann 2011 argumentierte, dass die Prähistorische Anthropologie nicht nur von der Molekularbiologie profitiere, von der sie Techniken und Methoden erhalte, sondern auch von der Zusammenarbeit mit

18 | Richards et al. 1993: 26.

19 | Matisoo-Smith/Horsburgh 2012: 12. Siehe dazu auch Kapitel 3 (ab S. 165).

20 | Stefanie Samida sprach dies im Interview an und argumentierte, dass im Moment v. a. die Archäologien von den Naturwissenschaften profitierten, die ihrerseits wenig Mehrwert für sich aus der Zusammenarbeit ziehen könnten. Vgl. Expertinneninterview Samida 2013.

21 | Vgl. Schablitsky/Dixon/Leney 2006: 5.

22 | Dixon 2006: 28.

23 | Ebd.: 23; so auch Killick 2015: 242 f.

Archäologie und Geschichtswissenschaft.[24] Herrmann verstand dies sogar als transdisziplinär, konzipierte also ein hoch aufwändiges Setting, in dem per Definition die bisherigen Disziplin- und Fächergrenzen aufgehoben und Fragestellungen, Interessen, Methoden und Interpretationen der verschiedenen Disziplinen miteinander sowie mit nichtwissenschaftlichen Wissensbeständen vermengt würden.[25]

Während die Aussagepotentiale für die Archäologie optimistisch diskutiert wurden, stellten insbesondere die deutschsprachigen Anthropologen von Beginn an klar, dass sie nicht bereit waren, wie Auftragnehmer nur Daten an Archäologen zu liefern. Es gehe nicht an, dass die Archäologien die genetischen Daten dann für sich vereinnahmten und allein entschieden, ob und wie diese in Bezug zu den archäologischen Quellen zu setzen seien.[26] Damit verschenke man, so Bernd Herrmann bereits 1995, das Potential, das in der Kompetenz für alte DNA liege.[27] Anthropologen bemühten sich unter hohem Risiko, molekularbiologische Hightechlabormethoden zu erlernen, und verstanden alte Moleküle als Hoffnungsträger für eine Neuerfindung der Anthropologie. Eine Dienstleistungsposition als »Messknecht«[28] oder die Abgabe der Interpretationshoheit an ein anderes Fach waren unter diesen Vorzeichen nicht akzeptabel. Im englischsprachigen Raum, wo diese Befürchtung ebenso auftrat, obwohl die Fächer dort etwas anders zueinander positioniert waren, setzte sich dafür das Schlagwort Trade Deficit fest.[29] Dies verdeutlichte eine Äußerung von Terence

---

24 | Herrmann 2011: 478.

25 | Zum Unterschied von Transdisziplinarität im Vergleich zu Interdisziplinarität die Definitionsvorschläge bei Mittelstraß 1987: 156; ders. 2003: 9 f.; hinsichtlich anderer Konzepte von Transdisziplinarität Balsiger 2005: 174-181; Potthast 2011: 13; Bergmann et al. 2005: 15; zur Begriffsgeschichte von Transdisziplinarität Blättel-Mink et al. 2003: 10-13.

26 | Vgl. Herrmann 1995: 24; ders. 1997: 97 f.; Riehl 1998: 22; Larsen 2007: ix; Alt 2010: 10; Herrmann 2011: 474, 476; Grupe 2012: 178, 185; Burger 2013b; Expertinneninterview Grupe 2013.

27 | Vgl. Herrmann 1997: 97 f., 100; auch ders. 1995: 24.

28 | Ders. 2011: 474. Herrmann hat seine Warnungen über die Jahre aufrechterhalten. Interdisziplinarität sei meist nur »eine subtile und akzeptierte Form disziplinärer Ausbeutungen« und davon könnten »die vermeintlichen Ancilla-Disziplinen vieler Archäo-Fächer [...] ein Lied der traurigen Sorte singen«. Ebd.: 473.

29 | Ein ganzer Sammelband widmete sich dem Verhältnis von Archaeology und Anthropology in Großbritannien unter dem Eindruck des Trade Deficits und fragte nach Möglichkeiten, die Kooperation zu verändern. Vgl. Garrow/Yarrow 2010; zum Begriff des Trade Deficits darin ausführlicher Yarrow 2010: 14; für die deutsche Situation Alt 2010: 10; ähnlich für die Paläobotanik bei Riehl 1998: 22.

A. Brown und Keri A. Brown, die 1992 über die Potentiale der aDNA für Anthropologie und Archäologie nachdachten:

»The least useful way forward would be for ancient DNA to become purely a service industry for archaeology. Only some applications as routine sex typing of bones could be dealt with effectively on a ›send sample plus cheque‹ basis; the more important advances will come only from a true merging of the disciplines.«[30]

Stattdessen entstand eine Reihe von Rettungserzählungen, in denen die Prähistorische Archäologie explizit als Nutznießerin der molekularbiologischen Verfahren erschien. Ihr wurden dabei teils sogar ausdrücklich eigene Erkenntnismöglichkeiten abgesprochen. Die Geisteswissenschaft, die nicht nur kaum Quellen habe, sondern auch aus eigener Kraft keine innovativen Forschungsergebnisse mehr hervorbringe, sei auf die Biowissenschaften angewiesen, die sie aus ihrem epistemologischen Dilemma retten könnten, ließen sich noch in den 2000er Jahren zum Beispiel Kurt W. Alt und dessen langjähriger Projektpartner Harald Meller, der Landesarchäologe in Sachsen-Anhalt, vernehmen.[31] Die Archäologie werde, prognostizierte Alt, durch die wesentlich innovationsstärkere Anthropologie endlich »in die Lage versetzt, bei der kulturellen Interpretation der Vergangenheit auch den Menschen angemessen zu berücksichtigen«,[32] und könne ihre erkenntnistheoretische Isolation mithilfe kooperativer Projekte ausgleichen.[33] Die Altertumswissenschaften könnten es sich auf keinen Fall leisten, irgendeine verfügbare Quelle auszulassen oder den ständig modernisierten Methodenapparat der Biowissenschaften nicht auszuschöpfen.[34] Zumindest erhielten sie ganz neue Erkenntnischancen, war mehrfach im Mainzer Umfeld Alts zu lesen.[35]

Christian Meyer, ein Mitarbeiter Alts, forderte Archäologie und Anthropologie in diesem Zuge auch dazu auf, die lang praktizierte Aufteilung der Quellen zu überwinden:

»In its standard application archaeology is primarily concerned with the cultural evidence of material remains, and physical anthropology with the biological evidence of the people living in a specific cultural environment. Both areas of research have to be combined to make the most of what evidence still remains of the social structure of ancient societies.«[36]

30 | Brown/Brown 1992: 251.

31 | Vgl. Meller/Alt 2010b: 7.

32 | Alt 2009: 275.

33 | Vgl. ders. 2010: 8-16.

34 | Vgl. ders. 2009: 292.

35 | Vgl. Brandt et al. 2010: 17; ähnlich auch Haak et al. 2008: 18230.

36 | Meyer/Ganslmeier et al. 2012: 21.

Die Position von Alt, einem der vehementesten Verfechter der überfachlichen Kooperation, der heute auf eine Vielzahl entsprechender Projekte zurückblicken kann, stach in ihrer Radikalität hervor. Jedoch erhofften sich auch Archäologen eine Aktualisierung ihres Faches durch die innovativen naturwissenschaftlichen Verfahren. Einige reagierten regelrecht enthusiastisch auf die entsprechenden Ankündigungen.[37] Große Zukunftsentwürfe hatte bereits 1989 der Archäologe und Chemiker T. Douglas Price, damals Präsident der Society for Archaeological Sciences, für die britische Archäologie aufgestellt. Dabei steckten aDNA-Verfahren und Isotopengeochemie noch ganz in ihren Anfängen, als er erklärte, die Zukunft der Archäologien liege nicht in der Ausgrabung, sondern im Labor: »The major discoveries in archaeology in future will be made in the laboratory, not in the field.«[38] Der britische Archäologe Colin Renfrew, der seit den 1990er Jahren nach Erkenntnisangeboten der Molekulargenetik für die Archäologie gesucht und dafür den Begriff der Archaeogenetics eingeführt hatte,[39] setzte ebenfalls große Hoffnungen in sie:

> »This is a dynamic expanding area and every year there are new insights. I predict that over the next decade this will be one of the fastest moving fields in archaeological research – even if it carries with it the paradox (for the archaeologist) that much of the new information comes from the genes of living populations.«[40]

Antizipiert wurde auch, dass die aDNA-Verfahren und andere aktuelle laborwissenschaftliche Innovationen den Archäologen Zugang zu mehr und besonderen Ressourcen und außerwissenschaftlichem Renommee erschließen würden, weil sie en vogue, forschungspolitisch erwünscht und massenmedial gut vermittelbar seien.[41]

Die Ur- und Frühgeschichtlerin und Paläoanthropologin Miriam Noel Haidle erwartete sich 1998 von der Kooperation mit den Laborwissenschaften hingegen produktive Irritationen für die Archäologien, die dazu führen könnten, dass »liebgewonnene[s] Allgemeinwissen«[42] endlich überprüft werde. Die methodische Schlagseite der deutschen Ur- und Frühgeschichte, die noch an beschreibenden Verfahren festhalte und die Formenkunde überbewerte, erfah-

37 | Vgl. dies beobachtend Killick 2015: 242 f.; Horsburgh 2015: 141.

38 | Price 1989; ähnlich Tite 1991: 148, 150.

39 | Vgl. dazu v. a. den Titel seines Buches Renfrew/Boyle 2000.

40 | Renfrew 2002a: 43.

41 | Vgl. zu dieser Beobachtung: Siegmund 2001: 13; Gramsch 2011: 215; Müller 2013: 35; Experteninterview Veit 2013; Expertinneninterview Samida 2013; auf anthropologischer Seite dazu Experteninterview Burger 2013; Expertinneninterview Grupe 2013.

42 | Haidle 1998: 12.

re eine Art empirischen Ausgleich durch die Laborverfahren.[43] Jörg Orschiedt, wissenschaftlicher Mitarbeiter im Neandertalermuseum, erhoffte sich ebenfalls 1998, dass überfachliche Kooperationen helfen könnten, ein facettenreicheres Gesamtbild der Vergangenheit zu zeichnen – vorausgesetzt, die jeweiligen Erkenntnisse würden bewusst gemeinsam sortiert und arrangiert und nicht lediglich additiv aneinandergereiht.[44]

Ähnlich und ebenfalls mit Blick auf die Neandertalerfrage argumentierte die Leiterin des Forschungszentrums und Museums für menschliche Verhaltensevolution Monrepos Sabine Gaudzinski-Windheuser 2002. Die deutschsprachige Urgeschichte verpasse den internationalen Anschluss, weil zu wenig mit anderen Fächern kooperiere. Gerade die genetischen Untersuchungen hätten in »der Fachwelt und Öffentlichkeit intensivere Auseinandersetzungen entfacht, als es die Forschungen der Disziplin jemals vermochten, die seit nunmehr über einem Jahrhundert einen ihrer Schwerpunkte in der Erforschung des Neandertalers sieht – eben der Urgeschichte.«[45] Es müsse der Urgeschichte gelingen, sich in die neue Forschung zu integrieren.

Kooperatives Forschen – ob man es selbst praktizierte, von außen beobachtete oder nur in einem Gedankenexperiment durchspielte – wurde zudem als Gelegenheit empfunden, die eigenen Fachidentitäten und die Fachentwicklung zu überprüfen. Das Angebot der aDNA-Verfahren und anderer neuerer naturwissenschaftlicher Zugänge regte Überlegungen über das Wesen und die Relevanz der Archäologien an und schürte diesbezüglich sowohl Ängste als auch Hoffnungen.[46] Es ging letztlich um die Frage, wie viel Naturwissenschaft die Prähistorische Archäologie integrieren konnte oder sollte. Eine naturwissenschaftliche Archäologie sei etwas anderes als eine historische Kulturwissenschaft, sagte zum Beispiel Stefanie Samida im Expertinneninterview 2013, könne aber in dieser durchaus aufgehen.[47] Wie sich das weiter entwickeln werde, sei nicht abzusehen, aber man könne den Prozess beobachten und darüber reflektieren: »Das ist eine Grundfrage, die sich jeder stellen muss, ›wo will ich hin mit meinem Fach, und was ist mir nachher wichtig‹, und wenn es halt keine Diskussionen gibt, dann plätschert das halt so ein bisschen vor sich hin.«[48] Das einfach passieren zu lassen, sei nicht gut, es müsse stattdessen über das eigene Fachverständnis nachgedacht werden.

---

43 | Vgl. ebd.; ähnlich auch Doll 1998: 27.

44 | Vgl. Orschiedt 1998: 37 f.

45 | Gaudzinski 2002: 69.

46 | Vgl. z. B. Experteninterview Veit 2013; Expertinneninterview Samida 2013. Siehe auch das diesen Überlegungen gewidmete Themenheft von CSA 2013.

47 | Vgl. Expertinneninterview Samida 2013.

48 | Ebd.

Ähnlich ins eigene Fach hinein argumentierte auch Manfred K. H. Eggert. Der Mensch der Vergangenheit verschwinde in der Archäologie noch oft hinter der antiquarisch betriebenen Beschäftigung mit seinen materiellen Hinterlassenschaften.[49] Das könne sich mit den analytischen Verfahren ändern. Eggert sah auch die Möglichkeit, durch mehr überfachliche Kooperationen, denen er allerdings keineswegs euphorisch gegenüberstand, einer Überspezialisierung der Fächer entgegenzuwirken. Zwar sei die Spezialisierung selbst nicht das Problem, aber in den Nischen würden zu wenig anschlussfähiges Wissen und zu wenige übergreifende Zusammenhänge geschaffen.[50] Eggert nahm hier Bezug auf den am Ende des 20. Jahrhunderts immer häufiger an die Wissenschaften im Allgemeinen gerichteten Vorwurf, sich durch die »Atomisierung der Fächer«[51] selbst Wahrnehmungs- und Erkenntnisgrenzen aufzuerlegen und partikulares, unübersichtliches Wissen zu produzieren.[52] Kooperatives Forschen sollte, dem wissenschaftspolitischen Ideal nach, die Meisterlösung darstellen, indem es kompensierte, reparierte, integrierte und dem verästelten System Erkenntnisfortschritte ermöglichte.[53]

Entsprechend euphorisch gab sich 2009 der Programmdirektor für Archäologie bei der DFG, Hans-Dieter Bienert, im Interview. Die Laborwissenschaften brächten die Archäologien auf einen neuen Weg und eröffneten ihnen »ganz neue Aussagemöglichkeiten zu Gesundheit, Verwandtschaft und Migrationsbewegungen früherer Gesellschaften«.[54] Dem pflichteten mehrere Inhaber ur- und frühgeschichtlicher Lehrstühle in Deutschland und Landesarchäologen bei.[55] Andere erklärten, die Paläogenetik revolutioniere geradezu die Archäologie.[56] Andreas Reinecke, damals zuständig für die Archäologie außereuropäischer Kulturen beim Deutschen Archäologischen Institut, prognostizierte: »All das wird die ›gefühlsmäßige Interpretation‹ in der Archäologie durch harte

49 | Vgl. Eggert 2011c: 309.

50 | Vgl. ders. 2005a: 224.

51 | Mittelstraß 1987b: 101.

52 | Vgl. zu dieser Anrufung zur Kooperation auch ebd.: 101 f.; ders. 1987a: 154 f.; ders. 2003: 6 f.; vgl. auch Deinhammer 2003a: 48 f.

53 | Vgl. Schmidt 2005: 14; Deinhammer 2003a: 49. Jürgen Mittelstraß regte bereits 1987 an, Interdisziplinarität nicht mehr als Heilmittel für alle möglichen wissenschaftsinternen Probleme zu betrachten. Vgl. Mittelstraß 1987b: 102; von einem »Programm hoher Formalität« sprach Reinhard Koselleck (2010: 52); dazu Potthast 2010a: 174-177.

54 | Kurzinterview mit Hans-Dieter Bienert in Bienert et al. 2009: 38; ähnlich auch Biel 1999: o. S. AiD ist ein populäres, wissenschaftsnahes Magazin, das sich mit archäologischen Themen befasst.

55 | Vgl. Kurzinterviews mit Rüdiger Krause, Dirk Krausse, Johannes Müller und Alfried Wieczorek in Bienert et al. 2009: 38 f.

56 | Vgl. Kurzinterviews mit Harald Meller und Matthias Wemhoff ebd.: 38 f.

Fakten ersetzen und streckenweise zu vollkommen neuen Erkenntnissen führen. [...] Da werden wir ganze Weltbilder einstürzen sehen.«[57]

Allerdings begannen in den archäologischen Fächern, wie diese Zitate zeigten, solche epistemologischen und fachpolitischen Überlegungen nicht wie in der Anthropologie schon in der experimentellen Anfangsphase der DNA-Forschung, sondern etwas später. Das war darauf zurückzuführen, dass sich erst einmal mehr Forschende der frühen Experimente und der potentiellen neuen Optionen bewusst werden und erste Kooperationen eingehen mussten.

Die Quelle aDNA selbst eignete sich prinzipiell dazu, in eine ganze Reihe von Fragestellungen aus verschiedenen Fächern eine neue, genetische Perspektive einzubringen. Sie erzwang dies aber nicht aus sich selbst heraus. Wofür DNA-Quellen tatsächlich eingesetzt wurden und in welcher Beziehung sie zu anderen Quellen standen, entschieden die Mitglieder der wissenschaftlichen Gemeinschaften. Es gab hier keinen Automatismus. Das lässt sich beispielhaft an der Wahl der Marker aufzeigen. Marker auf der DNA und damit das Experimentaldesign konnten so gewählt werden, dass die Analysen Daten zu genetischer Variabilität oder genetischen Beziehungen zwischen und innerhalb von Populationen lieferten, die primär für die Genetik und Evolutionsforschung von Interesse waren. Sie konnten aber auch passend zu ›archäologischen‹ Fragestellungen ausgewählt werden: Während die Archäologie das soziokulturelle, sogenannte Beigabengeschlecht ansprach, konnte die DNA-Analyse Daten zum chromosomalen Geschlecht liefern. Aussagen zur genetischen Verwandtschaft einzelner Individuen eines Bestattungsareals ließen sich in Bezug setzen zu den anhand des Sachgutes gewonnenen Erkenntnissen über die Sozialstruktur einer Gemeinschaft. Für die meisten Genetiker und Evolutionsforscher besaßen solche Fragen und Perspektiven dann wiederum wenig Relevanz für ihre genuinen Forschungsinteressen. Ein Zitat vom Anfang der 2000er Jahre verdeutlicht aber die prinzielle Möglichkeit des Perspektivenwechsels und die Bereitschaft von Naturwissenschaftlern, ihre Experimente an den Belangen der Archäologien zu orientieren:

»Our point is that many archaeological questions may be addressed by studies of DNA from archaeological tissue. It is possible to choose molecular markers based on archaeological questions and not the other way around; i. e. archaeologists do not necessarily have to choose their questions based on whichever DNA markers the project biologist has decided to use!«[58]

Noch während sich um die Mitte der 1990er Jahre die technischen Rückschläge häuften und einige genetische Untersuchungsgegenstände wieder aufgege-

57 | Kurzinterview mit Andreas Reinecke ebd.: 42.

58 | Götherström/Stenbäck/Storå 2002: 60.

ben wurden, erschienen immer mehr konzeptionelle Überlegungen darüber, wo lohnende Fragestellungen liegen und welche Fächer wie von den neuen Quellen profitieren könnten. Es galt potentielle Anwendungsfelder bereits auszuloten, solange einzelne Teams akribische Methodenstudien begannen, die letztlich zur Routinisierung der Technik und zur Normalisierung des Authentifizierungsfrage führten und damit eine fächerübergreifende Kooperation erst sinnvoll durchführbar machten. Bestehende Erkenntnisinteressen potentiell interessierter Fächer und Forschungsrichtungen wurden gesucht und ›alte‹ Fragestellungen wiedergefunden.[59] Die euphorische Phase, in der unter hohem Risiko ausprobiert worden war, was technisch möglich war, ging zwar zuerst in Erwartungsenttäuschungen über, von dort aber auch in eine Periode, in der konkrete Anwendungsdesigns und Kooperationen etabliert wurden.

Geleitet war dies immer von den skizzierten fachpolitischen Überlegungen. Bei den Entscheidungen für oder gegen eine Fragestellung, ein Partnerprojekt oder ein bestimmtes Anwendungsgebiet spielten zudem bisher entwickelte Kompetenzen der Labore eine Rolle. Von Bedeutung waren außerdem die bisherigen Verläufe individueller Forscherkarrieren, die Netzwerke insbesondere der Laborleiter sowie deren finanzielle und technische Ressourcen und Reputationsstrategien. Interne Steuerungsmechanismen der Wissenschaften waren demnach in erheblichem Maß entscheidend für die Konstitution der Fragestellungen und Anwendungsgebiete. Da viele verschiedene Einheiten und Persönlichkeiten nebeneinander ihre Forschungsagenden aufbauten, kam es in den 2000er Jahren zu einer großen Vielfalt von Anwendungsgebieten. Diese werden im Folgenden beispielhaft vorgestellt. Keines davon gab Quelle oder Techniken automatisch vor. Es handelte sich immer um Aushandlungen unter Wissenschaftlern und Wissenschaftlerinnen. Diese begründeten, warum und für wen die Verfahren relevant waren, warum die hoch aufwändige aDNA-Anwendung in einem bestimmten Fall gerechtfertigt war und inwieweit sie einen Mehrwert im Vergleich zu anderen Verfahren bot. Ebenso konnte es passieren, dass bestimmte Phänomene gerade nicht als relevante Gegenstände identifiziert oder bestenfalls als Nice-to-Know-Forschung aufgefasst wurden.

Quelle und Technologie besaßen aber gewissermaßen ein Vetorecht bzw. begrenzten die möglichen Forschungsfragen und -wege. Die epistemischen Ressourcen der Archäologien erwiesen sich als begrenzt und damit auch die potentiell für aDNA-Analysen in Frage kommenden Funde. Diese Einschränkung regulierte, welche und wie die Forschungsfragen gestellt wurden, welche Anwendungen realisierbar wurden und welche nicht. Hypothesen wurden deshalb häufig, wie es in historischen Wissenschaften typisch ist, materialgeleitet,

59 | Vgl. z.B. Brown/Brown 1992; Lambert 1997: 252; Pusch/Scholz 1999: 367; O'Rourke/Hayes/Carlyle 2000: 218; Pusch/Borghammer/Czarnetzki 2001: 130; Hofreiter/Serre et al. 2001.

d. h. induktiv, formuliert. Selten war es möglich, für eine Forschungshypothese ›passende‹ Funde de novo zu schaffen.[60]

Auch die jeweils eingesetzte Technik hatte zugleich eine ermöglichende und eine restriktive Dimension. Technische Beschränkungen ließen sich teils durch inkrementelle Verbesserungen oder durch Adaption der immer wieder neu aus der Humangenetik und Molekularbiologie kommenden Geräte und Methoden aufheben oder reduzieren, wie in Kapitel 3 am Beispiel der NGS-Verfahren gezeigt wurde. Nichtsdestotrotz wies die Quelle DNA eine Reihe prinzipieller Grenzen auf, die sich mit technischen Mitteln nicht überwinden ließen. Ihr Veto konnte also grundsätzlich sein.

Erlebt und erinnert wurde die Besetzung neuer Anwendungsgebiete eher als teleologischer, wie von selbst ablaufender Fortschrittsprozess. Für die Beteiligten schienen sich Fragen und Anwendungen eo ipso aus der Quelle zu ergeben, und jede technische Innovation schien dann neue Fragen oder Forschungsprobleme generiert zu haben. So meinten 2015 im Review Erika Hagelberg und Coautoren: »For much of its history, ancient DNA research was driven first and foremost by what was technically achievable, and by the need to avoid contamination by modern DNA«.[61]

Der Technik und jedem neu geschaffenen Wissensbestand wurde hier die Macht zugesprochen zu definieren, was als Nächstes erforscht werden sollte oder konnte. Dabei wurde berücksichtigt, dass Anwendungen auch gescheitert oder wieder verworfen worden waren.[62] Kaum expliziert wurde hingegen, dass die Forschenden selbst eine aktive Rolle bei der Herstellung der Fragen und Forschungsprobleme spielten bzw. Anwendungen und Forschungswege bewusst öffneten und auch verschlossen, wie die ebenfalls in Kapitel 3 diskutierten Authentifizierungsdebatten und Ausweichforschungen zeigten.

Ein paläoepidemiologisches Beispiel verdeutlicht im Folgenden, dass es bei der Formierung der aDNA-Forschung aber genau darauf ankam: Forscherinnen und Forscher generierten Fragestellungen und führten den Einsatz von aDNA-Quellen herbei. Sie bewirtschafteten und betrieben die Quelle DNA und die Techniken – nicht umgekehrt. Das Markante am folgenden Beispiel war, dass es sich um eine archäologische Initiative handelte.

---

60 | Siehe den epistemischen Grenzen der Quelle aDNA einführend S. 19.

61 | Hagelberg/Hofreiter/Keyser 2015.

62 | Vgl. Expertinneninterview Hummel 2013; Experteninterview Krause/Haak 2016.

Paläoepidemiologie

»Great potential to provide information about the origin, evolution and transmission of disease through time«.[1]

Im vorzustellenden Fall suchte der US-amerikanische Archäologe David Soren gezielt nach einem ›harten aDNA-Beweis‹ für eine Hypothese, mit der er unter kollegialen und medialen Druck geraten war: »A way needed to be found to demonstrate through hard science that the new theories were correct.«[2]

Es ging um den Fundort Poggio Gramignano in Umbrien, wo Sorens Team in den Jahren von 1988 bis 1992 einen Kleinkinderfriedhof mit 47 Bestattungen auf dem Areal einer römischen Villa ergraben hatte. Dieser datierte ins 5. Jahrhundert n. Chr. und war schon deshalb ungewöhnlich, weil Kleinkinder in römischen Friedhöfen dieser Periode in der Regel unterrepräsentiert sind.[3] Archäologisch ließ sich unter anderem aufgrund der fehlenden Stratifizierung und aufgefundener Pflanzenreste zeigen, dass die Kinder innerhalb des kurzen Zeitraumes eines Sommers bestattet worden waren.[4] Auffällig waren die Beibestattungen von kleinen Tieren und Jungtieren[5] sowie der sehr hohe Anteil von frühgeborenen Kindern. Um die Bestattungen zu interpretieren, zog das Team historische Quellen heran[6] – manche Archäologen sahen bereits das als gemischte Argumentation und damit als unzulässig an.

Soren erschien es denkbar, dass es sich bei den Kindern um Opfer einer Epidemie handelte. Er konnte es jedoch mit archäologischen Mitteln nicht belegen.[7] Er zog deshalb die Expertise anderer Fächer heran. Nach Auskunft von amerikanischen und italienischen Epidemiologen und Tropenmedizinern konnten potentiell in Frage kommende Erklärungen wie Brucellose, Listerien und Toxoplasmose mit hoher Wahrscheinlichkeit ausgeschlossen werden.[8] Übrig blieb als Hypothese, dass die Kinder einer Malariaepidemie zum Opfer gefallen waren.

Malaria, die hohe Fehlgeburtsraten auslösen kann, war in dieser Gegend bis weit in die Neuzeit verbreitet, wie Parasitologen der Universität Rom den Aus-

1 | Ingham/Roberts 2008: 600.

2 | Soren 2003: 203.

3 | Vgl. Soren/Fenton/Birkby 1995: 13 f.; dies. 1999: 486-489.

4 | Vgl. dies. 1995: 13; Soren 2003: 197.

5 | Vgl. Soren/Fenton/Birkby 1999: 489 f.; McKinnon 1999: 542 f., 546-550.

6 | Vgl. Soren/Fenton/Birkby 1995: 15, 21 f.; 1999: 517-520; Soren 2003: 201 ff.

7 | Vgl. ebd.: 197.

8 | Vgl. Soren/Fenton/Birkby 1995: 22 f.; 1999: 521.

gräbern erklärten.[9] David Soren bewertete die fachfremde Expertise nur als »a body of circumstantial evidence«.[10] Bewiesen sei noch nichts. Doch hatte der US-amerikanische TV-Sender *Learning Channel* 1995 unter dem Titel *A Roman Plague* von der Hypothese berichtet.[11] Der Fall war in verschiedene, auch deutschsprachige populäre Sachbücher aufgenommen worden.[12] Ein amerikanischer forensischer Anthropologe protestierte daraufhin, dass es sich um einen normalen Friedhof mit regelhaften und über Jahre verteilten Bestattungen handle und es keine Hinweise auf Malaria gebe.[13] Den externen Sachverstand ließ er nicht gelten.

Soren geriet unter Druck: »As expected our conclusions have caused a firestorm of criticism«,[14] meldete er 1995. Er nahm die Kritik ernst, weigerte sich aber, ihretwegen die ganze Hypothese fallen zu lassen. Natürlich sei noch alles »speculative and for the moment fantastic«.[15] Archäologen könnten, so Soren, selbstverständlich keinen Beweis für Malaria ausgraben, aber sie könnten auch nicht einfach darauf verzichten, eine Hypothese für die Interpretation eines so außergewöhnlichen Friedhofs zu erstellen. Er präsentierte deshalb 1995 eine Hypothese und eine offene Frage.

Wenig später erlangte jedoch die entstehende aDNA-Forschung seine Aufmerksamkeit. Zu diesem Zeitpunkt wurde dort die Perspektive diskutiert, nach DNA von Krankheitserregern in archäologischen Funden zu suchen und damit eventuell die Evolution der Erreger auf der Basis alter Sequenzen selbst zu erforschen. Es erschien denkbar, molekulares Wissen über Gesundheit und Krankheit der Menschen in der Vergangenheit schaffen zu können. Entsprechende Experimente waren jedoch noch selten und auf den aDNA-Konferenzen sowie in der Literatur unterrepräsentiert.[16]

1997 beispielsweise ergab eine Roundtable Discussion des Jerusalemer Parasitologen Charles L. Greenblatt: Man wollte unheimlich viel und vermochte noch sehr wenig. Das Hauptproblem bestand darin, dass Erreger-DNA in den Proben in noch geringerer Menge vorlag als die DNA des Organismus, den die Erreger befallen hatten. Zudem waren Kontaminationen schwer zu identifizieren.[17] Die für die Qualitätssicherung als erforderlich betrachteten unabhängi-

9 | Vgl. ebd.: 522 f.; dies. 1995: 37, zum Gespräch mit Mario Coluzzi; dazu Coluzzi 1999.

10 | Soren 2003: 203.

11 | Vgl. aus der medialen Berichterstattung z. B. auch Wilford 1994b.

12 | Vgl. als Beispiel Berry 2012: 113.

13 | Vgl. Soren/Fenton/Birkby 1995: 37.

14 | Ebd.

15 | Ebd.: 38.

16 | Vgl. Greenblatt 2003b: v.

17 | Siehe hierzu S. 156 f.

gen Reproduktionen waren bei den ersten Studien – man hatte vor allem beim Tuberkuloseerreger *Mycobacterium tuberculosis* angesetzt[18] – nicht gelungen.[19]

Dennoch zeichnete sich um die Mitte der 1990er Jahre ab, dass hier ein Interessen- und Einsatzgebiet entstand, dessen Charakteristikum die besonders erhitzte und anhaltende Debatte um das Authentifizierungsproblem sein würde.[20] Bezeichnet wurde es später zum Beispiel als Paläomikrobiologie, Paläoepidemiologie bzw. Paläoparasitologie oder Ancient Pathogen Research.[21]

Mit deren Hilfe wollte Soren nun versuchen, ›harte Fakten‹ zu schaffen. Robert Sallares vom Department of Biomolecular Sciences der University of Manchester und Kollegen, darunter der Molekularbiologe Terence A. Brown und Abigail (Richards) Bouwman, sollten sie liefern. Die Hypothese, das Material und die Kontextinformationen kamen aus der Archäologie. Die Aufgabe der Biologie sollte sein, die Hypothese zu bestätigen oder zu widerlegen. Soren stellte sich vor, dass DNA aus den Knochen mit der DNA von Menschen verglichen werden könnte, die nachweislich Malaria gehabt hatten.[22]

Die Gruppe in Manchester hatte zwar bereits umfangreich zu Methodenfragen der alten DNA und einigen archäologischen Anwendungen gearbeitet, mit Erreger-DNA hatte sie sich jedoch zuvor nicht beschäftigt. Sallares, Brown und Bouwman konnten sich zunächst lediglich auf erste Experimente mit der DNA von Parasiten und hier auch der Gattung *Plasmodium* beziehen, zu der die Malariaerreger gehören.[23]

Doch das Team beglückwünschte sich zu der günstigen Situation: Die Hypothese zu Poggio Gramignano sei von Personen gekommen, die keine Molekularbiologen seien. Das sei in methodischer Hinsicht ein Glücksfall: »Consequently the research design here avoids the problem of circularity in the design if ancient DNA experiments in relation to paleodisease to which attention has been drawn.«[24]

---

18 | Vgl. Spigelman/Lemma 1993; Salo et al. 1994; Arriaza et al. 1995; Baron/Hummel/Herrmann 1996; Taylor et al. 1996.

19 | Vgl. Oppenheim 1998: 392, 394; Herrmann/Hummel 1998: 335, 338; Spigelman/Greenblatt 1998: 257 f. Der Sachstand des Roundtable wurde unter dem treffenden Titel *Digging for Pathogens: Ancient Emerging Diseases – their Evolutionary, Anthropological, and Archaeological Context* veröffentlicht. Vgl. Greenblatt 1998. Dabei gewesen waren u. a. Geoffrey Eglinton, Mark Spigelman, Mark Thomas, Raul Cano, Bernd Herrmann und Susanne Hummel.

20 | Vgl. dazu kritisch Willerslev/Cooper 2005; optimistisch Donoghue/Spigelman 2006; wiederum als Reaktion kritisch Willerslev/Cooper 2006.

21 | Vgl. Waldron 2007: 17 ff.; Drancourt/Raoult 2005: 23.

22 | Vgl. Soren 2003: 203.

23 | Vgl. Taylor/Rutland/Molleson 1997.

24 | Sallares et al. 2003: 124.

Aus einem anderen Fach heraus angefragt zu werden, das keine Ahnung von den DNA-Verfahren habe, sei sehr positiv, da man eben nicht selbst die Hypothese aufgestellt habe und so Gefahr laufe, mit dem Experiment einen Zirkelschluss zu begehen.

Bei einem der untersuchten Kinder fand das Team den Erreger *Plasmodium falciparum*. Dieser für Menschen gefährlichste Malariaerreger löst eine hohe Rate von Frühgeburten aus, und zwar vor allem dort, wo Malaria epidemisch und saisonal auftritt, was in der untersuchten Region über lange Zeit hinweg der Fall gewesen war.[25] Malaria konnte im Fall dieses Kindes als wahrscheinliche Todesursache angenommen werden.[26] Plausibel war damit zudem, dass der Erreger auch zum Zeitpunkt des Todes der übrigen Kinder in der Region zumindest aufgetreten war. Das sah das Team in Manchester als indirekten Hinweis darauf an, dass die Mütter der frühgeborenen Kinder Malaria gehabt haben könnten.[27]

Damit erhielten die Archäologen eine Antwort – in Wahrscheinlichkeiten vorsichtig formuliert. David Soren sah seine Hypothese bestätigt.[28] Für ihn war die Sache geklärt, und er stellte 2003 fest, die Archäologen könnten zwar nicht selbst Beweise für Malaria ausgraben, aber sehr gut Hypothesen an die aDNA-Forschung weitergeben: »Can we actually excavate malaria? Not yet, but we can observe conditions which might allow us to suggest the presence of a particular disease or epidemic and offer clues which DNA researchers can take to the next level.«[29]

Damit die Archäologen darin noch besser würden, entwickelte Soren eine Art Kriterienliste für Feldarchäologen, die ›besondere‹ Friedhöfe freilegten, und schlug ihnen Anhaltspunkte vor, die auf Sonderbestattungen hinwiesen,

---

25 | Ausgesucht wurden Kinder, die nach Auskunft der morphologischen Gutachten mindestens einige Monate nach der Geburt gelebt hatten. Bei Frühgeborenen wäre es unwahrscheinlich gewesen, dass die Kinder selbst den Erreger aufgewiesen hätten, da es wegen der Erkrankung der Mütter zu den Frühgeburten hätte gekommen sein müssen. Vgl. ebd.: 122.

26 | Vgl. ders. et al. 2000.

27 | Vgl. ders. et al. 2003: 123 f. Die anderen Kinder könnten an anderen Krankheiten gestorben sein, von denen bekannt ist, dass sie dann häufig vorkommen, wenn Malaria saisonal auftritt. Dazu gehören die für Frühgeborene besonders gefährlichen Durchfallerkrankungen. Allerdings hatte das Team aus Manchester die Proben auf genetische Mutationen hin untersucht, die bei ihren Trägern mit einer erhöhten Malariaresistenz in Verbindung gebracht wurden, und solche bei einem der Kinder gefunden. Dies deutete darauf hin, dass die mütterlichen Vorfahren des Kindes zuvor Kontakt zu Malariaerregern gehabt hatten. Vgl. ders./Bouwman/Anderung 2004: 324 ff.

28 | Vgl. Soren 2003: 203.

29 | Ebd.: 204.

die mit Epidemien zu tun gehabt haben könnten.[30] Robert Sallares hingegen widmete sich in der Folgezeit gezielt der Pathogenevolution am Beispiel des Erregers *Plasmodium falciparum.*[31] Seine Kollegin Abigail Bouwman wandte sich unter anderem dem Syphiliserreger und dem Tuberkuloseerreger zu.[32]

Es wäre überzogen anzunehmen, dass der Einsatz der aDNA-Verfahren in der Paläopathologie, -epidemiologie, -parasitologie oder -mikrobiologie grundsätzlich oder auch nur in der Mehrzahl auf archäologische Initiativen wie diese zurückzuführen ist. Doch es handelte es sich in vielen Fällen um alte Forschungsprobleme der Archäologie, Paläopathologie und Medizingeschichte, die nun eine neue, molekulare Perspektive erhielten. Diese Desiderate waren gewissermaßen schon da, als die Untersuchung von alten Erregern auf molekularer Ebene möglich wurde. Weitere Fragestellungen, insbesondere zur Erregerevolution, wurden im Laufe der 2000er Jahre für Überprüfungen auf molekularer Ebene zugänglich.

Im Gegensatz zu anderen aDNA-Anwendungen war das Spezifikum dieses Subgebiets, dass Wissen über die Vergangenheit nicht nur qua eigenen Rechts, sondern auch für gegenwärtige und zukünftige medizinische Anwendungen generiert werden sollte. Die Ursprünge von Krankheiten, die Evolution und Diversität der Pathogene und deren Verbreitung sollten erforscht werden, um die aktuelle Epidemiologie und Parasitologie zu unterstützen. Wissen über die Evolution von Erregern kann zum Beispiel bei der Entwicklung von Medikamenten helfen, insbesondere dann, wenn therapieresistente Stämme auftauchen.[33] Mehrere Beiträger und Beiträgerinnen der 2003 veröffentlichten Anthologie *Emerging Pathogens. The Archaeology, Ecology, and Evolution of Infectious Disease*[34] präsentierten dieses Nützlichkeitsargument.[35] So erklärten Bernd Herrmann und Susanne Hummel für das Göttinger Institut, wo zu Tuberkuloseerreger und zystischer Fibrose geforscht wurde,[36] historisches Wissen über Gesundheit und Krankheit in der Vergangenheit sei relevant für die Zukunft: »The ultimate benefit derived from historical studies lies in hope for the future.«[37]

30 | Vgl. ebd.: 204-208; ders. 1999: 463.

31 | Vgl. Sallares/Gomzi 2001; Sallares/Bouwman/Anderung 2004; Sallares 2002.

32 | Vgl. z. B. Bouwman/Brown 2005; Wilbur et al. 2009; Taylor et al. 2006.

33 | Vgl. v. a. Greenblatt 2003a: 4 f.; Baum/Kahila Bar-Gal 2003: 76 f.; Economou et al. 2013: 465; Gilbert et al. 2004: 342; Hershkovitz et al. 2008: e3426; Singh et al. 2015: 4462; Mendum et al. 2014; Hummel 2003: 5; Preus et al. 2011: 1827.

34 | Greenblatt/Spigelman 2003.

35 | Vgl. Greenblatt 2003b: vi f.

36 | Vgl. Baron/Hummel/Herrmann 1996; Bramanti et al. 2003.

37 | Herrmann/Hummel 2003: 143. Vgl. zu den Zielsetzungen auch Mitchell 2003: v. a. 176, 178; Ramenofsky/Wilbur/Stone 2003: 242; Roberts/Brown 2000: 289; Economou et al. 2013: 465; Gilbert et al. 2004: 342.

Überfachliche Kooperationen könnten dies am besten bewerkstelligen, meinten 2005 die französischen Mikrobiologen Michel Drancourt und Didier Raoult in einem Review über das im Entstehen begriffene Subfeld:

»The transfer of the techniques specific to palaeomicrobiology to more laboratories around the world, the sharing of environmental and human materials of interest between such laboratories, and the bridging of gaps that still exist between palaeomicrobiology, anthropology and history will hopefully allow us not only to resolve historical mysteries, but also to understand the mechanisms of the emergence of infectious diseases and to design predictive models of this emergence.«[38]

Experimente zu *Mycobacterium tuberculosis* hatten schon relativ früh begonnen. Tuberkulose stellt in der Gegenwart eine signifikante und weltweite gesundheitliche Bedrohung dar.[39] Zahlreiche Stämme des Bakteriums erwiesen sich als therapieresistent. Für Epidemiologen waren die Identifikation des jeweiligen Erregers, Wissen über seine Evolution und die Coevolution von Mensch und Erreger wertvoll.[40] Das war ein Legitimationsgrund für die frühen Experimente, doch nicht der wichtigste. Vielmehr profitierte die paläoepidemiologische Forschung zu *Mycobacterium tuberculosis* davon, dass sich die Krankheit – unter bestimmten Bedingungen und wenn Betroffenen lang genug mit der Krankheit lebten – am Skelett manifestierte.[41] Deshalb gab es, wie übrigens auch bei einigen Formen und Stadien von Syphilis,[42] Lepra[43] und Brucellose, auf der

38 | Drancourt/Raoult 2005: 33.

39 | Tuberkulose ist eine Infektionskrankheit, die bei Menschen und Tieren durch verschiedene Arten von Mykobakterien hervorgerufen wird, in Mitteleuropa v. a. durch das 1882 von Robert Koch beschriebene *Mycobacterium tuberculosis*. Die Infektion führt nicht zwangsläufig zu einer Erkrankung. Allgemeinzustand und Immunsystem spielen hier eine Rolle. Tuberkulose fordert jährlich rund eineinhalb Millionen Todesopfer weltweit. Vgl. World Health Organization 2015.

40 | Vgl. Baum/Kahila Bar-Gal 2003: 68; Hershkovitz et al. 2008: e3426.

41 | 2003 listeten Herrmann und Hummel 45 entsprechende publizierte Nachweise von unterschiedlichen Pathogenen auf, wobei der Schwerpunkt auf *Mycobacterium tuberculosis* lag, vgl. Herrmann/Hummel 2003: 147. Vgl. neuer Brown/Brown 2011: 250-259.

42 | Vgl. zur morphologischen Syphilisansprache Erdal 2006. Ob sich der Erreger in archäologischen Proben tatsächlich nachweisen ließ, war aber umstritten. Vgl. ablehnend Bouwman/Brown 2005: 703, 711; Barnes/Thomas 2006: 650; Hunnius et al. 2007: v. a. 2089; Yang/Watt 2005; Stirland 1994: 54; Jungklaus/Schulz/Schulte 2010; Nuorala 2004: 42; Ball 2014: 59 ff.

43 | Vgl. als Beispiel für Studien zum Nachweis von Lepra in einem ins 7. Jahrhundert n. Chr. datierten Sample aus Jerusalem Rafi et al. 1994; sowie einem mittelalterlichen

Morphologie und Histologie archäologischer Funde basierende Diagnosen, die als Ausgangshypothesen für Experimente auf molekularer Ebene dienen konnten.[44] Mit diesem Wissen war es möglich, sich in den entsprechenden Funden auf die Suche nach der Erreger-DNA zu machen.[45]

Zudem war das Genom von *Mycobacterium tuberculosis* in den 1990er Jahren schon relativ gut bekannt, und das Bakterium hatte aus physiologischen Gründen bessere Erhaltungsbedingungen als andere Bakterien.[46] Mehrere Teams weltweit versuchten deshalb in dieser Zeit in Pilotstudien *Mycobacterium tuberculosis* in archäologischen Funden und pathologischen Präparaten verschiedener Zeitstufen nachzuweisen.[47] Eine der medizinhistorischen Forschungsfragen lautete, ob es sich um eine Zivilisationskrankheit handelte, die durch das enge Zusammenleben von Menschen und Tieren entstand. Medizinhistoriker hatten Tuberkulose in Europa vor allem mit Industrialisierung und Urbanisierung in Verbindung gebracht,[48] auf der Basis von Schriftquellen aber auch in den Zentren der griechisch-römischen Antike und in Byzanz vermutet. Paläoanthropologen hingegen hatten aufgrund von morphologischen Befunden die These aufgeworfen, dass Tuberkulose noch sehr viel früher, sogar

---

Skelett von Mainland Orkney Taylor/Widdison et al. 2000: 1133, 1137; außerdem Economou et al. 2013: 465 f., 468 f.; Singh et al. 2015: 4459; Mendum et al. 2014; als Einführung in den Forschungsstand der Anfangszeit Spigelman/Donoghue 2003: 185 ff.; aktueller Wilbur/Stone 2012: 707 f.

44 | Vgl. Waldron 2007: 49, 56 f., Anmerkung 18. Anfangsvermutungen zu Tuberkulose basierten z. B. auf den bei einem Teil der Erkrankten auftretenden Knochenläsionen v. a. der Wirbelkörper. Diese sind allerdings nicht spezifisch, können also auch von anderen Erkrankungen herrühren. Vgl. Wilbur et al. 2009: 1991 f.; Müller/Roberts/Brown 2016: 5.

45 | Vgl. insgesamt zu den Anfangshypothesen Spigelman/Donoghue 2003: 175; aus der Retrospektive Wilbur/Stone 2012: 703; als Beispiele Taylor et al. 1996: 790; Santos et al. 2000.

46 | Vgl. m. w. N. Collins et al. 2002: 389; Donoghue/Spigelman 2006: 641; Hershkovitz et al. 2008: e3426. Es verfügt über eine vergleichsweise feste äußere Wand.

47 | Vgl. Spigelman/Lemma 1993: 137, 142 f.; Salo et al. 1994: 2091; Arriaza et al. 1995; Baron/Hummel/Herrmann 1996; Taylor et al. 1996; ders./Mays et al. 2000; Donoghue et al. 2000; Zink et al. 2000; Bouwman/Brown 2005: 704; Donoghue et al. 2009; Wilbur et al. 2009: 1990 f.; dies./Stone 2012: 706 f.; Nuorala 2004: 9 f., Drancourt/Raoult 2005: 23; zum Forschungsstand aktuell Müller/Roberts/Brown 2016: 6.

48 | Bis ins frühe 20. Jahrhundert war Tuberkulose die wichtigste endemische Krankheit städtischer Unterschichten in Europa. Bereits bevor seit den 1940er Jahren Antibiotika zur Therapie zur Verfügung standen, begannen in Westeuropa und den USA die Infektionszahlen zu sinken, u. a. aufgrund von Verbesserungen im kommunalen und privaten Gesundheitswesen.

bereits während der Neolithisierung, d. h. in der Jungsteinzeit, relevant wurde, als enger zusammenlebende Gruppen von Menschen begannen, Nutztiere zu halten und mehr tierische Produkte zu konsumieren.[49]

Im Lauf der 2000er Jahre wurde *Mycobacterium tuberculosis* in europäischen Proben nachgewiesen, die sogar vor der Neolithisierung datierten.[50] Der Erreger scheint sich parallel zur Humanevolution entwickelt zu haben, doch die neue Lebens- und Wirtschaftsweise dürfte seine Ausbreitung verstärkt haben.[51]

Diese »Nein, aber ...«-Antwort auf die Industrialisierungsthese zeigte, dass durch den Zugang zur Erreger-DNA viel neues Datenmaterial auf die medizinische und medizinhistorische Tuberkuloseforschung zukam, nicht aber die endgültige Klärung alter Fragen, sondern eher neues Nichtwissen und die Herausforderung, molekulare, morphologisch-histologische und historische Quellen und Daten zu verknüpfen. Dies galt auch für die seit Längerem bestehende Frage, ob *Mycobacterium tuberculosis* vor der Ankunft der Europäer und Europäerinnen in der Neuen Welt vorhanden war.[52] Auch hier brachte die aDNA-Forschung vor allem aus methodischen Gründen nicht die in den späten 1990ern erhoffte Entscheidung,[53] führte aber zu einer zunehmenden Anzahl von Studien über die jeweilige Evolution der verschiedenen *Mycobacterium-tuberculosis*-Stämme und über ihre regionale Verbreitung.[54]

Besonders reich an Kontroversen war jedoch die Forschung zum Pesterreger: »The fur has been flying for some time about the authenticity, or not, of

49 | Vgl. Taylor et al. 1996: 790; Barnes 2006: 167 f.; Hershkovitz et al. 2008: e3426.

50 | Vgl. Brosch et al. 2002: knapp zusammengefasst 3684; Gutierrez et al. 2005: e5, Abschnitt *Results and Discussion*; Boros-Major et al. 2011: 197.

51 | Vgl. zusammenfassend Wilbur et al. 2009: 199; Drancourt/Raoult 2005: 32; Hershkovitz et al. 2008: e3426.

52 | Vgl. Spigelman/Lemma 1993: 137, 142 f.; Salo et al. 1994: 2091; Arriaza et al. 1995; dazu Drancourt/Raoult 2005: 23. Die unilineare Sichtweise war, dass die Europäer Tuberkulose und viele andere Infektionskrankheiten in die Neue Welt brachten, deren Bevölkerung darauf biologisch gänzlich unvorbereitet war und deshalb besonders häufig erkrankte. Vgl. prominent Diamond 1998: 197, 210-213. Morphologische Befunde deuteten aber darauf hin, dass in präkolumbianischer Zeit Menschen an etwas erkrankten, das sich am Skelett in einer Weise manifestierte, für die Tuberkulose als eine der möglichen Ursachen in Frage kommt. Vgl. m. w. N. Ramenofsky/Wilbur/Stone 2003: 249.

53 | Umstritten war z. B., ob *Mycobacterium tuberculosis* oder nur damit eng verwandte Bakterien identifiziert worden waren. Vgl. Arriaza et al. 1995; Salo et al. 1994. Auch für den Syphiliserreger wurde dies kontrovers diskutiert. Vgl. Boros-Major et al. 2011; Erdal 2006: 16 ff.

54 | Vgl. als Beispiel und m. w. N. Müller/Roberts/Brown 2014.

the recovery of aDNA of *Yersinia pestis*«.[55] Bei der Pest handelt es sich im Unterschied zur Tuberkulose um eine sogenannte skelettstumme Krankheit: Sie manifestiert sich nicht in den Knochen und ist daher nicht mit morphologischen und histologischen Verfahren erkennbar.[56] Anthropologische Anfangshypothesen sind deshalb nicht möglich, wohl aber gelegentlich archäologische bzw. historische: Diverse europäische Bestattungen aus dem Spätmittelalter und der Frühen Neuzeit sind historisch als sogenannte Pestfriedhöfe überliefert. An Individuen aus solchen Friedhöfen setzten die ersten Studien an, die in den späten 1990er Jahren auf molekularer Basis der alten medizinhistorischen Frage nachgehen wollten, ob es sich beim sogenannten Schwarzen Tod, der historisch überlieferten Pandemie des Spätmittelalters, um die Pest im modernen Sinn gehandelt hat. Ließ sich der Schwarze Tod auf den von Alexandre Yersin (1863-1942) 1894 identifizierten Erreger *Yersinia pestis* zurückzuführen? Und wie verhielt es sich mit der historisch als Justinianische Pest angesprochenen Pandemie des Spätantike? Hinzu kam im Lauf der Forschungen eine neue Frage, die sich ohne Zugang zu den alten Pathogenen schwer hätte bearbeiten lassen: Wenn es sich jeweils um *Yersinia pestis* handelte, wie hatte sich das Bakterium dann im Lauf der Jahrhunderte verändert?[57]

Das erste Ziel war also, den Erreger an möglichen ›Pesttoten‹ des Spätmittelalters und der Frühen Neuzeit nachzuweisen. Theoretisch können Pathogene, die wie *Yersinia pestis* in den Blutkreislauf oder in Hartgewebe eindringen, nach dem Tod des Individuums dort erhalten bleiben,[58] doch der Nachweis von *Yersinia pestis* gelang zunächst nicht, oder er ließ sich nicht unabhängig repro-

55 | McCormick 2008: 95.

56 | Vgl. zu den skelettstummen Krankheiten Hummel et al. 1995: 61; Herrmann/Hummel 1998: 334.

57 | Die Fragestellung wurde z. B. bei Drancourt/Raoult 2002: 107 f., vorgestellt. Pest (lat. *pestis*: Seuche) im modernen Sinn ist eine vom Bakterium *Yersinia pestis* ausgelöste, hoch ansteckende Infektionskrankheit. Ursprünglich handelt es sich um eine Zoonose von kleinen Nagetieren. Die Erreger können durch Biss oder Tröpfcheninfektion über Zwischenwirte übertragen werden. Die erste der Pandemien setzte ausweislich historischer Überlieferung um 541 ein und erhielt die Bezeichnung Justinianische Pest. Das Auftreten der als Schwarzer Tod überlieferten zweiten Pandemie datiert in historischen Quellen um 1348. Letzte Fälle dieser Pandemie sind für die Mitte des 18. Jahrhunderts dokumentiert. Eine dritte Pandemie hatte ihren Ursprung um die Mitte des 19. Jahrhunderts im chinesischen Yunnan und verbreitete sich über Hongkong weltweit. Für alle Pandemien wurden aber auch andere Erreger, z. B. Anthrax, diskutiert. Vgl. m. w. N. zur Kontroverse McCormick 2008: 94.

58 | Vgl. Herrmann/Hummel 2003: 145.

duzieren.[59] Die ersten Hinweise auf den Erreger in spätmittelalterlichen Proben wurden von der Community deshalb als Kontaminationsfälle oder Folge von methodischen oder technischen Fehlern angesehen.[60]

Im Zuge der intensivierten Methodenexperimente der 2000er Jahre wurde aber die Kontaminationsproblematik bei pathogener DNA schrittweise klarer. Am Anfang der 2010er Jahre akzeptierte deshalb die Pathogenforschung immer mehr Meldungen über *Yersinia pestis* in spätmittelalterlichen und frühneuzeitlichen Proben.[61] Ein Leipziger bzw. später Tübinger Team beispielsweise konnte mithilfe einer internationalen Kooperation die Community mit dem Nachweis des Erregers bei um 1350 datierten Skeletten des Londoner Friedhofs East Smithfield weitgehend überzeugen.[62] Das Sample wuchs in der Folge auf bis zu hundert Individuen[63] an, und die Nachweise waren wenigstens teilweise reproduzierbar. Zudem gelang es, die Genotypen des Erregers zu bestimmen und Szenarien für seine Verbreitungswege zu entwickeln.[64]

Doch war *Yersinia pestis* auch verantwortlich für die Justinianische Pest um die Mitte des 6. Jahrhunderts? Ein französisches Team um den Mikrobiologen Michel Drancourt hatte dies seit den 1990er Jahren wiederholt zu beweisen versucht[65] und war heftiger Methodenkritik ausgesetzt gewesen.[66] Hier fehlten in der Regel belastbare historische und archäologische Anfangshypothesen.

Ein 2005 veröffentlichter Erstbefund zu einer Doppelbestattung des ins 6. Jahrhundert datierenden bajuwarischen Gräberfeldes von Aschheim[67] jedoch

---

59 | Das konnte an den noch wenig bekannten taphonomischen Prozessen bei Pathogenen gelegen haben. Vgl. z. B. Gilbert et al. 2004: 341, 352 ff.; Prentice/Gilbert/Cooper 2004: 72; Dutour et al. 2003: 159, 161; zum Reproduktionsproblem bei Pathogenstudien insgesamt Willerslev/Cooper 2006.

60 | Vgl. Larsen 2002a: 123; Twigg 2003: 11; Prentice/Gilbert/Cooper 2004: 72; Gilbert et al. 2004: 352; dagegen Raoult et al. 2000; zurückblickend Wilbur/Stone 2012: 705.

61 | Vgl. zur Diskussion Haensch et al. 2010; Ingham/Roberts 2008.

62 | Vgl. Bos et al. 2011: 506; Schünemann et al. 2011: e751.

63 | Vgl. zu East Smithfield Bos et al. 2011: 506; dies. et al. 2012.

64 | Vgl. Haensch et al. 2010: e1001134. Leicht unterschiedliche Genotypen scheinen aus Asien eingeschleppt und über die aus historischen Quellen angenommenen Infektionswege in Europa verbreitet worden zu sein.

65 | Vgl. ebd.: 5; referiert in Sallares 2009; Bos et al. 2011: 506; dies. et al. 2012; Holmes 2011. Vgl. dazu ursprünglich Drancourt et al. 1998: v. a. 12459 f.; neu diskutiert von den Autoren in Raoult et al. 2000: 31; Drancourt/ders. 2002: 107; Drancourt et al. 2007; dazu Prentice/Gilbert/Cooper 2004.

66 | Ursprünglich v. a. aus methodischen Gründen kritisiert in ebd.: 72.

67 | Vgl. zum Aschheimer Gräberfeld Gutsmiedl-Schümann 2010; 2011; zum *Yersinia-pestis*-Projekt Garrelt/Wiechmann 2003: 248 ff.; Wiechmann/Grupe 2005: 48, 51 f.

ließ sich 2013 in einer neuen Studie der LMU München wiederholen und im Mainzer aDNA-Labor unabhängig reproduzieren. Da sich zudem nun die phylogenetische Position des in Aschheim gefundenen Erregers bestimmen ließ, konnten die Bearbeiterinnen ihn in die evolutionäre Entwicklung von *Yersinia pestis* vor den für das Spätmittelalter und die Moderne nachgewiesenen Varianten einsortieren.[68]

Im Moment scheint die *Yersinia-pestis*-Kontroverse in der Sache weitgehend entschieden.[69] Doch spielt das aus wissenschaftsgeschichtlicher Sicht nicht die entscheidende Rolle. Vielmehr zeigte sich an der Pestforschung, wie die neue Quelle in die Forschung um eine alte und bereits überfachlich behandelte Fragestellung eingebracht wurde. Auf molekularer Ebene konnten Biologen zu einer historischen Fragestellung etwas beisteuern, bei der morphologische Verfahren nicht relevant gewesen waren.

Unterdessen veränderte sich die Problemstellung: Nicht die Frage, ob es sich bei den historischen Pandemien um die Pest im modernen Sinn gehandelt hatte, wurde dann als wesentlich betrachtet, sondern die Erforschung der Erregerevolution, die einen unmittelbaren Aktualitätsbezug aufwies.[70] Dies wäre mit anderen Quellen und Methoden nicht möglich bzw. allein durch Zurückrechnen aus dem aktuellen Erregergenom nicht befriedigend gewesen.[71] Moderne DNA repräsentiert immer nur einen Teil der genetischen Diversität der Vergangenheit. Hier brachte alte DNA den in die Gegenwart gerichteten Gewinn, den Abigail S. Bouwman und Terence A. Brown 2005 mit diesen Worten noch eher perspektivisch angekündigt hatten: »Ancient DNA is looked on as having enormous potential in the study of palaeodisease.«[72]

Jedoch ›siegten‹ aDNA-basierte Befunde, wie die Genetikerin Alicia K. Wilbur und Mitautoren 2009 mit Schärfe feststellten, nicht einfach bloß deshalb über andere Quellen und Daten, weil sie der Forschung eine molekulare Dimension hinzugefügt hatten. Das aDNA-Wissen sei in den Studien zu Mikroorganismen nicht per se gesicherter als andere, beispielsweise morphologische oder histologische Daten, und es lasse sich damit oft keine Eindeutigkeit herstellen: »We are particularly concerned when inconclusive biomolecu-

68 | Vgl. Harbeck et al. 2013: e1003349; Seifert 2013.

69 | Vgl. Bos et al. 2016: e12994.

70 | Vgl. dies. et al. 2011: 506; dazu Callaway 2011: 446. Nicht umsonst beteiligte sich Holger Scholz vom Institut für Mikrobiologie der Bundeswehr, das sich dem medizinischen Schutz vor biologischen Kampfstoffen widmet und ein nationales Konsiliarlabor für Pest in München betreibt, an der Erforschung der Erregerevolution auf der Basis archäologischer Funde. Vgl. Harbeck et al. 2013: e1003349. Vgl. auch Institut für Mikrobiologie der Bundeswehr 2016.

71 | Ramenofsky/Wilbur/Stone 2003: 242.

72 | Bouwman/Brown 2005: 703.

lar evidence is used to ›confirm‹ inconclusive skeletal evidence, as the notion that two wrongs make a right is contrary to the basic principles of experimental science.«[73]

Erst seit Kurzem, so M. Thomas P. Gilbert im *Nature*-Interview 2011, halte er Pathogenstudien überhaupt für technisch einigermaßen machbar und im Hinblick auf die Authentizitätsfrage validierbar: »›I've completely gone from thinking, ancient pathogens are a load of crap, to hold on, maybe some of this stuff works‹, says Gilbert, whose team has started to sequence DNA from pathogens that plagued ancient crops.«[74]

Eine 2007 publizierte Einführung des Anthropologen Tony Waldron in die Paläoepidemiologie ist nicht nur hinsichtlich der technischen und methodischen Probleme der Pathogenforschung ein Paradebeispiel für die Vorsicht und Zurückhaltung, mit der einige der Beteiligten vorgingen. Mehrere Abschnitte trugen Überschriften wie *A Few Cautionary Notes* oder *Limits* und waren höchst kritisch gehalten. Die Lektüre vermittelte, dass Paläoepidemiologie und Pathogenforschung kaum etwas gewiss sagen und nur einen kleinen – einen genetischen – Teil zum historischen Verständnis von Krankheiten beitragen konnten.[75]

Offen gelegt wurde die prinzipielle Beschränkung, die die Quelle aDNA in diesem Anwendungsbereich hat: Unter günstigen Umständen können genetische Daten erhoben und mit anderen Daten und Befunden abgeglichen werden. Wie aber auch die meisten makroskopischen, radiologischen, biochemischen und histologischen Verfahren, über die die Paläopathologie sonst noch verfügt, erlauben die molekularbiologischen Methoden keine Aussagen über Kranheitsverlauf, Befinden, medizinische Interventionen oder Pflege. Krankheitsempfinden und die soziale und kulturelle Bedeutung von Krankheit und Gesundheit können auf der Basis der Organismen fast nie untersucht werden.[76]

73 | Wilbur et al. 2009: 1995.

74 | M. Thomas P. Gilbert in Callaway 2011: 446.

75 | Vgl. Waldron 2007: 139.

76 | Zu diesem Problem z. B. Larsen 2002a: 125; Waldron 2007: 49 ff.

Ersatzverfahren und alternative Wege zu alten Fragen: Reindividualisierung, Speziesbestimmung und Geschlechtsansprache

»Seeking New Clues in Old Queries«[1]

Bei den im Folgenden vorzustellenden molekularen Anwendungen zur Reindividualisierung, Speziesbestimmung und Geschlechtsansprache handelte es sich, wie sich der Anthropologe Kurt W. Alt 2009 ausdrückte, um das Angebot, »lediglich neue Wege und Techniken zu alten Zielen«[2] zu schaffen. Die Forschungsprobleme, um die es hier ging, lagen in Anthropologie, Archäologie, Paläozoologie und Paläobotanik bereits vor und waren dort zuvor mit anderen Verfahren bearbeitet worden. Die Fragestellungen wurden häufig als bioarchäologisch bezeichnet. Überwiegend ging es hier um Einzelfälle, spezifische archäologische Fundorte und eine begrenzte Anzahl von Individuen. Morphologische Verfahren wurden bereits seit Längerem angewandt. Auch molekularbiologische Zugänge wie die in die 1970er Jahre zurückgehende Protein- und Lipidanalyse waren erprobt worden, um biologische Informationen zu bioarchäologischen Einzelfragen zu generieren.[3] Die DNA-Verfahren waren dabei von Anfang an weitgehend als Ersatz gedacht, wenn andere Methoden nicht funktionierten – und zu diesem Ersatz haben sich auch entwickelt.

Dies war zum Beispiel bei der Reindividualisierung von Skelettelementen der Fall, die in der folgenden Darstellung den Anfang macht.[4] Sterbliche Überreste von Menschen und Tieren finden sich oft nicht im anatomischen Zusammenhang. Bei Altfunden ist die In-situ-Situation mitunter nicht einmal adäquat dokumentiert. Um die Funde beispielsweise hinsichtlich Geschlecht, Alter und Bestattungsmodus beurteilen zu können, ist es aber wichtig, sie Individuen zuordnen zu können. Die Archäologie hat dafür kein Verfahren, aber Anthropologen verfügen über morphognostische und morphometrische Optionen. Diese sollten auch weiterhin genutzt werden und werden es auch,[5] fallen jedoch grundsätzlich aus, wenn die entsprechenden morphologischen Marker an den Skelettresten nicht mehr vorhanden sind. Deshalb wurden bereits in den frü-

1 | Browne 1991.

2 | Alt 2009: 275.

3 | Vgl. Hedges/Sykes 1992: 268.

4 | Vgl. z. B. Hänni et al. 1995: 653. Die Reindividualisierung wurde hier zu den klassischen Fragen der Archäologien gezählt.

5 | So wurden im Rahmen einer Diplomarbeit die Toten der Totenhütte von Benzigerode untersucht und mithilfe der fotografischen Grabungsdokumentation 14 von mindestens 46 Individuen annähernd, 13 teilweise und 16 lückenhaft reindividualisiert. Vgl. dazu Meyer et al. 2008: 111 f.

hen 1990er Jahren Experimente durchgeführt, um zu klären, ob die DNA individual-spezifisch genug war, um sie zur Lösung von Reindividualisierungsproblemen einzusetzen. Dazu lieferte der forensische Bereich die Vorlagen. Dort wurden solche DNA-Analysen zur Identifizierung der Opfer von Großschadensereignissen wie Massenunfällen und Naturkatastrophen eingesetzt.[6] Ein wesentlicher Impuls ging später von den Bemühungen um die Identifizierung der Opfer der Anschläge auf das World Trade Center 2001 aus.[7] Dort bestand eines der größten Probleme darin, dass Überreste vieler Menschen miteinander vermischt worden und so gemischte genetische Signale entstanden waren. Hier musste errechnet werden, mit welchem Grad von Gewissheit eine genetische Identifizierung eindeutig bzw. wie hoch die theoretische Chance war, dass bei einer bestimmten Gesamtzahl von Personen zwei Individuen dasselbe genetische Profil aufwiesen.[8] Von diesen Kenntnissen profitierten die aDNA-Forscherinnen und -Forscher und bemühten sich, das forensische Wissen auf ihr Material zu übertragen.

Ein Team der Universität Göttingen zog für seine Methodenversuche das Skelettmaterial aus der Lichtensteinhöhle im Kreis Osterode (Harz) heran, einer in die jüngere Bronzezeit[9] datierenden, gestörten Mehrfachbestattung mit einer hohen angenommenen Zahl von Individuen.[10] Individual-spezifische Al-

6 | Vgl. Ballantyne 1997: 329; Goodwin/Linacre/Vanezis 1999; Vastag 2002; Hartman et al. 2011; zu den Besonderheiten der Dateninterpretation bei Massenuntersuchungen vgl. Budowle/Bieber/Eisenberg 2005; Brenner/Weir 2003: 175 f.; Holland et al. 2003: 271.

7 | Die Forensiker mussten aufgrund der Einsturzdynamik der Türme überwiegend mit Körperfragmenten arbeiten, die zudem erst im Zuge der zehn Monate dauernden Aufräumarbeiten geborgen wurden. Neben forensisch-odontologischen, seltener daktyloskopischen und weiteren, letztlich auf morphologische Kriterien gestützten Methoden wurden deshalb DNA-Analysen durchgeführt.

8 | Vergleichsproben wurden von Verwandten der Opfer genommen. Angesichts der großen Opferzahl konnten zufällige genetische Ähnlichkeiten zwischen biologisch nicht verwandten Personen auftreten. Vgl. umfassend Budimlija et al. 2003: zum Problem der Vermischung der Signale 259 f., zum Problem der statistischen Validität 262; ebenfalls Brenner/Weir 2003. Zur Entwicklung der für solche Fälle nötigen Datenverarbeitung vgl. Leclair et al. 2007; zur Statistik möglicher Fehler Shapiro/Gilbert/Barnes 2008: 229.

9 | Die jüngere Bronzezeit begann um 1.350 v. Chr. und endete etwa 850 v. Chr.

10 | Mehrfachbestattungen sind in der Archäologie Bestattungen, in denen die Überreste von mehreren Personen gefunden werden. Störungen von Bestattungen können durch Tiere oder Grabraub, spätere Umnutzungen oder Überbauungen des Areals und beim Auffinden im Zuge von Baumaßnahmen und Ähnlichem entstehen, aber auch im Zuge von Umbettungen, infolge einer längeren Belegung eines Kollektivgrabes oder zeitgenössischen Veränderungen an der Grabanlage. Siehe auch S. 225, FN 32.

lelprofile der Proben wurden mithilfe forensischen Knowhows generiert, um die Knochen einzelnen Individuen zuzuordnen.[11]

Die molekulare Reindividualisierung wurde seit den späten 1990er Jahren als Ersatzverfahren etabliert.[12] Sie funktionierte auch in die umgekehrte Richtung. Zum Beispiel ließen sich bestehende morphologische oder archäologische Hypothesen zu post mortem manipulierten Skeletten und Skelettkomposita, die aus kulturhistorischer Sicht interessant erschienen, molekular untersuchen.[13] Das Verfahren war allerdings äußerst aufwändig und kostenintensiv, weshalb nach Möglichkeit morphologischen Beurteilungen weiterhin der Vorzug gegeben wurde.

Ähnlich verhielt es sich mit der molekularen Speziesbestimmung. Bei sehr kleinen organischen Fragmenten, die zum Beispiel aus Rückständen auf Kochgeschirr oder Werkzeugen stammten, oder bei Spezies mit großer morphologischer Ähnlichkeit wie etwa Schaf und Ziege, Hund und Fuchs, Krähe und Rabe kann es passieren, dass morphologische Bestimmungsverfahren nicht aussagekräftig sind. Geschlechtsdimorphismen können zudem die Unterscheidung von wilden und domestizierten Tieren erschweren.[14] Relevant sind Speziesdaten unter anderem für die Domestikationsforschung und Wildbiologie, für

11 | Vgl. z. B. die Grundlagenarbeit von Schultes/Hummel/Herrmann 1997: zur Methode 208 ff.; mit Bezug zu Impulsen aus den forensischen Untersuchungen der Opfer der Brandkatastrophe von Waco, Texas, 1993 Clayton/Whitaker/Maguire 1995; sowie zu den Opfern des Bombenanschlags auf das AMIA-Gebäude in Buenos Aires 1994 und des Anschlags auf die dortige israelische Botschaft 1992 Corach et al. 1995; zu den Göttinger Experimenten Hummel/Schultes 2000; populär dargestellt in Hummel/Lassen/Schultes 1996: 241 f.; zusammenfassend zur Methode Hummel 2003: 167 f. Begünstigt wurde das Experiment durch den guten Erhaltungsgrad der DNA an diesem Fundplatz. Obwohl das Liegemilieu feucht war, wirkten sich die niedrige Temperatur in der Höhle und der Überzug der Funde mit Gipssinter positiv auf den DNA-Erhalt aus. Vgl. Burger/Hummel/Herrmann 1997: 197.

12 | Vgl. einführend in die Vorgehensweisen Hummel 2003: 27, 173-183.

13 | Ein Team des Interdisciplinary Biocentre der University of Manchester wies 2012 molekular nach, dass es sich bei einer Bestattung aus den Fundamenten der bronzezeitlichen Siedlung Cladh Hallan auf der Hebrideninsel South Uist um ein Kompositum aus mehreren Individuen handelte. Vgl. Hanna et al. 2012: 2775, 2779.

14 | Vgl. einführend mit dem Kenntnisstand der 1990er Jahre Burger et al. 2002: 19; ders. et al. 2002; Mulligan 2006: 375 f.; als Beispiel Junnila et al. 2000; auf Einführungsniveau der 2000er Jahre Hummel 2003: 172-182, und dies. 2008: 75; zur Problematik der Speziesunterscheidung bei Vögeln Haynes/Searle/Dobney 2000 sowie Bochenski 2008: v. a. 1247; zu Ziegen Kahila Bar-Gal et al. 2000; Newman et al. 2002: 78; Schlumbaum et al. 2010: 1249; zur Botanik z. B. Purdy 1996: 111; zu Methoden der Speziesbestimmung auf der Basis von Fell- und Haarresten Sinding et al. 2015.

Artenschutz, Zoll und Forensik sowie archäologische Untersuchungen zu Lebens- und Wirtschaftsweisen in der Vergangenheit. (Paläo-)Zoologen und -Botaniker, aber auch Populationsgenetiker benötigen die Spezies als Basisdatum für ihre Untersuchungen.[15] Es kann um evolutionsgenetische Fragen und genetische Diversität unter anthropogenem Einfluss gehen oder auch um die Klärung umwelt- und kulturhistorischer Sachverhalte. Zu diesen gehören etwa die Subsistenzweise der menschlichen Bevölkerung, deren Methoden zur Nahrungszubereitung, Jagd und Tierhaltung sowie die Nutzung und Kultivierung von Pflanzen bis hin zu deren geografischer Verbreitung. Knochen oder Schalen beispielsweise, die als Abfall in Siedlungsgrabungen in großen Mengen, aber auch als Grabbeigaben auftauchen, lassen sich mithilfe einer Mischung von makroskopisch-morphologischen, histologischen und chemischen Methoden auf anthropogene Einflüsse wie etwa Schlachtung, Zubereitung und Verzehr hin untersuchen. Bei Wildbeuter-Sammler-Gesellschaften kann die Zusammensetzung der im Tierknochenbefund vertretenen Spezies Hinweise auf Jagd, saisonale Nutzung bestimmter Naturräume, Umwelt und Klima geben.[16]

An molekularen Ersatzlösungen für Problemfälle wurde seit den 1990er Jahren gearbeitet. Zunutze machte man sich dabei beispielsweise die Cytochrome-b-Region der mtDNA, weil diese viele speziesspezifische Polymorphismen aufweist.[17] Dabei stellte sich heraus, dass die DNA-basierte Analyse mit Einschränkungen auch dann in Frage kam, wenn bereits verarbeitete biogene Materialien wie Leder, Pergament oder Elfenbein bestimmten Spezies zugewiesen werden sollten. Morphologisch wäre das nicht oder kaum möglich.[18] Das Beispiel des Elfenbeins lässt die Bedeutung der DNA-Verfahren für Artenschutz und Zoll erkennen: Hier ist ausschlaggebend, von welchem Tier das Elfenbein stammt und wie alt es ist.

Eine komplexere Anwendungsmöglichkeit über die Speziesbestimmung im Einzelfall hinaus fand sich in der Domestikationsforschung. Um die Umstände der Neolithisierung zu erhellen, sollten Wege und Zeitpunkte der Domestikation von wild vorkommenden Tieren und -pflanzen geklärt werden. Dafür war es wichtig, Wild- und Haustiere unterscheiden und Aussagen zu deren geneti-

---

15 | Vgl. Bollongino et al. 2000; Immel/Hummel/Herrmann 2000; Willerslev/Cooper 2005: 10; Experteninterview Krause/Haak 2016; Hummel 2003: 5, 177.

16 | Vgl. Bollongino 2013; Larson et al. 2007; perspektivisch bei Denham/Haberle/Pierret 2009; Jaenicke-Després et al. 2003; zu Oliven Elbaum et al. 2006; zum Weizen Fernández et al. 2013: 660, 668.

17 | Vgl. einführend Hummel 2003: 25 f.; als Beispiel Newman et al. 2002: 83.

18 | Vgl. zur Methodik und ihren Einschränkungen knapp Burger 2000a und ausführlich ders. 2000b; vgl. auch Loreille/Hummel/Herrmann 2000; Hummel 2003: 170 f., 177; Campana et al. 2010: 1317, 1324; Schlumbaum et al. 2010: 1247 f.; Pangallo/ Chovanova/Makova 2010: 1204 f.

scher Vermischung treffen zu können. Mit den molekularbiologischen Methoden schufen sich Paläobiologen hier einen neuen Zugang zu alten Fragen.[19] In den 2000er Jahren wurden entsprechend die Domestikation und Verbreitung von Schwein,[20] Rind,[21] Ziege[22] und anderen Tieren untersucht. An der Universität Mainz beispielsweise suchte ein Team mit groß angelegter BMBF-Förderung nach molekularen Hinweisen auf die Domestikation der heutigen Hausrinder[23] und zeigte, dass diese zumindest in Mitteleuropa nicht von den europäischen Auerochsen abstammten, sondern von Tieren, die innerhalb weniger Generationen aus dem Nahen Osten eingewandert waren.[24] Zum selben Ergebnis gelangten etwa zeitgleich Projekte zu Schafen und Ziegen, die in Europa keine Wildform hatten.[25] Kaum plausibel erschien ein Szenario, nach dem diese Tiere ohne zumindest eine kleinere Gruppe von mobilen Personen nach Europa gelangt sein könnten. Dies wurde als Unterstützung für das sogenannte Demic Diffusion Model betrachtet: Menschen brachten Nutztiere und Wissen für eine produzierende Lebensweise nach Mitteleuropa.[26]

Als man jedoch andere Haus- und Wildtiere heranzog, ergab sich ein in Teilen anderes Bild: So wies eine international besetzte Kooperation um den Evolutionsgenetiker Greger Larson Mitte der 2000er Jahre nach, dass Schweine zwar anfänglich im frühen Neolithikum ebenfalls aus dem vorderasiatischen Raum eingeführt wurden, sich aber rasch in mitteleuropäische Wildschweine einkreuzten, deren mtDNA-Linien heute in Hausschweinpopulationen in Europa dominieren.[27] Die Domestikation des Schweins wurde daher als Prozess

19 | Vgl. Haynes/Searle/Dobney 2000; Kahila Bar-Gal et al. 2000; Bollongino 2013; zu den Pflanzen z. B. zum Dinkel Blatter/Jacomet/Schlumbohm 2000.

20 | Vgl. z. B. Larson et al. 2007: v. a. 15276 f.; ders. et al. 2005; m. w. N. Campana/McGovern/Disotell 2014: 704.

21 | Vgl. Edwards et al. 2000; dies. et al. 2004; dies. et al. 2007; Tresset et al. 2009: 80-84; Bollongino/Burger 2010b; Bollongino 2013.

22 | Vgl. Kahila Bar-Gal et al. 2000; dies. et al. 2003; Fernández et al. 2006; Tresset et al. 2009: 76-80.

23 | Zum Design dieses Projektes vgl. z. B. Burger et al. 2004: 52 f., und Alt 2005: 217 f. Zum Ergebnis vgl. u. a. die Publikationen Bollongino 2006 und zur Vermittlung der erzielten Ergebnisse an Archäologen dies./Burger 2010b.

24 | Vgl. Edwards et al. 2004: 707; Bollongino et al. 2006: 158 f.; dies. 2006: 170-177, 181 f.; Edwards et al. 2007: 1383 f.; Scheu et al. 2008: 1259 ff.; Tresset et al. 2009: 80-84; Bollongino/Burger 2010a: 71; Bollongino 2013; als Beispiel für die Reviews zur Domestikationsforschung auch Seco-Morais/Matheson 2008.

25 | Vgl. Tresset et al. 2009: 76-80.

26 | Siehe dazu S. 183 und S. 320.

27 | Vgl. Larson et al. 2005: 1619.

mit mehreren regionalen Zentren beschrieben.[28] Zuvor hatte aufgrund von archäologischen und morphologischen Daten die Vorstellung geherrscht, dass die Domestikation des Schweins auch von wenigen Zentren im Nahen Osten und vorderasiatischen Raum ausgegangen war und die Tiere mitgebracht worden waren.[29]

Es entstanden also durch den Zugang zur aDNA differenziertere Szenarien zur Domestikation im Neolithikum. Insgesamt sprachen aber die Studien zu allen vier genannten Tierarten eher dafür, dass zumindest im Frühneolithikum Tiere mit Menschen mobil waren. Diese Beispiele aus der Domestikationsforschung zeigten, dass alte DNA als Quelle genutzt werden konnte, um Biodistanz und -diversität, Populationsdynamiken und genetischer Variabilität innerhalb und zwischen genetischen Einheiten nachzugehen, und dass dies wiederum relevant für kulturhistorische Fragestellungen sein konnte, wenn man grundsätzlich die Verknüpfung von genetischen und kulturellen Daten akzeptierte. Ihre Bedeutung konnte dabei auch über die der Ersatzlösung hinausgehen, weil sie Differenzierungen ermöglichte, die mit anderen Verfahren nicht zu erbringen gewesen wären.

In den Bereich einer Ersatzlösung fiel auch die molekulare Geschlechtsbestimmung, wenngleich hier einzuschränken ist, dass sie nur Aussagen über das genetische Geschlecht einer Person zulässt und mithin kein Ersatz sein kann für Verfahren, die das morphologische, d. h. ein Teil des phänotypischen Geschlechts, oder beim Menschen das soziale und kulturelle Geschlecht ansprechen.

Das Geschlecht gehört wie das Alter zu den anthropologischen Basisdaten, die bei jeder Untersuchung erhoben werden sollen.[30] Prähistorische und Paläoanthropologen untersuchten seit den 1970er Jahren vermehrt die Bedeutung des biologischen Geschlechts für die sozialen Organisationen, die Demografie sowie die ökonomischen Systeme der Vergangenheit und fragten theoriegeleitet nach der Geschlechtsbezogenheit von Bewegungsmustern, Mobilität, Lebenserwartung, Morbidität und Mortalität.[31] In den 1990er Jahren eröffneten die Verfahren der Isotopengeochemie einen Zugang zu geschlechtsbezo-

28 | Vgl. ebd.: 1621; dazu auch Bollongino 2013.

29 | Vgl. Larson et al. 2005: 1618.

30 | Vgl. Hummel 2003: 160.

31 | Vgl. einführend Herrmann 1987: v. a. 56-68; Alt/Röder 2009: 104; Brown/Brown 2011: Kapitel 3 *The Applications of Biomolecular Archaeology*; allgemein zur Bedeutung der Geschlechtsansprache und der Interpretationsmöglichkeiten hinsichtlich soziokultureller Prozesse Faerman et al. 1995: 327; Tierney/Bird 2015: 28.

genen Unterschieden bei Ernährung und Gesundheit, Stillzeiten und Entwöhnungsalter.[32]

In den meisten Fällen ließ sich das phänotypische Geschlecht eines Individuums mit morphologischen und metrischen Methoden mit sehr hoher Bestimmungswahrscheinlichkeit ansprechen. Gestiegen war diese insbesondere durch die seit den 1990er Jahren erheblich verfeinerten Verfahren und die wachsenden Vergleichsdatenbanken: Bei adulten menschlichen Individuen war eine Wahrscheinlichkeit von bis zu 98 Prozent zu erreichen.[33]

Da sich die Verfahren den Geschlechtsdimorphismus zunutze machten, gab es aber Fälle, in denen sie nicht oder schlechter funktionierten: Bei subadulten, d.h. nichterwachsenen, Individuen ist der Geschlechtsdimorphismus zu gering ausgeprägt. Häufig sind im Fundgut nur Skelettfragmente erhalten, an denen die metrischen Marker oder aussagekräftigen Formmerkmale fehlen.[34] Zudem lässt sich das phänotypische biologische Geschlecht nicht absolut, sondern nur relativ bestimmen.[35] Dies liegt zum Beispiel daran, dass die Übergänge bei den Markern fließend, einige je nach Lebensalter unterschiedlich aussagekräftig und die Variationsbreiten hoch sind.[36] Populationen unter-

---

32 | Vgl. z.B. Grupe 1986b: 49; Schutkowski 1989: 2; Götherström et al. 1997: 71; Dürrwächter et al. 2002/2003: 50; Mulligan 2006: 373; Alt/Röder 2009: 87, 104; Hölzl/Horn/Rummel 2007: 34 f.

33 | Vgl. Cox/Mays 2000b: 119; Sjovold 1988; Wahl 2008: 36-39; Wright/Yoder 2003: 47 f.; Knudson/Stojanowski 2008: 400 f.; Brown/Brown 2011: 156; Daskalaki et al. 2011: 1326; Alt/Röder 2009: 94 f.

34 | Vgl. Schutkowski 1989: v.a. 2, 5 f.; Rösing 1983: v. a. 150-153; Schutkowski 1993; zu den morphologischen Methoden in der Phase der experimentellen molekulargenetischen Geschlechtsbestimmung bei historischem Skelettmaterial die Einführung Herrmann et al. 1990: Kapitel 3.2.2.; ebenso Götherström et al. 1997: 71 f.; mit einer Zusammenschau morphologischer und molekularer Verfahren und ihrer Grenzen Brown 1998a: 36-43; zur Bestimmung bei Kindern Kraus 2006: 30-33; zum Leichenbrand Großkopf 2009: 70-80; auf der Ebene der Handbücher und Einführungen z.B. Wahl 2008: 39; international m.w.N. die Reviews Zvelebil/Weber 2012: 2; Larsen 2002a: 141; Wright/Yoder 2003: 48; Knudson/Stojanowski 2008: 401; Mulligan 2006: 373 f.; Daskalaki et al. 2011: 1326; zusammenfassend im Hinblick auf die Geschlechterforschung Alt/Röder 2009: 94.

35 | Vgl. Expertinneninterview Grupe 2013.

36 | Auch das Sterbealter, von dem die Geschlechtsansprache abhängt, wird immer mit einer Fehlerspanne angegeben, weil z.B. körperliche Beanspruchung und diverse exogene Faktoren die Marker beeinflussen können und weil einige sich in bestimmten Lebensphasen mehr oder weniger verändern. Zu bedenken ist auch, dass die Alterskriterien an rezenten Bevölkerungen erhoben wurden, weshalb sie nicht unmittelbar auf historische Populationen übertragbar sind.

schieden sich, auch in diachroner Hinsicht, mitunter stark voneinander.[37] Die Vergleichsdaten stammten von modernen Populationen, deren Geschlecht dokumentiert war, und könnten von denen der weiter zurückliegenden menschlichen Vergangenheit erheblich abweichen.

Während Anthropologen Aussagen zum biologischen Geschlecht (Sex) eines Individuums zu treffen versuchten, fühlten sich Archäologen für das soziokulturelle Geschlecht (Gender) zuständig. Sie leiteten dieses aus der Grabausstattung, d.h. unter anderem aus Beigaben und Grabanlage, ab. Die Prämisse war, dass diese kulturell an ein Geschlecht gebunden seien und deshalb eine Geschlechtsansprache ermöglichten.[38] Geschlecht war grundsätzlich bipolar gedacht.

Diese archäologische Geschlechtsansprache hatte ihre eigenen methodischen Probleme, insbesondere, da sie lange auf biologistischen Geschlechtermodellen der bürgerlichen Gesellschaft des 19. Jahrhunderts beruhte. Beigaben und Grabanlage wurden eher intuitiv als methodisch oder theoretisch fundiert gegendert, indem Vorstellungen über ideale männliche und weibliche Geschlechtsrollen und -funktionen der jeweiligen Gegenwart auf die Vergangenheit übertragen wurden.[39] Im Laufe der 1990er Jahre geriet diese Praxis in die Kritik der feministischen Archäologie.[40] Die Vorstellung, dass es geschlechtsbezogene Beigaben gegeben haben kann, war nicht grundsätzlich verkehrt, doch gab es, wie entsprechende systematische Studien zeigten, sehr viele zeitliche und regionale Unterschiede und methodische Gefahren.[41]

Fälle, in denen die archäologischen und anthropologischen Ansprachen divergierten, d.h. morphologisches und Beigabengeschlecht nicht übereinstimmten, taten viele Archäologen bis in die 1990er Jahre als Fehlbestimmung ab oder interpretierten sie in ihrem Sinn um.[42] Beteiligte Anthropologen empfanden dies als Missachtung und als Aufgabe von Erkenntnispotentialen.[43] Im Lauf der

---

37 | Vgl. Götherström et al. 1997: 71 f.; Brown 1998a: 40; Alt/Röder 2009: 94; zum Problem der modernen Vergleichsdaten Wahl 2008: 36.

38 | Vgl. dazu kritisch Hofmann 2009: 143-151; Fries 2005: 95; Großkopf 2009: 77.

39 | Vgl. zu den diversen theoretischen und methodischen Problemen Kleibscheidel 1997: 61; Kästner 1997: 23; Vida 1998: 18 f.; Cappellini et al. 2004: 604 f.; m.w.N. Lohrke 2004: 175; Fries 2005: 93, 95; Brumfiel 2007: 9 f.; Arnold 2007: 115, 122-125; Fahlander/Oestigaard 2008: 11; Hofmann 2009: 143-151.

40 | Vgl. Kästner 1997: 23; Kleibscheidel 1997: 61; Vida 1998: 18 f.; Kästner 1999: 15, 16; Fries 2005: 93; Brumfiel 2007: 9 f.

41 | Vgl. u.a. Arnold 2007: 115, 122-125; Fahlander/Oestigaard 2008: 11.

42 | Vgl. zu dieser Praxis kritisch Großkopf 2009: 76 f.; Alt/Röder 2009: 115; Gramsch 2011: 213; Kästner 1997: 24, 26; Fries 2005: 96; Alt 2009: 284; Effros 2000: 634; Gärtner et al. 2014: 222.

43 | Vgl. Großkopf 2009: 77.

1990er Jahre änderte sich dies. Feministische und Genderarchäologinnen begannen divergierende Ansprachen als Chance zu betrachten, tradierte archäologische Denkweisen zu überprüfen. Sie haben in solchen Fällen zum Beispiel Interpretationen wie ›Frauen in Waffengräbern‹ oder ›Männer mit Schmuckbeigaben‹ angeboten, um über möglicherweise vielfältigere Geschlechterrollen in prähistorischen Gesellschaften nachzudenken. ›Waffen führende Frauen‹ oder ›Amazonengräber‹ wurden als Bereicherung und als Argument gegen die traditionelle archäologische Methodik empfunden.[44] Die biologische Geschlechtsansprache und die Expertise der Anthropologie schienen aus dieser Sicht der 1990er Jahre positive Effekte für eine gendersensible Archäologie und das emanzipatorische Projekt der feministischen Archäologie zu haben.

Nicht nur, aber auch aufgrund solcher divergierender Fälle waren an der Möglichkeit, auch das genetische Geschlecht eines Individuums zu bestimmen, sowohl die Anthropologie als auch die Archäologie sehr interessiert. In den 1990er Jahren wurde dies angesichts der forensischen Erfahrungen[45] allmählich technisch möglich.[46] Ohne im Detail auf die Technik eingehen zu wollen, sei hier erklärt, dass die molekulare Geschlechtsbestimmung geschlechtschromosomale DNA-Sequenzen benötigt, die nur im Zellkern vorliegen und deshalb seltener erhalten sind als mtDNA-Sequenzen. Forensische Vorbilder mussten erst an die besonderen Anforderungen alter DNA angepasst werden.[47] In Göttingen beispielsweise reichte Susanne Hummel bereits 1992 ihre Dissertation zum *Nachweis spezifisch Y-chromosomaler DNA-Sequenzen aus menschlichem bodengelagerten Skelettmaterial unter Anwendung der Polymerase Chain Reaction* ein. Darin suchte sie nach technischen Zugängen zur Y-chromosomalen Sequenz.[48] Ihre Kollegin Cadja Lassen promovierte 1998 zur molekularen Geschlechtsbestimmung subadulter Individuen.[49]

Absehbar war, dass sowohl molekulare als auch morphologische Verfahren, wenn auch auf unterschiedliche Weise, vom Erhaltungsgrad der Funde abhingen und gleichermaßen methodische Probleme hatten. Wenngleich es hier vorrangig um eine molekulare Alternative für Sonderfälle ging, musste, um

44 | Vgl. so noch bei Weird 2014; dazu Strömberg 1993: 23 f.; Effros 2000: 632; Brumfiel 2007: 3, 8 ff.; Arnold 2007: 11.

45 | Vgl. z. B. Akane et al. 1991; Sullivan et al. 1993: 636; Mannucci et al. 1994: 190.

46 | Vgl. z. B. Hummel 1994: 91; dies. et al. 1995: 243; Lassen/dies./Herrmann 1997: 184.

47 | Vgl. Hummel et al. 1995: 51 ff.; Faerman et al. 1995: 328; Götherström et al. 1997: 71 f.; Stone et al. 1996: 231, 237 f.; Flaherty 2000.

48 | Vgl. noch ganz vorsichtig Hummel/Herrmann 1991; Hummel 1992; 1994.

49 | Vgl. Lassen/Hummel/Herrmann 1997: 190; insgesamt Lassen 1998. Cadja Lassen studierte an der Universität Göttingen Anthropologie und ging später ans Landeskriminalamt Niedersachsen.

die wissenschaftliche Bedeutung des neuen Verfahrens zu bestimmen und es letztlich dem Methodenkanon eines Fachgebietes hinzuzufügen, seine Validität nicht nur absolut, sondern eben gerade auch relativ, d.h. im Vergleich zu den anderen Verfahren sowie im Hinblick auf seine überfachliche Relevanz, nachgewiesen werden.

An der Universität Göttingen publizierten deshalb zum Beispiel Susanne Hummel und Birgit Ehlken 1996 eine Untersuchung zu drei hochmittelalterlichen, schriftlich dokumentierten Bestattungen der St. Johanniskirche in Meensen, Kreis Göttingen,[50] in der sie bisherige morphologische Verfahren mit adaptierten molekulargenetischen Arbeitsweisen verglichen und das experimentell entwickelte Vorgehen testeten.[51] An der Universität Stockholm experimentierten 1997 der Genetiker Anders Götherström,[52] die Archäologin Kerstin Lidén sowie der Osteologe und Bioarchäologe Torbjörn Ahlström mit Terence A. Brown an einem Sample von neolithischen Individuen der Insel Götland. Dabei handelte es sich um eine als besonders robust geltende und daher morphologisch schwer zu bestimmende Population. Würde das molekulare Verfahren hier bessere Ergebnisse, d.h. höhere Wahrscheinlichkeiten, liefern als die morphologischen Verfahren? Es ging ausdrücklich darum, eine Diskussionsbasis zu schaffen für weitere Überlegungen darüber, wie man mit der Geschlechtsansprache prähistorischer Populationen überhaupt umgehen sollte.[53] Das Team gab sich unschlüssig, was seine – ambivalenten – Ergebnisse anging. Gegen die morphologischen Methoden sprachen das Problem, dass moderne Vergleichsdaten herangezogen werden mussten, und die Variationsbreite mancher Merkmale in prähistorischen und heutigen Populationen. Gegen die aDNA-Analyse konnten die potentielle Kontamination der Probe und die Möglichkeit ins Feld geführt werden, dass Genotyp und Phänotyp nicht übereinstimmten:

»Taking all this into account, one of us [der Osteologe Torbjörn Ahlström, d. Verf.] is convinced that the osteological method still provides the most reliable results and that the molecular method needs further improvement before it can be fully trusted, whereas the other four [der Populationsgenetiker Anders Götherström, die Archäologin Kerstin Lidén, Terence Brown und die Botanikerin Mari Källersjö, d. Verf.] are convinced that the molecular method provides the most reliable results.«[54]

50 | Vgl. Ehlken/Hummel 1996.

51 | Vgl. Hummel/Herrmann 1991.

52 | Anders Götherström ist ein schwedischer Genetiker, Archäologe und Evolutionsbiologe. Er war Professor für Evolutionary Genetics an der Universität Uppsala und lehrt jetzt an der Universität Stockholm.

53 | Vgl. Götherström et al. 1997: 72.

54 | Ebd.: 80.

Die Autorengruppe schloss mit dem Verweis, dass wohl das Sample zu klein sei und es größer angelegter Vergleichsstudien bedürfe.

Welche Einschränkungen brachten Quelle und Verfahren abgesehen vom Kontaminationsproblem grundsätzlich mit sich? Ein mögliches Verfahren basiert auf dem Amelogenin, einem auf dem X-Chromosom vertretenen Gen, und seinem Gegenpart, einem Pseudogen auf dem Y-Chromosom, das beim Menschen sechs Basenpaare kürzer ist als das Gen auf dem X-Chromosom.[55] Eine Probe gilt dann als männlich, wenn sich bei der PCR-Amplifikation das Amelogenin in zwei verschiedenen Längen zeigt – d. h. aber, dass kein positiver Nachweis eines weiblichen Individuums möglich ist.[56] Zudem könnten Menschen mit deformierten Y-Chromosomen durch das Raster fallen, ohne dass sie phänotypisch als Frauen anzusprechen wären.[57] Bei dem zweiten, bereits etwas älteren Verfahren wird hingegen eine Sequenz auf dem langen Arm des Y-Chromosoms untersucht.

Beim Zugang über das Amelogenin kam es auch deshalb zu Fehlern, weil der bei degradierter DNA häufige Allelausfall die Amplifikation bestimmter Y-chromosomaler Sequenzen bei der PCR verhinderte und so Sequenzen fälschlich als weiblich bestimmt wurden.[58] Deshalb wurde auf der Basis forensischer Vorlagen der sogenannte Multiplexzugang entwickelt, bei dem das Amelogenin sowie mehrere X-chromosomale und Y-chromosomale STR-Marker untersucht wurden.[59]

55 | Vgl. einführend Hummel 2003: 29 f.; zur Methodenentwicklung Zhao et al. 1996; Stone et al. 1996. Das Gen Amelogenin codiert ein Protein im Zahnschmelz.

56 | Vgl. zu den Experimenten Sullivan et al. 1993: 636, 640; Akane et al. 1991: 84 f.; Brown 1998a: 39 f.; Faerman et al. 1995: v. a. 328-332; Faerman et al. 1998: 862 f.; Lassen/Hummel/Herrmann 1997; dies.1996: 26, 29; Lassen 1998; Colson et al. 1997; ein Versuch, die Bestimmungswahrscheinlichkeit einschätzen zu lernen, bei Matheson/Loy 2001: 569, 574; aktuellere Anwendungen z. B. Gibbon et al. 2009; Abu-Mandil Hassan et al. 2014: 193, 196.

57 | Zur Amelogenin Deletion beim Genotyp XY vgl. Lassen/Hummel/Herrmann 1996: 26, 29; Hummel/Herrmann 1991: 266 f.; Hummel 2003: 30; konkreter Problemfall bei Cunha et al. 2000: 952, mit der Aussage: »[t]o date, the SCV 2 appears to be a male«; vgl. Brown/Brown 2011: 161, mit einer Liste möglicher Fälle.

58 | Vgl. Schmidt/Hummel/Herrmann 2003: 337.

59 | Vgl. Hummel 2003: 30, 42, 164 f.; zu den Vorlagen aus der Forensik m. w. N. Schmidt/Hummel/Herrmann 2003: 338; empfohlen auch schon von Brown 1998b; ein Anwendungsbeispiel auf der Basis von Hummels Protokollen bei Katzenberg et al. 2005: 69; ein früheres Multiplexverfahren, das aber nur zwei Loci amplifizierte, bei Palmirotta et al. 1997: 606.

Hier wurde eine Grundbeschränkung der Quelle relevant: Alte DNA lieferte im besten (Erhaltungs-)Fall[60] Daten für die Ansprache des chromosomalen Geschlechts. Dieses kann sich vom gonadalen Geschlecht[61] unterscheiden, da die genetisch bestimmte Produktion der Geschlechtshormone in den Gonaden aus verschiedenen Gründen gestört sein kann. In solchen Fällen unterscheiden sich chromosomales und das durch die Sexualhormone ausgebildete phänotypische Geschlecht.[62] Dies kann jedoch auch noch andere Ursachen haben. Phänotypische Männer können beispielsweise den Genotyp XX haben. Umgekehrt können XY-Genotypen phänotypische Frauen sein.[63] Genetisches und phänotypisches, d.h. auch das mit morphologischen Verfahren ansprechbare Geschlecht sind zwar meist, aber eben nicht immer identisch. DNA kann demnach noch nicht einmal immer die erhoffte endgültige Gewissheit über das chromosomale Geschlecht schaffen.

DNA-Daten konnten deshalb zwar als Korrektiv für ältere morphologische Ansprachen eingesetzt werden, aber ganz sicher war das auch nicht.[64] Zudem erwiesen sich jüngst auch einige molekulare ›Altbestimmungen‹ als fehlerhaft, weil die Verfahren seit den 1990er Jahren sensibler gestaltet und mehr Marker herangezogen wurden.[65] Auch ein DNA-Datum muss also nicht zwangsläufig gewiss und ultimativ haltbar sein. Zudem betrifft es immer nur den Genotyp.

60 | Häufig gelang dies nur in zehn bis 20 Prozent der Versuche, vgl. Alt/Röder 2009: 109; Cemper-Kiesslich et al. 2005: 150 f.; zehn bis 30 Prozent nach Wahl 2007: 31; 50 Prozent bei Gerstenberger 2002. Bei Brandbestattungen ist eine molekulare Untersuchung noch nicht möglich. Vgl. Großkopf 2009: 69.

61 | Geschlechtsmerkmale des gonadalen Geschlechts sind die Gonaden, d. h. die Keimdrüsen, also Eierstöcke und Hoden. Da diese für die Produktion der Geschlechtshormone zuständig sind, wird auch vom hormonalen oder endokrinen Geschlecht gesprochen.

62 | Insgesamt zwei bis drei Menschen von 1.000 werden aufgrund verschiedener Ursachen mit uneindeutigen Geschlechtsmerkmalen geboren oder entwickeln diese. Ob sich solche Häufigkeiten auf historische Populationen übertragen lassen, ist fraglich. Vgl. dazu Schmitz 2006: 42 ff.; Brown/Brown 2011: 161.

63 | Gegenwärtig wird z. B. die Auftrittshäufigkeit von XX-Karyotyp bei männlichem Erscheinungsbild mit 1:10.000 bis 1:20.000 angegeben. Vgl. Wikipedia 2016c.

64 | Vgl. als Beispiel die Göttinger Dissertation von Julia Gerstenberg zum merowingerzeitlichen Reihengräberfeld Weingarten. Es fand sich eine Reihe von Fällen, in denen die archäologische, morphologische und molekulare Bestimmung nicht übereinstimmte. Tendenziell korrespondierten aber Beigabengeschlecht und molekulare Ansprache eher als die übrigen Kombinationen. Gerstenberger warnte jedoch, man müsse berücksichtigen, dass es sich um Typisierungsfehler oder Kontaminationen handeln könne. Vgl. Gerstenberger 2002: 121.

65 | Vgl. Grupe et al. 2015: 502; Wahl et al. 2014: 379 f.; Parton et al. 2013: 710.

Insofern zerschlugen sich, dies sei vorweggenommen, mitunter Hoffnungen der Archäologen, aDNA könnte in den Fällen der divergierenden Befunde die ›Amazonenhypothese‹ belegen oder die angenommenen vielfältigeren oder fluiden Geschlechterrollen bestätigen. Im Gegenteil haben jüngste aDNA-Studien einzelne ›Amazonengräber‹ sogar wieder verschwinden lassen[66] bzw. haben verbesserte morphologisch-morphometrische Verfahren vermeintliche Divergenzen zwischen archäologischem Beigabengeschlecht und morphologischem Geschlecht ›aufgelöst‹: Eine systematische archäologisch-anthropologische Studie zu solchen Fällen aus bajuwarischen Reihengräberfeldern des Frühmittelalters ergab zum Beispiel, dass meist die morphologischen Altbestimmungen falsch oder zu ungenau gewesen waren und neue morphologische und archäologische Geschlechtsansprachen nun übereinstimmten. In den wenigen Fällen, in denen eine molekulare Untersuchung überhaupt möglich gewesen war, stützte sie die aktualisierte morphologische Aussage.[67]

Alte DNA lieferte jedenfalls nicht die erhoffte universale, gewisse Antwort, die mitunter von ihr erwartet worden war. Die jüngsten Studien könnten sich im Lauf der Jahre ebenfalls als fehlerhaft oder als in technischer Hinsicht überholt herausstellen. Molekulares Wissen über das genotypische Geschlecht ist wie alles Wissen zu einem bestimmten Grad gewiss oder eindeutig und es besitzt – aus methodischen und technischen Gründen – eine Halbwertszeit wie andere Wissensbestände auch.

Auch aus pragmatischen Gründen sei es verkehrt, in der molekularen Geschlechtsbestimmung ein Allheilmittel zu sehen, machten Anthropologen geltend, denn das Prozedere sei langwierig, kompliziert und immer noch teurer als morphologische und metrische Verfahren und überdies invasiv.[68] Zudem wurde betont, dass in molekulargenetischen Studien die morphologisch-metrischen Verfahren oft über den molekularen rangierten, denn sie würden eingesetzt, um zu prüfen, ob die DNA-Ergebnisse authentisch seien.[69]

Bei Studien zu größeren Kollektiven, beispielsweise einem Gräberfeld, genügten sehr oft die Wahrscheinlichkeiten, die die morphologischen Verfahren bieten konnten – und in Einzelfalluntersuchungen erwiesen sich die molekularen Verfahren letztlich auch nicht als sicherer.[70] »In den allermeisten Fällen kann man sich eine aufwändige DNA-Analyse sparen, wenn sie ausschließlich

66 | Vgl. Wolf 2013: 55; Wahl et al. 2014: 379 f.

67 | Vgl. Gärtner et al. 2014: 236; Experteninterview ders. 2016. Für ein weiteres Beispiel vgl. Dieter Quast in Wahl et al. 2014: 388.

68 | Vgl. z. B. ders. 2008: 39; Kolman/Tuross 2000: 19; Alt/Röder 2009: 109; Cemper-Kiesslich et al. 2005: 150 f.; Wright/Yoder 2003: 48; zurückhaltend auch Campana/Bower/Crabtree 2013: 31 f.

69 | Vgl. Harbeck 2012: 192.

70 | Vgl. Expertinneninterview Hummel 2013.

der Ansprache des Geschlechts dienen soll«,[71] so der Anthropologe Joachim Wahl bereits 2008.

Stellte all dies den Einsatz von aDNA-Verfahren so grundsätzlich in Frage, dass es die großen Hoffnungen zunichtemachte, die in die molekulare Bestimmung von Geschlecht gesetzt wurden? Nicht unbedingt, denn es gab Anwendungsbereiche, in denen morphologische und metrische Bestimmungen nicht einsetzbar waren. Dies betraf die Geschlechtsansprache bei subadulten Individuen, hier vor allem Säuglingen und Kleinkindern sowie Föten.[72] Aus der Sicht der gegenwärtigen Forschung sind molekulare Analysen am Einzelfall zwar problematisch bis sinnlos, bei größeren Serien aber validierbar, insbesondere dann, wenn statistische Modellierungen verwendet werden können, die einzelne Fehler tolerieren.[73] Dies macht die aDNA-Verfahren unter bestimmten Bedingungen sinnvoll. Am Beispiel der Infantizidfrage lässt sich demonstrieren, wie diese als Forschungsweg validiert wurden.

Unter dieser kulturhistorisch hoch relevanten Fragestellung war die genetische Geschlechtsansprache in den 1990er Jahren an subadulten Individuen getestet und mit großer Resonanz aufgenommen worden. Deutlich wird dies an Beispielen aus der römischen Kaiserzeit, wenngleich es entsprechende Experimente auch für andere Zeitstufen gab.[74] Grob gesagt ging es um die Frage, ob die signifikante Unterrepräsentation von erwachsenen Frauen in römischen Bestattungen und die im Vergleich zu anderen Bevölkerungen hohe Anzahl von Kindern, die im geburtsreifen Alter starben, auf eine geschlechtsbezogene Tötung von Neugeborenen hindeutete.[75]

---

71 | Wahl 2008: 39.

72 | Vgl. zu Problemen der Geschlechtsbestimmung bei subadulten Individuen Schutkowski 1989: v. a. 2, 5 f.; Brown 1998a: 37, 43 f.; Brown/Brown 2011: 156 f.; Martin/Harrod/Pérez 2013: 155 f.; zu den Auswirkungen für die Archäologie und Anthropologie der Kindheit Kraus 2006: 30-33; zur molekularen Geschlechtsbestimmung als eventuelle Problemlösung perspektivisch früh Hummel/Herrmann 1994b: 205; Hummel et al. 1995: 6161; Faerman et al. 1997: 212; dann Daskalaki et al. 2011: 1326 f.; Tierney/Bird 2015: 27; Wright/Yoder 2003: 48; Cappellini et al. 2004: 610.

73 | Vgl. z. B. Expertinneninterview Grupe 2013.

74 | Die Göttinger Anthropologin Cadja Lassen fand bei den früh- und neugeborenen Traufkindern von Aegerten (17.-19. Jahrhundert) eine nach Lunar- und Lebensmonaten differenzierte Sterblichkeit von Mädchen und Jungen, die der geschlechtsbezogenen Absterbefolge vergleichbarer heutiger Populationen entsprach. Es war nicht auf eine relational erhöhte Sterblichkeit von Mädchen im Vergleich zu heute zu schließen. Vgl. Lassen/Hummel/Herrmann 1997: 190; ausführlich Lassen 1998.

75 | Vgl. Mays 1993; einführend ders. 1995: 8; Beilke-Voigt 2013: 118; m. w. N. Abu-Mandil Hassan et al. 2014: 196 f.; die biologischen Grundlagen bei Nordborg 1992.

Natürliche Todesursachen nach der Geburt würden zu einem flacheren Verlauf der Mortalitätskurven führen. Allerdings können hohe Mortalitätsraten um die Geburt herum auch rechnerische Artefakte sein.[76] Ob es sich im Einzelfall um einen nichtnatürlichen Tod handelte, ließ sich in aller Regel weder mit archäologischen noch mit anthropologischen Verfahren nachweisen. Meist wurde die Infantizidhypothese deshalb mit ethnografischen Bezügen oder historischen Quellen gestützt. Obwohl die Überlieferung aus der römischen Zeit zu dieser Frage überwiegend Dramen und fiktionale Texte umfasst, wurde sie als Hinweis auf eine kulturspezifische Infantizidpraxis akzeptiert, der neugeborene Mädchen häufiger zum Opfer gefallen seien als Jungen.[77]

Studien zu diversen Fundorten des römischen Reichs, die in den 2000er Jahren molekulargenetische Analysen integriert haben, stellten geringe geschlechtsbezogene Unterschiede bei der perinatalen Sterblichkeit sowie Mortalitätsraten fest, die dem aus Vergleichspopulationen bekannten Geschlechtsverhältnis entsprachen.[78] Damit war nicht die Infantizidfrage beantwortet, aber von einer signifikant erhöhten Mädchensterblichkeit konnte in diesen Regionen zu dieser Zeitstufe nicht mehr ausgegangen werden.[79]

Auf ein signifikant auffälliges Geschlechterverhältnis stieß hingegen eine der ersten Untersuchungen, die sich in den 1990er Jahren überhaupt der Geschlechtsansprache von Neonaten[80] widmete. Ein israelisches Team hatte Skelettreste von ca. 100 Neugeborenen untersucht, die im ehemaligen Abwasserkanal eines römischen Badehauses in Ashkelon (Israel) gefunden worden waren. Auf archäologischen und historischen Befunden beruhte die Annahme, dass das Gebäude als Bordell genutzt worden war. Der In-situ-Befund deutete auf keinerlei Bestattungsritual hin, was den Fundort von den sehr sorgfältigen Neugeborenenbestattungen der näheren Umgebung unterschied. Daher lag die Hypothese nahe, dass es sich um Infantizidopfer handelte. Sterbealter[81] und Todesursache ließen sich nicht mehr bestimmen.[82] Unwahrscheinlich war Infantizid aber auch nicht.

Die Infantizidhypothese umfasste damals die Annahme, dass es sich überwiegend um Mädchen handelte. Molekulargenetisch sollte dies getestet wer-

76 | Vgl. Mays 1995: 8; Gowland/Chamberlain 2002: 678, 682ff; Mays/Eyers 2011: 1932 f., 1935 ff. Gowland/Chamberlain 2002: 678, 682 ff.

77 | Vgl. Scott 2001: 1-5, 17 ff.

78 | Vgl. Mays/Faerman 2001: 556, 558; Abu-Mandil Hassan et al. 2014: 196 f.; Sallares et al. 2003: 120-123; Tocheri et al. 2005: 337; Beilke-Voigt 2013: 119 f.

79 | Vgl. Gowland/Chamberlain 2002: 682.

80 | Als Neonaten werden Neugeborene bis zum Alter von vier Wochen bezeichnet.

81 | Die osteologische Bestimmung des Sterbealters ist schwierig, weil das Knochenwachstum in der fetalen und perinatalen Periode sehr schnell verläuft.

82 | Vgl. Smith/Kahila Bar-Gal 1992: 673 f.

den.[83] Das Sample wies dann aber einen im Vergleich zu anderen Populationen stark erhöhten Anteil an männlichen Kindern auf. Das Team schlug vor, diesen mit einem Szenario zu erklären, wonach Jungen häufiger als Mädchen Opfer von Infantizid wurden, wenn ihre Mütter Prostituierte waren, die Mädchen bevorzugt aufzogen, weil sie für die Profession wertvoller waren.[84] Inwieweit dieses Szenario zu den sehr diversen Prostitutionsformen des Römischen Reiches passte, wurde kontrovers diskutiert.[85] Zudem sicherte zwar die relative Größe des Samples das Ergebnis ab, aus der Retrospektive und mit dem aktualisierten molekularbiologischen Wissen ließe sich jedoch auch die Authentizität der Daten in Frage stellen. Das methodisch größere Risiko ging in solchen Fällen aber grundsätzlich von der riskanten Vermischung von archäologischen, historischen und biologischen Quellen und Befunden aus.

In wissenschaftshistorischer Hinsicht lag die Bedeutung dieses Experiments darin, dass es in den 1990ern als Beleg dafür betrachtet wurde, dass aDNA in manchen Fällen eben doch mehr vermochte als die morphologischen Quellen und zu Erkenntnissen führte, die anderweitig nicht generiert werden konnten. Angesehen wurde die Studie als Beispiel dafür, dass sich aDNA-Daten mit archäologischen und historischen Quellen in Verbindung setzen ließen, um kulturhistorisch relevante Fragen zu beantworten.[86] Frühe Untersuchungen dieser Art und ihre positive Rezeption in der Archäologie ließen erwarten, dass die aDNA-Verfahren einen signifikanten Beitrag zu bisherigen (bio-)archäologischen und anthropologischen Unternehmungen liefern würden.[87] Damit war aber auch die Kontroverse angelegt, inwieweit genetische Daten kulturell interpretiert werden durften.

Die Vorstellung, dass aDNA in solchen Fällen einen neuen Weg zu alten Fragen darstellen könnte, äußerte sich sprachlich seither in Metaphern, die die Forschung in dreidimensionalen Räumen positionierten oder sonst das Räumliche und die Bewegung betonten, wie etwa »Weg«, »avenue«, »road« und »realm«.[88] Die Rede war insbesondere im Fall von Einzelfallstudien zum Beispiel von »a new avenue of inquiry for archaeologists« und »an additional data

83 | Vgl. zuerst Faerman et al. 1997: 212; archäologische und anthropologische Befunde zusammenfassend dies. et al. 1998: 862.

84 | Vgl. ebd.: 864 f.

85 | Vgl. kritisch zu Faermans These Scott 2001: 11 f.

86 | Das ergeht aus der Zahl und Mischung der Citations, die der Titel erhielt. Vgl. PublishOrPerish, Stand: Januar 2016. Vgl. als Beispiel Schmidt/Hummel/Herrmann 2003: 337.

87 | Vgl. Shapiro/Gilbert/Barnes 2008: 207.

88 | Vgl. z. B. in einem Publikumsband DeSalle/Tattersall 2008: 91; Merriwether 2000.

set to aid in the interpretation of human behavior within past environments«.[89] Verweise auf die Zusätzlichkeit implizierten, dass die alten Wege nicht ganz verlassen, sondern durch neue ergänzt wurden.[90] Dies galt auch für die häufigen Fenster- und Türmetaphern.[91] Entweder öffneten Forscherinnen und Forscher neue Fenster und Türen, oder bestimmte Quellen, Methoden und Techniken taten das für sie. Die Fenstermetapher implizierte, dass Dinge oder Verhältnisse sichtbar wurden, die grundsätzlich im Blickfeld lagen, aber verstellt gewesen waren.[92] Das Fenster kennzeichnete die Grenze zwischen einer Innen- und einer Außenwelt, die aber nicht überschritten wurde.[93] Demgegenüber drückten die etwas selteneren Türmetaphern aus, dass diese Grenzen überwunden wurden.[94]

Den molekularen Blick auf das Neue und Überraschende, das neue Geheimnisse barg, verdeutlichte die Fenstermetapher in einer Interviewäußerung Wolfgang Haaks:

»Also solche Überraschungen hat man ständig in der aDNA. Ich kann unzählige Beispiele aufzählen und das macht es halt auch spannend. Dass man so einfach so dieses oft zitierte window into the past öffnen muss und zack, da ist schon wieder was, das wir überhaupt nicht auf der Platte hatten. Und das treibt einen halt so bisschen an, weil jede neue Probe irgendwie so sein Geheimnis lüften könnte oder in sich birgt. Und das macht es so schön spannend«.[95]

89 | Schablitsky 2006: 18.

90 | Vgl. so auch Killick 2015: 242.

91 | Vgl. Hummel/Lassen/Schultes 1996; Alt 2009: 291; Relethford 2002; Meller/Alt 2010b: 7; Pickrell/Reich 2014: 382; Hagelberg/Hofreiter/Keyser 2015. Die Metapher war dabei nicht auf das Objekt aDNA beschränkt, sondern wurde auch für die Zusammenarbeit von Anthropologie und Archäologie verwendet. Vgl. z. B. in der populären Darstellung Hüssen 2002: 47.

92 | Als Beispiel besonders dramatisch ebenfalls zur Infantizidfrage: »Archaeology opens windows on the past that have been clouded both by the passage of time and the deliberate attempts of many people to erase evidence of their actions, often nefarious and many times illegal, hoping they will be forever forgotten. The archaeological record brings harsh light of discovery to bear on the results of these activities.« Crist 2005: 19.

93 | Wer Fenstermetaphern nutzte, trennte zwischen dem beobachtenden Subjekt und dem beobachteten Objekt. Vgl. zur Deutung der Fenstermetapher sprachwissenschaftlich Köller 2012: 536 ff., 541.

94 | In einer populären Darstellung vgl. z. B. DeSalle/Tattersall 2008: 186; zur Populationsgenetik Axelsson et al. 2008: 2180.

95 | Experteninterview Krause/Haak 2016; ähnlich: »Ancient DNA results are so regularly surprising that almost any measurement is interesting: new historical discoveries

Auf der Strecke blieben dabei, so die Gegenperspektive, diejenigen, die an konventionellen Methoden festhielten und diese weiterentwickelten, verfeinerten und damit immer robuster machten. Der biologische Anthropologe Winfried Henke und der deutsche Primatologe Hartmut Rothe beschrieben 2006 eine neue interne Konkurrenz in der Paläoanthropologie, wo die Morphologen trotz ihrer technischen und methodischen Innovationen als »old fashioned«[96] gälten. Die Morphologie habe sich zeitgleich zu den aDNA-Verfahren immer mehr zu einer theoriegeleiteten Funktions-, Konstruktions- und Evolutionsmorphologie entwickelt. In technischer Hinsicht seien wichtige Impulse von diversen bildgebenden Verfahren ausgegangen.[97] Klassische paläoanthropologische Lehrstühle ließen sich aber kaum erhalten. Das Fach gerate, mit Ausnahme vielleicht der Neandertalerforschung, in institutioneller Hinsicht ins Hintertreffen, wenn es nicht molekulargenetisch arbeite:[98]

> »Einer molekularbiologisch ausgerichteten Anthropologie wird dagegen zugetraut, dass sie mit ihren innovativen Methoden die ungelösten Probleme der Paläoanthropologie bewältigen kann. [...] Molekularbiologische Methoden sind – wie an den wenigen verbleibenden Planstellen der Anthropologie ablesbar – die von universitären Evaluatoren gewünschten Verfahren der Wahl.«[99]

Spürbar war in den Quellen auch die Sorge, dass die Verfahren, die nun alte DNA oder Isotope zugänglich machten, alle morphologischen und metrischen Methoden und damit alle, die an diesen festhielten, als weniger solide, unpräzise und überholt erscheinen ließen. Der Paläoanthropologe Joachim Wahl protestierte 2008:

---

have been made in virtually every ancient DNA study that has been carried out.« Pickrell/Reich 2014: 382.

96 | Henke/Rothe 2006: 60; sowie Henke 2010a: 183 f.

97 | Jüngst kamen 3D-Morphometrie, die Pricipal Component Analysis, Thin Plate Splines, die computergestützte Bildanalyse mithilfe von Computertomografie und Rasterelektronenmikroskopen und Virtual Anthropology hinzu.

98 | Vgl. ders./Rothe 2006: 61; Henke 2010a: 182. Explizit gelehrt wird in Deutschland Paläoanthropologie zum Entstehungszeitpunkt dieser Arbeit nur an der Universität Tübingen, wo Katerina Harvati das Fach vertritt. Am Senckenberg Forschungsinstitut besteht eine mit Friedemann Schrenk besetzte Abteilung. An der Goethe-Universität in Frankfurt a. M. existiert ein Arbeitskreis Paläobiologie und Evolution. Am anthropologischen Institut der Universität Mainz vertritt Winfried Henke u. a. auch die Paläoanthropologie. Paläoanthropologisch geforscht wird aber auch am Neanderthal Museum, am Reiss-Museum, am Landesmuseum in Darmstadt und im Forschungsbereich Monrepos des Römisch-Germanischen Zentralmuseums.

99 | Ders./Rothe 2006: 60.

»Das mag zwar für einzelne Parameter zutreffen, doch im Hinblick auf die hohen technischen und finanziellen Anforderungen der modernen Ansätze sowie in Teilbereichen noch unzureichend geklärte Fehlerquellen kommt dem älteren Methodenspektrum auch weiterhin ein hoher Stellenwert zu. Es gehört nach wie vor zum Standardinventar«.[100]

Man müsse im Einzelfall abwägen, welche Untersuchungsmethoden zum Einsatz kommen sollten. Oft verhindere schon der Erhaltungszustand der Proben die Berücksichtigung der Labormethoden. Außerdem hätten die morphologischen und diverse sonstige Verfahren, was gern übersehen werde, oft ein völlig anderes Aussagepotential:

»Die konventionellen Methoden blieben schon deswegen mit im Boot, weil wesentliche Parameter, wie beispielsweise Schädelform, Körperhöhe, traumatische Ereignisse und Verschleißerscheinungen, niemals aus dem Reagenzglas zu klären sein werden. Tatsächlich erleben sogar einige der jahrzehntelang etablierten Ansätze gerade in jüngster Zeit wieder neue Impulse hinsichtlich ihrer Zuverlässigkeit und Validität.«[101]

Aufgrund der hohen Attraktivität der neuen Verfahren sei mitunter schwer zu vermitteln, so Gisela Grupe 2012, dass die Isotopen- und DNA-Verfahren eben nicht alleinstünden, sondern mit umfassenderen osteologischen Untersuchungen kombiniert würden. Wie Ärzte könnten auch die Anthropologen nicht sinnvoll nur ein paar isolierte Laboruntersuchungen machen, sondern es bedürfe mindestens einer Art Anamnese:

»Everybody will readily agree that a modern physician should not base a diagnosis on lab protocols only, but should establish a complete anamnestic protocol first. This also pertains to archaeometry. Modern analytical methods are sophisticated, not readily self-explanatory, and thus of a seeming self-relevance. By comparison, morphology and osteology are often referred to as being old-fashioned and not capable of producing results which are detailed enough. A correct interpretation of stable isotopic ratios, however, is always based on an in-depth anamnestic protocol, which in the case of bioarchaeological finds, is the osteological investigation. Therefore, both methods complement each other, and no method is superior to the other.«[102]

Für einen Teil der deutschen Anthropologie schien aus eigener Sicht die in den Rettungs- und Modernisierungserzählungen angelegte Strategie – mehr Konkurrenzfähigkeit und Geltung durch neue hoch bewertete Laborverfahren –

100 | Wahl 2008: 32.

101 | Ebd.: 33; sowie in der populären Darstellung ders. 2007: 25; ähnlich u. a. auch Alt/Röder 2009: 111; Harvati 2013.

102 | Grupe 2012: 177.

nicht aufzugehen. Einzelne Morphologen sahen sich hier als Verlierer, die nun Rückzugsgefechte führen mussten. Ihre Befürchtungen ähnelten denen von Archäologen, die befürchteten, dass ihre Artefaktquellen und Methoden durch die aDNA- und Isotopenquellen abgewertet werden könnten.

Kinshipstudien: zwischen Nice-to-Know-Forschung und massenmedialem Interesse

> »Auch da hat man die großen Geschütze der Naturwissenschaft aufgefahren und entsprechend differenzierte Verwandtschaftsanalysen durchgeführt.«[1]

Seit der Mitte der 1990er Jahre wurden molekulargenetische Verfahren entwickelt, mit deren Hilfe sich genetische Verwandtschafts- und Abstammungsbeziehungen von Individuen – Kinship – untersuchen ließen. Möglich wurden so Aussagen über die Wahrscheinlichkeit einer genetischen Beziehung. Genetische Verwandtschaft muss aber erstens nicht Bindung bedeuten, und zweitens lassen sich auf der Basis von DNA-Daten zahlreiche andere mögliche Beziehungen wie Pflegschaft, Gefolgschaft, erweiterte Familien- und Hofgemeinschaften und andere nicht untersuchen. Die Quelle DNA hat ein auf wenige genetische Phänomene beschränktes Aussagepotential. Die methodische Schwierigkeit – wenn dies überhaupt als zulässig akzeptiert wurde –, bestand darin, Wissen über genetische Personenbeziehungen in Verbindung zu bringen mit anderen Quellen und Daten, die andere Formen von Bindungen widerspiegeln können.

Die Kinshipanwendungen waren in den Massenmedien inzwischen aber so präsent,[2] dass, so Joachim Burger und Karola Kirsanow von der Mainzer Arbeitsgruppe Paläogenetik 2012, die aDNA-Forschung von außen mit ihnen identifiziert werde.[3] Dies könnte damit zusamenngehangen haben, dass sie die Individualebene betrafen und gut personalisierbar und emotionalisierbar waren. Sie kamen der (massen-)medialen Logik mehr entgegen als die abstrakteren populationsgenetischen Studien. Denkbar ist auch, dass das Interesse der Öffentlichkeit am Individuum, seiner Biografie, persönlichen Geschichte und seinen Beziehungen auf gesamtgesellschaftliche Individualisierungstendenzen zurückzuführen ist.[4]

Die Bioarchäologie und insbesondere die amerikanische Four Fields Anthropology räumten seit den 2000er Jahren der Geschichte des Individuums zu-

---

1 | Experteninterview Veit 2013 zu der Kinshipstudie zur neolithischen Mehrfachbestattung von Eulau.

2 | Vgl. zum »media excitement« der untersuchten Herrschergenealogien Charlier et al. 2013: 38; als Beispiele o. V. 1996a; Bergmann 2007: 11; Langegger 2008; Lauschner 2008: 31; Kron 2008: 36; o. V. 2010a; o. V. 2010e; Schulz 2015.

3 | Vgl. Kirsanow/Burger 2012: 124.

4 | Vgl. so z. B. die Einschätzung von Koch 2010: 95; als Beispiel vgl. die Berichterstattung von Danner 1999 über die Untersuchungen zu Kaspar Hauser bei Weichhold et al. 1998.

nehmend Platz ein. Insbesondere in den USA zeichnete sich in den letzten Jahren ein methodischer Trend zur Lebenslaufrekonstruktion oder Life History ab. Die Absicht war es, das Individuum mehr zu seinem Recht kommen zu lassen, als dies zuvor der Fall gewesen war.[5] Versucht wurde sogar, der Formierung und Ausgestaltung von Identität auf individueller Ebene nachzugehen und dabei auch biologische Verwandtschaft zu berücksichtigen.[6] Dies sollte auch mit der Perspektive, die DNA-Quellen boten, geschehen.

Intention und Vorgehensweisen solcher Einzelfallstudien verdeutlichte ein eineinhalb Jahrzehnte in Anspruch nehmendes Projekt des forensischen und historischen Anthropologen Douglas W. Owsley von der Smithsonisan Institution/National Museum of Natural History. Er bemühte sich mithilfe eines umfangreichen Methoden- und Quellenmix und gemeinsam mit Historikern, Archivaren, Volkskundlern und Anthropologen darum, eine in Giddings, Texas, exhumierte Leiche als die des 1878 gehängten Gesetzlosen William Preston Longley zu identifizieren. Der ›Revolverheld‹ Bill Longley spielte in der amerikanischen Populärkultur eine wichtige Rolle.[7] Owsley ging es unter anderem darum, die sich um Longley rankenden Legenden – er soll seiner Hinrichtung entkommen sein und andernorts inkognito weitergelebt haben – zu widerlegen, indem er mtDNA der aufgefundenen Leiche mit der mtDNA einer lebenden Nachfahrin Longleys verglich.[8] Mit hoher Wahrscheinlichkeit handelte es sich bei dem Toten tatsächlich um Longley,[9] wenngleich, wie das Team um Owsley betonte, die Aussagemöglichkeit der mtDNA limitiert und sie deshalb nicht als »a unique identifier«[10] misszuverstehen sei, da viele Individuen in maternaler Linie mtDNA-Sequenzen teilen, ohne eng miteinander verwandt zu sein.

Die Longley-Studie ist ein gutes Beispiel für die Chancen und Grenzen solcher individueller Verwandtschaftsbestimmungen sowie für die Kritik an ihnen. Hatten solche Untersuchungen wie im Fall von Josef Mengele, Martin

---

5 | Vgl. als Beispiele auch Rott 2013; Gerstenberger et al. 1999; dies./Hummel/Herrmann 2002; Lee et al. 2012; Cappellini et al. 2004.

6 | Vgl. als Einführung Zvelebil/Weber 2012; Knudson/Stojanowski 2008: 408-414; Knudson/Stojanowski 2010; Zvelebil/Weber 2012: 1; Larsen 2002a: 121; Interview mit Harald Meller und Rüdiger Krause in Bienert et al. 2009: 38, 41; als Beispiel für eine solche Life-course Reconstruction mithilfe von Isotopendaten Koch/Kupke 2012: 225 f. Identity ist inzwischen ein Kernkonzept der amerikanischen Bioarchaeology und integriert das Biologische, Soziale und Kulturelle. Vgl. Park/Roberts/Jakob 2010: 498; als Beispiel Roberts/Manchester 2005.

7 | Vgl. Wikipedia 2016b.

8 | Vgl. Owsley/Ellwood/Melton 2006: 59.

9 | Vgl. ebd.: 59.

10 | Ebd.: 60.

Bormann und der russischen Zarenfamilie[11] auch forensische Bedeutung, wurden sie von großen Teilen der aDNA-Forschung als gesellschaftlich durchaus wichtig akzeptiert, wenn auch als wissenschaftlich wenig relevant eingeordnet. Studien zu Verwandtschaftsbestimmungen von Herrscherfamilien oder historischen Personen wurden ohnehin oft als Auftragsarbeiten an freiberufliche Anthropologen oder Forensiker vergeben.

Mit solchen Untersuchungen ließ sich aber nur begrenzt technisches und methodisches Knowhow demonstrieren. Der Impact für die aDNA-Community galt als klein, denn sie waren schwer generalisierbar.[12] Das erschien vor allem den an ›großen‹ populationsgenetischen Fragen, an Diversität und den Beziehungen zwischen genetischen Gruppen interessierten Paläogenetikern und Evolutionsforschern als nicht verhältnismäßig. Sie kritisierten Studien zu einzelnen Individuen oder sehr kleinen Kollektiven als methodisch problematisch, als meist nicht validierbar und unrentabel.[13] Aus ihrer Sicht förderten die Einzelfalluntersuchungen viel irrelevantes Wissen zutage. Sie brächten die Community nicht weiter und rechtfertigen nicht den Mitteleinsatz. Studien zu Identität und Verwandtschaftsbeziehungen von Jesse James, Christoph Kolumbus, Ludwig XVII., den Medici und dem Evangelisten Lukas, die in den Medien viel Aufmerksamkeit erfuhren,[14] erregten das Unverständnis von Forschern wie Joachim Burger: »Mitunter treibt die aDNA-Forschung auch skurrile Blüten, v. a. dann, wenn medienträchtige Untersuchungen historischer Personen [...] oder gar an Überresten christlicher Heiliger [...] vorgenommen werden.«[15]

Einzelfallstudien zu Kinship, Abstammung und Biografie seien, so 2004 auch Svante Pääbo und Hendrik N. Poinar, zwar spannend und öffentlichkeitswirksam, aber aus wissenschaftlicher und ethischer Sicht zweifelhaft: »However, they are devoid of any larger scientific contribution and sometimes ethically questionable.«[16]

Bereits 1994 hatte Mark Stoneking die molekularbiologischen Untersuchungen einer Doktorandin Pääbos am sogenannten Ötzi, dem Mann vom

11 | Vgl. Jeffreys et al. 1992; Gill et al. 1994; Ivanov et al. 1996; Anslinger et al. 2001; Gill/Hagelberg 2004.

12 | Vgl. Kirsanow/Burger 2012: 124.

13 | Vgl. z. B. Experteninterview Burger 2013.

14 | Gemeint waren Studien wie Jehaes et al. 1998; Weichhold et al. 1998; Jehaes et al. 2000; ders. et al. 2001; Stone/Starrs/Stoneking 2001; Vernesi et al. 2001; Rickards et al. 2001; Katzenberg et al. 2005; Owsley/Ellwood/Melton 2006; Owsley et al. 2006; Caramelli et al. 2007; Charlier et al. 2010; Lalueza-Fox/Gigli et al. 2011; Charlier et al. 2013.

15 | Burger 2007: 280.

16 | Pääbo et al. 2004: 670; ähnlich Dudar/Waye/Saunders 2003: 233.

Hauslabjoch, als irrelevant bezeichnet.[17] Es sei nicht gerade ein Durchbruch für die aDNA-Forschung, dass nun molekulargenetisch bewiesen worden sei, dass die Gletschermumie genetisch heutigen Mittel- und Nordeuropäern ähnelte: »[T]his finding is not exactly a great leap forward for ancient DNA!«[18] Stoneking sah nur auf der Ebene der Populationen echtes Potential für die Verfahren, mit denen sich Aussagen zu Kinship und Abstammung auf der Basis alter DNA treffen ließen.[19] Er konnte aber nicht ignorieren, dass es seit der Mitte der 1990er Jahre immer mehr solche Einzelfallstudien gab.

»Kinship analysis in the sense of reconstructing genealogies from historical burial sites has always been one of the desiderates of anthropology«,[20] rechtfertigte hingegen Susanne Hummel 2003 in ihrem Handbuch ihre in den 1990er Jahren begonnenen Experimente. Sie selbst hatte früh in Göttingen alte DNA herangezogen, um biologische Verwandtschaft zu untersuchen, die sie als Forschungsproblem der Archäologie, Anthropologie und Geschichtswissenschaft verstand.

Bisher hatten der Anthropologie phänotypische Kennzeichen zur Analyse von Verwandtschaftsbeziehungen gedient, wenn es sich um wenige Individuen oder kleine Kollektive gehandelt hatte. Zuerst waren visuell wahrnehmbare typognostische Merkmale des Hirn- und Gesichtsschädels, später osteometrische Marker herangezogen worden.[21] Kombiniert mit archäologischen Erkenntnissen über Horizontalstratigrafie und Beigabenausstattung ließen sich in probabilistischen Begriffen durchaus Aussagen über die (Nicht-)Verwandtschaft von Individuen treffen. Diese stochastisch begründeten Ansprachen waren aber nicht sehr verlässlich, da die Ausbildung phänotypischer Merkmale immer von einer Vielzahl von Faktoren abhängt, darunter die genetische Information sowie diverse Umweltfaktoren.

---

17 | Gemeint war: Handt/Richards et al. 1994: 1778, FN 20. Handts Experimente hatten zu den bereits angewandten archäometrischen, radiologischen und isotopengeochemischen Verfahren in Beziehung gesetzt werden sollen, um möglichst alles aus der seltenen menschlichen Quelle herauszuholen. Dabei war Oliva Handt auf zahlreiche methodische und technische Probleme gestoßen.

18 | Stoneking 1995: 1261.

19 | Als Ausnahmen früher populationsweiter Untersuchungen listete Stoneking seine eigene Arbeit zur Oneotapopulation in Illinois auf sowie Studien von Erika Hagelberg zum pazifischen Raum: Stone/Stoneking 1993; 1998; Hagelberg/Clegg 1993.

20 | Hummel 2003: 183.

21 | Vgl. Larsen 2002a: 138; Martin/Harrod/Pérez 2013: 156 ff.; Meyer/Alt 2010: 488 ff.; Brown et al. 2000: 115; Alt/Vach 1998: 538.

Bessere Wahrscheinlichkeiten hatte die Auswertung epigenetischer Merkmale wie zum Beispiel der akzessorischen Zahnhöcker erbracht.[22] Der Vergleich solcher anatomischer Varianten, die in unterschiedlichen Populationen in unterschiedlicher Häufigkeit, aber insgesamt selten auftraten und hinsichtlich Alter und Geschlecht wenig divergierten, eignete sich gut für Kinshipfragestellungen. In einer genetisch verwandten Gruppe wären diese Merkmale – sofern überhaupt welche angetroffen werden –, häufiger vertreten als in der Gesamtpopulation. Für kleinere Kollektive wie zum Beispiel die 34 Toten des neolithischen Massengrabes von Talheim am Neckar wurde dieses Verfahren herangezogen.[23] Bei größeren Individuenzahlen war es schwierig bzw. unmöglich, es einzusetzen.[24]

Erfolglos waren in den 1980er Jahren unternommene Versuche gewesen, in solchen Fällen biologische Verwandtschaft auf der Basis von Blutgruppeneigenschaften zu untersuchen.[25] Archäologischen und anthropologischen Erkenntnisinteressen zu Kinship hatte somit oft nicht oder nur mit sehr geringen Bestimmungswahrscheinlichkeiten entsprochen werden können. Hier bot aDNA – sofern vorhanden – einen gewissen Erkenntnisvorteil und die Option, als Korrektiv eingesetzt zu werden.[26]

Technische Vorlagen gab es in der Forensik, wo seit den 1980er Jahren an DNA-basierten Identifizierungsverfahren gearbeitet wurde. Diese basierten darauf, dass Polymorphismen von nDNA individual-spezifisch sind. Weltweite Aufmerksamkeit erfuhr 1989 die Identifikation der sterblichen Überreste eines Mordopfers als die seit 1981 vermisste Karen Price. Die Biochemikerin Erika Hagelberg, damals an der MRC Molecular Haematology Unit des John Radcliffe Hospitals in Oxford tätig, Alec J. Jeffreys und Ian C. Gray vom Department

22 | Epigenetische Merkmale sind vererbbare Phänotypen, die nicht im Genotyp angelegt sind. Vgl. dazu Walter 2010b: 26; als bekanntes Beispiel für die Verwandtschaftsanalysen von Kurt W. Alt auf der Basis epigenetischer Merkmale Alt/Vach 2004.

23 | Vgl. zum Fund insgesamt Wahl/König 1987: 65-68. Es handelte sich nicht um eine regelhafte Bestattung zeitgleich Verstorbener, sondern um achtlos in eine Grube geworfene Menschen, die angesichts ihrer Verletzungen vermutlich Opfer eines Angriffs geworden waren (ebd.: 183 ff.). Vgl. zur epigenetischen Analyse mit dem Ergebnis, dass hier Angehörige mehrerer Großfamilien lagen, ebd.: 94-98; Wahl 2007: 67; Jacob/Strien/Wahl 2010: 17 f. Später wurde dies mit Isotopenuntersuchungen kombiniert, die Aufschluss geben sollten über die Mobilität der Toten. Vgl. Bentley 2013: 305 f. Vgl. grundlegend zu den epigenetischen Verfahren Alt 1997; ders./Vach 1998: 539-546; als Beispiel für die Methodenentwicklung Szilvássy 1986; dazu Rösing 1986: 95 ff.; Larsen 2002a: 138.

24 | Brown et al. 2000: 115.

25 | Vgl. Hummel 2003: 207.

26 | Vgl. Herrmann et al. 2007: 22.

of Genetics der University of Leicester hatten Allelmuster verschiedener DNA-Regionen aus der Probe mit denen noch lebender Verwandter des vermuteten Opfers verglichen.

Ein weiterer vielbeachteter Fall war die Untersuchung einer 1985 in Brasilien exhumierten Leiche, die aufgrund anderer Daten putativ als Joseph Mengele angesprochen worden war.[27] Auch hier hatten Hagelberg und Jeffreys zusammengearbeitet, diesmal mit dem Department of Genetics der University of Leicester und einem Biologen des Hessischen Landeskriminalamts. Durch Vergleichsproben von Mengeles Sohn und Ehefrau kamen Jeffreys und Hagelberg zu dem Ergebnis, dass der exhumierte Mann mit einer sehr hohen Wahrscheinlichkeit nicht als Vater des lebenden Sohnes ausgeschlossen werden konnte.[28] Der Frankfurter Staatsanwaltschaft genügte diese Wahrscheinlichkeit, um das Ermittlungsverfahren zu schließen.

In einem internationalen Team um den forensischen Genetiker Peter Gill vom britischen Forensic Science Service und den russischen Forensiker Pavel L. Ivanov untersuchte Erika Hagelberg dann die möglichen genetischen Verwandtschaftsbeziehungen von neun 1991 in Jekaterinburg gefundenen Skeletten, die von russischen Rechtsmedizinern hypothetisch als das letzte Zarenpaar, drei seiner Kinder und vier Hofangehörige identifiziert worden waren. Das Team stellte eine Mutter-Kinder-Beziehung der erwachsenen Frau und der drei gefundenen Kinder fest. Wenngleich Zweifel an der Authentizität der Ergebnisse bestanden und der Abgleich mit mtDNA-Sequenzen lebender Nachfahren mehrfach neue Fragen aufwarf, war es durchaus wahrscheinlich, dass es sich bei den Toten um das Zarenpaar, drei seiner Töchter und vier weitere nicht genetisch verwandte Männer handelte.[29]

Nukleare DNA und mtDNA haben bei solchen Kinshipuntersuchungen jeweils begrenzte und unterschiedliche Aussagepotentiale. Auf der Basis von mtDNA lässt sich prinzipiell nur Verwandtschaft in maternaler Linie verfolgen,

27 | So verwiesen Hummel et al. 1995: 55, und Jones 2001: 196 f., u. a. auf Hagelberg/Gray/Jeffreys 1991 und Jeffreys et al. 1992. Ebenso viel beachtet war der Einsatz der Methode in einem Konfliktfall der britischen Einwanderungsbehörde, vgl. ders./Brookfield/Semeonoff 1985; ebenso im Lehrbuch Hummel 1994: 90. Zur Rezeption in den Massenmedien vgl. z. B. Browne 1991.

28 | Vgl. Jeffreys et al. 1992: 65, 74 f. Nach dem Wissensstand der Zeit hätte weniger als einer von 1.800 Männern ohne biologische Verwandtschaft zum Sohn die entsprechenden Merkmale aufgewiesen.

29 | Vgl. dazu die ursprüngliche Untersuchung von Gill et al. 1994: 133 f.; ebenso Ivanov et al. 1996: 417; die Kontroverse infolge einer Gegenstudie und die neuerliche Debatte aufbereitet in *Nature* Stone 2004; die Gill-Studie unterstützend Hofreiter et al. 2004: 408; dagegen Knight et al. 2004: 409 f.; ihre Studie verteidigend wiederum Gill/Hagelberg 2004: 408 f.; inzwischen auch Coble et al. 2009: e4838.

da das mitochondriale Genom über die Mütter weitergegeben wird.[30] Herangezogen wurden für den Vergleich die hypervariablen Regionen 1 und 2 (HVR 1 und 2) aus dem nichtcodierenden Abschnitt der DNA, die beim Menschen ungefähr 600 Basenpaare umfassen.[31] Sie zeigten in Experimenten eine besonders hohe Variabilität. Enge Verwandtschaft in mütterlicher Linie ließ sich damit unter günstigen Bedingungen aufzeigen. Ohne weitere, nichtmolekulare Informationen oder nDNA konnte aber meist nicht entschieden werden, um welche Art bzw. welchen Grad der Verwandtschaft es sich handelte.[32]

Untersuchte man hingegen Y-chromosomale DNA aus dem Zellkern, konnte sich genetische Verwandtschaft in paternaler Linie zeigen, da Y-chromosomale Sequenzen nur patrilinear vererbt werden. Rekombinationen finden nur bei einem Teil der DNA-Regionen statt. Als gut geeignet erwies sich der Vergleich von STR-Systemen.[33] Marker der mtDNA und Y-chromosomale Sequenzen lassen als Quellen also jeweils nur eine bestimmte Perspektive zu. In der aDNA-Forschung wurde diese grundsätzliche Problematik der uniparentalen Marker, die das Aussagepotential der molekularen Quelle erheblich begrenzte,[34] vielfach diskutiert. Das folgende Unterkapitel wird dies am Beispiel der weit über die meisten Kinshipbestimmungen hinausgehenden paläogenetischen Studien zur genetischen Verwandtschaft zwischen Neandertalern und Anatomisch Modernen Menschen vertiefen.[35]

Biparentale Abstammungslinien lassen sich nur identifizieren, wenn man autosomale[36] DNA aus dem Zellkern vergleicht. Dann ist eine auf beide elterlichen Linien erweiterte Perspektive möglich. In der Regel kann eine mögliche Eltern-Kind-Verwandtschaft bereits ausgeschlossen werden, wenn in einem STR-System eine Unstimmigkeit auftritt, da jedes Individuum aus der Kindergeneration genau je die Hälfte der Allele beider Individuen der Elterngeneration aufweisen müsste, sofern nicht eine seltene genetische Anomalie vorliegt.

30 | Als Beispiel für die Beschränkung auf mtDNA vgl. die Untersuchung der in der Totenhütte von Benzigerode Bestatteten bei Meyer et al. 2008: 123; einführend Hummel 2003: 23.

31 | Nichtcodierende Abschnitte sind viel häufiger als Gene. Vgl. Shapiro/Gilbert/Barnes 2008: 209. Die nichtcodierenden Regionen waren für die aDNA-Forschung besonders interessant, weil sie sehr charakteristische Merkmale aufweisen. Vgl. einführend Hummel 2003: 23 f.

32 | Vgl. Grumbkow et al. 2013: 3772.

33 | Vgl. Hummel et al. 1995: 53-57; dies./Herrmann 1997: 219 f.; Hummel 2003: 39 ff.

34 | Vgl. ebd.: 22.

35 | Vgl. Krause 2010: 16.

36 | Autosomen sind Chromosomen, die nicht zu den Geschlechtschromosomen (Gonosomen) gehören.

So ließen sich unter optimalen Bedingungen einzelne prähistorische Genealogien erstellen. Zudem konnte es gelingen, kleinere genetische Einheiten innerhalb von größeren Gruppen zu identifizieren. Die Arbeit mit allen nuklearen Markern setzte aber einen sehr guten Erhaltungszustand voraus.[37] Sie war deshalb häufig erfolglos, bevor um die Mitte der 2000er Jahre die NGS- bzw. High Throughput Sequencing-Verfahren für die degradierte DNA adaptiert wurden. Die meisten frühen Kinshipstudien, aber auch die populations- und evolutionsgenetischen Arbeiten, die auf denselben Prinzipien beruhten, konnten deshalb Abstammung nur über die mtDNA und damit die mütterlichen Linien ansprechen.

Grundlegender Art waren anfangs auch die technischen Beschränkungen: Die für medizinische und forensische Zwecke sowie Vaterschaftsbestimmungen kommerziell erhältlichen Kits amplifizierten hoch degradierte DNA schlecht. Deshalb galt es, eigene Rezepte und Mischungen zu entwickeln.[38] In Pilotprojekten wurde getestet, welches Instrumentarium sich für DNA aus archäologischen Funden eignete und was modifiziert werden musste. Zuerst ging es, das zeigten Göttinger Experimente der 1990er Jahre, nur darum zu demonstrieren, dass eine Verwandtschaftsuntersuchung bei degradierter DNA überhaupt technisch machbar war. Ein genuiner Beitrag zum archäologischen oder historischen Forschungsstand ließ sich mit solchen Experimenten anfangs gar nicht leisten.[39]

Bei den oben genannten forensischen Studien und insbesondere beim Einsatz solcher Verfahren für die Identifikation der Opfer von Großschadensereignissen, von denen die aDNA-Forschung lernte, mussten die auf der Basis anderer Quellen und Daten formulierten Hypothesen zur Verwandtschaft einzelner Personen lediglich verifiziert oder falsifiziert werden. Meist lagen den Forensikern Vergleichsproben von lebenden Verwandten vor.[40] Diese relativ einfache Situation war im archäologischen Bereich aber selten. In der Regel waren Absterbefolgen nicht bekannt oder begründet zu vermuten, und die Individuenzahl war oft sehr hoch.

In den ersten Experimenten zogen die Forschenden deshalb Funde mit der einfachsten Ausgangslage heran, um überhaupt am Instrumentarium arbeiten zu können. Epigrafisch oder anderweitig historisch dokumentierte Bestat-

37 | Vgl. Keyser et al. 2000.

38 | Vgl. zu diesem Problem Richards et al. 1993: 25; Hummel 2003: 93.

39 | Vgl. dies./Herrmann 1997: 219, 221 f. Vgl. Hummel 2003: 183, die vom »enormous breakthrough for historical anthropology« sprach.

40 | Vgl. mit ähnlicher Ausgangslage die Identifikation der Überreste Martin Bormanns im Auftrag der Bundesanwaltschaft durch das rechtsmedizinische Institut der LMU München Anslinger et al. 2001. Zur Identifikation der Opfer des Flugzeugabsturzes auf Spitzbergen 1996 vgl. Ballantyne 1997: 329.

tungen boten sich an, weil sich dort a priori eine Verwandtschaftsvermutung aufstellen ließ.[41] Die Göttinger Doktorandin Julia Gerstenberger befasste sich mit Kirchenraumbestattungen aus Reichersdorf in Niederbayern, für die es eine historische Hypothese gab: Zwischen 1546 und 1749 hatte die Kirche St. Margaretha dem Königsfelder Adelsgeschlecht als Grablege gedient. Die Toten schienen die Grafen von Königsfeld und in väterlicher Linie direkt miteinander verwandt gewesen zu sein. Die Kombination von morphologischen und molekularen Untersuchungen ergab jedoch, dass zwei der acht Individuen Frauen waren und der zuletzt bestattete Mann mit hoher Wahrscheinlichkeit nicht wie erwartet der genetische Sohn des angenommenen Vaters war. Morphologie und DNA-Daten passten also zum Teil nicht zu den historischen Befunden. Für Gerstenberger stand außer Frage, dass die morphologische Begutachtung und die molekularen Ergebnisse zu Geschlecht und Verwandtschaft richtig sein mussten.[42]

Es geht hier nicht darum, dies anzuzweifeln, wenngleich es zu kontaminationsbedingten Artefakten oder sonstigen Fehlern gekommen sein kann. Auch die schriftlichen Quellen haben ja kein ultimatives Veto. Festzuhalten ist vielmehr, dass solche Diskrepanzen möglich sind und dass dann im überfachlichen Miteinander diskutiert werden muss, unter welchen Bedingungen einer bestimmten Quelle der Vorzug gegeben werden kann oder wie sich die Quellen zueinander in Bezug setzen lassen. Solche Entscheidungen haben in den kooperativ angelegten Projekten und Forschungsfeldern nicht nur eine inhaltliche, sondern auch oft eine fachpolitische Dimension und können Konfliktpotential beinhalten.

Als die prinzipielle technische Möglichkeit einer genetischen Verwandtschaftsuntersuchung festgestellt worden war, musste verhandelt werden, ob die DNA-Verfahren einen Mehrwert im Vergleich zu den anderen in der Anthropologie etablierten Zugängen boten, der ihre hohen Kosten und die Fundverluste aufwog. Demonstriert werden musste, inwiefern sie für archäologische bzw. historische Erkenntnisinteressen attraktiv waren. Dies geschah im Zuge größer angelegter Projekte, die auch eine genuin archäologische Forschungsfrage beinhalten sollten.

Archäologisch lässt sich biologische und damit auch genetische Verwandtschaft nicht, soziale Verwandtschaft nur als Möglichkeit ansprechen. Bei zeitgleichen Mehrfachbestattungen nahmen Archäologen dennoch oft einen engen sozialen Bezug der Toten zueinander an. Wurden Erwachsene und Kinder zu-

41 | Vgl. zu den Erwartungen Hummel/Herrmann 1994b: 205; Hummel et al. 1995: 42; Expertinneninterview dies. 2013.

42 | Vgl. Gerstenberger et al. 1999: 475 f. An die mediale Öffentlichkeit gelangte das Ergebnis unter anderem im Zuge der Berichterstattung über den 4. Deutschen Archäologentag in Hamburg 2002. Vgl. Rind 2002.

sammen gefunden, wurde häufig vermutet, dass es sich um Familien handelte. Erwachsene Frauen mit Kindern wurden oft als Mütter bezeichnet.[43] Auch Separatbestattungen in einem deutlich abgegrenzten Areal eines Gräberfeldes machten einen familiären Bezug für Archäologen plausibel. Belegen ließ er sich nicht. Archäologen interessierten sich seit Langem dafür, wie Gräberfelder strukturiert waren und ob familiäre Bezüge bei der Belegung eine Rolle gespielt hatten. Ihre Möglichkeiten, dem nachzugehen, waren aber begrenzt.[44]

Das bedeutete auch, dass es bei den meisten dieser Funde nicht möglich war, eine archäologische Anfangshypothese zu formulieren, auf der die molekulargenetische Beprobung hätte aufbauen können. In den 1990er Jahren versuchten die Beteiligten einiger Projektkooperationen, blind zu testen, ob auch ohne Anfangshypothese belastbare Ergebnisse zu erzielen waren. Epigenetische und DNA-Verfahren vergleichen wollte zum Beispiel ein britisches Team um Terence A. Brown und Keri A. Brown an einer bronzezeitlichen Grabstätte aus Mykene: »[W]e thought that it would be interesting to carry out a methodological comparison with two of these, epigenetic variation and DNA profiling.«[45]

Anfangs war der Optimismus groß: »We offer the tantalizing possibility that the language of the genes, coupled with the vast body of archaeological evidence, may help us decipher the biological relationships between the people buried in Grave Circle B.«[46] Doch das Fazit fiel kritisch aus: Kinshipanalyse sei sowohl auf morphologischem als auch auf molekularem Wege schwierig. Wegen der Kontaminationen, der schlechten Erhaltungsbedingungen und der geringen Erfolgsquoten bringe der molekulare Weg keineswegs unmittelbar die Lösung. Allenfalls könne man bestehende Hypothesen testen.[47] Für diese Hy-

43 | Vgl. als Beispiel die schnurbandkeramische Bestattung von Stetten a.d. Donau Wahl/Dehn/Kokabi 1990: 181, m.w.N. auf andere Doppelbestattungen der Schurbandkeramik mit erwachsenen Frauen und Kindern, die ähnlich interpretiert wurden. Eine Verwandtschaft der Stettener Frau zum Kind ließ sich epigenetisch nicht untersuchen, weil das Kinderskelett zu stark zerstört war. Die Morphologie deutete aber darauf hin, dass die Frau mindestens ein Kind geboren hatte. Ihre Lagerung zum Kind hin wurde als »schützende Haltung« gedeutet: »Die tatsächliche Mutterschaft ist selbstverständlich auch damit nicht erwiesen, doch zumindest auf gefühlmäßiger Ebene letzlich noch etwas wahrscheinlicher.« Zu einem Fund aus Heidelberg-Handschuhsheim vgl. Wahl 2007: 69; m.w.N. und einer kritischen Diskussion Hofmann 2009: 149; Arnold 2007: 116; Expertinneninterview Samida 2013.

44 | Vgl. Expertinneninterview Samida 2013.

45 | Brown et al. 2000: 115.

46 | Ebd.: 119.

47 | Noch Jahre nach Projektabschluss verwiesen die Beteiligten auf die vielfältigen Schwierigkeiten: Kontaminationen durch eine Bearbeiterin, schlechter Erhaltungszu-

pothesen sei man aber auf andere Methoden und Quellen angewiesen. Wenn diese fehlten, seien die Erfolgsaussichten gering.

Auch Kostenargumente wurden angeführt, um zu demonstrieren, dass der Nutzen begrenzt war. Im Vergleich zu anderen anthropologischen Verfahren seien die DNA-Verfahren, wenn sie überhaupt eingesetzt werden konnten, zwar die zuverlässigsten, aber eben auch die teuersten, meinten noch 2012, als die Verfahren im Vergleich zu den 1990er Jahren bereits deutlich günstiger geworden waren, der Anthropologe Christian Meyer und Coautoren in einem Methodenvergleich:

»The most direct and undoubtedly most precise method, but also the most expensive, is the genetic approach working with preserved aDNA (ancient DNA) of the skeletons. As this is not always possible, as the necessary equipment is unavailable, financial resources are limited, or molecular preservation is insufficient, other methods which allow reconstruction of biological kinship networks are also available. But compared to aDNA analysis these methods are, unfortunately, muss less precise.«[48]

Da der Aufwand der aDNA-Verfahren bis in die Mitte der 2010er Jahre sehr hoch war, brachten Skeptiker und Skeptikerinnen, unter denen sich sowohl morphologisch arbeitende Anthropologen als auch Experten und Expertinnen für aDNA-Verfahren befanden, ins Spiel, ob nicht die anhand archäologischer Daten naheliegende Interpretation solcher Funde meist schon genügte.[49] Eine gemeinsam bestattete Gruppe werde wohl in enger Verbindung miteinander gestanden haben – biologisch oder sozial. Musste man es denn immer genauer wissen? Es werde »ein Haufen Arbeit investiert« und »ein Haufen Geld ausgegeben für eine Plausibilität«,[50] die eigentlich schon vorher da gewesen sei, so Gisela Grupe im Expertinneninterview.

Aus archäologischer Sicht kritisierte der Prähistoriker Ulrich Veit, dass bei der kulturgeschichtlichen Deutung des genetischen Befundes im Grunde ambivalente Daten zu locker zu »mehr oder minder plausiblen Geschichten«[51] verknüpft würden. Selbst wenn solche Erzählungen zuträfen, so auch der Paläogenetiker Joachim Burger im Experteninterview, was gewinne denn das Fach, wenn es über eine zusammen bestattete prähistorische Nuklearfamilie infor-

---

stand der DNA und wenig Erfolg bei der Authentifizierung. Vgl. Bouwman et al. 2008: 2583 f.

48 | Meyer/Ganslmeier et al. 2012: 13.

49 | Vgl. z. B. Wahl 2008: 40; Grupe et al. 2012: 158.

50 | Expertinneninterview Grupe 2013.

51 | Experteninterview Veit 2013.

miert werde? »Ich kämpfe da ein bisschen für, ich sage immer, Leute, das ist viel Arbeit, um hinterher nachzuweisen, das ist Mama, Papa, Kind«.[52]

In einem Review beklagte er die fehlende Generalisierbarkeit solcher Einzelstudien:

»[T]he information added to the store of human knowledge by the discovery that there were families in the past and that sometimes they were buried side by side and sometimes they even died at the same time is limited. It is difficult to extract meaningful information about prehistoric societies and their social organization from these isolated burials, and despite on-going efforts in this direction, our knowledge of the social structure of prehistoric societies has not risen dramatically.«[53]

Veit und Burger bezogen sich ausdrücklich auf die an der Universität Mainz betriebenen Forschungen zu den genetischen Verwandtschaftsbeziehungen der neolithischen Mehrfachbestattung von Eulau. Das Mainzer Projektteam hatte seine Daten als Nachweis einer neolithischen Nuklearfamilie interpretiert.[54] Beide, der Archäologe und der Paläogenetiker, sahen darin eine nicht generalisierbare und wissenschaftlich irrelevante Nice-to-Know-Studie, die letztlich nur bestätigte, dass genetische Verwandtschaft in der Jungsteinzeit nicht zwingend, aber wahrscheinlich häufig mit sozialer Nähe einherging und sich dies in den Bestattungsmodi niederschlagen konnte. Aus archäologischer Sicht bestand ein Risiko aber besonders bei den Versuchen, die Ergebnisse kulturgeschichtlich zu deuten.

Das Grundproblem lag aus kulturwissenschaftlicher Sicht wie bei allen Studien zur genetischen Verwandtschaft darin, dass genetische und soziale Verwandtschaft nicht identisch sind und es auch in der Vergangenheit nicht gewesen sein müssen.[55] Genetische Nichtverwandtschaft musste nicht ausschließen, dass es eine enge persönliche Beziehung gab, und soziale Verwandtschaft wiederum konnte in der Vergangenheit ganz andere Formen angenommen haben als heute.

In Eulau wurden 2005 bei einer Grabung des Landesamts für Denkmalpflege und Archäologie Sachsen-Anhalt vier Mehrfachbestattungen mit insgesamt 13 sehr sorgfältig arrangierten Individuen gefunden, die anhand der Beigaben und ^{14}C-Datierungen in die Kultur der Schnurbandkeramik ab 4.800 BP datierten.[56] Auffällig war die akkurate und enge Ausrichtung einiger Individu-

52 | Experteninterview Burger 2013.

53 | Kirsanow/Burger 2012: 124.

54 | Vgl. Haak et al. 2008: 18229.

55 | Zu diesem Unterschied Brather 2016: 30.

56 | Vgl. Haak et al. 2008: 18226. Da es keine Anzeichen für Störungen oder Umbettungen gab, war wahrscheinlich, dass die Toten gleichzeitig in die Gräber gelangt waren.

en zueinander, weil das Arrangement nicht charakteristisch für diese Kultur war.[57] Ein enger sozialer Bezug lag nahe.[58] Die morphologische Begutachtung ergab, dass die meisten Personen eines gewaltsamen Todes gestorben waren. Das Landesamt gab morphologische, isotopengeochemische und molekularbiologische Analysen in Auftrag, um dies, aber auch die Umstände der Eulauer Bestattung und die Herkunft der Individuen mithilfe einer überfachlichen Kooperation zu untersuchen.[59]

Die Mainzer Arbeitsgruppe um Kurt W. Alt, der ohnehin einer der überzeugtesten und erfahrensten Befürworter überfachlicher Arbeit in Deutschland war, empfand dies als optimale Chance für eine »mehrdimensionale« Auswertung eines Fundplatzes.[60] Diese führte unter anderem zu der Interpretation, dass es sich bei den Toten um Opfer eines Überfalls handelte. Andere Mitglieder der Gemeinschaft hatten ihn vielleicht überlebt und ihre Toten sorgfältig bestattet.[61] DNA-Vergleiche ließen es plausibel erscheinen, dass in einem Grab zwei Jungen und ihre genetischen Eltern bestattet worden waren, in einem weiteren eine erwachsene Frau, die nicht genetisch mit den drei mit ihr bestatteten Kindern verwandt war.[62] Dies wurde als molekularer Beleg dafür gewertet, dass Bestattungssitten im Neolithikum soziale Beziehungen abbildeten, die wiederum auf biologischen Beziehungen beruhen konnten:

---

57 | Typisch für Region und Zeit waren individuelle Hockergräber, wenngleich simultane Mehrfachbestattungen nicht so selten vorkamen. Typisch war eine stringente geschlechtsbezogene Orientierung: Frauen wurden in linksseitiger Hockerlage, Männer in rechtsseitiger Lage bestattet. Vgl. zum Gendering der Bestattungsformen in der Schnurbandkeramik sowie deren regionalen Unterschieden Hofmann 2009: 149.

58 | Die Hypothese für die anthropologischen Untersuchungen hatte gelautet, dass zugleich getötete Verwandte miteinander bestattet worden waren. Zu einer ähnlichen Anfangsvermutung, allerdings ohne zeitgleiche Bestattung, im Fall Benzigerode vgl. Meller 2008a: 14.

59 | Zu den Ergebnissen der Isotopengeochemie vgl. knapp Bentley 2013: 306 f. Die populäre Abschlusspublikation war Muhl/Meller/Heckenhan 2010.

60 | Brandt et al. 2010: 28. Das wurde so auch wahrgenommen z. B. bei Sosna/Sládek/Galeta 2010: 34. Dazu Haak: »The skeletal remains of our ancestors, their grave goods, and mortuary practices are valuable sources of biological, cultural, and soil-historical information. The detailed analysis of burial ground, one of the major sources of information, is where most scientific disciplines concerned with prehistory meet and interact best.« Haak et al. 2008: 18226.

61 | Vgl. ebd.: 18226 f.; ders. et al. 2010: 56; ausführlicher wurde das Szenario entworfen und diskutiert bei Meyer et al. 2009: 419, 421 f.

62 | Vgl. Haak et al. 2008: 18228 f. In der populären Darstellung wurden die Kinder als Stiefkinder der Frau bezeichnet. Vgl. Muhl/Meller/Heckenhan 2010: 30.

»Based on our observations, we propose that biological relationship can indeed be inferred from the subtle positioning of the dead within multiple burials. It seems that physical closeness of individuals implies biological kinship and a face-to-face orientation indicates a parent-offspring relationship. [...] Furthermore, it becomes increasingly evident that biological kinship represents the basis for social relationships expressed in the arrangement of the deceased in the Central European Neolithic.«[63]

Das Mainzer Team hielt diesen Teil des Ergebnisses für einigermaßen generalisierbar. Es könne davon ausgegangen werden, »dass der biologische Verwandtschaftsgrad an der Art und Weise der Niederlegung und Orientierung abgelesen werden«[64] könne. Die Besonderheiten der Eulauer Bestattungsweise könnten sich unter Vorbehalt auf andere zeitgleiche Mehrfachbestattungen der Schnurbandkeramik übertragen lassen. An der Positionierung der Individuen würden Archäologen in Zukunft ablesen können, ob diese genetisch verwandt waren oder nicht, ohne dass es einer genetischen Untersuchung bedurfte.[65]

In vergleichbarer Weise generalisiert haben Mainzer Forscher und Forscherinnen 2012 einen molekulargenetischen Befund zur Kollektivbestattung[66] der mittelneolithischen Bernburger Kultur in der sogenannten Totenhütte von Benzigerode.[67] Sie argumentierten, dass auch in der Bernburger Kultur soziale Verwandtschaft auf genetischer Verwandtschaft beruht und dies bei der Bestattungssitte eine Rolle gespielt habe[68] und dass sich das auf die anderen bekannten Totenhütten dieser Kultur übertragen lasse, für die entsprechende Untersuchungen nicht vorlägen.[69]

63 | Haak et al. 2008: 18229 f.

64 | Ders. et al. 2010: 59.

65 | Ebd.

66 | Bei einer Kollektivbestattung wurden die Toten über einen längeren Zeitraum hinweg, d. h. mit zeitlichem Abstand zueinander, bestattet. Vgl. Eggert/Samida 2013a: 36.

67 | Die Bestattung datiert etwa 3.100 bis 2.700 v. Chr. Bei dieser für die Phase und Kultur durchaus charakteristischen Art von Bestattungsanlage wurde der Platz über längere Zeit hinweg immer wieder aufgesucht, um weitere Tote ablegen zu können, eventuell auch um Bestattete umzuarrangieren. Vgl. Berthold 2008a: 34 f., 39-44, 52 f.

68 | Vgl. Meyer/Ganslmeier et al. 2012: 15; Meyer et al. 2008: 121, 124. Da keine nDNA gefunden wurde, konnten nur matrilineare Verwandtschaftsbeziehungen untersucht werden.

69 | »Summarizing the situation and trying to find some overall patterns, we can state that biological kinship relations were known and apparently dictated where each person had to be placed in the grave chamber. [...] As the placement of burials is not random, it probably reflects the relations of the deceased in life, thereby also reflecting their social kinship ties, which in turn are congruent with their biological kinship. For

Diese behauptete Generalisierbarkeit konnte man anzweifeln. Ein grundsätzliches archäologisches Caveat bestand außerdem darin, dass Grabanlage und Beigabensitte nicht unbedingt den sozialen Status des Toten reflektierten, sondern die Vorstellungen der Bestattenden. Bestattungen wurden in der Prähistorischen Archäologie zunehmend als fragmentarische Quelle dessen aufgefasst, was die Lebenden über die Toten sagen wollten, statt wie früher als unmittelbare Abbilder des Lebens der Verstorbenen und ihrer Identität.[70]

Konfliktpotential barg auch der Begriff der Familie: Um ihn rang das Mainzer Team in seinen Fachpublikationen und bemühte sich, moderne Konzepte wie die Nuklearfamilie zu dekonstruieren. Vorsichtig präsentierte der Bearbeiter Wolfgang Haak dem archäologischen Publikum des *2. Mitteldeutschen Archäologentags 2009* eine spätneolithische Kernfamilie, warnte aber davor, solche im 19. Jahrhundert geprägten Konzepte unbewusst oder bewusst auf prähistorische Personenverbindungen zu übertragen.[71] Die in Eulau erkennbare Familienstruktur könne nur eingeschränkt als Modell gelten:

»Wenngleich die Kernfamilie auch die kleinste und einfachste biologische Einheit bildet, so belegen ethnologische und ethnohistorische Daten, und hier besonders die Nachweise von vielen polygamen Strukturen, dass allen Gemeinschafts- und Familienmodellen grundsätzlich ein hoher Grad an Komplexität innewohnt.«[72]

In einem eher an Naturwissenschaftler gerichteten Paper präsentierte Haak die Nuklearfamilie als wichtiges Ergebnis – mit begrenzter Reichweite: »Their unity in death suggests a unity in life. However, this does not establish the elemental family to be a universal model or the most ancient institution of human communities.«[73]

Haaks Vorsicht entsprach der inneranthropologischen Theoriediskussion um die Frage, ob und wie sich Bezüge zwischen genetischer und sozialer Verwandtschaft nachweisen ließen, ob es überhaupt zulässig war, diese beiden

---

this community of the Neolithic Bernburg culture we assume that their social structure, understood here as the reality of social kinship associations and spatial living arrangements, was at least partly based on their genetic relations as in most contemporaneous or (sub) recent societies known from ethnographic fieldwork«, Meyer/Ganslmeier et al. 2012: 16.

70 | Vgl. z.B. die Problematisierung bei Rott 2013; zum Problem einführend Eggert 2005c: 57-73; zudem, allerdings bezogen auf andere Zeitstufen, Brather 2009b: 248, 251; Müller-Scheeßel 2013: 69.

71 | Vgl. Haak et al. 2008: 18229.

72 | Ders. et al. 2010: 58.

73 | Ders. et al. 2008: 18229, 18230.

Konzepte zu mischen, und inwieweit moderne Familienkonzepte auf die Vergangenheit übertragen werden durften.[74]

Man kann das für Eulau entworfene Familienszenario als unzulässige Verknüpfung von biologischen und sozialen Konzepten verstehen. Die Frage ist, ob diese unter keinen Umständen möglich ist oder ob sie in einem kooperativen Projekt unter kollegialer Beratung aus unterschiedlichen Fächern, die die jeweiligen Kompetenzen für das Biologische, Kulturelle und Soziale mitbringen, nicht doch versucht werden darf. Die Mainzer Arbeitsgruppe plädierte ihrerseits vehement dafür, dass in einer engen übergreifenden Zusammenarbeit der Fächer genau das machbar sei. Eben darin liege ja der Vorteil der Kooperation im Vergleich zu monodisziplinären Zugängen.[75]

Doch wurde das Mainzer Projekt auch dafür von Kollegen und Kolleginnen aus verschiedenen Fachrichtungen kritisiert. Studierende der Anthropologie beispielsweise warnte ein Lehrbuch seit 2012 davor, biologische und soziale Verwandtschaft und Familienkonzepte zu vermischen, wie es im Eulauprojekt geschehen sei. Alte DNA könne etwas über die genetische Verwandtschaft aussagen, aber nicht über soziale Beziehungen, denn die seien räumlich und zeitlich höchst variabel.[76] Zwei schwedische Archäologinnen zogen Eulau als Beispiel heran, um zu belegen, dass Genetiker zu unbedarft mit soziokulturellen Begriffen umgingen und in diesem Fall ignorierten, dass es sich bei der Nuklearfamilie um einen erst im späten 20. Jahrhundert geprägten Begriff handle, der einem bestimmten Zeitkontext entspringe und nicht einfach auf die Vergangenheit angewendet werden könne. Sie wiesen am Beispiel dieses Artikels außerdem auf die politische Relevanz solcher Vorgehensweisen hin: Das Eulaupapier wurde mehrfach von christlich-fundamentalistischen Gruppierungen und Einzelpersonen auf Websites und in Blogs zitiert, die damit zu belegen versuchten, dass die biologisch verbundene Nuklearfamilie das natürliche, universelle und selbstverständliche Familienmodell sei.[77]

Doch nicht nur hierfür empfing das Mainzer Team Kritik, sondern auch für sein eigenes massenmediales Engagement. Die Anthropologin Michaela Harbeck von der LMU München beispielsweise kritisierte den Landesarchäologen Harald Meller und den Mainzer Anthropologen Kurt W. Alt dafür, eine öffent-

74 | Vgl. dazu Holý 1996: 6 ff.; Alt/Vach 1998: 537.

75 | Vgl. Haak et al. 2010: 60; auch Meyer/Ganslmeier et al. 2012: 21.

76 | Vgl. Grupe et al. 2012: 157. Kritisch auch Experteninterview Burger 2013 und aus archäologischer Sicht Müller 2013: 36.

77 | Lidén/Eriksson 2013: 15. Hinweise auf die Verwendung des Artikels von Haak et al. 2008 in Blogs, sozialen Netzwerken und auf Websites politischer Gruppierungen finden sich auch über die Metrics-Daten auf der Website der Zeitschrift sowie über ISI WebofScience.

lich-massenmediale Aufregung um Eulau initiiert und wegen der Quote die Forschungsergebnisse dramatisiert und vereinfacht zu haben.[78]

In der Tat hatten die Mainzer das Szenario emotionalisiert und reduziert. Selbst eine Fachpublikation hatten sie mit *Eulau eulogy*[79] betitelt. In der breiteren Öffentlichkeit rückten die Beteiligten das Projekt sprachlich und darstellerisch noch weiter in den Metaphernbereich des Kriminalfalls.[80] Das Spektakuläre, Grausige wurde hervorgehoben. Der Landesarchäologe Harald Meller erklärte in einem Interview in AiD, einem populären, aber wissenschaftsnahen Magazin, die Eulauer Gräber seien ein »Befund der Gewalt, aber auch der Liebe« und deshalb immerhin vom *Times Magazine* zu den zehn weltweit wichtigsten wissenschaftlichen Entdeckungen der Gegenwart gewählt worden.[81]

Eulau war auch Thema der Terra-X-Doppelfolge *Deutschlands Supergrabungen* 2012 im ZDF und wurde dort spektakulär inszeniert.[82] Der Überfall auf die Gemeinschaft wurde nachgestellt. Die Arbeit der Mainzer Gruppe arrangierte das ZDF in bester Krimimanier, was Beleuchtung, Kleidung der Forschenden und Laborumgebung anging. Besonders hervorgehoben wurden isotopengeochemische Untersuchungen, die letztlich nur gezeigt hatten, dass die in Eulau bestatteten Frauen nicht vor Ort geboren worden waren. Das war anhand der stabilen Isotope des Strontiums untersuchbar gewesen, denn diese können Auskunft über das Residenz- bzw. Mobilitätsverhalten von Individuen geben.[83] Der Zahnschmelz, der in der Kindheit entsteht, bildet die Strontiumverhältnisse der Umgebung ab, in der ein Mensch diese Kindheit verbrachte. Weichen die Daten von Vergleichsdaten des Fundortes ab, lässt sich, vereinfacht gesagt, feststellen, ob die Person ortsfremd oder am Ort geboren war.[84] Daran anschließend lässt sich untersuchen, ob es einen Zusammenhang zwischen Residenz-

78 | Vgl. Harbeck 2012: 200.

79 | Meyer et al. 2009.

80 | Vgl. Muhl/Meller/Heckenhan 2010: v. a. die Kapitel *Die Opfer, Der Tatort, Tatwaffen und Verdächtige* und *Das Motiv*. Vgl. in der Presse u. a. o. V. 2005a; o. V. 2008e; o. V. 2008d; Schöne 2006; Seewald 2010; Eggebrecht 2015; Krüger 2015.

81 | Interview mit Harald Meller in Bienert et al. 2009: 40.

82 | Vgl. ZDF 2012. Dazu kritisch sowie kritisch zu positiven Reaktionen anderer Archäologen Samida 2013: 349 ff.

83 | Vgl. zum Einsatz der Isotopengeochemie in der Neolithisierungsforschung einführend, allerdings nicht allein auf Eulau bezogen, Price et al. 2002: 33 f.; ders. 2008: 245 f.

84 | Vgl. als Beispiel Conlee et al. 2009: 2755 f.; Knipper et al. 2012: 299, 301, 305; Price et al. 2012: 311, 319; einführend auch Katzenberg/Harrison 1997: 266 f.; Tütken 2010: 33; Koch/Kupke 2012: 226; Bentley 2013: 304 f. Gibt es eine haltbare Hypothese zur geografischen Herkunft, kann man versuchen, diese zu testen, und möglicherweise sogar feststellen, wo eine Person im Kindesalter wahrscheinlich lebte.

verhalten bzw. Mobilität einer Person und ihrem Geschlecht gab. Solche Isotopenuntersuchungen hatten sich in den 2000er Jahren zu vielfach eingesetzten bioarchäologischen Verfahren entwickelt, deren Validität grundsätzlich anerkannt wurde, wenngleich wie im Fall der aDNA-Forschung auch Authentifizierungsprobleme und andere methodische Schwierigkeiten auftraten und -treten.

Doch gab nicht das Anlass zur Kritik. Das in den Medien angebotene historische Szenario geriet vielmehr bunt und abenteuerlich: Es sei den Angreifern darum gegangen, diese ortsfremd verheirateten Frauen zurückzuholen oder zu bestrafen. Die Toten seien einem Racheakt für Exogamie zum Opfer gefallen.[85] Diese mediale Darstellung nahm die aDNA-Community in Deutschland nicht gut auf.

Eine ähnliche Verknüpfung von Kritikpunkten lässt sich am Beispiel der Kinshipuntersuchungen zur bronzezeitlichen Lichtensteinhöhle bei Osterode im südwestlichen Harz aufzeigen. Auch hier wurden die fehlende Generalisierbarkeit, kausale Verbindungen von genetischen und kulturellen Konzepten sowie das öffentliche Auftreten der Projektbeteiligten kritisiert.

Im Fall der Lichtensteinhöhle war die Ausgangslage der Verwandtschafts- und Abstammungsbestimmungen weitaus schwieriger, aber auch viel typischer für einen archäologischen Fund als in Eulau: Es handelte sich um eine komplexe Bestattung mit einer großen Anzahl von Individuen. Diese wurden über einen längeren Zeitraum hinweg vermutlich sukzessive abgelegt, d.h. je nach Sterbefolge. Anzunehmen waren deshalb Genealogien über mehrere Generationen hinweg, aber auch viele Lücken in der Generationsfolge.[86] Es gab keine archäologischen Eingangsvermutungen über die verwandtschaftlichen Beziehungen zwischen den Individuen, deren Skelettelemente zudem miteinander vermischt waren.[87] Die anthropologischen Bearbeiterinnen und Bearbeiter der Universität Göttingen waren auf eine möglichst genaue Dokumentation der Binnenchronologie und der Stratigrafie angewiesen.[88]

In dem rund 40 Quadratmeter großen Areal fanden sich die disartikulierten Reste von insgesamt etwa 70 Individuen ohne erkennbaren Zusammenhang verstreut, teils mit einfachem Tracht- und Körperschmuck vermischt, aber ohne die in der Region und Zeitstufe zu erwartenden Grabbeigaben. Auf archäologischer Basis war nicht zu entscheiden, ob es sich um Menschenopfer oder um reguläre, aber ortsunübliche Bestattungen handelte.[89] Jedoch tendierten die Archäologen dazu, einen Kultcharakter anzunehmen.

85 | Vgl. Muhl/Meller/Heckenhan 2010: 145-148.

86 | Vgl. Schultes/Hummel/Herrmann 2000a; ähnliche Lage bei Meyer et al. 2008: 120f.

87 | Vgl. Schultes/Hummel/Herrmann 2000b: 38.

88 | Vgl. Hummel et al. 1995: 56.

89 | Vgl. Flindt 1999: 34-37.

Die Analyse profitierte vom außergewöhnlich guten Erhaltungsgrad der DNA: Die Temperatur der Höhle war konstant niedrig und die Knochen waren in Gipssinter eingelagert.[90] Mithilfe eines komplizierten Designs gelangen Schritt für Schritt wahrscheinliche Verwandtschaftsrekonstruktionen für einen Großteil der Individuen über maximal vier Generationen und einen verzweigten biologischen Familienverband hinweg. Es war freilich nur möglich, die Zugehörigkeit zu einer Verwandtschaftsgruppe nachzuweisen, nicht den genauen Verwandtschaftsgrad einzelner Individuen zueinander.[91] Die Göttinger Arbeitsgruppe versuchte, aus dem Quellenmaterial herauszuholen, was technisch möglich war, und nutzte es als Gelegenheit, um verschiedene Verfahren und Aussagemöglichkeiten zu testen. Die Funde wurden für Methodenforschungen genutzt, im Hinblick auf mögliche Residenzsysteme interpretiert, auf Laktasepersistenz hin untersucht, und genetische Aussagemöglichkeiten über das äußere Erscheinungsbild der Toten wurden ausgelotet.[92]

Für sich allein genommen wären die molekulargenetischen Ergebnisse nur molekulargenetisch zu deuten gewesen. Sie wurden jedoch archäologisch kontextualisiert und so hinsichtlich komplexerer historischer Fragestellungen interpretiert, die das Soziale und Kulturelle miteinbezogen. Diese Synthese archäologischer, morphologischer und molekularer Befunde ließ es entgegen der archäologischen Anfangsvermutung wahrscheinlich werden, dass es sich nicht um Menschenopfer, sondern um einen Ort für (teils sekundäre) Bestattungen handelte, die eben nicht dem üblichen Bestattungsmodus der Zeit und Region entsprachen.[93] Gelebt haben könnten die Menschen in einer wenige Kilometer entfernten, bekannten Höhensiedlung.[94]

Auffällig war, dass die untersuchten DNA-Loci der Männer eine geringere Variabilität aufwiesen als die der Frauen. Dies war bemerkenswert, ließ sich aber mit genetischen Konzepten allein nur so erklären, dass häufiger Frauen als Männer von außen zur Gruppe hinzugestoßen waren. Dabei wollte es der Projektverantwortliche, Bernd Herrmann, nicht belassen. Er zog das kulturelle Konzept »patrilokales Residenzsystem bzw. Heiratsmuster« heran, um das Phänomen zu erklären: Patrilokalität meint den Verbleib der erwachsenen Männer vor Ort. Er begründete seine Entscheidung, eine gemischte Interpre-

90 | Vgl. Hummel 2003: 188.

91 | Obwohl man Daten der Y-chromosomalen STR-Polymorphismen, der HVR der mtDNA und der autosomalen STRs der Individuen zur Verfügung hatte, war das schwierig.

92 | Vgl. Schmerer/Hummel/Herrmann 1999; Müller/Hummel/Herrmann 2000; Schultes/Hummel/Herrmann 2000a; Burger 2000b; Schmidt/Hummel/Herrmann 2003: 338; Schmidt 2004; als Kurzbericht Hummel/Schmidt 2003: 65.

93 | Vgl. Schultes/Hummel/Herrmann 2000a; Flindt/Hummel 2001: 58; Hummel 2003: 193.

94 | Vgl. Hummel 2003; Schultes 2000.

tation zu versuchen, mit dem Charakter der Prähistorischen Anthropologie: Diese habe in beide Richtungen, ins Natur- und ins Kulturwissenschaftliche, reichende Kompetenzen, kenne das Biologische und das Soziokulturelle gut genug und habe als Fach einen traditionell starken geisteswissenschaftlichen Einschlag.[95] Ungeachtet der Frage, ob die Interpretation Patrilokalität hier zutraf oder nicht, war hervorzuheben, dass es sich dabei gerade nicht um ein biologisches Konzept handelte. Herrmann nahm für sich und sein Fach ausdrücklich in Anspruch, mit einem solchen nichtbiologischen Konzept umgehen zu können, und forderte, dass die Prähistorische Anthropologie, für die er hier sprach, die Kulturwissenschaften auf dieses eigentlich kulturelle Konzept aufmerksam machen müsse, denn: Aus den Bestattungsmodi und der Sachkultur könnten die Archäologen im Fall der Lichtensteinhöhle überhaupt nicht auf das generative Verhalten der Menschen schließen.[96] Nur die molekulare Quelle könne, so Herrmann, die Forscherinnen und Forscher überhaupt in Kenntnis setzen über das soziokulturelle Phänomen Heiratsmuster.[97] Lesen könne diese Quelle aber nur, wer über eine biologische Qualifikation verfüge, denn die gewonnenen Rohdaten seien für Kulturwissenschaftler meist unverständlich.[98]

Herrmann verknüpfte die Interpretation der Lichtensteinhöhle mit der von ihm an anderer Stelle ausführlicher begründeten Position, dass die Prähistorische Anthropologie zwischen Biologie und Geschichts- oder Kulturwissenschaften aufgespannt sei. Das haben auch Mitglieder von Herrmanns Institut in ihren Studien in Anspruch genommen.[99] Zudem war das kein Sonderfall, sondern galt zum Beispiel auch für diverse Studien aus dem Bereich der angelsächsischen Bioarchaeology.[100] Die Mischung biologischer und soziokultureller Konzepte wurde zwar immer als riskant erachtet,[101] doch genau darin sahen die Befürworter und Befürworterinnen der aDNA-basierten Kinshipstudien deren Erkenntnispotential.[102]

Wie im Fall Eulau bezog sich die kollegiale Kritik aber auch auf das öffentliche Auftreten der Projektverantwortlichen. Museal aufbereitet wurden die Ergebnisse in einem HöhlenErlebnisZentrum in Bad Grund. Die Höhle und die Forschungen waren laufend Gegenstand der lokalen und regionalen Medien

95 | Vgl. Herrmann 2011: 476.

96 | In der Tat lassen sich die die Sachkultur betreffenden Quellen des Fundplatzes nicht zur Klärung solcher Fragen einsetzen. Sie geben darüber einfach keine Auskunft.

97 | Der Begriff Heiratsmuster ist problematisch, weil er moderne Konzepte von Ehe und Familie impliziert. Residenzsystem ist neutraler, bedeutet aber nicht dasselbe.

98 | Vgl. Herrmann 2011: 476.

99 | Vgl. z. B. Gerstenberger 2002.

100 | Vgl. Stone/Stoneking 1993: 466 ff.; Bolnick/Glenn 2007: 639.

101 | Vgl. Götherström/Stenbäck/Storå 2002: 51; Experteninterview Burger 2013;

102 | Vgl. z. B. Lassen 2000: 2; Meller/Alt 2010b: 7; Rott 2013.

und deren Interesse am Projekt war groß.[103] Dies galt insbesondere für ein partizipatives Experiment, welches das Team gegen Ende des Projektzeitraumes gewagt hatte. Die Göttinger Gruppe um Susanne Hummel hatte sich darauf eingelassen, lebende Personen aus der Umgebung von Osterode, die bestimmten Kriterien entsprachen, genetisch zu testen – nur um zu sehen, was passieren würde.[104] Das Ausmaß der öffentlichen Aufmerksamkeit war von den Wissenschaftlerinnen und Wissenschaftlern völlig unterschätzt worden.

Zwar war in der aDNA-Community bekannt, dass Ancestry Testing in der Bevölkerung grundsätzlich auf Interesse stieß. Häufig erzählten aDNA-Forscher und -Forscherinnen, meist unter der Hand, von Anfragen Interessierter, die um genetische Tests baten, um etwas über ihre vermeintliche Abstammung zu erfahren. Wurden Daten zu bestimmten Allelmustern veröffentlicht, so kam es, wie Michaela Harbeck berichtete, zu Anfragen von Interessierten, die von sich glaubten, dass sie dieselben Muster aufwiesen und gern ihre ›Vorfahren‹ kennen gelernt hätten:

»The State Collection for Anthropology and Palaeoanatomy in Munich and also the State Offices for Conservation received an inquiry by a US citizen to view a certain early medieval skeleton, the grave goods found with it, as well as the excavation site (now a car park) where it was found. The reason for this inquiry was that the Y chromosomal DNA of this person was the same as that of the skeleton. The DNA analysis study and the results have been published previously. The gentleman from American simply wanted to visit his ›relative‹.«[105]

Interesse dieser Art war also weder ungewöhnlich noch unerwartet. In Osterode geriet das Echo jedoch so groß, dass den Wissenschaftlerinnen und Wissenschaftlern das Unterfangen aus der Hand glitt. Die freiwilligen Tests stießen auf enorme Resonanz.[106] Beim Vergleich der bronzezeitlichen mit den rezenten Profilen zeigte sich dann, dass zwei Männer aus der Umgebung in den Y-chromosomalen Sequenzen einen Haplotyp, d.h. einen bestimmten Satz gekoppelter genetischer Merkmale, aufweisen, der bei den Männern der Lichtensteinhöhle häufig vorkam, aber heute in Europa selten auftritt. Das bedeutete im Grunde wenig, denn sehr viele Menschen teilen eine gemeinsame Abstammung irgendeiner Art. Zudem haben nicht nur Väter, Söhne und Großväter einige gleiche Sequenzen, sondern auch biologische Onkel, Cousins und Neffen. Eine direkte Abstammung bis in die Bronzezeit zurück lässt sich in solchen Fällen wissenschaftlich weder belegen noch ausschließen. Dies behauptete das

103 | Vgl. Expertinneninterview Hummel 2013.

104 | Vgl. ebd.; dazu kritisch Expertinneninterview Grupe 2013.

105 | Harbeck 2012: 201; ähnlich Pääbo im Interview bei Hein 2015.

106 | Vgl. Expertinneninterview Hummel 2013.

Göttinger Team so auch nie. Bei der Vermittlung in die lokale und überregionale Presse kam es jedoch zu Vereinfachungen, wobei sich nicht mehr nachvollziehen lässt, wie dies genau verlief. Die Zeitungen präsentierten schließlich zwei Osteroder Männer, die angeblich eindeutig und direkt von einem Mann aus der Höhle abstammten.[107]

Verstärkt hat diesen Eindruck der am Projekt beteiligte Archäologe Stefan Flindt, der ein populäres Buch unter dem Titel *Archäologie im 21. Jahrhundert* veröffentlichte, in dem er das Lichtensteinprojekt vorstellte und so tat, als habe man tatsächlich direkte, enge Nachkommen gefunden.[108] Ob es sich hier um eine Vereinfachung zugunsten medialer Logiken oder, wie die wissenschaftliche Kritikerschaft meinte, um einen tatsächlich unterlaufenen Fehler handelte,[109] ist hier nicht zu entscheiden. Wiederholt widerfuhren den am Projekt Beteiligten aber Kritik und Spott.[110] Es zeigte sich, dass die Medialisierung der Wissenschaft dysfunktionale Effekte in die akademische Welt hinein haben konnte. Weniger den Medien als vielmehr den Wissenschaftlerinnen und Wissenschaftlern selbst wurde angelastet, sich falsch verhalten zu haben. Sie hätten es einfach besser wissen müssen, so der Statistiker Hans-Jürgen Bandelt und Coautoren 2008. Auch wenn die Medien unkritisch vorgegangen seien, so hätten doch sie selbst eine Art »advertising campaign«[111] für ihr Höhlenprojekt gestartet.

Obzwar sich Bandelt und Kollegen exemplarisch auf das Göttinger Team bezogen, meinten sie eigentlich alle Wissenschaftler und Wissenschaftlerinnen, die sich auf irgendeine Form des Ancestry Testing einließen, gleichgültig, ob es einen kommerziellen oder lokalgeschichtlichen Hintergrund hatte.[112] Inzwischen lehnte der Großteil der Community das Ancestry Testing, hier besonders dessen kommerzielle Versionen, als unwissenschaftlich ab.[113] Die Hauptkritik galt nicht grundsätzlich dem massenmedialen Engagement von Forschenden oder ihren kommerziellen Unternehmungen, obwohl diese nicht so gern gesehen wurden, sondern dem dabei zirkulierten – aus wissenschaftlicher Sicht –

107 | Vgl. Terfehr 2007; Kranert 2007; o.V. 2007a; o.V. 2007b; o.V. 2008a; o.V. 2008b; o.V. 2008f; Vowinkel 2008: 13; Baier 2010; o.V. 2011a; o.V. 2011b.

108 | Vgl. dazu populär aufbereitet Flindt 2010: 29.

109 | Vgl. Harbeck 2012: 201.

110 | Vgl. ebd.; Expertinneninterview Grupe 2013; Bandelt et al. 2008:

111 | Ebd.: 1247.

112 | »Nonetheless, although the media may have behaved uncritically, it is the scientists themselves who plan the media hype to exaggerate their findings and thus should take the bulk of the blame.« Ebd.

113 | So berichteten: Experteninterview Burger 2013; Expertinneninterview Grupe 2013; Mischka 2013; Hagelberg/Hofreiter/Keyser 2015; Pääbo in Klein 2011; Pääbo 2014; o.V. 2014c.

falschen genetischen und historischen Wissen. Das öffentliche Interesse an solchen Wissensbeständen wurde akzeptiert – es war ja auch nützlich, weil es letztlich half, Ressourcen für die Forschung zu sammeln –, und die aDNA-Community sollte dem Wunsch der Öffentlichkeit auch entsprechen; aber eben nicht durch Falschinformationen, Vereinfachung und Irreführung aus eigenem Profit- oder Imagedenken. Bandelt und Kollegen kombinierten ihr wissenschaftliches Veto mit einer Kritik an der Kommerzialisierung und Medialisierung von Wissenschaft an sich: »There is, of course, no scientific way to infer that a modern person is a direct descendant of a prehistoric person [...]. At best, the (uninteresting) distant cousin relationship could be inferred – but in this sense almost everyone is related anyway.«[114] Ancestry Testing dennoch als wissenschaftlich valide zu verkaufen, kompromittiere die ethischen Standards von Wissenschaft, die in der Gegenwart nicht mehr immun sei gegen Vermarktlichung und Politisierung und sich für Zwecke instrumentalisieren lasse, die nicht ihrem eigentlichen moralischen Anspruch entsprächen.[115]

Neben den kritischen Äußerungen der Community erlebte das Göttinger Projektteam aus eigener Sicht eine weitere problematische Reaktion: Sein öffentliches Engagement scheint, weil es nicht mit der wissenschaftlichen Eigenlogik kompatibel war, dysfunktionale Effekte gehabt zu haben. Am und im Umfeld vom Göttinger Institut wurde vermutet, dass spätere Anträge bei Forschungsförderern wegen der Nähe zu den Medien und der Aufregung um die angeblichen Nachfahren abgelehnt wurden.[116] Gutachterinnen und Gutachter in DFG-Antragsverfahren beispielsweise hätten das Team abgestraft, indem sie es als unseriös und inkompetent darstellten. Das Projektteam habe ja gewusst, dass das Ancestry Testing nicht aussagekräftig sei, und deshalb auch nicht wissenschaftlich dazu publiziert. Aber für den schlechten Ruf habe schon die mediale Aufmerksamkeit genügt. Die Gutachtenden seien darauf angesprungen.[117] Ob dies zutraf, ist schwer zu entscheiden, aber von Bedeutung war ohnehin das Selbstverständnis der Beteiligten: Sie empfanden ihre diesbezüglichen Aktivitäten im Nachhinein als hinderlich. Ihr Ausgreifen in das Subsystem Öffentlichkeit könnte ihrem Funktionieren innerhalb der Wissenschaft geschadet haben. Das Ganze sei ein »riesiger Fehler«[118] gewesen, so Susanne Hummel, der sich negativ auf das Image der Göttinger in der aDNA-Forschung und in der Prähistorischen Anthropologie insgesamt ausgewirkt habe.

---

114 | Bandelt et al. 2008: 1247.

115 | Vgl. so auch bei Bolnick et al. 2007: 399 f.

116 | Vgl. Expertinneninterview Hummel 2013; Experteninterview Burger 2013.

117 | Vgl. Expertinneninterview Hummel 2013.

118 | Ebd.

Perspektivität und Selektivität der Quelle aDNA: uniparentale Marker, Small Samples und Big Data in der Neandertalerfrage

»[W]e are still only beginning to make sense of what our DNA can tell us about who we are, where we came from, and why we behave the way we do«.[1]

Prinzipielle Grenzen der Quelle aDNA und die überfachlichen Diskussionen über diese Grenzen lassen sich gut an Beispielen aus der Populationsgenetik verdeutlichen. Die Neandertalerforschung eignet sich besonders, um die Charakteristika der Quelle aDNA und die Diskussionen um die Validität der diesbezüglichen Verfahren und Techniken aufzuzeigen.

Hier ist zuerst die im Problem der uniparentalen Marker zutage tretende Perspektivität der Quelle anzusprechen. Mitochondriale DNA und nukleare DNA bzw. uniparentale und biparentale Marker haben unterschiedliche Aussagepotentiale. Uniparentale Marker auf der mtDNA und dem Y-Chromosom geben jeweils nur Auskunft über maternale oder paternale Linien. Da die matrilinear vererbte mtDNA in den ersten zwei Jahrzehnten der aDNA-Forschung das in technischer Hinsicht einfachere und leichter zugängliche Material darstellte, wiesen die frühen populationsgenetischen Arbeiten einen entsprechenden Bias auf: »By reconstructing human [...] history based only on variation passed down through the female line, we were only studying the history of half of the human population.«[2] Umgekehrt verhielt es sich mit den später etablierten Analysen von Markern auf dem Y-Chromosom: »Studying the Y-chromosome will tell us about Y-chromosomal genetic history, not ›population history‹.«[3]

Die Konsequenzen wurden in der Neandertalerproblematik deutlich. Worum ging es? Die Frage nach dem genetischen Verhältnis von Neandertalern (und anderen archaischen Homininen) und Anatomisch Modernen Menschen wurde als »one of the longest-standing questions in paleoanthropology«[4] und eines ihrer umstrittensten Themen bezeichnet. Ihre wissenschaftshistorische Relevanz lag darin, dass die Entdeckung der ersten Individuen 1856 und die Frage, ob es sich dabei um eine eigene Spezies handelte, viel mit der Identitätsgeschichte der Deutschen und der Fachidentität der Paläoanthropologie zu tun

1 | Shapiro/Gilbert/Barnes 2008: 207.

2 | Matisoo-Smith/Horsburgh 2012: 38. Vgl. als Beispiel Stone/Stoneking 1993 und 1998 zur Oneotapopulation.

3 | Zerjal et al. 2002: 316. Vgl. ähnlich Balloux 2010: 420.

4 | Weaver/Roseman 2005: 677. Vgl. ähnlich Harvati 2010: 367; Kirsanow/Burger 2012: 122.

hatten.[5] Wie die Prähistorikerin Brigitte Röder zeigte, wurde mit Neandertalern Identitätspolitik betrieben. Sie wurden – unter wechselnden politischen Vorzeichen – zum Beispiel sowohl mit dem Ideal einer nationalen deutschen Identität in Verbindung gebracht als auch, in der jüngeren Vergangenheit, für die Konstruktion einer europäischen Identität herangezogen, ja sogar als erste Europäer bezeichnet.[6]

Die Altertumswissenschaften formulierten die Neandertalerfrage durchaus unterschiedlich. Die Urgeschichte rückte aus einer kulturhistorischen Perspektive und auf der Basis von Artefakten die Frage in den Vordergrund, ob es in der Phase des zeitlichen und räumlichen Überlappens, die in Europa zwischen 40.000 und 30.000 BP datierte, kulturelle und soziale Beziehungen zu den Anatomisch Modernen Menschen gegeben hat. Biologische Beziehungen erschienen weniger wichtig.[7] Belegen ließ sich kein Zusammenleben beider Gruppen an einem Fundort, aber die Urgeschichte hat, obwohl sie phasenweise explizit auf der Suche nach Unterschieden war, letztlich viele Argumente dafür gesammelt, dass Neandertaler und Anatomisch Moderne Menschen in technologischer Hinsicht sehr ähnlich lebten.[8] Ob und inwieweit es zu Kulturaustausch und Technologietransfer oder sogar zu einer Akkulturation der Neandertaler kam oder ob doch eher zwei voneinander getrennt lebende Kulturen zur selben Zeit dieselben Techniken entwickelten, ist unklar. Wahrscheinlicher erschienen Kontakte.[9] Alte DNA könnte zu diesen archäologischen Fragen keinen Beitrag leisten, weil sie kulturelle Vorgänge betreffen.

Der Paläoanthropologie ging es hingegen um die biologischen Beziehungen zwischen Neandertalern sowie Anatomisch Modernen Menschen und ihren jeweiligen Platz im Prozess der Menschwerdung. Zur Debatte stand, ob es sich um unterschiedliche Spezies handelte, die sich nie vermischt oder zumindest keine lebens- oder fortpflanzungsfähigen Nachkommen miteinander hatten.

5 | Vgl. Weniger 2013

6 | Vgl. Röder 2010: 90.

7 | Vgl. knapp dazu Mellars 1993: 205-209; Harvati 2010: 367; zum Stand der Urgeschichte und Paläoanthropologie vor den aDNA-Verfahren Clark/Willermet 1997.

8 | Dafür sprachen Jagdweisen mit Projektilen, extensive Feuernutzung, Steinwerkzeuge mit regionalen Unterschieden, Körperschmuck, die Praxis, zumindest gelegentlich Tote zu bestatten. Hier gab es viele Ähnlichkeiten bzw. Entsprechungen. Während umstritten war, inwieweit auch die Neandertaler symbolische oder dekorative Artefakte hergestellt haben, gab es kaum noch Kontroversen darüber, dass sie ihre Toten bewusst bestatteten, wenngleich die Anatomisch Modernen Menschen des Jungpaläolithikums komplexere Bestattungen vorgenommen haben. Vgl. Cameron/Groves 2004: 218 f., 220 f.; für die Spätphase der Neandertaler Hublin et al. 1996: 224 ff.

9 | Vgl. als Beispiel für die Debatte m. w. N. Schäfer et al. 2004: 4 ff.; Mellars 1993: 208-211; knapp zusammengefasst bei Cameron/Groves 2004: 228.

Oder entwickelten sich die Anatomisch Modernen Menschen aus einem *Homo Sapiens Neanderthalensis*?[10] Falls dies nicht der Fall war, kam es dann zur Vermischung oder wurden die Neandertalerpopulationen verdrängt, ohne sich mit den Anatomisch Modernen Menschen fortgepflanzt zu haben? Wo und wann hatten sie einen gemeinsamen Vorfahren? Auch die Binnendiversität und demografische Entwicklungen der Neandertalerpopulationen gehörten zum Fragenkatalog. Seit den 2010er Jahren ging es auf aDNA-Basis zunehmend um die Herkunft einzelner Gruppen und die räumliche Verbreitung bestimmter genetischer Linien sowie um phänotypische Merkmale.[11]

Traditionell wurde die Neandertalerfrage in der Paläoanthropologie aber mit Mitteln der Morphologie und Morphometrie untersucht. Morphologische Studien fanden keine belastbaren Belege für eine biologische Vermischung, zumal es keine theoretische Vorstellung davon gab, wie eine hybride Morphologie bei einem Nachkommen ausgesehen hätte.[12] Eine Ausnahme stellte ein 1998 im portugiesischen Abrigo do Lagar Velho gefundenes Kind dar, das prompt zu »Türenknallen«[13] im überfachlichen Miteinander führte. Seine Morphologie könnte eventuell auf eine Vermischung hindeuten.[14] Es kann sich aber auch einfach nur ein besonders robustes Individuum gehandelt haben.[15]

Angesichts der teils erbittert geführten paläoanthropologischen Debatten, die mit dem nicht weniger kontroversen Thema der Entstehung und dem geografischen Ursprung der Anatomisch Modernen Menschen verknüpft waren,[16] hatte 1995 der Biochemiker Mark Stoneking im *American Journal of Human Ge-*

10 | Vgl. Tattersall 2000: 13. Schon die Frage, was eine Spezies ausmacht, ist in der Paläoanthropologie umstritten.

11 | Vgl. z. B. für verschiedene Szenarios zu Ort und Zeit der Vermischung Green et al. 2010: 721; ähnlich Ghirotto et al. 2011: 250; Krause/Orlando et al. 2007; Reich et al. 2010; zur Datierung des MRCA z. B. Briggs et al. 2009: 319; als Beispiele zur Binnendiversität und Demografie der Neandertalerpopulationen zur Fragestellung bereits Excoffier 2006: R651; Caramelli et al. 2006; Dalén et al. 2012: 1895; Lalueza-Fox/Rosas et al. 2011: 252; zum Ergebnis dieser Studie aber kritisch Horsburgh 2015: 144.

12 | Vgl. m. w. N. Tattersall 2000: 7117; m. w. N.Schäfer et al. 2004: 4.

13 | Weniger 2013: o. S.

14 | Vgl. Duarte et al. 1999: 7604. Das vor ca. 24.500 Jahren bestattete Kind wirkte auf die anthropologischen Bearbeiter aber wie ein Mosaik: »a mosaic of European early modern human and Neanderthal features«. Ebd.: 7608. Vgl. eher zustimmend Cameron/Groves 2004: 228.

15 | Das Skelett weise überhaupt keine Neandertalermerkmale auf, es sei einfach ein »chunky Gravettian child, a descendant of the modern invaders who had evicted the Neanderthals from Iberia several millenia earlier«. Tattersall/Schwartz 1999: 7119; zusammenfassend Harvati 2010: 372.

16 | Siehe dazu S. 126 f.

netics überoptimistisch verkündet, dass es genügen würde, die mtDNA eines einzigen Neandertalers zu sequenzieren, um endlich diesen Streit zu entscheiden: »[A]n authentic mtDNA sequence from a Neanderthal ought to settle once and for all the issue of whether or not Neanderthal mtDNAs were ancestral to modern human mtDNAs«.[17]

Die aDNA-Forschung befand sich zu diesem Zeitpunkt zwar in einer schwierigen Phase, nachdem sich so viele Anfangserwartungen nicht erfüllt hatten, doch stiegen die Hoffnungen auf eine endgültige Antwort auf die Neandertalerfrage, als 1997 Svante Pääbos Münchener Doktorand Matthias Krings mtDNA-Sequenzen des 1856 aufgefundenen namensgebenden Individuums Feldhofer-1 publizierte.[18] Dies wurde im Fach und darüber hinaus als enormer Durchbruch und zum Teil als der Königsweg zur endgültigen Klärung der Neandertalerfrage empfunden.[19] Ab diesem Zeitpunkt beanspruchten Paläogenetiker in der Neandertalerforschung gegenüber den morphologisch arbeitenden Paläoanthropologen eine Führungsposition mit dem Argument, dass die nun zugängliche DNA die aussagekräftigeren Daten liefere als die Morphologie.[20] Damit riefen sie die Gegenwehr derer hervor, die auf Morphologie, Histologie und andere zunehmend verfeinerte Verfahren setzten.[21] Paläogenetiker planten, die Neandertalerfrage auf der Ebene der DNA-Moleküle zu lösen, während Paläoanthropologen dies weiterhin auf der Ebene der Organismen und der Zellen erreichen wollten.

Die optimistische Prognose der Paläogenetiker erwies sich als überzogen.[22] Sie konnten weder eine eindeutige, einfache Antwort geben noch ein simples Szenario entwerfen. Im Gegenteil wurden nicht nur die Antworten, sondern auch die Frage selbst immer komplizierter. Überdies hatte auch das molekulare Wissen mitunter nur kurz Bestand. Das wiederum war nicht zuletzt auf die Nutzung der uniparentalen Marker zurück zu führen. Zuerst war mtDNA untersucht worden. Auf deren Basis wurde anfangs eine genetische Verwandtschaft von Neandertalern und Anatomisch Modernen Menschen ausgeschlossen. Die mtDNA-Loci, die Matthias Krings und in der Folge mehrere weitere

17 | Stoneking 1995: 1261.

18 | Krings et al. 1997; ders. 1998. Siehe dazu S. 151 f.

19 | Vgl. als Beispiel für die Reaktionen »landmark« bei Shapiro/Gilbert/Barnes 2008: 219; ähnlich Weniger 2013.

20 | Vgl. Kirsanow/Burger 2012: 122; Shapiro/Gilbert/Barnes 2008: 210. Zum Stand der Morphologie und der Inferenzverfahren vor dem Krings-Experiment 1997 vgl. den Sammelband Clark/Willermet 1997.

21 | Vgl. als Vertreter der Kritiker Henke 2010a: 183.

22 | Vgl. ebd.: 98.

Teams bei insgesamt 16 Individuen heranzogen,[23] gaben nur Auskunft über die maternalen Linien, da mtDNA von Müttern weitergegeben wird.[24]

Allerdings musste, wie kritische Stimmen anmerkten, an Gendrift, Bottleneck und andere genetische Effekte gedacht werden.[25] Diese hätten dazu führen können, dass ein genetischer Beitrag der Neandertaler zum Genom Anatomisch Moderner Menschen über die Zeit hinweg wieder verschwand. Statistisch war zumindest ein geringer Vermischungsgrad vorstellbar, obwohl bestimmte mtDNA-Sequenzen bei heute lebenden Menschen nicht (mehr) vorkamen.[26] Auf die ebenfalls bestehende Möglichkeit einer geschlechtsbezogen unterschiedlichen Fortpflanzung hatte Matthias Krings bereits selbst hingewiesen und damit die grundsätzliche Perspektivität der mtDNA-Marker ins Spiel gebracht.[27]

Nukleare DNA und damit die Untersuchung biparentaler Marker waren technisch zunächst nicht zugänglich. Zwei folgende mtDNA-Studien versuchten, Proben von Anatomisch Modernen Menschen aus dem Jungpaläolithikum zum Vergleich heranzuziehen. Die Erwartung war, dass diese frühen Individuen eventuell noch mehr Spuren einer genetischen Vermischung aufwiesen, als die heute lebenden Menschen. Die erste Studie kam zu dem Ergebnis, dass die Sequenzen der Menschen aus dem Jungpaläolithikum kaum denen heute

---

23 | Die mtDNA analysierten Krings et al. 1997; ders. 1998; ders. et al. 1999: 5581-5584. Es folgten zu den Funden der Mezmaiskaya-Höhle, El Sidrón, Vindija, Engis 2, La Chappelle-aux-Saints, Les Rochers de Villeneuve, Scladina, Monte Lessini: Ovchinnikov et al. 2000: 491; Schmitz et al. 2002; Caramelli et al. 2003; Serre et al. 2004: e57; Lalueza-Fox et al. 2005: 1078 f.; Orlando et al. 2006; Caramelli et al. 2006: R631; Briggs et al. 2009; zu Valdegoba dann Dalén et al. 2012: 1896. Vgl. auch Cameron/Groves 2004: 208-211; Excoffier 2006: R650 f.

24 | Vgl. Krings 1998: 54-59.

25 | Gendrift bedeutet in der Populationsgenetik, dass Gene erworben oder verloren werden, ohne dass dies mit Evolutionsfaktoren in Verbindung gebracht werden kann. Gendrift ist mithin ein zufälliger Prozess, der aber in Abhängigkeit von der Populationsgröße unterschiedliche Effekte hat. Vgl. Walter 2010a: 23-35. Der Neandertaleranteil konnte z. B. über die Jahrtausende verloren gegangen sein, falls eine genetisch viel heterogenere Population Anatomisch Moderner Menschen irgendwann einen Bottleneck Effect durchlief, aus dem eine Population hervorging, die genetisch sehr homogen war. Vgl. Nordborg 1998: 1239; reflektiert z. B. von Caramelli et al. 2003: 6593; Jobling 2012: 795 f.

26 | Berechnungen der Schweizer Mathias Currat und Laurent Excoffier ließen Vermischungsraten von weniger als 0,1 Prozent zwischen Neandertalerfrauen und Anatomisch Modernen Männern statistisch zu, ohne dass heutige mtDNA-Sequenzen diese noch zeigen würden, vgl. Currat/Excoffier 2004: e421.

27 | Vgl. Krings et al. 1997: 27.

lebender Menschen, aber deutlich den Neandertalersequenzen ähnelten.[28] Das gegensätzliche Ergebnis präsentierte ein Team des MPI für evolutionäre Anthropologie in Leipzig: Es gebe wirklich keinen Beleg für eine Vermischung in größerem Umfang.[29] Um die Mitte der 2000er Jahre wurde aber auch schon die Annahme laut, dass es in Abhängigkeit von diversen noch unbekannten Variablen mehrere Lösungen für die Vermischungs- und Verdrängungsfrage geben konnte.[30]

Um an nDNA zu gelangen, stellte Svante Pääbo am MPI in Leipzig ein Projekt auf, das sich die ab 2005 zur Verfügung stehenden NGS-Verfahren, konkret das sogenannte 454-Sequencing, zunutze machen sollte: das Neandertal Genome Project, in dessen Verlauf er Proben von 60 Neandertalerindividuen auf DNA-Erhalt testen ließ.[31] Das Ziel war es, sehr große Teile des Genoms eines oder mehrerer Individuen zu sequenzieren. Technisch möglich war das, weil Pääbo am MPI eine Kooperation mit der amerikanischen Herstellerfirma der 454-Technik initiiert hatte, von der die Sequenzierungen dann auch vorgenommen wurden.[32]

Zwei Gruppen erhielten unabhängig voneinander Proben desselben, etwa 38.000 Jahre alten Individuums aus der kroatischen Vindija-Höhle. Kurz nacheinander publizierten Richard E. Green, Johannes Krause und Kollegen am MPI in Leipzig sowie Edward Rubin und James P. Noonan in Berkeley, die allerdings nicht mit dem 454-Verfahren gearbeitet hatten, erste Ergebnisse: 2006, also im offiziellen Neandertalerjahr, 150 Jahre nach dem Erstfund.[33] Als »the dawn of Neanderthal genomics«[34] feierten James P. Noonan und Coautoren ihre Sequenzierung von rund 60.000 Basenpaaren Neandertaler-DNA. Richard E. Green und Johannes Krause gelangten zu rund einer Million Basenpaare. Die komplette Sequenzierung eines Neandertalergenoms schien in Reichweite.[35]

---

28 | Vgl. Caramelli et al. 2003: 6593-6597. Die Proben sollen um 24.500 bis 23.000 BP datieren und insofern zeitlich nah zum Verschwinden der Neandertaler aus der Mittelmeerregion einzuordnen sein.

29 | Über die maximale plausible Vermischungsrate wollte das Team nicht spekulieren, da es dafür ein größeres Sample an zeitlich den Neandertalern nahestehenden Proben Anatomisch Moderner Menschen für nötig hielt. Vgl. Serre et al. 2004: e57.

30 | Vgl. Plagnol/Wall 2006: e105, Abschnitt *Discussion*; Green et al. 2006: 330; dezidiert Ghirotto et al. 2011: 242 f.

31 | Vgl. Pääbo 2004: 80.

32 | Vgl. Pääbo in Gitschier 2008: e10000035.

33 | Vgl. Ewe 2006: 22; in der deutschen Presse z. B. Bethge 2006.

34 | Noonan et al. 2006: 1113, vgl. auch 1117 f. Den MRCA datierte das Team auf vor ca. 700.000 Jahren.

35 | Vgl. Green et al. 2006: 330. Die Trennung der Neandertaler und der Anatomisch Modernen Menschen datierte das Team auf vor ca. 500.000 Jahren.

Diese beiden Publikationen sorgten aber auch deshalb für Aufruhr, weil ihre Interpretationen voneinander abwichen. Die Kooperation um Noonan kam zu dem Ergebnis, dass keine oder eine sehr geringe Vermischung stattgefunden habe,[36] während die Gruppe um Green an Proben des selben Individuums einen signifikanten Beitrag der Neandertaler zur DNA der Anatomisch Modernen Menschen nachweisen zu können glaubte, aber nicht sagen konnte, wann dies geschehen war.[37] Dass auch das jeweils errechnete Alter des MRCA um ca. 200.000 Jahre differierte, war weniger problematisch, da bei solchen Berechnungen Spannen dieser Art nicht ungewöhnlich waren. Ein Reproduktionsversuch legte nahe, dass eine der beiden Studien auf kontaminationsbedingten Artefakten beruhen musste. Wahrscheinlicher erschien dies bei der Studie von Green, weil hier exogene DNA in die Proben geraten sein konnte, als diese zum 454-Sequenzieren an das Firmenlabor verschickt worden waren.[38] Rubin und Noonan hatten hingegen die DNA im Labor im Berkeley selbst sequenziert.

Ab 2008 publizierten Richard E. Green, Johannes Krause, Adrian W. Briggs und Coautoren mithilfe neuer NGS-Verfahren und inzwischen von der MPG finanzierter und am MPI selbst installierter Geräte große Teile eines Neandertalergenoms. Genauer gesagt kombinierten sie Sequenzen von sieben Individuen aus vier Fundorten zu einem Genom.[39] 2010 folgte eine Publikation zu rund 60 Prozent des Genoms von drei ca. 38.000 Jahre alten Individuen aus dem kroatischen Fundort Vindija.[40] Unter dem Titel *A Draft Sequence of the Neandertal Genome* erschien mit großer Resonanz in *Science* das Ergebnis des Vergleiches mit fünf Genomen heute lebender Menschen aus mehreren Weltregionen: Vor rund 80.000 Jahren habe sich eine geringfügige Vermischung ereignet, und der Beitrag der Neandertaler zur DNA Anatomisch Moderner Menschen betrage unter einem bis knapp drei oder vier Prozent. Diese Vermischung habe sich nicht in Europa begeben, sondern im vorderen Orient vor dem Auftreten der Anatomisch Modernen Menschen in Europa.[41] Auffällig war, dass Green und Mitautoren klar zwischen der genetischen und der historischen Bedeutung dieses Ergebnisses differenzierten: Genetisch sei eine so geringe Vermischungsrate irrelevant, historisch könne aber sie bedeutsam sein: »Obviously, gene flow

---

36 | Vgl. Noonan et al. 2006: 1117. Zur Einordnung der Studien von Green und Noonan in der Fachöffentlichkeit vgl. Lambert/Millar 2006: 276; Dalton 2006a: 260; 2006b.

37 | Vgl. Green et al. 2006: 334; später ders. et al. 2010: 721 f., mit einer Präferenz für eine Vermischung im Mittleren Osten vor der Verbreitung der Anatomisch Modernen Menschen nach Eurasien; kritisch dazu Ghirotto et al. 2011: 243.

38 | Vgl. Wall/Kim 2007: 1865. Vgl. auch Pääbo in Dalton 2007; Clark 2008: 388; Krause 2010: 20; Pääbo 2014a: 127; Knapp/Lalueza-Fox/Hofreiter 2015: o. S.

39 | Vgl. Green et al. 2008: 417.

40 | Vgl. ders. et al. 2010: 721; dazu MPG 2010; Pääbo 2014a: 217 f.

41 | Vgl. Green et al. 2010: 719-722; dazu z. B. Dalton 2010a.

that left little or no traces in the present-day gene pool is of little or no consequence from a genetic perspective, although it may be of interest from a historical perspective.«[42]

Das historische Bild ist durch den Zugriff auf biparentale Marker tatsächlich facettenreicher geworden und das Szenario über die genetische Beziehung von Neandertalern und Anatomisch Modernen Menschen komplexer. Die ersten auf den uniparentalen Markern der mtDNA basierenden Szenarien wurden verworfen. Es hat offenbar fortpflanzungsfähige Nachkommen gegeben. Doch die Dynamik der genetischen Vermischung war mit populationsgenetischen Verfahren nicht leicht zu klären.[43] Mehr denn je fand Neandertalerforschung seitdem in silico statt. Vor allem statistische Zugänge haben deutlich gemacht, dass es keine einfachen Antworten gibt.[44]

Mit der skizzierten Abfolge gegensätzlicher Szenarien wurden Fach- und außerwissenschaftliche Öffentlichkeit innerhalb weniger Jahre konfrontiert.[45] Seit der genetischen Identifizierung der Denisova-Menschen durch Johannes Krause am MPI in Leipzig und dem Populationsgenetiker David Reich in Harvard 2010 musste oder konnte sogar eine weitere archaische Menschenart in die Gleichung integriert werden.[46] Die Denisova-Menschen teilten wohl mit den Neandertalern einen MRCA, trennten sich aber vor etwa 640.000 Jahren BP genetisch von ihnen. Die Neandertaler wiederum trugen etwa im selben Maß zum Erbgut der Denisova-Menschen bei wie zu dem der Anatomisch Modernen Menschen. Offenbar kam es mehrfach zu Vermischungen archaischer Menschen und Anatomisch Moderner Menschen, wobei in genetischer Hinsicht das Ausmaß dieses Kontakts wohl gering war.[47] Da Anatomisch Moderne Menschen sowohl mit Neandertalern als auch mit Denisova-Menschen fort-

42 | Green et al. 2010: 721.

43 | Vgl. Currat/Excoffier 2011: 15131, 15133.

44 | Vgl. z. B. Weaver/Roseman 2005: 681 f.; Currat/Excoffier 2011: 15131.

45 | Vgl. zur Darstellung in den Massenmedien o. V. 1997; Gee 1997; Siefer 1997; Seitz 1997; o. V. 2004; Adler 2006; Meili 2006; Wade 2006a; Filser 2010; ders./Blawat 2010; Frankenfeld 2010; Klein 2011; Kolbert 2011; Patalong 2013; Filser 2014; Schöpfer 2014; Zimmer 2015; Hein 2015.

46 | Vgl. Reich et al. 2010; dazu einführend Matisoo-Smith/Horsburgh 2012: 103 ff.; zu den Reaktionen in den Medien z. B. o. V. 2010d; Grolle 2010: 142; Blawat 2010a; 2010b; Dalton 2010b: 472; ders. 2010a; Taschwer 2011; Grolle 2012; o. V. 2013a; Bahnsen 2014: 36; Kerneck 2014; Callaway 2014: 414; Zimmer 2015.

47 | Vgl. Reich et al. 2010: v. a. 1053 f., 1055, 1059; dazu Krause/Fu et al. 2010; Meyer/Kircher et al. 2012; Krause 2013: 92 f.; Prüfer et al. 2014. Ihre mtDNA-Sequenzen lassen die Denisova-Individuen genetisch weiter von den Anatomisch Modernen Menschen entfernt erscheinen als von den Neandertalern, während die nDNA-Daten eine größere genetische Nähe andeuten. Zudem zeigte sich eine geringe genetische Konti-

pflanzungsfähige Nachkommen hatten, wurde die Vorstellung, es handle sich beim modernen Menschen um eine eigene Spezies, Stück für Stück revidiert.

Die Identifikation der Denisova-Menschen leitet von der Perspektivität der Quelle aDNA über zu einem anderen Charakteristikum historischer Quellen: ihrer Selektivität. Als Überlieferungsspuren erlauben Quellen nur einen Taschenlampenausschnitt auf die Vergangenheit. Anders gesagt: Es wird stets potentiell interessierende Aspekte der genetischen Vergangenheit geben, für die keine DNA-Quellen vorhanden sein werden. Es kann nur ausgewertet werden, was gefunden wurde: »Ancient DNA and the archaeological approach to the study of humans are both limited by the fact that you can only test the remains that you discover«.[48]

Die wissenschaftshistorische Besonderheit der Denisova-Untersuchungen lag darin, dass die Denisova-Menschen die erste archaische Menschenart waren, die nicht morphologisch, sondern allein molekulargenetisch identifiziert worden war.[49] Diese enorm weitreichende Aussage wurde allerdings auf Basis von nur zwei beprobten Individuen getroffen.[50] Funde archaischer Menschen, die nicht zu den Neandertalern zählten, waren bisher insgesamt so selten, dass die Aussagekraft dieser Ergebnisse begrenzt war.[51] Dies galt zum Beispiel auch für die 700.000 Jahre alte, von Matthias Meyer am MPI in Leipzig veröffentlichte mtDNA-Sequenz eines *Homo Heidelbergensis* aus Sima de los Huesus in Spanien. Diese ähnelte denen der Denisova-Individuen, was *Homo Heidelbergensis* auf noch ungeklärte Weise zum Vorfahren von Denisovas und Neandertalern machen könnte.[52] Auf diese extrem kleinen Samples hob die Kritik des Paläogenetikers Eske Willerslev ab. Im Interview sagte er über die Ergebnisse der Leipziger Konkurrenz zu den Denisova-Menschen: »With the data in hand, you cannot claim the discovery of a new species.«[53]

Die noch immer kleinen Samples der genetischen Neandertalerforschung beklagte auch der Paläolithikumexperte Thorsten Uthmeier. Inzwischen sei das Sample zwar gewachsen. Die seit 2006 sequenzierten Neandertalergeno-

---

nuität der Denisova-Menschen, nicht aber der Neandertaler, zu den Vorfahren der heute lebenden Melanesier. Vgl. Reich et al. 2010: 1056, 1059.

48 | Merriwether 2000.

49 | Pääbo 2014b: 219.

50 | Vgl. Matisoo-Smith/Horsburgh 2012: 103.

51 | Vgl. Grupe et al. 2012: 156.

52 | Vgl. Meyer et al. 2014. Diese Untersuchung des MPI Leipzig, wo sehr viel Methodenentwicklung betrieben wurde, markierte die äußerste Grenze dessen, was in der Mitte der 2010er Jahre technisch möglich war.

53 | Dalton 2010: 472. Vgl. auch Matisoo-Smith/Horsburgh 2012: 104. Ein Problem war zudem die Datierung. Die Proben könnten zwischen 50.000 und 23.000 Jahre alt sein.

me hätten gewiss eine beeindruckende Menge an Sequenzdaten geliefert, doch auch sie beruhten letztlich immer noch nur auf einer Handvoll von Individuen. Wie solle man ihre Ergebnisse sinnvoll mit Untersuchungen zur Sachkultur in Bezug setzen, deren Materialbasis aus Hunderten bis Tausenden von Artefakten bestehe? Besser sei doch die Ausgangslage, wenn man sich auf die traditionellen metrisch-morphologischen Methoden beschränke, mit denen jeweils wenigstens mehrere Dutzend oder Hundert Individuen untersucht worden seien.[54]

Allerdings, so muss man relativieren, fragten in anderen Feldern als der Neandertalerforschung, also etwa bei auffälligen Mehrfachbestattungen, ja gerade Archäologen selbst Einzelfallanalysen bei den Paläogenetikern nach, die wiederum manche von diesen als nicht generalisierbar und daher irrelevant auffassten.[55]

Auch gab es in der Prähistorischen Archäologie der letzten Jahre Stimmen, die argumentierten, dass die Samples auch bei den über Einzelfälle hinausgehenden Fragestellungen gar nicht sehr umfangreich sein müssten, um eine valide Interpretation zuzulassen. Vielmehr seien gerade die Archäologien in Deutschland in einer erkenntnistheoretischen Sackgasse gelandet, weil sie an riesigen Materialansammlungen festhielten und auf formenkundliche Vollständigkeit hofften, die sich ohnehin nie erreichen lasse.[56] Das Ergraben und Magazinieren von Unmengen an Objekten führe keineswegs von selbst zu Erkenntnisgewinnen, war zum Beispiel 2013 immer wieder auf einer Tagung der Arbeitsgemeinschaft Theorien in der Geschichte unter dem Titel *Massendinghaltung in der Archäologie. Der material turn und die Ur- und Frühgeschichte* zu vernehmen.[57]

In der Diskussion um die Samplegrößen und die fragliche Generalisierbarkeit der auf ihrer Basis getroffenen Aussagen wurden unterschiedliche Qualitätskriterien wissenschaftlichen Arbeitens offenkundig. Sie mussten über die

54 | Vgl. Uthmeier 2013; ähnlich kritisch Lidén/Eriksson 2013: 18, und Horsburgh 2015: 144. Vgl. als Beispiele die Quellengrundlage der archäologischen Neandertalerstudien in Conard/Richter 2010: Kapitel III und V. EDV-Anwendungen machten es Archäologen möglich, Datensets von Dutzenden archäologischen Projekten zu kombinieren und zusammen auszuwerten. Vgl. Killick 2015: 242, allerdings nicht speziell auf die Neandertalerforschung bezogen.

55 | Vgl. z. B. dazu kritisch Samida/Eggert 2013: 105; Harbeck 2012: 190; Expertinneninterview Grupe 2013; Expertinneninterview Hummel 2013; Experteninterview Eggert 2013.

56 | Vgl. Eggert 1998: 367; Veit 2002: 413; Eggert 2002b: 23 f.; ders. 2005c: 325; Veit 2011a: 43.

57 | Vgl. z. B. Karl 2013; Rieckhoff 2013; Meier 2013; Eggert/Samida 2013b sowie 2016.

Fächergrenzen hinweg, aber auch fachintern verhandelt werden. Dabei suchten die Beteiligten nicht nach allgemeingültigen Standards für kooperatives Forschen oder nach einer über die Fächer hinweg geltenden Definition von Wissenschaftlichkeit, sondern rangen im je konkreten Fall darum, was die ›richtige‹ Samplegröße für eine bestimmte Fragestellung wäre. Die Fundsituation setzte der Sampleauswahl hier enge Grenzen. Große Samples für die genetische Untersuchung zu bilden war und ist für viele Zeitstufen und archäologische Kulturen eben nicht möglich.

Den kleinen Samples gegenüber steht ein anderes quantitatives Problem: Big Data. Die Verfahren des Next Generation Sequencing haben seit der Mitte der 2000er Jahre riesige Datenmengen entstehen lassen. Die aDNA-Community machte sich die neuen technischen Optionen schnell zunutze und setzte sie intensiv ein. Die Verfahren dazu wurden laufend schneller, günstiger und immer stärker automatisiert.[58] Ganze Genome oder sehr große Teile der Genome einer Vielzahl von Organismen wurden sequenziert.[59]

Durch die neuen technischen Prozeduren wurde aus dem einstigen ›Race for the Oldest DNA‹ eine Art ›Race for the Most Complete Genome‹. Untersucht wurden aber zunächst nur einzelne Individuen. Die Samples blieben pro Studie demnach zuerst klein,[60] wenngleich eine enorme Menge an Sequenzdaten generiert wurde. Mit zunehmender Leistungsfähigkeit der Technik wurden enorme Mengen an Teilsequenzen generiert, die dann sortiert und zusammengesetzt weren mussten. Dadurch stiegen die Ansprüche an Bioinformatik und Rechnerleistung.[61] Zudem wuchsen die Sequenzdatenbanken.[62] Die meisten renommierten Journale verlangten, dass neu generierte Sequenzdaten in solche Datenbanken eingetragen wurden, wo andere sie recherchieren und zum Vergleich nutzen konnten.[63] So profitierten von der Datenfülle viele, auch die Konkurrenzteams.

Besonders große Datenmengen entstanden, wenn das Experimentdesign unspezifisch genomweit angelegt wurde. Ganze Genome zu sequenzieren, klingt nach einem großen Erkenntnisfortschritt, und dies traf bei manchen

58 | Vgl. Service 2006: 1544; Experteninterview ders./Haak 2016. Siehe auch S. 230.

59 | Siehe dazu S. 230 f.

60 | Vgl. als Beispiele die Studien zum Wollhaarmammut Miller/Drautz/Ratan et al. 2008; zu den Neandertalern Green et al. 2010; zu einem ca. 4.000 Jahre alten Individuum aus Grönland Rasmussen et al. 2010.

61 | Vgl. Green et al. 2008: 417 f.; Pickrell/Reich 2014: 378.

62 | Siehe zum Wachstum der Sequenzdatenbanken S. 233 f.

63 | Vgl. Matisoo-Smith/Horsburgh 2012: 93. Als Beispiel vgl. die Angabe der GenBank Accession Numbers bei Bunce et al. 2003: 175; Larson et al. 2007: 15276; Leonard et al. 2007: 1363; Bos et al. 2011: 510; Brotherton et al. 2013: 10.

Fragestellungen auch zu, doch lösten genomweite Sequenzierungen nicht alle denkbaren Fragestellungen quasi en bloc.[64] Im Gegenteil war es bei vielen Problemstellungen weder nötig noch nützlich, über Daten des gesamten Genoms zu verfügen. In manchen Fällen konnte es sinnvoll sein, genomweit vorzugehen, in anderen erwiesen sich Designs, die sich auf spezifische Targets auf dem DNA-Strang konzentrierten, als effizienter und günstiger.[65]

Einige Beispiele verdeutlichen die Größenordnung der genomweiten Experimente: Für das 2010 veröffentlichte Neandertalerteilgenom, das aus den Sequenzdaten von sechs bzw. später sieben Individuen zusammengesetzt wurde, mussten, weil die DNA-Fragmente in den Proben sehr kurz waren und die Proben zu 95 Prozent exogene Mikroben-DNA aufgewiesen hatten, mehrere Milliarden DNA-Fragmente sequenziert und dann sortiert werden. Für die dann veröffentlichten 60 Prozent dieses Neandertalergenoms waren rund vier Milliarden Basen der endogenen DNA am Rechner positioniert worden.[66]

2015/2016 erschienen Studien, die nun nicht mehr nur die Genome einzelner, sondern großer Zahlen von Individuen präsentierten. In einer solchen großen Untersuchung des MPI Jena gemeinsam mit David Reich in Harvard umfasste das Sample 320 bekannte und neu sequenzierte menschliche Genome, die dann mit 5.000 Genomen aus modernen Datenbanken, also wiederum mit einer riesigen Menge an Positionen, verglichen wurden.[67]

Morten Allentoft und Eske Willerslev beispielsweise sequenzierten am Natural History Museum in Kopenhagen 101 Genome von Menschen der Bronzezeit aus weiten Teilen Europas. Sie ließen sich in *Nature* zitieren: »›We could have stopped at 80‹, says Allentoft. But ›we thought, Why the hell not? Let's go above 100.‹«[68] Zum Umgang mit Big Data äußerte sich an selber Stelle Greger Larson, ein Oxforder Evolutionsgenetiker so: Riesige Datensätze könnten nun erstellt werden. Die Technologie entwickle sich viel schneller, als man Fragen für sie generieren könne. Aber was soll's: »›Let's just sequence everything and ask questions later.‹«[69]

64 | Einschränkend gilt auch, dass bisher kein komplettes Genom, sondern nur sehr große Teile davon sequenziert wurden, weil immer nur die in der Probe erhaltenen Teile des Genoms sequenziert werden konnten – und wohl nicht 100 Prozent erhalten waren. Es gab außerdem Teile im Genom, die sich aufgrund ihrer Sequenzeigenschaften nicht sequenzieren bzw. danach nicht zusammenfügen ließen. Vgl. Matisoo-Smith/Horsburgh 2012: 82.

65 | Vgl. Experteninterview ders./Haak 2016.

66 | Vgl. Krause 2013: 92; im Original Green et al. 2010.

67 | Zur Herausforderung von Big Data Experteninterview Krause/Haak 2016; über die Studie Mathieson et al. 2015.

68 | Morten Allentoft im Kurzinterview in Callaway 2015b: 140.

69 | Greger Larson im Kurzinterview ebd.

Johannes Krause und Wolfgang Haak hielten dieser Denkweise im Experteninterview 2016 jedoch entgegen, dass man nicht einfach beliebig darauf los sequenzieren könne, nur um zu schauen, was in den ganzen Genomen zu holen sei:

»Das waren hundert Milliarden DNA-Sequenzen, [...] das muss man sich mal vorstellen. Das ist so eine unglaubliche Zahl.« Und: »[D]as ist halt nicht fragengetriebene Forschung, sondern einfach ›wir schießen einfach mal drauf los, schmeißen einen Haufen Geld auf diese Proben und kucken dann halt einfach, was wir für Muster finden‹.«[70]

Genomweit zu sequenzieren galt an den MPIs in Jena und Leipzig um die Mitte der 2010er Jahre bereits wieder als in vielen Fällen unnötig und ineffektiv.[71] Es erschien hingegen weiter als sinnvoll und wünschenswert, die Samples zu vergrößern, wenn die Möglichkeit dazu bestand, wie es als Desiderat seit Langem diskutiert worden war.[72] Auf der Populationsebene wären dann aussagekräftigere Ergebnissen zu erwarten, als auf der Basis weniger Individuen zuvor möglich gewesen waren. Die NGS-Verfahren erleichterten dies. Jedoch führten mehr Daten in der aDNA-Forschung, wie sich hier zeigte, eben nicht zwangsläufig zu mehr Wissen.

70 | Experteninterview Krause/Haak 2016.

71 | Vgl. als Beispiel ebd.; Krause 2010: 28.

72 | Vgl. kritisch früh Stoneking 1995: 1261; Versuche von Studien auf Populationsebene bei Stone/ders. 1998; Gerstenberger/Hummel/Herrmann 2002; Lee et al. 2012. Lee gelangen Amplifikationen nur bei 15 Prozent, d. h. 31 von 201 gesampelten Individuen, also einem unbeabsichtigt kleinen Sample. Vgl. auch Haak et al. 2015: 207, mit einem Plädoyer für große Samples.

Debatten um die Vereinbarkeit von genetischen und kulturellen Konzepten

»[I]n other words, population history is complex«.[1]

Während es in den vorangegangenen Abschnitten vor allem um Aspekte der Quellenkritik ging, steht im Folgenden ein Interpretationsproblem im Vordergrund. Am Beispiel populationsgenetischer Anwendungen wird die innerhalb und zwischen den Fächern ausgetragene Diskussion über die Fragen vorgestellt, ob und wie erstens genetische Daten wie etwa die Veränderung bestimmter Allelfrequenzen in geografischer oder kultureller Hinsicht interpretiert werden können. Zweitens: Dürfen Artefaktquellen, Schriftquellen, DNA-Quellen und viele andere mehr miteinander kombiniert werden im Sinne einer gemischten Argumentation? Stehen sie dann in einem hierarchischen Verhältnis zueinander, und welche Quelle hat den anderen gegenüber das stärkste Vetorecht? Hierin lag der strittige Gegenstand überfachlicher Debatten, der jüngst auch die Geschichtswissenschaft irritierte.[2]

Grundsätzlich ließ sich alte DNA als Quelle nutzen, um die genetische Diversität innerhalb einer Gruppe, Beziehungen zwischen Gruppen und deren demografische Strukturen sowie die Populationsdynamiken der Vergangenheit zu untersuchen. Auf die Vorteile alter DNA im Vergleich zu moderner DNA in diesem Zusammenhang wurde bereits eingegangen. Insbesondere der Parameter Zeit konnte besser in die Modelle integriert werden, seit alte DNA zugänglich war. »Genetic information contains a record of the history of our species, and technological advances have transformed our ability to access this record«,[3] meinten die Genetiker Joseph K. Pickrell und David Reich 2014 in einem Review zu den populationsgenetischen Anwendungen mit dem Titel *Toward a New History and Geography of Human Genes Informed by Ancient DNA*. Die prinzipielle Durchführbarkeit oder Zulässigkeit von aDNA-Analysen für rein populationsgenetische Fragestellungen war nicht umstritten, wenngleich im Lauf der Jahre zahlreiche methodische, technische und statistische Probleme aufgedeckt wurden, die hier nicht näher diskutiert werden müssen.

Es war aber von Beginn an auch überlegt worden, ob es eine Coevolution von Genen, Sprachen und Kulturen gegeben haben könnte und ob sich diese ebenfalls untersuchen ließe. Auch die geografische Deutung genetischer Daten, die Pickrell und Reich ansprachen, war solch ein strittiges Thema. Luigi-Luca Cavalli-Sforza und Albert J. Ammerman hatten wie erwähnt seit den 1980er Jah-

1 | Matisoo-Smith / Horsburgh 2012: 125.

2 | Siehe dazu die Hinführung zu Forschungsanlass und Leitfrage S. 7. Vgl. Samida / Feuchter 2016: 12.

3 | Pickrell / Reich 2014: 377.

ren nach Wegen gesucht, um genetische Daten moderner Bevölkerungen mit archäologischen Kulturen und soziokulturellen Begriffen wie Mobilität oder Migration in Verbindung zu bringen.[4] Sie erhofften sich vom Zugang zur alten DNA eine Entscheidung zwischen den konkurrierenden Modellen Demic Diffusion und Cultural Diffusion.

Dies war also keine rein genetische Fragestellung mehr, sondern im Gegenteil der Versuch, genetische, archäologische und linguistische Quellen und Konzepte zu kombinieren.

In ersten Methodenexperimenten der 1990er Jahren wurde getestet, wie Populationsgenetik auf der Basis alter DNA technisch und mathematisch überhaupt funktionieren konnte. Die Biochemikerin Erika Hagelberg und der Hämoglobinforscher John B. Clegg wählten zum Beispiel den pazifischen Raum, um die Potentiale der mtDNA in dieser Hinsicht auszuloten.[5] Es folgten diverse Projekte zur Besiedlung der Amerikas,[6] aber auch zur Domestizierung und zur Verbreitung von Haustieren und Nutzpflanzen sowie zur genetischen Entwicklung von Krankheitserregern.[7]

Gearbeitet wurde auch an der von Archäologen, Sprachwissenschaftlern und Historikern lange debattierten Frage nach der Einwanderung der Angelsachsen in England:[8] War nach dem Abzug der römischen Truppen in England und Wales im 5. Jahrhundert n. Chr. eine kleine Elite aus der norddeutsch-niederrheinischen Tiefebene eingewandert, wie es die in den 1960er Jahren in Großbritannien entwickelte Elite-Dominance-These vorschlug? Oder handel-

4 | Vgl. Ammerman/Cavalli-Sforza 1984; dazu Gibbons 2000: 1080. Siehe auch S. 123, FN 95, und S. 183.

5 | Vgl. Hagelberg/Clegg 1993: 163, 169 f.

6 | Vgl. z. B. zur Frage nach der Besiedlung des östlichen Melanesiens und der westlichen Regionen Polynesiens ca. 4.000 bis 3.000 BP Kirch/Weisler 1994: 289-293; zum amerikanischen Kontinent z. B. Stone/Stoneking 1993 und 1998 zur Oneotapopulation oder das Projekt von Malhi 2000; als Review entsprechender Projekte Schurr 2004. In Göttingen wurde ab 2002 die Beziehung zwischen genetischen und demografischen Dynamiken präkolumbianischer Bevölkerungen in Peru und archäologisch feststellbarem Kulturwandel untersucht. Vgl. Fehren-Schmitz et al. 2010; Anwendungen bei anderen Organismen bei Edwards et al. 2004; Bollongino et al. 2006; m. w. N. Matisoo-Smith/Horsburgh 2012: 128-134.

7 | Vgl. Pääbo 1991: 108, Hagelberg 1994: 203. Für eine Einführung in die Entwicklung des Forschungsstands vgl. Matisoo-Smith/Horsburgh 2012: 142-150.

8 | Für einen Überblick über den archäologischen Forschungsstand und die Kontroverse vor den aDNA-Studien vgl. Burmeister 2016: 48-53. Vgl. auch m. w. N. Geary/Veeramah 2016: 67 f. Der Forschungsstand aus der Sicht der Paläogenetik Hedges 2011: 86 ff. Vgl. grundlegend Härke 1992 zu archäologischen Indikatoren für eine rasche Adaption der kontinentalen Kulturen durch die ansässige britische Bevölkerung.

te es sich um die Landnahme durch eine Großgruppe, wie vor allem deutsche Forscher und Forscherinnen lange annahmen?[9] Hatte die einwandernde Gruppe die ansässige Bevölkerung verdrängt oder sich mit ihr vermischt?[10] Wie ließ sich im archäologischen Fundbestand überhaupt zwischen autochthonen Briten und Angeln bzw. Sachsen unterscheiden? Konnte es eine romanisch-britische Bevölkerungskontinuität gegeben haben, auch wenn sich diese in den archäologischen Funden nicht erkennen ließ?[11] Alte und rezente DNA-Daten sollten, so die ursprüngliche Erwartung der Genetiker, Auskunft über einen soziokulturellen Vorgang, also über Mobilität, Migration und Kulturwandel, geben.[12] Zur Debatte stand, wie in anderen Forschungen zu frühmittelalterlichen Bevölkerungsbewegungen, auch die Möglichkeit einer ethnischen Interpretation der genetischen Daten, wenngleich in der Archäologie schon umstritten war, ob überhaupt die Überreste der materiellen Kultur ethnisch interpretiert werden durften. Sollte diese Zurückhaltung nicht auch für die genetischen Daten gelten?

Prähistorische Archäologen haben über Jahrzehnte kontrovers diskutiert, inwieweit eine ethnische Interpretation allein der auf Sachgut basierenden Befunde zum Frühmittelalter zulässig sei. Diese Kontroversen wurden sogar als »Minenfeld«[13] beschrieben. Sie waren verknüpft mit Überlegungen zu Fachpolitik und -identität der Prähistorischen Archäologie.[14] Die Option, populationsgenetische Daten zu generieren, hat diese Diskussion noch intensiviert. Wenn schon strittig war, ob Artefaktfunde ethnisch interpretiert werden durften, erschien es den Gegnern der ethnischen Deutung umso problematischer, dies nun auch noch mit genetischen Daten zu tun.

---

9 | Vgl. zu den konkurrierenden Modellen und den Ideologien dahinter Burmeister 2016: 49 f.

10 | Vgl. zur Aufnahme der Angelsachsenfrage in den Katalog der mit alter DNA zu ›lösenden‹ Fragen Richards et al. 1993: 19, 23; ders./Sykes/Hedges 1995; Weale et al. 2002: 1008 f., allerdings auf der Basis moderner DNA; Shapiro/Gilbert/Barnes 2008: 224 ff.

11 | Der archäologische Befund zeigte ein Verschwinden der römischen Kultur und eine Aufgabe von Siedlungen in Norddeutschland und Dänemark sowie ein Auftauchen der als angelsächsisch angesprochenen Kultur in England und Teilen von Wales im 5. bis 7. Jahrhundert. Im Sachgutbefund schien sich keine Kontinuität der zuvorigen romanobritischen Bevölkerung abzuzeichnen, wobei strittig war, was überhaupt ›romano-britische‹ Artefakte gewesen sein könnten.

12 | Vgl. z. B. Weale et al. 2002: 1008 f.

13 | Müller-Scheeßel/Burmeister 2006: 14.

14 | Vgl. Experteninterview Meier 2013; Samida/Eggert 2013: 44; Müller 2013: 36. Zur Aktualität vgl. o. V. 2016a: 438.

Die Befürworter der ethnischen Interpretation hingegen erkannten in ihr seit Langem jene Sinnstiftung, die die Archäologie leisten müsse, um ein historisch arbeitendes Fach zu sein.[15] Diese Sinnstiftungsversuche äußerten sich zum Beispiel über Jahre hinweg in populären Formaten. Hier stachen Ausstellungen hervor, die im Kontext einer 1994 vom Europarat initiierten Kampagne standen, welche die Bronzezeit schlechthin zur Grundlage einer europäischen Identität in Gegenwart und Zukunft zu machen versuchte. Für Geschichtspolitik genutzt wurde die ethnische Interpretation archäologischer Funde auch in den beliebten Publikumsausstellungen *Die Franken – Wegbereiter Europas* von 1996/1997 und *Die Welt von Byzanz – Europas östliches Erbe* von 2004, mit denen eine gemeinsame kulturelle europäische Identität aus der Vergangenheit hergeleitet werden sollte.[16]

Diese Vorgehensweise hatte in der wissenschaftlichen Archäologie aber vehemente Gegner. Diese führten ins Feld, dass eine archäologische Kultur nur als Verbreitung von Sachguttypen zu verstehen sei und daher weder eine soziale oder biologische Gruppe von Menschen noch eine kulturelle oder politische Entität darstelle und auch nicht mit einem geografischen Raum übereinstimme.[17] Schon die archäologischen Begriffe galten als komplex und waren intern umkämpft:[18] Debattiert wurden Bezeichnungen für Technokomplexe bzw. Industrien wie das jungpaläolithische Aurignacian oder Gravettian,[19] Lebens- bzw. Wirtschaftsweisen wie die der neolithischen Feldbauern und Viehhalter und ab der Jungsteinzeit auch für Kulturen wie etwa die Bandkeramik oder die Grübchenkeramik.[20]

---

15 | Vgl. Bierbrauer 2004: 47, 49; kritisch Burmeister 2013: 237-240.

16 | Vgl. Veit 2006a: 208; zur Kampagne des Europarates Wegner 1996; der abschließende Tagungsbericht in Hänsel 1998; kritisch Eggert 2005a: 231; ders. 2005c: 372 f.

17 | Vgl. dazu sehr knapp ders. 2006: 256; Gramsch 2005: 189 f.; Brather 2009a: 49; zustimmend Eggert 2006: 256 f.

18 | Zum Vortrag vgl. Siegmund 2013; veröffentlicht in ders. 2014: 55 ff.; mit einem Überblick über einige dieser Kontroversen ders. 2009; vgl. auch kritisch Brather 2009a und Burmeister 2000: 540 f.

19 | Ein Technokomplex bezeichnet ein Gemeinsames einer Gruppe, ohne diesem eine soziale oder kulturelle Codierung verleihen zu wollen. Das Aurignacien ist der älteste Technokomplex des Jungpaläolithikums in Europa und wird mit der Verbreitung der Anatomisch Modernen Menschen in Europa in Verbindung gebracht. Es reichte bis etwa 30.300 BP. Das Gravettien ist ein Technokomplex des mittleren Jungpaläolithikums und datiert etwa 30.500 bis 22.000 BP.

20 | Ethnien unterscheidet von Kulturen, dass sie eher entlang von Verwandtschaftsverhältnissen sozial organisiert sind und klarer nach außen abgegrenzt. Kulturen sind nach archäologischer Definition keine sozialen Gruppen, sondern Sachgutverbreitungen. Hier gibt es auch kein Abgrenzungsbedürfnis nach außen.

In der akademischen Diskussion haben sich die Gegnerinnen und Gegner der ethnischen Interpretation weitgehend durchgesetzt. Zwar wurden auch in den 2000er Jahren immer wieder noch einzelne Sachgutformen ethnisch angesprochen,[21] doch gab es einen Denkwandel und zunehmend mehr Kritik an ethnischen Interpretationsversuchen – und zwar etwa zu dem Zeitpunkt, als durch die ersten paläogenetischen Projekte die Frage relevant wurde, ob genetische Gruppen ethnisch interpretiert werden dürften.

Archäologische Begriffe wie Kultur und Technokomplex entsprächen, so brachte der deutsche Prähistoriker Frank Siegmund 2013 in die inzwischen entbrannte überfachliche Diskussion mit Genetikern deshalb ein, weder einer biologisch noch einer sozial oder politisch definierbaren Gruppe. Sie seien Gebilde, die Archäologen konstruiert hätten. Damit machten sich Studierende der Archäologien und der Geschichtswissenschaft im Lauf ihrer Qualifikation vertraut. Für weiter außen Stehende ohne diese Kenntnisse seien solche Konzeptionen zunächst schwer zu durchdringen.[22] Er wolle ja keine »Tabuzone«[23] von Dingen schaffen, über die man nicht reden dürfe, aber es bedürfe einer sehr sauberen Begriffsarbeit, so Siegmund.[24] Er ließ die Befürchtung anklingen, dass sich in der ethnischen Interpretation populationsgenetischer Daten die Schädelmetrik des 19. Jahrhunderts und die NS-Rassenforschung wiederholen könnten.

Es sei, so schon 1996 der britische Archäologe Mark Pluciennik (1953-2016), eine politische Aussage, wenn man genetische und soziale Gruppen gleichsetze, gleichgültig, ob man das wahrhaben wolle oder nicht: »[T]he point is that this genetic data and these interpretations are not presented in a political vacuum, however much people might wish them to be.«[25]

Außerdem könnten genetische und selbst linguistische Daten zur Frage nach kulturellen und sozialen Identitäten ohnehin nichts beitragen: »[T]hey certainly will not answer questions about social (or ethnic, or other) identities, which may or may not relate to those which are genetically or otherwise biologically defined.«[26]

Eine britische Forschergruppe hatte schon 1993 dezidiert erklärt, dass populationsgenetische Szenarien nur willkürliche bzw. zufällige Bezüge zu ethnischen Gruppen zeigen würden: »We would not expect to see a one to one rela-

---

21 | Beispiele nannten Brather 2013; Burmeister 2015; ders. 2016: 51.

22 | Vgl. Siegmund 2013.

23 | Ebd.

24 | Vgl. ebd.

25 | Pluciennik 1996: 14.

26 | Ebd.: 14. Es handelte sich um eine Replik zu Luigi-Luca Cavalli-Sforzas, Paolo Menozzis und Alberto Piazzas weit verbreitetem Buch *The History and Geography of Human Genes*. Vgl. Cavalli-Sforza/Menozzi/Piazza 1994.

tionship between DNA and ethnicity«.[27] Es ist ein Treppenwitz der Geschichte, dass ausgerechnet einer dieser damaligen Warner, der Oxforder Humangenetiker Brian C. Sykes, heute eine Firma für kommerzielles Ancestry Testing, Oxford Ancestors, betreibt, mit der er genau das anbietet.[28]

Die Kritik an der ethnischen oder sonstigen kulturellen Interpretation genetischer Daten war aber insbesondere seit den späten 2000er Jahren keineswegs nur auf die archäologische Seite beschränkt. Im Gegenteil bezweifelte ein Teil der Paläogenetiker sehr grundsätzlich, dass genetische Gruppen und Entwicklungen mit geografischen Räumen, kulturellen oder sozialen Prozessen zusammenzubringen seien.[29] Sehr dezidiert haben zum Beispiel die Paläogenetiker Joachim Burger und Mark G. Thomas[30] davor gewarnt, genetische Einheiten wie Haplogruppen als biologische Entsprechung von Kulturen misszuverstehen oder sie mit sozialen Gruppen gleichzusetzen. Schon der Begriff der Population[31] sei gar nicht genetisch, sondern nur biologisch definiert. Genetische Gruppierungen hätten zudem eine ganz andere diachrone Bedeutung als soziale oder kulturelle Gruppenkonzepte. Burger und Thomas verwiesen auf die historische Gewordenheit von Begriffen wie Kultur. Bisher basierten diese auf Vorstellungen über kulturelle Charakteristika – nicht jedoch auf genetischen Merkmalen menschlicher Kollektive. Hier klang an, dass diese Konzepte als prinzipiell historisch und daher wandelbar betrachtet wurden. Gegenwärtig, so Burger und Thomas, lasse sich aber aufgrund der so unterschiedlichen Provenienz und Geschichte solcher Konzepte selbst bei größter Vorsicht genetisches Wissen mit ihnen kaum in Verbindung bringen.[32] Das aber verstünden die Paläogenetiker oft nicht. Das Ergebnis sei, so Burger an anderer Stelle, dass man sich in einem »Kaufhaus der Kulturen«[33] bediene. »Schindluder«[34], so erklärte ebenfalls der Prähistoriker Manfred K. H. Eggert, werde mit der aDNA getrieben, wenn soziokulturelle Phänomene als kausale Erklärung für moleku-

27 | Richards et al. 1993: 22.

28 | Siehe dazu S. 75. Vgl. zur Kritik an Sykes u. a. Hagelberg 2002: 77.

29 | Beaumont et al. 2010: 436; Goldstein/Chikhi 2002: 144 f.; Burger/Thomas 2011: 373.

30 | Mark G. Thomas studierte Genetik und Mikrobiologie, war Postdoc an der University of Oxford und ist Professor für Evolutionsgenetik am University College London.

31 | Population bezeichnet nur die Gesamtheit der in einem Raum vorkommenden Individuen einer Art, also eine lokale Fortpflanzungsgemeinschaft. Vgl. Potthast 2010b: 44.

32 | Vgl. Burger/Thomas 2011: 373; Gerbault et al. 2012: 18; Haeseler/Sajantila/Pääbo 1996: 136; Expertinneninterview Hummel 2013.

33 | Burger 2013b.

34 | Experteninterview Eggert 2013.

largenetische Daten herangezogen würden.[35] Umgekehrt hätten aber, so wiederum Burger, viele Archäologen ein ganz falsches diachrones Verständnis von Populationen und genetischen Gruppen.[36]

Maximale Vorsicht, meinte auch ein Autorenteam um M. Thomas P. Gilbert 2005, sei grundsätzlich geboten im Umgang mit populationsgenetischen Studien, in denen aDNA-Samples diachron interpretiert wurden, d. h. Sequenzverteilungen mit bestimmten Gruppen von Menschen gleichgesetzt wurden, und zwar insbesondere dann, wenn diese auch noch direkt mit modernen Gruppen verglichen wurden. Dies sei, vom Authentizitätsproblem abgesehen, konzeptionell wenig durchdacht und geschehe in »largely in a theoretical vacuum«:

»The meagre variation seen in small-sized burial samples seduces the researcher to fill the interpretative gap between reconstructing a complex series of historical processes and measuring genetic differences with stories that seem to allow the data to ›speak for themselves‹. Technical shortcomings in analyzing the data would then further exacerbate the problems of inferring spatiogenetic changes in regional ›populations‹.«[37]

Hier wurde erkennbar, dass sowohl Archäologen als auch Anthropologen und Genetiker der kulturellen Interpretation genetischer Phänomene zunehmend (selbst-)kritisch gegenüberstanden. Um dies in die Fachgemeinschaften hinein zu kommunizieren, wurden entsprechende Vorträge in einschlägige Veranstaltungen integriert wie etwa die Jahrestagung der DGUF *Archäologie und Paläogenetik* 2013 und die Freiburger Tagung *Archäologie, Geschichte und Biowissenschaften. Interdisziplinäre Perspektiven* 2015. Auf Letzterer ging es explizit um den Migrationsbegriff und die (Un-)Möglichkeit der kulturellen, insbesondere ethnischen Interpretation.[38] Wechselseitig sollte Wissen geschaffen werden, um die Validität naturwissenschaftlicher Kompetenzen für historische Fragestellungen und die konzeptionelle Problematik offen diskutieren zu können.[39] Auf einer entsprechenden von Stefanie Samida und Jörg Feuchter organisierten Veranstaltung des Zentrums für Zeithistorische Forschung Potsdam und der

35 | Vgl. auch ders. 2012a: 35 ff. Eggert bezog sich hier auf eine Studie der Anthropologin und Linguistin Brigitte Pakendorf, die sich mit der Expansion Bantu sprechender Bevölkerungen in Afrika südlich der Sahara auseinandergesetzt hatte. Vgl. Pakendorf/Filippo/Bostoen 2011: v. a. 67 ff., 71 f.; auch Eggert 2016: 85 ff.; generell Samida/Feuchter 2016: 11.

36 | Vgl. Experteninterview Burger 2013.

37 | Gilbert/Bandelt et al. 2005: 543. Vgl. auch Experteninterview Burger 2013; Bandelt/Macaulay/Richards 2002.

38 | Vgl. Meller/Alt 2010a; Claßen/Schön 2014: 7; Summer 2016.

39 | Vgl. als Beispiele Bollongino 2013; Burger 2013c; Lüning 2013; Weniger 2013; Siegmund 2013; Claßen 2013; DGUF 2013.

Humboldt Universität Berlin erklärte der Prähistoriker Sebastian Brather zum Beispiel unter dem Schlagwort der »Non-relationship« von ethnischer Identität und Genen, dass Populationsgeschichte und Sozialgeschichte nur sehr locker verbunden bzw. zu verbinden seien: »[P]opulation history and social history are two different things with only loose connections«.[40] Später führte er aus, dass Artefakt- und DNA-Quellen zwar in Verbindung gebracht werden könnten, keine davon aber Rückschlüsse auf die andere erlaube, sondern sie eher in einem komplementären Verhältnis zueinander stünden, da sie je unterschiedliche Dimensionen der Vergangenheit repräsentierten.[41]

Nachdem sich die ur- und frühgeschichtliche Archäologie in einer langen aufreibenden Kontroverse weitgehend von der ethnischen Interpretation entfernt hatte und zunehmend skeptisch war, dass sich materielle Kulturen, Räume und biologische und soziale Gruppen und Ethnien miteinander verknüpfen ließen, sollte dieser erkämpfte Stand erhalten und nach außen kommuniziert werden.

Johannes Krause erklärte auf derselben Tagung 2015 wiederum aus der Sicht der Paläogenetik, dass es ihm um prähistorische genetische Phänomene gehe, die mit dem Kulturellen in Verbindung stehen könnten – aber eben nicht müssten.[42] Indessen räumte ein Genetiker der University of Leicester, Mark Jobling, ein, im Prinzip könnten genetische Quellen nützlich sein, um mögliche Bevölkerungsbewegungen zu analysieren, die bisher auf der Basis von Text- und Artefaktquellen untersucht worden seien – aber es gebe hierbei sehr viele Probleme zu bedenken.[43] Auch andere Genetiker versicherten in dieser Debatte, nichts über kulturelle Identitäten sagen zu wollen, sondern das den Archäologen zu überlassen.[44]

Im wissenschaftlichen Diskurs war mit der Frage, ob archäologische Kulturen, also die Verbreitung von Sachgut, ethnisch interpretiert werden dürften, das Forschungsproblem verknüpft, ob Kulturwandel oder eine Veränderung der Verbreitung eines Artefakttyps zwingend mit einer Bevölkerungsbewegung einhergehen mussten oder nicht.[45] Anders gewendet: Verwies Kulturwandel auf Mobilität? An Artefaktfunden ließ sich kultureller Wandel feststellen, doch war mit traditionellen archäologischen Methoden auf der Basis des Sachguts nicht zu entscheiden, ob dieser mit Bevölkerungsbewegung oder -austausch einherging, so der vereinbarte Stand der Ur- und Frühgeschichte spä-

40 | Brather 2015: o. S. Vgl. auch ders. 2016: 35.

41 | Vgl. ebd.: 24.

42 | Vgl. dazu knapp Krause 2015a.

43 | Vgl. Jobling 2015.

44 | Vgl. Experteninterview Burger 2013.

45 | Vgl. dazu Burmeister 2000: 539 f.

testens der 1990er Jahre.[46] Das Anfang des 20. Jahrhunderts präferierte Migrationskonzept wurde kaum mehr verfolgt.[47] Der Denkwandel ging zu einem Großteil auf die Einflüsse der New Archaeology der 1960er und 1970er Jahre zurück. Wenngleich diese in Deutschland weniger stark waren als in Großbritannien, hatte auch die deutschsprachige Prähistorische Archäologie die Vorstellung weitgehend aufgegeben, dass Kulturwandel oder die Verbreitung von bestimmten Sachguttypen auf eine substantielle Bevölkerungsbewegung hindeuten mussten. Stattdessen wurde Kulturwandel zunehmend mit der Mobilität von Ideen und Konzepten und höchstens kleiner kultureller Eliten erklärt.[48]

Für das Neolithikum beispielsweise fanden sich keine belastbaren archäologischen Quellen, die eine substantielle und weit reichende Wanderung einer größeren Gruppe von Menschen nahegelegt hätten, in deren Folge es zu dem sehr wohl feststellbaren Wandel der Wirtschafts- und Lebensweisen gekommen war. Das hieß nicht unbedingt, dass es keine Mobilität gegeben haben muss. Sie ließ sich nur archäologisch nicht nachweisen.[49] Stattdessen wurden Modelle entwickelt, wie die Verbreitung von Sachgut, Techniken und Wissen ohne eine Bevölkerungsbewegung vonstattengehen konnte. Archäologen wie Marek Zvelebil oder Julian Thomas plädierten in den 2000er Jahren dafür, die Neolithisierung als mosaikartiges Gebilde unterschiedlicher Prozesse aufzufassen, in denen sowohl Kulturkontakte und Kulturaustausch als auch größere und kleinere Migrationen und Kolonisationsvorgänge sowie temporäre Mobilität vorkamen.[50] Der Wandel sei erkennbar in einer neuen Subsistenzstrategie, neuen Wohnformen und einer zunehmend differenzierten Sozialstruktur, die sich im Sachgut niederschlugen – beinhalte aber nicht überall dasselbe und müsse nicht überall dieselben Ursachen gehabt haben.[51]

Just in dieser Situation wurde die Ur- und Frühgeschichte jedoch mit populationsgenetischen Daten zum Neolithikum konfrontiert, die von Genetikern als Beleg für eine große Bevölkerungsbewegung interpretiert wurden.

Für die Populationsgenetik stand die Neolithisierungsfrage im größeren Kontext des Problems, wie die genetische Diversität moderner Europäer zu-

46 | Vgl. Scarre 2002: 404; Gronenborn 1999: 124; zum langsamen Verschwinden simpler Migrationskonzepte aus der Ur- und Frühgeschichte Experteninterview Meier 2013; Burmeister 2000: 539 f.

47 | Vgl. Anthony 1990: 895; Müller 2013: 36.

48 | Vgl. Burmeister 2000: 539; Killick 2015: 242.

49 | Vgl. Zvelebil 2002: 382.

50 | Vgl. ebd.: 379; ders. 2004: 44 f.; Thomas 2006: 53.

51 | Vgl. ebd. Ähnlich komplizierte Prozesse ließen sich weltweit feststellen. Zum Übergang von der nomadischen Lebensweise der Wildbeuter und Sammler zur sesshaften Lebensweise der Viehhalter und Feldbauern am US-amerikanischen Beispiel der Stillwater-Funde und der Küste von Georgia Larsen 2002b: Kapitel 1, 2 und 3.

stande gekommen war. Es ging also darum, mehrere Prozesse miteinander in Bezug zu setzen: die Einwanderung der Anatomisch Modernen Menschen vor etwa 45.000 bis 40.000 Jahren BP, die demografischen Prozesse während der letzten Eiszeit in Europa zwischen 27.000 und 16.000 Jahren BP sowie die Bevölkerungsbewegungen im Zuge der Neolithisierung. Seit 2015 musste dabei auch noch die genetische Komponente der sogenannten Yamnaya in die genetischen Szenarien integriert werden, genauer: die Einwanderung einer signifikanten Gruppe aus der Steppe der Schwarzmeerregion im späten Neolithikum,[52] für die es auf der Basis archäologischer Quellen keine Anzeichen gegeben hatte.

Im Rahmen des größeren populationsgenetischen Forschungsanliegens hatten die Paläogenetiker um die Mitte der 2000er Jahre die ersten mtDNA-basierten Daten zur Neolithisierung vorgelegt. In einer ersten großen Studie der Universität Mainz fand Wolfgang Haak 2005 an den untersuchten mtDNA-Sequenzen von Individuen, die archäologisch der Kultur der Linearbandkeramik[53] zugeordnet worden waren und um 7.000 bis 7.500 BP gelebt hatten, keine Hinweise auf einen Bevölkerungsaustausch im Neolithikum. Die heutigen Europäer schienen in maternaler Linie überwiegend von den bereits im Paläolithikum in Europa ansässigen Populationen abzustammen.[54] Das Sample war mit 24 Individuen noch klein[55] und aus archäologischer Sicht war die Datierung einzelner Proben zweifelhaft,[56] doch widersprach das Ergebnis nicht fundamental den archäologischen Sichtweisen auf das Neolithikum. Haak konnte weder Bevölkerungsaustausch (Demic Diffusion) noch Kulturwandel (Cultural Diffusion) ganz ausschließen.

---

52 | Vgl. Haak et al. 2015: 210; Experteninterview Krause/ders. 2016; Mathieson et al. 2015; dazu o. V. 2016a: 438; aus archäologischer Sicht dazu vorsichtig Burmeister 2016: 55 f.

53 | Der Begriff Linearband- oder Linienbandkeramik bezieht sich auf eine im ganzen Verbreitungsgebiet einheitlich verzierte Keramik, deren wichtigstes Motiv bandartige Muster waren. Die Bandkeramik datiert zwischen 7.500 bis 6.900 BP. Vgl. einführend Eggert/Samida 2013a: 205 f. Die Linearbandkeramik wurde mit einer sesshaften und produzierenden Lebensweise in Verbindung gebracht.

54 | Vgl. Haak et al. 2005: 1018; Burger et al. 2006: 1875b. Es traten wenige Unterschiede zu den heute in Europa vertretenen Haplotypen auf, doch es fanden sich einzelne Haplotypen, die in der Gegenwart so selten sind, dass sich diese Unterschiede schwer durch statistische Effekte, Gendrift oder eine kürzer anzusetzende Generationsdauer erklären ließen.

55 | Vgl. Haak et al. 2005: 1017.

56 | Vgl. zur Kritik an Haak aus archäologischer Sicht und insbesondere zum Problem der Datierung Ammerman 2006; aus der Sicht der Populationsgenetik Barbujani/Chikhi 2006: 84.

Hingegen gelangte eine wenige Jahre später ebenfalls an der Universität Mainz durchgeführte mtDNA-Studie zu dem Ergebnis, dass es doch eine Bevölkerungsbewegung gegeben haben müsse.[57] Mitochondriale DNA-Sequenzen von 25 mit der Linearbandkeramik assoziierten und damit als Neolithiker angesprochenen Individuen, von 20 als späte Sammler und Wildbeuter angesprochenen Menschen und von modernen europäischen Bevölkerungen waren verglichen worden.[58] Das Team hatte bereits stark auf Computersimulationen gesetzt, die es zuließen, nicht genau bekannte Parameter wie die Größe einer historischen Population zu variieren und unterschiedlich miteinander zu kombinieren.[59] Am wahrscheinlichsten erschienen Simulationen, die man als begrenzte Einwanderung um 7.500 BP aus dem Balkanraum interpretieren konnte. Doch ließ sich auch eine ebenfalls begrenzte Bevölkerungskontinuität genetisch nicht ausschließen.[60]

Beide Mainzer Studien gaben nur über maternale Linien Auskunft.[61] Hingegen hatten die bis dahin bereits vorliegenden Untersuchungen an Y-chromosomalen Daten moderner Europäer, die also keine alte DNA genutzt hatten, nur paternale Linien verfolgt. Diese waren eher im Sinne eines größeren Bevölkerungsaustausches interpretiert worden.[62] Ein auf der Basis rezenter DNA 1994 von Cavalli-Sforza, Menozzi und Piazza erstelltes globales Szenario hatte zum Beispiel für die europäische Jungsteinzeit eine Häufigkeitsverteilung von verschiedenen Allelen mit einem Gradienten von Südost nach Nordwest enthalten, das die Autoren zwar nur als statistische Konstruktion verstanden hatten, die ganz unterschiedlich interpretiert werden konnte.[63] Andere hatten darin aber

57 | Vgl. Bramanti et al. 2009: 138; Burger 2013c.

58 | Die sogenannten Sammler und Wildbeuter wiesen zu rund vier Fünftel Haplotypen auf, die bei den als Neolithiker angesprochenen Individuen und bei den modernen Europäern nicht vorkamen. Vgl. Bramanti et al. 2009: 139.

59 | Dies basiert auf der Koaleszenztheorie, d. h. dem Entwurf von Genealogien für ein bestimmtes Sample aus der Retrospektive. Sie lässt sich mit Mutationsmodellen kombinieren. Mit der Koaleszenzsimulation kann man verschiedene denkbare Versionen der historischen demografischen Entwicklung überprüfen.

60 | Vgl. Burger 2013c.

61 | Vgl. zur beschränkten Aussagekraft der uniparentalen Marker zuvor schon Bandelt/Macaulay/Richards 2002: 99; dazu Barbujani/Dupanloup 2002: 423.

62 | Vgl. Balaresque et al. 2010: e1000285; Barbujani/Dupanloup 2002: 430; eine Zusammenschau verschiedener Y-chromosomaler Untersuchungen unter statistischem Ansatz bei Chikhi et al. 2002: 11009-11013, mit dem Ergebnis, dass diese im Gegensatz zu den mtDNA-Daten für eine größere Bevölkerungsbewegung sprachen. Vgl. auch Underhill 2002, allerdings auf der Basis moderner Daten.

63 | Vgl. Cavalli-Sforza/Menozzi/Piazza 1994.

eben den Beweis für die Wanderung einer signifikanten Personengruppe aus dem Nahen Osten gesehen.[64]

Die jeweils begrenzte Aussagekraft der uniparentalen Marker wurde hier deutlich. In den Folgejahren gingen, abhängig von den technischen Innovationen der 2000er Jahre, Haak und andere in internationalen Kooperationsprojekten nicht nur zu größeren Samples, sondern auch zu biparentalen Markern und schließlich zu genomweiten Sequenzierungen über.[65] Grob zusammengefasst ergaben diese Studien zu Menschen und domestizierten Tieren und Pflanzen, dass eine Bevölkerungsgruppe, die aber ziemlich klein gewesen sein kann, prozedurales Wissen, Tiere und Techniken für eine produzierende, sesshaftere Lebensweise aus dem Vorderen Orient nach Europa mitgebracht hatte. Ihr Beitrag zur dortigen genetischen Struktur wurde je nach Region unterschiedlich hoch angesetzt. Die Forschungsgemeinschaft betonte zunehmend die Komplexität und Prozesshaftigkeit dieses Vorgangs.[66] Zu einer vollständigen oder auch nur weitgehenden Verdrängung der ortsansässigen Bevölkerung scheint es aber selten gekommen zu sein.

Wie reagierten die Archäologen? Der Prähistoriker Jens Lüning gab sich in der Sache gelassen. Aus archäologischer Sicht passe manches, was auf der Basis der molekularen Quellen beigetragen wurde, zu den Sachgutbefunden, anderes aber nicht: Die paläogenetischen Daten zur Domestikation und Herkunft der Hausrinder und auch die Ergebnisse zur Entwicklung und geografischen Verteilung der Laktasepersistenz entsprächen in vielem dem, was Archäologen und Archäozoologen ohnehin zum Frühneolithikum zu sagen hätten.[67] Diver-

64 | Vgl. auf der Basis rezenter Daten auch Chikhi et al. 1998: 9053; Semino et al. 2000: 1155; Barbujani/Dupanloup 2002: 424. Daneben existierte aber immer auch die gegensätzliche Erklärung: Die Allele Frequency Clines könnten doch nur statistische Artefakte sein; so ebenfalls Chikhi et al. 1998: 9053; Pinhasi/Fort/Ammerman 2005: e401; Barbujani/Dupanloup 2002: 424; Currat/Excoffier 2005: 679 f.

65 | Neuere Studien basierten auf Samples von mehreren Dutzend Individuen. 69 waren es bei Haak et al. 2015: 207. Hinzu kamen weitere 25 bereits bekannte Sequenzen aus der Forschungsliteratur.

66 | Vgl. Barbujani/Dupanloup 2002: 421-429, dann aktualisiert Barbujani/Chikhi 2006: 84; Sampietro et al. 2007: 2161, 2166; Belle/Landry/Barbujani 2006: 1599 f.; Kirsanow/Burger 2012: 123; Pinhasi et al. 2012: 496; Skoglund et al. 2012: 467 ff.; Fu et al. 2012: e32473; Lazaridis et al. 2014: 412; Orschiedt et al. 2014: 28; Pickrell/Reich 2014: 380; Rinne/Krause-Kyora 2014: 38; so auch Mark Zvelebil in Balter 2005: 965.

67 | Vgl. Lüning 2014: 43.

gierende Ansichten gebe es vor allem über die Intensität der Bevölkerungsbewegung.[68]

Die archäologischen Befunde zu Skandinavien beispielsweise deuteten eher auf eine Bevölkerungskontinuität sowie einen regen Techniktransfer und Handel zwischen den Wildbeuter-Sammlern im Norden und den Feldbauern im Süden Europas hin, in dessen Folge sich die sesshafte, auf Feldbau und Viehhaltung basierende Wirtschaftsweise in den Norden verbreitet hatte, wo stellenweise alte und neue Wirtschaftsweisen lange Zeit nebeneinander existierten.[69] Dem widersprach nicht unbedingt der Befund vor allem der jüngeren populationsgenetischen Studien, die den Beitrag einwandernder Gruppen im Südosten und Süden höher ansetzten als im Norden und Nordwesten.[70]

Der Übergang zu Feldwirtschaft und Viehhaltung verlief nicht schnell, sondern schrittweise und war von Rückschlägen begleitet. Menschen und ihre ersten domestizierten Tiere wie Schafe, Ziegen und Schweine konkurrierten zeitweise um vegetarische Nahrung.[71] Regionalstudien zeigten, dass die ersten Feldbauern und Viehhalter sich nur peu à peu auf ihre neue Subsistenzweise hatten verlassen können und oft lange Phasen gravierender Versorgungsengpässe erlebt hatten. Der kulturelle Wandel bei den Wirtschafts- und Lebensweisen hatte offenbar mittelfristige Auswirkungen auf die genetische Selektion und andersherum, wie das Beispiel der Laktasepersistenz zeigte, ohne dass sich hier eine einfache Kausalität belegen ließ.[72]

Die Versuche, die vielen archäologischen, genetischen, zoologischen, morphologischen, isotopengeochemischen, botanischen und linguistischen Einzelergebnisse der 2000er und 2010er Jahre zu kombinieren, erlaubten aus der Sicht von anderen Archäologen und Anthropologen durchaus eine Art Minimalkompromiss: Bei der Neolithisierung hatte es sich offenbar um einen sehr variantenreichen und langwierigen, mosaikhaften Wandel gehandelt, der um 12.000 BP im Nahen Osten begonnen hatte, in Südosteuropa aber erst um

68 | Vgl. ebd.: 48; ähnlich Experteninterview Veit 2013. Lüning hatte diese Position bereits 2013 auf einer DGUF-Tagung direkt den anwesenden Biologen präsentiert. Vgl. dazu Lüning 2013.

69 | Vgl. darunter Gronenborn 1999: 132, 143-148, 178 ff.; und Zvelebil/Lillie 2000: zu Osteuropa: 68-83, zu Skandinavien: 83-87; zu Skandinavien zusammenfassend Price 2000c: 299 f.; zur Kontinuität der Grübchenkeramik Malmström et al. 2009: 1759 f.; Linderholm 2011: 392 f.; Pickrell/Reich 2014: 380.

70 | Vgl. Skoglund et al. 2012: 466 f., 469; zu Spanien demgegenüber Sampietro et al. 2007: 2161, 2166. Die Autoren dieser Studie vertraten ein duales Modell: Demic Diffusion im Süden Europas, Cultural Diffusion im Norden Europas; zusammengefasst auch bei Pinhasi et al. 2012: 500 ff.

71 | Vgl. Grupe/Peters 2011: 71.

72 | Vgl. u. a. Thomas 2006: 52 f.; Eggert 2012a: 48; Pinhasi et al. 2012: 500 ff.

8.500 BP feststellbar war, regional höchst unterschiedlich verlief und wenige universelle Trends oder Vergleichbarkeiten aufwies.[73] Von klar voneinander abgrenzbaren Lebens- und Wirtschaftsweisen sowie homogenen Kulturen auf der einen und homogenen genetischen Gruppen auf der anderen Seite auszugehen und darauf eine grobe und deterministische Erzählung aufzubauen, erschien weder Archäologen noch Genetikern sinnvoll. Solche von der frühen Paläogenetik noch erwarteten Antworten wurden in den letzten Jahren nicht mehr gesucht. Befunde und damit auch die darauf wiederum aufbauenden neuen Forschungsfragen wurden komplexer statt einfacher.

Bereits 2001 beschrieb der britische Archäometriker Martin K. Jones dieses Phänomen, das auch andere populationsgenetische Forschungsprobleme wie etwa die Neandertalerfrage, die Angelsachsenfrage und die Besiedelung der Amerikas charakterisierte, indem er erklärte, auf der Suche nach einfachen Antworten und simplen Narrativen seien die aDNA-Forscherinnen vielmehr auf Komplexität und Kontingenz gestoßen:

»What it has revealed instead is that life tends to be more complicated than that. Where one major journey was under the molecular spotlight, a complex of subsidiary journeys began to appear. Where a single domestication was sought, a double or triple domestication was found. [...] The projects [...] have tended to blur the edges of many of the simpler narratives of the human past, and instead reveal the diversity of the lives that cluster around those narratives.«[74]

Inzwischen müsse, wie die Anthropologinnen Elisabeth Matisoo-Smith und K. Ann Horsburgh in einer an Archäologen gerichteten Einführung einschränkten, die Neolithisierung als sehr vielschichtige Entwicklung aufgefasst werden, zu der die Paläogenetik keine simple übergeordnete Erzählung anbieten könne:

»The complexity of European prehistory clearly demonstrates that linguistic, material culture, and genetic attributes do not always align to tell a unified story for the whole of any region. The contribution of DNA studies has also been less than we might hope for in understanding major, ancient migration events in Europe. There have been, however, some valuable lessons learned when very specific questions have been asked.«[75]

Wenngleich sich insgesamt zunehmend und auf allen Seiten Sowohl-als-auch-Sichtweisen ergaben, waren die populationsgenetischen Daten, die eher auf eine Bevölkerungsbewegung hindeuteten, aus archäologischer Sicht für viele

73 | Vgl. Burger/Thomas 2011: 378; Brotherton et al. 2013: 6.

74 | Jones 2001: 235.

75 | Matisoo-Smith/Horsburgh 2012: 125.

schwer zu akzeptieren. Sie lösten Unbehagen aus, weil sie, wie die Urgeschichtlerin Daniela Hofmann aufzeigte, aus fachinterner Sicht veraltet waren:

»It seems that as a discipline, we are being asked to go back to an explanatory paradigm we have long left behind and to equate an archaeological culture with a new population. This throwback is shaking our ambition to be a sophisticated, humanities-aligned discipline, and archaeologists rightly refuse to give up the theoretical insights of many decades of research«.[76]

Skepsis riefen die Betonung populationsgenetischer Migrationsszenarien und die erneute Begründung kulturellen Wandels mit Bevölkerungsverschiebungen in der Neolithisierungsfrage im Übrigen nicht nur in der Prähistorischen Archäologie hervor. Der Paläogenetiker Joachim Burger nahm diese von den neuen Daten und Verfahren ausgelöste Deutungskonjunktur – kritisch – wahr. Er erklärte in einem Vortrag vor Archäologen, auffällig sei doch: »[S]eit es Isotopenanalysen und aDNA gibt, migriert alles«.[77]

Längst für »überholt gehaltene alte Forschungsstände«[78] würden wieder bekräftigt, kommentierte dies auch der Mediävist Jörg Feuchter 2014, allerdings nicht im Hinblick auf die Neolithisierungsforschung, sondern auf die paläopopulationsgenetischen Untersuchungen der eingangs angesprochenen Angelsachsenfrage: Konkurriert hatten in der Archäologie das auf der Basis archäologischer und historischer Quellen erstellte, ältere Modell einer massiven Immigration vom Kontinent mit weitgehendem Bevölkerungsaustausch, das von den Schriftquellen unterstützt wurde, und die jüngere, vor allem seit den 1960er Jahren in Großbritannien vertretene These, dass nur eine kleine Elite eingewandert sei, von der die ansässige Bevölkerung schnell die kontinentale Kultur angenommen hatte, während sie sich mit dieser kleinen Gruppe Einwanderer vermischte (Elite Dominance). Im Lauf der 1990er Jahre war die frühgeschichtliche Archäologie aufgrund des skizzierten Denkwandels und auf der Basis immer feinerer regionaler formenkundlicher Differenzierungen weitgehend davon abgekommen, den feststellbaren Kulturwandel mit einer massiven Bevölkerungsbewegung und der Verdrängung der einheimischen Bevölkerung zu erklären. Die Archäologie neigte vielmehr dazu, Kultur- und sozialen Wandel des 5. bis 7. Jahrhunderts in England als vielschichtigen, regional differenzierten Prozess ohne radikalen Bruch oder massive Bevölkerungsverschiebungen zu sehen.[79] Paläogenetische Daten wurden nun aber von Genetikern wieder eher als Hinweis auf diese Immigration, genauer auf den weitgehenden Aus-

76 | Hofmann 2015: 457; ähnlich Pohl 2016: 3; Brather 2016: 38.

77 | Burger 2013c: o. S.

78 | Feuchter 2014.

79 | Vgl. dazu knapp Burmeister 2000: 548-552.

tausch der männlichen einheimischen Bevölkerung Englands und Teilen von Wales durch eine Einwanderung vom Kontinent gedeutet. Das widerspreche, so Jörg Feuchter 2014, eher dem aktuellen Forschungsstand der Archäologie und Mediävistik und erinnere an die zu Anfang des 20. Jahrhunderts vertretene Germanisierungsthese.[80]

Der Prähistoriker Stefan Burmeister deutete die Entwicklung etwas anders. Er verwies 2016 auf die zunehmende Komplexität und regionale Differenziertheit des Szenarios, das auf der Basis von Sachgut- und DNA-Quellen zusammen entstanden sei. Zugleich zeigte er auf, dass die DNA-Quellen eben gerade nicht die erwartete eindeutige Lösung des Problems gebracht hatten: »The soft – albeit hard-fought – discourse of the human sciences could have come to an end by the hard facts of natural science. But this is not so; skepticism and criticism remain. This raises the question of how ›hard‹ and resilient the results obtained by genetics really are.«[81] Insgesamt hätten die Naturwissenschaften also keineswegs die Angelsachsenforschung neu erfunden. Dem stimmten 2016 auch Jörg Feuchter und Stefanie Samida zu: Die Fragen seien längst da gewesen und die Migrationshypothese auch. Nach wie vor unbeantwortet sei geblieben, wer denn eigentlich wann und mit welcher Dynamik eingewandert sei, und was zwischen den Einwanderern und der autochthonen Bevölkerung passiert sei. In der Summe erscheine der Prozess jetzt vieldimensional, aber eine biologische Lösung für das Forschungsproblem gebe es nicht: »How England became Anglo-Saxon remains largely a problem of cultural studies, not of biology.«[82]

Zusammenfassend wird an der Angelsachsen- und Neolithisierungsfrage deutlich, dass seit der Entstehung der ersten DNA-basierten Studien nicht nur fachgebundene Konzepte und historisch gewachsene Forschungsstände diskutiert und zueinander in Bezug gesetzt werden mussten, sondern auch die Regeln darüber, was in einer Wissenschaft sagbar war und was nicht, was expliziert werden musste und was nicht. Es ist aber keineswegs ein Spezifikum der aDNA-Forschung, dass dies erstens nötig wurde und zweitens nicht ohne Konflikte verlief und verlaufen wird, sondern es ist charakteristisch für viele überfachliche Forschungsfelder.[83]

Aufzeigen lässt sich das auch an der Diskussion um die Darstellungsweise phylogenetischer Zusammenhänge. Sehr häufig wurden diese in Form von Bäumen aufgezeichnet. Diese waren aber insbesondere in der Populationsgenetik ein Streitpunkt. Bäume verbildlichten als Metaphern Beziehungen,

80 | Vgl. Feuchter 2014.

81 | Burmeister 2016: 52, vgl. auch 50.

82 | Samida/Feuchter 2016: 14.

83 | Vgl. aus der Interdisziplinaritätsforschung Schurz 1993b: 47; Balsiger 2005: 253.

Nähe und Distanz bestimmter DNA-Sequenzen.[84] Doch basierten diese Dendrogramme auf Hypothesen, beispielsweise über Mutationsgeschwindigkeiten, und seien nicht als Abbild tatsächlicher genetischer Beziehungen zwischen Organismen zu verstehen, warnten Beth Shapiro und Kollegen 2008 in einem Review:

»However, it is important for the inexperienced user to remember that a single tree is simply a set of hypotheses whose strength needs to be evaluated using statistical tests, and should not be treated necessarily as demonstrating the true relationship between individuals.«[85]

Lebhaft schilderte der Bioinformatiker und Professor für Computational Systems Biology am University College London, François Balloux, in der Einleitung zu einem 2010 publizierten Review, dass er es vielen seiner Kollegen einfach nicht abgewöhnen könne, Populationen, phylogenetische Prozesse und geografische Räume miteinander gleichzusetzen und das alles dann in Baumform darzustellen. Schlimmstenfalls beschränkten sich diese dann sogar auf nur eine Haplogruppe. Ein Kollege habe das ganze Feld deshalb zu Recht als »a series of anecdotes ranging from the plausible and interesting to the absurd« beschrieben. Man könne die Probleme nicht mehr länger unter den Teppich kehren.

»Although it has been said forcefully before that gene trees should not be equated to species or population trees [...], it seems that this subtle yet important distinction is rarely made. A frankly baffling trend from a population genetics perspective is the apparent increase of papers considering only a single haplogroup, as the problems with demographic stochasticity will be exacerbated even further.«[86]

Man könne für menschliche Populationen gar keine phylogenetischen Bäume aufstellen, da schon lange im Prozess der Menschwerdung keine Population mehr nur einen Haplotyp aufweise, erklärte Joachim Burger das grundlegende Problem.[87] Im schlimmsten Fall beruhten phylogeografische Aussagen sogar nur auf der Untersuchung eines einzigen Polymorphismus auf der mtDNA, der lange bevorzugten Quelle der Populationsgenetiker, und damit auf einem uniparentalen Marker, dessen Selektionsvorgänge weitgehend unklar seien, so

84 | Vgl. Cavalli-Sforza/Feldman 2003: 268.

85 | Shapiro/Gilbert/Barnes 2008: 217; vgl. ebenso an Archäologen gewandt Matisoo-Smith/Horsburgh 2012: 50.

86 | Balloux 2010: 419.

87 | Vgl. Experteninterview Burger 2013; ders. 2013a mit ausdrücklicher Kritik an Brotherton et al. 2013.

wiederum der Bioinformatiker Balloux: »As a consequence, the phylogenetic tree of uniparental markers may or may not be informative on the demography of the populations studied.«[88]

Äste im phylogenetischen Baum mit demografischen Ereignissen in Raum und Zeit in Verbindung zu bringen, funktioniere allenfalls bei ganz kleinen Populationen, bei denen es nach einer Verzweigung zu keinerlei genetischer Vermischung mehr gekommen sein kann.[89] Deshalb träfen Baummetaphern auf menschliche Populationen im Grunde nie zu, so auch der biologische Anthropologe Ron Pinhasi und Kollegen 2012: »[S]uch scenarios are probably absent from the human past, and phylogeographic inference of human variation brings with it considerable risks of misinterpretation.«[90]

Joachim Burger verstand diese so häufige Darstellungsweise deshalb sogar als Verdunklung.[91] Hier habe sich in der Populationsgenetik eine ganz falsche Metaphorik durchgesetzt, die ungeeignet sei, überfachliche Brücken zu bauen, da sie das gegenseitige Verständnis eher behindere als fördere:[92]

»Interessant ist, warum ist ein Verfahren, das offensichtlich falsch ist, so erfolgreich? Das fragt man sich häufig in der Wissenschaft. Kann ich Ihnen sagen, weil es einfach ist, intuitiv Bäume, das ist so ein Topos, so ein Stereotyp, das geht richtig rein, denn auch der Laie mag das, so ein genealogisches Denken ist auch generell irgendetwas, was heutzutage in unserer Gesellschaft ganz tief verankert ist.«[93]

Doch nicht nur fachfremde Kooperationspartner oder Leser würden hier verwirrt, sondern auch ein Gutteil der eigenen Kollegen und Kolleginnen verstehe das Problem gar nicht.

Elisabeth Matisoo-Smith und K. Ann Horsburgh veröffentlichten deshalb in ihrer Einführung eine Checkliste für Archäologen. Diese sollten sich beim Lesen paläogenetischer Artikel, in denen phylogenetische Bäume auftauchten,

---

88 | Balloux 2010: 419. Das sei einfach zu wenig und zu beliebig, zumal die Selektionsvorgänge an der mtDNA bisher gar nicht klar genug bekannt seien.

89 | Vgl. so z. B. dezidiert Beaumont et al. 2010: 436; Goldstein/Chikhi 2002: 144 f.; Experteninterview Burger 2013. Dieser Sonderfall war gegeben bei einer Studie über Kängururatten in Kalifornien, deren Populationen in ungestörten Lebensräumen ohne Kontakte zueinander lebten. Ihre mtDNA-Linien erwiesen sich im Vergleich mit Altfunden als räumlich stabil. Vgl. Leonard/Wayne/Cooper 2000: 1652 ff.; zum Problem der Phylogeografie allgemein auch Hofreiter/Vigilant 2003: 117.

90 | Pinhasi et al. 2012: 497; ähnlich vorsichtig auch Shapiro/Gilbert/Barnes 2008: 217.

91 | Vgl. Burger 2013c.

92 | Vgl. Experteninterview ders. 2013.

93 | Ders. 2013a.

unter anderem fragen, wie groß das Sample gewesen sei, ob uni- oder biparentale Marker gewählt worden waren, und sich immer vor Augen halten, dass es angesichts der stets begrenzten Datenlage immer viele mögliche Bäume gebe. Wie der Baum aussehe, hänge vor allem vom Evolutionsmodell ab, für das sich ein Autorenteam entschieden habe: »How much sequence data and what data are being analyzed? [...] What methods are being used for tree construction and what are the evolutionary/theoretical implications of those models? [...] Is the tree really a tree, or is it a network?«[94]

Archäologen sollten sich klar machen, dass es bei dieser Art der Dateninterpretation immer diverse Optionen und zugleich viele Möglichkeiten für Fehler und Irrtümer gebe: »As much as we might hope to the contrary, a reconstructed phylogenetic tree does not necessarily lead straight to a specific, historically meaningful interpretation.«[95]

Im Gegenteil sei es normal, dass solche Interpretationen mit Daten aus der Archäologie, Linguistik oder Geschichtswissenschaft in Konflikt gerieten, und genau diese Widersprüche oder Konflikte gelte es kritisch und ausführlich zu durchdenken.[96]

Die Paläogenetiker Joachim Burger und Mark G. Thomas resümierten 2011, bisher seien zwar phylogeografische Interpretationen beherrschend gewesen, aber nun werde so massive interne Kritik geäußert, dass immer mehr Kollegen stattdessen zu statistikbasierten Zugängen griffen – vielleicht war dies aber mehr Appell und Plädoyer als Beschreibung eines Ist-Zustandes: »While phylogeographic inference has dominated palaeogenetics over the last 15 years, explicit model-based statistical inference approaches – particularly those employing coalescent theory – have developed apace in the field of population genetics.«[97]

Ein Anzeichen für eine Abkehr von Baummetaphern und phylogeografischen Deutungen sei darin zu erkennen, dass mehr Genetiker Entwicklungen von Allelfrequenzen wie deren oben genannte Gefälle lieber statistisch erörterten als sie mit demografischen Ereignissen wie Bevölkerungsbewegungen gleichzusetzen. Zu solchen statistischen Erklärungen gehörten zum Beispiel Gründereffekte.[98] Allelic Frequency Clines, also Gradienten bei den Allelfrequenzen, allein sollten nicht mehr als Beleg für Demic Diffusion gelten dürfen, wie dies früher der Fall war.[99]

94 | Matisoo-Smith/Horsburgh 2012: 51-54.

95 | Ebd.: 55.

96 | Ebd.; ähnlich Burmeister 2016: 56.

97 | Burger/Thomas 2011: 373.

98 | Vgl. knapp Pinhasi et al. 2012: 497 f.; ders./Fort/Ammerman 2005: e410; Currat/Excoffier 2005: 684 f.

99 | Vgl. als Beispiele für diese Deutung der Allel Frequency Clines noch Menozzi et al. 1978; Ammerman/Cavalli-Sforza 1984: 135; Sokal et al. 1991; Barbujani/Pilastro

Simulationen wurden zunehmend als den phylogeografischen Zugängen überlegen betrachtet, weil sie das Mathematische an Evolutionsprozessen besser abbildeten:[100]

»These approaches emphasize the stochastic nature of the genealogical process in populations and recognize that very different ›gene trees‹ can arise from very similar demographic histories, and vice versa. In other words, the gene tree and the demographic history of a population are, to a greater or lesser extent, decoupled and, in a sense, the gene tree can be thought of as a nuisance parameter. Lineage sorting – the phenomenon whereby lineages first coalesce not with lineages in the same population, but rather with lineages in a related population, illustrates the dangers of misinterpretation if the demographic history of populations is inferred from a phylogeographic tree/network.«[101]

Für Joachim Burger und Mark G. Thomas war beispielsweise klar, dass der Zugang zur Neolithisierungsfrage statistisch sein musste:

»The challenge in population genetic inference is to understand, in a statistical framework, what historical scenarios could have given rise to the data, and in relation to geographical location of samples. [...] The solution to this problem is to explore (usually by simulation) different historical scenarios and search for the conditions under which the data, or some description of the data, has the highest probability of arising.«[102]

Die skizzierten Verhandlungen über archäologische und genetische Konzepte und deren Vereinbarkeit lassen sich als Phänomen eines Feldes auffassen, das sich eben nicht nur in technischer, sondern auch in konzeptioneller Hinsicht in den 2000er Jahren auf den Slope of Enlightenment begab.

1993; Barbujani et al. 1995; Chikhi et al. 1998; Rosser et al. 2000; Barbujani/Bertorelle 2001; Barbujani/Dupanloup 2002: 424.

100 | Vgl. z. B. Cabana/Hunley/Kaestle 2000; Gerbault et al. 2012: 20; Malmström et al. 2009: 1759; ähnlich auch Barbujani/Chikhi 2006: 84 f.; Burger 2013c.

101 | Ders./Thomas 2011: 373.

102 | Ebd.

Ergebnisse

»Die Zeit der Schnellschüsse ist vorbei.«[1]

»Man würde sich ja eigentlich wünschen, dass man jetzt Doktorand ist. Oder nee, am besten jetzt anfängt zu studieren«, kommentierte der Mainzer Paläogenetiker Joachim Burger 2013 im Experteninterview den Stand der aDNA-Forschung. Die Gegenwart werde zwar in 20 Jahren als »absolut lächerliche Anfängerphase gesehen werden«, aber jetzt werde es »richtig gut«.[2]

Ziel der vorliegenden wissenschaftshistorischen Untersuchung war es, die Gewordenheit der Quelle aDNA zu untersuchen. Es ging um Doing aDNA, also um die Frage, wie die Quelle wissenschaftlich hergestellt und betrieben wurde. Dies war verknüpft mit einer Untersuchung der Entwicklungspfade, welche die internationale aDNA-Forschung seit den 1980er Jahren nahm. Über den Bezug zum gemeinsamen Wissensgegenstand (alte) DNA sind Forscherinnen und Forscher aus verschiedenen Fächern und Disziplinen der Natur-, Kultur- und Geisteswissenschaften miteinander in Kontakt getreten. Als Zeichen der Molekularisierung der Wissenschaften und der Gesellschaft kann man ansehen, dass diese Fächer sich eine molekulare Erkenntnisebene geschaffen, DNA als Quelle für historische Fragestellungen definiert und damit als relevant für das Geschichtsbewusstsein markiert haben. Die Anfänge dieses Prozesses reichten bis in die 1960er Jahre zurück.

Angesichts dieser langen Vorgeschichte konnte aus wissenschaftshistorischer Perspektive kein tiefer Strukturbruch attestiert werden.[3] In der Selbstwahrnehmung der Beteiligten hingegen hatte der Zugang zur alten DNA aber

1 | Expertinneninterview Grupe 2013.

2 | Experteninterview Burger 2013.

3 | Vgl. Atkinson/Glasner/Lock 2009a, mit der Warnung davor, das ›Neue‹ an den New Genetics insgesamt überzubewerten: »We need to tread a careful line between two extremes. At one end of the discursive spectrum is the rhetoric of ›nothing new‹. From this standpoint, there are no genuine novelties and no new discoveries to be made: the forms of science and of medicine remain essentially unchanged. At the other extreme, there is novelty everywhere«. Ebd.: 13.

eine signifikante transformative Wirkung auf die Fächer. Die Forschungspraxis und die epistemologischen Möglichkeiten der Evolutionsforschung, Genetik, Epidemiologie, Ur- und Frühgeschichte und anderer Forschungsfelder seien völlig verändert worden, so war es in den letzten Jahren sowohl auf archäologischer als auch auf genetischer Seite zu lesen.[4]

Angehörige einer Vielzahl von Fächern, Forschungsrichtungen und Wissenschaftskulturen haben im Lauf der 1990er Jahre ein heterogenes Forschungsfeld aufgebaut. Internationale Spezialistennetzwerke bearbeiteten auf der Basis von DNA aus unterschiedlichen fachlichen Perspektiven heraus evolutionshistorische, populationsgenetische und archäologische Fragestellungen. Eine Vielzahl von Begriffen bezeichneten seither die kognitiven und sozialen Einheiten und Forschungsperspektiven im Feld, darunter beispielsweise Molecular Anthropology, aDNA-Forschung, Archäogenetik, Molekulare Archäologie, Bioarchaeology, Pal(a)eo(population)genetics oder Paläoepidemiologie. Überall dort wurde DNA als historische Quelle konstituiert.

Die internationale aDNA-Forschung hat, so das Deutungsangebot zur technischen und epistemologischen Entwicklung, seit den 1980er Jahren einen Hype Cycle im Sinne von Jackie Fenn durchlaufen. Technologische Auslöser wie insbesondere die Amplifikation der DNA-Fragmente durch die PCR, die erstmals 1988 an alter DNA eingesetzt wurde,[5] setzten ihn in der zweiten Hälfte der 1980er Jahre in Gang. In technischer und methodischer Hinsicht gab es Vorbilder aus Forensik und Humangenetik, aber keine Routinen für den Umgang mit degradierter DNA, über deren Spezifika man auch noch nicht viel wusste. Unter enormen epistemologischen und fachpolitischen Erwartungen wurden erste spektakuläre Experimente veröffentlicht. Sie stießen auf großes fachliches und mediales Interesse. Machbarkeit war der primäre Legitimationsgrund des entstehenden Feldes in einer Phase, die später als ›Molecule Hunt‹ und ›Race for the Oldest DNA‹ beschrieben wurde. Gedacht war aDNA-Forschung von Beginn an als Unterfangen, an dem Angehörige verschiedener Fächer und Disziplinen teilnehmen sollten, wenngleich sich die Beteiligten jeweils unterschiedliche Rollen zudachten. Profitieren sollten von den neuen technischen Optionen, DNA und insbesondere aDNA als Quelle zu erschließen, sowohl Natur- als auch Geisteswissenschaften. Insofern war von Anfang an ein Bezug über die Wissenschaftskulturen hinweg hergestellt, wenngleich er sich in der Praxis unterschiedlich intensiv und keineswegs immer konfliktfrei gestaltet hat.

In dieser hoch riskanten Phase winkte große Reputation, und zahlreiche Labore und Forschungseinheiten versuchten deshalb, bestimmte Anwendungen

---

4 | Vgl. als Beispiele Pickrell/Reich 2014: 377; Kristiansen 2014; Killick 2015: 242 f.; Haak et al. 2015: 207; Hagelberg/Hofreiter/Keyser 2015.

5 | Vgl. Pääbo/Gifford/Wilson 1988. Vgl. dazu Hagelberg 2012: 98.

für sich zu besetzen. Fragestellungen, die meist seit Längerem in Evolutionsforschung, Genetik, Anthropologie und Archäologien verfolgt worden waren und dort jeweils ihre eigene Fachgeschichte hatten, sollten fortab auf der Basis einer neuen Quelle angegangen werden. Mit großem technischen Optimismus, wie er am Anfang eines Diffusionsprozesses auch zu erwarten war, versprachen insbesondere Anthropologen und Genetiker einfache Lösungen für diverse solcher alten Fragen. Im deutschsprachigen Raum war das mit großen fachpolitischen Zielen verknüpft: Die biologische Anthropologie und Evolutionsforschung sollten zumindest teilweise zu Laborwissenschaften umgebaut, modernisiert und durch die Kompetenz für Moleküle innerhalb der biologischen Fächer aufgewertet werden.

Vom Peak of Inflated Expectations um 1990 führten gescheiterte Experimente und diverse Kinderkrankheiten der Technologie in den Trough of Disillusionment. Degradierte DNA erwies sich als wesentlich problematischeres Material, als angenommen worden war. Forschung an aDNA war Handeln unter den Bedingungen permanenten Nichtwissens, doch das wurde nur von wenigen Beteiligten zu diesem Zeitpunkt so erkannt oder offengelegt. Einige Sensationsexperimente mündeten in Desastern und belasteten Karrieren über Jahre. Das Medieninteresse ließ nach, und ein Teil der Labore und Arbeitsgruppen verließ das Feld wieder.

Andere begannen systematisch die Fehler und Fehlerquellen, die Grenzen der Technologie und Implementationen auszuloten. Kontaminationen und die Schwierigkeit, aDNA-Sequenzen zu authentifizieren, wurden als Kernprobleme ausgemacht. Die PCR erwies sich zugleich als Ermöglichungstechnologie und als Problemverstärkerin.

Durch Empor-Irren, die Ansammlung von Erfahrungswissen und systematische Versuche, Methodenwissen zu generieren, erkannten die aDNA-Forscher, dass ihre Quelle prinzipielle Grenzen hatte, die sich nicht technisch beherrschen ließen. Das Eingeständnis, dass Authentifizierungsschwierigkeiten charakteristisch für die Arbeit mit degradierter DNA waren, ließ es erforderlich erscheinen, Strategien zu finden, mit diesem Problem langfristig umzugehen. Einzelne Forschungsgegenstände gaben die meisten Labore zugunsten ›sicherer‹ Ausweichforschungen zeitweise auf. Im Zuge der Normalisierung des Authentizitätsproblems konzipierten methodenstrenge Protagonisten akribisch diverse Kontroll- und Sicherheitsstrategien, die die Community – in unterschiedlichem Maße – umsetzte. Ein anderer Weg waren Versuche, das Problem theoretisch bzw. statistisch anzugehen. Auch deshalb kam Mathematik, Statistik und Bioinformatik zunehmende Bedeutung zu.

Im Umgang mit Fehlern, Irrtümern und Nichtwissen vermischten sich im Alltag die Instrumente der kontrollorientierten Nichtwissenskulturen der Laborwissenschaften mit komplexitätsorientierten Strategien aus den eher theoretisch orientierten Wissenschaften wie der Populationsgenetik, Mathematik oder traditionellen Evolutionsforschung. Für die Analyse bot sich das Konzept der Nichtwissenskulturen nach Stefan Böschen und Peter Wehling an, um den zwar ambivalenten, aber insgesamt doch zunehmend reflexiven Umgang des Feldes mit Nichtverstandenem, mit Scheitern, Fehlern, Ungewissheit und Uneindeutigkeit einzuordnen.

Die aDNA-Community hat in gewissem Umfang ihre eigenen Grenzen nicht nur erkannt, sondern auch theoretisch gewendet. Das Ungewusste allerdings wurde vor allem sprachlich meist als Noch-nicht-Wissen gefasst, was auf eine eher traditionelle Vorstellung von ›Wissbarkeit‹ und Erkenntnisfortschritt verweist. Die Forscherinnen und Forscher haben ihre anfänglichen Versprechen auf die technische Beherrschbarkeit der molekularen Welt dennoch vielfach zurückgenommen oder relativiert. Infolge diverser Rückschläge wurde Kontingenz schrittweise akzeptiert. Die in den Fachveröffentlichungen als Kommunikationsstrategie gewählte probabilistische Sprache verwies unter anderem darauf, dass sich die Community bewusst gemacht hat, als Wissenschaft stets nur relationale Erkenntnis hervorbringen zu können, d.h. ein gedachtes Wissen darüber zu generieren, was mit welchem Grad der Gewissheit gewusst wird. Mitunter stellten die Beteiligten ausdrücklich fest, dass nicht nur historische Darstellungen, sondern auch empirische Daten Konstruktionsleistungen von Menschen und mithin nicht neutral seien. DNA-Sequenzdaten, dies wurde zunehmend anerkannt und mitgeteilt, waren auch nur Quellen und damit nicht objektiv, sondern selektiv und perspektivisch. Biologen, so möchte man hinzufügen, sind in diesem Feld auch nur Historiker.

Ab der zweiten Hälfte der 1990er Jahre gelangte die aDNA-Community allmählich auf den Slope of Enlightenment. Die Potentiale und Grenzen der Quelle DNA wurden im überfachlichen Miteinander abgesteckt. Routinen und Standards wissenschaftlichen Arbeitens sind entwickelt und verhandelt worden. Anwendungen wurden routinisiert. Zu diesen Anwendungen gehörten die molekulare Ansprache von Spezies und Geschlecht, die Reindividualisierung sowie die Untersuchungen zu genetischen Verwandtschafts- und Abstammungsbeziehungen von Individuen. Ein weiterer großer Einsatzbereich entstand in der Evolutions- und Populationsgenetik, wo Fragen nach der genetischen Zusammensetzung von bzw. Variationen innerhalb von bestimmten Gruppen von Organismen und nach den genetischen Beziehungen zwischen solchen Gruppen verfolgt wurden.

Der ausgeprägte Konkurrenzgedanke in den beteiligten Laboren verhalf zu feldinterner Kontrolle und ließ die Arbeitsgruppen selbst zu ihren eigenen schärfsten Kritikerinnen werden. Reflexivitätsgewinne bei allen beteiligten Wissenschaften kamen aber auch durch Konflikte im überfachlichen Miteinander zustande. Kontroversen sind konstitutiv für die Entstehung wissenschaftlichen Wissens, nicht nur in der aDNA-Forschung. Hier zeigte sich jedoch, dass Konfrontationen bei den Beteiligten zu Selbstbefragungen führten, und kooperative Projekte es erforderlich machten, sich den jeweils anderen immer wieder zu erklären. Dafür war es nötig, sich intensiver mit den eigenen Qualitätskriterien und Fachverständnissen auseinanderzusetzen. Wie die Debatten um Deutungshoheiten und die (Un-)Vereinbarkeit genetischer und kultureller Konzepte zeigten, wurden dabei nicht zuletzt auch die jeweilige Fachgeschichte und die Beziehungsgeschichten angesprochen, die die Wissenschaftsbereiche vorher miteinander hatten.

Am Ende der 2010er Jahre erreichte die aDNA-Forschung – aus Sicht der Beteiligten – ein hohes Produktivitätsniveau, das Plateau of Productivity des Hype Cycle. Was bisher erreicht worden war, galt aber eher als »tip of the iceberg«.[6] Der Enthusiasmus war, vor allem aufgrund der neuen technischen Möglichkeiten, welche die seit 2005 adaptierten NGS-Verfahren boten, wieder groß. Laufend kamen in den 2010er Jahren inkrementelle Innovationen hinzu, die nun schneller routinisiert werden konnten, weil die Charakteristika der alten DNA jetzt besser verstanden wurden. Versucht wurde zum Beispiel herauszufinden, ob nicht doch auch aus Brandbestattungen oder unter den extremen Klimabedingungen der Tropen und Subtropen, aus denen bis dato sehr wenige aDNA-Daten vorlagen, DNA gewonnen werden könnte.

Auch mit immer älteren Proben wurde wieder experimentiert. Wenn es möglich wäre, DNA zu extrahieren, die nicht nur mehrere Hunderttausend Jahre alt ist, sondern auch aus wärmeren Weltregionen stammt, könnten sich Funde archaischer Menschen wie des *Homo floriensis* auf DNA-Basis untersuchen lassen. Alte DNA würde so auch als Quelle für die frühe Geschichte der Menschwerdung relevant. Diesbezügliche Experimente unter anderem von Mathias Meyer am MPI für evolutionäre Anthropologie in Leipzig erinnerten an das ›Race for the Oldest DNA‹ der 1990er Jahre, beruhten allerdings auf einem ungleich größeren Wissen über die Charakteristika alter DNA und die Grenzen der Technologien.

Auch ein Next Big Thing ist schon zu erkennen: das Ancient Microbiome.[7] Damit befasste sich zum Beispiel die Anthropologin Christina Warinner, seit 2016 Professorin in Microbiome Sciences an der Abteilung Archäogenetik des MPI Jena.[8] Sie isolierte aus dem Zahnstein archäologischer Funde die DNA von Mikroorganismen.[9] Diese sind Teil des menschlichen Mikrobioms, das sich im Lauf der Zeit ebenso verändert hat wie das menschliche Genom. Mit dem Be-

6 | Pickrell/Reich 2014: 386.

7 | Vgl. Kupferschmidt 2016; Fuente/Flores/Moraga 2012: 765, 775.

8 | Vgl. Experteninterview Krause/Haak 2016.

9 | Vgl. zur Methodik und den darauf aufbauenden Forschungsfragen Warinner/Speller/Collins 2015; zum Nachweis Warinner et al. 2014: 336; zuvor zu Schwierigkeiten, pathogene Bakterien-DNA und die DNA der Mikroorganismen der Mundflora aus Zahnstein zu isolieren, u. a. Preus et al. 2011: 1827, 1829. Ein u. a. auf dieser Studie aufbau-

griff Mikrobiom werden alle mikrobiellen Gene bzw. Genome bezeichnet, die in Organismen auftreten. Mikroorganismen sind zwar winzig, doch in großer Zahl und in etwa 10.000 Arten im Körper vorhanden. Ein erwachsener Mensch weist etwa 10^{14} Bakterien auf, die überwiegend im Verdauungstrakt leben. Damit haben Menschen sehr viel mehr exogene DNA in sich als endogene.[10]

Die Medizin interessiert sich sehr dafür, welche Effekte das Mikrobiom auf die Gesundheit, aber auch auf das menschliche Handeln und Verhalten hat. 2007 wurde dafür vom amerikanischen National Institute of Health das Human Microbiome Project quasi als eine Art Nachfolgeprojekt des Human Genome Project aufgelegt. Sein Ziel ist es, das menschliche Mikrobiom genetisch zu identifizieren und zu klassifizieren, eine Datenbank zu erstellen und zu untersuchen, wie sich Veränderungen des Mikrobioms auf Gesundheit und Krankheit auswirken.[11] Eine internationale Mikrobiomforschung hat sich entwickelt. Sie hat zum Verständnis des Mikrobioms und seiner Aufgaben beigetragen, aufgezeigt, dass ein wesentlicher Teil davon für den Menschen überlebenswichtig ist, und in einigen Bereichen Wissen mit diagnostischer und therapeutischer Relevanz hervorgebracht. Die insbesondere in den Anfangsjahren intensive massenmediale Aufmerksamkeit lässt an die Inflated Expectations des Hype Cycle denken, wie eine Kritik der Mikrobiologin Elisabeth M. Bik 2016 nahelegte:

»It is clear that studies on the human-associated microbial communities have generated large amounts of new data and interesting findings, but many of the high expectations expressed [...] have not yet come true. [...] Many of these proposed connections are interesting hypotheses some of which might turn out to be correct, but most of these hypes are not, or only poorly, founded by scientific findings.«[12]

Dennoch könnte das Mikrobiom in Zukunft ebenso relevant für historische Fragestellungen werden wie die Analyse endogener DNA. Die amerikanische Historikerin Julia Adeney Thomas gab zu bedenken, dass, wenn das Mikrobiom über 99 Prozent der im menschlichen Organismus enthaltenen Zellen ausmacht, die Frage, was Menschen eigentlich sind, in Zukunft anders beantwortet werden könnte. Die Geschichte der Menschheit wäre dann als Geschichte der Menschen und ihrer Mitbewohner zu denken.[13]

---

endes Experiment zur Extraktion einschließlich einer Diskussion der Aussagemöglichkeiten bei Fuente/Flores/Moraga 2012: v. a. 766-769.

10 | Vgl. Thomas 2014: 1593 f.; Grice/Segre 2012: 158.

11 | Vgl. Peterson et al. 2009: 2317 f.

12 | Bik 2016: 369.

13 | Vgl. Thomas 2014: 1594 f.

Das Mikrobiom könnte auf einen Paradigmenwechsel hindeuten. Im Moment sind die aDNA-Arbeitseinheiten laufend auf der Suche nach neuen Experimenten oder neuen Techniken, die adaptiert werden könnten. In der Erwartung neuer Technologien, die dann neue Anwendungen ermöglichen würden, suchen und erwerben sie Probenmaterial und lagern es in der Hoffnung ein, es später mit neuen Verfahren oder unter neuen Fragestellungen analysieren zu können: »Freezers in ancient-DNA labs brim with such ›wait and see‹ samples«[14], berichtete 2014 der Wissenschaftsjournalist Ewen Callaway in *Nature*. Hier scheint sich eine Praxis aufzutun, die aus der Archäologie als Reservieren von ›wichtigen‹ Grabungen und ›großen‹ Funden tradiert ist.[15] Es herrsche, so Wolfgang Haak im Experteninterview 2016, eine Goldgräberstimmung, weil sich die NGS-Verfahren nun schon seit einigen Jahren erfolgreich anwenden ließen:

»Es ist so eine Welle des neuen Probennehmens, die momentan noch nicht am Abebben ist, also man sammelt jetzt alles, so schnell wie möglich, weil's irgendwann mal bearbeitet wird. Also man kommt öfter mal so in eine Situation, wo man dann merkt, ok, man möchte ungefähr ein Projekt machen, visiert was an, [...] und dann schreibt man an seinem Experimentdesign und dann stellt man fest, die Proben dazu sind schon längst weg, die liegen anderswo in einem Labor.«[16]

Manche Labore beprobten zwar, analysierten oder veröffentlichten aber nie. Das Ganze sei, so Johannes Krause, ein Geschäft geworden, bei dem es jetzt um sehr viel Geld gehe.[17]

Demgegenüber erklärte der Genetiker David Reich 2014, dass nun eine Demokratisierung der aDNA-Technologie anstehe. Da die Technik immer preiswerter und automatisierbar werde, sollten günstige Ad-hoc-Angebote geschaffen werden, die es Archäologen ermöglichen, einfach und schnell Aufträge für DNA-Analysen für ›kleinere‹ Studien zu erteilen.[18] Wie dies bisher schon mit Radiocarbondatierungen gemacht werde, könnten auch kommerzielle Labore einfache Analysen anfertigen, so auch Johannes Krause.[19] Daneben könnten die großen Labore an den umfangreichen Fragestellungen arbeiten und, wie Krause und Wolfgang Haak im Interview darstellten, »genetische Zeitschei-

14 | Callaway 2014: 415.

15 | Vgl. Trachsel 2008: 39.

16 | Experteninterview Krause/Haak 2016.

17 | »Es geht um sehr, sehr viel Geld. Die großen Labore im Moment haben viele, viele Millionen Euro an Budgets.« Ebd.

18 | Vgl. Pickrell/Reich 2014: 385.

19 | Vgl. Experteninterview Krause/Haak 2016.

ben durch die Jahrtausende«[20] treiben, um die Veränderung der genetischen Zusammensetzung der Populationen auf der Welt zu untersuchen. Eine Miniaturisierung und Demokratisierung der Technologie, die diese Diversifizierung ermöglichen würde, wäre ein aus den Diffusionskurven anderer neuer Technologien bekannter Schritt: Ist eine Technologie in einem Nutzungsfeld normalisiert, wird sie häufig für andere Einsatzgebiete oder Nutzergruppen miniaturisiert, demokratisiert oder vergünstigt.

Die Laborarbeiten könnten so weit standardisiert werden, lautete die Prognose von Johannes Krause und Wolfgang Haak, dass technisches Laborpersonal sie ganz übernehmen könnte. Indessen werde sich die Zusammensetzung der Paläogenetik ändern, da es am Ende dort nur noch um »die Auswertung dieser riesigen Datenmengen«[21] gehen werde, die durch die NGS-Verfahren und die Möglichkeit entstanden seien, ganze Genome zu sequenzieren. Die neue Herausforderung sei Big Data. Dafür brauche man »Bioinformatiker, Mathematiker und Populationsgenetiker, die sich eher mit diesen großen Datensätzen beschäftigen, was eine ganz andere Richtung ist«.[22] Noch gebe es aber zumindest in Europa kaum wissenschaftlichen Nachwuchs in der Populationsgenetik, der sich mit abstrakten mathematischen Anforderungen auskenne.[23]

Grundsätzlich weist alte DNA die wesentlichen Charakteristika historischer Quellen auf. Die Anforderungen an Quellenkritik und Interpretation unterscheiden sich weniger in prinzipieller als vielmehr in technischer Hinsicht von den bis dato in der Geschichtswissenschaft etablierten Vorgehensweisen. Alte DNA-Moleküle sind eine hoch selektive Quelle und sehr begrenzte epistemische Ressource, denn in den meisten organischen Funden hat sich keine DNA mehr erhalten. Archäologische Funde stellen ohnehin nur einen winzigen Bruchteil der theoretisch möglichen Vergangenheitsspuren dar, und nur ein geringer Teil dieser Funde lässt sich für DNA-Analysen heranziehen. Das Quellensample war daher in vielen bisherigen Studien signifikant kleiner als etwa das Artefaktsample einer formenkundlichen Studie.

Im Erbgut heute lebender Organismen ist zwar in gewisser Weise die genetische Vergangenheit ihrer Vorfahren dokumentiert, sodass sich, auch wenn sie sonst keine Spuren hinterlassen haben, auf dieser Basis ihre genetische Vergangenheit erforschen lässt. Doch erstens sind viele genetische Merkmale über die Zeit durch genetische, evolutionäre und demografische Ereignisse verloren gegangen, wobei nicht einmal bekannt ist, wie viele und welche Merkmale das sind. Zweitens lässt sich, wenn mit moderner DNA gearbeitet wird, der Faktor Zeit viel schlechter einberechnen.

---

20 | Ebd. Vgl. auch Krause 2010: 11.

21 | Experteninterview Krause/Haak 2016.

22 | Ebd.

23 | Vgl. ebd.

Es gibt also nicht für jeden Aspekt der genetischen Vergangenheit Quellen und die, die uns als Vergangenheitsspuren zur Verfügung stehen, geben, wie die Unterscheidung zwischen mtDNA und nDNA bzw. zwischen uni- und biparentalen Markern zeigte, nur Auskunft über einen bestimmten Ausschnitt der genetischen Vergangenheit, und zwar von einer bestimmten Perspektive aus. Auch aDNA-Quellen können, so schränkte die aDNA-Forschung zunehmend ein, keine vollumfängliche Wirklichkeit abbilden.

Sollte aDNA als Quelle dienen, war aufgrund des ubiquitären Kontaminationsproblems ein erheblicher technischer und kognitiver Aufwand nötig, um die erforderliche Echtheitsprüfung zu gewährleisten. NGS-Verfahren verliehen dem Authentizitätsproblem zwar ein neues Gesicht, doch wird sich, wie die aDNA-Forschung einräumte, endgültige Gewissheit über die Authentizität einer Sequenz nie herstellen lassen. Wer mit DNA an einer Fragestellung arbeitete, hatte wie alle Historiker den Aussagebereich der Quelle und ihre Repräsentativität einzuschätzen. Überfachliche Debatten um Samplegrößen und den Erkenntniswert von uniparentalen Markersystemen markierten diesen quellenkritischen Schritt.

DNA erwies sich als in bestimmten Graden ebenso interpretativ flexibel wie andere Quellen, und genauso hatte sie ein Vetorecht wie andere Quellen. Sie war weder per se objektiver, noch verlässlicher als andere Quellen. Die Informationen, die sich aus ihr generieren ließen, waren nicht wichtiger oder gewisser, sondern meist nur anders als die aus anderen Quellen gewonnenen Erkenntnisse, da unterschiedliche Quellenarten auch unterschiedliche Aspekte der Vergangenheit repräsentieren. Über eine mögliche Hierarchie von Quellen wurde immer wieder diskutiert und eine Konkurrenz ›harter‹ und ›weicher‹ Quellen behauptet oder befürchtet. Dies zeugte auf der Seite der Archäologie vielleicht von einem aus der Sorge um die Geltung der Geisteswissenschaften geborenen Abwehrreflex. Doch war eigentlich schon die Frage verkehrt. Der Wert einer Quelle ist nicht absolut, sondern hängt von der Problemstellung ab, die wiederum Wissenschaftler und Wissenschaftlerinnen formulierten. Die beteiligten Genetiker, Prähistoriker, Paläoanthropologen und Paläoepidemiologen verfolgten aber, wie sich unter anderem am Beispiel der Neandertalerforschung zeigte, mitunter ganz unterschiedliche Fragestellungen zu einer Thematik bzw. betrachteten je eigene Aspekte davon als relevant. Anerkennen mussten sie, dass Quellen je nach Fragestellung unterschiedlichen Wert haben und zum Beispiel molekulare Quellen nicht per se mehr oder gewisseres, sondern schlicht anderes Wissen ermöglichen als archäologisches Sachgut.

Die folgende Herausforderung bestand darin zu verhandeln, wie die jeweiligen Daten und Erkenntnisse miteinander in Verbindung gebracht werden konnten – sofern man das überhaupt für zulässig hielt. Als anfangs große Versprechungen für die Beantwortung alter Fragen auf neuer Basis gemacht wurden, hatte man sich die Kombination neuer und alter Quellen und Zugangsweisen relativ einfach vorgestellt. Sie war auch als Legitimationsgrund für die aDNA-Forschung ins Feld geführt worden: Die Probleme sollten ja gerade kooperativ, von unterschiedlichen Seiten und Datengrundlagen aus gelöst werden, um ihrer Komplexität gerecht zu werden. Darin sollte die Besonderheit der aDNA-Forschung liegen. Doch führte dies auch zu Kontroversen der beteiligten Fächer darüber, was Geschichte ist und was zu ihr gehört, wer Geschichtsforschung betreiben darf, und mit welchen Methoden dies geschehen soll. Wie schwierig es sein konnte, Ergebnisse auf ihre Kohärenz mit den Wissensbeständen anderer Fächer zu prüfen sowie Quellen, Daten und Deutungen überfachlich miteinander zu verknüpfen, zeigte die Diskussion darüber, ob es möglich sei, genetische Gruppen mit geografischen Räumen, archäologischen Kulturen oder gar Ethnien in Verbindung zu bringen. An der Neandertaler- und der Neolithisierungsfrage wurde zudem deutlich, dass die neue, zusätzliche Quelle gerade nicht eine einfache, haltbare Lösung brachte, sondern das Bild der Vergangenheit und in der Folge auch neue Fragestellungen sehr viel komplexer machte als angenommen.

Die wissenschaftshistorische Betrachtung ergab, dass die beteiligten Fächer begonnen haben, die von Nikolas Rose[24] geforderte kritische Freundschaft von Sozial-, Kulturwissenschaften und Life Sciences aufzubauen.[25] Auf der Seite der beteiligten Kulturwissenschaften beinhaltete dies kritische Anfragen an die Erkenntnisgrenzen der Naturwissenschaften und ihre Qualitätskriterien, aber auch eine zunehmend positive Haltung zu den Erkenntnisangeboten, die diese unterbreiteten. Kritik zu üben hieß dabei nicht, nur die Beteiligten anderer Fächer zu kritisieren, sondern selbstkritisch das je Eigene zu überprüfen.

Kritik und Qualitätssicherung innerhalb des epistemischen Systems der beteiligten Laborwissenschaften funktionieren relativ autonom – das müssen sie auch, denn wer sonst sollte die Kontrollinstanz bilden, wenn es um molekularbiologische oder biochemische Wissensbestände geht. Ähnlich verhält es sich mit den theoretischen populationsgenetischen, biostatistischen und überhaupt mathematischen Wissensbeständen. Archäologie und Geschichtswissenschaft könnten diese kritische Prüfung von außen nicht adäquat leisten. Umgekehrt gilt dasselbe, was zum Beispiel den Gebrauch von soziokulturellen Konzepten angeht. Ein externes, gleichermaßen informiertes Korrektiv gibt es nicht. Nötig ist detailliertes Expertenwissen, um die verschiedenen Wissensbereiche des Feldes kritisch innerhalb ihrer eigenen epistemischen Rahmungen zu beurtei-

24 | Vgl. Rose 2013: 20, 23.

25 | So äußerte sich z. B. Philipp von Rummel, der Generalsekretär des Deutschen Archäologischen Institutes, auf einer überfachlichen Tagung, vgl. Summer 2016. Es gehe jetzt nicht mehr darum, ob man kooperiere, sondern wie man die Zusammenarbeit gestalte, so Burmeister (2016: 57); ähnlich Lidén/Eriksson 2013: 18.

len. Das Wissen dazu und die Kommunikationsbedingungen für diese Kritik mussten sich die beteiligten Fächer schaffen.

Qualitätssicherung bedeutet in der überfachlich angelegten aDNA-Forschung aber auch, jeweils die Standards mehrerer Fächer und Wissenschaftskulturen miteinander in Bezug zu setzen. Das funktioniert zunehmend besser, verläuft aber nicht immer konfliktfrei und verlangt zumindest danach, dass man sich über diese Standards austauscht. Irritationen traten dabei immer wieder auf. Identifizierte Probleme wie begriffliche Missverständnisse und das Blackboxing wurden auf Nichtwissen über das andere (und das eigene) Fach, seine Methoden, Reichweiten und Grenzen, Interessen und Logiken zurückgeführt. Ihre Zusammenarbeit empfanden die Beteiligten aber tendenziell eher als stimulierend.

Es gab Sanktionierungsversuche der Community gegen diejenigen, die aus ihrer Sicht in der außerwissenschaftlichen Öffentlichkeit bestimmte – wissenschaftlichen Logiken widersprechende – Grenzen überschritten. Dies wurde an der Kritik am kommerziellen Ancestry Testing ebenso deutlich wie an der Verurteilung generalisierender oder vereinfachender Darstellungsweisen in den Medien. Im Hintergrund ging es dabei um die Frage, was die Öffentlichkeit über die Vergangenheit erfahren sollte und von wem. Wenn verhandelt wurde, wer historisch Sinn stiften sollte, ging es auch um gesellschaftliche Relevanz, wobei die Beteiligten in den ausgewerteten Quellen nicht explizierten, was die gesellschaftliche Relevanz der aDNA-Forschung oder Paläogenetik genau ausmachte.

DNA-Verfahren wurden – nicht einstimmig, aber stark – als etwas diskutiert, das die Wissenschaftskulturen, die überwiegend als dichotom und gegensätzlich wahrgenommen wurden, zusammenführte und verband. Selbst die Enthusiasten gaben sich aber unspezifisch: Wie genau eine solche neue Verbindung durch aDNA entsteht und durch was, blieb vage bzw. wurde weder empirisch belegt noch theoretisch hergeleitet. In dieser wie auch in anderen fachinternen Debatten zeigte sich, dass die Gräben nicht unbedingt entlang der traditionellen Fächergrenzen verliefen, sondern auch oft durch die Fächer hindurch.

Angehörige verschiedener Disziplinen und Wissenschaftskulturen entdeckten Gemeinsamkeiten. Dies betraf nicht nur ein geteiltes Interesse an den molekularen Quellen, sondern auch die Wege zum Wissen und die Denkweisen über Vergangenheit und Geschichte. Das verlief nicht immer reibungslos, zumal davon auch Fachpolitik, historisch gewachsene Auffassungen von Fächern und Disziplinen sowie Machtverhältnisse berührt waren.

Um sich auf Augenhöhe treffen zu können, machten sich die Beteiligten die bestehenden Asymmetrien und Machtgefälle zunehmend bewusst. Wissensproduktion ist ein sozialer Prozess und als solcher nicht ohne Konflikte vorstellbar. Die Alltags- und Kommunikationsprobleme, die aus diesem überfachlich organisierten Feld gemeldet wurden, entsprachen im Wesentlichen dem, was die Wissenschaftsforschung in vielen überfachlichen Kooperationen beobachtet hat.[26] Es war ganz offensichtlich kein Spezifikum der aDNA-Forschung, dass es zu Nichtwissensproblematiken, Missverständnissen und Fehleinschätzungen des eigenen Faches und anderer Fächer kam. Allerdings gibt es in der Wissenschaftsforschung deutlich mehr Veröffentlichungen darüber, woran Kooperationen krankten oder scheiterten,[27] als Studien, die erfolgreiche Beispiele vorstellen.[28] Insofern fällt es schwer, die aDNA-Forschung in dieser Hinsicht mit anderen Feldern zu vergleichen.

Wenn DNA tatsächlich die Signatur der Epoche ist, und Gesellschaft und Wissenschaft fundamental molekularisiert sind,[29] kommen die in dieser Untersuchung vorgestellten Verbindungen von Molekül- und Artefaktquellen, Geschichtswissenschaft und Genetik nicht von ungefähr. Artefakte, Schriftquellen, DNA, Morphologie und viele mehr repräsentieren ganz unterschiedliche Aspekte des Vergangenen. Es lässt sich nicht vom einen auf das andere schließen, doch komplementäre Zugänge scheinen möglich. Allerdings ist, wie der Prähistoriker Ulrich Veit anmerkte, der Mehrwert noch zu verhandeln: »Ob sich aus solchen technischen Fortschritten dann in der Essenz auch ein Mehr an Wissen über die Vergangenheit selbst ergibt, das ist eine ganz andere Frage.«[30]

Nach den Archäologien nimmt sich nun auch die Geschichtswissenschaft dieser Frage an. Die eingangs genannten Pilotprojekte loten aus, wie die neue Geschichtsschreibung, die ja eine Möglichkeit, nicht ein Zwang ist, aussehen könnte. Historiografie ist so, wie diejenigen, die sie betreiben, sie gestalten. Ob es für die Geschichtswissenschaft über die bisherigen medizingeschichtlichen und mediävistischen Ansätze hinaus Anwendungen und Kooperationsmöglichkeiten geben kann, wird verhandelt werden. In den USA beteiligten sich bereits häufiger Historiker an Kooperationen im Bereich der Historical Archaeology und der Stadtgeschichte, etwa zu sogenannten Pionier- oder Sklaven-

26 | Vgl. zur Typologie von Problemen und Schwierigkeiten Voßkamp 1987: 99 ff.; Immelmann 1987: 86 f.; Defila/Giulio 1999: 111; Deinhammer 2003c; Blättel-Mink et al. 2003: 30-35; Bergmann et al. 2005: 66-70; Löffler 2010: 157; m. w. N. Sukopp 2010: 14 f.; positiv gewendet als Forderungskatalog bei Sedmak 2003: 12-15; populär dargestellt von Welzer 2006.

27 | Vgl. als Beispiele Russell/Wickson/Carew 2008: 465 ff.; Löffler 2010: 164-171; Vollmer 2010: 61-71; Wallner 1993; Blättel-Mink et al. 2003: Tabelle 30: 31-35; Defila/Giulio 1998: 124 ff.; Immelmann 1987: 86 f.; Voßkamp 1987: 99 f.

28 | Vgl. Ausnahmen bei Vollmer 2010: 53-60; Dürnberger 2004: 11 f.

29 | Vgl. Atkinson/Glasner/Lock 2009a: 1; Nelkin/Lindee 1995: 2; Anker/Nelkin 2004: 1; Sommer 2012a: 378.

30 | Experteninterview Veit 2013.

friedhöfen.[31] Wo paläo- oder populationsgenetische Fragestellungen für die Moderne liegen könnten, ist noch nicht absehbar.[32] Anwendungen bzw. Aufgaben für die Zusammenarbeit könnten für die Geschichtswissenschaft im Bereich von Transitional Justice liegen – etwa bezogen auf die Aufarbeitung kriegerischer Konflikte in Ruanda und Bosnien-Herzegowina durch die Identifizierung ihrer Opfer.[33]

Es gilt, sich über Gemeinsames zu verständigen: über die gemeinsamen Charakteristika der Quellen und der quellenkritischen Erfordernisse beispielsweise und darüber, dass Historiker und Archäologen wie Genetiker alle nur aus Spuren der Vergangenheit ein Geschichtsnarrativ zusammenbauen. Ist das Gemeinsame identifiziert, können wir anfangen, über das zu sprechen, was wirklich trennt.[34]

31 | Vgl. z. B. Katzenberg et al. 2005; Dixon 2006; Owsley/Ellwood/Melton 2006; Schablitsky 2006.

32 | Abgesehen von der Pathogenevolution werden die Zeiträume zu kurz für evolutionäre Vorgänge, moderne Bevölkerungen unterscheiden sich genetisch zu wenig voneinander bzw. sind intern immer heterogener, sodass in der Moderne die genetischen Verhältnisse vermutlich ziemlich kompliziert werden.

33 | Vgl. programmatisch Haglund/Connor/Scott 2001; Leney 2006.

34 | Vgl. Gordin 2014: 1621.

Anhang

Quellen und Literatur

Expertinneninterview mit Gisela Grupe, München (20.3.2013)
Expertinneninterview mit Susanne Hummel, Göttingen (22.3.2013)
Experteninterview mit Joachim Burger, Erlangen (10.5.2013)
Expertinneninterview mit Stefanie Samida, Potsdam (22.5.2013)
Experteninterview mit Thomas Meier, Berlin (24.5.2013)
Experteninterview mit Manfred K. H. Eggert, Berlin (25.5.2013)
Experteninterview mit Ulrich Veit, Leipzig (20.6.2013)
Experteninterview mit Johannes Krause und Wolfgang Haak, Jena (24.3.2016)
Experteninterview mit Tobias Gärtner, Jena/München (7.7.2016)

AAA (Hg.) (2013a): AAA Responds to Public Controversy Over Science in Anthropology, http://www.aaanet.org/issues/press/AAA-Responds-to-Public-Controversy-Over-Science-in-Anthropology.cfm, Stand: 25.6.2013.

– (Hg.) (2013b): What is Anthropology, http://www.aaanet.org/about/WhatisAnthropology.cfm, Stand: 20.6.2016.

Abbott, Alison (2003): »Anthropologists Cast Doubt on Human DNA Evidence«, in: Nature 493, S. 468.

Abu-Mandil Hassan, Naglaa/Brown, Keri A./Eyers, Jill/Brown, Terence A., et al. (2014): »Ancient DNA Study of the Remains of Putative Infanticide Victims from the Yewden Roman Villa Site at Hambleden, England«, in: J. Archaeol. Sci. 43, S. 192-197.

Academia Nazionale dei Lincei (Hg.) (2002): Archaeometry in Europe in the third millennium. Convegno internazionale: Archaeometry in Europe in the third millennium, 29./30.3.2001, Proceedings, Rom.

Adler, Christina J./Haak, Wolfgang/Donlon, Denise/Cooper, Alan (2011): »Survival and Recovery of DNA from Ancient teeth and Bones«, in: J. Archaeol. Sci. 38, S. 956-964.

Adler, Jerry (2006): »Evolution: Who Gave Us Our Smarts?«, in: Newsweek, 27.11.2006, S. 13.

Aitken, Martin Jim/Stringer, Christopher B./Mellars, Paul (Hg.) (1993): The Origin of Modern Humans and the Impact of Chronometric Dating, Princeton.

Akane, Atsushi/Shiono, Hiroshi/Matsubara, Katsuo/Nakahori, Yutaka, et al. (1991): »Sex Identification of Forensic Specimens by Polymerase Chain Reaction (PCR): Two Alternative Methods«, in: Forensic Sci. Int. 49, S. 81-88.

Allaby, Robin G./Freitas, Fabio/Brown, Terence A. (2000): Abstract: Maize Evolution in South America, 5th International Ancient DNA Conference, Manchester, 12.7.2000, http://members.chello.nl/jperk/Ancient%20DNA%205.pdf, Stand: 30.6.2016.

Allard, Marc W./Young, Deshea/Huyen, Yentram (1995): »Detecting Dinosaur DNA: Technical Comment«, in: Science 268, S. 1192.

Allentoft, Morten E./Sikora, Martin/Sjogren, Karl-Goran/Rasmussen, Simon, et al. (2015): »Population Genomics of Bronze Age Eurasia«, in: Nature 522, S. 167-172.

Alonso, Antonio/Andelinović, Simun/Martín, Pablo/Sutlović, Davorka, et al. (2001): »DNA Typing from Skeletal Remains: Evaluation of Multiplex and Megaplex STR Systems on DNA Isolated From Bone and Teeth Samples«, in: Croat. Med. J. 42, S. 260-266.

Alt, Kurt W. (1997): Odontologische Verwandtschaftsanalyse. Individuelle Charakteristika der Zähne in ihrer Bedeutung für Anthropologie, Archäologie und Rechtsmedizin, Stuttgart u. a.

– (2005): »Biomolekulare Archäometrie des Neolithikums. Neue Wege zu alten Zielen – eine Projektbeschreibung«, in: Lüning, Jens/Fridrich, Christiane/Zimmermann, Andreas (Hg.): Die Bandkeramik im 21. Jahrhundert. Symposium in der Abtei Brauweiler bei Köln vom 16.-19.9.2002, Rahden, S. 217-236.

– (2009): »Prähistorische Anthropologie im 21. Jahrhundert. Methoden und Anwendungen«, in: Heinrich-Tamaska, Orsolya/Krohn, Niklot/Ristow, Sebastian (Hg.): Dunkle Jahrhunderte in Mitteleuropa?: Tagungsbeiträge der Arbeitsgemeinschaft Spätantike und Frühmittelalter: 1. Rituale und Moden (Xanten, 8.6.2006) und 2. Möglichkeiten und Probleme archäologisch-naturwissenschaftlicher Zusammenarbeit (Schleswig, 9./10.10.2007), Hamburg, S. 273-292.

– (2010): »Grenzüberschreitungen – Wissenschaft im Dialog um die Vergangenheit«, in: Meller/ders. (2010a), S. 9-16.

–/Burger, Joachim/Simons, Angela/Schön, Werner, et al. (2003): »Climbing Into the Past – First Himalayan Mummies Discovered in Nepal«, in: J. Archaeol. Sci. 30, S. 1529-1535.

–/Röder, Brigitte (2009): »Das biologische Geschlecht ist nur die halbe Wahrheit. Der steinige Weg zu einer anthropologischen Geschlechterforschung«, in: Rambuscheck, S. 85-129.

–/Vach, Werner (1998): »Kinship Studies in Skeletal Remains – Concepts and Examples«, in: ders./Rösing, [F.] W./Teschler-Nicola, Maria (Hg.): Dental Anthropology. Fundamentals, Limits, and Prospects, Wien, New York, S. 537-554.

–/– (2004): Verwandtschaftsanalyse im alemannischen Gräberfeld von Kirchheim, Ries, Basel.

Ammerman, Albert J. (2006): »Comment on ›Ancient DNA from the First European Farmers in 7500-Year-Old Neolithic Sites‹«, in: Science 312, S. 1875a.

–/Cavalli-Sforza, Luigi Luca (1984): The Neolithic Transition and the Genetics of Populations in Europe, Princeton.

Amrein, Martin (2016): »Klonen. Zurück aus dem Reich der Toten«, in: NZZ.ch, 3.1.2016, http://www.nzz.ch/nzzas/nzz-am-sonntag/zurueck-aus-dem-reich-der-toten-ld.3944, Stand: 20.7.2016.

Andrews, Lori. B./Buenger, Nancy/Bridge, Jennifer/Rosenow, Laurie/Stoney, David (2004): »Constructing Ethical Guidelines for Biohistory«, in: Science 304, S. 215 f.

Angier, Natalie (1991): »New Debate Over Humankind's Ancestress«, in: The New York Times, 1.10.1991, S. C1.

Anker, Suzanne/Nelkin, Dorothy (2004): The Molecular Gaze. Art in the Genetic Age, Cold Spring Harbor.

Anslinger, Katja/Weichhold, Gottfried M./Keil, Wolfgang/Bayer, Birgit, et al. (2001): »Identification of the Skeletal Remains of Martin Bormann by mtDNA Analysis«, in: Int. J. Legal Med. 114, S. 194 ff.

Anthony, David (1990): »Migration in Archaeology: The Baby and the Bathwater«, in: Am. Anthropol. 92, S. 895-914.

Anthropologie und Osteoarchäologie – Praxis für Bioarchäologie (Hg.) (2013): Webauftritt, http://www.ao-bioarchaeologie.de/, Stand: 15.2.2013.

AG TidA (Hg.) (2013): Programm&Abstracts, Tagung: Massendinghaltung in der Archäologie. Der material turn und die Ur- und Frühgeschichte, Berlin, 23.5.2013, http://www.theorieag.de/programm-zur-tagung-massendinghaltung-in-der-archaologie/, Stand: 8.12.2016.

Arnemann, Joachim/Epplen, Jörg T./Herrmann, Bernd/Schmidtke, Jörg (1986): »Molecular Aloning of DNA from a Pre-Columbian Peruvian Indian Mummy«, in: Herrmann (1986c), S. 117 f.

Arnold, Bettina (2007): »Gender and Archaeological Mortuary Analysis», in: Nelson, S. 107-140.

Arnold, Klaus (2010): »Geschichtsjournalismus – ein Schwellenressort? Arbeitsweisen, Themen und Selbstverständnis von Geschichtsjournalisten in Deutschland«, in: ders./Hörnberg, Walter/Kinnebrock, Susanne (Hg.): Geschichtsjournalismus. Zwischen Information und Inszenierung, Berlin u. a., S. 87-107.

Arriaza, Bernardo T./Salo, Wilmar L./Aufderheide, Arthur C./Holcomb, [T.] A. (1995): »Pre-Columbian Tuberculosis in Northern Chile: Molecular and Skeletal Evidence«, in: Am. J. Phys. Anthropol. 98, S. 37-45.

Atkinson, Paul/Glasner, Peter Egan/Lock, Margaret M. (2009a): »Genetics and Society. Perspectives from the Twenty-First Century«, in: dies. (2009b), S. 1-14.

–/–/– (Hg.) (2009b): The Handbook of Genetics and Society. Mapping the New Genomic Era, London, New York.

Augstein, Melanie/Samida, Stefanie/Eggert, Manfred K.H. (Hg.) (2011): Retrospektive. Archäologie in kulturwissenschaftlicher Sicht, Münster.

Austin, Jeremy J./Ross, Andrew J./Smith, Andrew B./Fortey, Richard A., et al. (1997): »Problems of Reproducibility. Does Geologically Ancient DNA Survive in Amber-preserved Insects?«, in: Proc. Roy. Soc. Lond. B Biol. 264, S. 467-474.

Axelsson, E./Willerslev, Eske/Gilbert, M. Thomas P./Nielsen, Rasmus (2008): »The Effect of Ancient DNA Damage on Inferences of Demographic Histories«, in: Mol. Biol. Evol. 25, S. 2181-2187.

Backhaus, Jürgen (2015): »Ein Teil von uns kommt aus der eurasischen Steppe. Jenaer Max- Planck-Institut an Studie über Herkunft der Indoeuropäer beteiligt«, in: Thüringische Landeszeitung, Ausgabe Erfurt, 3.3.2015, S. 24.

Bär, [W.]/Kratzer, [A.]/Mächler, [M.]/Schmid, [W.] (1988): »Postmortem Stability of DNA«, in: Forensic. Sci. Int. 39, S. 59-70.

Bahnsen, Ulrich (2014): »Frühe Vielfalt«, in: Die Zeit, 16.4.2014, S. 35 f.

Baier, Tina (2010): »Die Uralteingesessenen«, in: SZ.de, 19.5.2010, http://www.sueddeutsche.de/wissen/anthropologie-die-uralteingesessenen-1.913065, Stand: 30.11.2016.

Balaresque, Patricia/Bowden, Georgina R./Adams, Susan M./Leung, Ho-Yee, et al. (2010): »A Predominantly Neolithic Origin for European Paternal Lineages«, in: PLOS Biology 8, S. e1000285.

Ball, Edward (2007): The Genetic Strand. Exploring a Family History through DNA, New York.

Ball, Markus (2014): From PCR to NGS. New Approaches and Possibilities for Detecting Pathogens in Archived Biopsies, Univ. Diss. Tübingen.

Ballantyne, Jack (1997): »Mass Disaster Genetics«, in: Nature Genetics 15, S. 329 ff.

Ballard, J. William O./Whitlock, Michael C. (2004): »The Incomplete Natural History of Mitochondria«, in: Molecular Ecology 13, S. 729-744.

Balloux, François (2010): »The Worm in the Fruit of the Mitochondrial DNA Tree«, in: Heredity 104, S. 419 f.

Balsiger, Philipp W. (2005): Transdisziplinarität. Systematisch-vergleichende Untersuchung disziplinenübergreifender Wissenschaftspraxis, München.

Balter, Michael (2005): »Ancient DNA Yields Clues to the Puzzle of European Origins«, in: Science 310, S. 964 f.

Bandelt, Hans-Jürgen/Macaulay, Vincent/Richards, Martin B. (2002): »What Molecules Can't Tell Us About the Spread of Languages and the Neolithic«, in: Renfrew/Bellwood, S. 99-107.

–/Yao, Yong-Gang/Richards, Martin B./Salas, Antonio (2008): »The Brave New Era of Human Genetic Testing«, in: BioEssays 30, S. 1246-1251.

Banerjee, Monica/Brown, Terence A. (2004): »Non-random DNA Damage Resulting from Heat Treatment: Implications for Sequence Analysis of Ancient DNA«, in: J. Archaeol. Sci. 31, S. 59-63.

Barbujani, Guido/Bertorelle, Giorgio (2001): »Genetics and the population history of Europe«, in: PNAS 98, S. 22-25.

–/– (2003): »Were Cro-Magnons too Like Us for DNA to Tell?«, in: Nature 424, S. 127.

–/Chikhi, Lounès (2006): »Population Genetics: DNA from the European Neolithic«, in: Heredity 97, S. 84 f.

–/Dupanloup, Isabelle (2002): »DNA Variation in Europe: Estimating the Demographic Impact of Neolithic Dispersals«, in: Renfrew/Bellwood, S. 421-433.

–/Pilastro, Andrea (1993): »Genetic evidence on origin and dispersal of human populations speaking languages of the Nostratic macrofamily«, in: PNAS 90, S. 4670-4673.

–/Sokal, Robert Reuven/Oden, Neil L. (1995): »Indo-European origins: a computer-simulation test of five hypotheses«, in: *Am. J. Phys. Anthropol.* 96, S. 109-132.

Barnes, Ethne (2006): Diseases and Human Evolution, Albuquerque.

Barnes, Ian (2000): Abstract: Analysis of Permafrost-preserved Cat Remains Using Ancient DNA, 5th International Ancient DNA Conference, Manchester, 12.7.2000, http://members.chello.nl/jperk/Ancient%20DNA%205.pdf, Stand: 30.6.2016.

–/Matheus, Paul/Shapiro, Beth/Jensen, David/Cooper, Alan (2002): »Dynamics of Pleistocene population extinctions in Beringian brown bears«, in: Science 295, S. 2267-2270.

–/Thomas, Mark G. (2006): »Evaluating bacterial pathogen DNA preservation in museum osteological collections«, in: Proc. Roy. Soc. Lond. B Biol. 273, S. 645-653.

Barnett, Ross/Larson, Greger (2012): »A Phenol-Chloroform Protocol for Extracting DNA from Ancient Samples«, in: Shapiro/Hofreiter (2012a), S. 13-19.

Baron, Heike/Hummel, Susanne/Herrmann, Bernd (1996): »Mycobacterium tuberculosis. Complex DNA in Ancient Human Bones«, in: J. Archaeol. Sci. 23, S. 667-671.

Baum, Jake/Kahila Bar-Gal, Gila (2003): »The emergence and co-evolution of human pathogens«, in: Greenblatt/Spigelman, S. 67-78.

Baumeister, Ralf (Hg.) (2009): Mord im Moor? Die Bronzezeit am Federsee im Spiegel von Archäologie und Naturwissenschaft. Begleitband zur Sonderausstellung, 31.5.-1.11.2009, Bad Buchau.

Beaumont, Mark A./Nielsen, Rasmus/Robert, Christian/Hey, Jody, et al. (2010): »Reply: In defense of model-based inference in phylogeography«, in: Molecular Ecology 19, S. 436-446.

Beck, Curt W./Garner, Victor/Jones, Martin K./Richards, Michael P. (2008): »Biomolecular Archaeology in the Aegean Context: Problems and Prospects«, in: Tzedakis/Martlew/Jones, S. 238-242.

Begley, Sharon (1993): »Here come the DNAsaurs«, in: Newsweek, 14.6.1993, S. 56.

–/Katz, Susan (1984): »Blueprint of a Lost Animal«, in: Newsweek, 18.6.1984, S. 64.

Beilke-Voigt, Ines (2013): »Sind Mädchen die ›schlechteren‹ Kinder? Zur Frage der Mädchentötung in den antiken Schriftquellen, im archäologisch-anthropologischen Befund und in ethnologischen Überlieferungen«, in: Wefers/Fries/Fries-Knoblach/Later, et al., S. 113-126.

Belle, Elise M. S./Landry, [P.-A.]/Barbujani, Guido (2006): »Origins and evolution of the Europeans' genome: evidence from multiple microsatellite loci«, in: Proc. Roy. Soc. Lond. B Biol. 273, S. 1595-1602.

Bender, Klaus/Schneider, Peter M./Rittner, Christian (2000): »Application of mtDNA sequence analysis in forensic casework for the identification of human remains«, in: Forensic Sci. Int. 113, S. 103-107.

Benson, Dennis A./Cavanaugh, Mark/Clark, Karen/Karsch-Mizrachi, Ilene et al. (2013): »GenBank«, in: Nucleic Acids Res. 41 (Database issue), D36-D42.

Bentley, R. Alexander (2013): »Mobility and the diversity of early Neolithic lives: Isotopic evidence from skeletons«, in: J. Anthropol. Archaeol. 32, S. 303-312.

Benz, Marion/Liedmeier, Anna Katrien (2007): »Archaeology and the German press«, in: Clack/Brittain, S. 153-173.

Bergemann, Johannes (2000): Orientierung Archäologie. Was sie kann, was sie will, Reinbek.

Bergmann, [K.] (2007): »Hatschepsuts Zahn als Beweisstück«, in: NZZ, 28.6.2007, S. 11.

Bergmann, Matthias/Brohman, Bettina/Hofman, Esther/Loibl, M. Celine, et al. (2005): Qualitätskriterien transdisziplinärer Forschung. Ein Leitfaden für die formative Evaluation von Forschungsprojekten, Frankfurt a. M.

Berry, Stephan (2012): Antike im Labor. Kleopatra, Ötzi und die modernen Naturwissenschaften, Darmstadt.

Berthold, Birgitt (2008a): »Die Totenhütte der Bernburger Kultur von Benzigerode, Ldkr. Harz«, in: dies (2008b), S. 17-55.

– (Hg.) (2008b): Die Totenhütte von Benzigerode: Archäologie und Anthropologie. Detlef W. Müller zum 65. Geburtstag, Halle.

Bethge, Philip (1999): »Jäger des verlorenen Gens«, in: Der Spiegel, 18.10.1999, S. 306 ff.

– (2006): »Leipziger Suppe«, in: Der Spiegel, 20.11.2006, S. 180.

Biehl, Peter F. (2005): »Archäologie Multimedial – Potential und Gefahren der Popularisierung in der Archäologie«, in: Archäologisches Nachrichtenblatt 10, S. 244-255.

–/Gramsch, Alexander/Marciniak, Arkadiusz (Hg.) (2002): Archäologien Europas. Geschichte, Methoden und Theorien, Münster u. a.

Biel, Jörg (1999): »Vorwort«, in: Fundberichte aus Baden-Württemberg 23, o. S.

Bienert, Hans-Dieter/Krause, Rüdiger/Krausse, Dirk/Meller, Harald et al. (2009): »AiD-Jubiläum. Neun Experten und ihre Sicht auf die Archäologie. 25 Jahre AiD – Rückschau und Ausblick«, in: AiD 25, S. 38-43.

Bierbrauer, Volker (2004): »Zur ethnischen Interpretation in der frühgeschichtlichen Archäologie«, in: Pohl, Walter (Hg.): Die Suche nach den Ursprüngen. Von der Bedeutung des frühen Mittelalters, Wien, S. 45-84.

Bijker, Wiebe E./Hughes, Thomas P./Pinch, Trevor J. (Hg.) (2001): The Social Construction of Technological Systems. New Directions in the Sociology and History of Technology, 8. Aufl., Cambridge.

Bik, Elisabeth M. (2016): »The Hoops, Hopes, and Hypes of Human Microbiome Research«, in: Yale Journal of Biology and Medicine 89, S. 363-373.

Binladen, Jonas/Wiuf, Carsten/Gilbert, M. Thomas P./Bunce, Michael, et al. (2005): »Assessing the Fidelity of Ancient DNA Sequences Amplified From Nuclear Genes«, in: Genetics 172, S. 733-741.

Birx, H. James (Hg.) (2010): 21st century anthropology. A reference handbook, Los Angeles u. a.

Blättel-Mink, Birgit/Kastenholz, Hans/Schneider, Melanie/Spurk, Astrid (2003): Nachhaltigkeit und Transdisziplinarität: Ideal und Forschungspraxis, Stuttgart.

Blatter, Robert H. E./Jacomet, Stefanie/Schlumbohm, Angela (2000): Abstract: Spelt-specific alleles in HMW glutenin genes and their implication on the origin of European spelt (Triticum spelta L.), 5th International Ancient DNA Conference, Manchester, 12.7.2000, http://members.chello.nl/jperk/Ancient%20DNA%205.pdf, Stand: 30.6.2016.

Blawat, Katrin (2010a): »Evolution des Menschen: Neuer Urmensch«, in: SZ.de, 23.12.2010, http://www.sueddeutsche.de/wissen/evolution-des-menschen-neuer-urmensch-1.1039471, zuletzt besuht am 30.11.2016.

– (2010b): »Homo X«, in: SZ.de, 25.3.2010, Stand: 30.11.2016.

Blin, Nikolaus/Pusch, Carsten M. (2006): »DNA und die Stammesgeschichte des Menschen«, in: Conard, Nicholas John (Hg.): Woher kommt der Mensch?, 2., überarb. und akt. Aufl., Tübingen, S. 229-240.

BMBF (Hg.) (2007): Bekanntmachung von Förderrichtlinien des Bundesministeriums für Bildung und Forschung (BMBF) ›Wechselwirkungen zwischen Natur- und Geisteswissenschaften‹, http://www.bmbf.de/foerderungen/7774.php, Stand: 10.1.2014.

– (Hg.) (2012a): Förderschwerpunkt: Freiraum für die Geisteswissenschaften. Wechselwirkungen: Archäologie und Altertumswissenschaften, http://www.bmbf.de/pub/freiraum_fuer_die_geisteswissenschaften.pdf, zuletzt aktualisiert: 1.6.2012, Stand: 4.3.2014.

– (Hg.) (2012b): »Konferenzprogramm: Wechselwirkungen zwischen Natur- und Geisteswissenschaften, Abschlusstagung. Förderlinie: Archäologie/Altertumswissenschaften«, in: H-Soz-Kult, 11.3.2013, http://www.hsozkult.de/event/id/termine-18668, Stand: 20.7.2016.

–/FJPB (Hg.) (2004a): Alte Fragen – neue Antworten. Neue Technologien in den Geisteswissenschaften, Berlin.

–/– (Hg.) (2004b): Antragsverfahren und Mitteleinsatz, in: dies. (2004a), S. 109-115.

–/– (Hg.) (2004c): »Einleitung: Geisteswissenschaftliche Fragestellungen als Anwendungsfeld von Naturwissenschaft und Technik«, in: dies. (2004a), S. 1-4.

–/– (Hg.) (2004d): »Ziele und Förderbereiche 1996-2003«, in: dies. (2004a), S. 5-15.

–/– (Hg.) (1997): Einsatz Neuer Technologien in den Geisteswissenschaften, Jülich.

Bochenski, Zbigniew M. (2008): »Identification of skeletal remains of closely related species: the pitfalls and solutions«, in: J. Archaeol. Sci. 35, S. 1247-1250.

Böschen, Stefan (2004): Handeln trotz Nichtwissen. Vom Umgang mit Chaos und Risiko in Politik, Industrie und Wissenschaft, Frankfurt a. M.

–/Kastenhofer, Karen/Rust, Ina/Soentgen, Jens, et al. (2008): »Entscheidungen unter den Bedingungen pluraler Nichtwissenskulturen«, in: Neidhardt, Friedhelm/Weingart, Peter/Mayntz, Renate/Wengenroth, Ulrich (Hg.): Wissensproduktion und Wissenstransfer. Wissen im Spannungsfeld von Wissenschaft, Politik und Öffentlichkeit, Bielefeld, S. 197-219.

–/Wehling, Peter (2004): Wissenschaft zwischen Folgenverantwortung und Nichtwissen. Aktuelle Perspektiven der Wissenschaftsforschung, Wiesbaden.

Boessneck, Joachim (Hg.) (1968): Archäologisch-biologische Zusammenarbeit in der Vor- und Frühgeschichtsforschung. Münchener Kolloquium 1967, Wiesbaden.

Bohne, Anke/Heinrich, Marcus U. (2000): »Das Bild der Archäologie in der Öffentlichkeit. Eine Befragung in Bonn und Köln«, in: Mitteilungen des Deutschen Archäologenverbandes, 31.2.2000, S. 1-34.

Bollongino, Ruth (2006): Die Herkunft der Hausrinder in Europa. Eine aDNA-Studie an neolithischen Knochenfunden, Bonn.

– (2013): Vortragstranskript: Paläogenetische Forschungen zur Geschichte der Haustiere, Tagung: Archäologie und Paläogenetik, DGUF, Erlangen, 10.5.2013.

–/Burger, Joachim (2010a): »Palaeogenetische Studien zum Neolithikum«, in: Meller/Alt (2010a), S. 71-75.

–/– (2010b): »Phylogeny and population genetics of Neolithic wild and domestic cattle«, in: Gronenborn/Petrasch, S. 81-85.

–/–/Haak, Wolfgang (2006): »Die Anfänge des Neolithikums. DNA-Untersuchungen bei Menschen und Rindern«, in: AiD 22, S. 24 f.

–/Edwards, Ceiridwen J./Alt, Kurt W./Burger, Joachim, et al. (2006): »Early history of European domestic cattle as revealed by ancient DNA«, in: Biology Letters 22, S. 155-159.

–/Hummel, Susanne/Burger, Joachim/Herrmann, Bernd (2000): Abstract: Species identification – strategies and application in wildlife conservation and forensics, 5th International Ancient DNA Conference, Manchester, 12.7.2000, http://members.chello.nl/jperk/Ancient%20DNA%205.pdf, Stand: 30.6.2016.

–/Tresset, Anne/Vigne, Jean-Denis (2008): »Environment and excavation: Prelab impacts on ancient DNA analyses«, in: C. R. Acad. Sci. Palevol 7, S. 91-98.

Bolnick, Deborah A./Full, Duana/Duster, Troy/Cooper, Richard S., et al. (2007): »Genetics. The science and business of genetic ancestry testing«, in: Science 318, S. 399 f.

–/Glenn Smith, David (2007): »Migration and Social Structure among the Hopewell: Evidence from Ancient DNA«, in: American Antiquity 72, S. 627-644.

Boom, Helga van den (Hg.) (1991a): Großgefäße und Töpfe der Heuneburg, Mainz.

– (1991b): »Vorwort der Verfasserin«, in: dies. (1991a), S. vii.

Borbein, Adolf Heinrich/Hölscher, Tonio/Zanker, Paul (2000): »Einleitung«, in: ders./Hölscher, Tonio/Zanker, Paul (Hg.): Klassische Archäologie. Eine Einführung, Berlin, S. 7-21.

Borgognini Tarli, Silvana/Paoli, Giorgio/Francalacci, Paolo (1986): »Problems and perspectives in palaeoserology«, in: Herrmann (1986c), S. 107-115.

Boros-Major, Anita/Bona, Agnes/Lovasz, Gabriella/Molnár, Erika, et al. (2011): »New perspectives in biomolecular paleopathology of ancient tuberculosis: a proteomic approach«, in: J. Archaeol. Sci. 38, S. 197-201.

Bos, Kirsten I./Herbig, Alexander/Sahl, Jason/Waglechner, Nicholas, et al. (2016): »Eighteenth century Yersinia pestis genomes reveal the long-term persistence of an historical plague focus«, in: eLife 5, S. e12994.

–/Schünemann, Verena J./Golding, G. Brian/Burbano, Hernán A., et al. (2011): »A draft genome of Yersinia pestis from victims of the Black Death«, in: Nature 478, S. 506-510.

–/Stevens, Philip/Nieselt, Kay/Poinar, Hendrik N., et al. (2012): »Yersinia pestis: New Evidence for an Old Infection«, in: PLOS ONE 7, S. e49803.

Bouwman, Abigail S. (2013): Vortragstranskript: Historic CCR5-Delta32 Frequencies in Central Europe, Tagung: Archäologie und Paläogenetik, DGUF, Erlangen, 11.5.2013.

–/Brown, Keri A./Prag, A. John N.W./Brown, Terence A. (2008): »Kinship between burials from Grave Circle B at Mycenae revealed by ancient DNA typing«, in J. Archaeol. Sci. 35, S. 2580-2584.

–/Brown, Terence A. (2005): »The limits of biomolecular palaeopathology: ancient DNA cannot be used to study venereal syphilis«, in: J. Archaeol. Sci. 32, S. 703-713.

Bramanti, Barbara/Hummel, Susanne/Chiarelli, Brunetto/Herrmann, Bernd (2003): »Ancient DNA Analysis of the Delta F508 Mutation«, in: Hum. Biol. 75, S. 105-115.

–/–/Schultes, Tobias/Herrmann, Bernd (2000): »STR Allelic Frequencies in a German Skeleton Collection«, in: Anthropol. Anz. 58, S. 45-49.

–/Thomas, Mark G./Haak, Wolfgang/Unterländer, Martina, et al. (2009): »Genetic discontinuity between local hunter-gatherers and central Europe's first farmers«, in: Science 326, S. 137-140.

Brandstätter, Anita/Parsons, Thomas J./Parson, Walther (2003): »Rapid screening of mtDNA coding region SNPs for the identification of west European Caucasian haplogroups«, in: Int. J. Legal Med. 117, S. 291-298.

Brandt, Christina (2000): »Zum Gebrauch von Metaphern und Symbolen. Metaphorologische und historische Notizen zum Schrift- und Informationsdiskurs in den Biowissenschaften«, in: Schell, Thomas von/Seltz, Rüdiger (Hg.): Inszenierungen zur Gentechnik, Wiesbaden, S. 142-152.

Brandt, Elisabeth/Wiechmann, Ingrid/Grupe, Gisela (2002): »How reliable Are immunological tools for the detection of ancient proteins in fossil bones?«, in: Int. J. Osteoarchaeol. 12, S. 307-316.

Brandt, Guido/Knipper, Corina/Roth, Christina/Siebert, Angelina, et al. (2010): »Beprobungsstrategien für aDNA und Isotopenanalysen an historischem und prähistorischem Skelettmaterial«, in: Meller/Alt, S. 17-31.

Brather, Sebastian (2004): Ethnische Interpretationen in der frühgeschichtlichen Archäologie. Geschichte, Grundlagen und Alternativen, Berlin.

– (2008): »Virchow and Kosinna. From the Science-Based Anthropology of Humankind to the Culture-Historical Archaeology of Peoples«, in: Schlanger/Nordbladh, S. 317-334.

– (2009a): »Ethnische Interpretationen in der europäischen Archäologie. Wissenschaftliche und politische Relevanz«, in: Schachtmann, Judith/Strobel, Michael/Widera, Thomas (Hg.): Politik und Wissenschaft in der prähistorischen Archäologie. Perspektiven aus Sachsen, Böhmen und Schlesien, Göttingen, S. 31-51.

– (2009b): »Memoria und Repräsentation. Frühmittelalterliche Bestattungen zwischen Erinnerung und Erwartung«, in: ders./Geuenich, Dieter/Huth, Christoph (Hg.): Historia archaeologica: Festschrift für Heiko Steuer zum 70. Geburtstag, Berlin, S. 247-284.

– (2010): »Vortragsveranstaltungen 1984-2009«, in: ders./Zotz, S. 177-220.

– (2011): »Archäologische Kulturen und historische Interpretation(en)«, in: Burmeister/Müller-Scheeßel, S. 207-226.

– (2013): »›In stammeskundlichen Fragen erschien es angebracht, möglichste Zurückhaltung zu üben.‹ Ethnische Interpretationen und frühgeschichtliche Archäologie. Gedanken zum interdisziplinären Arbeiten«, in: Rasbach, Gabriele (Hg.): Westgermanische Bodenfunde: Akten des Kolloquiums anlässlich des 100. Geburtstages von Rafael von Uslar am 5. und 6.12.2008 in Frankfurt a. M., Bonn, S. 53-61.

– (2015): »Abstract: Ethnic Identity and Genes? Remarks on a Non-Relationship«, in: ZZF/Humboldt Universität zu Berlin, o. S.

– (2016): »New Questions instead of old answers: Archaeological Expectations of aDNA Analysis«, in: Medieval Worlds 4, S. 22-41.

–/Zotz, Thomas (Hg.) (2010): 25 Jahre Forschungsverbund 1984-2009 ›Archäologie und Geschichte des Ersten Jahrtausends in Südwestdeutschland‹ an der Albert-Ludwigs-Universität Freiburg im Breisgau, Rahden.

Brdicka, Radim (2008): »Book review: How molecular genetics and other disciplines pushed forward understanding our past: Before the Dawn. Recovering the Lost History of Our Ancestors, by Nicholas Wade«, in: Eur. J. Hum. Genet. 16, S. 530.

Bredow, Raphaela von/Dworschak, Manfred (2014): »›Wir sind verrückt‹«, in: Der Spiegel, 1.3.2014, S. 96-100.

Brenner, Charles H./Weir, Bruce S. (2003): »Issues and strategies in the DNA identification of World Trade Center victims«, in: Theoretical Population Biology 63, S. 173-178.

Briggs, Adrian W./Good, Jeffrey M./Green, Richard E./Krause, Johannes, et al. (2009): »Targetted retrieval and analysis of five Neandertal mtDNA genomes«, in: Science 325, S. 318-321.

–/Heyn, Patricia (2012): »Preparation of Next-Generation Sequencing Libraries from Damaged DNA«, in: Shapiro/Hofreiter (2012a), S. 143-154.

–/Stenzel, Udo/Johnson, Philip L.F./Green, Richard E., et al. (2007): »Patterns of damage in genomic DNA sequences from a Neandertal«, in: PNAS 104, S. 14616-14621.

Briseno, Cynthia (2010): »Wir sind alle ein bißchen Neandertaler«, in: Spiegel Online, 6.5.2010, http://www.speigel.de/wissenschaft/mensch/erbgut-entschluesselt-wir-sind-alle-ein-bißchen-neandertaler-a-692855.html, Stand: 20.7.2016.

Brittain, Marcus/Clack, Timothy (2007): »Introduction: Archaeology and the Media«, in: Clack/Brittain, S. 11-65.

Brookes, Stuart/Harrington, Sue/Reynolds, Andrew J. (Hg.) (2011): Studies in early Anglo-Saxon art and archaeology. Papers in honour of Martin G. Welch, Oxford.

Brosch, Roland/Gordon, Stephen V./Marmiesse, Magali/Brodin, Priscille, et al. (2002): »A new evolutionary scenario for the Mycobacterium tuberculosis complex«, in: PNAS 99, S. 3684-3689.

Brotherton, Paul/Haak, Wolfgang/Templeton, Jennifer/Brandt, Guido, et al. (2013): »Neolithic mitochondrial haplogroup H genomes and the genetic origins of Europeans«, in: Nature Communications 4, S. 1-11.

Brown, Keri A. (1998a): »Gender and Sex: distinguishing the difference with ancient DNA«, in: Whitehouse, S. 35-44.

– (1998b): »Gender and Sex – What can ancient DNA tell us?«, in: Ancient Biomolecules 2, S. 3-15.

–/O'Donoghue, Kerry/Brown, Terence A. (1995): »DNA in cremated bones from an early bronze age cemetery cairn«, in: Int. J. Osteoarchaeol. 5, S. 181-187.

Brown, Terence A./Brown, Keri A. (1992): »Ancient DNA and the archaeologist«, in: Antiquity 66, S. 250-253.

–/– (2011): Biomolecular archaeology. An introduction. Chichester.

–/–/Flaherty, Christine E./Little, Lisa M., et al. (2000): »DNA Analysis of Bones from Grave Circle B at Mycenae: A First Report«, in: The Annual of the British School at Athens 95, S. 115-119.

–/Evershed, Richard P./Tuross, Noreen (1999a): »Aims and Scope«, in: Ancient Biomolecules 1, S. U2.

–/–/– (1999b): »Editorial«, in: Ancient Biomolecules 1, S. 1 f.

Browne, Malcom (1991): »Scientists Study Ancient DNA for Glimpses of Past Worlds«, in: The New York Times, 25.6.1991, S. C1.

Brumfiel, Elizabeth M. (2007): »Methods in Feminist and Gender archaeology. A Feeling for Difference and Likeness«, in: Nelson, S. 1-28.

Budimlija, Zoran M./Prinz, Mechthild K./Zelson-Mundorff, Amy/Wiersema, Jason, et al. (2003): »World Trade Center human identification project: experiences with individual body identification cases«, in: Croat. Med. J. 44, S. 259-263.

Budowle, Bruce/Bieber, Frederick R./Eisenberg, Arthur J. (2005): »Forensic aspects of mass disasters: Strategic considerations for DNA-based human identification«, in: Legal Medicine 7, S. 230-243.

Buikstra, Jane E. (2009): »Preface«, in: dies./Beck, S. xvii-xx.
–/Beck, Lane Anderson (Hg.) (2009): Bioarchaeology: The Contextual Analysis of Human Remains, Walnut Creek.
–/Roberts, Charlotte A. (Hg.) (2012): The global history of paleopathology. Pioneers and prospects, Oxford, New York.
Bunce, Michael/Worthy, Trevor H./Ford, Tom/Hoppitt, Will/Willerslev, Eske (2003): »Extreme reversed sexual size dimorphism in the extinct New Zealand moa Dinornis«, in: Nature 425, S. 172-175.
Burbano, Hernán A./Hodges, Emily/Green, Richard E./Briggs, Adrian W., et al. (2010): »Targeted Investigation of the Neandertal Genome by Array-Based Sequence Capture«, in: Science 328, S. 723 ff.
Burger, Joachim (2000a): Abstract: STR profiles, mtDNA sequences, and RFLP-PCRs from art and artefacts, 5th International Ancient DNA Conference, Manchester, 12.7.2000, http://members.chello.nl/jperk/Ancient%20 DNA%205.pdf, Stand: 30.6.2016.
– (2000b): Sequenzierung, RFLP-Analyse und STR-Genotypisierung alter DNA aus archäologischen Funden und historischen Werkstoffen, Univ. Diss. Göttingen.
– (2006): »Zwischen Kontamination und Authentizität – der Nachweis menschlicher DNA aus archäologischen Skeletten«, in: Niemitz (2006a), S. 53-59.
– (2007): »Palaeogenetik«, in: Wagner (2007a), S. 279-298.
– (2013a): Transkript: Diskussionsbeitrag zum Vortrag von Alissa Mittnik: Eine direkte Kalibrierung der menschlichen molekularen Uhr anhand alter DNA, Archäologie und Paläogenetik, DGUF, Erlangen, 10.5.2013.
– (2013b): Transkript: Diskussionsbeitrag zum Vortrag von Frank Siegmund: Kulturen, Völker und Identitätsgruppen – Eine Übersicht über die archäologische Diskussion, DGUF, Erlangen, 10.5.2013.
– (2013c): Vortragstranskript: Populationsgenetik des Neolithikums, Tagung: Archäologie und Paläogenetik, DGUF, Erlangen, 10.5.2013.
–/Bollongino, Ruth (2008): »Mensch und Milch«, in: AiD 24, S. 34 f.
–/– (2010): »Richtlinien zur Bergung, Entnahme und Archivierung von Skelettproben für palaeogenetische Analysen«, in: Bulletin der Schweizerischen Gesellschaft für Anthropologie 16, S. 71-78.
–/Bramanti, Barbara/Haak, Wolfgang/Bollongino, Ruth, et al. (2004): »Die ersten Bauern und Rinder in Europa – Paläogenetik des Neolithikums«, in: BMBF/FJPB (2004a), S. 51 ff.
–/Großkopf, Birgit/Hummel, Susanne/Herrmann, Bernd (2002): »DNA Techniques in Archaeometry – News and Progress«, in: Jerem/Rudner, S. 19-21.
–/Haak, Wolfgang (2010): »Mitochondriale Haplotypen aus humanen neolithischen Skeletten der LBK bzw. AVK«, in: Gronenborn/Petrasch, S. 141-146.

–/Hummel, Susanne/Herrmann, Bernd (1997): »Nachweis von DNA-Einzelkopiesequenzen aus prähistorischen Zähnen. Liegemilieu als Faktor für den Erhalt von DNA«, in: Anthropol. Anz. 55, S. 193-198.
–/–/–/Henke, Winfried (1999): »DNA Preservation: A Microsatellite-DNA Study on Ancient Skeletal Remains«, in: Electrophoresis 20, S. 1722-1728.
–/Kaiser, Elke/Schier, Wolfram (Hg.) (2012): Population dynamics in prehistory and early history. New approaches using stable isotopes and genetics, Boston.
–/Kirchner, [M.]/Bramanti, Barbara/Haak, Wolfgang, et al. (2007): »Absence of the lactase-persistence-associated allele in early Neolithic Europeans«, in: PNAS 104, S. 3736-3741.
–/Schoon, Reinhold/Zeike, Birgit/Hummel, Susanne, et al. (2002): »Species Determination using Species-discriminating PCR-RFLP of Ancient DNA from Prehistoric Skeletal Remains«, in: Ancient Biomolecules 4, S. 19-23.
–/Thomas, Mark G. (2011): »The Palaeopopulationgenetics of Humans, Cattle and Dairying in Neolithic Europe«, in: Pinhasi/Stock, S. 370-384.
Burmeister, Stefan (2000): »Archaeology and migration. Approaches to an archaeological proof of migration«, in: Curr. Anthropol. 41, S. 539-567.
– (2013): »Migration und Ethnizität: Zur Konzeptionalisierung von Mobilität und Identität«, in: Eggert/Veit, S. 229-268.
– (2015): »Archaeological research on Migration as Multidisciplinary Challenge – The Example of Late Antique Germanic Migrations«, in: ZZF/Humboldt Universität zu Berlin, o. S.
– (2016): »Archaeological Research on Migration as a Multidisciplinary Challenge«, in: Medieval Worlds 4, S. 42-64.
–/Müller-Scheeßel, Nils (Hg.) (2011): Fluchtpunkt Geschichte. Archäologie und Geschichtswissenschaft im Dialog, Münster.
Cabana, Graciela/Hunley, Keith/Kaestle, Frederika A. (2000): Abstract: Modeling the effects of random genetic drift and migration on the genetic diversity of ancient populations, 5th International Ancient DNA Conference, Manchester, 12.7.2000, http://members.chello.nl/jperk/Ancient%20 DNA%205.pdf, Stand: 30.6.2016.
Cagigao, Elsa Tomasto (2009): »Talking Bones: Bioarchaeological Analysis of Individuals from Palpa«, in: Reindel/Wagner (2009b), S. 141-158.
Callaway, Ewen (2011): »The Black Death Decoded«, in: Nature 478, S. 444 ff.
– (2012): »Date with History«, in: Nature 485, S. 27 ff.
– (2014): »The Neanderthal in the family«, in: Nature 507, S. 414 ff.
– (2015a): »Ancient DNA dispute raises questions about wheat trade in prehistoric Britain«, in: Nature.com, 3.11.2015, http://www.nature.com/news/ancient-dna-dispute-raises-questions-about-wheat-trade-in-prehistoric-bri tain-1.18702, Stand: 3.12.2016.
– (2015b): »DNA deluge reveals Bronze Age secrets«, in: Nature 522, S. 140 f.

– (2015c): »Language origin debate rekindled«, in: Nature 518, S. 284 f.

Cameron, David W./Groves, Colin P. (2004): Bones, stones, and molecules. ›Out of Africa‹ and human origins, Amsterdam.

Campana, Michael G./Bower, Mim A./Bailey, Melanie J./Stock, Frauke, et al. (2010): »A flock of sheep, goats and cattle: ancient DNA analysis reveals complexities of historical parchment manufacture«, in: J. Archaeol. Sci. 37, S. 1317-1325.

–/–/Crabtree, Pam J. (2013): »Ancient DNA for the Archaeologist: The Future of African Research«, in: The African Archaeological Review 30, S. 21-37.

–/Lister, Diane L./Whitten, C. Mark/Edwards, Ceiridwen J., et al. (2012): »Complex relationships between mitochondrial and Nuclear DNA Preservation in Historical DNA Extracts«, in: Archaeometry 54, S. 193-202.

–/McGovern, Teresa/Disotell, Todd R. (2014): »Evidence for Differential Ancient DNA Survival in Human and Pig Bones from the Norse North Atlantic«, in: Int. J. Osteoarchaeol. 24, S. 704-708.

Campos, Paula F./Gilbert, M. Thomas P. (2012): »DNA Extraction from Formalin-fixed Material«, in: Shapiro/Hofreiter (2012a), S. 81-85.

Cann, Rebecca L./Stoneking, Mark/Wilson, Allan C. (1987): »Mitochondrial DNA and Human Evolution«, in: Nature 325, S. 31-36.

Cano, Raúl J. (2003): »The Microbiology of Amber: a Story of Persistence«, in: Greenblatt/Spigelman, S. 39-48.

–/Borucki, Monika K./Higby-Schweitzer, Mary/Poinar, Hendrik N., et al. (1994): »Bacillus DNA in Fossil Bees: an Ancient Symbiosis?«, in: Applied and Environmental Microbiology 60, S. 2164-2167.

–/Poinar, Hendrik N. (1993): »Rapid Isolation of DNA from Fossil and Museum Specimens Suitable for PCR«, in: BioTechniques 15, S. 432 ff., 436.

–/–/Pieniazek, Norman J./Acra, Aftim, et al. (1993): »Amplification and Sequencing of DNA from a 120-135-million-year-old Weevil«, in: Nature 363, S. 536 ff.

Cappellini, Enrico/Chiarelli, Brunetto/Sineo, Luca/Casoli, Antonella, et al. (2004): »Biomolecular Study of the Human Remains from Tomb 5859 in the Etruscan Necropolis of Monterozzi, Tarquinia (Viterbo, Italy)«, in: J. Archaeol. Sci. 31, S. 603-612.

Caramelli, David/Lalueza-Fox, Carles/Capelli, Cristian/Lari, Martina, et al. (2007): »Genetic Analysis of the Skeletal Remains Attributed to Francesco Petrarca«, in: Forensic Sci. Int. 173, S. 36-40.

–/–/Condemi, Silvana/Longo, Laura, et al. (2006): »A Highly Sivergent mtDNA Sequence in a Neandertal Individual from Italy«, in: Curr. Biol. 16, S. R630 ff.

–/–/Vernesi, Cristiano/Lari, Martina, et al. (2003): »Evidence for a Genetic Discontinuity between Neandertals and 24,000-year-old Anatomically Modern Europeans«, in: PNAS 100, S. 6593-6597.

–/Lari, Martina (2004): Il DNA antico. Metodi di analisi e applicazioni, Florenz.

Carmichael, David L./Lafferty, Robert H./Molyneaux, Brian Leigh/Zimmerman, Larry J. (2003): Excavation, Walnut Creek.

Cattaneo, Cristina/Gelsthrope, Keith/Phillips, Patricia C./Sokol, Robert J., et al. (1991): »Identification of Ancient Blood and Tissue. ELISA and DNA Analysis«, in: Antiquity 65, S. 878-881.

Cavalli-Sforza, Luigi Luca (2002): »Demic Diffusion as the Basic Process of Human Expansions«, in: Renfrew/Bellwood, S. 79-88.

– (2005): »The Human Genome Diversity Project: past, present and future«, in: Nature Rev. Genet. 6, S. 333-340.

–/Cavalli-Sforza, Francesco (1995): The great human diasporas. The history of diversity and evolution, Reading.

–/Feldman, Marcus W. (2003): »The application of molecular genetic approaches to the study of human evolution«, in: Nature Genetics 33, S. 266-275.

–/Menozzi, Paolo/Piazza, Alberto (1993): »Demic expansions and human evolution«, in: Science, S. 639-646.

–/–/– (1994): The history and geography of human genes, Princeton.

–/Wilson, Allan C./Cantor, Charles R./Cook-Degan, Robert M., et al. (1991): »Call for a Worldwide Survey of Human Genetic Diversity: a Vanishing Opportunity for the Human Genome Project«, in: Genomics 11, S. 490 f.

Cemper-Kiesslich, Jan (Hg.) (2010): Primus conventus Austriacus archaeometriae. Scientiae naturalis ad historiam hominis antiqui investigandam MMIX. Tagungsband zum Ersten Österreichischen Archäometriekongress 15.-17.5.2009, Salzburg.

– (2012): »Center of Archaeometry and Applied Molecular Archaeology Salzburg, CAMAS: Richtlinien und Anleitung zur Probenentnahme für aDNA/molekulararchäologische Untersuchungen«, in: Cemper-Kiesslich/Lang/Schaller/Uhlir, et al., S. 116-123.

–/Lang, Felix/Schaller, Kurt/Uhlir, Christian F., et al. (Hg.) (2012): Tertius Conventus Austriacus Archæometriæ. Scientiæ naturalis ad historiam hominis antiqui investigandam MMXI. Tagungsband zum Dritten Österreichischen Archäometriekongress, 13./14.5.2011: mit Beiträgen von der 15. Tagung der Österreichischen Restauratoren für archäologische Bodenfunde, 18.-20.5.2011, Salzburg.

–/Neuhuber, Franz/Meyer, Harald J./Baur, Max P., et al. (2005): »DNA Analysis on Biological Remains from Archaeological Findings – Sex Identification and Kinship Analysis on Skeletons from Mitterkirchen, Upper Austria«, in: Karl/Leskovar (Hg.) S. 147-154.

–/–/Schwarz, Reinhard (2010): »Gene aus alten Knochen – alte DNA und molekulare Archäologie. Ein Überblick über die Methodik der molekularbiologischen Spurenanalytik an biogenen Überresten mit einem praktischen Leitfaden für die Probennahme und Aufbewahrung«, in: Cemper-Kiesslich, Jan (Hg.): Primus conventus Austriacus archaeometriae. Scientiae naturalis ad historiam hominis antiqui investigandam MMIX. Tagungsband zum Ersten Österreichischen Archäometriekongress 15.-17.5.2009, Salzburg, S. 25-41.

Chaoui, Natalie Janine (2006): »Adolph Hans Schultz (1891-1976) im Spannungsfeld zwischen Paläoanthropologie und Primatologie«, in: Preuß/Hossfeld/Breidbach, S. 28-45.

Charlier, Philippe/Olalde, Inigo/Sole, Neus/Ramirez, Oscar, et al. (2013): »Genetic Comparison of the Head of Henri IV and the Presumptive Blood from Louis XVI (both Kings of France)«, in: Forensic Sci. Int. Genetics 226, S. 38 ff.

–/Poupon, Joel/Eb, [A.]/Mazancourt, Philippe de, et al. (2010): »The ›relics of Joan of Arc‹: a forensic multidisciplinary analysis«, in: Forensic Sci. Int. 194, S. e9-e15.

Cherfas, Jeremy (1991): »Ancient DNA: still busy after death«, in: Science 253, S. 1354 ff.

Chikhi, Lounès/Destro-Bisol, Giovanni/Bertorelle, Giorgio/Pascali, Vicenzo, et al. (1998): »Clines of nuclear markers suggest a largely neolithic ancestry of the European gene pool«, in: PNAS 95, S. 9053-9058.

–/Nichols, Richard A./Barbujani, Guido/Beaumont, Mark A. (2002): »Y genetic data support the Neolithic demic diffusion model«, in: PNAS 99, S. 11008-11013.

Chilvers, Elizabeth R./Bouwman, Abigail S./Brown, Keri A./Arnott, Robert G., et al. (2008): »Ancient DNA in human bones from Neolithic and Bronze Age sites in Greece and Crete«, in: J. Archaeol. Sci. 35, S. 2707-2714.

Cipollaro, Marilena/Galderisi, Umberto/Di Bernardo, Giovanni (2005): »Ancient DNA as a multidisciplinary experience«, in: J. Cell. Physiol. 202, S. 315-322.

Clack, Andrew A./Macphee, Ross D. E./Poinar, Hendrik N. (2012): »Case Study: Ancient Sloth DNA Recovered from Hairs Preserved in Paleofeces«, in: Shapiro/Hofreiter (2012a), S. 51-56.

Clack, Timothy/Brittain, Marcus (Hg.) (2007): Archaeology and the media, Walnut Creek.

Clark, Andrew G. (2008): »Genome sequences from extinct relatives«, in: Cell 134, S. 388 f.

Clark, Geoffrey A./Willermet, Catherine M. (Hg.) (1997): Conceptual issues in modern human origins research, New York.

Claßen, Erich (2013): Vortragstranskript: Einführung, Tagung: Archäologie und Paläogenetik, DGUF, Erlangen, 10.5.2013.

–/Schön, Werner (2014): »Die DGUF-Tagung 2013: ›Archäologie und Paläogenetik‹ – eine Einführung«, in: Archäol. Inf. 37, S. 7 f.

Clayton, Tim M./Whitaker, Jonathan P./Maguire, Christopher N. (1995): »Identification of bodies from the scene of a mass disaster using DNA amplification of Short Tandem Repeat (STR) loci«, in: Forensic Sci. Int. 76, S. 7-15.

Cobet, Justus (2003): »Vom Text zur Ruine. Die Geschichte der Troia-Diskussion«, in: Christoph, Ulf (Hg.): Der neue Streit um Troia. Eine Bilanz, München, S. 19-38.

Coble, Michael D./Loreille, Odile M./Wadhams, Mark J./Edson, Suni M., et al. (2009): »Mystery solved: the identification of the two missing Romanov children using DNA analysis«, in: PLOS ONE 4, S. e4838.

Cohen, Mark Nathan (2007): »Introduction«, in: ders./Crane-Kramer, S. 1-9.

–/Crane-Kramer, Gillian Margaret Mountford (2003): »The state and future of paleoepidemiology«, in: Greenblatt/Spigelman, S. 79-91.

–/– (Hg.) (2007): Ancient health. Skeletal indicators of agricultural and economic intensification, Gainesville.

Cole, Simon A. (2001): Suspect identities. A history of fingerprinting and criminal identification, Cambridge, London.

Collar, Anna/Coward, Fiona/Brughmans, Tom/Mills, Barbara J. (2015): »Networks in Archaeology. Phenomena, Abstraction, Representation«, in: Journal of Archaeological Method and Theory 22, S. 1-32.

Collins, Matthew J./Nielsen-Marsh, Christina M./Hiller, [J.] C./Smith, [C.] I., et al. (2002): »The survival of organic matter in bone: a review«, in: Archaeometry 44, S. 383-394.

Collis, John (2002): Digging up the past. An introduction to archaeological excavation, Stroud.

Colson, [I.]B./Richards, Martin B./Bailey, Jilian F./Sykes, Brian C., et al. (1997): »DNA Analysis of Seven Human Skeletons Excavated from the Terp of Wijnaldum«, in: J. Archaeol. Sci. 24, S. 911-917.

Coluzzi, Mario (1999): »The clay Feet of the malaria giant and its African roots: hypotheses and inferences about origin, spread and control of Plasmodium falciparum«, in: Parassitologia 41, S. 277-283.

Conard, Nicholas John/Richter, Jürgen (Hg.) (2011): Neanderthal lifeways, subsistence and technology. One hundred fifty years of Neanderthal study, Dordrecht u. a.

Cone, [R.] W./Fairfax, [M.] R. (1993): »Protocol for ultraviolet irridation of surfaces to reduce PCR contamination«, in: PCR Methods and Applications 3, S. 15 ff.

Conlee, Christina A./Buzon, Michele R./Gutierrez, Aldo Noriega/Simonetti, Antonio, et al. (2009): »Identifying foreigners versus locals in a burial population from Nasca, Peru: an investigation using strontium isotope analysis«, in: J. Archaeol. Sci. 36, S. 2755-2764.

Cooper, Alan (1994): »DNA from museum collections«, in: Herrmann/Hummel (1994a), S. 149-165.

– (2000): Abstract: Ancient DNA from South Parks: moas and non-mammoths, 5th International Ancient DNA Conference, Manchester, 12.7.2000, http://members.chello.nl/jperk/Ancient%20DNA%205.pdf, Stand: 30.6.2016.

–/Lalueza-Fox, Carles/Anderson, S.]/Rambaut, [A.], et al. (2001): »Complete mitochondrial genome sequences of two extinct moas clarify ratite evolution«, in: Nature 409, S. 704-707.

–/Mourer-Chauvire, Cécile/Chambers, [G.] K./Haeseler, Arndt von, et al. (1992): »Independent origins of the New Zealand moas and kiwis«, in: PNAS 89, S. 8741-8744.

–/Poinar, Hendrik N. (2000): »Ancient DNA: Do It Right or Not at All«, in: Science 289, S. 1139.

Cooper, David N. (Hg.) (2003): Nature encyclopedia of the human genome, London.

Corach, Daniel/Sala, [A.]/Penacino, Gustavo/Sotelo, Alicia (1995): »Mass disasters: rapid molecular screening of human remains by means of short tandem repeats typing«, in: Electrophoresis 16, S. 1617-1623.

Corbey, Raymond/Roebroeks, Wil (2001a): »Does disciplinary history matter? An introduction«, in: dies., S. 1-7.

–/– (Hg.) (2001b): Studying Human Origins: Disciplinary History and Epistemology, Amsterdam.

Cox, Margaret/Mays, Simon A. (Hg.) (2000a): Human osteology in archaeology and forensic science, London.

–/– (2000b): »Sex determination in skeletal remains«, in: dies. (2000a), S. 117-130.

Craddock, Paul (1991): »The Emergence of Scientific Inquiry into the Past«, in: Bowman, Sheridan (Hg.): Science and the Past, London, S. 11-15.

Crawford, Michael H./Campbell, Benjamin C. (Hg.) (2012): Causes and consequences of human migration. An evolutionary perspective, Cambridge.

Crist, Thomas A. (2001): »Bad to the Bone? Historical Archaeologists in the Practice of Forensic Science«, in: Historical Archaeology 35, S. 39-56.

– (2005): »Babies in the Privy: Prostitution, Infanticide, and Abortion in New York City's Five Points District«, in: Historical Archaeology 39, S. 19-46.

Cunha, Eugénia/Fily, Marie-Laure/Clisson, Isabelle/Santos, Ana Luísa, et al. (2000): »Children at the Convent: Comparing Historical Data, Morphology and DNA Extracted from Ancient Tissues for Sex Diagnosis at Santa Clara-a-Velha (Coimbra, Portugal)«, in: J. Archaeol. Sci. 27, S. 949-952.

Cunliffe, Barry W./Davies, Wendy/Renfrew, Colin (Hg.) (2002): Archaeology. The widening debate, Oxford.

–/Gosden, Christopher/Joyce, Rosemary A. (Hg.) (2009): The Oxford Handbook of Archaeology, Oxford.

Currat, Mathias (2012): »Consequences of population dynamics on European genetic diversity«, in: Burger/Kaiser/Schier, S. 3-15.

–/Excoffier, Laurent (2004): »Modern humans did not admix with Neanderthals during their range expansion into Europe«, in: PLOS Biology 2, S. e421.

–/– (2005): »The effect of the Neolithic expansion on European molecular diversity«, in: Proc. Roy. Soc. Lond. B Biol. 272, S. 679-688.

–/– (2011): »Strong reproductive isolation between humans and Neandertals inferred from observed patterns of introgression«, in: PNAS 108, S. 15129-15134.

Czarnetzki, Alfred (1998): »Neanderthaler: Ein Lebensbild aus anthropologischer Sicht«, in: Westfälisches Museum für Archäologie/Amt für Bodendenkmalpflege (Hg.): Neandertaler und Co. Begleitbuch zur Ausstellung am Westfälischen Museum für Archäologie Münster, Münster, S. 11-17.

Dalén, Love/Orlando, Ludovic/Shapiro, Beth/Brandstrom-Durling, Mikael, et al. (2012): »Partial Genetic Turnover in Neandertals: Continuity in the East and Population Replacement in the West«, in: Mol. Biol. Evol. 29, S. 1893-1897.

Dalton, Rex (2006a): »Neanderthal DNA yields to genome foray«, in: Nature 441, S. 260 f.

– (2006b): »Neanderthal genome sees first light«, in: Nature 444, S. 254.

– (2007): »DNA probe finds hints of human«, in: Nature 449, S. 7.

– (2010a): »Ancient DNA set to rewrite human history«, in: Nature 465, S. 149.

– (2010b): »Fossil finder points to new human species«, in: Nature 464, S. 472 f.

Danner, Louis (1999): »Handfeste Beweise in einem winzigen Zellkern«, in: PM Perspektive, 23.4.1999, S. 46-49.

Daskalaki, Evangelia/Anderung, Cecilia/Humphrey, Louise/Götherström, Anders (2011): »Further Developments in Molecular Sex Assignment: a Blind Test of 18th and 19th Century Human Skeletons,« in: J. Archaeol. Sci. 38, S. 1326-1330.

Davies, Kevin (2003): Die Sequenz. Der Wettlauf um das menschliche Genom, München.

De Nonno, Antonio/Santoro, Valeria/Di Fazio, Aldo/Corrado, Simona, et al. (2010): »Analysis of Neolithic Human Remains Discovered in Southern Italy«, in J. Archaeol. Sci. 37, S. 482-487.

Deamer, David W./Akeson, Mark (2000): »Nanopores and Nucleic Acids: Prospects for Ultrarapid Sequencing«, in: Trends in Biotechnology 18, S. 147-151.

Defila, Rico/Giulio, Antonietta Di (1998): »Interdisziplinarität und Disziplinarität«, in: Olbertz, Jan H. (Hg.): Zwischen den Fächern – über den Dingen? Universalisierung versus Spezialisierung akademischer Bildung, Opladen, S. 111-137.

–/– (1999): »Interdisziplinarität als Herausforderung für die Lehre«, in: Parthey, Heinrich/Umstätter, Walther/Wessel, Karl-Friedrich (Hg.): Interdisziplinarität – Herausforderung an die Wissenschaftlerinnen und Wissenschaftler. Festschrift zum 60. Geburtstag von Heinrich Parthey, Bielefeld, S. 108-118.

Deinhammer, Robert (2003a): »Interdisziplinarität. Ein Literaturbericht«, in: ders. (2003b), S. 19-52.

– (Hg.) (2003b): Was heißt interdisziplinäres Arbeiten? Working Papers. Theories & Commitments, Salzburg.

– (2003c): »›Wie meinst Du das jetzt?‹ Persönliche Erfahrungen in einem interdisziplinären Forschungsprojekt«, in: ders. (2003b), S. 66-70.

Delson, Eric/Harvati, Katerina (2006): »Palaeoanthropology: Return of the Last Neanderthal«, in: Nature 443, S. 762 f.

–/Tattersall, Ian/Couvering, John A. van/Brooks, Alison S. (Hg.) (2000): Encyclopedia of Human Evolution and Prehistory, 2. Aufl., New York u. a.

Denham, Tim/Haberle, Simon/Pierret, Alain (2009): »A Multi-disciplinary Method for the Investigation of Early Agriculture: Learning Lessons from the Kuk«, in: Fairbairn, Andrew S./O'Connor, Sue (Hg.): New Directions in Archaeological Science. Papers Presented at the 8th Australasian Archaeometry Conference, 12.-15.12.2005, Canberra, S. 139-154.

DeSalle, Rob (1994): »Implications of Ancient DNA for Phylogenetic Studies«, in: Experientia 50, S. 543-550.

–/Gatesy, [J.]/Wheeler, [W.]/Grimaldi, [D.] (1992): »DNA Sequences from a Fossil Termite in Oligo-Miocene Amber and their Phylogenetic Implications«, in: Science 257, S. 1933-1936.

–/Tattersall, Ian (2008): Human Origins. What Bones and Genomes Tell Us about Ourselves, College Station.

Deslisle, Richard G. (2007): Debating Humankind's Place in Nature 1860-2000. The Nature of Paleoanthropology, Upper Saddle River.

DGUF e. V. (Hg.) (2013): »Jahrestagung 2013: Archäologie und Paläogenetik. Programm«, in: H-Soz-Kult, 23.3.2013, http://hsozkult.geschichte.hu-berlin.de/termine/id=21236, Stand: 20.7.2016.

Diamond, Jared M. (1998): Guns, Germs, and Steel. A Short History of Everybody for the Last 13,000 Years, London.

Dirkmaat, Dennis/Adovasio, James M. (1997): »The Role of Archaeology in the Recovery and Interpretation of Human Remains From an Outdoor Forensic Setting«, in: Haglund/Sorg, S. 39-64.

Dissing, Jørgen/Kristinsdottir, Margrét A./Friis, Camilla (2008): »On the Elimination of Extraneous DNA in Fossil Human Teeth with Hypochlorite«, in: J. Archaeol. Sci. 35, S. 1445-1452.

Dixon, Kelly J. (2006): »Survival of Biological Evidence on Artifacts: Applying Forensic Techniques at the Boston Saloon, Virginia City, Nevada«, in: Historical Archaeology 40, S. 20-30.

Doll, Monika (1998): »Von der Leimsied zum Straßenschotter: Interpretationsänderung durch interdisziplinäre Zusammenarbeit«, in: Archäol. Inf. 21, S. 27-31.

Donoghue, Helen D./Fletcher, Helen A./Holton, John/Thomas, Mark G., et al. (2000): Abstract: Mycobacterium tuberculosis complex DNA in Middle Class Individuals from 18th-19th Century Hungary, 5th International Ancient DNA Conference, Manchester, 12.7.2000, http://members.chello.nl/jperk/Ancient%20DNA%205.pdf, Stand: 30.6.2016.

–/Hershkovitz, Israel/Minnikin, David E./Besra, Gurdyal S., et al. (2009): »Biomolecular Archaeology of Ancient Tuberculosis: Response to ›Deficiencies and Challenges in the Study of Ancient Tuberculosis DNA‹ by Wilbur, et al. (2009)«, in: J. Archaeol. Sci. 36, S. 2797-2804.

–/Spigelman, Mark (2006): »Pathogenic Microbial Ancient DNA: a Problem or an Opportunity?«, in: Proc. Roy. Soc. Lond. B Biol. 273, S. 641 f.

Drancourt, Michel/Aboudharam, Gérard/Signoli, Michel/Dutour, Oliver, et al. (1998): »Detection of 400-year-old Yersinia pestis DNA in Human Dental Pulp. An Approach to the Diagnosis of Ancient Septicemia«, in: PNAS 95, S. 12637-12640.

–/Raoult, Didier (2002): »Molecular Insights into the History of Plague«, in: Microbes and Infection 4, S. 105-109.

–/– (2005): »Palaeomicrobiology: Current Issues and Perspectives«, in: Nature Reviews Microbiology 3, S. 23-35.

–/Signoli, Michel/Dang, La Vu/Bizot, Bruno, et al. (2007): »Yersinia pestis orientalis in Remains of Ancient Plague Patients«, in: Emerging Infectious Diseases 13, S. 332 f.

Dreifus, Claudia (2014): »Searching for Answers in Very Old DNA«, in: New York Times, 24.6.2014, S. D5.

Drewett, Peter (2011): Field Archaeology. An Introduction, 2. Aufl., Abingdon, New York.

Duarte, Cidália/Maurício, Joao/Pettitt, Paul B./Souto, Pedro, et al. (1999): »The Early Upper Paleolithic Human Skeleton from the Abrigo do Lagar Velho (Portugal) and Modern Human Emergence in Iberia«, in: PNAS 96, S. 7604-7609.

Dudar, J. Chris/Waye, John S./Saunders, Shelley Rae (2003): »Determination of a Kinship System Using Ancient DNA, Mortuary Practice, and Historic Records in an Upper Canadian Pioneer Cemetery«, in: Int. J. Osteoarchaeol.13, S. 232-246.

Dudenverlag (Hg.) (1993): Duden. Das große Wörterbuch der deutschen Sprache in acht Bänden, 2. Aufl., Mannheim u. a.

Dürnberger, Martin (2004): »Was ist Interdisziplinarität? Ein Überblick über 31 Antworten«, in: ders./Sedmak, Clemens (Hg.): Erfahrungen mit Interdisziplinarität. Working Papers. Theories & Commitments, Salzburg, S. 11-85.

Dürrwächter, Claudia/Craig, Oliver E./Matthew, Gilian Taylor/Collins, Matthew J., et al. (2002/2003): »Ernährungsrekonstruktion in neolithischen Populationen anhand der Analyse stabiler Isotope: Trebur (HST/GG) und Herxheim (späte LBK)«, in: Berichte der Kommission für Archäologische Landesforschung in Hessen 7, S. 43-53.

Dupanloup, Isabelle/Bertorelle, Giorgio/Chikhi, Lounès/Barbujani, Guido (2004): »Estimating the Impact of Prehistoric Admixture on the Genome of Europeans«, in: Mol. Biol. Evol. 21, S. 1361-1372.

Dutour, Oliver/Yann, Ardagna/Maczel, Marta/Signoli, Michel (2003): »Epidemiology of Infectious Diseases in the Past: Yersin, Koch, and the Skeletons«, in: Greenblatt/Spigelman, S. 151-165.

Eberhardt, Gisela (2011): Spurensuche in der Vergangenheit. Eine Geschichte der frühen Archäologie, Darmstadt.

– (2012): »Dig that! How Methodology Emerged in German Barrow Excavations«, in: Jensen, S. 151-173.

Economou, Christos/Kjellström, Anna/Lidén, Kerstin/Panagopoulos, Ioannis (2013): »Ancient-DNA Reveals an Asian Type of Mycobacterium leprae in Medieval Scandinavia«, in: J. Archaeol. Sci. 40, S. 465-470.

Edwards, Ceiridwen J./Bollongino, Ruth/Scheu, Amelie/Chamberlain, Andrew T., et al. (2007): »Mitochondrial DNA Analysis Shows a Near Eastern Neolithic Origin for Domestic Cattle and no Indication of Domestication of European Aurochs«, in: Proc. Roy. Soc. Lond. B Biol. 274, S. 1377-1385.

–/Connellan, Joanna/Wallace, Patrick F./Bailey, Jillian F., et al. (2000): Abstract: The Analysis of Microsatellite Markers in Ancient Cattle Remains, 5th International Ancient DNA Conference, Manchester, 12.7.2000, http://members.chello.nl/jperk/Ancient%20DNA%205.pdf, Stand: 30.6.2016.

–/MacHugh, David E./Dobney, Keith M./Martin, Louise, et al. (2004): »Ancient DNA Analysis of 101 Cattle Remains: Limits and Prospects«, in: J. Archaeol. Sci. 31, S. 695-710.

Effros, Bonnie (2000): »Skeletal Sex and Gender in Merovingian Mortuary Archaeology«, in: Antiquity 74, S. 632-639.

Eggebrecht, Harald (2015): Das »Massaker von Eulau«, in: SZ.de, 24.7.2015, http://www.sueddeutsche.de/stil/das-geheimnis-das-massaker-von-eulau-1.2577817, Stand: 30.11.2016.

Eggers, Hans Jürgen (1959): Einführung in die Vorgeschichte, München.

Eggert, Manfred K.H. (1978): »Prähistorische Archäologie und Ethnologie: Studien zur amerikanischen New Archaeology«, in: Prähistorische Zeitschrift 53, S. 6-164.

– (1995): »Anthropologie, Ethnologie und Urgeschichte: Zur Relativierung eines forschungsgeschichtlichen Mythologems«, in: Mitteilungen der Berliner Gesellschaft Anthropologie, Ethnologie und Urgeschichte 16, S. 33-38.

– (1998): »Theorie in der Ur- und Frühgeschichtlichen Archäologie: Erwägungen über und für die Zukunft«, in: ders./Veit (1998b), S. 357-377.

– (2002a): »Between Facts and Fiction. Reflections on the Archaeologist's Craft«, in: Biehl/Gramsch/Marciniak, S. 119-131.

– (2002b): »Über Feldarchäologie«, in: Aslan, Rüstem/Blum, Stephan/Kastl, Gabriele/Schweizer, Frank, et al. (Hg.): Mauerschau. Festschrift für Manfred Korfmann, Remshalden-Grunbach, S. 13-34.

– (2005a): »Archäologie als Historische Kulturwissenschaft: ein Projektbericht«, in: Archäologisches Nachrichtenblatt 10, S. 220-233.

– (2005b): »Archäologie im Umbruch: Einführung in die Thematik«, in: Archäologisches Nachrichtenblatt 10, S. 111-124.

– (2005c): Prähistorische Archäologie: Konzepte und Methoden, 2. Aufl., Tübingen, Basel.

– (2006): Archäologie. Grundzüge einer historischen Kulturwissenschaft, Tübingen, Basel.

– (2010): »Die Vergangenheit im Spiegel der Gegenwart. Überlegungen zu einer Historischen Kulturwissenschaft«, in: Kusber, S. 43-66.

– (2011a): »Anthropologie, Ethnologie und Urgeschichte: Zur Relativierung eines forschungsgeschichtlichen Mythologems (1995)«, in: Augstein/Samida/ders., S. 255-263.

– (2011b): »Archäologie – Historie – Philologie: Überlegungen zur Interdisziplinarität in den Altertumswissenschaften««, in: Verbovsek, Alexandra/Backes, Burkhard/Jones, Catherine (Hg.): Methodik und Didaktik in der Ägyptologie. Herausforderungen eines kulturwissenschaftlichen Paradigmenwechsels in den Altertumswissenschaften, Paderborn, S. 31-52.

– (2011c): »Archäologie im Umbruch. Einführung in die Thematik«, in: Augstein/Samida/ders. (Hg.): S. 299-315.

– (2012a): »Bantu und Indogermanen: Zur vergleichenden Anatomie eines sprach- und kulturgeschichtlichen Phänomens«, in: Saeculum 62, S. 1-62.

– (2012b): Prähistorische Archäologie. Konzepte und Methoden, 4., überarb. Aufl., Tübingen.

– (2016): »Geneticizing Bantu. Historical Insight or Historical Trilemma«, in: Medieval Worlds 4, S. 79-90.

–/Samida, Stefanie (2013a): Ur- und Frühgeschichtliche Archäologie, 2., grundl. überarb. und aktual. Aufl., Stuttgart.

–/– (2013b): Vortragstranskript: Überlegungen zum historischen Potential des Materiellen oder Können Dinge der Vergangenheit redundant sein?, Tagung: Massendinghaltung in der Archäologie. Der material turn und die Ur- und Frühgeschichte, AG TidA e. V., Berlin, 24.5.2013.

–/– (2016): »Zum historischen Potential des Materiellen. Schriftliches Interview von Doreen Mölders (AG TidA)«, in: Hofmann, Kerstin P./Meier, Thomas/Mölders, Doreen/Schreiber, Stefan (Hg.) (2016): Massendinghaltung in der Archäologie: Der Material Turn und die Ur- und Frühgeschichte, Leiden, S. 197-214.

–/Veit, Ulrich (1998a): »Einführung: Theoretische Archäologie im englischsprachigen Raum«, in: dies. (1998b), S. 11-14.

–/– (Hg.) (1998b): Theorie in der Archäologie. Zur englischsprachigen Diskussion, Münster, Berlin.

–/– (Hg.) (2013): Theorie in der Archäologie. Zur jüngeren Diskussion in Deutschland, Münster.

Eglinton, Geoffrey (1998): »The Archaeological and Geological Fate of Biomolecules«, in: Greenblatt, S. 299-327.

Egorova, Yulia (2010): »DNA Evidence? The Impact of Genetic Research on Historical Debates«, in: BioSocieties 5, S. 348-365.

Ehlken, Birgit/Hummel, Susanne (1996): »Hochmittelalterliche Bestattungen im Kirchturm der St. Johanniskirche in Meensen. Anthropologischer Befund einschließlich molekulargenetischer Geschlechtsbestimmung«, in: Göttinger Jahrbuch 44, S. 29-32.

Eklund, Julie A./Thomas, Mark G. (2010): »Assessing the Effects of Conservation Treatments on Short Sequences of DNA in Vitro«, in: J. Archaeol. Sci. 37, S. 2831-2841.

Elbaum, Rivka/Melamed-Bessudo, Cathy/Boaretto, Elisabetta/Galili, Ehud, et al. (2006): »Ancient Olive DNA in Pits: Preservation, Amplification and Sequence Analysis«, in: J. Archaeol. Sci. 33, S. 77-88.

Enard, Wolfgang/Przeworski, Molly/Fisher, Simon E./Lai, Cecilia, et al. (2002): »Molecular Evolution of FOXP2, a Gene Involved in Speech and Language«, in: Nature 418, S. 869-872.

Endicott, Phillipp/Gilbert, M. Thomas P./Stringer, Christopher B./Willerslev, Eske, et al. (2003): »The Genetic Origins of the Andaman Islanders«, in: Am. J. Hum. Gen. 72, S. 178-184.

Engels, Jens Ivo/Schenk, Gerrit (2016): Programm: Podiumsdiskussion: Geschichte als Naturwissenschaft? Podiumsdiskussion zu Perspektiven biologischer Forschung in der Geschichtswissenschaft, Darmstadt, 26.1.2016, https://www.geschichte.tu-darmstadt.de/index.php?id=3546, Stand: 8.12.2016.

Englert, Carina Jasmin (2014): Der CSI-Effekt in Deutschland. Die Macht des Crime-TV, Wiesbaden.

Erdal, Yilmaz S. (2006): »A Pre-Columbian Case of Congenital Syphilis from Anatolia (Nicaea, 13th century AD)«, in: Int. J. Osteoarchaeol.16, S. 16-33.

Eshleman, Jason A./Malhi, Ripan S. (2000): Abstract: Analysis of Non-ideal Ancient Human Samples, 5th International Ancient DNA Conference, Manchester, 12.7.2000, http://members.chello.nl/jperk/Ancient%20DNA%205.pdf, Stand: 30.6.2016.

Evershed, Richard P. (2008): »Organic Residue Analysis in Archaeology: The Archaeological Biomarker Revolution«, in: Archaeometry 50, S. 895-924.

Ewe, Thorwald (2006): »Der berühmteste Deutsche«, in: Bild der Wissenschaft, 27.3.2006, S. 22 f.

Excoffier, Laurent (2006): »Neandertal Genetic Diversity: a Fresh Look from Old Samples«, in: Curr. Biol. 16, S. R650 ff.

Fabrizii-Reuer, Susanne/Reuer, Egon (2001): Das frühmittelalterliche Gräberfeld von Pottenbrunn, Niederösterreich. Anthropologische Auswertung, Wien.

Faerman, Marina/Filon, Dvora/Kahila Bar-Gal, Gila/Greenblatt, Charles L., et al. (1995): »Sex Identification of Archaeological Human Remains Based on Amplification of the X and Y Amelogenin Alleles«, in: Gene 167, S. 327-332.

–/Kahila Bar-Gal, Gila/Filon, Dvora/Greenblatt, Charles L., et al. (1998): »Determining the Sex of Infanticide Victims from the Late Roman Era through Ancient DNA Analysis«, in: J. Archaeol. Sci. 25, S. 861-865.

–/–/Smith, Patricia/Stager, Lawrence, et al. (1997): »DNA Analysis Reveals the Sex of Infanticide Victims«, in: Nature 385, S. 212 f.

Fagan, Brian M.: Time Detectives. How Archeologists Use Technology to Recapture the Past, New York.

Fahlander, Fredrik/Oestigaard, Terje (2008): »The Materiality of Death: Bodies, Burials, Beliefs«, in: dies. (Hg.): The Materiality of Death. Bodies, Burials, Beliefs, Oxford, S. 1-16.

Feek, David T./Flenley, John R./Chester, [P.] I./Welikala, Nihal, et al. (2006): »A Modified Sampler for Uncontaminated DNA Cores from Soft Sediments«, in: J. Archaeol. Sci. 33, S. 573 f.

Fehren-Schmitz, Lars (2012): »Population Dynamics, Cultural Evolution and Climate Change in Pre-Columbian Western South America«, in: Burger/Kaiser/Schier, S. 55-73.

–/Hummel, Susanne/Herrmann, Bernd (2009): »Who Were the Nasca? Population Dynamics in Pre-Columbian Southern Peru Revealed by Ancient DNA Analyses«, in: Reindel/Wagner (2009b), S. 159-172.

–/Warnberg, Ole/Reindel, Markus/Seidenberg, Verena, et al. (2010): »Diachronic Investigations of Mitochondrial and Y-Chromosomal Genetic Markers in Pre-Columbian Andean Highlanders from South Peru«, in: Annals of Human Genetics 75, S. 266-283.

Fehring, Günter P. (2000): Die Archäologie des Mittelalters. Eine Einführung. 3., verb. und aktualisierte Aufl., Darmstadt.

Feldman, Michael/Harbeck, Michaela/Keller, Marcel/Spyrou, Maria A., et al. (2016): »A High-Coverage Yersinia pestis Genome from a Sixth-Century Justinianic Plague Victim«, in: Mol. Biol. Evol. 33, S. 2911-2923.

Fenn, Jackie/Raskino, Mark (2008): Mastering the Hype Cycle. How to Choose the Right Innovation at the Right Time, Boston.

Fernández, Eva/Ortiz, [J.] E./Pérez-Pérez, Alejandro/Prats, Eva, et al. (2009): »Aspartic Acid Racemization Variability in Ancient Human Remains: Implications in the Prediction of Ancient DNA Recovery«, in: J. Archaeol. Sci. 36, S. 965-972.

–/Thaw, Susan/Brown, Terence A./Arroyo-Pardo, Eduardo, et al. (2013): »DNA Analysis in Charred Grains of Naked Wheat from Several Archaeological Sites in Spain«, in: J. Archaeol. Sci. 40, S. 659-670.

Fernández, Helena/Hughes, Sandrine/Vigne, Jean-Denis/Helmer, Daniel, et al. (2006): »Divergent mtDNA Lineages of Goats in an Early Neolithic Site, Far from the Initial Domestication Areas«, in: PNAS 103, S. 15375-15379.

Feuchter, Jörg (2014): »Die DNA der Geschichte«, in: FAZ.net, 13.11.2014, http://www.faz.net/aktuell/feuilleton/geisteswissenschaften/neues-max-planck-institut-zur-dna-in-der-geschichte-13246120.html, Stand: 1.7.2016.

Filser, Hubert (2010): »Wir graben in Genen, statt in Höhlen«, in: SZ.de, 17.5.2010, http://www.sueddeutsche.de/wissen/neandertal-wir-graben-in-genen-statt-in-hoehlen-1.525648, Stand: 30.11.2016.

– (2011): »Evolution des Menschen. Das Schicksal der letzten Neandertaler«, in: SZ.de, 29.7.2011, http://www.sueddeutsche.de/wissen/evolution-des-menschen-das-schicksal-der-letzten-neandertaler-1.1125784, Stand: 30.11.2016.

– (2014): »Paläo-Genetik. Der Neandertaler im Menschen«, in: SZ.de, 23.10.2014, http://www.sueddeutsche.de/wissen/palaeo-genetik-der-neandertaler-im-menschen-1.2185516, Stand: 30.11.2016.

– (2015): »Der Neandermensch«, in: SZ, 22.6.2015, S. 16, http://www.sueddeutsche.de/wissen/palaeogenetik-der-neandermensch-1.2528707?reduced=true, Stand: 30.11.2016.

–/Blawat, Katrin (2010): »Der Neandertaler in uns«, in: SZ.de, 26.5.2010, http://www.sueddeutsche.de/wissen/evolution-des-menschen-der-neandertaler-in-uns-1.943540, Stand: 30.11.2016.

Finkler, Kaja (2000): Experiencing the New Genetics. Family and Kinship on the Medical Frontier, Philadelphia.

– (2001): »The Kin in the Gene. The Medicalization of Family and Kinship in American Society«, in: Curr. Anthropol. 42, S. 253-263.

Finlayson, Clive/Giles Pacheco, Francisco/Rodriguez-Vidal, Joaquin/Fa, Darren A., et al. (2006): »Late Survival of Neanderthals at the Southernmost Extreme of Europe«, in: Nature 443, S. 850-853.

Fittkau, Ludger (2016): »Historiker im Zwist mit Evolutionsbiologen«, in: Deutschlandradio Kultur, http://www.deutschlandradiokultur.de/menschheitsgeschichte-historiker-im-zwist-mit.976.de.html?dram:article_id=344519, Stand: 15.6.2016.

Flaherty, Christine E. (2000): Abstract: The Archaeology of Human Skeletal Remains: Beyond Ancient DNA, 5th International Ancient DNA Conference, Manchester, 12.7.2000, http://members.chello.nl/jperk/Ancient%20DNA%205.pdf, Stand: 30.6.2016.

Flindt, Stefan (1999): »Tribut für die Götter. Menschenopfer in der Lichtensteinhöhle im Harz«, in: Archäologie in Niedersachsen 2, S. 34-37.

– (2010): »Die Menschen aus der Lichtensteinhöhle. Größter DNA-Pool der Bronzezeit«, in: Knaut/Schwab (2010a), S. 22-29.

–/Hummel, Susanne (2001): »Familie oder Schicksalsgemeinschaft?«, in: Archäologie in Niedersachsen 4, S. 55-58.

Foley, Robert A. (2002): »Parallel Tracks in Time: Human Evolution and Archaeology«, in: Cunliffe/Davies/Renfrew, S. 3-43.

Fossheim, Hallvard (2012): »Introductory Remarks«, in: ders./Norwegian National Research Ethics Committee, S. 7-10.

–/Norwegian National Research Ethics Committee (Hg.) (2012): More than Just Bones. Ethics and Research on Human Remains, o. O.

Foster, Eugene A./Jobling, Mark A./Taylor, [P.] G./Donnelly, Peter, et al. (1998): »Jefferson Fathered Slave's Last Child«, in: Nature 396, S. 27 f.

Frankenfeld, Thomas (2010): »Der Neandertaler in uns«, in: Hamburger Abendblatt, 7.5.2010, S. 6.

Franzen, Martina/Weingart, Peter/Rödder, Simone (2012): »Introduction: Exploring the Impact of Science Communication on Scientific Knowledge Production«, in: Rödder, Simone/Franzen, Martina/Weingart, Peter (Hg.): The Sciences‹ media connection – public communication and its repercussions, Dordrecht, S. 3-14.

Freeden, Uta von/Schnurbein, Siegmar von (Hg.) (2002): Spuren der Jahrtausende. Archäologie und Geschichte in Deutschland, Stuttgart.

Freigang, Yasmine/Hallenkamp-Lumpe, Julia/Jülich, Susanne/Rüschoff-Thale, Barbara (2007): Wie funktioniert Archäologie? Begleitheft anlässlich der Ausstellung ›Achtung Ausgrabung!‹ im LWL-Museum für Archäologie – Westfälisches Landesmuseum, Herne, 1.11.2007-10.8.2008, Herne.

Fries, Jana Esther (2005): »Von weiblichen Nadeln und männlichen Punzetten. Möglichkeiten und Grenzen der archäologischen Geschlechterforschung«, in: Karl/Leskovar, S. 91-100.

–/Koch, Julia Katharina (Hg.) (2005): Ausgegraben zwischen Materialclustern und Zielscheiben. Bericht der 1. Sitzung der AG Geschlechterforschung während der Jahrestagung des West- und Süddeutschen Verbandes für Altertumsforschung, Ingolstadt 2003, Münster u. a.

–/Rambuscheck, Ulrike/Schulte-Dornberg, Regina (Hg.) (2007): Science oder Fiction? Geschlechterrollen in archäologischen Lebensbildern. Bericht der 2. Sitzung der AG Geschlechterforschung während des 5. Deutschen Archäologen-Kongresses in Frankfurt/Oder 2005, Münster u. a.

Frühwald, Wolfgang/Jauß, Hans Robert/Koselleck, Reinhart/Mittelstraß, Jürgen, et al. (1990): Geisteswissenschaften heute. Eine Denkschrift, Konstanz.

Fu, Qiaomei/Rudan, Pavao/Pääbo, Svante/Krause, Johannes (2012): »Complete Mitochondrial Genomes Reveal Neolithic Expansion into Europe«, in: PLOS ONE 7, S. e32473.

Fuente, Constanza/Flores, Sergio/Moraga Mauricio (2012): »DNA from Human Ancient Bacteria: A Novel Source of Genetic Evidence from Archaeological Dental Calculus«, in: Archaeometry 55, S. 767-778.

Fulton, Tara L. (2012): »Setting Up an Ancient DNA Laboratory«, in: Shapiro/Hofreiter (2012a), S. 1-11.

–/Stiller, Mathias (2012): »PCR Amplification, Cloning, and Sequencing of Ancient DNA«, in: Shapiro/Hofreiter (2012a), S. 111-119.

–/Wagner, Stephen M./Shapiro, Beth (2012): »Case Study: Recovery of Ancient Nuclear DNA from Toe Pads of the Extinct Passenger Pigeon«, in: Shapiro/Hofreiter (2012a), S. 29-35.

Gärtner, Tobias (2013): »Zur Ausstattung frühmittelalterlicher Frauengräber im niederbayerischen Donauraum«, in: Husty, Ludwig (Hg.): Vorträge des 31. Niederbayerischen Archäologentages vom 27.-29.4.2012 in Deggendorf, Rahden, S. 243-284.

–/Haas-Gebhard, Brigitte/Harbeck, Michaela/Immler, Franziska, et al. (2014): »Frühmittelalterliche Frauen in Waffen? Divergenzen zwischen der archäologischen und anthropologischen Geschlechtsansprache«, in: Bayerische Vorgeschichtsblätter 79, S. 219-240.

García-Sancho, Miguel (2012): Biology, Computing, and the History of Molecular Sequencing. From Proteins to DNA, 1945-2000, Basingstoke.

Garrelt, Christina/Wiechmann, Ingrid (2003): »Detection of Yersinia pestis DNA in Early and Late Medieval Bavarian Burials«, in: Grupe/Peters (2003a), S. 247-254.

Garrow, Duncan/Yarrow, Thomas (Hg.) (2010): Archaeology and Anthropology. Understanding Similarity, Exploring Difference, Oxford.

Gaudzinski, Sabine (2002): »Zwischen DNA-Untersuchung und Typologie? Überlegungen zur inhaltlichen Zukunft der Paläolithforschung in Deutschland«, in: Archäologisches Nachrichtenblatt 7, S. 66-69.

Gayon, Jean (2008): »Is there a Biological Concept of Race?«, in: NTM 16, S. 363-386.

Geary, Patrick J. (2013): Using Genetic Data to Revolutionalize Understanding of Migration History, https://www.ias.edu/ideas/2013/geary-history-genetics, Stand: 1.5.2016.

–/Veeramah, Krishna (2016): »Mapping European Population Movement through Genomic Research«, in: Medieval Worlds 4, S. 65-78.

Gee, Henry (1997): »Genetische Untersuchung be»legt: Der Neandertaler ist kein Cousin von uns«, in: Der Tagesspiegel, 11.7.1997, S. 24.

Gehrke, Hans-Joachim/Sénécheau, Miriam (2010a): »Einleitung«, in: dies. (2010b), S. 9-30.

–/– (Hg.) (2010b): Geschichte, Archäologie, Öffentlichkeit. Für einen neuen Dialog zwischen Wissenschaft und Medien. Standpunkte aus Forschung und Praxis. Konferenz, Bielefeld.

Gehrmann, Sebastian (2011): »Mensch liebt Neandertaler«, in: FR.de, 29.3.2011, http://www.fr.de/panorama/interview-mit-direktor-des-neanderthal-museums-mensch-liebt-neandertaler-a-920706, Stand: 20.3.2017.

Geigl, Eva-Maria (2000): Abstract: DNA in Fossil Bones Can Survive Longer than 100.000 Years in an Insoluble form, 5th International Ancient DNA Conference, Manchester, 12.7.2000, http://members.chello.nl/jperk/Ancient%20DNA%205.pdf, Stand: 30.6.2016.

– (2002): »On the Circumstances Surrounding the Preservation and Analysis of Very Old DNA«, in: Archaeometry 44, S. 337-342.

Gerbault, Pascale/Leonardi, Michela/Powell, Adam/Weber, Christiane, et al. (2012): »Domestication and Migrations: Using Mitochondrial DNA to Infer Domestication of Goats and Horses«, in: Burger/Kaiser/Schier, S. 17-29.

Gersbach, Egon/Hahn, Joachim/Schaich, Martin (1998): Ausgrabung heute. Methoden und Techniken der Feldgrabung, 3., überarb. Aufl. Darmstadt.

Gerstenberger, Julia (2002): Analyse alter DNA zur Ermittlung von Heiratsmustern in einer frühmittelalterlichen Bevölkerung, Univ. Diss. Göttingen, http://www.ediss.uni-goettingen.de, Stand: 14.5.2014.

–/Hummel, Susanne/Herrmann, Bernd (2002): »Reconstruction of Residence Patterns Through Genetic Typing of Skeletal Remains of an Early Medieval Population«, in: Ancient Biomolecules 4, S. 25-32.

–/–/Schultes, Tobias/Häck, Bernhard, et al. (1999): »Reconstruction of a Historical Genealogy by Means of STR Analysis and Y-haplotyping of Ancient DNA«, in: Eur. J. Hum. Genet. 7, S. 469-477.

Ghirotto, Silvia/Tassi, Francesca/Benazzo, Andrea/Barbujani, Guido (2011): »No Evidence of Neandertal Admixture in the Mitochondrial Genomes of Early European Modern Humans and Contemporary Europeans«, in: Am. J. Phys. Anthropol. 146, S. 242-252.

Gibbon, Victoria/Paximadis, Maria/Strkalj, Goran/Ruff, Paul, et al. (2009): »Novel Methods of Molecular Sex Identification from Skeletal Tissue Using the Amelogenin Gene«, in: Forensic Sci. Int. Genetics 3, S. 74-79.

Gibbons, Ann (1994): »Possible Dino DNA Find is Greeted with Skepticism«, in: Science 266, S. 1159.

– (2000): »Europeans Trace Ancestry to Paleolithic People«, in: Science 290, S. 1080 f.

Gigli, Elena/Rasmussen, Morten/Civit, Sergi/Rosas, Antonio, et al. (2009): »An Improved PCR Method for Endogenous DNA Retrieval in Contaminated Neandertal Samples Based on the Use of Blocking Primers«, in: J. Archaeol. Sci. 36, S. 2676-2679.

Gilbert, M. Thomas P./Bandelt, Hans-Jürgen/Hofreiter, Michael/Barnes, Ian (2005): »Assessing Ancient DNA Studies«, in: Trends Ecol. Evol. 20, S. 541-544.

–/Cuccui, Jon/White, William/Lynnerup, Niels, et al. (2004): »Absence of Yersinia pestis-specific DNA in Human Teeth from Five European Excavations of Putative Plague Victims«, in: Microbiology 150, S. 341-354.

–/Hansen, Anders J./Willerslev, Eske/Turner-Walker, Gordon, et al. (2006): »Insights into the Processes Behind the Contamination of Degraded Human Teeth and Bone Samples with Exogenous Sources of DNA«, in: Int. J. Osteoarchaeol.16, S. 156-164.

–/Rudbeck, Lars/Willerslev, Eske/Hansen, Anders J., et al. (2005): »Biochemical and Physical Correlates of DNA Contamination in Archaeological Human Bones and Teeth Excavated at Matera, Italy«, in: J. Archaeol. Sci. 32, S. 785-793.

–/Shapiro, Beth/Drummond, A./Cooper, Alan (2005): »Post-mortem DNA Damage Hotspots in Bison (Bison bison) Provide Evidence for Both Damage and Mutational Hotspots in Human Mitochondrial DNA«, in: J. Archaeol. Sci. 32, S. 1053-1060.

–/Willerslev, Eske/Hansen, Anders J./Barnes, Ian, et al. (2003): »Distribution Patterns of Postmortem Damage in Human Mitochondrial DNA«, in: Am. J. Hum. Gen. 72, S. 32-47.

Gill, Peter/Hagelberg, Erika (2004): »Ongoing Controversy over Romanov Remains: Letter«, in: Science 306, S. 408 f.

–/Ivanov, Pavel L./Kimpton, Colin P./Piercy, Romelle, et al. (1994): »Identification of the Remains of the Romanov Family by DNA analysis«, in: Nature Genetics 6, S. 130-135.

–/Jeffreys, Alec J./Werret, David J. (1985): »Forensic Application of DNA ›Fingerprints‹«, in: Nature 318, S. 577 ff.

Gitschier, Jane (2008): »Imagine: An Interview with Svante Pääbo«, in: PLOS Genetics 4, S. e10000035.

Gläser, Jochen (2006): Wissenschaftliche Produktionsgemeinschaften. Die soziale Ordnung der Forschung, Frankfurt a. M., New York.

– (2012): »Scientific Communities«, in: Maasen/Kaiser/Reinhart/Sutter, S. 151-162.

GNAA (Hg.) (2014): »Was ist Archäometrie?«, Webauftritt, http://www.archaeometrie.de/, Stand: 15.12.2014.

Götherström, Anders/Collins, Matthew J./Angerbjorn, Anders/Lidén, Kerstin (2002): »Bone Preservation and DNA Amplification«, in: Archaeometry 44, S. 395-404.

–/Lidén, Kerstin/Ahlström, Torbjörn/Källersjö, Mari, et al. (1997): »Osteology, DNA and Sex Identification: Morphological and Molecular Sex Identifications of Five Neolithic Individuals from Ajvide, Gotland«, in: Int. J. Osteoarchaeol. 7, S. 71-81.

–/Stenbäck, Niklas/Storå, Jan (2002): »The Jettböle Middle Neolithic Site on the Aland Islands – Human Remains, Ancient DNA and Pottery«, in: Eur. J. Arch. 5, S. 42-69.

Goldstein, David B./Chikhi, Lounès (2002): »Human Migrations and Population Structure: What We Know and Why it Matters«, in: A. Rev. Genomics Hum. Genet. 3, S. 129-152.

Golenberg, Edward M. (1994): »Antediluvian DNA Research«, in: Nature 367, S. 692.

–/Giannasi, David E./Clegg, Margaret/Smiley, [C.] J., et al. (1990): »Chloroplast DNA Sequence from a Miocene Magnolia Species«, in: Nature 344, S. 656 ff.

Goodman, Morris (2007): Molecular Anthropology, in: McGraw-Hill, S. 318 ff.

Goodrum, Matthew R. (2009): »The History of Human Origins Research and its Place in the History of Science. Research Problems and Historiography«, in: History of Science 47, S. 337-357.

Goodwin, William/Linacre, Adrian/Vanezis, Peter (1999): »The Use of Mitochondrial DNA and Short Tandem Repeat Typing in the Identification of Air Crash Victims«, in: Electrophoresis 20, S. 1707-1711.

Gordin, Michael (2014): »Comment: Evidence and the Instability of Biology«, in: AHR 119, S. 1621-1629.

Goschler, Constantin (2004): »›Wahrheit‹ zwischen Seziersaal und Parlament. Rudolf Virchow und der kulturelle Deutungsanspruch der Naturwissenschaften«, in: Geschichte und Gesellschaft 30, S. 219-249.

– (2009): Rudolf Virchow. Mediziner – Anthropologe – Politiker, 2. Aufl., Köln u. a.

Gosden, Christopher (1999): Anthropology and Archaeology. A Changing Perspective, London.

– (2005): »Comments: Is Science a Foreign Country?«, in: Archaeometry 47, S. 182-185.

Gould, Richard A. (2007): »Anthropology«, in: McGraw-Hill, S. 33 f.

Gowland, Rebecca L./Chamberlain, Andrew T. (2002): »A Bayesian Approach to Ageing Perinatal Skeletal Material from Archaeological Sites. Implications for the Evidence for Infanticide in Roman-Britain«, in: J. Archaeol. Sci. 29, S. 677-685.

Gräfrath, Bernd/Huber, Renate/Uhlemann, Brigitte/Mittelstraß, Jürgen (1991): Einheit, Interdisziplinarität, Komplementarität. Orientierungsprobleme der Wissenschaft heute, Berlin, New York.

Gramsch, Alexander (2005): »Archäologie und post-nationale Identitätssuche«, in: Archäologisches Nachrichtenblatt 10, S. 185-193.

– (2010): »Different Languages: An Interview with Friedrich Lüth«, in: Archaeological Dialogues 17, S. 199-214.

– (2011): »Jenseits der Zwei Kulturen: Transfer und Transformation von Daten und Fragen zwischen Disziplinen. Kommentar zu Thomas Knopf und Petra Tillessen/Doris Gutsmiedl-Schümann«, in: Meier/Tillessen (2011a), S. 209-217.

Green, Richard E./Briggs, Adrian W./Krause, Johannes/Prüfer, Kay, et al. (2009): »The Neandertal Genome and Ancient DNA Authenticity«, in: The EMBO Journal 28, S. 2494-2502.

–/Krause, Johannes/Briggs, Adrian W./Maricic, Tomislav, et al. (2010): »A Draft Sequence of the Neandertal Genome«, in: Science 328, S. 710-722.

–/–/Ptak, Susan E./Briggs, Adrian W., et al. (2006): »Analysis of One Million Base Pairs of Neanderthal DNA«, in: Nature 444, S. 330-336.

–/Malaspinas, Anna-Sapfo/Krause, Johannes/Briggs, Adrian W., et al. (2008): »A Complete Neandertal Mitochondrial Genome Sequence Determined by High-throughput Sequencing«, in: Cell 134, S. 416-426.

Greenblatt, Charles L. (Hg.) (1998): Digging for Pathogens. Ancient Emerging Diseases – Their Evolutionary, Anthropological, and Archaeological Context, Rehovot.

– (2003a): »An Overview: How Infection Began and Became Disease«, in: ders./Spigelman, S. 3-11.

– (2003b): »Preface«, in: ders./Spigelman, S. v ff.

–/Cano, Raúl J. (2000): Abstract: Bacterial Isolates from Amber, 5th International Ancient DNA Conference, Manchester, 12.7.2000, http://members.chello.nl/jperk/Ancient%20DNA%205.pdf, Stand: 30.6.2016.

–/Spigelman, Mark (Hg.) (2003): Emerging Pathogens. The Archaeology, Ecology, and Evolution of Infectious Disease, Oxford u. a.

Greenwood, Alex D./Capelli, Cristian/Possnert, Göran/Pääbo, Svante (1999): »Nuclear DNA Sequences from Late Pleistocene Megafauna«, in: Mol. Biol. Evol. 16, S. 1466-1473.

–/Castresana, ose/Feldmaier-Fuchs, Gertraud/Pääbo, Svante (2001): »A Molecular Phylogeny of Two Extinct Sloths«, in: Molecular Phylogenetics and Evolution 18, S. 94-103.

–/Lee, Fred/Capelli, Cristian/DeSalle, Rob, et al. (2000): Abstract: Nuclear DNA of the Woolly Mammoth (Mammuthus primigenius), 5th International Ancient DNA Conference, Manchester, 12.7.2000, http://members.chello.nl/jperk/Ancient%20DNA%205.pdf, Stand: 30.6.2016.

Grice, Elizabeth A./Segre, Julia A. (2012): »The Human Microbiome: Our Second Genome«, in: A. Rev. Genomics Hum. Genet. 13, S. 151-170.

Grieshaber, Britta M./Osborne, Daniel L./Doubleday, Alison F./Kaestle, Frederika A. (2008): »A Pilot Study into the Effects of X-ray and Computed Tomography Exposure on the Amplification of DNA from Bone«, in: J. Archaeol. Sci. 35, S. 681-687.

Groen, W. J. Mike/Márquez-Grant, Nicholas/Janaway, Robert C. (Hg.) (2015a): Forensic Archaeology. A Global Perspective, Chichester, Hoboken.

–/–/– (2015b): »Introduction«, in: dies. (2015a), S. li-lxvii.

Grolle, Johann (2010): »Botschaft aus dem Pleistozän«, in: Der Spiegel, 27.12.2010, S. 142 ff.

– (2012): »Forscher entschlüsseln Erbgut unserer Vorfahren«, in: Spiegel Online, 31.8.2012, http://www.spiegel.de/Wissenschaft/mensch/denisov-urmensch-gen-analysen-geben-neue-erkenntnisse-a-853088.html, Stand: 20.7.2016.

– (2015): »Erster Nachweis in Europa: Mensch ging mit Neandertaler fremd«, in: SpiegelOnline, 22.6.2015, http://www.spiegel.de/wissenschaft/mensch/europa-mensch-ging-mit-neandertaler-fremd-a-1040106.html, Stand: 30.11.2016.

Gronenborn, Detlef (1999): »A Variation on a Basic Theme: the Transition to Farming in Southern Central Europe«, in: J. World Prehist. 13, S. 123-264.

–/Petrasch, Jörg (Hg.) (2010): Die Neolithisierung Mitteleuropas. The Spread of the Neolithic to Central Europe: Internationale Tagung, Mainz, 24.-26.6.2005, Römisch-Germanisches Zentralmuseum, Mainz.

Grosse, Angela (2005): »Paläogenetik: Ein ehrgeiziges Projekt«, in: Hamburger Abendblatt, 11.10.2005, S. 27.

Großkopf, Birgit (2009): »Anthropologische Daten und ihre Interpretation am Beispiel der Geschlechtsbestimmung am Leichenbrand«, in: Rambuscheck, S. 69-83.

Grumbkow, Philipp V./Frommer, Sören/Kootker, Lisette M./Davies, Gareth R., et al. (2013): »Kinship and Mobility in 11th-Century A. D. Gammertingen, Germany: an Interdisciplinary Approach«, in: J. Archaeol. Sci. 40, S. 3768-3776.

Grupe, Gisela (1986a): »Bericht der Gruppensitzung: Spurenelemente und stabile Isotope«, in: Herrmann (1986c), S. 45-48.
– (1986b): »Rekonstruktion bevölkerungsbiologischer Parameter aus dem Elementgehalt bodengelagerter Knochen«, in: Herrmann (1986c), S. 39-44.
– (2006): Microscopic Examinations of Bioarchaeological Remains. Keeping a Close Eye on Ancient Tissues, Rahden.
– (2012): »Stable Isotope Analysis in Bioarchaeological Research – Difficult Questions, Easy Answers?«, in: dies./McGlynn/Peters, S. 175-188.
–/Christiansen, Kerrin/Schröder, Inge/Wittwer-Backofen, Ursula (2005): Anthropologie. Ein einführendes Lehrbuch, Berlin, Heidelberg.
–/–/–/– (2012): Anthropologie. Einführendes Lehrbuch, 2. Aufl., Berlin, Heidelberg.
–/Harbeck, Michaela (2015): »Taphonomic and Diagenetic Processes«, in: Henke/Tattersall, S. 417-439.
–/–/McGlynn, George C. (2015): Prähistorische Anthropologie, Berlin.
–/Herrmann, Bernd (Hg.) (1988): Trace Elements in Environmental History. Proceedings. European Symposium on ›Trace Elements in Environmental History‹, Berlin.
–/McGlynn, George/Peters, Joris (Hg.) (2010): Archaeobiodiversity. A European Perspective, Rahden.
–/–/– (Hg.) (2012): Current Discoveries from Outside and Within. Field Explorations and Critical Comments from the Lab, Rahden.
–/Peters, Joris (Hg.) (2003a): Decyphering Ancient Bones. The Research Potential of Bioarchaeological Collections, Rahden.
–/– (2003b): »The Bavarian State Collection of Anthropology and Palaeoanatonomy«, in: dies. (2003a), S. 11-14.
–/– (Hg.) (2006): Microscopic Examinations of Bioarchaeological Remains. Keeping a Close Eye on Ancient Tissues, Rahden.
–/– (Hg.) (2007): Skeletal Series and their Socio-economic Context, Rahden.
–/– (2011): »Climatic Conditions, Hunting Activities and Husbandry Practices in the Course of the Neolithic Transition: The Story Told by Stable Isotope Analyses of Human and Animal Skeletal Remains«, in: Pinhasi/Stock, S. 63-85.
–/Turban-Just, Susanne (1996): »Serum Proteins in Archaeological Human Bone«, in: Int. J. Osteoarchaeol. 6, S. 300-308.
Güttel, Irena (2003): »Svante Pääbo – auf den Spuren der Menschheit«, in: Stern.de, 1.10.2003, http://www.stern.de/panorama/wissen/natur/evolutionsforschung-svante-paeaebo-auf-den-spuren-der-menschheit-3508852.html, Stand: 30.11.2016.
Gutierrez, Aldo Noriega/Marin, [A.] (1998): »The Most Ancient DNA Recovered from Amber-preserved Specimen May not Be as Ancient as It Seems«, in: Mol. Biol. Evol. 15, S. 926-929.

Gutierrez, M. Cristina/Brisse, Sylvain/Brosch, Roland/Fabre, Michel, et al. (2005): »Ancient Origin and Gene Mosaicism of the Progenitor of Mycobacterium tuberculosis«, in: PLOS Pathogens 1, S. e5.

Gutsmiedl-Schümann, Doris (2010): Das frühmittelalterliche Gräberfeld Aschheim-Bajuwarenring, Univ. Diss. Bonn, Kallmünz.

– (2011): »Alters- und geschlechtsspezifische Zuweisung von Hand- und Hauswerk im frühen Mittelalter nach Aussage von Werkzeug und Gerät aus Gräbern der Münchner Schotterebene«, in: Fries, Jana Esther/Rambuscheck, Ulrike (Hg.): Von wirtschaftlicher Macht und militärischer Stärke. Beiträge zur archäologischen Geschlechterforschung. Bericht der 4. Sitzung der AG Geschlechterforschung auf der 79. Jahrestagung des Nordwestdeutschen Verbandes für Altertumsforschung e. V. in Detmold 2009, Münster u. a., S. 37-74.

–/Früchtl, Sabine (2011): »Chancen und Risiken von Promotionsprojekten in interdisziplinärem Umfeld – einige Anmerkungen«, in: Meier/Tillessen (2011a), S. 417 ff.

Haak, Wolfgang/Brandt, Guido/Jong, Hylke N. de/Meyer, Christian, et al. (2008): »Ancient DNA, Strontium Isotopes and Osteological Analyses Shed Light on Social and Kinship Organization of Later Stone Age«, in: PNAS 105, S. 18226-18231.

–/–/Meyer, Christian/Jong, Hylke N. de, et al. (2010): »Die schnurkeramischen Familiengräber von Eulau – ein außergewöhnlicher Fund und seine interdisziplinäre Bewertung«, in: Meller/Alt (2010a), S. 53-61.

–/Forster, Peter/Bramanti, Barbara/Matsumura, Shuichi, et al. (2005): »Ancient DNA from the First European Farmers in 7500-Year-Old Neolithic Sites«, in: Science 310, S. 1016 ff.

–/Lazaridis, Iosif/Patterson, Nick/Rohland, Nadin, et al. (2015): »Massive Migration from the Steppe Was a Source for Indo-European Languages in Europe«, in: Nature 522, S. 207-211.

Hänni, Catherine/Begue, Agnès/Laudet, Vincent/Stéhelin, Dominique, et al. (1995): »Molecular Typing of Neolithic Human Bones«, in: J. Archaeol. Sci. 22, S. 649-658.

–/Laudet, Vincent/Sakka, Michel/Begue, Agnès, et al. (1990): »Amplification of Mitochondrial DNA Fragments from Ancient Human Teeth and Bones«, in: C. R. Acad. Sci. 310, S. 365-370.

Haensch, Stephanie/Bianucci, Raffaella/Signoli, Michel/Rajerison, Minoarisoa, et al. (2010): »Distinct Clones of Yersinia pestis Caused the Black Death«, in: PLOS Pathogens 6, S. e1001134.

Hänsel, Bernhard (Hg.) (1998): Mensch und Umwelt in der Bronzezeit Europas. Abschlusstagung der Kampagne des Europarates: Die Bronzezeit: Das erste goldene Zeitalter Europas, an der Freien Universität Berlin, 17.-19.3.1997, Kiel.

Härke, Heinrich G.H. (1992): Angelsächsische Waffengräber des 5. bis 7. Jahrhunderts, Univ. Diss. Göttingen, Köln.
– (1993): »Vergangenheit und Gegenwart«, in: Wolfram/Sommer, S. 3-11.
– (1995): »›The Hun is a Methodical Chap‹. Reflections in the German Tradition of Pre- and Proto-history«, in: Ucko, Peter J. (Hg.): Theory in Archaeology. A World Perspective, London u.a, S. 46-60.
– (Hg.) (2000): Archaeology, Ideology and Society. The German Experience, Frankfurt a. M.
Haeseler, Arndt von/Sajantila, Antti/Pääbo, Svante (1996): »The Genetical Archaeology of the Human Genome«, in: Nature Genetics 14, S. 135-140.
Hagelberg, Erika (1994): »Mitochondrial DNA from Ancient Bones«, in: Herrmann/Hummel (1994a), S. 195-204.
– (2002): »Book Review: The Seven Daughters of Eve«, in: Heredity 89, S. 77.
– (2012): »Analysis of DNA from Bone: Benefits versus Losses«, in: Fossheim/Norwegian National Research Ethics Committee, S. 95-112.
–/Bell, Lynn S./Allen, Tim/Boyde, Alan, et al. (1991): »Analysis of Ancient Bone DNA: Techniques and Application«, in: Philos. Trans. Roy. Soc. B Biol. 333, S. 399-407.
–/Clegg, John B. (1991): »Isolation and Characterization of DNA from Archaeological Bone«, in: Proc. Roy. Soc. Lond. B Biol. 244, S. 45-50.
–/– (1993): »Genetic Polymorphisms in Prehistoric Pacific Islanders Determined by Analysis of Ancient Bone DNA«, in: Proc. Roy. Soc. Lond. B Biol. 252, S. 163-170.
–/Gray, Ian C./Jeffreys, Alec J. (1991): »Identification of the Skeletal Remains of a Murder Victim by DNA Analysis«, in: Nature 352, S. 427 ff.
–/Hofreiter, Michael/Keyser, Christine (2015): »Introduction. Ancient DNA: the First Three Decades«, in: Philos. Trans. Roy. Soc. B Biol. 370, S. 20130371.
–/Sykes, Brian C./Hedges, Robert E. M. (1989): »Ancient Bone DNA Amplified«, in: Nature 342, S. 485.
–/Thomas, Mark G./Cook, Charles E./Sher, Andrej V., et al. (1994): »DNA from Ancient Mammoth Bones«, in: Nature 370, S. 333 f.
Hagen, Joel B. (2010): »Datenbanken«, in: Sarasin/Sommer, S. 175-179.
Haglund, William D. (2001): »Archaeology and Forensic Death Investigations«, in: Historical Archaeology 35, S. 26-34.
–/Connor, Melissa A./Scott, Douglas D. (2001): »The Archaeology of Contemporary Mass Graves«, in: Historical Archaeology 35, S. 57-69.
–/Sorg, Marcella H. (Hg.) (1997): Forensic taphonomy. The postmortem fate of human remains, New York.
–/– (Hg.) (2002): Advances in forensic taphonomy. Method, theory, and archaeological perspectives, Boca Raton.
Haidle, Miriam Noel (1998): »Interdisziplinarität in der Archäologie: eine Notwendigkeit?«, in: Archäol. Inf. 21, S. 9-20.

Halle, Uta (2002): ›Die Externsteine sind bis auf weiteres germanisch!‹. Prähistorische Archäologie im Dritten Reich, Bielefeld.

– (2009): »Archäologen, Ausgrabungen, Interpretationen – 70 Jahre Wissenschaftsgeschichte der Archäologie«, in: Reickhoff, Sabine/Grunwald, Susanne/Reichbach, Karin (Hg.): Burgwallforschung im akademischen und öffentlichen Diskurs des 20. Jahrhunderts. Wissenschaftsgeschichtliche Tagung der Professur für Ur- und Frühgeschichte der Universität Leipzig, 22./23.6.2007, Leipzig, S. 31-43.

– Schmidt, Martin (1999): »›Es handelt sich nicht um Affinitäten von Archäologen zum Nationalsozialismus – das ist der Nationalsozialismus‹. Bericht über die internationale Tagung ›Die mittel- und osteuropäische Ur- und Frühgeschichtsschreibung in den Jahren 1933-1945‹, Berlin 19.-23.11.1998«, in: Archäol. Inf. 22, S. 41-52.

Handt, Oliva/Höss, Matthias/Krings, Matthias/Pääbo, Svante (1994): »Ancient DNA: Methodological Challenges«, in: Experientia 50, S. 524-529.

–/Krings, Matthias/Ward, [R.]/Pääbo, Svante (1996): »The retrieval of ancient human DNA sequences«, in: Am. J. Hum. Gen. 59, S. 368-376.

–/Richards, Martin/Trommsdorff, Marion/Kilger, Christian, et al. (1994): »Molecular genetic analyses of the Tyrolean Ice Man«, in: Science 264, S. 1775-1778.

Hanna, Jayd/Bouwman, Abigail S./Brown, Keri A./Parker Pearson, Mike, et al. (2012): »Ancient DNA typing shows that a Bronze Age mummy is a composite of different skeletons«, in: J. Archaeol. Sci. 39, S. 2774-2779.

Hansen, Anders J./Willerslev, Eske/Wiuf, Carsten/Mourier, Tobias, et al. (2001): »Statistical evidence for miscoding lesions in ancient DNA templates«, in: Mol. Biol. Evol. 18, S. 262-265.

Harbeck, Michaela (2012): »Molecular genetic analysis of archaeological skeletal remains – all that glitters is not gold«, in: Grupe/McGlynn/Peters, S. 189-206.

–/Ritz-Timme, Stefanie/Schröder, Inge/Oehmichen, Manfred, et al. (2004): »Degradation von Biomolekülen: Eine vergleichende Studie zur Diagenese von DNA und Proteinen in humanem Knochengewebe«, in: Anthropol. Anz. 62, S. 387-396.

–/Seifert, Lisa/Hänsch, Stephanie/Wagner, David M., et al. (2013): »Yersinia pestis DNA from Skeletal Remains from the 6th Century AD Reveals Insights into Justinianic Plague«, in: PLOS Pathogens 9, S. e1003349.

Hardy, Bruce L./Raff, Rudolf A. (1997): »Recovery of mammalian DNA from Middle Palaeolithic stone tools«, in: J. Archaeol. Sci. 24, S. 601-611.

Harrison, Rodney/Schofield, Arthur John (2010): After modernity. Archaeological approaches to the contemporary past, Oxford.

Hartman, Dadna/Drummer, Olaf H./Eckhoff, Carmen/Scheffer, John W./Stringer, Peta (2011): »The contribution of DNA to the disaster victim identification (DVI) effort«, in: Forensic Sci. Int.205, S. 52-58.

Harvati, Katerina (2010): »Neanderthals«, in: Evolution: Education and Outreach 3, S. 367-376.

– (2013): Vortragstranskript: Human Evolution: New Approaches to the Study of the Fossil Record, Tagung: Archäologie und Paläogenetik, DGUF, Erlangen, 10.5.2013.

–/Harrison, Terry (2006): »Neanderthals revisited«, in: dies. (Hg.): Neanderthals Revisited. New Approaches and Perspectives, Dordrecht, S. 1-7.

Harvey, Elizabeth/Derksen, Linda (2009): »Science Fiction or Social Fact? An Exploratory Content Analysis of Popular Press Reports on the CSI Effect«, in: Byers, Michele/Johnson, Val Marie (Hg.): The CSI Effect. Television, Crime, and Governance, Lanham u.a, S. 3-28.

Hauptmann, Andreas/Pingel, Volker (Hg.) (2008): Archäometrie. Methoden und Anwendungsbeispiele naturwissenschaftlicher Verfahren in der Archäologie, Stuttgart.

Hauswirth, William W./Dickel, Canthia D./Doran, Glen H./Laipis, Philip J., et al. (1991): »800-year-old brain tissue from the Windover site: Anatomical, cellular, and molecular analysis«, in: Ortner/Aufderheide, S. 60-72.

Hawks, John D./Wolpoff, Milford H. (2001): The accretion model of Neandertal evolution, in: Evolution 55, S. 1474-1485.

Haynes, Susan/Searle, Jeremy B./Bretman, Amanda/Dobney, Keith M. (2002): »Bone Preservation and Ancient DNA: The Application of Screening Methods for Predicting DNA Survival«, in: J. Archaeol. Sci. 29, S. 585-592.

–/–/Dobney, Keith M. (2000): Abstract: Getting Answers from ancient DNA, 5th International Ancient DNA Conference, Manchester, 12.7.2000, http://members.chello.nl/jperk/Ancient%20DNA%205.pdf, Stand: 30.6.2016.

Heckhausen, Heinz (1987): »›Interdisziplinäre Forschung‹ zwischen Intra-, Multi- und Chimärendisziplinarität«, in: Kocka, S. 129-145.

Hedges, Robert E.M. (2011): »Anglo-Saxon Migration and the Molecular Evidence«, in: Hamerow, Helena/Hinton, David A./Crawford (Hg.): The Oxford Handbook of Anglo-Saxon Archaeology, Oxford, S. 79-90.

–/Sykes, Brian C. (1992): »Biomolecular Archaeology: Past, Present and Future«, in: Pollard, S. 267-283.

–/Wallace, Carmichael J. A. (1978): »The survival of biochemical information in archaeological bone«, in: J. Archaeol. Sci. 5, S. 377-386.

Hedges, S. Blair/Schweitzer, Mary (1995): »Detecting dinosaur DNA: Technical Comment«, in: Science 268, S. 1191 f.

Heesen, Anke te (2010): »Sammlungen und Museen«, in: Sarasin/Sommer, S. 141-144.

Hein, Til (2015): »›Frauen hegen öfter den Verdacht, mit einem Neandertaler liiert zu sein‹«, in: NZZ am Sonntag, 19.7.2015, S. 50.

Henikoff, Steven (1995): »Detecting Dinosaur DNA: Technical Comment«, in: Science 268, S. 1192.

Henke, Winfried (2010a): »Wissenschaftshistorische Betrachtung der Beziehung zwischen Paläoanthropologie und Älterer Urgeschichte«, in: Mitteilungen der Gesellschaft für Urgeschichte 19, S. 173-192.

– (2010b): »Zur narrativen Komponente einer theoriegeleiteten Paläoanthropologie«, in: Engler, Balz (Hg.): Erzählen in den Wissenschaften. Positionen, Probleme, Perspektiven: 26. Kolloquium der Schweizerischen Akademie der Geistes- und Sozialwissenschaften, Freiburg, S. 83-103.

– (2015): »Historical overview of palaeoanthropological research«, in: ders./Tattersall, S. 3-95.

–/Rothe, Hartmut (1994): Paläoanthropologie, Berlin.

–/– (2006): »Zur Entwicklung der Paläoanthropologie im 20. Jahrhundert. Von der Narration zur hypothetiko-deduktiven Forschungsdisziplin«, in: Preuß/Hossfeld/Breidbach, S. 46-71.

–/Tattersall, Ian (Hg.) (2015): Handbook of paleoanthropology, 2. Aufl., Berlin.

Herden, Birgit (2010): »Ahnensuche im Schmelztiegel«, in: SZ.de, 19.5.2010, http://www.sueddeutsche.de/wissen/erbgut-ahnensuche-im-schmelztiegel-1.913522, Stand: 30.11.2016.

Herrmann, Bernd (1985): »Parasitologisch-Epidemiologische Auswertung mittelalterlicher Kloaken«, in: Zeitschrift für Archäologie des Mittelalters 13, S. 377-386.

– (1986a): »Ausblick«, in: ders. (1986c), S. 165 f.

– (1986b): »Einleitung«, in: ders. (1986c), S. 9 f.

– (Hg.) (1986c): Innovative Trends in der prähistorischen Anthropologie. Internationales Symposion, Berlin.

– (1987): »Anthropologische Zugänge zu Bevölkerung und Bevölkerungsentwicklung im Mittelalter«, in: ders./Sprandel (1987a), S. 55-72.

– (Hg.) (1994a): Archäometrie. Naturwissenschaftliche Analyse von Sachüberresten. Eine praktikumsbegleitende Veröffentlichung aus dem Arbeitskreis Umweltgeschichte der Georg-August-Universität Göttingen, Berlin.

– (1994b): »Einleitung«, in: ders. (1994a), S. 1-7.

– (1995): »Positionspapier zur Vorbereitung der wissenschaftlichen Sitzung der Berliner Gesellschaft für Anthropologie, Ethnologie und Urgeschichte aus Anlass ihres 125jährigen Bestehens«, in: Mitteilungen der Berliner Gesellschaft Anthropologie, Ethnologie und Urgeschichte 16, S. 23 ff.

– (1997): »Perspektiven in der Prähistorischen Archäologie?«, in: Anthropol. Anz. 55, S. 97-100.

– (2011): »Innerfachliches und Fächerübergreifendes aus einer anthropologischen Sicht und historische Mensch-Umwelt-Beziehungen«, in: Meier/Tillessen (2011a), S. 471-485.

–/Grupe, Gisela/Hummel, Susanne/Piepenbrink, Hermann, et al. (1990): Prähistorische Anthropologie. Leitfaden der Feld- und Labormethoden, Berlin.

–/Hummel, Susanne (Hg.) (1994a): Ancient DNA. Recovery and analysis of genetic material from paleontological, archaeological, museum, medical, and forensic specimens, New York u. a.

–/– (1994b): »Introduction«, in: dies. (1994a), S. 1-13.

–/– (1994c): »Preface«, in: dies. (1994a), S. v.

–/– (1998): »Ancient DNA Can Identify Disease Elements«, in: Greenblatt, S. 329-343.

–/– (2003): »Ancient DNA can identify disease elements«, in: Greenblatt/Spigelman, S. 143-149.

–/–/Rameckers, Jens/Nordsiek, Gabriele, et al. (1994): »DNA-Analyse an alten Geweben«, in: Forschungen und Berichte zur Vor- und Frühgeschichte in Baden-Württemberg 53, S. 131-134.

–/Linss, Werner/Putz, Reinhard (Hg.) (2007): Der Knochen als Archiv. Leopoldina-Meeting vom 9./10.3.2006 in München, Stuttgart.

–/Schilz, Felix/Fehren-Schmitz, Lars/Renneberg, Rebecca, et al. (2007): »Der Knochen als molekulares Archiv«, in: Herrmann/Linss/Putz, S. 21-27.

–/Sprandel, Rolf (Hg.) (1987a): Determinanten der Bevölkerungsentwicklung im Mittelalter, Weinheim.

–/– (1987b): »Vorwort«, in: Herrmann/Sprandel, S. v f.

Hershkovitz, Israel/Donoghue, Helen D./Minnikin, David E./Besra, Gurdyal S., et al. (2008): »Detection and Molecular Characterization of 9,000-year-old Mycobacterium tuberculosis from a Neolithic Settlement in the Eastern Mediterranean«, in: PLOS ONE 3, S. e3426.

Hess, David J. (2012): »Kulturen der Wissenschaft«, in: Maasen/Kaiser/Reinhart/Sutter, S. 177 f.

Higuchi, Russell/Bowman, Barbara/Freiberger, Mary/Ryder, Oliver A., et al. (1984): »DNA Sequences from the Quagga, an Extinct Member of the Horse Family«, in: Nature 312, S. 282 ff.

Hiller, Jennifer C./Smith, Colin I./Chamberlain, Andrew T./Collins, Matthew J. (2000): Abstract: A Systematic Approach to the Recovery of DNA from Pleistocene Skeletal Remains in Cave Environments, 5th International Ancient DNA Conference, Manchester, 12.7.2000, http://members.chello.nl/jperk/Ancient%20DNA%205.pdf, Stand: 30.6.2016.

Hochadel, Oliver (2010): »Graben in den Genen. Paläogenetik: DNA-Analyse toter Organismen ermöglicht völlig neue Einblicke«, in: Der Standard, 17.4.2010, S. 39.

Hodder, Ian (2012): The Present Past. An Introduction to Anthropology for Archaeologists, akt. Aufl., Barnsley.

Hoelzel, A. Ruth (2015): »Raising the Dead«, in: Science 349, S. 388.

Hölzl, Stefan/Horn, Peter/Rummel, Susanne (2007): »›Alles Fleisch ist Gras‹ – Isotopensignaturen von Geo- und Bioelementen in Knochen«, in: Herrmann/Linss/Putz, S. 29-37.

Höss, Matthias/Jaruga, Pawel/Zastwany, Tomasz H./Dizdaroglu, Miral, et al. (1996): »DNA Damage and DNA Sequence Retrieval from Ancient Tissues«, in: Nucleic Acids Res. 24, S. 1304-1307.

–/Pääbo, Svante (1993): »DNA Extraction from Pleistocene Bones by a Silica-based Purification Method«, in: Nucleic Acids Res. 21, S. 3913 f.

–/–/Vereshchagin, Nikolai K. (1994): »Mammoth DNA Sequences«, in: Nature 370, S. 333.

Hofmann, Daniela (2015): »What Have Genetics Ever Done for Us? The Implications of aDNA Data for Interpreting Identity in Early Neolithic Central Europe«, in: Eur. J. Arch. 18, S. 454-476.

Hofmann, Kerstin P. (2009): »Grabbefunde zwischen sex und gender«, in: Rambuscheck, S. 133-161.

Hofreiter, Michael (2009): »Spurensuche in alter DNA. Molekulare Paläontologie«, in: Biologie in unserer Zeit 39, S. 176-184.

–/Capelli, Cristian/Krings, Matthias/Waits, Lisette, et al. (2002): »Ancient DNA Analyses Reveal High Mitochondrial DNA Sequence Diversity and Parallel Morphological Evolution of Late Pleistocene Cave Bears«, in: Mol. Biol. Evol. 19, S. 1244-1250.

–/Jaenicke-Després, Viviane/Serre, David/Haeseler, Arndt von, et al. (2001): »DNA Sequences from Multiple Amplifications Reveal Artifacts Induced by Cytosine Deamination in Ancient DNA«, in: Nucleic Acids Res. 29, S. 4793-4799.

–/Loreille, Odile/Feriola, Deborah/Parsons, Thomas J. (2004): »Ongoing Controversy over Romanov Remains: Letter«, in: Science 306, S. 407 f.

–/Serre, David/Poinar, Hendrik N./Kuch, Melanie, et al. (2001): »Ancient DNA«, in: Nature Rev. Genet. 2, S. 353-359.

–/Vigilant, Linda (2003): »Ancient Human DNA: Phylogenetic Applications«, in: Cooper, S. 116-119.

Hoika, Jürgen (1998): »Archäologie, Vorgeschichte, Urgeschichte, Frühgeschichte, Geschichte. Ein Beitrag zu Begriffsgeschichte und Zeitgeist«, in: Archäol. Inf. 21, S. 51-86.

Holland, Mitchell M./Cave, Christopher A./Holland, Charity A./Bille, Todd W. (2003): »Development of a Quality, High Throughput DNA Analysis Procedure for Skeletal Samples to Assist with the Identification of Victims from the World Trade Center Attacks«, in: Croat. Med. J. 44, S. 264-272.

–/Fisher, Deborah L./Mitchell, Loyd G./Rodriquez, William C., et al. (1993): »Mitochondrial Sequence Analysis of Human Skeletal Remains: Identification of Remains from the Vietnam War«, in: J. Forensic. Sci. 38, S. 542-553.
Holmes, Edward C. (2011): »Genomics: Plague's Progress«, in: Nature 478, S. 465 f.
Holtorf, Cornelius (2005): From Stonehenge to Las Vegas. Archaeology as Popular Culture, Walnut Creek.
– (2009): »Imagine This: Archaeology in the Experience Society«, in: ders./Piccini, S. 47-64.
–/Piccini, Angela (Hg.) (2009): Contemporary Archaeologies. Excavating Now, Frankfurt a. M. u. a.
Holý, Ladislav (1996): Anthropological Perspectives on Kinship, London.
Horn, Susanne (2012): »Target Enrichment via DNA Hybridization Capture«, in: Shapiro/Hofreiter (2012a), S. 177-188.
Horner, Jack/Hoffman, Jascha (2015): »Q&A: The Dinosaur Doctor«, in: Nature 522, S. 32 f.
Horsburgh, K. Ann (2015): »Molecular Anthropology: the Judicial Use of Genetic Data in Archaeology«, in: J. Archaeol. Sci. 56, S. 141-145.
Horsman, Katie M./Bienvenue, Joan M./Blasier, Kiev R./Landers, James P. (2007): »Forensic DNA Analysis on Microfluidic Devices: a Review«, in: J. Forensic Sci. 52, S. 784-799.
Hoßfeld, Uwe (2005): Geschichte der biologischen Anthropologie in Deutschland. Von den Anfängen bis in die Nachkriegszeit, Stuttgart.
Howlett, Rory (1990): »Between biology and culture«, in: Nature 347, S. 621 f.
Hublin, Jean-Jacques (2009): »The origin of Neandertals«, in: PNAS 106, S. 16022-16027.
–/Spoor, Fred/Braun, Marc/Zonneveld, Frans, et al. (1996): »A late Neanderthal associated with Upper Palaeolithic artefacts«, in: Nature 381, S. 224 ff.
Hüssen, Claus-Michael (2002): »Archäologische Forschung – Methoden und Techniken«, in: Freeden/Schnurbein, S. 32-57.
Hummel, Susanne (1992): Nachweis spezifisch Y-chromosomaler DNA-Sequenzen aus menschlichem bodengelagerten Skelettmaterial unter Anwendung der Polymerase Chain Reaction, Univ. Diss. Göttingen, Göttingen.
– (1994): »DNA aus alten Geweben«, in: Herrmann (1994a), S. 87-100.
– o. J. [ca. 2001]: Schlussbericht: Biowissenschaftliche Archäometrie. Die Knochenmatrix als Datenspeicher individueller und kollektiver biographischer Ereignisse (I), DNA-Analysen von kulturhistorischen Objekten (II)/Schlussbericht/Förderzeitraum: 1.11.97-28.2.01, Universität Göttingen, http://edok01.tib.uni-hannover.de/edoks/e01fb02/360448488.pdf, Stand: 8.12.2016.
– (2003): Ancient DNA typing. Methods, strategies and applications, Berlin u. a.
– (2008): »Alte DNA«, in: Hauptmann/Pingel, S. 67-88.

– (2015): »Ancient DNA«, in: Henke/Tattersall, S. 763-790.

–/Burger, Joachim/Loreille, Odile/Wischmann, Hartmut, et al. (2004): »Von Rauchern, Nichtrauchern, Schafen und Ziegen – Biomolekulare Analysen zur menschlichen Kulturgeschichte«, in: BMBF/FJPB (2004a), S. 46-53.

–/–/Rameckers, Jens/Lassen, Cadja, et al. (1996): »Improvement of short tandem repeat amplifications of highly degraded DNA by the use of AmpliTaq-Gold[tm]«, in: Amplifications 14, S. 5 f.

–/Herrmann, Bernd (1991): »Y-chromosome-specific DNA amplified in ancient human bone«, in: Naturwissenschaften 78, S. 266 f.

–/– (1994a): »General Aspects of Sample Preparation«, in: Herrmann/Hummel (1994a), S. 59-68.

–/– (1994b): »Y-Chromosomal DNA from Ancient Bones«, in: Herrmann/Hummel (1994a), S. 205-210.

–/– (1997): »Verwandtschaftsfeststellung durch aDNA-Analyse«, in: Anthropol. Anz. 55, S. 217-223.

–/Lassen, Cadja/Rameckers, Jens/Baron, Heike, et al. (1997): »DNA aus archäologischen Skelettfunden – ein Fenster zur Vergangenheit«, in: BMBF/FJPB, S. 31-34.

–/–/Schultes, Tobias (1996): »Molekulare Anthropologie: Ein neues Fenster zur Frühzeit«, in: Wegner, S. 233-242.

–/Nordsiek, Gabriele/Herrmann, Bernd (1992): »Improved Efficiency in Amplification of Ancient DNA and Its Sequence Analysis«, in: Naturwissenschaften 79, S. 359 f.

–/–/Rameckers, Jens/Lassen, Cadja, et al. (1995): »aDNA – Ein neuer Zugang zu alten Fragen«, in: Zeitschrift für Morphologie und Anthropologie 81, S. 41-65.

–/Schmidt, Diane Manuela (2003): »DNA Typing from Human and Animal Skeletal Remains«, in: Forensic Sci. Int. 136, S. 64 f.

–/–/Kremeyer, Barbara/Herrmann, Bernd, et al. (2005): »Detection of the CCR5-Δ32 HIV resistance gene in Bronze Age skeletons«, in: Genes and Immunity 6, S. 371-374.

–/Schultes, Tobias (2000): »From skeletons to fingerprints – STR typing of ancient DNA«, in: Ancient Biomolecules 3, S. 103-116.

–/–/Bramanti, Barbara/Herrmann, Bernd (1999): »Ancient DNA profiling by megaplex amplifications«, in: Electrophoresis 20, S. 1717-1721.

Hunnius, Tanya E. von/Yang, Dongya Y./Eng, Barry/Waye, John S. (2007): »Digging deeper into the limits of ancient DNA research on syphilis«, in: J. Archaeol. Sci. 34, S. 2091-2100.

Hunter, John R. (1996): »A Background to Forensic Archaeology«, in: ders./Roberts, Charlotte A./Martin, Anthony L. (Hg.): Studies in Crime. An Introduction to Forensic Archaeology, London, S. 7-23.

Immel, Uta-Dorothee/Hummel, Susanne/Herrmann, Bernd (2000): Abstract: Genotyping primates by microsatellite analysis from feces, 5th International Ancient DNA Conference, Manchester, 12.7.2000, http://members.chello.nl/jperk/Ancient%20DNA%205.pdf, Stand: 30.6.2016.

Immelmann, Klaus (1987): »Interdisziplinarität zwischen Natur- und Geisteswissenschaften – Praxis und Utopie«, in: Kocka, S. 82-91.

Ingham, Sarah/Roberts, Charlotte A. (2008): »Using ancient DNA analysis in palaeopathology: a critical analysis of published papers, with recommendations for future work«, in: Int. J. Osteoarchaeol. 18, S. 600-613.

Ingman, Max/Kaessmann, Henrik/Pääbo, Svante/Gyllensten, Ulf (2000): »Mitochondrial genome variation and the origin of modern humans«, in: Nature 408, S. 708-713.

Institut für Mikrobiologie der Bundeswehr (Hg.) (2016): Konsiliarlabor Pest, Arbeitsgruppe Pest, Webauftritt, https://instmikrobiobw.de/einrichtungen/arbeitsgruppen-fuer-spezielle-pathogene/pest.html, Stand: 11.12.2016.

Itan, Yuval/Powell, Adam/Beaumont, Mark A./Burger, Joachim, et al. (2009): »The Origins of Lactase Persistence in Europe«, in: PLOS Computational Biology 5, S. e1000491.

Ivanov, Pavel L./Wadhams, [M.] J./Roby, [R.] K./Holland, Mitchell M., et al. (1996): »Mitochondrial DNA sequence heteroplasmy in the Grand Duke of Russia Georgij Romanov establishes the authenticity of the remains of Tsar Nicholas II«, in: Nature Genetics 12, S. 417-420.

Jacob, Christina/Strien, Hans-Christoph/Wahl, Joachim (2010): »Familiengeschichten aus der Steinzeit. Rekonstruierte Verwandtschaftsverhältnisse«, in: Knaut/Schwab (2010a), S. 12-21.

Jaenicke-Després, Viviane/Buckler, Ed S./Smith, Bruce D./Gilbert, M. Thomas P., et al. (2003): »Early allelic selection in maize as revealed by ancient DNA«, in: Science 302, S. 1206 ff.

Jasanoff, Sheila (Hg.) (2004a): States of Knowledge. The Co-production of Science and Social Order, London, New York.

– (2004b): »The idiom of co-production«, in: dies. (2004a), S. 1-12.

Jeffreys, Alec J./Allen, Maxine J./Hagelberg, Erika/Sonnberg, Andreas (1992): »Identification of the skeletal remains of Josef Mengele by DNA analysis«, in: Forensic. Sci. Int. 56, S. 65-76.

–/Brookfield, John F. Y./Semeonoff, Robert (1985): »Positive identification of an immigration test-case using human DNA fingerprints«, in: Nature 317, S. 818 f.

–/Wilson, Victoria/Thein, Swee Lay (1985a): »Hypervariable ›minisatellite‹ regions in human DNA«, in: Nature 314, S. 67-73.

–/–/– (1985b): »Individual-specific ›fingerprints‹ of human DNA«, in: Nature 316, S. 76-79.

Jehaes, Els/Decorte, Ronny/Peneau, Alain/Petrie, Johan H., et al. (1998): »Mitochondrial DNA analysis on remains of a putative son of Louis XVI, King of France and Marie-Antoinette«, in: Eur. J. Hum. Genet. 6, S. 383-395.

–/Pfeiffer, Heidi/Decorte, Ronny/Brinkmann, Bernd, et al. (2000): Abstract: Mitochondrial DNA Analysis of the Putative Heart of Louis XVII, Son of Louis XVI and Marie-Antoinette, 5th International Ancient DNA Conference, Manchester, 12.7.2000, http://members.chello.nl/jperk/Ancient%20DNA%205.pdf, Stand: 30.6.2016.

–/–/Toprak, Kaan/Decorte, Ronny, et al. (2001): »Mitochondrial DNA analysis of the putative heart of Louis XVII, son of Louis XVI and Marie-Antoinette«, in: Eur. J. Hum. Genet. 9, S. 185-190.

Jensen, Inken (2002): »Einführung«, in: Jensen/Wieczorek, S. 11-14.

–/Wieczorek, Alfried (Hg.) (2002): Dino, Zeus und Asterix. Zeitzeuge Archäologie in Werbung, Kunst und Alltag heute, Mannheim.

Jensen, Ola Wolfhechel (Hg.) (2012): Histories of archaeological practices: reflections on methods, strategies and social organisation in past fieldwork, Stockholm.

Jerem, Elisabeth/Rudner, Edina (Hg.) (2002): Archaeometry 98. Proceedings of the 31st Symposium, Budapest, 26.4.-3.5.1998, International Symposium on Archaeometry, Oxford.

Jobling, Mark A. (2012): »The Impact of Recent Events on Human Genetic Diversity«, in: Philos. Trans. Roy. Soc. B Biol. 367, S. 793-799.

– (2015): »Abstract: Fishing in the Gene Pool for Vikings«, in: ZZF/Humboldt Universität zu Berlin, o. S.

–/Tyler-Smith, Chris (2003): »The human Y chromosome: an evolutionary marker comes of age«, in: Nature Rev. Genet. 4, S. 598-612.

Jones, Martin K. (2001): The molecule hunt. Archaeology and the search for ancient DNA, London.

– (2003): »Ancient DNA in pre-Columbian archaeology: a review«, in: J. Archaeol. Sci. 30, S. 629-635.

– (2008): »Introduction«, in: Tzedakis/Martlew/Jones, S. xi-xiv.

Jordan, Stefan (2009): Theorien und Methoden der Geschichtswissenschaft, Paderborn u. a.

Jungert, Michael (2010): »Was zwischen wem und warum eigentlich? Grundsätzliche Fragen der Interdisziplinarität«, in: ders./Romfeld/Sukopp/Voigt, S. 1-12.

–/Romfeld, Elsa/Sukopp, Thomas/Voigt, Uwe (Hg.) (2010): Interdisziplinarität. Theorie, Praxis, Probleme, Darmstadt.

Jungklaus, Bettina/Schulz, Caroline/Schultz, Michael (2010): »Histologischer Nachweis von Syphilis an Skeletten des 15./16. Jahrhunderts aus Halle«, in: Meller/Alt (2010a), S. 131-139.

Junnila, Amy/Hamilton, Scott/Molto, J. Eldon/Parr, Ryan L. (2000): Abstract: Speciation of zooarchaeological remains with mitochondrial DNA: a feasibility study, 5th International Ancient DNA Conference, Manchester, 12.7.2000, http://members.chello.nl/jperk/Ancient%20DNA%205.pdf, Stand: 30.6.2016.

Kaeser, Marc-Antoine (2008): »Biography as Microhistory. The Relevance of Private Archives for Writing the History of Archaeology«, in: Schlanger/Nordbladh, S. 9-20.

– (2010): »ArchäologInnen und Archäologie in den Medien. Ein störendes Spiegelbild?«, in: Gehrke/Sénécheau (2010b), S. 49-61.

Kaestle, Frederika A./Smith, David Glenn (2005): »Working with ancient DNA: NAGPRA, Kennewick Man, and Other Ancient Peoples«, in: Turner (2005a), S. 241-262.

Kästner, Sibylle (1997): »Rund ums Geschlecht. Ein Überblick zu feministischen Geschlechtertheorien und deren Anwendung auf die archäologische Forschung«, in: Karlisch/dies./Mertens, S. 13-29.

– (1999): »Über den Tanz auf dem Eis. Eine Einführung zur Geschlechterforschung in der deutschen Ur- und Frühgeschichte«, in: Vorgeschichtliches Seminar der Philipps-Universität Marburg (Hg.): Frauenbilder, Frauenrollen. Frauenforschung in den Altertums- und Kulturwissenschaften? Symposium Marburg 1998, Marburg, S. 1-19.

Kahila Bar-Gal, Gila/Ducos, Pierre/Kolska Horwitz, Liora (2003): »The application of ancient DNA analysis to identify neolithic caprinae: a case study from the site of Hatoula, Israel«, in: Int. J. Osteoarchaeol.13, S. 120-131.

–/Khalaily, Hamoudi/Marder, Oofer/Ducos, Pierre, et al. (2000): Abstract: Ancient DNA evidence for the transition from wild to domestic status in Neolithic goats: a case study from the site of Abu-Gosh, Israel, 5th International Ancient DNA Conference, Manchester, 12.7.2000, http://members.chello.nl/jperk/Ancient%20DNA%205.pdf, Stand: 30.6.2016.

Kahn, Patricia/Gibbons, Ann (1997): »DNA from an extinct human«, in: Science 277, S. 176 ff.

Kanz, Fabian/Cemper-Kiesslich, Jan (2015): »Forensic archaeology and anthropology in Austria«, in: Groen/Márquez-Grant/Janaway (2015a), S. 3-7.

Karl, Raimund (2013): Vortragstranskript: My precioussssss... Oder: Every Sherd is sacred, Tagung: Massendinghaltung in der Archäologie. Der material turn und die Ur- und Frühgeschichte, AG TidA e. V., Berlin, 24.5.2013.

–/Leskovar, Jutta (Hg.) (2005): Interpretierte Eisenzeiten. Fallstudien, Methoden, Theorie. Tagungsbeiträge der 1. Linzer Gespräche zur interpretativen Eisenzeitarchäologie, Linz.

Karlisch, Sigrun M./Kästner, Sibylle/Mertens, Eva-Maria (Hg.) (1997): Vom Knochenmann zur Menschenfrau. Feministische Theorie und archäologische Praxis, Münster.

Katzenberg, Mary Anne/Harrison, Roman G. (1997): »What's in a Bone? Recent Advances in Archaeological Bone Chemistry«, in: J. Anthropol. Res. 5, S. 265-293.

–/Oetelaar, Gerald A./Oetelaar, [J.]/Fitzgerald, [C.], et al. (2005): »Identification of Historical Human Skeletal Remains: A Case Study Using Skeletal and Dental Age, History and DNA«, in: Int. J. Osteaoarchaeol. 15, S. 61-72.

–/Saunders, Shelley Rae (Hg.) (2000): The biological anthropology of the human skeleton, Hoboken.

Kaube, Jürgen (2003): »Das Unbehagen in den Geisteswissenschaften. Empirische und überempirische Krisen«, in: Keisinger, Florian/Berger, Roland (Hg.): Wozu Geisteswissenschaften? Kontroverse Argumente für eine überfällige Debatte, Frankfurt a.M, S. 17-28.

Kaufmann, Franz-Xaver (1987): »Interdisziplinäre Wissenschaftspraxis. Erfahrungen und Kriterien«, in: Kocka, S. 63-81.

Kemp, Brian M./Monroe, Cara/Judd, Kathleen G./Reams, Erin, et al. (2014): »Evaluation of methods that subdue the effects of polymerase chain reaction inhibitors in the study of ancient and degraded DNA«, in J. Archaeol. Sci. 42, S. 373-380.

–/–/Smith, David Glenn (2006): »Repeat silica extraction: a simple technique for the removal of PCR inhibitors from DNA extracts«, in: J. Archaeol. Sci. 33, S. 1680-1689.

Kerneck, Barbara (2014): »Die Ururenkel der Neandertaler«, in: taz, 30.5.2014, S. 18.

Keupp, Jan (2014): Blogeintrag: Kein Wunder nirgendwo – die genetische Herausforderung der Geschichte, https://mittelalter.hypotheses.org/4734, zuletzt aktualisiert: 1.12.2014, Stand: 1.7.2016.

Keyser, Christine/Clisson, Isabelle/Francfort, Henri-Paul/Crubezy, Eric/Ludes, Bertrand (2000): Abstract: Megaplex analysis of two skeletal remains from a frozen burial (Kazaksthan, 4th century BC), 5th International Ancient DNA Conference, Manchester, 12.7.2000, http://members.chello.nl/jperk/Ancient%20DNA%205.pdf, Stand: 30.6.2016.

Killick, David (2005): »Comments 4: Is there Really a Chasm Between Archaeological Theory and Archaeological Science?«, in: Archaeometry 47, S. 185-189.

– (2008): »Archaeological science in the USA and in Britain«, in: Sullivan, Alan P. (Hg.): Archaeological Concepts for the Study of the Cultural Past, Salt Lake City, S. 40-64.

– (2015): »The awkward adolescence of archaeological science«, in: J. Archaeol. Sci. 56, S. 242-247.

Kimmig, Wolfgang (1991): »Vorwort«, in: Boom (1991a), S. v f.

Kimura, Motoo (1968): »Evolutionary rate at the molecular level«, in: Nature 217, S. 624 ff.

King, Gary A./Gilbert, M. Thomas P./Willerslev, Eske/Collins, Matthew J., et al. (2009): »Recovery of DNA from archaeological insect remains: first results, problems and potential«, in: J. Archaeol. Sci. 36, S. 1179-1183.

King, Mary-Claire (1992): »Allan C. Wilson (1934-1991): in memoriam«, in: Am. J. Hum. Gen. 50, S. 234 f.

Kirch, PatrickV./Weisler, Marshall I. (1994): »Archaeology in the Pacific Islands: An Appraisal of Recent Research«, in: J. Anthropol. Res. 2, S. 285-328.

Kircher, Marco (2012): Wa(h)re Archäologie. Die Medialisierung archäologischen Wissens im Spannungsfeld von Wissenschaft und Öffentlichkeit, Bielefeld.

Kirsanow, Karola/Burger, Joachim (2012): »Ancient Human DNA«, in: Annals of Anatomy 194, S. 121-132.

Kittles, Rick A./Winston, Cynthia E. (2005): »Psychological and Ethical Issues Related to Identity and Inferring Ancestry of African Americans«, in: Turner (2005a), S. 209-229.

Klammt, Anne (2011): »Zwischen Entgrenzung und Disziplinierung – ein Erfahrungsbericht aus einem interdisziplinären umwelthistorischen Graduiertenkolleg«, in: Meier/Tillessen (2011a), S. 407-415.

Kleibscheidel, Christine (1997): »Grundlagen und Methoden traditioneller archäologischer Geschlechterbestimmung in hallstattzeitlichen Gräbern«, in: Karlisch/Kästner/Mertens, S. 50-63.

Klein, Stefan (2011): »›Alle Menschen sind miteinander verwandt‹«, in: Die Zeit, 24.11.2011, S. M054.

Knapp, Michael/Hofreiter, Michael (2010): »Next generation sequencing of ancient DNA: requirements, strategies and perspectives«, in: Genes 1, S. 227-243.

–/Lalueza-Fox, Carles/Hofreiter, Michael (2015): »Re-inventing ancient human DNA«, in: Investigative Genetics 6, o. S.

Knauer, Roland (1993): »Wissen aus alten Knochen«, in: Die Zeit, 9.4.1993, S. 34, http://www.zeit.de/1993/15/wissen-aus-alten-Knochen, Stand: 20.3.2017.

Knaut, Matthias/Schwab, Roland (Hg.) (2010a): Archäologie im 21. Jahrhundert. Innovative Methoden – bahnbrechende Ergebnisse, Stuttgart.

–/– (2010b): »Archäologie im 21. Jahrhundert. Innovative Methoden – bahnbrechende Ergebnisse«, in: dies. (2010a), S. 7-11.

Knight, Alec/Zhivotovsky, Lev A./Kass, David H./Litwin, Daryl E., et al. (2004): »Ongoing Controversy over Romanov Remains: Response«, in: Science 306, S. 409 f.

Knipper, Corina/Maurer, Anne-France/Peters, Daniel/Meyer, Christian, et al. (2012): »Mobility in Thuringia or Mobile Thuringians: A Strontium Isotope Study from Early Medieval Central Germany«, in: Burger/Kaiser/Schier, S. 287-310.

Knudson, Kelly J./Stojanowski, Christopher M. (2008): »New Directions in Bioarchaeology: Recent Contributions to the Study of Human Social Identities«, in: J. Anthropol. Res.16, S. 397-432.

–/– (2010): »The Bioarchaeology of Identity«, in: dies. (Hg.): Bioarchaeology and Identity in the Americas, Gainesville, S. 1-22.

Knußmann, Rainer (1988): »Die heutige Anthropologie«, in: ders./Martin, S. 3-46.

–/Martin, Rudolf (Hg.) (1988): Anthropologie. Handbuch der vergleichenden Biologie des Menschen, Bd. 1/1 Wesen und Methoden der Anthropologie, Stuttgart, New York.

Koch, Julia Katharina (2010): »Mobile Individuen in sesshaften Gesellschaften der Metallzeiten Mitteleuropas. Anmerkungen zur Rekonstruktion prähistorischer Lebensläufe«, in: Meller/Alt (2010a), S. 95-100.

Kocka, Jürgen (Hg.) (1987): Interdisziplinarität. Praxis, Herausforderung, Ideologie, Frankfurt a. M.

Köchy, Kristian (2010): »Labor, Experiment«, in: Sarasin/Sommer, S. 171-175.

–/Schiemann, Gregor (2006): »Natur im Labor«, in: Philosophia Naturalis 43, S. 1-9.

Köller, Wilhelm (2012): Sinnbilder für Sprache. Metaphorische Alternativen zur begrifflichen Erschließung von Sprache, Berlin.

Kohring, Matthias (2006): »Zum Verhältnis von Wissen und Vertrauen. Eine Typologie am Beispiel öffentlicher Kommunikation«, in: Pühringer, Karin/Zielmann, Sarah (Hg.): Vom Wissen und Nicht-Wissen einer Wissenschaft. Kommunikationswissenschaftliche Domänen, Darstellungen und Defizite, Münster, S. 121-134.

Kolbert, Elizabeth (2011): »Sleeping with the Enemy. What happened between the Neanderthals and us?«, in: The New Yorker, 15.8.2011, S. 64, http://www.newyorker.com/magazine/2011/08/15/sleeping-with-the-enemy, Stand: 30.11.2016.

Kolman, Connie J./Centurion-Lara, Arturo/Lukehart, Sheila A./Owsley, Douglas W./Tuross, Noreen (1999): »Identification of Treponema pallidum subspecies pallidum in a 200-year-old Skeletal Specimen«, in: The Journal of Infectious Diseases 180, S. 2060-2063.

–/Tuross, Noreen (2000): »Ancient DNA Analysis of Human Populations«, in: Am. J. Phys. Anthropol. 111, S. 5-23.

Konomi, Nami/Lebwohl, Eve/Mowbray, Ken/Tattersall, Ian, et al. (2002): »Detection of Mycobacterial DNA in Andean Mummies«, in: Journal of Clinical Microbiology 40, S. 4738-4740.

Kornmeier, Uta/Strick, Simon (2013): »Tagungsbericht: Sammeln und Bewahren, Erforschen und Zurückgeben – Human Remains aus der Kolonialzeit in akademischen und musealen Sammlungen, 4.-6.10.2012, Berlin«, in: H-Soz-Kult, 20.4.2013, http://hsozkult.geschichte.hu-berlin.de/tagungsberichte/id=4766, Stand: 20.7.2016.

Koselleck, Reinhart (2010): »Interdisziplinäre Forschung und Geschichtswissenschaft (1978)«, in: ders. (Hg.): Vom Sinn und Unsinn der Geschichte. Aufsätze und Vorträge aus vier Jahrzehnten. Unter Mitarbeit von Carsten Dutt, Berlin, S. 52-67.

Krajewski, Carey/Buckley, Larry/Westerman, Michael (1997): »DNA Phylogeny of the Marsupial Wolf Resolved«, in: Proc. Roy. Soc. Lond. B Biol. 264, S. 911-917.

Kranert, Hendrik: »Mein Opa aus der Bronzezeit«, Mitteldeutsche Zeitung, 3.3.2007.

Kraus, Barbara (2006): Befund Kind. Überlegungen zu archäologischen und anthropologischen Untersuchungen von Kinderbestattungen, Bonn.

Krause, Johannes (2010): »From Genes to Genomes: What is New in Ancient DNA?«, in: Mitteilungen der Gesellschaft für Urgeschichte 19, S. 11-33.

– (2015a): »Abstract: Genome Wide Data from Ancient Humans Suggest Three Ancestral Populations for Present-day West Eurasians that Genetically Admixed During the Neolithic«, in: ZZF/Humboldt Universität zu Berlin, o. S.

– (2015b): »Ancient human migrations«, in: Die Kunde 64, S. 87–99.

–/Briggs, Adrian W./Kircher, Martin/Maricic, Tomislav, et al. (2010): »A Complete mtDNA Genome of an Early Modern Human from Kostenki, Russia«, in: Curr. Biol. 20, S. 231-236.

–/Fu, Qiaomei/Good, Jeffrey M./Viola, Bence, et al. (2010): »The Complete Mitochondrial DNA Genome of an Unkown Hominin from Southern Siberia«, in: Nature 464, S. 894-897.

–/Lalueza-Fox, Carles/Orlando, Ludovic/Enard, Wolfgang, et al. (2007): »The Derived FOXP2 Variant of Modern Humans Was Shared with Neandertals«, in: Curr. Biol. 17, S. 1908-1912.

–/Orlando, Ludovic/Serre, David/Viola, Bence, et al. (2007): »Neanderthals in Central Asia and Siberia«, in: Nature 449, S. 902 f.

Krebs, Oliver/Hummel, Susanne/Wischmann, Hartmut/Herrmann, Bernd (2000): Abstract: Purifying aDNA Extracts by High-Performance Liquid Chromatography HPLC, 5th International Ancient DNA Conference, Manchester, 12.7.2000, http://members.chello.nl/jperk/Ancient%20DNA%205.pdf, Stand: 30.6.2016.

Krings, Matthias (1998): Neandertaler DNA-Sequenzen und der Ursprung des modernen Menschen, Univ. Diss. München.

–/Geisert, Helga/Schmitz, Ralf W./Krainitzki, Heike, et al. (1999): »DNA Sequence of the Mitochondrial Hypervariable Region II from the Neandertal Type Specimen«, in: PNAS 96, S. 5581-5585.

–/Stone, Anne C./Schmitz, Ralf W./Krainitzki, Heike, et al. (1997): »Neandertal DNA Sequences and the Origin of Modern Humans«, in: Cell 90, S. 19-30.

Kristiansen, Kristian (2009): »The Discipline of Archaeology«, in: Cunliffe/Gosden/Joyce, S. 3-44.
– (2014): »Towards a New Paradigm? The Third Science Revolution and its Possible Consequences in Archaeology«, in: CSA 22, 11-34.
Kröner, Hans-Peter (1998): Von der Rassenhygiene zur Humangenetik. Das Kaiser-Wilhelm-Institut für Anthropologie, menschliche Erblehre und Eugenik nach dem Kriege, Stuttgart, New York.
Krohn, Knut (2008): »Ein Geniestreich: Bei der Identifizierung des Grabes von Kopernikus halfen Technik, Glück und kriminalistisches Gespür«, in: Der Tagesspiegel, 30.11.2008, S. 36.
Krüger, Mirko (2015): »Knochenjäger enthüllen Verbrechen aus der Steinzeit«, in: Thüringer Allgemeine, 4.7.2015, S. 31.
Kühberger, Christoph (2003): »Interdisziplinäres Arbeiten. Reflexionen zu Problemen in der wissenschaftlichen Praxis«, in: Deinhammer (2003b), S. 78-81.
Kupferschmidt, Kai (2016): »›Zahnstein ist für uns weißes Gold‹«, in: SZ, 14.4.2016, S. 16.
Kusber, Jan (Hg.) (2010): Historische Kulturwissenschaften: Positionen, Praktiken und Perspektiven, Bielefeld.
Kusma, Stephanie (2005): »Jurassic Park Revisited – die Forschung an uraltem Erbgut«, in: NZZ, 29.6.2005, S. 53.
Lalueza-Fox, Carles (1999): »Analysis of Ancient Mitochondrial DNA from Extinct Aborigines from Tierra del Fuego-Patagonia«, in: Ancient Biomolecules 1, S. 43-54.
– (2003): »Bone Collections are DNA Data Banks«, in: Grupe/Peters (2003a), S. 165-174.
– (2013): »Agreements and Misunderstandings among Three Scientific Fields«, in: Curr. Anthropol. 54, S. S214-S220.
–/Caldéron, Fernando Luna/Bertranpetit, Jaume (2000): Abstract: mtDNA from the extinct Tainos (Dominican Republic) and the Peopling of the Caribean, 5th International Ancient DNA Conference, Manchester, 12.7.2000, http://members.chello.nl/jperk/Ancient%20DNA%205.pdf, Stand: 30.6.2016.
–/Gigli, Elena/Bini, Carla/Calafell, Francesco, et al. (2011): »Genetic Analysis of the presumptive blood from Louis XVI, King of France«, in: Forensic. Sci. Int. Genetics 5, S. 459-463.
–/Rosas, Antonio/Estalrrich, Almudena/Gigli, Elena, et al. (2011): »Genetic evidence for patrilocal mating behavior among Neandertal groups«, in: PNAS 108, S. 250-253.
–/Sampietro, Maria Lourdes/Caramelli, David/Puder, [Y.], et al. (2005): »Neandertal Evolutionary Genetics: Mitochondrial DNA Data from the Iberian Peninsula«, in: Mol. Biol. Evol. 22, S. 1077-1081.

–/–/Gilbert, M. Thomas P./Castri, Loredana, et al. (2004): »Unravelling migrations in the steppe: mitochondrial DNA sequences from ancient Central Asians«, in: Proc. Roy. Soc. Lond. B Biol. 271, S. 941-947.

Lambert, David M./Millar, Craig D. (2006): »Evolutionary biology: Ancient genomics is born«, in: Nature 444, S. 275 f.

Lambert, Joseph B. (1997): Traces of the Past: Unraveling the Secrets of Archaeology Through Chemistry, Reading.

Lander, Eric S. (1992): »DNA Fingerprinting: Science, Law, and the Ultimate Identifier«, in: Kevles, Daniel Jo/Hood, Leroy Edward (Hg.): The Code of Codes. Scientific and Social Issues in the Human Genome Project, Cambridge, London, S. 191-210, 345 f.

– (2011): »Initial impact of the sequencing of the human genome«, in: Nature 470, S. 187-197.

Lang, Franziska (2002): Klassische Archäologie. Eine Einführung in Methode, Theorie und Praxis, Tübingen.

Langegger, Verena (2008): »Ermordete Zarenkinder in Tirol identifiziert«, in: Der Standard, 17.7.2008, S. 6.

Langejans, Geeske H. J. (2010): »Remains of the day. Preservation of organic micro-residues on stone tools«, in: J. Archaeol. Sci. 37, S. 971-985.

Larsen, Clark Spencer (1997): Bioarchaeology. Interpreting behavior from the human skeleton, Cambridge.

– (2002a): »Bioarchaeology: The Lives and Lifestyles of Past People«, in: J. Anthropol. Res. 10, S. 119-166.

– (2002b): Skeletons in Our Closet: Revealing Our Past Through Bioarchaeology, Princeton.

– (2007): »Foreword«, in: Cohen/Crane-Kramer, S. ix-xx.

– (2009): »The Changing Face of Bioarchaeology: An Interdisciplinary Science«, in: Buikstra/Beck, S. 359-374.

–/Walker, Philipp L. (2005): »The ethics of bioarchaeology«, in: Turner (2005a), S. 111-119.

Larson, Greger/Albarella, Umberto/Dobney, Keith M./Rowley-Conwy, Peter, et al. (2007): »From the Cover: Ancient DNA, pig domestication, and the spread of the Neolithic into Europe«, in: PNAS 104, S. 15276-15281.

–/Dobney, Keith M./Albarella, Umberto/Fang, Meiying, et al. (2005): »Worldwide Phylogeography of Wild Boar Reveals Multiple Centers of Pig Domestication«, in: Science 307, S. 1618-1621.

Larsson, Åsa M. (2013): »Science and Prehistoriy. Are We Mature Enough to Handle it?«, CSA 21, S. 27-33.

Lassen, Cadja (1998): Molekulare Geschlechtsdetermination der Traufkinder des Gräberfeldes Aegerten (Schweiz), Univ. Diss. Göttingen.

– (2000): »Molecular sex identification of stillborn and neonate individuals (Traufkinder) from the burial site Aegerten«, in: Anthropol. Anz. 58, S. 1-8.

–/Hummel, Susanne/Herrmann, Bernd (1994): »Comparison of DNA extraction and amplification from ancient human bone and mummified soft tissue«, in: Int. J. Legal Med. 107, S. 152-155.

–/–/– (1996): »PCR-based sex determination in ancient human bones by amplification of X- and Y-Chromosomal sequences. A comparison«, in: Ancient Biomolecules 1, S. 25-33.

–/–/– (1997): »Molekulare Geschlechtsbestimmung an Skelettresten früh- und neugeborener Individuen des Gräberfeldes Aegerten, Schweiz«, in: Anthropol. Anz. 55, S. 183-191.

Lauschner, Anja (2008): »Im Dichter-Sarg lag der Falsche«, in: Nürnberger Zeitung, 5.5.2008, S. 31.

Lazaridis, Iosif/Patterson, Nick/Mittnik, Alissa/Renaud, Gabriel, et al. (2014): »Ancient human genomes suggest three ancestral populations for present-day Europeans«, in: Nature 513, S. 409-413.

Leclair, Benoit/Shaler, Robert C./Carmody, George/Eliason, Kristilyn, et al. (2007): »Bioinformatics and Human Identification in Mass Fatality Incidents: The World Trade Center Disaster«, in: J. Forensic Sci. 52, S. 806-819.

Lee, Esther J./Makarewicz, Cheryl/Renneberg, Rebecca/Harder, Melanie, et al. (2012): »Emerging genetic patterns of the European neolithic: Perspectives from a late neolithic bell beaker burial site in Germany«, in: Am. J. Phys. Anthropol. 148, S. 571-579.

–/Renneberg, Rebecca/Harder, Melanie/Krause-Kyora, Ben, et al. (2014): »Collective burials among agro-pastoral societies in later Neolithic Germany: perspectives from ancient DNA«, in: J. Archaeol. Sci. 51, S. 174-180.

Leney, Mark D. (2006): »Sampling Skeletal Remains for Ancient DNA (aDNA): A Measure of Success«, in: Historical Archaeology 40, S. 31-49.

Lenoir, Timothy (1997): Instituting science. The cultural production of scientific disciplines, Stanford.

Leonard, Jennifer A./Shanks, Orin C./Hofreiter, Michael/Kreuz, Eva, et al. (2007): »Animal DNA in PCR reagents plagues ancient DNA research«, in: J. Archaeol. Sci. 34, S. 1361-1366.

–/Wayne, Robert K./Cooper, Alan (2000): »Population genetics of Ice Age Brown Bears«, in: PNAS 97, S. 1651-1654.

Leonardi, Michela/Gerbault, Pascale/Thomas, Mark G./Burger, Joachim (2012): »The evolution of lactase persistence in Europe. A synthesis of archaeological and genetic evidence«, in: International Dairy Journal 22, S. 88-97.

Lewerentz, Annette (2005): »Die Geschichte der Sammlung von den Anfängen bis heute. Rudolf Virchow und die Berliner Gesellschaft für Anthropologie, Ethnologie und Urgeschichte: Einfluss auf den Aufbau prähistorischer Sammlungen im Berliner Völkerkundemuseum bis 1902«, in: Menghin, Wilfried (Hg.): Das Berliner Museum für Vor- und Frühgeschichte: Festschrift zum 175-jährigen Bestehen, Berlin, S. 103-121.

Lidén, Kerstin/Eriksson, Gunilla (2013): »Archaeology vs. Archaeological Science. Do we have a case«, in: CSA 21, S. 11-20.

Lindahl, Tomas (1993): »Instability and decay of the primary structure of DNA«, in: Nature 362, S. 709-715.

Linderholm, Anna (2011): »The Genetics of the Neolithic Transistion: New Light on Differences between Hunter-Gatherers and Farmers in Southern Sweden«, in: Pinhasi/Stock, S. 385-402.

Liritzis, Yannis/Hackens, Tony (Hg.) (1986): First South European Conference in Archaeometry, Delphi, 9.-11.11.1984. Conseil de l'Europe, Straßburg.

–/Tsokas, [G.] (Hg.) (1995): Archaeometry in South Eastern Europe. Second Conference in Delphi, 19.-21.4.1991, Conseil de l'Europe, Rixensart.

Little, Lester K. (Hg.) (2009): Plague and the end of antiquity. The pandemic of 541-750, Cambridge u. a.

Livingston, Mark (2003): »Viel Ruhm dank Mumien und Ötzi«, in: NZZ am Sonntag, 12.10.2003, S. 75.

LMU München (Hg.) (2010): Institut für Pathologie/Archeomed e. V., 10th International Conference on Ancient DNA and Associated Biomolecules (ADNA 2010), 10.-13.10.2010, Programme, https://web.archive.org/web/2012 0331032653/http://www.adna2010.com/?node=3, Stand: 20.7.2016.

– (Hg.) (2016): Fakultät für Biologie, Anthropologie und Humangenomik, Grupe Group, 2016, http://www.humangenetik.bio.lmu.de/personen/grupe-group/index.html, Stand: 18.5.2016.

Loe, Louise/Barker, Caroline/Brady, Kate/Cox, Margaret/Webb, Helen (2014): »›Remember me to all‹. The archaeological recovery and identification of soldiers who fought and died in the Battle of Fromelles, 1916«, Oxford.

Löffler, Winfried (2010): »Vom Schlechten zum Guten. Gibt es schlechte Interdisziplinarität?«, in: Jungert/Romfeld/Sukopp/Voigt, S. 157-172.

Lohrke, Brigitte (2004): »›Ueberhaupt haben sie etwas weibliches, was sich schwer beschreiben lässt‹ – zur Forschungsgeschichte der prähistorisch-anthropologischen Geschlechtsbestimmung«, in: Frey Steffen, Therese/Rosenthal, Caroline/Väth, Anke (Hg.): Gender Studies. Wissenschaftstheorien und Gesellschaftskritik, Würzburg, S. 173-188.

Loreille, Odile/Hummel, Susanne/Herrmann, Bernd (2000): Abstract: Multiplex in aDNA studies: application to ancient parchment analysis, 5th International Ancient DNA Conference, Manchester, 12.7.2000, http://members.chello.nl/jperk/Ancient%20DNA%205.pdf, Stand: 30.6.2016.

Loy, Thomas H. (1983): »Prehistoric blood residues: detection on tool surfaces and identification of species of origin«, in: Science 220, S. 1269 ff.

– (1993): »The Artifact as Site: An Example of the Biomolecular Analysis of Organic Residues on Prehistoric Tools«, in: World Archaeology 25, S. 44-63.

Ludwig, Udo/Ulrich, Andreas (2007): »Spur in die Vergangenheit«, in: Der Spiegel, 17.9.2007, S. 52 f.

Lüning, Jens (2013): Vortragstranskript: Einiges passt, anderes nicht: Archäologischer Wissensstand und einige Ergebnisse der DNA-Anthropologie zum Frühneolithikum, Tagung: Archäologie und Paläogenetik, DGUF, Erlangen, 11.5.2013.

– (2014): »Einiges passt, anderes nicht: Archäologischer Wissensstand und Ergebnisse der DNA-Anthropologie zum Frühneolithikum«, in: Archäol. Inf. 37, S. 43-51.

Lutz, Sabine/Weisser, Hans-Joachim/Heizmann, Jeanette/Pollak, Stefan (1996): »mtDNA as a Tool for Identification of Human Remains. Identification Using mtDNA«, in: Int. J. Legal Med. 109, S. 205-209.

Lynch, Michael E./Cole, Simon A./McNally, Ruth/Jordan, Kathleen (2008): Truth machine. The Contentious History of DNA Fingerprinting, Chicago u.a.

Maasen, Sabine/Kaiser, Mario/Reinhart, Martin/Sutter, Barbara (Hg.) (2012): Handbuch Wissenschaftssoziologie, Wiesbaden.

MacLeod, Norman (2014): »Comment: Historical Enquiry as a Distributed, Nomothetic Evolutionary Discipline«, in: AHR 119, S. 1608-1620.

Malhi, Ripan S. (2000): Abstract: Where is the location of the source population for Native Americans in the Northeast U.S., 5th International Ancient DNA Conference, Manchester, 12.7.2000, http://members.chello.nl/jperk/Ancient%20DNA%205.pdf, Stand: 30.6.2016.

Malmström, Helena (2005): »Extensive Human DNA Contamination in Extracts from Ancient Dog Bones and Teeth«, in: Mol. Biol. Evol. 22, S. 2040-2047.

–/Gilbert, M. Thomas P./Thomas, Mark G./Brandström, Mikael, et al. (2009): »Ancient DNA Reveals Lack of Continuity between Neolithic Hunter-Gatherers and Contemporary Scandinavians«, in: Curr. Biol. 19, S. 1758-1762.

–/Svensson, Emma M./Gilbert, M. Thomas P./Willerslev, Eske, et al. (2007): »More on contamination: the use of asymmetric molecular behaviour to identify authentic ancient human DNA«, in: Mol. Biol. Evol. 24, S. 998-1004.

Maniatis, Yannis (2002): »Archaeometry in the third millennium: an integrated tool for the decoding, preservation and dissemination of the cultural heritage«, in: Academia Nazionale dei Lincei, S. 61-86.

Mann, Alan (1992): »Book Review: The human revolution: Behavioral and biological perspectives in the origins of modern humans«, in: Am. J. Hum. Biol. 4, S. 130-133.

Mannucci, Armando/Sullivan, Kevin M./Ivanov, Pavel L./Gill, Peter (1994): »Forensic application of a rapid and quantitative DNA sex test by amplification of the X-Y homologous gene amelogenin«, in: Int. J. Legal Med. 106, S. 190-193.

Mante, Gabriele (2011): »Some Notes on the German Love-Hate-Relationship with Anglo-American Theoretical Archaeology«, in: Gramsch, Alexander/Sommer, Ulrike (Hg.): A History of Central European Archaeology. Theory, Methods, and Politics, Budapest, S. 107-124.

Margulies, Marcel/Egholm, Michael/Altman, William E./Attiya, Said, et al. (2005): »Genome sequencing in microfabricated high-density picolitre reactors«, in: Nature 437, S. 376-380.

Marks, Jonathan (1994): »›Blood will tell (won't it?)‹: A century of molecular discourse in anthropological systematics«, in: Am. J. Phys. Anthropol., S. 59-79.

Martin, Debra L./Harrod, Ryan P./Pérez, Ventura R. (2013): Bioarchaeology: An Integrated Approach to Working with Human Remains, New York.

Matheson, Carney D./Brian, [D.] (2003): »The molecular taphonomy of biological molecules and biomarkers of disease«, in: Greenblatt/Spigelman, S. 127-142.

–/Loy, Thomas H. (2001): »Genetic Sex Identification of 9400-year-old Human Skull Samples from Çayönü Tepesi, Turkey«, in: J. Archaeol. Sci.28, S. 569-575.

Mathieson, Iain/Lazaridis, Iosif/Rohland, Nadin/Mallick, Swapan, et al. (2015): »Genome-wide patterns of selection in 230 ancient Eurasians«, in: Nature 528, S. 499-503.

Matisoo-Smith, Elizabeth A./Horsburgh, K. Ann (2012): DNA for archaeologists, Walnut Creek.

Mayr, Ernst Walter (2000): Das ist Biologie. Die Wissenschaft des Lebens, Heidelberg, Berlin.

– (2002): Die Entwicklung der biologischen Gedankenwelt. Vielfalt, Evolution und Vererbung, Nachdr. d. Ausg. v. 1984, Berlin.

Mays, Simon A. (1993): »Infanticide in Roman Britain«, in: Antiquity 67, S. 883-888.

– (1995): »Child killing through the ages«, in: British Archaeology 2, S. 8 f.

– (2010): »Human osteoarchaeology in the UK 2001-2007: a bibliometric perspective«, in: Int. J. Osteoarchaeol. 20, S. 192-204.

–/Eyers, Jill (2011): »Perinatal infant death at the Roman villa site at Hambleden, Buckinghamshire, England«, in: J. Arch. Sci. 38, S. 1931-1938.

–/Faerman, Marina (2001): »Sex Identification in Some Putative Infanticide Victims from Roman Britain Using Ancient DNA«, in: J. Archaeol. Sci. 28, S. 555-559.

–/Smith, Martin (2009): »Ethical dimensions of reburial, retention and repatriation of archaeological human remains: a British perspective«, in: Lewis, Mary E./Clegg, Margaret (Hg.): Proceedings of the Ninth Annual Conference of the British Association for Biological Anthropology and Osteoarchaeology. Department of Archaeology, University of Reading 2007, Oxford, S. 107-117.

McCormick, Michael (2003): »Rats, Communications, and Plague. Toward an Ecological History«, in: Journal of Interdisciplinary History 34, S. 1-25.

– (2008): »Molecular Middle Ages: Early Medieval Economic History in the Twenty-First Century«, in: Davis, Jennifer R./ders. (Hg.): The Long Morning of Medieval Europe. New Directions in Early Medieval Studies. Conference: New Directions 2: The Early Middle Ages Today, Aldershot, S. 83-97.

McGraw-Hill (Hg.) (2007): Encyclopedia of Science and Technology, 10. Aufl., New York u. a.

McKinnon, Michael (1999): »Animal Bone Remains«, in: Soren/Soren, S. 533-594.

Meier, Thomas (2010): Der Archäologe als Wissenschaftler und Zeitgenosse. Antrittsvorlesung an der Universität Heidelberg am 20.1.2010, Darmstadt.

– (2013): Vortragstranskript: Materialität – ein (un)zeitgemäßes Konzept?, Tagung: Massendinghaltung in der Archäologie. Der material turn und die Ur- und Frühgeschichte, AG TidA e. V., Berlin, 23.5.2013, http://www.theorieag.de/programm-zur-tagung-massendinghaltung-in-der-archaologie/, Stand: 8.12.2016.

–/Tillessen, Petra (Hg.) (2011a): Über die Grenzen und zwischen den Disziplinen. Fächerübergreifende Zusammenarbeit im Forschungsfeld historischer Mensch-Umwelt-Beziehungen. Budapest.

–/– (2011b): »Von Schlachten, Hoffnungen und Ängsten: Einführende Gedanken zur Interdisziplinarität in der Historischen Umweltforschung«, in: dies. (2011a), S. 19-43.

Meili, Mathias (2006): »Verwandte sind sie eher nicht«, in: NZZ am Sonntag, 2.4.2006, S. 78.

Mellars, Paul (1993): »Archaeology and the Population-Dispersal Hypothesis of Modern Human Origins in Europe«, in: Aitken/Stringer/ders., S. 196-216.

–/Stringer, Christopher B. (1989a): »Introduction«, in: dies. (1989b), S. 1-16.

–/– (Hg.) (1989b): The Human Revolution. Behavioral and biological perspectives on the origins of modern humans, Princeton.

Meller, Harald (2008a): »Vorwort«, in: Berthold (2008b), S. 13 f.

– (2008b): »Vorwort«, in: ders./Bräuer, Siegfried/Bloh, Jutta Charlotte von (Hg.): Fundsache Luther. Archäologen auf den Spuren des Reformators. Begleitband zur Landesausstellung »Fundsache Luther – Archäologen auf den Spuren des Reformators« im Landesmuseum für Vorgeschichte Halle (Saale) vom 31.10.2008-26.4.2009, Stuttgart, S. 14-18.

–/Alt, Kurt W. (Hg.) (2010a): Anthropologie, Isotopie und DNA – biografische Annäherung an namenlose vorgeschichtliche Skelette? 2. Mitteldeutscher Archäologentag vom 8.-10.10.2009 in Halle (Saale), Halle.

–/– (2010b): »Vorwort«, in: dies. (2010a), S. 7 f.

Mendum, Tom A./Schuenemann, Verena J./Roffey, Simon/Taylor, G. Michael, et al. (2014): »Mycobacterium leprae genomes from a British medieval leprosy hospital: towards understanding an ancient epidemic«, in: BMC Genomics 15, S. 270.

Menninger, Martin (2009): »Alter, Geschlecht und Verwandtschaft«, in: Baumeister, S. 26-30.

Menozzi, Paolo/Piazza, Alberto/Cavalli-Sforza, Luigi Luca (1978): »Synthetic maps of human gene frequencies in Europeans«, in: Science 201, S. 786-792.

Merriwether, D. Andrew (2000): Abstract: Ancient DNA and human migrations, 5th International Ancient DNA Conference, Manchester, 12.7.2000, http://members.chello.nl/jperk/Ancient%20DNA%205.pdf, Stand: 30.6.2016.

Merton, Robert (1987): »Three Fragments from a sociologist's notebook: Establishing the Phenomenon, Specified Ignorance, and Strategic Research Materials«, in: Annual Review of Sociology 13, S. 1-28.

Meuser, Michael/Nagel, Ulrike (2009): »Das Experteninterview – konzeptionelle Grundlagen und methodische Anlage«, in: Pickel, Susanne/Pickel, Gert/Lauth, Hans-Joachim/Jahn, Detlef (Hg.): Methoden der vergleichenden Politik- und Sozialwissenschaft, Wiesbaden, S. 465-479.

Meyer, Christian/Alt, Kurt W. (2010): »An Anthropological Perspective of the Early and Middle Neolithic of the Upper Rhine Valley. Results of an Osteometric Study of Postcranial Skeletal Elements«, in: Gronenborn/Petrasch, S. 487-496.

–/Brandt, Guido/Haak, Wolfgang/Ganslmeier, Robert, et al. (2009): »The Eulau Eulogy: Bioarchaeological interpretation of lethal violence in corded ware multiple burials from Saxony-Anhalt«, in: J. Anthropol. Archaeol. 28, S. 412-423.

–/Ganslmeier, Robert/Dresely, Veit/Alt, Kurt W. (2012): »New approaches to the reconstruction of kinship and social structure based on bioarchaeological analysis of neolithic multiple and collective graves«, in: Kolář, Jan/Trampota, [F.] (Hg.): Theoretical and Methodological Considerations in Central European Neolithic Archaeology. Proceedings of the ›Theory and Method in Archaeology of the Neolithic (7th-3rd Millennium BC)‹ Conference held in Mikulov, Czech Republic, 26.-28.10.2010, Oxford, S. 11-23.

–/Kranzbühler, Johanna/Drings, Silja/Bramanti, Barbara, et al. (2008): »Die menschlichen Skelettfunde aus der neolithischen Totenhütte von Benzigerode. Anthropologische Untersuchungen an den Bestattungen eines Kollektivgrabes der Bernburger Kultur«, in: Berthold (2008b), S. 107-156.

Meyer, Matthias/Fu, Qiaomei/Aximu-Petri, Ayinuer/Glocke, Isabelle, et al. (2014): »A mitochondrial genome sequence of a hominin from Sima de los Huesos«, in: Nature 505, S. 403-406.

–/Kircher, Martin/Gansauge, Marie-Theres/Li, Heng, et al. (2012): »A high-coverage genome sequence from an archaic Denisovan individual«, in: Science 338, S. 222-226.

Miller, Clark (2004): »Climate Change and the Making of a Global Political Order«, in: Jasanoff (2004a), S. 46-66.

Miller, Webb/Drautz, Daniela I./Janecka, Jan E./Lesk, Arthur M., et al. (2008): »The mitochondrial genome sequence of the Tasmanian tiger (Thylacinus cynocephalus)«, in: Genome Research 19, S. 213-220.

–/–/Ratan, Aakrosh/Pusey, Barbara, et al. (2008): »Sequencing the Nuclear Genome of the Extinct Woolly Mammoth«, in: Nature 456, S. 387-390.

Mischka, Doris (2013): Vortragstranskript: aDNA – Anwendung und Fragestellungen, quellenkritische Aspekte, Tagung: Archäologie und Paläogenetik, DGUF, Erlangen, 11.5.2013.

Mitchell, Peter (2003): »The Archaeological Study of Epidemic and Infectious Disease«, in: World Archaeology 35, S. 171-179.

Mittelstraß, Jürgen (1987a): »Die Stunde der Interdisziplinarität?«, in: Kocka, S. 152-158.

– (1987b): »Wohin geht die Wissenschaft? Über Disziplinarität, Transdisziplinarität und das Wissen in einer Leibniz-Welt«, in: Konstanzer Blätter für Hochschulfragen 26, S. 97-115.

– (1989): Glanz und Elend der Geisteswissenschaften. Oldenburg.

– (1997): »Vom Nutzen des Irrtums in der Wissenschaft«, in: Naturwissenschaften 84, S. 291-299.

– (2003): Transdisziplinarität – wissenschaftliche Zukunft und institutionelle Wirklichkeit, Konstanz.

Mommsen, Hans (1986): Archäometrie. Neuere naturwissenschaftliche Methoden und Erfolge in der Archäologie, Stuttgart.

Morange, Michel (1998): A history of molecular biology, Cambridge.

Mountain, Joanna L./Lin, Alice A./Bowcook, Anne/Cavalli-Sforza, Luigi Luca (1993): »Evolution of modern humans: evidence from nuclear DNA polymorphisms«, in: Aitken/Stringer/Mellars, S. 69-83.

MPI für Menschheitsgeschichte Jena (Hg.) (2016a): Abteilung Archäogenetik: Gruppen, http://www.shh.mpg.de/118437/dag_research_groups, Stand: 16.5.2016.

– (Hg.) (2016b): Institutsprofil, http://www.shh.mpg.de, Stand: 16.5.2016.

– (Hg.) (2016c): Programm: Neue Methoden in Archäologie und Geschichtswissenschaften. Workshop für Doktorand/-innen und Postdocs der Archäologie und Geschichte, 27./28.5.2016, http://www.shh.mpg.de/events/4280/141888, Stand: 1.8.2016.

MPG (Hg.) (2010): »Pressemitteilung: The Neandertal in Us«, München, 6.5.2010, https://www.mpg.de/617258/pressRelease20100430, Stand: 8.12.2016.

Müller, Annette/Hummel, Susanne/Herrmann, Bernd (2000): Abstract: Comparison of common aDNA extraction techniques for bone material, 5th International Ancient DNA Conference, Manchester, 12.7.2000, http://members.chello.nl/jperk/Ancient%20DNA%205.pdf, Stand: 30.6.2016.

Müller, Ernst/Schmieder, Falko (Hg.) (2008): Begriffsgeschichte der Naturwissenschaften: zur historischen und kulturellen Dimension naturwissenschaftlicher Konzepte, Berlin u. a.

Müller, Johannes (Hg.) (2005): Alter und Geschlecht in ur- und frühgeschichtlichen Gesellschaften, Bonn.

– (2013): »Kossinna, Childe and aDNA. Comments on the construction of identities«, in: CSA 21, S. 35 ff.

Müller, Romy/Roberts, Charlotte A./Brown, Terence A. (2014): »Genotyping of ancient Mycobacterium tuberculosis strains reveals historic genetic diversity«, in: PRSB: Biological sciences 281, S. 20133236.

–/–/– (2016): »Complications in the study of ancient tuberculosis. Presence of environmental bacteria in human archaeological remains«, in: J. Archaeol. Sci. 68, S. 5-11.

Müller-Scheeßel, Nils (2013): »Im Tode gleich? Eisenzeitliche Bestattungen von Frauen und Männern in Siedlungskontexten und in ›regulären‹ Gräbern im Vergleich«, in: Wefers/Fries/Fries-Knoblach/Later, et al., S. 69-80.

–/Burmeister, Stefan (2006): »Einführung: Die Identifizierung sozialer Gruppen. Die Erkenntnismöglichkeiten der prähistorischen Archäologie auf dem Prüfstand«, in: Burmeister, Stefan/Müller-Scheeßel, Nils (Hg.): Soziale Gruppen – kulturelle Grenzen. Die Interpretation sozialer Identitäten in der prähistorischen Archäologie, Münster, S. 9-38.

–/– (2011): »Getrennt marschieren, vereint schlagen? Zur Zusammenarbeit von Archäologie und Geschichtswissenschaft«, in: Burmeister/Müller-Scheeßel, S. 9-22.

Müller-Wille, Staffan/Rheinberger, Hans-Jörg (2008): »Race and Genomics. Old Wine in New Bottles?«, in: NTM 16, S. 363 ff.

Muhl, Arnold/Meller, Harald/Heckenhahn, Klaus (Hg.) (2010): Tatort Eulau. Ein 4500 Jahre altes Verbrechen wird aufgeklärt, Darmstadt.

Mulligan, Connie J. (2006): »Anthropological Applications of Ancient DNA: Problems and Prospects«, in: American Antiquity 71, S. 365-380.

Mullis, Kary B./Faloona, Fred A. (1987): »Specific synthesis of DNA in vitro via a polymerase chain reaction«, in: Methods in Enzymology 155, S. 335-350.

–/Ferré, François/Gibbs, Richard (1994): The Polymerase Chain Reaction, Boston.

Murphy, Eileen M./Chistov, Yuri K./Hopkins, Richard/Rutland, Paul, et al. (2009): »Tuberculosis among Iron Age individuals from Tyva, South Siberia: palaeopathological and biomolecular findings«, in: J. Archaeol. Sci. 36, S. 2029-2038.

Nash, Ronald J./Whitlam, Robert G. (1985): »Future-oriented Archaeology«, in: Canadian Journal of Archaeology 9, S. 95-108.

Nelkin, Dorothy/Lindee, M. Susan (1995): The DNA mystique. The gene as a cultural icon, New York.

Nelson, Alondra (2008): »Bio Science: Genetic Genealogy Testing and the Pursuit of African Ancestry«, in: Social Studies of Science 38, S. 759-783.

Nelson, Sarah Milledge (Hg.) (2007): Women in Antiquity. Theoretical Approaches to Gender and Archaeology, Lanham.

Newman, Margaret E./Parboosingh, Jillian S./Bridge, Peter J./Ceri, Howard (2002): »Identification of Archaeological Animal Bone by PCR/DNA Analysis«, in: J. Archaeol. Sci. 29, S. 77-84.

Nicholls, Henry (2005): »Ancient DNA Comes of Age, in: PLOS Biology 3, S. e56.

Nichols, Richard A. (2001): »Gene Trees and Species Trees Are not the Same«, in: Trends Ecol. Evol. 16, S. 358-364.

Nielsen-Marsh, Christina M./Hedges, Robert E. M. (2000a): »Patterns of Diagenesis in Bone I: The Effects of Site Environments«, in: J. Archaeol. Sci. 27, S. 1139-1150.

–/– (2000b): »Patterns of Diagenesis in Bone II: Effects of Acetic Acid Treatment and the Removal of Diagenetic CO32–«, in: J. Archaeol. Sci. 27, S. 1151-1159.

Niemitz, Carsten (Hg.) (2006a): Brennpunkte und Perspektiven der aktuellen Anthropologie. Focuses and Perspectives of Modern Physical Anthropology, Berlin.

– (2006b): »Vorwort«, in: ders. (2006a), S. 7 f.

Nikolow, Sybilla/Schirrmacher, Arne (2007): »Das Verhältnis von Wissenschaft und Öffentlichkeit als Beziehungsgeschichte. Historiographische und systematische Perspektiven«, in: dies. (Hg.): Wissenschaft und Öffentlichkeit als Ressource füreinander. Studien zur Wissenschaftsgeschichte im 20. Jahrhundert, Frankfurt a. M., S. 11-36.

Nommensen, Merret (2006): »Unsichtbare Meilensteine«, in: PM Perspektive 3, S. 42 f.

Noonan, James P./Coop, Graham/Kudaravalli, Sridhar/Smith, Doug, et al. (2006): »Sequencing and Analysis of Neanderthal Genomic DNA«, in: Science 314, S. 1113-1118.

–/Hofreiter, Michael/Smith, Doug/Priest, James R., et al. (2005): »Genomic Sequencing of Pleistocene Cave Bears«, in: Science 309, S. 597 ff.

Nordborg, Magnus (1992): »Female Infanticide and Human Sex Ratio Evolution«, in: J. Theor. Biol. 158, S. 195-198.
– (1998): »On the Probability of Neanderthal Ancestry«, in: Am. J. Hum. Gen. 63, S. 1237-1240.
Nuorala, Emilia (2004): Molecular palaeopathology. Ancient DNA-Analyses of the Bacterial Diseases Tuberculosis and Leprosy, Stockholm.
Oexle, Otto Gerhard (2003): »Von Fakten und Fiktionen. Zu einigen Grundsatzfragen der historischen Erkenntnis«, in: Laudage, Johannes (Hg.): Von Fakten und Fiktionen. Mittelalterliche Geschichtsdarstellungen und ihre kritische Aufarbeitung. Interdisziplinäre Tagung ›Mittelalterliche Geschichtsdarstellungen und ihre kritische Aufarbeitung‹, Köln, S. 1-42.
Oppenheim, Ariella (1998): »Roundtable Discussion. DNA Extraction and PCR«, in: Greenblatt, S. 385-395.
Orlando, Ludovic/Darlu, Pierre/Toussaint, Michel/Bonjean, Dominique, et al. (2006): »Revisiting Neandertal diversity with a 100.000 year old mtDNA sequence«, in: Curr. Biol. 16, S. R400 ff.
–/Ginolhac, Aurélien/Zhang, Guojie/Froese, Duane, et al. (2013): »Recalibrating Equus evolution using the genome sequence of an early Middle Pleistocene horse«, in: Nature 499, S. 74-78.
–/Patou-Mathis, Marylène/Philippe, Michel/Taberlet, Pierre, et al. (2000): Abstract: European bears radiation during Pleistocene: the Problem of Ursus deningeri, 5th International Ancient DNA Conference, Manchester, 12.7.2000, http://members.chello.nl/jperk/Ancient%20DNA%205.pdf, Stand: 30.6.2016.
Orme, Bryony (1981): Anthropology for archaeologists. An introduction, Ithaca.
O'Rourke, Dennis H. (1996): »Book Review: Ancient DNA«, in: Int. J. Osteoarchaeol. 6, S. 421 ff.
–/Hayes, M. Geoffrey/Carlyle, Sean W. (2000): »Ancient DNA Studies in Physical Anthropology«, in: A. Rev. Anthropol. 29, S. 217-242.
–/–/– (2005): »The Consent Process and aDNA Research: Contrasting approaches in North America«, in: Turner (2005a), S. 231-240.
Orschiedt, Jörg (1998): »Anthropologie und Archäologie. Interdisziplinarität – Utopie oder Wirklichkeit?«, in: Archäol. Inf. 21, S. 33-39.
–/Bollongino, Ruth/Nehlich, Olaf/Gröning, Flora/Burger, Joachim (2014): »Parallelgesellschaften? Paläogenetik und stabile Isotopen an mesolithischen und neolithischen Menschenresten aus der Blätterhöhle«, in: Archäol. Inf. 37, S. 12-31.
Ortner, Donald J. (2009): »Foreword«, in: Buikstra/Beck, S. xiii-xv.
–/Aufderheide, Arthur C. (Hg.) (1991): Human paleopathology. Current syntheses and future options. International congress of anthropological and ethnological sciences, Washington.
Osrecki, Fran (2012): »Rhetoriken der Wissenschaft«, in: Maasen/Kaiser/Reinhart/Sutter, S. 213-225.

O. V. (1986): »Verräterisches Muster«, in: Der Spiegel, 27.1.1986, S. 176-177.

O. V. (1990): »Eins zu fünf Millionen. Der Bundesgerichtshof hat den ›genetischen Fingerabdruck‹ als Beweismittel endgültig legalisiert«, in: Der Spiegel, 17.9.1990, S. 104-110.

O. V. (1991): »Rüssel in die Vorzeit«, in: Der Spiegel, 5.8.1991, S. 180 f.

O. V. (1993a): »Anthropologie«, in: Dudenverlag, Bd. 1, S. 223.

O. V. (1993b): »Archäologie«, in: Dudenverlag, Bd 1, S. 249.

O. V. (1993c): »DINO-Chronik. Alte Echsen in neuem Licht«, in: Focus, 14.6.1993, S. 114-117.

O. V. (1993d): »Paläanthropologie«, in: Dudenverlag, Bd. 5, S. 2471.

O. V. (1996a): »Kaspar Hauser war nicht der Erbprinz Ansbach«, in: Bonner General-Anzeiger, 25.11.1996, S. 30.

O. V. (1996b): »Original-DNA nur aus Bernstein«, in: Focus, 25.5.1996, S. 152.

O. V. (1996c): »Sextest per Knochenbrösel«, in: Focus 15.4.1996, S. 166.

O. V. (1997): »Stammvater beerdigt«, in: Der Spiegel, 14.7.1997, S. 155.

O. V. (2002): »Molekulare Archäologie«, in: Spektrum Akademischer Verlag (Hg.): Lexikon der Biologie in fünfzehn Bänden, Heidelberg, S. 308.

O. V. (2003): »Lessons from the Past«, in: Greenblatt/Spigelman, S. 205-213.

O. V. (2004): »Frühzeit-Menschen: Ur-Ur-Oma war keine Neandertalerin«, in: Spiegel Online, 16.3.2004, http://www.spiegel.de/wissenschaft/mensch/fruehzeit-menschen-ur-ur-oma-war-keine-neandertalerin-a-290750.html, Stand: 21.12.2016.

O. V. (2005a): »Familiengräber aus der Steinzeit entdeckt«, in: Spiegel Online, 23.8.2005, http://www.spiegel.de/wissenschaft/mensch/archaeologische-funde-familiengraeber-aus-der-steinzeit-entdeckt-a-371099.html, Stand: 21.12.2016.

O. V. (2005b): »News in Brief«, in: Nature 435, S. 398.

O. V. (2006a): »Genetische Erkenntnisse für die Domestikationsforschung«, in: NZZ, 18.10.2006, S. 57.

O. V. (2006b): »Paläoanthropologie«, in: Brockhaus (Hg.): Brockhaus Enzyklopädie in 30 Bänden, Bd. 27, Leipzig u. a., S. 207.

O. V. (2007a): »Erbgut der Einwohner von Sösetal korrespondiert mit dem von Bronzezeit-Menschen«, in: LVZ, 20.7.2007, S. 5.

O. V. (2007b): »Verwandte aus der Bronzezeit. Menschen aus dem Südharz stammen von Höhlenmenschen ab«, in: Berliner Morgenpost, 6.7.2007, S. 11.

O. V. (2008a): »3000 Jahre alte Familienbande«, in: SZ.de, 28.11.2008, http://www.sueddeutsche.de/wissen/anthropologie-die-uralteingesessenen-1.913065, Stand: 30.11.2016.

O. V. (2008b): »Die Familie mit dem ältesten Stammbaum der Welt«, in: Fränkischer Tag Forchheim, 16.7.2008, S. 24.

O. V. (2008c): »Erstmals Erbgut einer ausgestorbenen Tierart entziffert«, in: Spiegel Online, 20.11.2008, http://www.spiegel.de/wissenschaft/natur/0,1518, 591482,00html, Stand: 8.12.2016.

O. V. (2008d): »Gentest enthüllt ältesten Beleg für Kleinfamilie«, in: LVZ, 18.11.2008, S. 5.

O. V. (2008e): »Im Tode für immer vereint«, in: Lausitzer Rundschau, 6.12.2008.

O. V. (2008f): »In 120. Generation Sesshaft«, in: Der Tagesspiegel, 16.7.2008, S. 24.

O. V. (2009a): »Bundesverdienstkreuz für Professor Pääbo«, in: LVZ, 5.10.2009, S. 24.

O. V. (2010a): »Dantes Nase, Schillers Schädel«, in: Focus, 18.1.2010, S. 40-43.

O. V. (2010b): »Der Neandertaler ist entziffert«, in: Spiegel Online, 28.12.2010, http://www.spiegel.de/wissenschaft/mensch/genforschung-der-neander taler-ist-entziffert-a-735275, Stand: 3.1.2017.

O. V. (2010c): »Der wilde Kerl ist geadelt worden«, in: Der Spiegel, 10.5.2010, S. 126.

O. V. (2010d): »Ein schöner Schock«, in: Focus, 29.3.2010, S. 52-55.

O. V. (2010e): »Vaterschaftstest: Morgen wird das Ergebnis in Kairo erwartet«, in: Hamburger Abendblatt, 16.2.2010, S. 29.

O. V. (2011a): »Die älteste Familie der Welt«, in: taz.de, 30.8.2011, http://www.taz.de/!5113135/, Stand: 30.11.2016.

O. V. (2011b): »Ur-Clan der ältesten Großfamilie der Welt wächst«, in: Welt.de, 30.8.2011, https://www.welt.de/wissenschaft/article13573826/Ur-Clan-der-aeltesten-Grossfamilie-der-Welt-waechst.html, Stand: 30.11.2016.

O. V. (2012a): »Forscher entschlüsseln Erbgut unserer Vorfahren«, in: Spiegel Online, 22.12.2012, http://www.spiegel.de/Wissenschaft/mensch/denisova-urmensch-gen-analysen-geben-neue-erkenntnisse-a-874020.html, Stand: 21.12.2016.

O. V. (2012b): »Tierklone: Forscher hoffen auf lebende Mammutzellen«, in: Spiegel Online, 13.9.2012, http://www.spiegel.de/wissenschaft/natur/forscher-entnehmen-mammut-moeglicherweise-lebende-zellen-zum-klonen-a-855538.html, Stand: 20.7.2016.

O. V. (2013a): »Älteste Frühmenschen-DNA entschlüsselt«, in: Der Standard, 5.12.2013, S. 33.

O. V. (2013b): »Über Jäger und Bauern«, in: Rhein-Zeitung, 12.10.2013, S. 2.

O. V. (2014a): »AHR Roundtable. History Meets Biology. Introduction«, in: AHR 119, S. 1492-1499.

O. V. (2014b): »Es ist menschlich, sich die Frage nach seiner Herkunft zu stellen. Wie sinnvoll sind Gentests für Privatpersonen«, in: Aachener Zeitung, 10.3.2014, S. 27.

O. V. (2014c): »Knochenanalyse: Neandertaler-Gene in 45.000 Jahre altem Urmenschen entdeckt«, in: Spiegel Online, 23.10.2014, http://www.spiegel.de/wissenschaft/mensch/neandertaler-gene-in-45-000-jahre-altem-knochen-entdeckt-a-998632.html, Stand: 15.6.2016.

O. V. (2015a): »Nach Sex mit Neandertaler quasi in flagranti erwischt«, in: Der Standard, 23.6.2015, S. 21.

O. V. (2015b): »Sex mit dem Neandertaler. Vermischung auch in Europa«, in: Zeit.de, 22.6.2015, http://www.zeit.de/news/2015-06/22/wissenschaft-sex-mit-dem-neandertaler---vermischung-auch-in-europa-22232607, Stand: 20.3.2017.

O. V. (2016a): »Source Material«, in: Nature 533, S. 437 f.

O. V. (2016b): Suchbegriff »Svante Pääbo«, in: Spiegel Online, http://www.spiegel.de/suche/index.html?suchbegriff=svante+p%E4%E4bo&offsets=57&pageNumber=2, Stand: 27.2.2016.

Ovchinnikov, Igor V./Götherström, Anders/Romanova, Galina P./Kharitonov, Vitaly M., et al. (2000): »Molecular Analysis of Neanderthal DNA from the Northern Caucasus«, in: Nature 404, S. 490-493.

–/–/–/–, et al. (2001): »Reply«, in: Nature 410, S. 772.

Owsley, Douglas W. (2001): »Why the Forensic Anthropologist Needs the Archeologist«, in: Historical Archaeology 35, S. 35-38.

–/Bruwelheide, Karin S./Cartmell, Larry W./Burgess, Laurie E., et al. (2006): »The Man in the Iron Coffin: An Interdisciplinary Effort to Name the Past«, in: Historical Archaeology 40, S. 89-108.

–/Ellwood, Brooks B./Melton, Terry (2006): »Search for the Grave of William Preston Longley, Hanged Texas Gunfighter«, in: Historical Archaeology 40, S. 50-63.

Pääbo, Svante (1984): »Über den Nachweis von DNA in altägyptischen Mumien«, in: Das Altertum 30, S. 213-218.

– (1985a): »Molecular Cloning of Ancient Egyptian Mummy DNA«, in: Nature 314, S. 644 f.

– (1985b): »Preservation of DNA in Ancient Egyptian Mummies«, in: J. Archaeol. Sci. 12, S. 411-417.

– (1989): »Ancient DNA: Extraction, Characterization, Molecular Cloning, and Enzymatic Amplification«, in: PNAS 83, S. 1939-1943.

– (1991): »Amplifying DNA from Archaeological Remains: A Meeting Report«, in: Genome Research 1, S. 107-110.

– (1993): »Ancient DNA«, in: Scientific American 269, S. 86-92.

– (2000): »Of Bears, Conservation Genetics, and the Value of Time Travel«, in: PNAS 97, S. 1320 f.

– (2004): »Ancient DNA«, in: Krude, Torsten (Hg.): DNA. Changing Science and Society, Cambridge, S. 68-87.

– (2014a): Neanderthal Man. In Search of Lost Genomes, New York.

– (2014b): »The Human Condition – A Molecular Approach«, in: Cell 157, S. 216-226.

–/Gifford, John A./Wilson, Allan C. (1988): »Mitochondrial DNA sequences from a 7000-year old brain«, in: Nucleic Acids Res. 16, S. 9775-9787.

–/Higuchi, Russell/Wilson, Allan C. (1989): »Ancient DNA and the Polymerase Reaction. The Emerging Field of Molecular Archaeology«, in: Journal of Biological Chemistry, S. 9709-9712.

–/Poinar, Hendrik N./Serre, David/Jaenicke-Després, Viviane, et al. (2004): »Genetic Analyses from Ancient DNA«, in: A. Rev. Genet. 38, S. 645-679.

–/Villablanca, Francis X./Wilson, Allan C. (1990): »Spacial and Temporal Continuity of Kangaroo Rat Populations Shown by Sequencing Mitochondrial DNA from Museum Specimens«, in: Journal of Molecular Evolution 3, S. 101-112.

–/Wilson, Allan C. (1988): »Polymerase Chain Reaction Reveals Cloning Artifacts«, in: Nature 334, S. 387 f.

–/– (1991): »Miocene DNA sequences – a dream come true?«, in: Curr. Biol. 1, S. 45 f.

Pakendorf, Brigitte/Filippo, Cesare de/Bostoen, Koen (2011): »Molecular Perspectives on the Bantu Expansion: A Synthesis«, in: Language Dynamics and Change 1, S. 50-88.

Palmirotta, Raffaele/Verginelli, Fabio/Di Tota, Gabriella/Battista, Pasquale, et al. (1997): »Use of a Multiplex Polymerase Chain Reaction Assay in the Sex Typing of DNA Extracted from Archaeological Bone«, in: Int. J. Osteoarchaeol. 7, S. 605-609.

Pálsson, Gísli (2007): »How Deep is the Skin? The Geneticization of Race and Medicine«, in: BioSocieties 2, S. 257-272.

Pangallo, Domenico/Chovanova, Katarina/Makova, Alena (2010): »Identification of animal skin of historical parchments by polymerase chain reaction (PCR)-based methods«, in: J. Archaeol. Sci. 37, S. 1202-1206.

Parfitt, Tudor/Egorova, Yulia (2006): Genetics, mass media, and identity. A case study of the genetic research on the Lemba and the Bene Israel, Abingdon u. a.

Park, [V.] M./Roberts, Charlotte A./Jakob, Tina (2010): »Palaeopathology in Britain: a critical analysis of Publications with the Aim of Exploring Recent Trends (1997-2006)«, in: Int. J. Osteoarchaeol.20, S. 497-507.

Parsons, Thomas J./Weedn, Victor Walter (1997): »Preservation and Recovery of DNA in Postmortem Specimens and Trace Samples«, in: Haglund/Sorg, S. 109-138.

Parton, Joseph/Abu-Mandil Hassan, Naglaa/Brown, Terence A./Haswell, Stephen J., et al. (2013): »Sex Identification of Ancient DNA Samples Using a Microfluidic Device«, in: J. Archaeol. Sci. 40, S. 705-711.

Patalong, Frank (2013): »Frühmenschen-Sex: jeder mit jedem«, in: Spiegel Online, 18.12.2013, http://www.spiegel.de/wissenschaft/mensch/fruehmenschen-waren-bei-partnerwahl-nicht-waehlerisch-a-939855.html, Stand: 30.11.2016.

– (2016): »Frühmenschen: Kuscheln unter Cousins«, in: Spiegel Online, 17.2.2016, http://www.spiegel.de/wissenschaft/mensch/forscher-finden-homo-sapiens-gene-in-neandertaler-genom-a-1077437.html, Stand: 20.6.2016.

Pennisi, Elizabeth (2009): »Sequencing Neandertal Mitochondrial Genomes by the Half-Dozen«, in: Science 325, S. 252.

Persson, Per (2003): »Will It Be Possible to Use Ancient-DNA to Aetermine Neolithic Kinship Systems? Poster Abstract«, in: Burenhult, Göran/O'Kelly, Michael J./Westergaard, Susanne (Hg.): Stones and Bones. Formal Disposal of the Dead in Atlantic Europe during the Mesolithic-Neolithic Interface 6000-3000 BC. Archaeological Conference in Honour of the Late Professor Michael J. O'Kelly in Sligo Ireland, 1.-5.5.2001, Oxford, S. 276.

Peterson, Jane/Garges, Susan/Giovanni, Maria/McInnes, Pamela, et al. (2009): »The NIH Human Microbiome Project«, in: Genome Research 19, S. 2317-2323.

Piccini, Angela/Harrison, Rodney/Graves-Brown, Paul (Hg.) (2013): The Oxford Handbook of the Archaeology of the Contemporary World, Oxford.

Pickrell, Joseph K./Reich, David (2014): »Toward a New History and Geography of Human Genes Informed by Ancient DNA«, in: Trends Genet. 30, S. 377-389.

Piepenbrink, Hermann (1986): »Bericht der Gruppensitzung: Biochemische Analysen«, in: Herrmann (1986c), S. 119-120.

Pietschmann, Catarina (2015): Zeitreisen mit der molekularen Uhr, in: MPG (Hg.): Webauftritt, Porträts, 19.11.2005, https://www.mpg.de/9746076/krause-menschheitsgeschichte, Stand: 8.12.2016.

Pincock, Stephen (2005): »Oxford Ponders how to Replace Director of Ancient-DNA Lab«, in: The Scientist, 4.7.2005, http://www.the-scientist.com/?articles.view/articleNo/16581/title/Oxford-ponders-how-to-replace-director-of-ancient-DNA-lab/, Stand: 28.11.2013.

Pinhasi, Ron/Fort, Joaquim/Ammerman, Albert J. (2005): »Tracing the origin and spread of agriculture in Europe«, in: PLOS Biology 3, S. e410.

–/Stock, Jay T. (Hg.) (2011): Human bioarchaeology of the transition to agriculture, Hoboken.

–/Thomas, Mark G./Hofreiter, Michael/Currat, Mathias, et al. (2012): »The genetic history of Europeans«, in: Trends Genet. 28, S. 496-505.

Pitblado, Bonnie L. (2011): »A Tale of Two Migrations: Reconciling Recent Biological and Archaeological Evidence for the Pleistocene Peopling of the Americas«, in: J. Anthropol. Res. 19, S. 327-375.

Plagnol, Vincent/Wall, Jeffrey D. (2006): »Possible Ancestral Structure in Human Populations«, in: PLOS Genetics 2, S. e105.

Pluciennik, Mark (1996): »Genetics, archaeology and the wider world«, in: Antiquity 70, S. 13 f.

Pohl, Walter (2016): »Editor's Introduction: The Genetic Challenge to Medieaval History and Archaeology«, in: Medieval Worlds 4, S. 2-4.

Poinar, Hendrik N. (2000): Abstract: Molecular Coproscopy: the many uses of DNA from old poop, 5th International Ancient DNA Conference, Manchester, 12.7.2000, http://members.chello.nl/jperk/Ancient%20DNA%205.pdf, Stand: 30.6.2016.

–/Cano, Raúl J./Poinar, George O. (1993): »DNA from an extinct plant«, in: Nature 363, S. 677.

–/Höss, Matthias/Bada, Jeffrey L./Pääbo, Svante (1996): »Amino Acid Racemization and the Preservation of Ancient DNA«, in: Science 272, S. 864 ff.

–/Poinar, George O./Cano, Raúl J. (1994): »DNA from amber inclusions«, in: Herrmann/Hummel (1994a), S. 92-103.

–/Schwarz, Carsten/Qi, Ji/Shapiro, Beth, et al. (2006): »Metagenomics to paleogenomics: large-scale sequencing of mammoth DNA«, in: Science 311, S. 392 ff.

Pollard, A. Mark (Hg.) (1992): New developments in archaeological science. A joint symposium of the Royal Society and the British Academy, Oxford.

– (2011): »Isotopes and Impact: A Cautionary Tale«, in: Antiquity 85, S. 631-638.

Porr, Martin (1998): »Ethnoarchäologie. Ein Plädoyer für Interdisziplinarität und Disziplinlosigkeit in der Archäologie«, in: Archäol. Inf. 21, S. 41-49.

Potthast, Thomas (2010a): »Epistemisch-moralische Hybride und das Problem interdisziplinärer Urteilsbildung«, in: Jungert/Romfeld/Sukopp/Voigt, S. 173-191.

– (2010b): »Population«, in: Sarasin/Sommer, S. 44-47.

– (2011): »Terminologie der fächerübergreifenden Zusammenarbeit: Kurzer Problemaufriss und ein Vorschlag zur Verständigung über n>1-Disziplinaritäten«, in: Meier/Tillessen (2011a), S. 11-15.

Powledge, Tabitha M. (2016): Genetic Literacy Project: Science Trumps Ideology, https://www.geneticliteracyproject.org/?s=powledge, Stand: 19.7.2016.

–/Rose, Mark (1996): »The great DNA hunt«, in: Archaeology 49, S. 36-44.

Prainsack, Barbara/Hashiloni-Dolev, Yael (2009): »Religion and nationhood. Collective identities and the New Genetics«, in: Atkinson/Glasner/Lock (2009b), S. 404-421.

Prentice, Michael B./Gilbert, M. Thomas P./Cooper, Alan (2004): »Was the Black Death caused by Yersinia pestis?«, in: The Lancet Infectious Diseases 4, S. 72.

Preus, Hans R./Marvik, Ole J./Selvig, Knut A./Bennike, Pia (2011): »Ancient bacterial DNA (aDNA) in dental calculus from archaeological human remains«, in: J. Archaeol. Sci. 38, S. 1827-1831.

Preuß, Dirk (2006): »›Zeitenwende ist Wissenschaftswende‹. Egon Freiherr von Eickstedt und die Neuanfänge der ›Breslauer Tradition‹ in Leipzig und Mainz 1945-1950«, in: ders./Hossfeld/Breidbach, S. 102-124.
–/Hossfeld, Uwe/Breidbach, Olaf (Hg.) (2006): Anthropologie nach Haeckel, Stuttgart.
Price, T. Douglas (1989): »From the President«, in: Society of Archaeological Sciences Bulletin 12, S. 1.
– (Hg.) (2000a): Europe's First Farmers, Cambridge.
– (2000b): »Europe's first farmers: an introduction«, in: ders. (2000a), S. 1-18.
– (2000c): »The introduction of farming in northern Europe«, in: ders. (2000a), S. 260-300.
– (2008): »Isotopes and Human Migration: Case Studies in Biogeochemistry«, in: Schutkowski, S. 243-271.
–/Bentley, R. Alexander/Lüning, Jens/Gronenborn, Detlef, et al. (2001): »Prehistoric human migration in the Linearbandkeramik of Central Europe«, in: Antiquity 75, S. 593-603.
–/Frei, Karin Margarita/Tiesler, Vera/Gestsdóttir, Hildur (2012): »Isotopes and mobility: Case studies with large samples«, in: Burger/Kaiser/Schier, S. 311-321.
–/Grupe, Gisela/Schröter, Peter/Middleton, William D. (2002): »Strontium Isotope Studies of Human Bone and Tooth Enamel: The European Bell Beaker«, in: Jerem/Rudner, Oxford, S. 33-40.
Prüfer, Kay/Racimo, Fernando/Patterson, Nick/Jay, Flora, et al. (2014): »The complete genome sequence of a Neanderthal from the Altai Mountains«, in: Nature 505, S. 43-49.
Pruvost, Mélanie/Schwarz, Reinhard/Correia, Virginia Bessa/Champlot, Sophies, et al. (2007): »Freshly excavated fossil bones are best for amplification of ancient DNA«, in: PNAS 104, S. 739-744.
Purdy, Barbara A. (1996): How to do archaeology the right way, Gainesville.
Pusch, Carsten M./Borghammer, Martina/Czarnetzki, Alfred (2001): »Molekulare Paläobiologie. Ancient DNA und Authentizität«, in: Germania 79, S. 121-140.
–/Scholz, Michael (1997): »An efficient isolation method for high-quality DNA from ancient bones«, in: Trends Genet. 13, S. 61-64.
–/– (1999): »Paläogenetik – Methodik und Ziele eines neuen naturwissenschaftlichen Forschungsansatzes in der Archäologie«, in: Fundberichte aus Baden-Württemberg 23, S. 367-374.
Rabinow, Paul (1992): »Artificiality and Enlightenment: From Sociobiology to Biosociality«, in: Crary, Jonathan/Kwinter, Sanford (Hg.): In-corporations, New York, S. 234-252.
– (1996): Making PCR. A story of biotechnology, Chicago.

Rafi, Abdolnasser/Spigelman, Mark/Stanford, [J.] L./Lemma, Eshetu, et al. (1994): »DNA of Mycobacterium leprae detected by PCR in ancient bone«, in Int. J. Osteoarchaeol. 4, S. 287-290.

Rambuscheck, Ulrike (Hg.) (2009): Zwischen Diskursanalyse und Isotopenforschung. Methoden der archäologischen Geschlechterforschung, Münster.

Ramenofsky, Ann F./Wilbur, Alicia K./Stone, Anne C. (2003): »Native American Disease History: Past, Present and Future Directions«, in: World Archaeology 35, S. 241-257.

Raoult, Didier/Aboudharam, Gérard/Crubézy, Eric/Larrouy, Georges, et al. (2000): »Suicide amplification of the medieval bacillusal Black Death«, in: PNAS 97, S. 12800-12830.

Rasmussen, Morten/Li, Yingrui/Lindgreen, Stinus/Pedersen, Jakob Skou, et al. (2010): »Ancient human genome sequence of an extinct Palaeo-Eskimo«, in: Nature 463, S. 757-762.

Ravetz, Jerome (1990): The Merger of Knowledge with Power. Essays in Critical Science, London, New York.

Reardon, Jenny (2008): »Race and Biology. Beyond the Perpetual Return of Crisis«, in: NTM 16, S. 373-377.

– (2011): »The Human Genome Diversity Project. What went wrong?«, in: Harding, Sandra G. (Hg.): The Postcolonial Science and Technology Studies Reader, Durham u.a, S. 321-342.

Reich, David/Green, Richard E./Kircher, Martin/Krause, Johannes, et al. (2010): »Genetic history of an archaic hominin group from Denisova Cave in Siberia«, in: Nature 468, S. 1053-1060.

Reichenbach, Karin/Rohrer, Wiebke (2010): »Wissenschaftsgeschichte der Archäologie: Ansätze, Methoden, Erkenntnispotenziale. Sektion der Theorie-AG bei der Jahrestagung des Mittel- und Ostdeutschen Verbandes für Altertumsforschung e. V. in Greifswald, 25.-26.3.2009«, in: Archäologisches Nachrichtenblatt 15, S. 330-333.

Reindel, Markus/Wagner, Günther A. (2009a): »Introduction – New Methods and Technologies of Natural Sciences for Archaeological Investigations in Nasca and Palpa, Peru«, in: dies. (2009b), S. 1-13.

–/– (Hg.) (2009b): New Technologies for Archaeology. Multidisciplinary Investigations in Palpa and Nasca, Peru, Berlin, Heidelberg.

–/– (2009c): »Preface«, in: dies. (2009b), S. v-vii.

Reitz, Manfred (2003): Auf der Fährte der Zeit. Mit naturwissenschaftlichen Methoden vergangene Rätsel entschlüsseln, Weinheim.

Relethford, John H. (2002): »Book Review: A Window into the Past«, in: Nature Genetics 32, S. 95.

Renfrew, Colin (1985): »Approaching the Past«, in: Nature 316, S. 23 f.

– (1987): Archaeology and Language. The Puzzle of Indo-European Origins, London.

– (1992): »The Identity and Future of Archaeological Science«, in: Pollard, S. 285-293.

– (2002a): »Genetics and Language in Contemporary Archaeology«, in: Cunliffe/Davies/ders., S. 43-76.

– (2002b): »›The Emerging Synthesis‹: The Archaeogenetics of Farming/Language Dispersals and other Spread Zones«, in: ders./Bellwood, S. 3-16.

–/Bellwood, Peter S. (Hg.) (2002): Examining the Farming/Language Dispersal Hypothesis, Cambridge.

–/Boyle, Katherine V. (Hg.) (2000): Archaeogenetics. DNA and the Population Prehistory of Europe, Cambridge, Oakville.

–/Jones, Martin K. (Hg.) (2004): Traces of Ancestry. Studies in Honour of Colin Renfrew, Cambridge, Oakville.

Rheinberger, Hans-Jörg (2005): »Überlegungen zur Kultur der Naturwissenschaften und zur Natur der Geisteswissenschaften«, in: Freie Akademie der Künste in Hamburg/Udo Keller Stiftung Forum Humanum (Hg.): Geisteswissenschaften – wozu? Eine Reihe mit Vorträgen, Hamburg, S. 97-111.

– (2007): »Kulturen des Experiments«, in: Ber. Wissenschaftsgesch. 30, S. 135-144.

Richards, Martin B./Macaulay, Vincent/Hill, Catherine/Carracedo, Ángel/Salas, Antonio (2004): »The Archaeogenetics of the Dispersals of the Bantu-speaking Peoples«, in: Renfrew/Jones, S. 75-87.

–/Smalley, Kate/Sykes, Brian C./Hedges, Robert E. M. (1993): »Archaeology and Genetics: Analysing DNA from Skeletal Remains«, in: World Archaeology 25, S. 18-28.

–/Sykes, Brian C./Hedges, Robert E. M. (1995): »Authenticating DNA Extracted From Ancient Skeletal Remains«, in: J. Archaeol. Sci. 22, S. 291-299.

Rickards, Olga/Martinez-Labarga, Cristina/Favaro, Marco/Frezza, Domenico, et al. (2001): »DNA Analyses of the Remains of the Prince Branciforte Barresi Family«, in: Int. J. Legal Med. 114, S. 141-146.

Rieckhoff, Sabine (2007): »Keltische Vergangenheit: Erzählung, Metapher, Stereotyp. Überlegungen zu einer Methodologie der archäologischen Historiographie«, in: Burmeister, Stefan/Derks, Heidrun/Richthofen, Jasper von (Hg.): Zweiundvierzig. Festschrift für Michael Gebühr zum 65. Geburtstag, Rahden, S. 15-34.

– (2013): Vortragstranskript: Ist das Archäologie oder kann das weg?, Tagung: Massendinghaltung in der Archäologie. Der material turn und die Ur- und Frühgeschichte, AG TidA e. V., Berlin, 24.5.2013.

Riehl, Simone (1998): »Interdisziplinarität – nur eine Utopie?«, in: Archäol. Inf. 21, S. 21-26.

Rind, Christoph (2002): »Neues Wissen aus alten Knochen. Archäometrie. So werden Rätsel aus der Urzeit gelöst – im Labor«, in: Hamburger Abendblatt, 28.5.2002.

Rinne, Christoph/Krause-Kyora, Ben (2013): Vortragstranskript: Gräberfeld Wittmar, ein Puzzlestein im Neolithisierungsprozess Norddeutschlands, Tagung: Archäologie und Paläogenetik, DGUF, Erlangen, 11.5.2013.

–/– (2014): »Genetische Analyse auf dem mehrperiodigen Gräberfeld von Wittmar, Ldkr. Wolfenbüttel«, in: Archäol. Inf. 37, S. 33-41.

Roberts, Charlotte A./Brown, Terence A. (2000): »Book Review: Digging for Pathogens. Ancient Emerging Diseases: Their Evolutionary, Anthropological and Archaeological Context«, in: Am. J. Phys. Anthropol. 112, S. 288 ff.

–/Buikstra, Jane E. (2003): The Bioarchaeology of Tuberculosis. A Global View on a Reemerging Disease, Gainesville.

–/Manchester, Keith (2005): The Archaeology of Disease, 3. Aufl., Gloucester.

Robson Brown, Kate A. (Hg.) (2003): Archaeological sciences 1999. Proceedings of the Archaeological Sciences Conference, University of Bristol 1999, Oxford.

Rödder, Simone (2012): »The Ambivalence of Visible Scientists«, in: dies./Franzen/Weingart, S. 155-177.

–/Franzen, Martina/Weingart, Peter (Hg.) (2012): The Sciences' Media Connection – public communication and its repercussions, Dordrecht.

Röder, Brigitte (2010): »›Schon Höhlenmänner bevorzugten Blondinen‹. Gesellschaftliche und politische Funktionen der Urgeschichte im Spiegel von Medientexten«, in: Gehrke/Sénécheau (2010b), S. 79-101.

Rösing, Friedrich W. (1983): »Sexing Immature Human Skeletons«, in: J. Hum. Evol. 12, S. 149-155.

– (1986): »Bericht der Gruppensitzung: Verwandtschaftsanalyse«, in: Herrmann (1986c), S. 95-98.

Rösing, Ina (1982a): »Elemente von Selbst- und Fremdverständnis der Anthropologie«, in: dies./Schwidetzky, S. 319-366.

– (1982b): »Problemsignale. Der Ausgangspunkt der Untersuchung«, in: dies./Schwidetzky, S. 5-29.

– (1982c): »Wissenschaftliche Werte und Legitimation«, in: dies./Schwidetzky, S. 281-318.

–/Schwidetzky, Inge (Hg.) (1982): Maus und Schlange. Untersuchungen zur Lage der deutschen Anthropologie, München.

Rogers, Everett M. (1962): Diffusion of innovations, New York.

Rohland, Nadin (2012): »DNA Extraction of Ancient Animal Hard Tissue Samples via Adsorption to Silica Particles«, in: Shapiro/Hofreiter (2012a), S. 21-28.

Rollo, Franco/Ubaldi, Massimo/Marota, Isolina/Luciani, Stefania/Ermini, Luca (2000): Abstract: DNA diagenesis: effect of environment and time on human bone and mummified soft tissue, 5th International Ancient DNA Conference, Manchester, 12.7.2000, http://members.chello.nl/jperk/Ancient%20 DNA%205.pdf, Stand: 30.6.2016.

–/–/–/–/– (2002): DNA Diagenesis: Effect of Environment and Time on Human Bone, in: Ancient Biomolecules 4, S. 1-7.

Rose, Nikolas (2001): »The Politics of Life Itself«, in: Theor. Cult Soc. 18, S. 1-30.

– (2013): »The Human Sciences in a Biological Age«, in: Theor. Cult Soc. 30, S. 3-34.

Ross, Philip E. (1992): »Eloquent Remains«, in: Scientific American 266, S. 114-125.

Rosser, Zoe H./Zerjal, Tatjana/Hurles, Matthew E./Adojaan, Maarja, et al. (2000): »Y-chromosomal diversity in Europe is clinal and influenced primarily by geography, rather than by language«, in: Am. J. Hum. Genet. 67, S. 1526-1543.

Rothe, Hartmut/Henke, Winfried (2006): Stammbäume sind wie Blumensträuße – Hübsch anzusehen, doch schnell verwelkt«, in: Preuß/Hossfeld/Breidbach, S. 149-183.

Rott, Andreas (2013): Vortragstranskript: Möglichkeiten und Grenzen molekularer Verwandtschaftsanalysen am Beispiel frühmittelalterlicher Bestattungsplätze, Tagung: Archäologie und Paläogenetik, DGUF, Erlangen, 10.5.2013.

Rottenburg, Richard/Schramm, Katharina/Skinner, David (Hg.) (2011): Identity Politics after DNA. Re/creating Categories of Difference and Belonging, Oxford.

Rottländer, Rolf C. A. (1998): »Der Zweikulturenwahn – Realität oder Fiktion? Betrachtungen zu den Möglichkeiten interdisziplinärer Zusammenarbeit«, in: Der Anschnitt Beiheft 8, S. 213-221.

Rowley-Conwy, Peter (1991): »Review article: mtDNA, the Archaeological record, and the emergence of modern humans«, in: Cambridge Archaeological Journal 1, S. 140-144.

Rudbeck, Lars/Gilbert, M. Thomas P./Willerslev, Eske (2005): »mtDNA analysis of human remains from an early Danish Christian cemetery«, in: Am. J. Phys. Anthropol. 128, S. 424-429.

Russell, A. Wendy/Wickson, Fern/Carew, Anna L. (2008): »Transdisciplinarity: Context, contradictions and capacity«, in: Futures 40, S. 460-472.

Sabrow, Martin (2013): »Zäsuren in der Zeitgeschichte, Version 1.0«, in: Docupedia Zeitgeschichte, 3.6.2013, http://docupedia.de/zg/Zaesuren, Stand: 8.12.2016.

Saks, Michael J./Koehler, Jonathan J. (2005): »The coming paradigm shift in forensic identification science«, in: Science 309, S. 892-895.

Salazar, Zayil/Arrelln, Roco/Ortiz-Daz, Edith/Vargas-Sanders, Roco (2000): Abstract: Genomic DNA analysis of prehispanic bones and teeth samples from San Francisco Caxonos, Oaxaca, Mexico, 5th International Ancient DNA Conference, Manchester, 12.7.2000, http://members.chello.nl/jperk/Ancient%20DNA%205.pdf, Stand: 30.6.2016.

Sallares, Robert (2002): Malaria and Rome. A history of malaria in ancient Italy, Oxford, New York.

– (2009): »Ecology, evolution and epidemiology of plague«, in: Little, S. 231-290.

–/Bouwman, Abigail S./Anderung, Cecilia (2004): »The Spread of Malaria to Southern Europa in Antiquity: New Approaches to Old Problems«, in: Medical History 48, S. 311-328.

–/Gomzi, Susan (2001): »Biomolecular Archaeology of Malaria«, in: Ancient Biomolecules 3, S. 195-213.

–/–/Bouwman, Abigail S./Anderung, Cecilia/Brown, Terence A. (2003): »Identification of a malaria epidemic in antiquity using ancient DNA«, in: Robson-Brown, S. 120-125.

–/–/Richards, Abigail/Anderung, Cecilia (2000): Evidence from ancient DNA for malaria in antiquity, 5th International Ancient DNA Conference, Manchester, 12.7.2000, http://members.chello.nl/jperk/Ancient%20DNA%205.pdf, Stand: 30.6.2016.

Salo, Wilmar L./Aufderheide, Arthur C./Buikstra, Jane E./Holcomb, Todd A. (1994): »Identification of Mycobacterium tuberculosis DNA in a pre-Columbian Peruvian mummy«, in: PNAS 91, S. 2091-2094.

Samida, Stefanie (2010): »Schliemanns Erbe? Populäre Bilder von Archäologie in der Öffentlichkeit«, in: Gehrke/Sénécheau (2010b), S. 31-48.

– (2012): »Ausgräber und Entdecker, Abenteurer und Held. Populäre Geschichtsvermittlung in archäologischen Fernsehdokumentationen«, in: Arnold/Hörnberg/Kinnebrock, S. 219-233.

– (2013): »Archäologie und Öffentlichkeit. Zum Stand der Reflexion«, in: Eggert/Veit, S. 337-374.

– (2015): »Abstract: Genetic History. An Introduction», in: ZZF/Humboldt Universität zu Berlin, o. S.

–/Eggert, Manfred K.H. (2012): »Über Interdisziplinarität. Betrachtungen zur Kooperation von Natur- und Kulturwissenschaften in der Archäologie«, in: Hephaistos 29, S. 9-24.

–/– (2013): Archäologie als Naturwissenschaft? Eine Streitschrift, Berlin.

–/Feuchter, Jörg (2016): »Why Archaeologists, Historians and Geneticists Should Work Together – and How«, in: Medieval Worlds 21, S. 5-21.

Sampietro, Maria Lourdes/Gilbert, M. Thomas P./Lao, Oscar/Caramelli, David, et al. (2006): »Tracking down Human Contamination in Ancient Human Teeth«, in: Mol. Biol. Evol. 23, S. 1801-1807.

–/Lao, Oscar/Caramelli, David/Lari, Martina, et al. (2007): »Palaeogenetic evidence supports a dual model of Neolithic spreading into Europe«, in: Proc. Roy. Soc. Lond. B Biol. 274, S. 2161-2167.

Sanger, Frederick (1988): »Sequences, Sequences, and Sequences«, in: A. Rev. Biochem. 57, S. 1-28.

Sanides, Silvia (1995): »Archäo-Genetik. Leben aus der Urzeit«, in: Focus, 22.5.1995, S. 170.

Santos, Ana Luísa/Whan, Alex/Roberts, Charlotte A./Ahmed, Ali, et al. (2000): Abstract: Molecular diagnosis of tuberculosis from the Coimbra identified skeletal collection, 5th International Ancient DNA Conference, Manchester, 12.7.2000, http://members.chello.nl/jperk/Ancient%20DNA%205.pdf, Stand: 30.6.2016.

Sarasin, Philipp/Sommer, Marianne (Hg.) (2010): Evolution. Ein interdisziplinäres Handbuch, Stuttgart.

Savoré, Cristiana/Garagna, Silvia/Formenti, Daniele/Yang, Dongya Y., et al. (2000): Abstract: Quantification of human DNA isolated from ancient remains, 5th International Ancient DNA Conference, Manchester, 12.7.2000, http://members.chello.nl/jperk/Ancient%20DNA%205.pdf, Stand: 30.6.2016.

–/Waye, John S./Yang, Dongya Y./Garagna, Silvia, et al. (2000): Abstract: Systematic evaluation of the reproducibility of ancient mtDNA sequencing, 5th International Ancient DNA Conference, Manchester, 12.7.2000, http://members.chello.nl/jperk/Ancient%20DNA%205.pdf, Stand: 30.6.2016.

Scarre, Chris (2002): »Pioneer Farmers? The Neolithic Transition in Western Europe«, in: Renfrew/Bellwood, S. 395-407.

Schablitsky, Julie (2006): »Genetic Archaeology. The Recovery and Interpretation of Nuclear DNA from a Nineteenth-Century Hypodermic Syringe«, in: Historical Archaeology 40, S. 8-19.

–/Dixon, Kelly J./Leney, Mark D. (2006): »Forensic Technology and the Historical Archaeologist«, in: Historical Archaeology 40, S. 1-7.

Schäfer, Joachim/Haswell, Keith/Bauer, Ulrich/Schulz, Reinhold (2004): »Heißer gegessen als gekocht? Eine kritische Betrachtung paläogenetischer Forschungen zur Abstammung des Menschen«, in: EaZ 45, S. 1-34.

Scherzler, Diane (2012): »A look in the mirror and the perspective of others. On the portrayal of archaeology in the mass media«, in: Simandiraki-Grimshaw, Anna/Stefanou, Eleni (Hg.): From Archaeology to Archaeologies. The ›Other‹ Past, Oxford, S. 77-85.

Scheu, Amelie/Hartz, Sönke/Schmölcke, Ulrich/Tresset, Anne, et al. (2008): »Ancient DNA provides no evidence for independent domestication of cattle in Mesolithic Rosenhof, Northern Germany«, in: J. Archaeol. Sci. 35, S. 1257-1264.

Schimank, Uwe (2012): »Wissenschaft als gesellschaftliches Teilsystem«, in: Maasen/Kaiser/Reinhart/Sutter, S. 113-123.

Schlanger, Nathan (2002): »Ancestral Archives: Explorations in the History of Archaeology«, in: Antiquity 76, S. 127-131.

–/Nordbladh, Jarl (Hg.) (2008a): Archives, ancestors, practices. Archaeology in the light of its history, Oxford.

–/– (2008b): »General Introduction. Archaeology in the Light of its Histories«, in: dies. (2008a), S. 1-5.

Schlumbaum, Angela/Campos, Paula F./Volken, Serge/Volken, Marquita, et al. (2010): »Ancient DNA, a Neolithic legging from the Swiss Alps and the early history of goat«, in: J. Archaeol. Sci. 37, S. 1247-1251.

Schmeck, Harold M. (1984): »Scientists Clone Bits of Genes Taken From Extinct Animal«, in: The New York Times, 5.6.1984, S. A1.

– (1985a): »DNA fragments from mummy infant are reported almost undamaged«, in: The New York Times, 18.4.1985, S. B11.

– (1985b): »Intact Genetic material extracted from an Ancient Egyptian mummy«, in: The New York Times, 16.4.1985, S. C1.

Schmerer, Wera M./Hummel, Susanne/Herrmann, Bernd (1997): »Reproduzierbarkeit von aDNA-typing«, in: Anthropol. Anz. 55, S. 199-206.

–/–/– (1999): »Optimized DNA extraction to improve reproducibility of short tandem repeat genotyping with highly degraded DNA as target«, in: Electrophoresis 20, S. 1712-1716.

Schmidt, Diane Manuela (2004): Entwicklung neuer Markersysteme für die ancient DNA-Analyse. Erweiterung des molekulargenetischen Zugangs zu kultur- und sozialgeschichtlichen Fragestellungen der prähistorischen Anthropologie, Univ. Diss. Göttingen.

–/Hummel, Susanne/Herrmann, Bernd (2003): »Brief communication: Multiplex X/Y-PCR improves sex identification in aDNA analysis«, in: Am. J. Phys. Anthropol. 121, S. 337-341.

Schmidt, Jan C. (2005): »Dimensionen der Interdisziplinarität. Wege zu einer Wissenschaftstheorie der Interdisziplinarität«, in: Technikfolgenabschätzung 14, S. 12-17.

Schmidt, Martin (2000): »Archaeology and the German public«, in: Härke, S. 240-270.

Schmidt, Tobias/Hummel, Susanne/Herrmann, Bernd (1995): »Evidence of contamination in PCR laboratory disposables«, in: Naturwissenschaften 82, S. 423-431.

Schmitt, Stefan (2006): »Verdächtige Sex-Spuren in Neandertaler-Genen«, in: Spiegel Online, 16.11.2006, http://www.spiegel.de/wissenschaft/mensch/erbgut-analyse-verdaechtige-sex-spuren-in-neanderthaler-genen-a-448785.html, Stand: 20.12.2016.

–/Sozer, Amanda/Fowler, Gillian/Mazoori, Dallas (2015): »Physicians for human rights: the role of forensic archaeology in transitional justice context«s, in: Groen/Márquez-Grant/Janaway (2015a), S. 471-478.

Schmitz, Ralf W./Serre, David/Bonani, Georges/Feine, Susanne, et al. (2002): »The Neandertal type site revisited: Interdisciplinary investigations of skeletal remains from the Neander Valley, Germany«, in: PNAS 99, S. 13342-13347.

Schmitz, Sigrid (2006): »Geschlechtergrenzen, Geschlechtsentwicklung, Intersex und Transsex im Spannungsfeld zwischen biologischer Determination und kultureller Konstruktion«, in: Ebeling, Smilla/dies. (Hg.): Geschlechterforschung und Naturwissenschaften. Einführung in ein komplexes Wechselspiel, Wiesbaden, S. 33-56.

Schnurbein, Siegmar von (2002): »Archäologie – Wiederentdecken von Kulturen«, in: Freeden/ders., S. 10-31.

Schöne, Thomas (2006): »Vaterschaftstest nach 4400 Jahren«, in: Stern.de, 13.1.2006, http://www.stern.de/panorama/wissen/natur/archaeologie-vaterschaftstest-nach-4400-jahren-3502556.html, Stand: 30.11.2016.

Schöpfer, Linus (2014): »›Ich bekomme Mails von Männern, die sich als Neandertaler bezeichnen‹«, in: Tagesanzeiger, 8.5.2014, S. 36.

Scholz, Michael/Pusch, Carsten M. (1997): »An efficient isolation method for high-quality DNA from ancient bones«, in: Technical Tips Online 2, S. 61-64.

–/– (1998): »A comparative study for successful DNA analyses from mummified soft tissue«, in: Bulletin der Schweizerischen Gesellschaft für Anthropologie 4, S. 1-5.

Schramm, Katharina/Skinner, David/Rottenburg, Richard (2011): »Introduction. Ideas in Motion: Making sense of Identity«, in: Rottenburg/Schramm/Skinner, S. 1-29.

Schreg, Rainer (2010): »Archäologie des Mittelalters und der Neuzeit. Eine historische Kulturwissenschaft par excellence?«, in: Kusber, S. 305-334.

Schünemann, Verena J./Bos, Kirsten I./DeWitte-Avina, Sharon N./Schmedes, Sarah, et al. (2011): »Targeted Enrichment of Ancient Pathogens Yielding the pPCP1 Plasmid of Yersinia pestis from Victims of the Black Death«, in: PNAS 108, S. e746-e752.

Schultes, Tobias (2000): Typisierung alter DNA zur Rekonstruktion von Verwandtschaft in einem bronzezeitlichen Skelettkollektiv, Göttingen.

–/Hummel, Susanne/Herrmann, Bernd (1997): »Zuordnung isolierter Skelettelemente mittels aDNA-typing«, in: Anthropol. Anz. 55, S. 207-216.

–/–/– (1999): »Amplification of Y-chromosomal STRs from ancient skeletal material«, in: Human Genetics 104, S. 164 ff.

–/–/– (2000a): Abstract: Reconstruction of biological kinship in a skeletal collective from a Bronze Age cave, 5th International Ancient DNA Conference, Manchester, 12.7.2000, http://members.chello.nl/jperk/Ancient%20DNA%205.pdf, Stand: 30.6.2016.

–/–/– (2000b): »Ancient DNA-typing Approaches for the Determination of Kinship in a Disturbed Collective Burial Site«, in: Anthropol. Anz. 58, S. 37-44.

Schultz, Michael/Schmidt-Schultz, Tyede H. (2006): »Neue Methoden der Paläopathologie«, in: Niemitz, S. 73-81.

Schulz, Matthias (2015): »König unter Altöl«, in: Der Spiegel, 10.1.2015, S. 124.

Schurr, Theodore G. (2004): »The Peopling of the New World: Perspectives from molecular anthropology«, in: A. Rev. Anthropol. 33, S. 551-583.

Schurz, Robert (1993a): Studien zur Möglichkeit von Interdisziplinarität: Die universitären Denkstile, Darmstadt.

– (1993b): Studien zur Möglichkeit von Interdisziplinarität: Die universitären Schreibstile, Darmstadt.

Schutkowski, Holger (1989): »Beitrag zur Alters- und Geschlechtsdiagnose am Skelett nichterwachsener Individuen«, in: Anthropol. Anz. 47, S. 1-9.

– (1993): »Sex determination of infant and juvenile skeletons: I. Morphognostic features«, in: Am. J. Phys. Anthropol. 90, S. 199-205.

– (2001): »5th International Ancient DNA Conference, 12.-14.7.2000«, in: Anthropol. Anz. 59, S. 179 ff.

– (Hg.) (2008): Between biology and culture. Symposium Entitled ›Biological Anthropology at the Interface of Science and Humanities‹, Cambridge.

Schwidetzky, Inge (1982): »Die Anthropologie und ihre Nachbarwissenschaften«, in: Rösing/Schwidetzky, S. 157-199.

– (1988): »Geschichte der Anthropologie«, in: Knußmann/Martin, S. 47-126.

Scott, Douglas D./Connor, Melissa A. (1997): »Context Delicit: Archaeological Context in Forensic Work«, in: Haglund/Sorg, S. 27-38.

Scott, Eleanor (2001): »Killing the Female? Archaeological narratives of Infanticide«, in: Arnold, Bettina/Wicker, Nancy L. (Hg.): Gender and the Archaeology of Death, Walnut Creek, S. 1-21.

Seco-Morais, Joana/Matheson, Carney D. (2008): »Archaeology and Ancient DNA: Assessing Domestication«, in: Suárez/Vásquez (2008a), S. 79-99.

Sedmak, Clemens (2003): »Was heißt es interdisziplinär zu arbeiten?«, in: Deinhammer (2003b), S. 5-18.

Seewald, Bethold (2010): »Die Mörder kamen vom Harz herunter«, in: Die Welt, 31.12.2010, S. 27.

Seidenberg, Verena/Schilz, Felix/Pfister, Daniela/Georges, Léa, et al. (2012): »A new miniSTR heptaplex system for genetic fingerprinting of ancient DNA from archaeological human bone«, in: J. Archaeol. Sci. 39, S. 3224-3229.

Seifert, Lisa (2013): Vortragstranskript: Das Rätsel der Justinianischen Pest: Nachweisversuch von Yersinia pestis in Individuen aus Aschheim, Tagung: Archäologie und Paläogenetik, DGUF, Erlangen, 11.5.2013.

Seitz, Alexandra (1997): »Den menschlichen Ahnen auf der Spur«, in: taz, 14.7.1997, S. 11.

Semino, Ornella/Passarino, Giuseppe M./Oefner, Peter J./Lin, Alice A., et al. (2000): »The Genetic Legacy of Paleolithic Homo sapiens sapiens in Extant Europeans. A Y-Chromosome Perspective«, in: Science 290, S. 1155-1159.

Serre, David/Langaney, André/Chech, Mario/Teschler-Nicola, Maria, et al. (2004): »No Evidence of Neandertal mtDNA Contribution to Early Modern Humans«, in: PLOS Biology 2, S. e57.

Service, Robert F. (2006): »Gene sequencing. The race for the $1000 genome«, in: Science 311, S. 1544 ff.

Shanks, Orin C./Bonnichsen, Robson/Vella, Anthony T./Ream, Walter (2001): »Recovery of Protein and DNA Trapped in Stone Tool Microcracks«, in J. Archaeol. Sci. 28, S. 965-972.

Shapiro, Beth (2015): How to clone a mammoth. The science of de-extinction, Princeton.

–/Cooper, Alan (2000): Abstract: Pigeons, pathogens, and the Pleistocene: recovery and non-recovery of ancient DNA from archaeological and paleontological specimens, 5th International Ancient DNA Conference, Manchester, 12.7.2000, http://members.chello.nl/jperk/Ancient%20DNA%205.pdf, Stand: 30.6.2016.

–/Gilbert, M. Thomas P./Barnes, Ian (2008): »Using DNA to investigate the human past«, in: Schutkowski, S. 207-242.

–/Hofreiter, Michael (Hg.) (2012a): Ancient DNA. Methods and protocols, New York.

–/– (2012b): »Preface«, in: dies. (2012a), S. v ff.

Sidow, Arend/Wilson, Allan C./Pääbo, Svante (1991): »Bacterial DNA in Clarkia fossils«, in: Philos. Trans. Roy. Soc. B Biol. 333, S. 429-433.

Siefer, Werner (1997): »Gen-Analyse. Verstoßener Ahn«, in: Focus, 14.7.1997, S. 108.

Siegmund, Frank (2001): »Archäologie und Naturwissenschaften«, in: Archäologie in Niedersachsen 4, S. 8-13.

– (2009): »Ethnische und kulturelle Gruppen im frühen Mittelalter aus archäologischer Sicht«, in: Krausse, Dirk (Hg.): Kulturraum und Territorialität. Archäologische Theorien, Methoden und Fallbeispiele. Kolloquium des DFG-SPP 1171, Esslingen, 17./18.1.2007, Rahden, S. 143-157.

– (2013): Vortragstranskript: Kulturen, Völker und Identitätsgruppen – eine Übersicht über die archäologische Diskussion, Tagung: Archäologie und Paläogenetik, DGUF, Erlangen, 10.5.2013.

– (2014): »Kulturen, Technokomplexe, Völker und Identitätsgruppen: eine Skizze der archäologischen Diskussion«, in: Archäol. Inf. 37, S. 53-65.

Sinding, Mikkel-Holger S./Arneborg, Jette/Nyegaard, Georg/Gilbert, M. Thomas P. (2015): »Ancient DNA unravels the truth behind the controversial GUS Greenlandic Norse Fur samples: the bison was a horse, and the muskox and bears were goats«, in: J. Archaeol. Sci. 53, S. 297-303.

Singh, Nandita/Joglekar, Pramod/Koziol, Krzysztof (2011): »First ancient bovine DNA evidence from India. Difficult but not impossible«, in: J. Archaeol. Sci. 38, S. 2200-2206.

Singh, Pushpendra/Benjak, Andrej/Schünemann, Verena J./Herbig, Alexander, et al. (2015): »Insight into the evolution and origin of leprosy bacilli from the genome sequence of Mycobacterium lepromatosis«, in: PNAS 112, S. 4459-4464.

Sismondo, Sergio (2008): »Science and Technology Studies and an Engaged Program«, in: Hackett, Edward J./Amsterdamska, Olga/Lynch, Michael/Wajcman, Judy: The Handbook of Science and Technology Studies, 3. Aufl., Cambridge, London, S. 13-31.

Sjovold, Torstein (1988): »Geschlechtsdiagnose am Skelett, in: Knußmann/Martin, S. 444-480.

Skoglund, Pontus/Malmström, Helena/Raghavan, Maanasa/Storå, Jan, et al. (2012): »Origins and genetic legacy of Neolithic Farmers and Hunter-gatherers in Europe«, in: Science 336, S. 466-469.

–/Storå, Jan/Götherström, Anders/Jakobsson, Mattias (2013): »Accurate sex identification of ancient human remains using DNA shotgun sequencing«, in: J. Archaeol. Sci. 40, S. 4477-4482.

Smith, Colin I./Chamberlain, Andrew T./Riley, Michael S./Cooper, Alan, et al. (2001): »Neanderthal DNA: Not just old but old and cold«, in: Nature, S. 771 f.

Smith, Oliver/Momber, Garry/Bates, Richard/Garwood, Paul, et al. (2015): »Archaeology. Sedimentary DNA from a submerged site reveals wheat in the British Isles 8000 years ago«, in: Science 347, S. 998-1001.

Smith, Patricia/Kahila Bar-Gal, Gila (1992): »Identification of infanticide in archaeological sites: a case study from the late Roman-Early Byzantine periods at Ashkelon, Israel«, in: J. Archaeol. Sci. 19, S. 667-675.

Smith, Steven M./Patry, Marc W./Stinson, Veronica (2007): »But What is the CSI Effect? How Crime Dramas Influence People's Beliefs About Forensic Evidence«, in: The Canadian Journal of Police & Security Services 5, S. 187-195.

Smolla, Günter (1979): »Das Kossinna-Syndrom«, in: Fundberichte aus Hessen 3, S. 1-9.

Snow, Charles Percy (1959): The two cultures and the scientific revolution, Cambridge.

Snow, Clyde C./Lowell, Levine/Lukash, Leslie/Tedeschi, Luke G., et al. (1984): »The Investigation of the Human Remains of the ›Disappeared‹ in Argentina«, in: The Am. J. Forensic Med. Path. 5, S. 297 ff.

Sofeso, Christina/Vohberger, Marina/Wisnowsky, Annika/Päffgen, Bernd, et al. (2012): »Verifying archaeological hypotheses: Investigations on origin and genealogical lineages of a privileged society in Upper Bavaria from Imperial Roman times (Erding, Kletthamer Feld)«, in: Burger/Kaiser/Schier, S. 113-130.

Sokal, Robert Reuven (1991): »Ancient movement patterns determine modern genetic variances in Europe«, in Hum. Biol. 63, S. 589-606.

Sommer, Marianne (2008a): »History in the Gene: Negotiations between Molecular and Organismal Anthropology«, in: Journal of the History of Biology 41, S. 473-528.

– (2008b): »Molecules as Documents of Evolutionary History. Wie Gene Träger der Geschichte des Menschen und der Menschen wurden«, in: Figurationen 9, S. 109-128.

– (2010a): »Anthropologie«, in: Sarasin/Sommer, S. 203-210.

– (2010b): »DNA and Cultures of Remembrance: Anthropological Genetics, Biohistories and Biosocialities«, in: BioSocieties 5, S. 366-390.

– (2010c): »Mensch«, in: Sarasin/Sommer, S. 36 ff.

– (2011): »›Do You Have Celtic, Jewish or Germanic Roots?‹ Applied Swiss History before and after DNA«, in: Rottenburg/Schramm/Skinner, S. 116-140.

– (2012a): »Gen und phylogenetisches Gedächtnis. Individuelle und kollektive genetische Geschichten im Netzwerk von Naturwissenschaft, Identitätspolitik und Markt«, in: Lehmann, Johannes Friedrich (Hg.): Die biologische Vorgeschichte des Menschen. Zu einem Schnittpunkt von Erzählordnung und Wissensformation, Freiburg u.a, S. 377-391.

– (2012b): »Human Evolution Across the Disciplines: Spotlights on American Anthropology and Genetics«, in: History and Philosophy of the Life Sciences 34, S. 211-236.

Sommer, Ulrike (2002): »Deutscher Sonderweg oder gehemmte Entwicklung? Einige Bemerkungen zu momentanen Entwicklungen der deutschen Archäologie«, in: Biehl/Gramsch/Marciniak, S. 185-196.

– (2010): »Anthropology, Ethnography and Prehistory – a Hidden Thread in the History of German Archaeology«, in: Karen Hardy (Hg.): Archaeological invisibility and forgotten knowledge. Conference proceedings, Lódz, Poland, 5.-7.9.2007, Oxford, S. 6-22.

Sonderman, Robert C. (2001): »Looking for a Needle in a Haystack: Developing Closer Relationships between Law Enforcement and Archaeology«, in: Historical Archaeology 35, S. 70-78.

Sontheimer, Michael (2010): »Anhaftende Hautschüppchen«, in: Der Spiegel, 28.6.2010, S. 39 f.

Soren, David (1999): »Introduction to Part Three«, in: ders./Soren, S. 463 f.
– (2003): »Can Archaeologists Excavate Evidence of Malaria?«, in: World Archaeology 35, S. 193-209.
–/Fenton, Todd/Birkby, Walter (1995): »The late Roman infant cemetery near Lugnano in Teverina, Italy: some implications«, in: J. Palaeopathol. 7, S. 13-42.
–/–/– (1999): »The Infant Cemetery at Poggio gramignano: Description and Analysis«, in: Soren/Soren, S. 477-530.
–/Soren, Noelle (Hg.) (1999): A Roman villa and a late Roman infant cemetery. Excavation at Poggio Gramignano, Lugnano in Teverina, Rom.
Sosna, Daniel/Sládek, Vladimir/Galeta, Patrik (2010): »Investigating mortuary sites: The search for synergy«, in: Anthropologie 48, S. 33-40.
Spigelman, Mark/Donoghue, Helen D. (2003): »Palaeobacteriology with special reference to pathogenic mycobacteria«, in: Greenblatt/Spigelman, S. 175-188.
–/Greenblatt, Charles L. (1998): »A Guide to Digging for Pathogens«, in: Greenblatt, S. 345-361.
–/Lemma, Eshetu (1993): »The use of the polymerase chain reaction (PCR) to detect Mycobacterium tuberculosis in ancient skeletons«, in: Int. J. Osteoarchaeol. 3, S. 137-143.
Stark, Florian (2016): »Zivilisation kam mit den Migranten«, in: Die Welt, 8.6.2016, S. 20.
Steenberg, Lindsay (2013): Forensic Science in Contemporary American Popular Culture. Gender, Crime, and Science, Hoboken.
Steuer, Heiko (Hg.) (2001): Eine hervorragend nationale Wissenschaft. Deutsche Prähistoriker zwischen 1900 und 1995, Berlin.
Stiller, Mathias/Fulton, Tara L. (2012): »Multiplex PCR Amplification of Ancient DNA«, in: Shapiro/Hofreiter (2012a), S. 133-141.
Stirland, Ann (1994): »The origin of syphilis in Europe: Before or after 1493?«, in: Int. J. Osteoarchaeol. 4, S. 53 f.
Stock, Jay T./Pinhasi, Ron (2011): »Introduction: Changing Paradigms in our understanding of the Transition to Agriculture: Human Bioarchaeology, Behaviour and Adaption«, in: Pinhasi/Stock, S. 1-13.
Stone, Anne C. (2000): »DNA analysis of archaeological remains«, in: Katzenberg/Saunders, S. 351-371.
–/Milner, George R./Pääbo, Svante/Stoneking, Mark (1996): »Sex determination of ancient human skeletons using DNA«, in: Am. J. Phys. Anthropol. 99, S. 231-238.
–/Starrs, James E./Stoneking, Mark (2001): »Mitochondrial DNA analysis of the presumptive remains of Jesse James«, in: J. Forensic Sci. 46, S. 173-176.
–/Stoneking, Mark (1993): »Ancient DNA from a pre-Columbian Amerindian population«, in: Am. J. Phys. Anthropol. 92, S. 463-471.

–/– (1998): »mtDNA analysis of a prehistoric Oneota population: implications for the peopling of the New World«, in: Am. J. Hum. Gen. 62, S. 1153-1170.

Stone, Richard (2004): »DNA Forensics: Buried, Recovered, Lost Again? The Romanovs May Never Rest«, in: Science 303, S. 753.

Stoneking, Mark (1995): »Ancient DNA: how do You know When You have it and what can you do with it?«, in: Am. J. Hum. Gen. 17, S. 1259-1262.

–/Sherry, Stephen T./Redd, Alan J./Vigilant, Linda (1993): »New Approaches to Dating Suggest a Recent Age for the Human mtDNA Ancestor«, in: Aitken/Stringer/Mellars, S. 84-103.

Stover, Eric (1985): »Scientists Aid Search for Argentina's ›Desaparecidos‹«, in: Science 230, S. 56 f.

–/Ryan, Molly (2001): »Breaking Bread with the Dead«, in: Historical Archaeology 35, S. 7-25.

Stringer, Christopher B. (1993): »Reconstructing Recent Human Evolution«, in: Aitken/ders./Mellars, S. 179-195.

Strömberg, Agneta (1993): Male or Female? A methodological study of grave gifts as sex indicators in iron age burials from Athens, Univ. Diss. Göteborg, Jonsered.

Suárez, Alex R./Vásquez, Marc N. (Hg.) (2008a): Archaeology Research Trends, New York.

–/– (2008b): »Preface«, in: dies. (2008a), S. vii-xi.

Suazo Galdames, Iván Claudio/Zavando Matamala, Daniela Alejandra/Smith, Ricardo Luiz (2008): »Blind Test of Mandibular Morphology with Sex Indicator in Subadult Mandibles«, in: International Journal of Morphology 26, S. 845-848.

Sukopp, Thomas (2010): »Interdisziplinarität und Transdisziplinarität. Definitionen und Konzepte«, in: Jungert/Romfeld/ders./Voigt, S. 13-29.

Sullivan, Kevin M./Hopgood, [R.]/Gill, Peter (1992): »Identification of human remains by amplification and automated sequencing of mitochondrial DNA«, in: Int. J. Legal med. 105, S. 83-86.

–/Mannucci, Armando/Kimpton, Colin P./Gill, Peter (1993): »A rapid and quantitative DNA sex test: fluorescence-based PCR analysis of X-Y homologous gene amelogenin«, in: BioTechniques 15, S. 636 ff., 640 f.

Sullivan, Walter (1984): »Archaeologists find Intact brains 7,000 Years old still containing DNA«, in: The New York Times, 15.12.1984, S. 8.

Summer, Michael (2016): »Tagungsbericht: Archäologie, Geschichte und Biowissenschaften. Interdisziplinäre Perspektiven, 19.-21.11.2015 Freiburg. Institut für Archäologische Wissenschaften, Abt. Ur- und Frühgeschichtliche Archäologie und Archäologie des Mittelalters Freiburg/Institut d'histoire romaine Université de Strasbourg/ArcHiMédE Unité Mixte de recherche 7044 Université des Strasbourgh«, in: H-Soz-Kult, 1.2.2016, http://www.hsozkult.de/conferencereport/id/tagungsberichte-6363, Stand: 8.3.2017.

Sutter, Richard C. (2003): »Nonmetric subadult skeletal sexing traits: I. A blind test of the accuracy of eight previously proposed methods using prehistoric known-sex mummies from northern Chile«, in: J. Forensic Sci. 48, S. 927-935.

Sykes, Brian C. (2001): The seven daughters of Eve, London.

Syvänen, Ann-Christine C. (2005): »Towards genome-wide SNP genotyping«, in: Nature Genetics 37, S. S5-S10.

Szilvássy, Johann (1986): »Eine neue Methode zur intraserialen Analyse von Gräberfeldern«, in: Herrmann (1986c), S. 51-62.

Szöllösi-Janze, Margit (2015): Fritz Haber: 1868–1934. Eine Biographie, 2. Aufl., München.

Tamborini, Marco (2015a): »Die Wurzeln der ideographischen Paläontologie: Karl Alfred von Zittels Praxis und sein Begriff des Fossils«, in: NTM 23, S. 117-142.

– (2015b): »Paleontology and Darwinian Theory of Evolution: The Dangerous Role of Statistics at the End of the 19th Century«, in: Journal of the History of Biology 48, S. 575-612.

Taschwer, Klaus (2011): »Revolution in der Humanevolution«, in: Der Standard, 19.1.2011, S. 13.

Tattersall, Ian (2000): »Paleoanthropology: The Last Half-Century«, in: Evolutionary Anthropology 9, S. 2-16.

–/Schwartz, Jeffrey H. (1999): »Hominids and hybrids: The place of Neanderthals in human evolution«, in: PNAS 96, S. 7117 ff.

Taylor, G. Michael/Crossey, Mary/Saldanha, John/Waldron, Tony (1996): »DNA from Mycobacterium tuberculosis Identified in Mediaeval Human Skeletal Remains Using Polymerase Chain Reaction«, in: J. Archaeol. Sci. 23, S. 789-798.

–/Mays, Simon A./Huggett, Jim F. (2010): »Ancient DNA (aDNA) studies of man and microbes: general similarities, specific differences«, in: Int. J. Osteoarchaeol. 20, S. 747-751.

–/–/Legge, [A.] J./Young, David A. (2000): Abstract: Genetic analysis of tuberculosis in human remains, 5th International Ancient DNA Conference, Manchester, 12.7.2000, http://members.chello.nl/jperk/Ancient%20DNA%205.pdf, Stand: 30.6.2016.

–/Rutland, Paul/Molleson, Theya (1997): »A sensitive polymerase chain reaction method for the detection of Plasmodium species DNA in ancient human remains«, in: Ancient Biomolecules 1, S. 193-203.

–/Watson, Claire L./Bouwman, Abigail S./Lockwood, Diana N. J., et al. (2006): »Variable nucleotide tandem repeat (VNTR) typing of two palaeopathological cases of lepromatous leprosy from Mediaeval England«, in: J. Archaeol. Sci. 33, S. 1569-1579.

–/Widdison, Stephanie/Brown, Ivor N./Young, Douglas, et al. (2000): »A Mediaeval Case of Lepromatous Leprosy from 13-14th Century Orkney, Scotland«, in: J. Archaeol. Sci. 27, S. 1133-1138.

Taylor, Timothy (2008): »Prehistory vs. Archaeology: Terms of Engagement«, in: J. World Prehist. 21, S. 1-18.

Taylor&Fracis Online (Hg.) (2016): Webauftritt, Ancient Biomolecules. Volumes, http://www.tandfonline.com/toc/ganb20/4/1?nav=tocList, Stand: 7.11.2016.

Teichert, Dieter (2005): »Vom Nutzen und Nachteil der Geisteswissenschaften«, in: Wolters, Gereon/Carrier, Martin (Hg.): Homo Sapiens und Homo Faber. Epistemische und technische Rationalität in Antike und Gegenwart: Festschrift für Jürgen Mittelstraß, Berlin, S. 405-420.

Terfehr, Sonka (2007): »Verwandt mit Höhlenmenschen: Eine Stadt sucht ihren Ur-Opa«, in: Spiegel Online, 11.2.2007, http://www.spiegel.de/wissenschaft/mensch/verwandt-mit-hoehlenmenschen-eine-stadt-sucht-ihren-ur-opa-a-465685.html, Stand: 30.11.2016.

Thomas, David Hurst (2007): »Archaeology«, in: McGraw-Hill, S. 161 ff.

Thomas, Julia Adeney (2014): »History and Biology in the Anthropocene: Problems of Scale, Problems of Value«, in: AHR 119, S. 1587-1607.

Thomas, Julian (2006): »Gene-flows and social processes: the potential of genetics and archaeology«, in: Documenta Prehistorica 33, S. 51-59.

Thomas, Kenneth D. (1993): »Molecular biology and archaeology: a prospectus for inter-disciplinary research«, in: World Archaeology 25, S. 1-17.

Thomas, Mark G. (2013): »To claim someone has Viking ancestors is no better than astrology«, in: Theguardian.com, 25.2.2013, http://www.theguardian.com/sceince/blog/2013/feb/25/viking-ancestors-astrology, Stand: 20.3.2017.

–/Hagelberg, Erika/Jone, Hywel B./Yang, Ziheng, et al. (2000): »Molecular and morphological evidence on the phylogeny of the Elephantidae«, in: Proc. Roy. Soc. Lond. B Biol. 267, S. 2493-2500.

Thomas, Richard H./Schaffner, Walter/Wilson, Allan C./Pääbo, Svante (1989): »DNA phylogeny of the extinct marsupial wolf«, in: Nature 340, S. 465 ff.

Thuesen, Ingolf/Engberg, Jan (1990): »Recovery and analysis of human genetic material from mummified tissue and bone«, in: J. Archaeol. Sci. 17, S. 679-689.

Tierney, Sheila N./Bird, JeremyM. (2015): »Molecular sex identification of juvenile skeletal remains from an Irish medieval population using ancient DNA analysis«, in: J. Archaeol. Sci. 62, S. 27-38.

Tilley, Christopher (1989): »Excavation as theatre«, in: Antiquity 63, S. 275-280.

Tillmann, Andreas (1993): »Kontinuität oder Diskontinuität? Zur Frage einer bandkeramischen Landnahme im südlichen Mitteleuropa«, in: Archäol. Inf. 16, S. 157–187.

Tite, Michael S. (1991): »Archaeological Science – Past achievements and Future Prospects«, in: Archaeometry 33, S. 139-151.
– (2002): »Archaeometry: If it Is not archaeology, Then it's nothing«, in: Academia Nazionale dei Lincei, S. 33-47.
Tocheri, Matthew W./Dupras, Tosha L./Sheldrick, Peter/Molto, J. Eldon (2005): »Roman Period fetal skeletons from the East Cemetery (Kellis 2) of Kellis, Egypt«, in: Int. J. Osteoarchaeol. 15, S. 326-341.
Trachsel, Martin (2008): Ur- und Frühgeschichte. Quellen, Methoden, Ziele, Zürich.
Travis, John (2008): »Third international symposium on biomolecular archaeology: Hope for the Rhone's Missing Sturgeon«, in: Science 322, S. 369.
– (2010): »Archaeologists See Big Promise in Going Molecular«, in: Science 330, S. 28 f.
Tresset, Anne/Bollongino, Ruth/Edwards, Ceiridwen J./Hughes, Sandrine, et al. (2009): »Early Diffusion of domestic bovids in Europe: an indicator for human contacts, exchange and migrations?«, in: D'Errico, Francesco/Hombert, Jean Marie (Hg.): Becoming Eloquent. Advances in the Emergence of Language, Human Cognition, and Modern Cultures, Amsterdam, Philadelphia, S. 69-90.
Trigger, Bruce G. (2009): A history of archaeological thought, 2. Aufl., Cambridge.
TU Darmstadt (2016): Transkript der Podiumsdiskussion: Geschichte als Naturwissenschaft? Podiumsdiskussion zu Perspektiven biologischer Forschung in der Geschichtswissenschaft, Darmstadt 26.1.2016.
Tütken, Thomas (2010): »Die Isotopenanalyse fossiler Skelettreste – Bestimmung der Herkunft und Mobilität von Menschen und Tieren«, in: Meller/Alt (2010a), S. 33-51.
Turbanti-Memmi, Isabella (2011): »Contents«, in: dies. (Hg.) Proceedings of the 37th International Symposium on Archaeometry, Siena, 13.-16.5.2008, Heidelberg u. a., S. xi-xxi.
Turck, Rouven (2013): Vortragstranskript: Isotope auf der Überholspur oder auf dem Weg zum Abstellgleis? – Methoden, Konzepte, Grenzen, Tagung: Archäologie und Paläogenetik, DGUF, Erlangen, 10.5.2013.
Turner, Trudy R. (Hg.) (2005a): Biological anthropology and ethics. From repatriation to genetic identity, Albany.
– (2005b): »Introduction: Ethical Concerns in Biological Anthropology«, in: dies. (2005a), S. 1-13.
Tuross, Noreen (1991): »Recovery of bone and serum proteins from human skeletal tissue: IgG, osteonectin and albumin«, in: Ortner/Aufderheide, S. 51-54.

– (1993): »The Other Molecules in Ancient Bone: Noncollagenous Proteins and DNA«, in: Lambert, Joseph B./Grupe, Gisela (Hg.): Prehistoric Human bone. Archaeology at the Molecular Level, Berlin u. a., S. 275-292.

– (1994): »The biochemistry of ancient DNA in bone«, in: Experientia 50, S. 530-535.

Twigg, Graham (2003): »The Black Death and DNA«, in: The Lancet Infectious Diseases 3, S. 11.

Tyler, Tom R. (2006): »Viewing CSI and the Threshold of Guilt: Managing Truth and Justice in Reality and Fiction«, in: Yale Law Journal 115, S. 1050-1085.

Tzedakis, Yannis/Martlew, Holley/Jones, Martin K. (Hg.) (2008): Archaeology meets science. Biomolecular investigations in Bronze Age Greece: the primary scientific evidence, 1997-2003, Oxford, Oakville.

Ubelaker, Douglas H. (2003): »Anthropological perspectives on the study of ancient disease«, in: Greenblatt/Spigelman, S. 93-102.

Uelsberg, Gabriele (Hg.) (2006): Roots. Wurzeln der Menschheit. Katalog zur Ausstellung, Rheinisches Landesmuseum Bonn, 8.7.-19.11.2006, Darmstadt.

Underhill, Peter A. (2002): »Inference of Neolithic Population Histories using Y-chromosome Haplotypes«, in: Renfrew/Bellwood, S. 65-78.

Universalmuseum Johanneum Wien (Hg.) (2012): Tagung ›Ja, nein, gegebenenfalls. Gehören menschliche Überreste ins Museum?‹, Wien, 19./20.1.2012, http://www.museum-joanneum.at/upload/file/Programm_Ja_Nein_Gegebenenfalls_Wien.pdf, Stand: 20.9.2013.

Universität Göttingen (Hg.) (2016a): Historische Anthropologie und Humanökonomie, Promotionen. http://www.uni-goettingen.de/de/forschung/136928.html, Stand: 20.7.2016.

– (Hg.) (2016b): Historische Anthropologie und Humanökologie, Susanne Hummel: Curriculum Vitae, http://www.uni-goettingen.de/de/curriculum-vitae/366241.html, Stand: 18.5.2016.

Universität Mainz (Hg.) (2012a): AG Bioarchäometrie, Abschlussarbeiten, http://www.uni-mainz.de/FB/Biologie/Anthropologie/AG%20Alt/AG%20Alt_Abschlussarbeiten/AbschlussarbeitenFrameset-25.html, Stand: 17.12.2012.

– (Hg.) (2012b): Forschungsschwerpunkte, http://www.uni-mainz.de/FB/Biologie/Anthropologie/AG%20Alt/AG%20Alt_Forschungsschwerpunkte/ForschungFrameset-3.html, Stand: 17.12.2012.

– (Hg.) (2014): Virtueller Rundgang durch das DNA-Spurenlabor, http://www.uni-mainz.de/FB/Biologie/Anthropologie/MolA/Deutsch/Labor/Labor.html, Stand: 3.1.2014.

– (Hg.) (2016a): Institut für Anthropologie, Webauftritt, Master Anthropologie, http://www.master-anthropologie.uni-mainz.de/36.php, Stand: 21.11.2016.

– (Hg.) (2016b): Palaeogenetics Group, People, http://palaeogenetics-mainz.de/people/, Stand: 4.4.2017.

Universität Tübingen (Hg.) (2016a): Mathematisch-naturwissenschaftliche Fakultät, Fachbereich Geowissenschaften, Webauftritt, http://www.geo.uni-tuebingen.de/, Stand: 3.12.2016.

– (Hg.) (2016b): Ur- und Frühgeschichte und Archäologie des Mittelalters, Webauftritt, Master of Science: Archaeological Sciences, http://www.geo.uni-tuebingen.de/?id=2838, Stand: 21.11.2016.

–/Pernicka, Ernst (Hg.) (2013): Troia und die Troias – Archäologie einer Landschaft. Die neuen Ausgrabungen in Troia, http://www.uni-tuebingen.de/troia/deu/index.html, Stand: 11.11.2013.

Universität zu Kiel (Hg.) (2015): Graduate School ›Human Development in Landscapes‹, Technical Platform, aDNA-Laboratory, http://www.uni.kiel.de/landscapes/, Stand: 30.11.2015.

– (Hg.) (2016): Graduate School ›Human Development in Landscapes‹, Webauftritt, Überblick über die Graduiertenschule, http://www.gshdl.uni-kiel.de/de/, Stand: 17.9.2016.

Universität zu Köln (Hg.) (2016): »a.r.t.e.s. Graduate School for the Humanities Cologne, Konferenzprogramm: Urkunde – DNA – Fingerabdruck: Wer kann wie Geschichte erforschen?«, in: H-Soz-Kult, 17.6.2016, http://hsozkult.geschichte.hu-berlin.de/termine/id=31062, Stand: 1.1.2016.

University College London (Hg.) (2016): History of Archaeology Research Network, Webauftritt, http://www.ucl.ac.uk/archaeology/research/directory/historyofarchaeology_network, Stand: 7.11.2016.

–/Institute of Archaeology/Sommer, Ulrike (Hg.) (2016): AG Forschungsgeschichte, Webauftritt, http://www.ucl.ac.uk/archaeology/research/directory/history_sommer, Stand: 12.10.2016.

University of California Santa Cruz (Hg.) (2016): Anthropology Department, Lars Fehren-Schmitz, http://socialsciences.ucsc.edu/academics/singleton.php?&singleton=true&cruz_id=lfehrens, Stand: 3.12.2016.

University of Copenhagen/Centre for GeoGenetics Natural History Museum of Denmark (Hg.) (2016): Research Groups, http://geogenetics.ku.dk/research_groups/, Stand: 11.7.2016.

University of Wolverhampton (Hg.) (2016): School of Biology, Chemistry and Forensic Science, Wera Schmerer, http://www.wlv.ac.uk/about-us/our-schools-and-institutes/faculty-of-science-and-engineering/all-faculty-staff/school-of-biology-chemistry-and-forensic-science-staff/dr-wera-m-schmerer/, Stand: 3.12.2016.

Uniwersytet Medyczny Łódź (Hg.) (2006): The 8th International Conference on Ancient DNA and Associated Biomolecules, 16.-19.10.2006, Program and Abstracts, https://web.archive.org/web/20120331032320/http://csk.umed.lodz.pl/~dmb/DNA8/doc/dna8_streszczenia.pdf, Stand: 20.7.2016.

Unterländer, Martina (2015): Populationsgenetik eisenzeitlicher Reiternomaden der Eurasischen Steppe, Univ. Diss. Mainz, http://ubm.opus.hbz-nrw.de/volltexte/2015/4059/, Stand: 8.12.2016.

Uthmeier, Thorsten (2013): Vortragstranskript: Individuen, Gruppen und Identität: Zur Identifikation sozialer Einheiten im Paläolithikum, DGUF, Erlangen, 10.5.2013.

Vachot, Anne-Marie/Monnerot, Monique (1996): »Extraction, Amplification and Sequencing of DNA from Formaldehyde-fixed Specimens«, in: Ancient Biomolecules 1, S. 3-16.

Vastag, Brian (2002): »Out of Tragedy, Identification Innovation«, in: Journal of the American Medical Association 288, S. 1221 ff.

Veit, Ulrich (1998a): »Archäologiegeschichte und Gegenwart: Zur Struktur und Rolle der wissenschaftsgeschichtlichen Reflexion in der jüngeren englischsprachigen Archäologie«, in: Eggert/ders. (1998b), S. 327-356.

– (1998b): »Zwischen Tradition und Revolution: Theoretische Ansätze in der britischen Archäologie«, in: Eggert/ders. (1998b), S. 15-65.

– (2002): »Wissenschaftsgeschichte, Theoriedebatte und Politik: Ur- und Frühgeschichtliche Archäologie in Europa am Beginn des dritten Jahrtausends«, in: Biehl/Gramsch/Marciniak, S. 405-419.

– (2006a): »Der Archäologe als Erzähler«, in: Wotzka, Hans-Peter (Hg.): Grundlegungen: Beiträge zur europäischen und afrikanischen Archäologie für Manfred K. H. Eggert, Tübingen, S. 201-213.

– (2006b): »Mehr als eine ›Wissenschaft des Spatens‹ – Troia und die Geburt der modernen Archäologie«, in: Korfmann, Manfred O. (Hg.): Troia. Archäologie eines Siedlungshügels und seiner Landschaft, Mainz, S. 123-130.

– (2010): »Zur Geschichte und Theorie des Erzählens in der Archäologie: eine Problemskizze«, in: EaZ 51, S. 10-29.

– (2011a): »Archäologiegeschichte als Wissenschaftsgeschichte: Über Formen und Funktionen historischer Selbstvergewisserung in der Prähistorischen Archäologie«, in: EaZ 52, S. 34-58.

– (2011b): »Über das ›Geschichtliche‹ in der Archäologie – und über das ›Archäologische‹ in der Geschichtswissenschaft«, in: Burmeister/Müller-Scheeßel, S. 297-310.

Vernesi, Cristiano/Di Benedetto Giulietta/Caramelli, David/Secchieri, Erica, et al. (2001): »Genetic Characterization of the Body Attributed to the Evangelist Luke«, in: PNAS 98, S. 13460-13463.

Vida, M. Carmen (1998): »The Italian Scene: Approaches to the Study of Gender«, in: Whitehouse, S. 15-22.

Vigener, Marie (2009): »Tagungsbericht Wissenschaftsgeschichte der Archäologie: Ansätze, Methoden, Erkenntnispotenziale, 25./26.3.2009, Greifswald«, in: H-Soz-Kult, 22.6.2009, http://hsozkult.geschichte.hu-berlin.de/tagungsberichte/id=2655, Stand: 4.7.2016.

Vigilant, Linda/Stoneking, Mark/Harpending, Henry/Hawkes, Kristen (1991): »African Populations and the Evolution of Mitochondrial DNA«, in: Science, S. 1503-1507.

Villablanca, Francis X. (1994): »Spatial and Temporal Aspects of Populations Revealed by Mitochondrial DNA«, in: Herrmann/Hummel (1994a), S. 31-58.

Vincent, Catherine (1992): »L'ADN sort de l'ambre«, in: Le Monde, 29.10.1992, S. 13.

Vollmer, Gerhard (1995): »Wir irren uns empor. Zum Todes des Philosophen Karl Raimund Popper«, in: Skeptiker 8, S. 4-6.

– (2010): »Interdisziplinarität – unerlässlich, aber leider unmöglich?«, in: Jungert/Romfeld/Sukopp/Voigt, S. 47-75.

Voßkamp, Wilhelm (1987): »Interdisziplinarität in den Geisteswissenschaften (am Beispiel einer Forschungsgruppe zur Funktionsgeschichte der Utopie)«, in: Kocka, S. 92-105.

Vowinkel, Heike (2008): »Die Verwandten aus der Bronzezeit«, in: Welt am Sonntag, 13.7.2008, S. 13.

Vreeland, Russell H./Rosenzweig, William D./Powers, Dennis W. (2000): »Isolation of a 250 Million-year-old Halotolerant Bacterium from a Primary Salt Crystal«, in: Nature 407, S. 897-900.

Wade, Nicholas (2006a): »New DNA Test Is Yielding Clues to Neanderthals«, in: New York Times, 16.11.2006, S. A13.

– (2006b): »Scientists Hope to Unravel Neanderthal DNA and Human Mysteries« in: New York Times, 21.7.2006, S. A14.

– (2010): »Anthropology as a Science? Statement Deepens a Rift«, in: New York Times, http://www.nytimes.com/2010/12/10/science/10anthropology.html?_r=0, Stand: 20.6.2016.

Wagenknecht, Andrea (2013): »Modernstes Spurenlabor steht in Mainz«, in: Rhein-Zeitung, 12.6.2013, S. 2.

Wagner, Günther A. (2002): »Archaeometry in Germany: Progress and Deficits«, in: Academia Nazionale dei Lincei, S. 97-108.

– (Hg.) (2007a): Einführung in die Archäometrie, Berlin u.a.

– (2007b): »Vorwort«, in: ders. (2007a), S. v-vi.

Wahl, Joachim (2007): Karies, Kampf und Schädelkult. 150 Jahre anthropologische Forschung in Südwestdeutschland, Stuttgart.

– (2008): »Prähistorische Anthropologie zwischen Maßband und PCR – Der Stellenwert konventioneller Methoden im Angesicht moderner Analyseverfahren«, in: Hauptmann/Pingel, S. 32-45.

– (2012): 15000 Jahre Mord und Totschlag. Anthropologen auf der Spur spektakulärer Verbrechen, Stuttgart.

–/Cipollini, Giovanna/Coia, Valentina/Francken, Michael, et al. (2014): »Neue Erkenntnisse zur frühmittelalterlichen Separatgrablege von Niederstotzingen, Kreis Heidenheim«, in: Fundberichte aus Baden-Württemberg 34, S. 341-390.

–/Dehn, Rolf/Kokabi, Mostefa (1990): »Eine Doppelbestattung der Schnurbandkeramik aus Stetten an der Donau, Landkreis Tuttlingen«, in: Fundberichte aus Baden-Württemberg 15, S. 175-211.

–/König, Hans-Günther G. (1987): »Anthropologisch-traumatologische Untersuchung der menschlichen Skelettreste aus dem bandkeramischen Massengrab bei Talheim, Kreis Heilbronn«, in: Fundberichte aus Baden-Württemberg 12, S. 65-186.

–/Stork, Ingo (2009): »Außergewöhnliche Gräber beim Herrenhof. Merowingerzeitliche Siedlungsbestattungen aus Lauchheim ›Mittelhofen‹«, in: Biel, Jörg/Heiligmann, Jörg/Planck, Dieter (Hg.): Landesarchäologie: Festschrift für Dieter Planck zum 65. Geburtstag, Stuttgart, S. 531-556.

Waldron, Tony (1991): »DNA in Bones«, in: Int. J. Osteoarchaeol.1, S. 155 f.

– (2007): Palaeoepidemiology. The Epidemiology of Human Remains, Walnut Creek.

Walker, Philipp L. (2000): »Bioarchaeological Ethics: A Historical Perspective on the Value of Human Remains«, in: Katzenberg/Saunders, S. 3-39.

Wall, Jeffrey D./Kim, Sung K. (2007): »Inconsistencies in Neanderthal Genomic DNA Sequences«, in: PLOS Genetics 3, S. 1863-1866.

Wallner, Fritz G. (1993): »Interdisziplinarität zwischen Universalisierung und Verfremdung«, in: Ernst, Werner W./Reinalter, Helmut (Hg.): Vernetztes Denken, gemeinsames Handeln. Interdisziplinarität in Theorie und Praxis, Thaur, S. 17-29.

Walter, Sven (2010a): »Gendrift«, in: Sarasin/Sommer, S. 23 ff.

– (2010b): »Genotyp und Phänotyp«, in: Sarasin/Sommer, S. 25 ff.

Ward, Rick/Stringer, Christopher B. (1997): »A Molecular Handle on the Neanderthals«, in: Nature 388, S. 225 f.

Warinner, Christina/Rodrigues, Joao F. Matias/Vyas, Rounak/Trachsel, Christian, et al. (2014): »Pathogens and Host Immunity in the Ancient Human Oral Cavity«, in: Nature Genetics 46, S. 336-344.

–/Speller, Camilla/Collins, Matthew J. (2015): »A New Era in Palaeomicrobiology: Prospects for Ancient Dental Calculus as a Long-term Record of the Human Oral Microbiome«, in: Philos. Trans. Roy. Soc. B Biol. 370, S. 20130376.

Weale, Michael E./Weiss, Deborah A./Jager, Rolf F./Bradman, Neil, et al. (2002): »Y Chromosome Evidence for Anglo-Saxon Mass Migration«, in: Mol. Biol. Evol. 19, S. 1008-1021.

Weaver, Timothy D./Roseman, Charles C. (2005): »Ancient DNA, Late Neandertal Survival, and Modern-human-neandertal genetic admixture«, in: Curr. Anthropol. 46, S. 677-685.

Wefers, Stefanie/Fries, Jana Esther/Fries-Knoblach, Janine/Later, Christiana, et al. (Hg.) (2013): Bilder – Räume – Rollen. Beiträge zur gemeinsamen Sitzung der AG Eisenzeit und der AG Geschlechterforschung während des 7. Deutschen Archäologenkongresses in Bremen 2011, Langenweißbach.

Wegner, Günter (Hg.) (1996): Leben – Glauben – Sterben vor 3000 Jahren. Eine niedersächsische Ausstellung zur Bronzezeit-Kampagne des Europarates. Niedersächsisches Landesmuseum/Hamburger Museum für Archäologie und die Geschichte Harburgs/Staatliches Museum für Naturkunde und Vorgeschichte/Braunschweigisches Landesmuseum, Oldenburg.

Wehling, Peter (2011): »Vom Risikokalkül zur Governance des Nichtwissens. Öffentliche Wahrnehmung und soziologische Deutung von Umweltgefährdungen«, in: Groß, Matthias (Hg.): Handbuch Umweltsoziologie, Wiesbaden 2011, S. 529-548.

– (2012): »Gibt es Grenzen der Erkenntnis? Von der Fiktion grenzenlosen Wissens zur Politisierung des Nichtwissens«, in: Wengenroth (2012a), S. 90-116.

– (2015): »Nichtwissenskulturen – theoretische Konturen eines neuen Konzepts der Wissenschaftsforschung«, in: ders./Böschen Stefan (Hg.): Nichtwissenskulturen und Nichtwissensdiskurse. Über den Umgang mit Nichtwissen in Wissenschaft und Öffentlichkeit, Baden-Baden 2015, S. 23-66.

Weichhold, Gottfired M./Bark, John E./Korte, Willi/Eisenmenger, Wolfgang, et al. (1998): »DNA analysis in the case of Kaspar Hauser«, in: Int. J. Legal Med. 111, S. 287-291.

Weingart, Peter (1987): »Interdisziplinarität als List der Institution«, in: Jürgen Kocka (Hg.): Interdisziplinarität. Praxis, Herausforderung, Ideologie, Frankfurt a. M., S. 159-166.

– (Hg.) (1997): Human by Nature. Between Biology and the Social Sciences, Mahwah u. a.

– (2002): »Interdisziplinarität. Zwischen wissenschaftspolitischer Modefloskel und pragmatischem Förderkonzept«, in: Globig, Michael (Hg.): Impulse geben, Wissen stiften. 40 Jahre Volkswagenstiftung, Göttingen, S. 159-195.

– (2012): »The Lure of the Mass Media and Its Repercussions on Science«, in: Rödder/Franzen/Weingart, S. 17-32.

–/Stehr, Nico (Hg.) (2000): Practising Interdisciplinarity, Toronto.

Weird [Klarname unbekannt] (2014): Blogeintrag: Das war schon immer so!? – Teil II: Von Geschlechtsbestimmungen und (Un-)Sichtbarkeit, http://www.derkeineunterschied.de/archaeologie-gender-unsichtbarkeit-geschlechtsbestimmung/, Stand: 22.6.2016.

Weiß, Clemens L./Dannemann, Michael/Prüfer, Kay/Burbano, Hernan A. (2015): »Contesting the presence of wheat in the British Isles 8,000 years ago by assessing ancient DNA authenticity from low-coverage data«, in: eLife 4, S. e10005.

Welzer, Harald (2006): »Nur nicht über Sinn reden!«, in: Zeit.de, 27.4.2006, http://www.zeit.de/2006/18/B-Interdisziplinaritt_xml, zuletzt aktualisiert: 27.4.2006, Stand: 6.2.2013.

Wengenroth, Ulrich (Hg.) (2012a): Grenzen des Wissens – Wissen um Grenzen, Weilerswist.

– (2012b): »Von der unsicheren Sicherheit zur sicheren Unsicherheit. Die reflexive Modernisierung in den Technikwissenschaften«, in: ders. (2012a), S. 193-213.

Weniger, Gerd-Christian (2013): Vortragstranskript: Paläogenetik – Molekulare Aktivierung der Humanevolution, Tagung: Archäologie und Paläogenetik, DGUF, Erlangen, 10.5.2013.

Whitehouse, Ruth (Hg.) (1998): Gender and Italian archaeology. Challenging the stereotypes, London.

Wiechmann, Ingrid/Grupe, Gisela (2005): »Detection of Yersinia pestis DNA in two early medieval skeletal finds from Aschheim (Upper Bavaria, 6th century A. D.)«, in: Am. J. Phys. Anthropol. 126, S. 48-55.

–/Harbeck, Michaela/Grupe, Gisela/Peters, Joris (2012): »Ancient DNA-Labor des ArchaeoBioCenter, LMU München«, in: Grupe/McGlynn/Peters, S. 233 ff.

Wiegert, Mathias (1995): »Wissenschaftsgeschichte und Ur- und Frühgeschichte«, in: Ber. Wissenschaftsgesch. 18, S. 181-185.

Wikipedia (Hg.) (2013): Archaeological Science, http://en.wikipedia.org/wiki/Archaeological_science, Stand: 11.11.2013.

– (Hg.) (2016a): aDNA, http://de.wikipedia.org/wiki/ADNA, Stand: 7.7.2016.

– (Hg.) (2016b): William Preston Longley, https://en.wikipedia.org/wiki/Bill_Longley_(gunfighter), Stand: 17.7.2016.

– (Hg.) (2016c): XX-Mann, https://de.wikipedia.org/wiki/XX-Mann, Stand: 21.4.2016.

Wilbur, Alicia K./Bouwman, Abigail S./Stone, Anne C./Roberts, Charlotte A., et al. (2009): »Deficiencies and challenges in the study of ancient tuberculosis DNA«, in: J. Archaeol. Sci. 36, S. 1990-1997.

–/Stone, Anne C. (2012): »Using Ancient DNA Techniques to Study Human Disease«, in: Buikstra/Roberts, S. 703-717.

Wilford, John Noble (1994a): »A Scientist Says He Has Isolated Dinosaur DNA«, in: The New York Times, 18.11.1994, S. C1.

– (1994b): »Children's Cemetery a Clue To Malaria as Rome Declined«, in: The New York Times, 26.7.1994, S. C1.

Willerslev, Eske/Cooper, Alan (2005): »Review Paper: Ancient DNA«, in: Proc. Roy. Soc. Lond. B Biol. 272, S. 3-16.

–/– (2006): »Pathogenic microbial ancient DNA. A problem or an opportunity?«, in: Proc. Roy. Soc. Lond. B Biol. 273, S. 643.

Williams, Sloan R. (2005): »A Case Study of Ethical Issues in Genetic Research: The Sally Hemings-Thomas Jefferson Story«, in: Turner (2005a), S. 185-208.

Wilson, Allan C./Sarich, Vincent M. (1967): »Immunological time scale for hominid evolution«, in: Science 158, S. 1200-1203.

Wilson, Laura A./MacLeod, Norman/Humphrey, Louise T. (2008): »Morphometric criteria for sexing juvenile human skeletons using the ilium«, in: J. Forensic Sci. 53, S. 269-278.

Wilson, Mark R./DiZinno, Joseph A./Polanykey, Deborah/Replogle, Jeri, et al. (1995): »Validation of mitochondrial DNA sequencing for forensic casework analysis«, in: Int. J. Legal Med. 108, S. 68-74.

Wolf, [R.] (2013): »Das alamannische Adelsgräberfeld von Niederstotzingen, Kreis Heidenheim«, in: Planck, Dieter (Hg.): Meilensteine der Archäologie in Württemberg. Ausgrabungen aus 50 Jahren. Herausgegeben anlässlich des 50-jährigen Bestehens der Gesellschaft für Archäologie in Württemberg und Hohenzollern e. V., Stuttgart, S. 53 ff.

Wolfram, Sabine (1984): Zur Theoriediskussion in der prähistorischen Archäologie Großbritanniens. Ein forschungsgeschichtlicher Überblick über die Jahre 1968-1982, Göttingen.

– (2000): »Vorsprung durch Technik or ›Kossinna Syndrome‹? Archaeological theory and social context in post-war West Germany«, in: Härke, S. 180-201.

–/Sommer, Ulrike (Hg.) (1993): Macht der Vergangenheit – wer macht Vergangenheit? Archäologie und Politik, Wilkau-Hasslau.

Wolpoff, Milford H./Hawks, John D./Caspari, Rachel (2000): »Multiregional, not Multiple Origins«, in: Am. J. Phys. Anthropol. 112, S. 129-136.

–/–/Frayer, David W./Hunley, K. (2001): »Modern Human Ancestry at the Peripheries: A Test of the Replacement Theory«, in: Science 266, S. 1229-1232.

–/Mannheim, Bruce/Mann, Alan/Hawks, John D., et al. (2004): »Why Not the Neandertals?«, in: World Archaeology 36, S. 527-546.

Woodward, Scott R./Weyand, Nathan J./Bunnell, Mark (1994): »DNA Sequence from Cretaceous Period Bone Fragments«, in: Science 266, S. 1229-1232.

World Health Organization (Hg.) (2015): Global Tuberculosis Report 2015, http://www.who.int/tb/publications/global_report/en/, Stand: 1.5.2016.

Wragge, Friedrich (2009): »Genealogie per DNA-Analyse zur Absicherung eines familienkundlich erforschten Stammbaumes«, in: Oldenburgische Familienkunde 51, S. 183-194.

Wright, Lori E./Yoder, Cassady J. (2003): »Recent Progress in Bioarchaeology: Approaches to the Osteological Paradox«, in: J. Anthropol. Res. 11, S. 43-70.

Yang, Dongya Y./Watt, Kathy (2005): »Contamination Controls when Preparing Archaeological Remains for Ancient DNA Analysis«, in: J. Archaeol. Sci. 32, S. 331-336.

Yarrow, Thomas (2010): »Not Knowing as Knowledge: Asymmetry Between Archaeology and Anthropology«, in: Garrow/ders., S. 13-27.

ZDF (Hg.) (2012): Terra X, Deutschlands Supergrabungen, Teil 2, 20.5.2012, http://www.zdf.de/ZDFmediathek/beitrag/video/1640112/Deutschlands-Supergrabungen-%2528Teil-1%2529#/beitrag/video/1645094/Deutschlands-Supergrabungen-%28Teil-2%29, 34:00-38:00, Stand: 16.2.2014.

Zerjal, Tatjana/Wells, J. Spencer/Ruzibakiev, Ruslan/Yuldasheva, Nadira, et al. (2002): »What Can Y-chromosomal DNA Analysis Contribute to the Understanding of Prehistory?«, in: Boyle, Katherine V./Renfrew, Colin/Levine, Marsha (Hg.): Ancient Interactions: East and West in Eurasia, Cambridge, S. 315-325.

Zhao, Lingxia/Hummel, Susanne/Lassen, Cadja/Herrmann, Bernd (1996): »Ancient DNA Extraction From Neolithic Human Skeletal Remains and PCR Based Amplification of the X-Y Homologous Amelogenin Gene«, in: Acta Anthropologica Sincia 15, S. 200-209.

Zimmer, Carl (2015): »Tooth in Cave Adds Earlier Evidence of Some Very Old Cousins, the Denisovans«, in: New York Times, 17.11.2015, S. A6.

– (2016): »Decoding History. Eske Willerslev Is Rewriting History With DNA«, in: The New York Times, 17.5.2016, S. D1.

Zink, Albert R./Haas, [C.] J./Herberth, Kerstin/Nerlich, Andreas G. (2000): Abstract: PCR Amplification of Plasmodium DNA in Ancient Human Remains, 5th International Ancient DNA Conference, Manchester, 12.7.2000, http://members.chello.nl/jperk/Ancient%20DNA%205.pdf, Stand: 30.6.2016.

–/Molnár, Erika/Motamedi, N./Pálfi, György, et al. (2007): »Molecular History of tuberculosis from ancient mummies and skeletons«, in: Int. J. Osteoarchaeol. 17, S. 380-391.

Zischler, Hans/Höss, Matthias/Handt, Oliva/Haeseler, Arndt von, et al. (1995): »Detecting dinosaur DNA: Technical Comment«, in: Science 268, S. 1192 f.

Zuckerkandl, Emile/Pauling, Linus (1965): »Molecules as Documents of Evolutionary History«, in: J. Theor. Biol. 8, S. 357-366.

Zvelebil, Marek (2002): »Demography and dispersal of early farming populations at the Mesolithic-Neolithic transition: linguistic and genetic implications«, in: Renfrew/Bellwood, S. 379-394.

– (2004): »Who Were We 6000 Years Ago? In Search of Prehistoric Identities«, in: Renfrew/Jones, S. 41-60.

–/Lillie, Malcolm (2000): »The transition to agriculture in eastern Europe«, in: Price (2000a), S. 57-92.

–/Weber, Andrzej W. (2012): »Human bioarchaeology: Group identity and individual life histories – Introduction«, in: J. Anthropol. Archaeol. (Preprint), S. 1-5.

–/Zvelebil, Kamil V. (1988): »Agricultural transition and Indo-European dispersals«, in: Antiquity 62, S. 574-583.

ZZF/Humboldt Universität zu Berlin (Hg.) (2015): Programm: Genetic History: A Challenge to Historical and Archaeological Studies, Potsdam, 1./2.10.2015, http://www.genetic-history.com/wissenschaft/programm.htm, Stand: 20.7.2016.

Abkürzungen

AAA	American Anthropological Association
aDNA	ancient DNA/alte DNA
AG TidA	Arbeitsgemeinschaft Theorien in der Archäologie
AHR	American Historical Review
AiD	Archäologie in Deutschland
Am. Anthropol.	American Anthropologist
Am. J. Forensic Med. Path.	American Journal of Forensic Medicine and Pathology
Am. J. Hum. Biol.	American Journal of Human Biology
Am. J. Hum. Gen.	American Journal of Human Genetics
Am. J. Phys. Anthropol.	American Journal of Physical Anthropology
Anthropol. Anz.	Anthropologischer Anzeiger
Archäol. Inf.	Archäologische Informationen
A. Rev. Anthropol.	Annual Review of Anthropology
A. Rev. Biochem.	Annual Review of Biochemistry
A. Rev. Genet.	Annual Review of Genetics
A. Rev. Genomics Hum. Genet.	Annual Review of Genomics and Human Genetics
BMBF	Bundesministerium für Bildung und Forschung
BP	Before Present
Ber. Wissenschaftsgesch.	Berichte zur Wissenschaftsgeschichte
C. R. Acad. Sci.	Comptes Rendus de l'Academie des Sciences Paris
Croat. Med. J.	Croatian Medical Journal
CSA	Current Swedish Archaeology
Curr. Anthropol.	Current Anthropology
Curr. Biol.	Current Biology
DFG	Deutsche Forschungsgemeinschaft
DGUF	Deutsche Gesellschaft für Ur- und Frühgeschichte
EaZ	Ethnographisch-archäologische Zeitschrift
Eur. J. Hum. Genet.	European Journal of Human Genetics
Eur. J. Arch.	European Journal of Archaeology
et al.	weitere Autoren und Autorinnen
FAZ	Frankfurter Allgemeine Zeitung
FN	Fußnote
Forensic Sci. Int.	Forensic Science International

FJPB	Forschungszentrum Jülich Projektträger Biologie
FR	Frankfurter Rundschau
GNAA	Gesellschaft für Naturwissenschaftliche Archäologie ARCHÄOMETRIE e. V.
HVR	hypervariable Region
Hg.	Herausgeber/Herausgeberinnen
Hum. Biol.	Human Biology
Int. J. Legal Med.	International Journal of Legal Medicine
Int. J. Osteoarchaeol.	International Journal of Osteoarchaeology
J. Anthropol. Archaeol.	Journal of Anthropological Archaeology
J. Anthropol. Res.	Journal of Archaeological Research
J. Archaeol. Sci.	Journal of Archaeological Science
J. Cell. Physiol.	Journal of Cellular Physiology
J. Forensic Sci.	Journal of Forensic Sciences
J. Hum. Evol.	Journal of Human Evolution
J. Palaeopathol.	Journal of Palaeopathology
J. Theor. Biol.	Journal of Theoretical Biology
J. World Prehist.	Journal of World Prehistory
LMU	Ludwig-Maximilians-Universität
LVZ	Leipziger Volkszeitung
Mol. Biol. Evol.	Molecular Biology and Evolution
MPI	Max-Planck-Institute/-Institut
MPG	Max-Planck-Gesellschaft
MRCA	Most Recent Common Ancestor
mtDNA	mitochondriale DNA
m. w. N.	mit weiteren Nachweisen
Nucleic Acids Res.	Nucleic Acids Research
NERC	Natural Environment Research Council
nDNA	nukleare DNA
NGS	Next Generation Sequencing
Nature Rev. Genet.	Nature Review Genetics
NTM	Zeitschrift für Geschichte der Wissenschaften, Technik und Medizin
NZZ	Neue Zürcher Zeitung
o. V.	ohne Angabe des Verfassers bzw. der Verfasserin
o. S.	ohne Angabe der Seitenzahl
Philos. Trans. Roy. Soc. B Biol	Philosophical Transactions of the Royal Society B: Biological Sciences
PCR	Polymerase Chain Reaction

PNAS	Proceedings of the National Academy of Sciences of the United States of America
PLOS	Public Library of Science
Proc. Roy. Soc. Lond. B Biol	Proceedings of the Royal Society B
STR	Short Tandem Repeat
STS	Science and Technology Studies
SZ	Süddeutsche Zeitung
taz	die tageszeitung
Theor. Cult. Soc.	Theory, Culture & Society
Trends Ecol. Evol	Trends in Ecology & Evolution
Trends Genet.	Trends in Genetics
u. a.	und andere
ZZF	Zentrum für Zeithistorische Forschung

Dank

Mein Dank gilt zuvorderst den Forscherinnen und Forschern, die mir für Interviews zur Verfügung standen: Dr. Susanne Hummel, Prof. Gisela Grupe, Prof. Thomas Meier, PD Dr. Stefanie Samida, Prof. Manfred K. H. Eggert, Prof. Joachim Burger, Prof. Ulrich Veit, Prof. Johannes Krause, Dr. Wolfgang Haak und Prof. Tobias Gärtner. Dies schließt ausdrücklich diejenigen mit ein, deren Interviews ich aus verschiedenen Rücksichten letztlich doch nicht verwendet habe. Namentlich kann ich sie hier nicht nennen, doch bin ich auch ihnen für ihre Unterstützung und zahlreiche Hintergrundinformationen sehr dankbar.

Inhaltliche und methodische Anregungen, Denkanstöße und Kritik habe ich in den vergangenen Jahren von einer Vielzahl von Wissenschaftlern und Wissenschaftlerinnen aus ganz unterschiedlichen Fächern und Wissenschaftskulturen erhalten. Stellvertretend danke ich PD Dr. Jörg Feuchter, Elizabeth Dobson Jones, Farnaz Broushaki, Prof. Gabriele Lingelbach, Dr. Thomas Wieland und Prof. Kärin Nickelsen.

In besonderer Weise danken möchte ich meinem akademischen Lehrer Prof. Ulrich Wengenroth. Er hat meine Arbeit an diesem Projekt an der TU München von Beginn an gefördert und mich bei der Fertigstellung des Manuskripts mit Rat, Tat und scharfem Blick für Schwächen außerordentlich unterstützt.

Es ist mir natürlich ein Anliegen, den Mentoren sehr herzlich zu danken, die dieses Projekt begleitet haben. Der Vorsitzende des Mentorats, Prof. Stephan Lindner, hat für mich die Möglichkeit geschaffen, dieses Buch an der Universität der Bundeswehr fertig zu schreiben. Prof. Walter Demel hat mein Manuskript akribisch genau gelesen, kommentiert und beurteilt. Auch PD Dr. Ulf Hashagen vom Forschungsinstitut des Deutschen Museums in München habe ich diesbezüglich sehr zu danken.

Dr. Anke Fischer-Kattner und Angela Bösl haben frühe Versionen des Manuskripts korrigiert. Dankeschön! Mein herzlicher Dank geht auch an Ludwig Paulsen, Isabel Huber und Vanessa Osganian, die mich an der TUM bei Recherchen und redaktionellen Arbeiten unterstützt haben. Zurückblickend gilt mein besonderer Dank Andrea Spiegel, die alle administrativen Vorgänge an der TUM perfekt durchorganisiert und so eine entspannte Arbeitsumgebung ermöglicht hat. Jan Wenke möchte für das präzise, äußerst effektive Lektorat und die sehr gute Zusammenarbeit danken.

Dr. Désirée Schauz und Dr. Alexander Gall danke ich aufs Äußerste für ausdauernden freundschaftlichen Rückhalt und treffsichere kollegiale Kritik.

In der Endphase dieses Projektes habe ich an der Universität der Bundeswehr München ein neues Zuhause gefunden. An der Fakultät für Staats- und Sozialwissenschaften habe ich dieses Buch im Herbsttrimester 2016 als Habilitationsschrift eingereicht. Ich danke allen meinen Kolleginnen und Kollegen an der UniBW, insbesondere aber Benjamin Schmid und PD Dr. Roman Köster, aufs Herzlichste für ihre Unterstützung.

Am meisten schulde ich ganz sicher meiner Familie, Andreas Wübert und unseren Kindern Martin und Nico.

Gewidmet ist dieses Buch meiner Großmutter Franziska Plankenbichler.

München im Frühjahr 2017

Register